面向21世纪课程教材
Textbook Series for 21st Century

养牛生产学

(第2版)

莫 放 主编

中国农业大学出版社
·北京·

图书在版编目(CIP)数据

养牛生产学/莫放主编. —2版. —北京:中国农业大学出版社,2010.7(2021.12重印)
ISBN 978-7-81117-961-3

Ⅰ.①养…　Ⅱ.①莫…　Ⅲ.①养牛学　Ⅳ.①S823

中国版本图书馆CIP数据核字(2010)第029994号

书　　名　养牛生产学　第2版
作　　者　莫　放　主编

策划编辑	张　程　潘晓丽	**责任编辑**	潘晓丽
封面设计	郑　川	**责任校对**	王晓凤　陈　莹
出版发行	中国农业大学出版社		
社　　址	北京市海淀区圆明园西路2号	**邮政编码**	100193
电　　话	发行部 010-62813489,1190	读者服务部	010-62732336
	编辑部 010-62732617,2618	出　版　部	010-62733440
网　　址	http://www.cau.edu.cn/caup	**e-mail**	cbsszs@cau.edu.cn
经　　销	新华书店		
印　　刷	北京溢漾印刷有限公司		
版　　次	2010年7月第2版　　2021年12月第5次印刷		
规　　格	787×1 092　　16开本　　28印张　　689千字		
定　　价	69.00元		

图书如有质量问题本社发行部负责调换

第2版编写人员名单

主　　编　莫　放

副 主 编　张晓明　昝林森

编写人员　（按单位所在地区邮编顺序排列）

张拴林（山西农业大学）
李建国（河北农业大学）
张晓明（中国农业大学）
朱士恩（中国农业大学）
莫　放（中国农业大学）
郗伟斌（沈阳农业大学）
张永根（东北农业大学）
王中华（山东农业大学）
梁学武（福建农林大学）
赖松家（四川农业大学）
刘学洪（云南农业大学）
昝林森（西北农林科技大学）

主　　审　冯仰廉（中国农业大学）

第1版编写人员名单

主　　编　莫　放

副 主 编　张晓明　昝林森

编写人员　张拴林（山西农业大学）
李建国（河北农业大学）
莫　放（中国农业大学）
张晓明（中国农业大学）
朱士恩（中国农业大学）
王中华（山东农业大学）
梁学武（福建农林大学）
林辉新（广州牛奶公司）
赖松家（四川农业大学）
刘学洪（云南农业大学）
昝林森（西北农林科技大学）

审 稿 人　冯仰廉（中国农业大学）

内容提要

奶牛、肉牛养殖已成为畜牧业新的增长点和农牧户致富重要养殖畜种，我国奶牛、肉牛养殖有着特定的养殖生产模式和经营模式，随着养牛业的发展，逐渐形成区域的产业带。本书系统介绍引进牛品种、中国地方良种黄牛、水牛、牦牛的合理利用和杂交改良利用方向，奶牛场奶牛育种选种工作的管理，肉牛杂交改良技术要求，母牛的繁殖管理，奶牛、肉牛生产性能测定及影响牛奶成分、牛肉质量的因素，肉牛屠宰及胴体质量评定，世界主要肉牛生产国肉牛养殖模式及相应的肉牛胴体分割方法，奶牛、肉牛常用饲料及提高其营养价值的方法，规模牛场的饲料管理，奶牛生产的管理技术包括DHI测定与应用、TMR、体况评分等，奶牛各生理阶段的饲养管理和新技术的应用，奶牛养殖小区和规范化奶牛场的经营管理和生产技术管理，我国肉牛生产体系及包括能繁母牛、犊牛、架子牛的饲养管理，肉牛肥育方式与肥育技术，肉牛养殖场(户)的经营管理和生产技术管理，奶牛场、肉牛场的内部设施建设，养牛场内部良好环境的控制等内容。同时本书用较大篇幅编写涉及养牛生产中实验、检验技术的操作方法等22个实验内容，包括奶牛和肉牛体貌评定、原料奶质量检测、肉牛屠宰测定、奶牛生产计划编制、日粮配合原理和方法。

本书可作为农业院校教师、学生的教材及参考读物，同时也适合从事奶牛、肉牛养殖生产者、管理技术人员、养牛技术咨询人员使用。

第2版前言

养牛学是多学科交叉融合、专业性很强的学科，在教学上是在学习了动物生理学、动物生物化学、动物营养与饲料学、动物遗传育种学以及家畜繁殖学等基础课和专业基础课以后开设的一门专业课程，学习重点旨在提高学生对养牛生产特点的认识，掌握养牛生产先进的科学技术，培养能够适应养牛业发展需要、胜任现代养牛业生产与管理工作的人才。《养牛生产学》(第1版)自2003年出版以来已7年了，7年来我国的奶牛养殖技术、肉牛生产技术取得令世人瞩目的成就，国外养牛技术尤其是"以牛为本，为牛创造舒适环境"的牛场管理理念都取得长足发展。技术无国界，科学无国界，本着洋为中用、吐故纳新的原则，本书在基本保持第1版教材的基本构架的基础上，修改了与养牛实践不相适应的内容，增加养牛生产必须涉及的基本理论，特别是注意介绍近年在养牛科技领域涌现的新理论和新技术，力求体现养牛生产学的内涵。

奶牛、肉牛虽然是同一属种动物，但在用途上却截然不同，我国奶牛养殖的规模化、产业化较早，生产技术与发达国家同步，而肉牛养殖在我国虽然在数量及作用上远超奶牛，但技术及其规模化养殖仍处于起步阶段，很多技术还需从奶牛养殖中学习，因此本书编写内容以奶牛部分较多，肉牛稍显单薄，盼在后续再版中充实。本教材的特色是突出生产技术的应用和生产管理，具体体现在奶牛、肉牛生产中的育种、繁殖、饲养、饲料、牛场经营等。

《养牛生产学》(第2版)教材的编写和出版工作，得到了全国高等农业院校教学指导委员会动物生产学科组、中国农业大学出版社、教育部高等教育司和各参编院校的紧密配合，尤其是得到国家肉牛产业技术体系和国家奶牛产业技术体系全体同行的指导。养牛同行特别是老一辈养牛学家对《养牛生产学》(第1版)中的一些编写错误提出了修改意见，值此深表谢意，并祝他们身体健康。

本书内容上突出了科学性和实用性，理论与实践并重，可作为高等农业院校教材，亦可供广大畜牧工作者参考，为广大奶牛、肉牛养殖企业的养牛生产提供指南。由于学科间渗透日益加强，其发展日新月异，资料收集难于全面，再加上编者水平有限，错误和不足之处恳请农业院校师生和广大读者予以指正。

编者对所有被引用资料的作者(有些资料未注明作者)表示由衷的感谢。对本书中的不足之处深表歉意。欢迎广大前辈与同行提出宝贵意见。

编　者
2010年4月

第1版前言

根据2000年11月批复的“面向21世纪课程教材”出版计划的精神及申请出版审核内容提纲组织编写了这本《养牛生产学》本科教材。本书是高等教育面向21世纪教学内容和课程体系改革项目(01-14)研究成果。

《养牛生产学》是以提高牛奶和牛肉的数量和质量为前提,研究奶牛、肉牛的育种与繁殖管理、饲养模式和经营管理、可持续发展的环境控制等理论和生产过程的科学。大力发展养牛业生产,符合我国畜牧业发展的基本方向。因此,《养牛生产学》是动物科学(畜牧)专业的专业课,其前期专业基础课包括家畜生理与生物化学、畜禽遗传与育种、饲料与饲养、家畜繁殖与生物技术等。

养牛学是一门实践性很强的课程。本着科学性、先进性、系统性和生产实用性的原则,我们在组织编写《养牛生产学》的过程中,充分参考了现有的各种养牛(生产)教材、读物,结合了目前养牛学教学的现状和课程特点。在教材结构上突出了生产实践和学生的实验技能培养,注重其实用性与可操作性;在内容上较为系统地突出了奶牛、肉牛生产技术及教学中的实验方法,注重其科学性与先进性。

由于目前国内各院校养牛学学时安排不甚相同,教学及实验条件与教学目标也有差别,本教材根据编者多年从事养牛学教学工作的体会与经验,参考大量前辈与同行的资料。本书包含了与养牛学有关的主要生产管理技术和实验内容,范围较广,内容较多,同行们在使用过程中可根据自己的实际情况选用。所有这些形成了本教材的主体特色。

本书编写提纲由莫放主编根据“关于申请与出版面向21世纪教材的要求”提出,经全国高等农业院校教学指导委员会动物生产学科组、中国农业大学出版社、教育部高等教育司审核,部分参编人员讨论。本书编写打破每一章节由一人独立编写而完成的做法,采取大合作,根据每位编者的特长及分工需要进行组织编写,其中第一章由莫放编写;第二章由王中华、梁学武、赖松家、刘学洪、莫放等编写;第三章由昝林森、莫放等编写;第四章的参编人员有张拴林、朱士恩、赖松家、刘学洪、昝林森、莫放等;第五章主要由李建国编写;第六章由莫放、张晓明、梁学武、林辉新编写;第七章由张拴林、莫放编写;第八章由莫放编写;第九章主要由张晓明编写,莫放、昝林森参加了部分工作。书稿形成后,由莫放负责统稿。中国农业大学冯仰廉教授担任本教材的主审。

《养牛生产学》教材的编写和出版工作,得到了全国高等农业院校教学指导委员会动物生产学科组、中国农业大学出版社、教育部高等教育司和各参编院校的紧密配合。

本书可作为高等农业院校教材,亦可供广大畜牧工作者参考。由于学科间渗透日益加强,其发展日新月异，资料收集难于全面。再加上编者水平有限，错误和不足之处，恳请农业院校师生和广大读者予以指正。

编者对所有被引用资料的作者(前辈与同行)表示由衷的感谢。对本书中的不足之处深表歉意。欢迎广大前辈与同行提出宝贵意见。

编　者

2003 年 1 月

目　录

1 养牛业在畜牧业经济中的地位

[重点提示] 本章主要简述养牛业对我国国民经济发展的重要意义，国内外养牛业的现状与发展趋势，我国养牛业目前存在的主要问题与解决途径等。教学讲授时要参考国内外各种畜牧业统计资料，收集国内养牛业的产业政策和产业动态发展等素材。

随着世界人口的增长，各国都在考虑如何在有限的可利用的土地上安排人民的食物生产。在安排动物性食品生产方面，牛、羊等草食家畜具有很大的优越性和生产潜力。牛是反刍动物，对粗纤维的消化率可达 50%～90%，牛能利用不能被人类直接利用的各种农副产品的 75%，以及利用不适宜在耕作土地上栽培的天然植物，将它们转变为人类生活所必需的奶、肉等营养食品。

1.1 养牛业在国民经济中的重要意义

牛是一种多用途的家畜，既能产奶、产肉，又可给农业生产提供役力和优质粪肥，牛皮及其他副产品是轻工业的原料。世界上畜牧业发达的国家，都十分重视养牛业的发展，它在畜牧业中居于非常重要的地位；发达国家畜牧业一般占农业总产值的 50%以上，养牛业占畜牧业的 60%。我国畜牧业占农业总产值的比例为 32%左右，养牛业占畜牧业产值的比例为 5%～8%。大力发展养牛业，可以迅速提高我国畜牧业产值占农业总产值的比例。

牛能充分利用各种青粗饲料和农副产品，发展养牛业，利用作物秸秆，过腹还田，不但具有十分显著的经济效益，而且还具有良好的社会效益和生态效益，同时也是农牧户致富的途径之一。

1.2 我国奶牛业发展现状及发展方向

牛奶中含有几乎人体所需要的全部营养成分且容易被人体消化吸收。在人们的生活中，饮用牛奶越来越普遍，为了宣传牛奶的营养和鼓励人们多喝牛奶，1961 年 5 月国际奶业联合会决定将每年 5 月的第三个星期二定为“国际牛奶日”。我国每年也开展相关活动，“一杯牛奶强壮一个民族”的宣传口号已引起政府的高度重视。

1.2.1 我国奶牛业生产水平

北京、天津、上海奶牛平均单产均已超过 7 500 kg，并有相当部分奶牛场平均单产已超过 8 500 kg，个别高达 9 500 kg 以上。从全国来看，奶牛业生产发展很不平衡，南方大部分地区奶牛平均单产为 4 500～6 500 kg；草原地区奶牛平均单产仍徘徊在 2 500 kg 左右。从区域分布看，我国牛奶生产基地一直主要集中在黑龙江、河北、内蒙古、新疆、山东、山西和陕西等省(自治区)，其牛奶生产量占全国生产量的 60％以上，北方仍然是主要产区，南方省份越来越重视奶业生产，南方省份将成为未来奶产量的重要增长点，其中比较突出的是江苏省和四川省，牧区产量比重增加，单产水平有所提高，特别是内蒙古和新疆。

到 2008 年底，全国奶牛存栏头数达到 1 270 万头。新疆、黑龙江、内蒙古、青海、河北、山东、陕西等省区存栏头数均在 40 万头以上。新疆是奶牛存栏数最多的省区，其次是黑龙江、内蒙古，此外，河北、山东、陕西存栏头数也占较大比例。

1.2.2 我国奶牛产业经营模式

我国的奶牛养殖已形成生产带，即华北奶源带(北京、天津、河北、山西、山东)、东北奶源带(主要是黑龙江地区)、内蒙古奶源带(呼和浩特周边地区及呼伦贝尔草原)、新疆奶源带(集中在天山南北地区)、上海或长江三角洲奶源带(上海、江苏)、西南及华南奶源带(四川及两广、福建)，这些地域饲养数量大，以分散户养或适度规模饲养为主，并已逐步发展成以乳品加工厂为龙头的生产基地。

我国乳业属经营完全放开、竞争较为充分的产业。目前，国内大型企业都已引进了国际一流的设备，因此从加工技术和加工成本上来看，国内企业与国外的差异不大，其竞争力主要体现在原料奶生产上。而国内企业具有奶源控制能力强、贴近市场等优势，在液态奶这类保鲜要求较高的领域占据天时地利。乳业是资金和技术密集型产业，包括饲料生产、良种培育、奶牛饲养、牛奶收购、冷却贮运、乳品加工等，产业链较长，亦是第一、二、三产业共同发展的联动产业。从我国乳业的企业形式来看，已形成以下 5 种模式。

1.“公司＋农户”模式

公司的主要类型是国有控股或纯民营企业。采取分散饲养、集中挤奶和“奶牛小区”等组织形式，达到“奶牛下乡，鲜奶进城”的目标。企业以合同的形式将农牧养殖户组织起来，形成有一定规模的基地。由公司为养殖户提供部分基础设施建设资金和科技服务，收购原料奶，从而实现产加销、牧工贸一体化，形成完整的产业链条。

2.“公司＋基地＋农户”模式

企业以国有控股、民营(股份)为主，基地的饲料、养牛、乳品加工均采取内部核算方式，原料奶不足部分采取将农牧养殖户组织起来，形成有一定规模的基地方式进行补充。企业拥有规模较大、布局集中的原料奶生产基地，拥有稳定的、不断拓展的终端产品市场。

3.“一条龙＋农户”模式

产业链完整，是“公司＋基地＋农户”模式向上游的延伸。这些企业科技支撑完善，自然条件良好，具备从牧场建设开始的能力。在饲草、饲料条件较好，具有先进的饲养管理技术，交通便利、宜于销售的地区建立规模较大的养殖基地，通过利益纽带把农牧养殖户联系起来，形成大面积专业化生产。

4.“奶农技术协会(或奶农合作社)+农户”或“服务联合模式”或“奶联社”的组织经营模式

这种组织经营模式一般由相关政府部门倡导，围绕原料奶生产，按照自愿、互利、方便的原则，把从事奶牛养殖的农牧民组织起来成立协会或合作社，协会为会员提供产前、产中、产后服务，为养殖户提供科技信息、生产资料、管理技术及运输销售的全过程、全方位的服务，引导农牧民稳步进入市场。

5.“品牌+市场”模式

利用其品牌、资金、技术和服务体系的优势进行兼并、收购，实现低成本扩张，以全国的资源做全国的市场。

1.2.3 我国乳牛饲养品种及其分布

我国饲养的乳牛品种中数量最多、分布最广的是荷斯坦牛。其原称为中国黑白花牛，1992年农业部正式命名为中国荷斯坦牛。现存栏总数约为800万头，约占我国奶牛总数的75%。中国荷斯坦牛来源于两部分，一部分是从加拿大、美国、澳大利亚及北欧等国引进的荷斯坦牛纯繁后代，所占比例很小；另一部分是用纯种荷斯坦牛(包括乳用型与兼用型)与我国本地母牛(包括黄牛与黄牛杂交种)高代杂交，经一个世纪选育(主要工作在20世纪后50年)而成的。中国荷斯坦牛现已遍布全国，多集中在大型城市的郊区和牧区的大型农牧场内。我国饲养荷斯坦牛数量最多的是黑龙江省，总头数超过100万头。我国除饲养荷斯坦牛外，在华南地区(主要是广东)存栏少量的娟姗牛，在农牧交错带饲养一定数量的西门塔尔牛及其改良牛的后代，以及我国培育的新疆褐牛、三河牛、中国草原红牛。其中西门塔尔牛主要分布在内蒙古、黑龙江、新疆和四川；新疆褐牛主要分布在新疆；三河牛主要分布在内蒙古；中国草原红牛主要分布在吉林省白城地区、内蒙古的赤峰市和锡林郭勒盟南部、河北省张家口地区。此外，在华南两广地区饲养有摩拉水牛、尼里-拉菲水牛与本地水牛杂交的乳肉兼用杂交水牛。

牦牛乳是我国青藏高原少数民族地区牧民的重要生活资料之一。在高寒、缺氧的特殊生态环境中作为人类几乎唯一的乳资源，牦牛乳有其特殊的重要性。与优质奶牛相比，牦牛的产乳量非常低，如九龙牦牛一般每年挤乳5个月，泌乳期产奶量平均346.9 kg。杂交改良能提高牦牛的生产性能，如周名海等(1998)报道，牦牛种间三元杂交(荷斯坦牛×藏黄牛×牦牛)使杂种母犏牛第一泌乳期(183 d)挤奶量达659.36 kg，为同泌乳期母牦牛的2.65倍。

1.2.4 饲养方式与繁育体系

我国大、中城市郊区的奶牛养殖均为舍饲饲养，其中大部分仍为传统式的拴系饲养方式，少部分奶牛场采用散放饲养方式。在广大农牧区的奶牛场绝大部分亦采用舍饲方式，在有草场的地区，有部分采用半舍饲半放牧的方式。在草原地区，也是半舍饲半放牧的方式，有少部分仍保持全放牧的饲养方式。

全国各地奶牛场的配种繁育均采用冷冻精液人工授精，即采用“AI”繁育体系，个别地区已开始应用胚胎生物工程技术。截至2006年底，全国有49家种公牛站取得了农业部核发的《种畜禽生产经营许可证》，开展种公牛冷冻精液生产工作。其公牛来源分为活体引进(美国、加拿大、澳大利亚)、进口胚胎移植和国内良种场自繁3种方式。饲养包括荷斯坦牛、娟姗牛、西门塔尔牛、夏洛来牛、利木赞牛、摩拉水牛、尼里-拉菲水牛、安格斯牛在内的25个品种，其中以饲养荷斯坦种公牛为主且较有影响的有北京市奶牛育种中心、黑龙江家畜繁育指导站和上海奶牛育种中心等。国家十分重视冷冻精液质量，农业部分别在北京、南京设立了牛冷冻精液质量监督检验测试中心，对各公牛站生产的冷冻精液进行质量监测。

种公牛站入选我国奶牛良种补贴项目的种公牛系谱详细信息，可通过 www.cav.net.cn 或 http://www.holstein.org.cn/index.php 查询。中国荷斯坦牛的育种工作是按中国奶业协会制定的育种方案进行，其中种公牛后裔测定工作由中国奶业协会组织进行，并定期公布测定结果。奶牛生产性能测定大部分是由各牛场自测，只有少数地区成立了监测组织，由专人抽测。

1.2.5 奶牛养殖业的发展促进农业结构的调整

我国当前正在进行农业产业结构的战略性调整，其目的是提高农业质量和效益，转变增长方式和增加农民收入。畜牧业生产结构的调整是农业结构调整的重要组成部分，奶牛养殖已成为畜牧业发展的新增长点，奶牛养殖正从城市近郊向广大农村和城镇转移，以充分利用农村的资源和人力优势。随着农村奶牛养殖的发展，必然要利用部分农田种植饲料作物或牧草，以解决青粗饲料的问题。这就使得原来农田只种粮食和经济作物的“二元结构”转变为种植“粮食、经济作物和饲料作物或饲草的三元结构”，从而促进农业生产结构的调整。

1.2.6 我国奶牛养殖持续发展的可行性

牛奶消费空间大，我国年人均消费牛奶与国外比较，缺口非常大，尤其是广大乡村的消费有很多潜力。我国奶牛已有一定基础，并有相当强的质量竞争力，如个别群体单产达8 500 kg以上，乳品质量和加工已与国际接轨。在这个基础上，通过品种改良，更新和加强饲养管理，若干年后，我国的奶牛生产水平一定会进一步提高，而且我国奶牛业发展有丰富的饲草饲料支持。科学技术的进步，使我国奶牛个体产量大幅度提高，并且质量得到改进。

乳业集团开发适销对路的牛奶制品，如，以有竞争力的液态奶系列和酸奶系列为主，提高质量，创立名牌，并加强宣传力度，引导消费，将进一步促进乳业的发展。

1.2.7 我国奶牛养殖的现状

(1)奶牛生产总体水平低。表现在成年奶牛年单产低，我国奶牛养殖基本的饲料模式是精料加秸秆，成年母牛平均年产奶量仅为3 500 kg左右，乳脂率为3.1%～3.2%，乳蛋白 2.8%～3.0%，干物质为11.2%，与发达国家单产6 500～7 500 kg、乳脂率3.6%、干物质12%相比，还有不小差距。

(2)各地区、城乡之间奶牛生产水平差别大。大、中城市如北京、上海、天津等以及黑龙江、内蒙古、新疆等地国营、集体以及合资奶牛场,由于增加科技方面的资金投入,特别是奶牛良种选育和饲养管理技术方面的投入,牛奶产量在 7 000 kg 以上,乳脂率 3.3%～3.7%,基本上接近发达国家水平。而大部分个体养牛户以及西南山区和广大牧区饲养的奶牛,产奶量偏低。

(3)原料奶生产、加工和销售部门的利益分配不均。我国乳业产业链是割裂的,生产者是农户、牧户、农牧场,加工和销售是乳品商业企业,各自代表不同的利益集团。利益冲突的要害是,由于原料奶收购加工、运销的地区垄断性,加工者实际上掌握着原料奶的定价权,这使生产者的利益往往得不到维护和保证。在走向市场化的今天,如果缺乏约束和协调机制,它很可能成为影响这些地区奶业稳定发展的重要因素之一。

(4)小企业与大市场的冲突。我国乳业经济中众多的小加工企业是和众多的小奶牛养殖企业联系在一起的。在过去 30 年中,30 多万个个体奶牛户在奶业经济的高速增长中功不可没。在未来的发展中,个体奶牛户仍将是不可缺少的重要力量。但个体企业规模小,而且很多地区比较分散。这种状况不仅增加成本,更重要的是原料奶的质量难以控制,从而乳制品的品质也无法保证,这是目前奶品消费受限,许多中小企业的产品缺乏市场竞争力的重要原因之一。

1.2.8　我国奶牛养殖发展方向

目前,我国对奶业实行"国营、集体、个体、合资和独资一齐上"的方针和一系列促进奶业发展的优惠政策,这必将带来乳品市场的空前繁荣。同时,市场竞争也全方位展开,无论生产者还是加工、运销者都在进行调整和重组。要克服奶牛饲养、牛奶生产、乳品加工和产品销售各自分立、脱节造成的利益分配不均的矛盾及鲜奶生产连续性和不宜长时间存放等特性,要求必须及时加工和销售,实行产业化经营,使产、加、销各环节紧密联系,协调运转。规模太小、分散、缺乏管理的企业,由于其在奶牛良种和饲养新技术的推广、挤奶机械、低温冷却设备的应用方面受到限制,原料奶质量无法得到保证。因此,缺乏市场竞争力的小牛场面临着被具有市场竞争力、并且已完成了资本积累和技术改造的规模化企业所淘汰和兼并。

目前,奶业一体化的类型大体可以分为两种:第一种是国有奶牛场将产业链延伸,生产、加工、销售自成一体;第二种是"公司＋农户",即以加工企业为龙头,与奶业基地和农户组成利益共同体。上海、黑龙江、河北、内蒙古、北京等地一些著名的乳品企业,大都采取了以上的形式,并取得了成功。

加快科技进步,积极应用国内、外各项先进科技成果,大幅度提高奶牛个体产量,改进质量。我国在奶牛繁育、饲养管理方面的技术已较成熟,生物高新技术的应用也较普遍,生产者应大力推广应用,尤其要注意常规技术的组装配套。奶牛生产在有条件的地方应追求一定的规模。一定规模的生产,才能追求技术更新,才能挖掘出奶牛生产的潜力。生产、加工等各环节要注重技术改造,运用科技含量较高的设备工艺,提高劳动生产率,提高经济效益。奶牛品种向大型化发展,由奶牛的数量和质量并重的局面转为提高质量为主,同时重视乳脂率和乳蛋白率的提高。

1.3 国外奶牛业发展趋势

当今奶牛科学技术飞跃发展，高新技术广泛应用于奶牛生产，因此，奶牛业生产水平不断得到提高。但就全球而言，生产水平并不平衡。

(1)奶牛品种向单一化方向发展。世界著名的奶牛品种颇多，但至今仍没有一个品种的生产性能超过荷斯坦牛。在大多数国家如美国、加拿大、日本、以色列等，荷斯坦牛饲养比例均占奶牛饲养总量的90%以上，而其他一些品种诸如娟姗牛、更赛牛、爱尔夏牛等所占比例愈来愈小，奶牛品种有继续向单一化方向发展的趋势。

(2)发达国家奶牛数量不断减少，单产却不断提高。美国奶牛头数从1983年的1 112.0万头减少至2002年的914.1万头；而平均单产却从5 709 kg提高到8 431 kg，

(3)生产向规模化、机械化、自动化、电脑信息管理方向发展。发达国家奶牛场数量日趋减少，但户(场)奶牛平均养殖头数有所增加，日益趋向于扩大饲养规模，提高机械化、自动化水平。由机械化或电脑程控自动完成饲养、挤奶操作、清粪等全部生产过程。尤其在挤奶方面可自动计量、自动脱落挤奶杯，并有多功能的电子显示器即时显示出牛奶中体细胞数等生理生化指标，牛奶则通过密闭管道系统进入冷却贮奶罐，同时由微机管理系统完成全部挤奶数据记录。乳品质量按照HACCP系统严格质量管理体系，在美国、日本等国家已成功地采用机器人代替人进行挤奶操作。

(4)奶牛饲养管理更加科学化。发达国家一般饲养规模在40～50头多采用散放式饲养，奶牛集中到挤奶厅(间)挤奶。在高度机械化、自动化设备条件下，平均一个挤奶工可完成70～80头牛挤奶工作，大大提高了劳动生产率。在国内新建的规模奶牛场，也多采用散放饲养，这是国内外奶牛业发展的一个趋势。

(5)广泛应用胚胎生物技术并向产业化发展。发达国家奶牛的繁育工作已广泛应用现代胚胎生物工程技术。

1.4 肉牛产业生产的现代化

肉牛产业化是由良种提供、饲养管理、饲料加工、疫病防治、屠宰加工、销售及信息、服务各方面组成有机整体，各环节互相独立，又联合作用于肉牛产业化，推动产业化的发展。

1.4.1 肉牛产业化经营是实现我国肉牛生产现代化的必由之路

肉牛产业化经营是以市场为导向，以经济效益为中心，以科技为动力，以龙头企业为载体，以基地为依托，以农、牧户为基础，以社会化服务为纽带，通过利益吸引，使牧、工、商、技组成风险共担、利益均沾的经济共同体。围绕肉牛产品实行区域化布局、专业化生产、社会化服务、企业化管理，建立农工贸一体化经营，产加销、农科教紧密结合的一条龙生产体系。我国肉牛产业经过改革开放30多年的发展，尤其是1992年以后不足20年时间，肉牛养殖得到长足的发

展，肉牛产业化生产已初步形成，并具有以下基本特征和产业特点。

1. 区域发展特征明显

我国的牛肉生产具有明显的区域分布和动态变化特征。我国养牛比较集中的有四大块：中原肉牛带、东北肉牛带、西北肉牛带和西南肉牛带。肉牛业发展最为迅速的是北至黄河，南至大别山、桐柏山的中原肉牛带(包括河南、河北、山东、安徽、山西、陕西、江苏和湖北)，其中河南、山东、安徽、河北4省在肉牛生产中具有举足轻重的地位；东北肉牛带(包括内蒙古、河北省北部、辽宁、吉林和黑龙江)发展较快，出栏率和平均胴体重均较高；西北肉牛带(包括陕西、甘肃、宁夏、新疆、青海)饲料资源丰富，有很大的发展潜力；西南肉牛带(包括四川、云南、贵州和广西4省、自治区)的牛数众多，体型小，可利用山地面积广阔，增产潜力可观。

2. 发展速度快，但水平不高仍然是我国肉牛业发展的主要矛盾

其主要表现在牛的生产周期长，出栏率低，出栏牛的屠宰体重小，个体产肉量少。我国肉牛的生产方式主要是架子牛异(易)地育肥。我国目前农牧区肉牛生产的主要模式是小规模，大群体，以家庭成员为主，从牛的购入、育肥、出售以及棚舍建筑、资金筹措等均为一户负责，自负盈亏。牧区、农牧结合区、农区利用各自优势，如牧区、山区地域宽广，利用草原和山草坡地种草，适宜饲养母牛及小架子牛，建立能繁母牛基地，解决异地育肥的牛源问题；广大农区粗饲料如作物秸秆丰富，也是稳固的母牛及小架子牛养殖基地；在城镇郊区、交通方便的农牧区进行肉牛异地育肥；以城镇郊区的牲畜交易市场、屠宰厂等为销售的中心区域，形成了肉牛繁育-交易-肉牛育肥-交易-屠宰、加工、销售的产业化区域布局，有效地推动了我国肉牛业生产。

3. 我国肉牛养殖(场)的适度规模发展是肉牛产业化生产的前提，我国活牛及牛肉市场主要在国内，出口及深加工的数量有限

我国肉牛产业一体化发展程度低，龙头企业带动能力弱。肉牛养殖产业链不完善，一体化程度低；养、加、销各环节连接不紧密；大多数龙头企业与农户的利益连接不紧密，利润分配不合理，带动性不强，相互之间尚未形成“利益共享、风险共担”的产业化机制。目前所形成的龙头企业大多是初级粗加工产品多，精深加工、品牌产品少，高附加值产品更少。肉牛适度规模饲养是指肉牛生产单位或专业户在一定的内外环境条件下，通过对资金、劳力、饲养、技术、设备等生产要素的扩大投入和合理配置，在稳定提高生产效率的基础上适度扩大饲养规模，以获取规模效益。利用饲料资源丰富、饲养成本低的优势，在一定区域形成养牛乡、村，农牧户饲养能繁母牛，让其繁殖产犊，把犊牛饲养到架子牛，集中育肥，集中出售，育肥牛场和农户按企业制度经营管理。

肉牛养殖专业户(场)规模产业化经营的类型多种多样，最常见的是龙头企业带动，即以经济实力较强的肉牛场、加工厂或公司为龙头，围绕肉牛的生产、加工和销售，连结相关的企业和农户，进行一体化经营。具体有“公司＋农户”、“联合体＋农户”、“公司＋基地＋农户”等模式，在这些模式中，不可缺少的“农户”和“基地”的饲养规模受市场需求、价格牵动、人员素质、饲料供应、资金来源等因素的影响。

中国的肉牛业市场主要有3种形式，即产品的主要3个流向：①大众化市场。即集市牛肉及活牛交易，这是我国传统的最主要的肉牛市场形式。②活牛、牛肉出口。我国每年都要向香港特区、日本等地提供一定数量的活牛。③高档分割牛肉。用于高级宾馆、饭店、酒店和超市。

4. 生产水平低，牛肉质量差，直接影响牛肉的市场销售及价格，造成生产效益差、产品竞争力不强，尤其是出口牛肉缺乏竞争力

我国牛的繁殖成活率约40%，冷冻精液人工授精技术普及率低，存栏牛头均提供牛肉量低(约40 kg)，肉牛的屠宰率在40%～50%(育肥牛可达54%)。在生产方式上，以千家万户的分散经营为主，直接反映在小规模、低水平、低质量的粗放经营状态。虽然有灵活性较大的优点，但分散经营的直接结果，就是对市场和价格信息的变化反应迟钝，小生产与大市场、大服务的矛盾突出。

能繁母牛数量减少，牛源供应紧缺将长期困扰我国肉牛产业。随着农业机械化的推广应用，加之受母牛养殖效益低、饲料价格高、牛肉市场价格不稳定等因素的影响，我国肉牛数量一度呈萎缩状态，牛存栏量有下滑趋势。肉牛养殖“杀青、杀母”现象突出，后备母牛不足，牛源供应紧缺，造成加工企业遭遇“牛荒”。

5. 生产周期长，发展资金不足

我国出栏肉牛中18月龄的商品牛很少，6月龄的商品牛更少，一头肉牛从配种受孕到产犊需要9.5个月，从犊牛到育肥牛出栏又需要18～20个月，生产一头肉牛需28～30个月，加之肉牛养殖投资大，周期长，一个存栏20头牛的养殖户，仅购入架子牛就需7万～8万元，加上固定投资和饲料费至少需要投10万元。因此，资金不足已成为制约规模化养殖的重要因素。

6. 饲料的总体不足是我国肉牛产业发展所面对的挑战

肉牛生产需要粮食投入，肉类生产基本依靠饲料通过牲畜转换所取得。饲料主要有粮食、饼粕等精料和草原、草山、农作物副产品如秸秆等粗料两大类，我国农区富有的是秸秆。

要生产牛肉，必须在牛日食入营养物质超过维持自身需求后有所剩余时才能实现，而这部分需以粮食等精料类来提供。秸秆养牛时，秸秆所供应给牛的营养物质，仅能达到维持和部分维持营养之用，增重所需营养物质以及秸秆所提供维持需要的不足部分，则必须以精料的形式由粮食来供给。

1.4.2 面对挑战，促进我国区域性肉牛产业发展

面对21世纪社会的发展进步，我国的肉牛产业既有优势，也面临巨大的挑战。

我国牛的饲养基数大，但我国肉牛生产水平低，每头肉牛的胴体重低于世界的平均水平。我国肉牛的良种化程度低，肉牛及良种杂交改良肉牛仅占我国牛群的15%。由于良种化水平低，再加上饲养管理粗放，经营方式落后，导致生产水平不高。大多数肉牛养殖采用低精料长周期的育肥方式，育肥饲料搭配不合理，饲料转化效率低，肉牛出栏周期相对较长，头均产肉量较少。因此，要面对挑战，促进我国区域性肉牛产业的发展，实现肉牛产业的持续发展，必须要从能繁母牛的规范健康养殖开始，做到牛源充足，牛肉品质优良，加工企业有相对固定的供牛基地，对肉牛种源、育肥、屠宰、分割有完善的标准，实施牛肉、牛源可追溯制度，做强肉牛产业。

1. 政府的扶持和配套社会化服务的跟进

政府要加大对农户饲养繁殖母牛的支持力度，如对母牛养殖进行适度的补贴，建立基础母

牛保险制度，降低养殖风险。在信贷方面对发展基础母牛给予必要的支持，以保护和调动养牛户饲养母牛的积极性。加强服务体系建设和技术培训力度，全面提升技术服务能力和水平。建立和完善专业培训平台，加强技术员、繁育员、饲养管理人员的技术培训，提高他们的职业技能。

2. 实施良种化工程，保护地方品种资源，开展杂交改良，加强繁育体系建设

品种改良是加快肉牛养殖生产的基础。在肉牛品种改良上，坚持用杂一代（西杂）或地方品种作母本，用引进品种作父本进行多元杂交，培育适合区域特色的肉牛合成系。

加强选育，加强繁育体系建设。在开发中保护地方品种母牛资源，政府、企业和科研机构多方联合，加大资金投入力度，坚持本品种选育，培育出具有我国自己特色的肉牛品种或品牌，健全肉牛繁殖体系，提高基础母牛在产业链中的地位和经济效益，做大做强肉牛产业。

加快优良品种繁改进度。迅速提高肉牛冻精配种比例，继续实施肉牛良种补贴政策，加强并健全原有乡镇的家畜良种繁育改良站，推动地方黄牛品种改良，走本地犊牛和架子牛供应基地之路，以保障高档牛肉生产和牛肉深加工所需的牛源。

3. 大力发展农民专业合作经济组织，因地制宜，组织肉牛养殖经济共同体

随着农村改革的深化和社会主义市场经济的发展，千家万户养肉牛的“小生产”已无法适应千变万化的“大市场”，广大农民面临着生产规模小、产品进入市场难、增产难增收等问题。大力发展农民专业合作经济组织，通过农村经营体制的创新，开辟现代农业发展的新天地。政府各部门要积极配合，要多渠道筹集资金、出台政策为农民专业合作经济组织提供好的发展环境；在农民自愿的基础上，鼓励和支持养牛户（场）成立行业协会和专业合作组织，把分散的养牛户（场）组织起来有计划地安排生产，统一与龙头企业签订购销合同和服务合同，把合作社办成农民自己的经济组织；培育肉牛产业，并使之成为产业支撑，形成风险共担、利益均沾的经营机制。

肉牛龙头加工企业或育肥基地与基础母牛养殖户（育肥基地）建立起紧密的利益衔接机制，搞好龙头企业与养牛基地对接，改变肉牛养殖分散的经营模式。龙头企业要通过订单合同契约形式与农户建立稳定的购销关系。采取订单、入股、合资经营、组建农民牧业合作社，降低养殖风险，提高能繁母牛饲养和架子牛培育的经济效益，促进科学技术的推广，实现龙头企业与基地高效、和谐发展。从肉牛养殖现状来看，牛源生产的小规模分散养殖在今后相当长的时期内，仍然是提供牛源的主力。农业生产走向适度规模化、集约化、专业化经营是今后的发展方向。要因地制宜，根据不同情况推动养牛户的发展和壮大，在有条件的地区逐渐发展具有适度规模的集约化养殖。

4. 推广养牛科学技术，建立完善防疫体系，确保畜产品安全

创建能繁母牛、犊牛、架子牛和育肥牛养殖户（场）的示范场（基地），推广示范养殖技术和饲草饲料加工配合技术，降低饲养成本，增加经济效益。注重提高能繁母牛的科学饲养水平，应用不同时期母牛的补饲技术，保持和提高母牛的生产性能。

要加强能繁母牛繁殖疾病的预防和治疗，严格牛群防疫条件，建立消毒制度，开展经常性的环境卫生消毒，提高母牛繁殖率和牛群养殖经济效益。

建立畜产品质量安全电子标识溯源管理系统，完善饲料、兽药、畜产品的检测、监测设施设备，确保畜产品安全。加强兽医卫生保护，全面贯彻《中华人民共和国动物防疫法》。

1.5 国外肉牛业现状及发展趋势

养牛业在世界畜牧业生产中占有十分重要的地位，其中肉牛生产更是养牛业重要的组成部分。

1. 肉牛的良种多样化

牛肉在许多国家食用的肉类中所占的比例很大，而世界各地对牛肉的要求不一样。目前以英、德、意、法等为代表的欧洲国家要求少含或不含脂肪，即瘦肉比较多的牛肉；以日本、韩国及东南亚国家为代表的亚洲国家要求脂肪比较多、比较肥的牛肉；以美国、加拿大、巴西为代表的美洲国家要求高档牛肉中含有适度脂肪。

欧洲多数国家受土地资源的限制，趋向于发展兼用品种，如西门塔尔牛、丹麦红牛等，既可产奶，又可产肉。这样可以节省母牛的饲养费用，适合人多、地少的国家饲养。近10年来，各国都注重“向奶牛要肉”，即把乳用品种的淘汰牛、奶公犊用来育肥，奶、肉兼得。荷兰90%用于生产牛肉的牛来自荷兰牛。该国红白花牛占35%左右，与黑白花牛相比，产奶量低，但更适宜用作肉牛饲养。奶牛在荷兰一般于五产后就被淘汰，或直接育肥，或利用肉用公牛精液对奶牛进行人工授精，从而产出很多杂交牛。

2. 不少国家注意开发本国牛种资源

如日本本地牛自19世纪70年代引入国外牛种杂交，改良成为役肉兼用的和牛，到20世纪50年代已形成黑毛和牛、褐毛和牛、无角和牛、日本短角牛4个品种。1955年从役肉兼用型转变为肉用型，已成为具有独特风格的日本肉用牛品种。其中黑毛和牛体色为深棕色，有角，肉质优良，肌肉中有多层脂肪分隔，故有“大理石肉”之称。黑毛和牛在日本数量最多，占到90%。

3. 新饲养技术和新饲料的广泛应用和普及

养牛业发达的国家对肉牛营养进行了大量的研究，包括能量代谢、蛋白质代谢、氨基酸代谢、维生素、矿物质及微量元素代谢以及它们在牛体内的需要量，不断提高肉牛育肥技术。

4. 专业化、集约化肉牛生产日益发展

世界发达国家的专业化和集约化肉牛生产体系日趋完善。养肉牛实现了从投喂饲料、清除粪便、供应饮水、诊断疾病，到饲料配方、营养分析等操作过程自动化或机械化。电子计算机广泛应用于肉牛育种、繁殖和饲养管理，养牛业逐步向专业化、工厂化发展，机械化、自动化水平不断提高。

5. 节粮型肉牛育肥方式

随着粮食紧缺和价格上涨，世界各国特别是人多地少的国家日趋重视节粮型肉牛育肥方式，充分利用粗饲料进行低精料饲养。因此，改良草地，建立人工草场，利用放牧降低肉牛育肥成本，是今后发展高效肉牛业的重要措施。同时，进一步开展秸秆等粗饲料的加工，充分利用农副产品发展肉牛生产，也是发展中国家日趋大规模应用于肉牛业的发展方向。目前，牧草及秸秆传统的加工方法在国外不断改进。肉牛生产关键技术的突破和新技术、新工艺的研究及推广，日益显示出其重要性。

6. 新的繁殖和生物工程技术的应用

利用基因工程(如基因导入法)可以改变动物生产潜力,利用外源激素可以提高肉牛生产率及生产效益。美国 Genente 和 Monsento 公司用 DNA 重组技术,将牛生长激素转移到大肠杆菌里,成功地商品化生产出大量牛生长激素。该激素可使试验组肉牛比对照组生长速度提高 30%。国外还用注射垂体生长激素使牛体重增加 10%~13%。

7. 电脑控制的现代化饲养系统使集约化生产进一步发展

在大型肉牛场,按照围栏牛群的年龄、体重、体况等情况,确定该栏牛群的饲料配方。当需要某种配方的饲料时,微机按照输入的配方加工数据资料,控制自动容积式秤,准确按规定的各种成分、比例下料。混合均匀后自动灌装喂饲车,然后运往指定围栏喂饲,极大地提高了生产效率和养殖效益。

8. 高档牛肉生产呈快速发展趋势

随着世界经济的发展,人类食品结构发生了很大变化,牛肉消费量增长,特别是高档牛肉消费增加。各国市场对牛肉的需求,一是满足以快餐为主的大众化牛肉,二是高层次消费的西式牛排,三是东方铁板烤牛肉(雪花牛肉)。后两种要求档次较高,在大理石纹等级、成熟度上有较高标准和特殊评价。为了适应高档牛肉生产的需要,一些发达国家如美国、日本、加拿大及欧洲经济共同体都制定了牛肉分级标准,不同国家按需要不同,利用安格斯牛、利木赞牛、皮埃蒙特牛等不断选育的肉质优良品种生产适销对路的高档牛肉,同时结合饲料、饲养技术的改进,提高高档牛肉的产量和效益。

复习思考题

1. 简述我国奶牛产业的现状及可持续发展的因素,简述国外奶牛养殖业发展趋势。
2. 简述我国肉牛产业的现状和特点及国外肉牛养殖业发展趋势。
3. 简述我国奶牛、肉牛养殖的优势产区。

2 牛的品种资源

［重点提示］ 本章主要阐述主要肉用牛、乳用牛、兼用牛、中国黄牛、水牛、牦牛及其他牛品种的品种特性，教学重点是讲授品种的合理利用和杂交改良利用。要求教师准备各种类型品种的图片或多媒体。

畜禽品种是畜牧业生产的基础和保障，众多畜禽品种是人类社会不可缺少的重要资源，品种资源在畜牧生产和新遗传资源形成过程中具有重要的作用，品种及其遗传资源是畜牧业可持续发展的基础，是满足目前生产的物质基础和满足未来发展的重要基因库。

2.1 牛种分类

动物分类学上按照外部形态、解剖结构和生理习性等特征、特性，对牛类动物作了科学的划分与归类。牛属于脊椎动物亚门(Vertebrata)，哺乳纲(Mammalia)，偶蹄目(Artiodactia)，反刍亚目(Ruminatia)，洞角科(Covicornia)，牛亚科(Bovinae)，现存牛亚科的物种有 13 种。

2.1.1 牛的起源

根据历史学家和考古学家的研究，野牛变为家牛，远在新石器时代(公元前 10 000～公元前 8 000 年)即已开始。那时由于箭的发明，猎取的野兽、野禽就成了人类经常的食物。后来由于猎取的野兽很多，一时食用不完，于是开始把猎取的幼畜豢养起来进行驯养。

在新石器时代，很多地区的畜牧业已有所发展。当时在亚洲西南部养牛最多，如在安那屋(Anay)很深的地层里曾找到许多野牛的头骨和骨骼；我国新石器时代末期时“龙山文化”发现有牛、马、羊等的骨骼。同时，在欧洲、美洲所挖掘出来的古物，也证明当时人类为了获取肉食品，已开始种植作物，饲养各种动物。关于普通牛的起源，有单元来源和多元来源的争论，单元来源学说认为原牛(*Bos primigenius*)是野生祖先，而多元来源学说认为分别由欧洲原牛(*Bos primigenius*)和亚洲原牛(*Bos namadicus*))驯化而来。

2.1.2　牛的动物学和经济用途分类

在动物分类学上，人们驯养的牛属于牛亚科（Bovinae）中的家牛属（*Bos*）、水牛属（*Bubalus*）、牦牛属（*Pöephagus*），家牛属包括普通牛（*Bos taurus*）和瘤牛（*Bos indicus*）；水牛属包括亚洲水牛（*Bubalus bubalus*）、菲律宾水牛（*Bubalus mindorensis*）和印度尼西亚水牛（*Bubalus depressicornis*），中国水牛属于亚洲水牛种下的沼泽型（swamp），牦牛属下只有一牦牛种（*Pöephagus grunniens*），有的学者把牦牛种（*Bos grunniens*）归在家牛属。

人类早在公元前 8 世纪就已经开始养牛了，由于驯化过程的不同，形成了众多品种。现代养牛生产中所使用的不同种类的牛可根据其经济用途分为乳用型牛、肉用型牛和兼用型牛。肉用型品种因品种来源、体形大小可分为中、小型早熟品种，欧洲大型品种，瘤牛及含瘤牛血液品种；兼用型牛品种有乳肉兼用、肉乳兼用、肉役兼用等品种。中国地方优良品种黄牛不属于现代养牛生产的专门化品种，但却是中国发展现代养牛业的基础。

2.1.3　中国黄牛类型

许振英（1988）根据产区地理位置，将中国黄牛分为蒙古牛、华北牛和华南牛 3 个类型。蒙古牛指内蒙古高原的牛，黄褐色居多，纯黑、黑白或黄黑驳色亦有。前躯大、后躯小是其特征。华北牛按地区分为东北、山东、河南、关中许多类型。华南牛尤其是两广黄牛，肩峰突起，使人联想到可能有印度牛血统。肩峰高的另一原因是华南公牛通常不骟，所以副性状如肩峰特别发达，但台湾黄牛肩峰并不十分发达。

郑丕留在其所著的《我国家畜品种及其生态特征》一书中，把我国黄牛按自然分布及其生态条件分为三大类型：①北部牧区黄牛；②中部华北农区黄牛；③南部亚热带及热带黄牛。

《中国牛品种志》编写组（1980）通过实地考察，并几经讨论，一致认为我国黄牛应按地理分布区域和生态条件，划分为中原黄牛、北方黄牛和南方黄牛三大类型。中原黄牛包括分布于中原广大地区的秦川牛、南阳牛、鲁西牛和晋南牛，其他如郏县红牛、渤海黑牛等品种。北方黄牛包括分布于内蒙古、东北、华北和西北的蒙古牛，吉林、辽宁、黑龙江三省的延边牛，辽宁的复州牛和新疆的哈萨克牛。产于东南、西南、华南、华中、台湾、海南以及陕西南部的黄牛均属南方黄牛，包括舟山牛、温岭高峰牛、台湾牛、皖南牛、广丰牛、闽南牛、大别山牛、枣北牛、巴山牛、巫陵牛、雷琼牛、盘江牛、三江牛、峨边花牛、云南高峰牛等品种。西藏牛分布在西藏高原大山区，与南方黄牛互相隔离，在生态上、外形上也无共同之处，因其长期以来通过雌系犏牛混入一些牦牛血统，前躯比一般北方牛狭浅，被毛和尾毛稍长，似属另一类型。

2.2　国外主要牛品种

驯化的牛，最初以役用为主。18 世纪以后，随着欧洲农业机械化的发展和消费需要变化，家牛属中普通牛经过不断的选育和杂交改良，除少数发展中国家的黄牛仍以役用为主外，均向专门化方向发展变化，如英国育成了许多肉用牛和肉、乳兼用品种；欧洲大陆国家则是大多数奶牛品种的主要产地；英国的兼用型短角牛传入美国后向乳用方向选育，又育成了体型有所改变的乳用短角牛。现代牛的品种很多，按其用途可分为肉用型品种、乳用型品种、兼用型品种和役用型品种。

2.2.1 肉用牛品种

据估计，全世界有60多个专门化的肉牛品种，其中英国有17个，法国、意国、美国、前苏联各11个。这些并不包括乳、肉或肉、乳兼用品种和某些产肉性能较好的中国地方良种黄牛，以及大量既产肉、又产乳，还能使役的适于某种特定环境的原始品种。1950年以来，我国各地陆续从国外引进很多优良肉牛品种，对加速肉牛生产的发展起到了重要作用。国外的肉牛品种，按体型大小和产肉性能，大致可分为下列三大类。

(1)中、小型早熟品种。主产于英国，其特点是：生长快，胴体脂肪多，皮下脂肪厚，体型较小，一般成年公牛体重550～700 kg，母牛400～500 kg，成年母牛体高在127 cm以下为小型，128～136 cm为中型。如英国的海福特牛、短角牛、安格斯牛等。

(2)大型品种。产于欧洲大陆，原为役用牛，后转为肉用。其特点是：体格高大，肌肉发达，脂肪少，生长快，但较晚熟。成年公牛体重1 000 kg以上，母牛700 kg以上，成年母牛体高在136 cm以上。如法国的夏洛来牛，意大利的皮埃蒙特牛等。

(3)兼用品种。多为乳、肉兼用或肉、乳兼用，主要品种有瑞士的西门塔尔牛、瑞士褐牛，丹麦的丹麦红牛。

2.2.1.1 海福特牛(Hereford)

1. 原产地及育成简史

原产于英国威尔士地区的海福特县及邻近诸县，属中小型早熟肉牛品种。海福特牛是在威尔士地方土种牛的基础上选育而成的。在培育过程中，曾采用近亲繁殖和严格淘汰的方法，使牛群早熟性和肉用性能显著提高，于1790年育成海福特肉牛品种。1846年建立海福特牛纯种登记簿，1876年成立海福特牛品种协会，1883年转为“封闭式”良种登记，即只对双亲在本品种良种登记簿上注册过的个体进行登记，对该品种牛性能的稳定与提高起到了良好的作用。

2. 外貌特征

海福特牛体躯的毛色为橙黄或黄红色，头、颈、腹下、四肢下部和尾帚为白色，鼻镜粉红。体型宽深，前躯饱满，颈短而厚，垂皮发达，中躯肥满，四肢短，背腰宽平，臀部宽厚，肌肉发达，整个体躯呈圆筒状，皮薄毛细。分有角和无角两种，角呈蜡黄色或白色。公牛角向两侧伸展，向下方弯曲，母牛角尖有向上挑起者。成年海福特公牛体高134.4 cm、体重850～1 100 kg；相应成年母牛体高、体重分别为126.0 cm、600～700 kg，初生公犊重34 kg，母犊重32 kg。

3. 生产性能

海福特牛增重快，从出生到12月龄的平均日增重达1 400 g，18月龄体重725 kg(英国)。据我国黑龙江省资料，海福特牛哺乳期平均日增重，公犊1 140 g，母犊890 g。7～12月龄的平均日增重，公牛980 g，母牛850 g。屠宰率一般为60%～64%，经育肥后，可达67%～70%，净肉率达60%。肉质嫩，多汁，大理石纹好。海福特牛性成熟早，小母牛6月龄开始发情，15～18月龄，体重 445 kg 可以初次配种，母牛妊娠期 277 d(260～290 d)。该品种牛适应性好，在年气温变化为－48～38℃的环境中，仍然表现出良好的生产性能。

2.2.1.2　安格斯牛(Angus)

1. 原产地及育成简史

原产于英国的阿伯丁、安格斯和金卡丁等郡，全称阿伯丁-安格斯牛(Aberdeen-Angus)。安格斯牛的有计划育种工作始于 18 世纪末，着重在早熟性、屠宰率、肉质、饲料报酬和犊牛成活率等方面进行选育。1862 年开始良种登记，1892 年出版良种登记簿，现在世界上主要养牛国家大多数都饲养有安格斯牛。

2. 外貌特征

安格斯牛无角，毛色以黑色居多，也有红色。体格低矮，体质紧凑、结实。头小而方，额宽，颈中等长且较厚，背线平直，腰荐丰满，体躯宽而深，呈圆筒形。四肢短而端正，全身肌肉丰满。皮肤松软，富弹性，被毛光泽而均匀，少数牛腹下、脐部和乳房部有白斑。成年公牛体高 130.8 cm，体重 700～750 kg，相应成年母牛体高、体重分别为 118.9 cm、500 kg，犊牛初生重 25～32 kg。

3. 生产性能

安格斯牛具有良好的增重性能，日增重约为 1 000 g。早熟易肥，胴体品质和产肉性能均高。育肥牛屠宰率一般为 60%～65%。安格斯牛 12 月龄性成熟，18～20 月龄可以初配。产犊间隔短，一般为 12 个月左右。连产性好，初生重小，难产极少。安格斯牛对环境的适应性好，耐粗、耐寒，性情温和，易于管理。在国际肉牛杂交体系中被认为是较好的母系。

2.2.1.3　夏洛来牛(Charolais)

1. 原产地及育成简史

夏洛来牛是大型肉牛品种，原产于法国中西部到东南部的夏洛来和涅夫勒地区。18 世纪开始系统选育，主要通过本品种严格选育而成。1864 年建立良种登记簿，1887 年成立夏洛来牛品种协会，1964 年 22 个国家联合成立了国际夏洛来牛协会。

2. 外貌特征

夏洛来牛体躯高大强壮，全身毛色乳白或浅乳黄色。头小而短宽，嘴端宽方，角中等粗细，向两侧或前方伸展，角色蜡黄。颈短粗，胸宽深，肋骨弓圆，腰宽背厚，臀部丰满，肌肉极发达，使体躯呈圆筒形，后腿部肌肉尤其丰厚，常形成“双肌”特征，四肢粗壮结实。公牛常有双鬐甲和凹背者。蹄色蜡黄，鼻镜、眼睑等为白色。成年公牛体高 145.5 cm、体重 1 100～1 200 kg，相应成年母牛体高、体重分别为 137.5 cm、700～800 kg；初生公犊重 45 kg，母犊重 42 kg。

3. 生产性能

夏洛来牛以生长速度快、瘦肉产量高而著称。据法国的测定，在良好的饲养管理条件下，6 月龄公犊体重达 234 kg，母犊 210.5 kg，平均日增重公犊 1 000～1 200 g，母犊 1 000 g。12 月龄公犊重达 525 kg，母犊 360 kg。屠宰率为 65%～70%，胴体产肉率为 80%～85%。母牛平均产奶量为 1 700～1 800 kg，个别达到 2 700 kg，乳脂率为 4.0%～4.7%。青年母牛初次发情为 396 日龄，初配年龄为 17～20 月龄。但是该品种繁殖方面存在难产率高(13.7%)的缺点。

2.2.1.4 利木赞牛(Limousin)

1. 原产地及育成简史

利木赞牛原产于法国中部利木赞高原，并因此而得名，在分布广度和数量方面，在法国仅次于夏洛来牛，利木赞牛源于当地大型役用牛，主要经本品种选育而成。1850 年开始选育，1886 年建立良种登记簿，1924 年宣布育成专门化肉用品种。

2. 外貌特征

利木赞牛毛色以红黄为主，腹下、四肢内侧、眼睑、鼻周、会阴等部位色较浅，为白色或草白色。角细，白色。蹄壳琥珀色。头短，额宽，口方。体躯冗长，肋骨弓圆，背腰壮实，荐部宽大，但略斜。肌肉丰满，前肢及后躯肌肉块尤其突出。成年公牛体高 140 cm、体重 1 100 kg；成年母牛体高 131 cm，体重 600 kg；公犊初生重 36 kg，母犊 35 kg。

3. 生产性能

利木赞牛肉用性能好，生长快，尤其是幼年期，8 月龄小牛就可以生产出具有大理石纹的牛肉；在良好的饲养条件下，公牛 10 月龄能长到 408 kg，12 月龄达 480 kg。牛肉品质好，肉嫩，瘦肉含量高。利木赞牛具有较好的泌乳能力，成年母牛平均泌乳量 1 200 kg，个别可达 4 000 kg，乳脂率 5%。

2.2.1.5 皮埃蒙特牛(Piemontese)

1. 原产地及育成简史

原产于意大利北部皮埃蒙特地区，包括都灵、米兰等地，是在役用牛基础上选育而成的专门化肉用品种。20 世纪初引入夏洛来牛杂交而含“双肌”基因，是目前国际上公认的终端父本。

2. 外貌特征

该牛体型较大，体躯呈圆筒状，肌肉发达。毛色为乳白色或浅灰色，公牛肩胛毛色较深，黑眼圈。公、母牛的尾帚均呈黑色。犊牛幼龄时毛色为乳黄色，鼻镜黑色。成年公牛体高 150 cm，体重 1 000 kg 以上；成年母牛体高 136 cm，体重 500～600 kg。

3. 生产性能

皮埃蒙特牛生长快，育肥期平均日增重 1 500 g。肉用性能好，屠宰率一般为 65%～70%，肉质细嫩，瘦肉含量高，胴体瘦肉率达 84.13%。

2.2.1.6 德国黄牛(Gelbvieh)

1. 原产地及育成简史

德国黄牛原产于德国和奥地利，其中德国数量最多，系瑞士褐牛与当地黄牛杂交育成的，可能含有西门塔尔牛的基因，1970 年出版良种登记册。

2. 外貌特征和生产性能

德国黄牛毛色为浅黄色、黄色或淡红色。体型外貌近似西门塔尔牛。体格大，体躯长，胸深，背直，四肢短而有力，肌肉强健。成年公牛体高 135～140 cm，体重 1 000～1 100 kg，相应母牛体高、体重分别为 130～134 cm 和 700～800 kg；公犊平均初生重 42 kg，断奶重 231 kg。育肥性能好，去势小牛育肥到 18 月龄体重达 600～700 kg，平均日增重 985 g。平均屠宰率

62.2%,净肉率 56%。母牛乳房大,附着结实,泌乳性能好,年产奶量达 4 164 kg,乳脂率 4.15%。初产年龄为 28 个月,难产率低。

2.2.1.7 契安尼娜牛(Chianina)

1. 原产地及育成简史

契安尼娜牛原产于意大利多斯加尼地区的契安尼娜山谷,由当地古老役用品种培育而成,现主要分布于意大利中西部的广阔地域。1931 年建立良种登记簿,是目前世界上体型最大的肉牛品种。

2. 外貌特征和生产性能

契安尼娜牛被毛白色,尾帚黑色,除腹部外,皮肤均有黑色素;犊牛出生时,被毛为深褐色,在 60 日龄内逐渐变为白色。体躯长,四肢高,体格大,结构良好,但胸部深度不够。成年公牛体高 184 cm,体重 1 500 kg,相应母牛体高、体重分别为 157～170 cm、800～900 kg。契安尼娜牛生长强度大,一般日增重达 1 000 g 以上,2 岁内最大日增重可达 2 000 g。牛肉量多且品质好,大理石级明显。适应性好,繁殖力强且很少难产。

2.2.1.8 比利时蓝白花牛(Belgian Blue, Belgian Blue-White)

1. 原产地及育成简史

分布在比利时中北部的短角型蓝花牛与弗里生牛混血的后裔,经过长期对肉用性能的选择,繁育而成,是欧洲大陆黑白花牛血缘的一个分支,是这个血统牛中唯一被育成纯肉用的专门品种。

2. 外貌特征和生产性能

比利时蓝白花牛毛色为白身躯中有蓝色或黑色斑点,色斑大小变化较大,鼻镜、耳缘、尾巴多黑色。个体高大,体躯呈长筒状,体表肌肉醒目,肌束发达,后臀尤其明显。头部轻,尻微斜。成年公牛体高 148 cm,体重 1 200 kg,母牛体高 134 cm,体重 700 kg;初生重公犊 46 kg,母犊 42 kg。犊牛早期生长速度快,最高日增重可达 1 400 g。屠宰率 65%。比利时蓝白花牛适合于肉牛配套系的父系品种。

2.2.1.9 日本和牛(Japanese Beef Cow)

1. 原产地及育成简史

是在日本土种役用牛基础上经杂交而培育的肉用品种。1870 年起,日本和牛由役用逐渐向役肉兼用发展。1900 年以后,先后引入南德温牛、瑞士褐牛、短角牛、西门塔尔牛、朝鲜牛、爱尔夏牛和黑白花牛等与日本和牛杂交,目的是增大体格,提高肉、乳生产性能。但有计划的杂交却始于 1912 年。1948 年成立日本和牛登记协会,1957 年宣布育成肉用日本和牛。

2. 外貌特征和生产性能

毛色多为黑色和褐色,少见条纹及花斑等杂色。体躯紧凑,腿细,前躯发育良好,后躯稍差。体型小,成熟晚。成年公牛体高 137 cm,体重 700 kg,相应母牛体高、体重分别为 124 cm 和 400 kg;日本和牛的产奶量低,约 1 100 kg,但经过一年或一年多的育肥,屠宰率可达 60% 以上,有 10%可用作高级牛肉。

2.2.1.10 南德温牛(South Devon)

1. 原产地及育成简史

原产于英格兰的南德温郡南部和卡如爱尔地区，后引入澳大利亚。该品种原为役用牛，从19世纪开始向肉乳兼用方向选育，在南德温牛中引入了更赛牛的血统，后又导入了婆罗门牛的血统而育成，在许多国家有分布。

2. 外貌特征和生产性能

毛色紫红，不怕牛虻，体躯丰满，早熟，生长快，屠宰率高，净肉率达59.5%，肌肉纤维细，脂肪囤积适中，肉质鲜嫩呈明显大理石纹状。成年公牛体高142 cm，体重1 000～1 200 kg；成年母牛体高132 cm，体重500～700 kg，年产奶量1 500～2 000 kg；母牛易受胎，很少难产，护犊性能好，被誉为“母性品种”。犊牛初生重35～40 kg，在良好的饲养条件下，一般日增重可达1.3～1.5 kg。

2.2.2 乳用牛品种

乳用品种牛是经过高度选育繁殖的优良品种，产奶量很高，世界上乳用品种牛近百个，其中荷斯坦牛是世界上独一无二的最好乳用牛品种。

2.2.2.1 荷斯坦牛(Holstein)

荷斯坦牛也称荷斯坦-弗里生牛或荷兰牛(Holstein-Friesian)，原产于荷兰，在欧洲称为弗里生牛。荷斯坦牛风土驯化能力强，世界大多数国家均能饲养。经各国长期的驯化及系统选育，育成了各具特征的荷斯坦牛，并冠以该国的国名，如美国荷斯坦牛、加拿大荷斯坦牛、中国荷斯坦牛等。近一个世纪以来，由于各国对荷斯坦牛选育方向不同，分别育成了以美国、加拿大、以色列等国为代表的乳用型和以荷兰、丹麦、挪威等欧洲国家为代表的乳、肉兼用两大类型。

一、乳用型荷斯坦牛

1. 外貌特征

体格高大，结构匀称，皮薄骨细，皮下脂肪少，乳房特别庞大，乳静脉明显，后躯较前躯发达，侧望呈楔形，具有典型的乳用型外貌。被毛细短，毛色呈黑白花或红白花，界线分明，额部有白星，腹下、四肢下部(腕、跗关节以下)及尾帚为白色。成年公牛体高145 cm，体重900～1 200 kg；成年母牛体高135 cm，体重650～750 kg；犊牛初生重40～50 kg。

2. 生产性能

乳用型荷斯坦牛的产奶量为各乳牛品种之冠。美国2000年登记的荷斯坦牛平均产奶量达9 777 kg，乳脂率为3.66%、乳蛋白率为3.23%。创世界个体最高纪录者，是美国一头名叫“Muranda Oscar Lucinda-ET”的牛，于1997年365 d每天2次挤奶产奶量高达30 833 kg。创终身产奶量最高纪录是美国加利福尼亚州的一头奶牛，在泌乳的4 796 d内共产奶189 000 kg。荷斯坦牛的缺点是乳脂率较低，不耐热，高温时产奶量明显下降。因此，夏季饲养，尤其南方要注意防暑降温。

二、兼用型荷斯坦牛

1. 外貌特征

兼用型荷斯坦牛体格略小于乳用型，体躯低矮宽深，皮肤柔软而稍厚，尻部方正，四肢短而开张，肢势端正，侧望略偏矩形，乳房发育均称，前伸后展，附着好，多呈方圆形，毛色与乳用型相同，但花片更加整齐美观。成年公牛体重 900～1 100 kg，母牛 550～700 kg。犊牛初生重 35～45 kg。

2. 生产性能

兼用型荷斯坦牛的平均产奶量较乳用型低，年产奶量一般为 4 500～6 000 kg，乳脂率为 3.9%～4.5%，个体高产者可达 10 000 kg 以上。肉用性能较好，经育肥的公牛，500 日龄平均活重为 556 kg，屠宰率为 62.8%。

2.2.2.2 娟姗牛(Jersey)

娟姗牛属小型乳用品种，原产于英吉利海峡南端的娟姗岛(也称为哲尔济岛)。由于娟姗岛自然环境条件适于养奶牛，加之当地农民的选育和良好的饲养条件，从而育成了性情温顺、体型轻小、乳脂率较高的乳用品种。娟姗牛以乳脂率高，乳房形状好而闻名。

1. 外貌特征

娟姗牛体格小，清秀，轮廓清晰。头小而轻，两眼间距宽，眼大而明亮，额部稍凹陷，耳大而薄，鬐甲狭窄，肩直立，胸深宽，背腰平直，腹围大，尻长平宽，尾帚细长，四肢较细，关节明显，蹄小。乳房发育匀称，形状美观，乳静脉粗大而弯曲，后躯较前躯发达，体型呈楔形。娟姗牛被毛细短而有光泽，毛色为深浅不同的褐色，以浅褐色为最多。鼻镜及舌为黑色，嘴、眼周围有浅色毛环，尾帚为黑色。成年公牛体重为 650～750 kg，成年母牛体高 113.5 cm，体重 340～450 kg；犊牛初生重为 23～27 kg。

2. 生产性能

娟姗牛的最大特点是单位体重产奶量高，乳脂肪球大，易于分离，乳脂黄色，乳质浓厚，风味好，适于制作黄油。2000 年美国娟姗牛登记平均产奶量为 7 215 kg，乳脂率为 4.61%，乳蛋白率为 3.71%。

2.2.2.3 爱尔夏牛(Ayrshire)

爱尔夏牛属于中型乳用品种，原产于英国爱尔夏郡。爱尔夏牛的特点是早熟、耐粗饲，适应性强。我国广西、湖南等省区曾有引进，如今已很少饲养。

外貌特征和生产性能：角细长，形状优美，角根部向外方凸出，逐向上弯，尖端稍向后弯，为蜡色，角尖呈黑色。体格中等，结构匀称，被毛为红白花，有些牛白色占优势，被毛有小块的红斑或红白纱毛。鼻镜、眼圈浅红色，尾帚白色。乳房发达，发育匀称呈方形，乳头中等大小，乳静脉明显。成年公牛体重 800 kg，母牛体重 550 kg，体高 128 cm。犊牛初生重 30～40 kg。美国爱尔夏牛登记年平均产奶量为 5 448 kg，乳脂率 3.9%。美国最高个体 305 d 每天 2 次挤奶产奶量为 16 875 kg，乳脂率为 4.28%。

2.2.2.4 更赛牛(Guernsey)

更赛牛属于中型乳用品种，原产于英国更赛岛。1877 年成立品种协会，1878 年开始良种登记。我国曾引进,现我国纯种更赛牛已绝迹。

外貌特征和生产性能:头小,额狭,角较大,向上方弯;颈长而薄,体躯较宽深,后躯发育较好,乳房发达,呈方形,但不如娟姗牛的匀称。被毛为浅黄或金黄,也有浅褐个体;腹部、四肢下部和尾帚多为白色,额部常有白星,鼻镜为深黄或肉色。成年公牛体重 750 kg,母牛体高 128 cm,体重 500 kg。犊牛初生重 27~35 kg。1992 年美国更赛牛登记平均产奶量为 6 659 kg,乳脂率为 4.49%,乳蛋白率为 3.48%。更赛牛以高乳脂、高乳蛋白以及奶中较高的 β-胡萝卜素含量而著名。同时,更赛牛的单位奶量饲料转化效率较高,产犊间隔较短,初次产犊年龄较早,耐粗饲,易放牧,对温热气候有较好的适应性。

2.2.3 兼用品种

兼用牛品种是指兼有两种以上生产力方向的牛品种,这类牛品种有乳、肉,肉、乳,肉、役,乳、役等不同类型品种。

2.2.3.1 西门塔尔牛(Simmental)

1. 原产地与分布

原产于瑞士阿尔卑斯山西部西门河谷。1803 年出版了第一本良种登记簿。目前西门塔尔牛主要分布于欧洲、亚洲、南美、北美、南非等地区,在欧洲和亚洲大约有 3 000 万头。有 19 个国家建立了良种登记,1974 年成立"世界西门塔尔牛联合会(WSF)"。

2. 外貌特征

毛色多为黄白花或淡红白花,头、胸、腹下、四肢、尾帚多为白色。体格高大,成年公牛体高 142~150 cm,体重 1 000~1 200 kg;相应母牛体高、体重分别为 134~142 cm 和 550~800 kg,犊牛初生重 30~45 kg。后躯较前躯发达,中躯呈圆筒形。额与颈上有卷曲毛。四肢强壮,蹄圆厚。乳房发育中等,乳头粗大,乳静脉发育良好。

3. 生产性能

耐粗饲、适应性强,四肢坚实,寿命长,繁殖力强。肉用、乳用性能均佳,平均产乳量 4 000 kg 以上,乳脂率 4%;初生至 1 周岁平均日增重可达 1.32 kg,12~14 月龄活重可达 540 kg 以上,较好条件下屠宰率为 55%~60%,育肥后屠宰率可达 65%。

4. 改良我国黄牛效果

我国自 20 世纪 50 年代开始从前苏联引进,70~80 年代又先后从瑞士、德国、奥地利等国引进,全国存栏 1 万余头,是目前群体最大的引进兼用品种,于 1981 年成立中国西门塔尔牛育种委员会。中国西门塔尔牛核心群平均产奶量 3 550 kg,乳脂率 4.74%。与我国北方黄牛杂交,所生后代体格增大,生长加快,受到群众欢迎。西杂牛产奶量 2 871 kg,乳脂率 4.08%。

2.2.3.2 瑞士褐牛(Brown Swiss)

1. 原产地

原产于瑞士中部山区本地牛,据称其祖先来源于中亚地区,在瑞士全境均有分布,占瑞士牛数量的 47%,仅次于西门塔尔牛,为瑞士的古老品种。该品种原为乳、肉、役三用,后发展成为以乳用为主的兼用品种,目前在多个国家和地区有分布。

2. 外貌特征

毛色从灰褐到浅褐不等，有的个体几乎呈白色。鼻镜、乳房及四肢内侧毛色较淡，角尖、鼻镜、蹄壳上多有黑色素沉积。头宽短、额稍凹陷，角中等长，颈粗短，垂皮不发达。体格略小于西门塔尔牛，成年公牛体高 150～160 cm，体重 1 000～1 200 kg；成年母牛体高 135～142 cm，体重 600～700 kg；犊牛初生重 30～50 kg。

3. 生产性能

属乳用为主的乳肉兼用品种，骨骼坚实，四肢强壮，蹄壳结实，使用寿命长，平均妊娠期 290 d，略高于其他品种，平均产乳量 2 500～3 800 kg，乳脂率 3.23%～3.87%。一般 18 月龄活重可达 485 kg，屠宰率 50%～60%，育肥期平均日增重可达 1.1～1.2 kg。适应能力强，在多种气候和饲养管理条件下均有良好表现。美国的瑞士褐牛属乳用型，平均产乳量达 6 000～7 000 kg，乳脂率 4%，乳蛋白含量 3.7%。

2.2.3.3 丹麦红牛(Danish Red)

1. 原产地及育成经过

原产于丹麦，由安格勒牛（Angler）、乳用短角牛与当地牛杂交改良的基础上育成。1878 年形成品种，1885 年出版良种登记册，近 20 多年来导入过瑞士褐牛基因，以乳脂率、乳蛋白率高而著称。

2. 外貌特征

被毛为红色或深红色，公牛毛色通常较母牛深，鼻镜浅灰色至深褐色，蹄壳黑色，部分牛只乳房或腹部有白斑毛，被毛软、短，光亮，体格较大，体躯方正深长，背腰平直，四肢粗壮结实，角短且致密，乳房发达而匀称，乳头长。成年公牛体高 148 cm，体重 1 000～1 300 kg；成年母牛体高 132 cm，体重 650 kg；犊牛初生重 40 kg。

3. 生产性能

具有较好的乳用性能，1989～1990 年在丹麦的平均产奶量为 6 712 kg，乳脂率 4.31%，乳蛋白含量 3.49%。美国 2000 年 53 819 头母牛的平均产奶量为 7 316 kg，乳脂率 4.16%，乳蛋白含量 3.57%；高产牛群的平均产奶量 9 533 kg，乳脂率 4.53%，乳蛋白含量 3.55%；最高单产 12 669 kg，乳脂率 5%，乳蛋白含量 3.82%。12～16 月龄小公牛，在良好的育肥条件下，平均日增重可达 1.0 kg，屠宰率 57%；品种平均屠宰率 54%，犊牛哺乳期日增重 0.7～1.0 kg。

4. 杂交改良我国黄牛效果

用于改良秦川牛，杂一代平均初生重 30～32 kg，母牛头胎平均产乳量 1 750 kg，高产个体可达 2 415 kg，其乳脂率为 5.01%，乳蛋白含量为 3.68%，干物质含量为 14.43%。

2.2.3.4 短角牛(Short Horn)

原产地及育成经过：原产于英国的诺森伯兰、杜软母、约克和林肯等郡，是最早的登记品种。1822 年开始品种登记，1874 年成立品种协会。1950 年，随着世界奶牛业的发展，一部分短角牛又向乳用方向选育，至今形成了肉用短角牛和乳用短角牛 2 个类型。

一、肉用短角牛

1. 外貌特征

肉用短角牛以红色被毛为主，也有白色和红白交杂的沙毛个体，相当数量的个体腹下或乳房部有白斑；鼻镜粉红色，眼圈色淡，头短，额宽平，角短细，向下稍弯，呈蜡黄或蜡白色，角尖黑；颈部被毛长且卷曲，额顶有丛生的较长被毛；背腰宽且平直，尻部宽广、丰满，体躯长而宽深，具有典型的肉用牛体型。成年公牛体高 140 cm，体重 1 000 kg；成年母牛体高 130 cm，体重 700 kg。

2. 生产性能

据英国测定，肉用短角牛 200 日龄公犊平均体重 209 kg，400 日龄可达 412 kg，育肥期日增重可达 1 kg 以上，母牛泌乳力好。

二、兼用短角牛

美国官方称其为乳用短角牛。

1. 外貌特征

与肉用短角牛相似，但乳用特征明显，乳房发达，体格较大，成年公牛体重 1 000 kg 以上，成年母牛体重 700～800 kg。

2. 生产性能

平均产奶量 3 310 kg，乳脂率 3.69%～4.0%，高产牛可达 5 000～10 000 kg。

2.2.4 引进品种的合理利用

我国农牧区肉牛养殖主要是户养为主，基本采用杂交后代公牛作商品肉牛，杂种后代母牛作繁殖用，这是带犊繁育体系中我国农牧区肉牛养殖获利的基本，这与国际上采用终端杂交体系，将杂种母牛和所哺乳的犊牛一并宰杀明显不同(在中国条件下不适用，至少现在不适用)。我国地方良种黄牛有一系列优点，如体型较小，相当于国际上中等偏小的体格，用它来哺育较大体型的杂种牛，饲养成本较低，且耐粗饲；不易难产，除非引入品种的犊牛出生重过大，如 45 kg 以上；长寿温顺，抗病力强；肉质鲜嫩，风味丰厚。我国地方品种牛的泌乳性能普遍很低，生长缓慢，致使出栏率低，必须合理地组装父系和母系，使二元杂交后的母牛在泌乳性能上有所提高，这对下一轮杂交很有好处，以产生更高的效益。因此留用哺乳能力强的杂种母牛是提高繁殖基地经济效益的支柱。在千家万户养母牛的情况下，这也是农村脱贫致富的手段之一。近 60 年来我国引进的外来品种，经过选育和利用，虽然有成功的，但也有失败的。

2.2.4.1 国内引进主要国外品种的杂交改良情况

1. 西门塔尔牛

西门塔尔牛是至今用于改良本地牛范围最广，数量最大，杂交最成功的牛种。西门塔尔改良牛在全国已有 700 多万头，并形成了不少地方类群。在科尔沁草原和辽吉平原，川北的云蒙山区，南疆和北疆不同气候的农牧区，太行山区等都发挥了很好的经济效益，是异地育肥基地架子牛的主要供应区。西门塔尔牛改良各地的黄牛，其杂交后代主要表现为生长速度快；在 2～3 个月的短期育肥中一般具有平均日增重 1 134～1 247 g 的水平，有的由于补偿生长在第一个月达到平均 2 000 g 的速度。16 月龄屠宰时，屠宰率达 55%以上；20 月龄时(强度育肥)屠宰率达 60%～62%，净肉率为 50%。西门塔尔牛的另一个优点是能为下一轮杂交提供很好的母系，后代母牛产奶量成倍提高，从全国商品牛基地县的统计资料来看，207 d 的泌乳量，西杂一代为 1 818 kg,西杂二代为 2 121.5 kg,西杂三代为 2 230.5 kg。在我国对粗料不挑剔的牛种在利用农副产品作物秸秆来说十分重要,也是西门塔尔牛的品种特点。

2. 夏洛来牛

夏洛来牛是国际上肉牛杂交的主要父系。与西门塔尔改良牛的杂交为肉牛生产提供了大量牛源,杂交公犊强度育肥之下平均日增重可达 1 200 g。夏洛来牛在眼肌面积改良上作用最好,臀部肌肉发达,在生产西冷和米龙等高价分割肉块具有优势,是一个体型硕大、骨量很大的牛种,要求的营养水平很高。

3. 利木赞牛

利木赞牛是国际上常用的杂交父系之一。其优点是肌肉纤维细,肌间脂肪分布均匀,肉的嫩度好,但生长能力不如前二者,泌乳能力也差一些,用于第二或三次轮回杂交,其后代难产率较低,在环境条件较差的地方,与顺产率高的牛种杂交后,母犊继续留作母本是比较好的组合。在我国,因为利木赞牛毛色非常接近黄牛,较受欢迎,在夏洛来牛和西门塔尔牛杂交的基础上进行下一轮的杂交也能获得较好饲料报酬的效果。

4. 安格斯牛

安格斯牛最初引进后一直没有受到重视,因为它是中等体格,对黄牛改良后体高等增加不大,受到冷落,曾一度几乎在国内接近绝种,但这个牛种十分耐粗饲,比蒙古牛对严酷气候的耐受力更强。近 10 年来由于优质牛肉的需求上升,尤其是高档牛肉的生产,使安格斯牛的优势明显凸显,安格斯牛是较理想的杂交父本。

5. 皮埃蒙特牛

皮埃蒙特牛为意大利的新兴肉牛品种,以高屠宰率(70%),高瘦肉率(82%)和大眼肌面积(可改良夏洛来牛的眼肌面积),以及鲜嫩的肉质和弹性度极高的皮张而著名。

6. 海福特牛

海福特牛是英国老牌的肉用品种之一。我国于 1974 年从英国引入,其改良牛生长良好,但体高改良不明显,在牛市上不显眼,在当时缺乏胴体性状对比的情况下,未受到重视,加上在草原上放牧不如欧洲大陆型牛种,现我国较大的杂交种群已无迹可寻。

2.2.4.2 引进品种开展杂交优势利用时注意事项

根据国内多年杂交实践中存在的问题,为以后取得预期改良结果,应注意以下几个问题。

(1)为小型母牛选择种公牛组织选配时,公牛品种的平均成年活重不宜太大,以防发生难产;有一个比较方法是,两品种的成年牛活重平均差异,公牛品种不宜超过母牛品种的 30%～40%。大型品种公牛与中小型品种母牛杂交时,不选择初配母牛,而选配经产母牛,以降低难产率。

(2)防止改良品种公牛中同一头牛的冷冻精液在一个地区使用过久(3～4 年以上),防止盲目近交,在我国黄牛分布区,由政府部门批准执行的保种区(场)内,严禁引入外品种牛同当地牛杂交。

(3)对杂种牛好坏的比较要科学化,特别是犊牛的营养水平要改善。那种用饲养役牛的办法来养改良牛,造成杂种小牛"生下像它爸,长大像它妈"的现象,并不能证明杂交配合不好。良种要用良法养,这是取得良好的改良效果的一条基本措施。

2.3 中国黄牛和乳牛品种

中国是一个农业大国，中国人与牛有深厚的感情。早在汉代，中国人已经开始使用牛来耕地，用牛驾车则更早。中国现代的牛品种主要有中国黄牛、水牛、乳牛、牦牛、培育的兼用牛和肉用牛品种。中国黄牛是中国最常见的一种家牛，也是分布最广、数量大、功用最大的牛种，它是我国乳牛、兼用牛和未来培育专门化品种牛的基础和基因库。中国荷斯坦奶牛是引进国外各种类型的荷斯坦牛，经过长期选育、驯化和与各地黄牛进行四代以上杂交选育而成的乳用牛品种，也是我国唯一的奶牛品种。

2.3.1 中国黄牛

中国黄牛系指原产于我国除水牛、牦牛之外的所有家养牛。毛色以黄褐色为主，也有深红、浅红、黑、黄白、黄黑等毛色。中国黄牛为传统称谓，纳入《中国牛品种志》的黄牛品种有28个，在此仅介绍部分品种，其他品种分布及生产性能见品种志。

2.3.1.1 秦川牛

1. 产地与分布

秦川牛因产于陕西省关中地区的“八百里秦川”而得名。主要产地包括渭南、临潼、蒲城、富平、大荔、咸阳、兴平、乾县、礼泉、泾阳、三原、高陵、武功、扶风、岐山15个县、市。

2. 体型外貌

角短而钝、多向外下方或向后稍弯。毛有紫红、红、黄3种，以紫红和红色居多。鼻镜多呈肉红色，亦有黑色、灰色和黑斑点等色。蹄壳分红、黑和红黑相间三色，以红色居多。成年公牛体高141 cm，体重594 kg；成年母牛体高124 cm，体重381 kg。

3. 生产性能

在中等饲养水平下，18月龄时的屠宰率可达58.3%，净肉率为50.5%。母牛产奶量715.8 kg，乳脂率4.70%；在中等饲养水平下母牛初情期为9.3月龄；产后第一次发情期为53.1 d；一般母牛2岁配种，在正常条件下，可繁殖到14～15岁，个别可达17～20岁。

4. 与其他黄牛杂交效果

全国各地曾引进秦川公牛改良本地黄牛，杂交效果良好。

2.3.1.2 南阳牛

1. 产地与分布

南阳牛产于河南南阳地区白河和唐河流域的广大平原地区，以南阳市郊区、唐河、邓州、新野、镇平、社旗、方城等县市为主要产区。

2. 体型外貌

公牛角基较粗，以萝卜头角为主，母牛角较细；鬐甲较高，公牛肩峰高8～9 cm；有黄、红、草白3种毛色，以深浅不等的黄色为最多，一般牛的面部、腹下和四肢下部毛色较浅；鼻镜多为肉红色，其中部分带有黑点；蹄壳以黄蜡、琥珀色带血筋较多。成年公牛体高 145 cm，体重 647 kg；成年母牛体高 126 cm，体重 412 kg。

3. 生产性能

1.5 岁公牛育肥的平均体重可达 441.7 kg，日增重 813 g，屠宰率为 55.6%；3～5 岁阉牛经强度育肥，屠宰率可达 64.5%，净肉率达 56.8%。母牛产乳量 600～800 kg，乳脂率为 4.5%～7.5%，母牛初情期 8～12 月龄，产后第一次发情平均为 77 d。公牛 1.5～2 岁开始配种，3～6 岁配种能力最强，利用年限 5～7 年。

4. 与其他黄牛杂交效果

已向全国 22 个省、市提供种牛，杂交效果良好。

2.3.1.3 鲁西牛

1. 产地与分布

鲁西牛主要产于山东西南部，以郓城、鄄城、菏泽、巨野、梁山、嘉祥、金乡、济宁、汶上等县为中心产区。

2. 体型外貌

具有较好的役、肉兼用体型。公牛多平角或龙门角，母牛角形多样，以龙门角较多；蹄质致密但硬度较差，不适于山地使役；被毛从浅黄到棕红色都有，以黄色为最多；多数牛有完全或不完全的“三粉”特征（指眼圈、口轮、腹下与四肢内侧色淡），鼻镜与皮肤多为淡肉红色，部分牛鼻镜有黑色或黑斑。角色蜡黄或琥珀色。成年公牛体高 146 cm，体重 644 kg；成年母牛体高 123 cm，体重 366 kg。

3. 生产性能

以青草和少量麦秸为粗料，每天补喂混合精料 2 kg（豆饼 40%、麦麸 60%），1～1.5 岁牛平均日增重 610 g，屠宰率 53%～55%，净肉率 47%左右。母牛性成熟早，一般 10～12 月龄开始发情，母牛初配年龄多在 1.5～2 周岁，终生可产犊 7～8 头，最高可达 15 头，产后第一次发情为 35 d。公牛 2～2.5 岁开始配种，利用年限 5～7 年。

2.3.1.4 晋南牛

1. 产地与分布

产于山西省晋南盆地，以万荣、河津、临猗、永济、运城、夏县、闻喜、芮城、新绛、稷山、侯马、曲沃、襄汾等县市为主产区，以万荣、河津和临猗三县的数量最多。

2. 体型外貌

公牛颈较粗短，顺风角，肩峰不明显；蹄大而圆，质地致密；毛色以枣红为主，鼻镜粉红色。成年公牛体高 139 cm，体重 607 kg；成年母牛体高 117 cm，体重 339 kg。

3. 生产性能

成年牛育肥后屠宰率可达 52.3%，净肉率为 43.4%。母牛产乳量 745.1 kg，乳脂率为 5.5%～6.1%，9～10 月龄开始发情，2 岁配种，产犊间隔为 14～18 个月，终生产犊 7～9 头，公牛 9 月龄性成熟。

4. 与其他黄牛杂交效果

晋南牛已引种到四川、云南、陕西、甘肃、江苏、安徽等地，与其他黄牛杂交，效果良好。

2.3.1.5 延边牛

1. 产地与分布

主产于吉林省的延吉、和龙、汪清、珲春及毗邻各县，分布于东北三省。

2. 体型外貌

公牛头方额宽，角基粗大，多向外后方伸展成"一"字形或倒"八"字角。母牛头大小适中，角细而长，多为龙门角。毛色多呈浓淡不同的黄色，鼻镜一般呈淡褐色，带有黑斑点。成年公牛体高 131 cm，体重 465 kg；成年母牛体高 122 cm，体重 365 kg。

3. 生产性能

公牛经 180 d 育肥，屠宰率可达 57.7%，净肉率 47.23%，日增重 813 g。母牛产乳量 500～700 kg，乳脂率 5.8%～8.6%。母牛初情期平均为 13 月龄，公牛平均为 14 月龄。

2.3.1.6 蒙古牛

1. 产地与分布

原产于蒙古高原地区，分布于内蒙古、黑龙江、新疆、河北、山西、陕西、宁夏、甘肃、青海、吉林、辽宁等省、自治区。

2. 体型外貌

头短宽、粗重，角长，向上前方弯曲，呈蜡黄或青紫色，角质致密有光泽；肉垂不发达，鬐甲低下；四肢短，蹄质坚实，皮肤较厚，皮下结缔组织发达；毛色多为黑色或黄(红)色，次为狸色、烟熏色。成年公牛体高 121 cm，体重 360.5 kg；成年母牛体高 108～120 cm，体重 206～365 kg。

3. 生产性能

母牛 100 d 平均产乳量 518.0 kg，乳脂率为 5.22%，最高者达 9%。中等营养水平的阉牛屠宰率可达 53.0%，净肉率 44.6%。在草原地区为季节性发情配种，母牛初情期 8～12 月龄，约 2 岁开始配种，4～8 岁为繁殖最好时期；公牛于 2 岁时开始配种。

2.3.1.7 雷琼牛

1. 产地与分布

原产于雷州半岛最南端和海南岛北部等沿海低缓的丘陵地带，分布于广东的徐闻、雷州、遂溪、廉江和海南省的琼山、澄迈、海口市郊、安定及儋州等地。

2. 体型外貌

被毛细短，且富光泽。毛色以黄色居多，其次有黑色及不同深浅程度的褐色。大部分牛全身表现有十三黑的特征，即鼻镜、眼睑、耳尖、四蹄、尾帚、背线、阴户及阴囊下部为黑色。公牛角长，略弯曲或直立稍向外弯，母牛角短或无角；垂皮发达，肩峰隆起，公牛峰高达 13～17 cm。尾根高、尾长，且从生黑毛。四肢结实，管围略细，蹄坚实。成年公牛体高为 119.7 cm，体重 282.4 kg；成年母牛体高 104 cm，体重 215.6 kg。

3. 生产性能

未经育肥成年牛平均屠宰率为 49.6%，净肉率为 37.3%。母牛产乳量 400～500 kg，个别达 750～975 kg。在粗放的饲养管理条件下，一般公、母牛 2 岁开始配种，母牛可繁殖 12～

14 胎，大多数母牛一年一胎。

2.3.1.8 渤海黑牛

1. 产地与分布

原称“无棣黑牛”，产于山东省的无棣、沾化、利津、垦利等县。

2. 体型外貌

角短、质致密、呈黑色。蹄呈中木碗状，蹄质坚实，四肢病及蹄病极少。全身被毛、鼻镜、角及蹄皆呈黑色。成年公牛体高 129 cm，体重 426 kg；成年母牛体高 117 cm，体重 298 kg。

3. 生产性能

未经育肥公牛屠宰率可达 53%，阉牛可达 50%。公牛 10～12 月龄达性成熟，1.5～2 岁可配种，利用年限 6～8 年。母牛 8～10 月龄性成熟，初配年龄多在 1.5 岁左右，一生产犊 7～8 胎，个别母牛在 15 岁以上仍有繁殖能力。

2.3.1.9 郏县红牛

1. 产地与分布

产于河南省郏县，现主要分布于郏县、宝丰、鲁山及毗邻各县。

2. 体型外貌

外貌比较一致，体格中等，体质结实，骨骼粗壮，体躯较长，从侧面看呈长方形，具有役、肉兼用体型。垂皮较发达，肩峰稍隆起，尻稍斜，四肢粗壮，蹄圆大结实。公牛鬐甲宽厚，母牛乳房发育较好，腹部充实。毛色有红色、浅红色及紫红色 3 种。成年公牛体高 126.1 cm，体重 425.0 kg，成年母牛体高 121.2 cm，体重 364.6 kg，犊牛初生重 20～28 kg。

3. 生产性能

郏县红牛肉质细嫩，肉的大理石纹明显，色泽鲜红；20～23 月龄阉牛育肥后屠宰，屠宰率达 57.57%，净肉率 44.82%。在通常饲养管理条件下，母牛初情期为 8～10 月龄，初配年龄为 1.5～2 岁，使用年限一般至 10 岁左右，产后第一次发情多在 2～3 个月，3 年可产 2 犊。

2.3.1.10 巫陵牛(湘西牛、恩施牛、思南牛)

1. 产地与分布

产于湖南、湖北、贵州三省交界处，主要分布于湘西的凤凰、花垣、桑植、永顺、慈利，黔东北的思南、石阡、沿河、务川、德江、道真、正安以及鄂西南的恩施地区。

2. 体型外貌

被毛黄色最多，栗色、黑色次之，角形不一；公肩峰肥厚，高出背线 6～8 cm，母肩峰不明显；尻斜，肢长中等，四肢强健，后肢飞节内靠，蹄形端正，蹄质坚实，尾较长。巫陵牛具有体质结实、肢蹄强健、行动灵活、善于爬山、耐劳、耐旱、抗湿及耐粗等特性。成年公牛体高 114.9 cm，体重 308.1 kg，成年母牛体高 105.0 cm，体重 232.1 kg。

3. 生产性能

公牛屠宰率为 50.1%，母牛为 51.1%，公牛净肉率为 40.1%，母牛为 39.7%，公牛眼肌面积为 58.6 cm^2，母牛为 50.1 cm^2。公牛 18～24 月龄性成熟，母牛为 10～12 月龄，初配年龄公、母牛均为 2.5 岁。

2.3.1.11 温岭高峰牛

1. 产地与分布

产于浙江省温岭市，浙江省的黄岩、玉环、乐清等邻县有少量分布。

2. 体型外貌

肩峰高耸，前躯发达，肌肉结实，骨骼粗壮，但后躯肌肉欠丰满。公牛头大额宽，眼球圆大凸出，耳向前竖立，耳壳薄而大、内侧密生白毛；公牛颈粗大，肉垂发达，颈侧皮肤略有皱褶，母牛颈与前胸结合良好。肩峰可分为两个类型，一是高峰型，形状像鸡冠，称“鸡冠峰”，峰高而窄，一般峰高 12～18 cm；二是肥峰型，形状像畚斗，称“畚斗峰”，峰较低，高 10～14 cm。毛色特征为黄色或棕黄色，眼圈、嘴环、腹下、四肢内侧及下部，常有少量灰白色细毛，有的牛背中线黑。尾帚黑色；鼻镜呈青灰色；公牛角粗壮而开张，角质基部粗糙，角尖黑而光滑发亮，呈“横担角”或“龙门角”；母牛角细短，多向前上方伸展。成年公牛体高 128.2 cm，体重 423.0 kg；成年母牛体高 114.2 cm，体重 289.5 kg。

3. 生产性能

是我国南方黄牛中优良的役、肉兼用型地方品种之一，老年淘汰牛平均屠宰率为 52.85%，净肉率44.41%。3 岁阉牛的平均屠宰率为51.04%，净肉率46.27%，优质肉切块达 35.95%，肌肉纤维细嫩多汁。母牛 7～9 月龄开始发情，1.5～2 岁开始配种；公牛 6～8 月龄性成熟，2 岁开始配种。

2.3.1.12 复州牛

1. 产地与分布

主要产于辽宁瓦房店市(原称复县)，分布于该省的金州和普兰店市。

2. 体型外貌

体质健壮，结构匀称，骨骼粗壮；背腰平直，尻部稍倾斜；四肢健壮，蹄质坚实；公牛角短粗、向前上方弯曲，雄性相，母牛角较细、多呈龙门角；全身被毛为浅黄色或浅红色，四肢内侧稍淡，鼻镜多呈肉色。成年公牛体高 147.8 cm，体重 764.0 kg，成年母牛体高 128.5 cm，体重 415.0 kg；公、母犊牛初生重分别为 32.8 kg 和 31.7 kg。

3. 生产性能

是役用良种牛，体型较大，四肢健壮，挽力较强，一般 2.5～3 岁开始使役，但复州牛有后躯欠丰满、尻尖斜的缺点，在国内牛品种中属于大型牛种。平均屠宰率为 50.7%，净肉率为 40.33%，眼肌面积为 59.5 cm^2。母牛产后第一次发情时间平均 75.5 d，发情旺季在 5～9 月份。在轻度使役情况下，一般为一年一胎。

2.3.1.13 皖南牛

1. 产地与分布

主要产于安徽省的黟县、歙县、绩溪、旌德及祁门各县。

2. 体型外貌

体型不太一致，从总体来说，体型偏小，但结构较好，四肢较细。外貌分类可分为粗糙和细致 2 种类型，另外尚有介于两者之间的中间类型。成年公牛体高 107～123 cm，体重

224～371 kg;成年母牛体高 107～121 cm,体重 224～301 kg。

3. 生产性能

2 岁公牛屠宰率为 50%～55%,净肉率 45%左右。一个泌乳期产乳 300～400 kg,母牛 8～9 月龄开始发情,2 岁即能产犊。公牛 10 月龄即能配种。

2.3.1.14　巴山牛

1. 产地与分布

主产于鄂、陕、川三省交界的大巴山区,包括陕南、鄂西北、川东三省交界的广大地区。巴山牛的垂直分布集中在 300～1 200 m 的低山、中山地区。

2. 体型外貌

角有"龙门"、"竽头"、"羊叉"等角形。公牛鬐甲高而宽,母牛肩峰低薄或无肩峰。毛色以红黄毛为主色,鼻镜有黑、肉红和黑红相间等色,以黑色居多。成年公牛体高 118～152 cm,体重 327～423 kg;成年母牛体高 112～114 cm,体重 271～330 kg。

3. 生产性能

未经育肥 1.5～2 岁公、母牛的平均屠宰率 52.56%,净肉率 41.63%。育肥后公、母牛的屠宰率分别为 53.9%和 54.8%,净肉率分别为 44.3%和 46.2%。

2.3.1.15　大额牛(*Bos frontalis*),独龙牛

1. 产地与分布

大额牛属于准野牛属,产于云南省贡山独龙族怒族自治县独龙江一带,是一种半野生半家养的珍贵牛种,因仅为独龙族所驯养,故有"独龙牛"之称。大额牛在半野生条件下,终年在独龙江两岸陡峻的山林中野牧,攀登能力极强,凡普通黄牛无法行走的陡坡,大额牛都能行走自如,并能泅渡湍急的江水。性喜群栖,常年野牧放养。夏季常活动于海拔 2 000 m 左右的高山草丛和林地,冬季则游走于河谷草丛和收获后的耕地中。

2. 体型外貌

大额牛体躯比普通黄牛高大壮实。全身被毛黑色或深褐色,四肢下部白色,有的头部或唇部具有白色斑块。鬐甲较低平。四肢短而坚实。肌肉发达,丰满厚实,颈垂明显,但不如黄牛的长大。两角向头部两侧平展伸出,微向上弯。成年公牛体高 134 cm,体重 400～500 kg,最高可达 700～800 kg;母牛体高 128 cm,体重 350～400 kg。

3. 生产性能

大额牛屠宰率高,肉质好。性成熟较晚,一般 4 岁时性成熟,一年一胎,繁殖年限比普通黄牛长,可达 20 岁左右。由于大额牛与普通黄牛分属于两个不同的种,故二者染色体数目有所不同。大额牛的染色体数目为 $2n=58$,而普通黄牛染色体数目是 $2n=60$。因此,大额牛与普通黄牛进行种间杂交,虽能产生后代,并具有一定的杂种优势,但杂种后代雌性正常,雄性不育。

2.3.2　中国乳用及培育兼用型品种

中国培育的唯一乳用牛品种为中国荷斯坦牛,现已遍布全国。除饲养荷斯坦牛外,在华南

地区存栏少量的娟姗牛，在牧区饲养有我国培育的新疆褐牛、三河牛、中国草原红牛，也饲养一定数量的(中国)西门塔尔牛及其改良牛的后代。

2.3.2.1 乳用品种——中国荷斯坦牛

中国荷斯坦牛(Chinese Holstein)主要集中在大中城市附近和乳品工业比较发达的农牧地区，表现出良好的环境适应性和较高的生产性能。

1. 体型外貌

该型牛毛色同乳用型(见荷斯坦牛)。由于各地引进的荷斯坦公牛以及饲养环境条件的差异，中国荷斯坦牛的体格不一致，就其体型而言，北方荷斯坦牛体格较大，成年公牛体高 155 cm，体重 1 100 kg；成年母牛体高 135 cm，胸围 200 cm，体重 600 kg。南方荷斯坦牛体型偏小，其成年母牛体高 132.3 cm，胸围 196 cm，体重 585.5 kg。

2. 生产性能

据 21 925 头品种登记牛的统计，中国荷斯坦牛 305 d 各胎次平均产奶量为 6 359 kg，平均乳脂率为 3.56%，其中第一泌乳期为 5 693 kg，乳脂率为 3.57%，第三泌乳奶期为 6 919 kg，乳脂率为 3.57%。在京、津、沪、东北三省、内蒙古、新疆、山西等大中城市附近及重点育种场，其全群年平均产奶量已达 7 000 kg 以上。在饲养条件较好，育种水平较高的京、沪等市，个别奶牛达到了国际同类荷斯坦牛的生产水平，奶牛场全群平均产奶量已超过 8 000 kg，个别个体已超过 10 000 kg。

2.3.2.2 培育兼用型品种

自 1949 年以来，我国陆续引进荷斯坦牛、西门塔尔牛、短角牛及瑞士褐牛等品种与本地黄牛进行杂交，有计划地开展奶牛育种工作，1983 年对新疆褐牛、1985 年对中国草原红牛和 1986 年对三河牛进行了品种验收鉴定。

1. 三河牛

三河牛是内蒙古地区培育出的优良乳、肉兼用牛品种，原产呼伦贝尔草原，因较集中于额尔古纳市的三河(根河、得勒布尔河、哈布尔河)地区而得名。现在主要分布在呼伦贝尔盟，该品种牛约占总头数的 90%以上；兴安盟、哲里木盟和锡林郭勒盟等地也有分布。

经过多年多品种相互杂交和选育，三河牛逐步形成体大结实、耐寒、易放牧、适应性强、乳脂率高、产奶性能好的特点。成年公牛体高 156.8 cm，胸围 240.1 cm，体重 1 050 kg；成年母牛体高 131.3 cm，胸围 192.5 cm，体重 547.9 kg。据调查测定的 7 054 头次产奶量资料分析，三河牛泌奶期平均奶产量 2 868 kg，乳脂率 4.17%。育种核心群母牛 4 320 头，305 d 平均产奶量 3 205 kg、乳脂率 4.1%。三河牛产肉性能好，在放牧育肥条件下，阉牛屠宰率为 54%，净肉率为 45.6%。

2. 中国草原红牛

中国草原红牛为乳、肉兼用型品种，主要产于吉林白城市、内蒙古赤峰市和锡林郭勒盟南部、河北张家口市。它是引进乳、肉兼用型短角牛与蒙古牛级进杂交二三代后，横交固定，自群繁育而成。

中国草原红牛成年公牛体高 137.3 cm，体重 700～800 kg；成年母牛体高 124.2 cm，体重

450 kg。在放牧为主的条件下，第一胎平均泌乳量为 1 127.4 kg，乳脂率为 4.03%，最高个体产奶量为 4 507 kg。18 月龄的阉牛，经放牧育肥，屠宰率为 50.80%、净肉率为 40.95%。短期育肥牛屠宰率为 58.1%、净肉率为 49.5%。

3. 新疆褐牛

主要分布在新疆的伊犁、塔城等地区，其育种工作始于 20 世纪初，1935～1936 年曾引进瑞士褐牛与当地哈萨克牛进行杂交，1951～1956 年从苏联引进阿拉托乌牛、科斯特罗姆牛与当地黄牛杂交改良，1977 年和 1980 年，从德国、奥地利引进纯种瑞士褐牛进行杂交，经培育稳定了新疆褐牛的优良遗传品质，提高产奶性能。

新疆褐牛成年母牛体高 121.6 cm，胸围 173.2 cm、体重 430 kg，产奶量为 2 100～3 500 kg，最高产量达 5 162 kg，乳脂率为 4.03%～4.08%。成年公牛体重为 490 kg，在自然放牧条件下，2 岁以上屠宰率为 50%以上，净肉率 39%，育肥后净肉率可达 40%以上。

4. 中国西门塔尔牛(Chinese Simmental)

中国西门塔尔牛是由 20 世纪 50 年代、70 年代末和 80 年代初引进的德系、苏系和奥系西门塔尔牛与本地黄牛进行级进杂交后，对高代改良牛的优秀个体进行选种选配培育而成，属乳、肉兼用品种。主要育成于西北干旱平原、东北和内蒙古严寒草原、中南湿热山区和亚高山地区、华北农区、青海和西藏高原以及其他平原农区。它的适应范围广，适宜于舍饲和半放牧条件，产奶性能稳定，乳脂率和干物质含量高，生长快，胴体品质优异，遗传性稳定，并有良好的役用性能。中国西门塔尔牛体躯深宽高大，结构匀称，体质结实，肌肉发达，行动灵活，被毛光亮，毛色为红(黄)白花，花片分布整齐，头部白色或带眼圈，尾梢、四肢和腹部为白色，角蹄蜡黄色，鼻镜肉色，乳房发育良好，结构均匀紧凑。中国西门塔尔牛成年公牛体高 145 cm、体重 850～1 000 kg；成年母牛体高 130 cm、体重 550～650 kg。

生产性能，初配年龄为 18 月龄，体重在 380 kg 左右，泌乳期产奶量达 4 000 kg，核心群母牛产奶量达到了年均 4 300 kg 以上，平均乳脂率 4.03%。根据 97 头育肥牛试验结果，平均日增重 1 106 g，18～22 月龄宰前活重 573.6 kg，屠宰率 61.4%，净肉率 50.01%。在短期育肥后，18 月龄以上的公牛或阉牛屠宰率达 54%～56%，净肉率达 44%～46%。成年公牛和强度育肥牛屠宰率达 60%以上，净肉率达 50%以上。

5. 乌珠穆沁牛类群

乌珠穆沁牛属于蒙古牛中的一个优良类群。主要产于内蒙古锡林郭勒盟东北部的东、西乌珠穆沁旗。乌珠穆沁牛体躯较长，前躯发育比后躯好，腿短，体型近似肉、乳兼用或肉用型，毛色以红色为主。成年公牛体高 118.9 cm，体重 470 kg，成母牛体高 115.0 cm，体重 370 kg；乌珠穆沁牛泌乳期 148～165 d，产乳 600 kg 左右，日均 4 kg，最高达 8 kg，乳脂率较高，一般为 4%～5%。其公牛育肥性能良好，2.5～3.5 岁阉牛，经育肥后，屠宰率为 52.2%，净肉率为 42.7%；舍饲育肥后，屠宰率达 57.2%，净肉率达 43.2%。

2.3.3　中国培育的肉用牛品种

为了改变我国肉牛业生产落后的状况，快速提高牛肉产量，我国从 20 世纪 70 年代开始大量从欧洲及澳大利亚、美国、加拿大等国家引进了 20 多个肉牛品种，在杂交改良的同时，我国的科研人员和畜牧工作者，也开始培育适合本区域肉用牛品种。经过20多年连续不断地工作，培育出了夏南牛等肉用牛品种。

2.3.3.1 夏南牛

1. 原产地及育成经过

原产地河南泌阳县，是以夏洛来牛为父本，以地方良种南阳牛为母本，经导入杂交、横交固定和自群繁育3个阶段的开放式育种，培育而成的含夏洛来牛血统37.5%，含南阳牛血统62.5%的夏南牛。夏南牛耐粗饲，适应性强，舍饲、放牧均可，在黄淮流域及以北的农区、半农半牧区都能饲养。

2. 外貌特征

毛色为黄色，以浅黄、米黄居多；公牛头方正，额平直，母牛头部清秀，额平稍长；公牛角呈锥状，水平向两侧延伸，母牛角细圆，致密光滑，稍向前倾；耳中等大小；颈粗壮、平直，肩峰不明显。成年牛结构匀称，体躯干呈长方形；胸深肋圆，背腰平直，尻部宽长，肉用特征明显；四肢粗壮，蹄质坚实，尾细长；母牛乳房发育良好。成年公牛体高142.5 cm，体重850 kg，成年母牛体高135.5 cm，体重600 kg；公犊初生重38.5 kg，母犊为37.9 kg。

3. 生产性能

夏南牛体质健壮，性情温驯，适应性强，耐粗饲，采食速度快，易育肥；抗逆力强，耐寒冷，耐热性稍差。在农户饲养条件下，公母犊牛6月龄体重分别为197.4 kg和196.5 kg，日增重分别为0.88 kg和0.88 kg；周岁公母牛体重分别为299.0 kg和292.4 kg，日增重分别达0.56 kg和0.53 kg。体重350 kg的公架子牛经强化育肥90 d，体重达559.5 kg，日增重可达1.85 kg。17～19月龄的未育肥公牛屠宰率60.13%，净肉率48.84%。母牛初情期平均为432 d，初配时间平均为490 d。

2.3.3.2 延黄牛

1. 原产地及育成经过

主产于吉林省延边朝鲜族自治州，适宜吉林、辽宁等地区养殖。以延边黄牛为母本，利木赞牛为父本有计划地进行杂交、正反回交和横交固定培育而成，延黄牛含75%延边(黄)牛、25%利木赞牛血统，具有体质健壮、性情温顺、耐粗饲、适应性强、生长速度快等特点。

2. 外貌特征

毛色为黄色；公牛头方正，额平直，母牛头部清秀，额平，嘴端短粗；公牛角呈锥状，水平向两侧延伸，母牛角细圆，致密光滑，外向，尖稍向前弯；耳中等大小；颈粗壮，平直，肩峰不明显；成年牛结构匀称，体躯呈长方形，胸深肋圆，背腰平直，尻部宽长；四肢较粗壮，蹄质坚实，尾细长；肉用特征明显，母牛乳房发育良好。成年公牛体高156.2 cm，体重900～1 100 kg；成年母牛体高136.3 cm，体重490～630 kg，公、母犊牛初生重分别为30.9 kg和28.9 kg。

3. 生产性能

6月龄公、母牛体重分别为168.8 kg和153.6 kg；12月龄公、母牛体重分别为308.6 kg和265.2 kg；舍饲短期育肥至30月龄公牛屠宰率59.8%，净肉率49.3%。母牛初情期8～9月龄，初配时间13月龄。

2.3.3.3　婆莫云牛(BMY牛)类群

1. 原产地及育成经过

婆莫云牛(BMY牛)是通过杂交和横交选育的方法选育出适于热带亚热带饲养的婆莫云牛类群牛。早在1984年开始用莫累灰牛(Murray Grey)与云南黄牛进行杂交并产生莫云杂(MY)，随后引进婆罗门牛(Brahman)，与MY母牛杂交，产生婆莫云杂牛(BMY)，在此基础上，对BMY牛进行扩繁，选育，固定。BMY牛的血统由50%婆罗门牛+(25%莫累灰牛+25%云南黄牛)构成。

2. 外貌特征

具有婆罗门牛耐热抗蜱优点和莫累灰牛高繁殖性能以及云南黄牛适应性强的特性。体型细致紧凑，头稍小，大多数无角，耳稍大，眼明有神。颈细长，垂皮稍小，肩峰明显，背腰长而窄。胸窄深，腹稍小。尾细长，四肢细长，蹄质坚实。毛色多见黑色和黄色。成年公牛体高139.1 cm，体重700～800 kg，成年母牛体高126.55 cm，体重450～500 kg；公犊初生体重34.99 kg，母犊28.55 kg。

3. 生产性能

BMY牛在全放牧条件下180日龄体重为130.7 kg，12月龄体重为216.7 kg，24月龄体重为340.4 kg，屠宰率、净肉率和胴体净肉率分别为53.5%、43.5%和81.4%；从断乳后即进行育肥，到24～36月龄时体重可达600～700 kg，BMY牛的优质牛肉产出率58%以上，具有生产高档牛肉(雪花牛肉)的能力。BMY牛性成熟早，母牛初配年龄为12～15月龄，体重230.0 kg；泌乳性能中等，泌乳期为245～305 d，产乳量为490.3～979.1 kg。

2.4　其他牛种

在牛科动物中，除了家牛属的普通牛种外还有其他牛种为人类提供畜产品，丰富人们的食品结构，如广大南方饲养为数众多的乳、肉兼用水牛，在青藏高原牧区饲养大量为当地牧民提供唯一乳资源的牦牛，这些都丰富了我国的乳制品市场，也为农牧民的致富提供途径，此外还有适于炎热、潮湿气候地区饲养的瘤牛和含不同程度瘤牛血液的牛品种。

2.4.1　水牛

水牛是热带、亚热带地区特有的畜种，主要分布于亚洲地区，约占全球饲养量的90%。印度是世界上水牛最多的国家，占世界饲养量的57%以上。水牛具有乳、肉、役多种经济用途，适合于水田作业，以稻草为主要粗饲料，饲养方便，成本低。水牛乳的营养丰富，乳中的脂肪和干物质都高于荷斯坦牛的乳。

2.4.1.1　水牛类型分类

亚洲水牛按其外形、习性和用途分成2种类型，即沼泽型水牛和河流型水牛，但世界各地大力开展水牛杂交改良工作，出现大量水牛杂交群体。

1. 沼泽型水牛

这类水牛细胞染色体核型为 $2n=48$，它的自然习性特点为浸水和滚泥，故称沼泽型水牛。体型较小，生产性能偏低，适应性强，其用途以役用为主。这类水牛分布于中国、缅甸、老挝、柬埔寨、越南、泰国、马来西亚、印度尼西亚、菲律宾、印度的阿萨姆地区、尼泊尔和斯里兰卡等国家，沼泽型水牛一般以产地命名。

2. 河流型水牛

这类水牛细胞染色体核型 $2n=50$，原产于江河流域地带，习性喜水，故称河流型水牛。体型大，乳用性能好，其用途以乳用为主，也能兼作其他用途。这类水牛分布于印度、巴基斯坦、保加利亚、意大利和埃及等国家。河流型水牛曾经选育成一些具有高的乳产量和不同角型的改良品种，印度的摩拉（Murrah）、萨蒂（Sarti）、梅萨纳（Mehsana）和贾法拉巴迪（Jafarabadi）水牛，巴基斯坦的尼里-拉菲（Nili-Ravi）和坎迪（Kundi）水牛，意大利的意大利水牛（属地中海型水牛）等都是世界上著名的乳用水牛品种，曾被一些国家引进饲养或作为水牛改良用。

2.4.1.2 著名水牛品种简介

一、摩拉水牛（Murrah）

摩拉水牛是世界著名的乳用水牛品种，原产于印度的雅么拿、海里亚拿州，是印度产乳量最高的乳用品种，摩拉水牛饲养量占其水牛总数的 47%。

摩拉水牛的体格较我国一般水牛的体格大。头较小，鼻孔大，眼突；耳小、薄而下垂；角短、向上后方内弯曲，呈螺旋状，被毛稀疏，毛色黝黑，尾帚白色，蹄壳黑色。公牛前额宽且略突出，颈粗短；胸部广阔，腰、臀宽阔，十字部高，尻部斜，四肢粗壮，尾长达飞节。母牛头清秀，颈细长，无垂皮和肩峰。母牛前驱窄后躯发达，侧观呈楔形，乳房发育良好，乳头粗长。

生产性能：我国于 1957 年开始引进摩拉水牛，据广西水牛研究所对摩拉水牛 237 头次的泌乳资料统计表明，平均泌乳期 324.7 d，泌乳量 2 132.9 kg，平均日产奶 6.6 kg，最高日产量 17.4 kg。公水牛在 19～24 月龄经 65 d 育肥，日增重 0.41 kg，屠宰率和净肉率分别为 53.7% 和 41.9%。摩拉水牛与本地水牛杂交，杂种一代水牛优势明显，体型高大，胸圆、深、宽，背腰平直，四肢粗壮。耐粗饲，适应性好，抗病力强；生长发育快，产奶量增加。

二、尼里-拉菲水牛（Nili-Ravi，简称尼里牛）

是世界著名的乳用水牛，原产于巴基斯坦旁遮普邦尼里河和拉菲河流域一带，尼里-拉菲水牛饲养约占巴基斯坦全国水牛总头数 70%。

尼里-拉菲水牛外貌近似摩拉水牛，皮肤、被毛通常是黑色，棕色者亦常见。玉石眼（虹膜缺乏色素），前额、脸部、鼻端、四肢下部有白斑，尾帚为白色。角短，角基粗，角向后朝上卷曲，呈螺旋状。头较长，前额突出。体躯深厚，躯架较低，体格显得粗壮。尾部着生较低，尾巴渐尖细向下延伸，尾端达飞节以下。前驱较窄，后躯宽广，侧望略呈楔形。乳房发达，乳头特别粗大且长，乳静脉显露、弯曲。

生产性能：1974 年我国引进尼里-拉菲水牛，据广西水牛研究所对该牛 164 头次泌乳资料统计，平均泌乳期 316.8 d，泌乳量 2 262.1 kg，平均日产量 7.1 kg，最高日产量 18.4 kg。尼里-拉菲水牛与广西的水牛杂交，尼杂一代水牛泌乳期 311.2 d，泌乳量为 1 906.1 kg，第一泌乳期可产乳 1 500 kg,乳脂率 8.02%,乳干物质率 18.87%。公水牛在 19～24 月龄经育肥 68 d,日增重 0.43 kg;屠宰率和净肉率分别为 50.1%和 39.3%。

三、中国水牛

中国水牛主要分布于淮河以南的水稻产区,北至山东的临沂、莒县,河南的信阳、罗山,陕西的商南、宁陕、汉中、城固、洋县、周至、眉县;南至海南省;东至台湾省;西至四川的康定、云南的盈江。其中四川、广东、广西、湖南、湖北及云南水牛的数量最多。中国水牛属沼泽型,早在 7 000 多年前由中国固有的水牛野牛驯化而来,经调查后认定的地方良种水牛有 18 个品种。中国水牛有耐粗饲、役力大、乳质好、易调教、利用年限长等优点,根据分布地区、生态条件和体型大小,中国水牛可分为以下类群:①滨海水牛。主要分布于东海海滨的上海郊区与江苏的盐城地区,有上海水牛和海子水牛等,属大型水牛;成年公牛体重 700～900 kg,母牛 500～600 kg;体长大而匀称,肌肉发达,役力强,肉用性能较好。②平原湖区水牛。主要分布于长江中下游平原湖区,有湖南的滨湖水牛、湖北的江汉水牛、江西的鄱阳湖水牛等;数量多、分布广,体型中等;成年公牛体重 500～650 kg,母牛 450～550 kg;体躯矮壮,肌肉发达,役力强,能胜任淤泥湖田耕作。③平坝高原水牛。主要分布于高原平坝地区,如四川凉山的德昌水牛、云南德宏的德宏水牛等;体型中等,成年公牛体重 500～700 kg,母牛 480～550 kg;体躯较高,适于山地放牧及河谷坝区耕作,在海拔 1 800～2 600 m 的高原上能正常繁殖与使役。④丘陵山地水牛。主要有浙江温州的温州水牛,海南万宁的兴隆水牛,广西西林、隆林、田林的西林水牛,广西富川和钟山的富钟水牛,福建福安、霞浦、福鼎的福安水牛等;体型较小,成年公牛体重 450～500 kg,母牛 350～450 kg。

1. 体型外貌

头长短适中,前额平坦较狭,眼大稍突出,口方大,上下唇吻合良好,鼻孔大,鼻镜黑色(白牛为肉色)。耳中等大小,生于角基后方。角基方形,上部渐成圆尖形,向左右平伸,呈新月形或弧形。鬐甲隆起,宽厚,肩胛倾斜适中。前胸宽阔而深,胸部肌肉发达,肋骨弓张良好。背腰宽广略凹,腹大,腰角粗大、突出。尻斜,后躯发育较差。尾粗短、多不过飞节,着生较低。四肢粗壮,前肢开阔,呈外弧形;后肢飞节弯曲稍大,且多内靠呈 X 状;系部干燥,角度适中;蹄圆大,蹄壳黑色(白牛为蜡黄色),质地致密坚实。母牛乳房呈碗形,乳头短小,乳静脉不够曲张显露,乳房皮薄,质地良好;公牛睾丸不大、紧实,阴囊小、无颈,阴鞘紧贴脐部。全身为深灰色或浅灰色,随年龄的增长,毛色逐渐由浅灰变成深灰或暗灰色(俗称"石板青"或"瓦灰");白色水牛(贵州白水牛),毛为白色,皮肤粉红并有黑色素斑块。被毛长而稀疏,两眼内角、下颌两侧有一簇浅灰色或白色毛,颈下和胸前有 1～2 道白色毛环,下腹和四肢下部毛色较浅为灰白色。皮肤质地粗糙而有弹性。

2. 役用性状

为水稻产区的主要役畜,从事犁田耙地、挽车戽水、推磨榨糖、踩泥制砖等劳役。

3. 乳用性状

我国浙江省瑞安县和广东省潮汕平原等少数地区,利用本地水牛挤奶已有 100 多年的历史,当地人民用水牛奶制作"乳饼"、"奶豆腐"、"姜汁奶"等传统民间乳品,流传至今。中国水牛的泌乳期 8～10 个月,每个泌乳期的泌乳量为 500～1 000 kg,以第四胎、年龄达 10 岁左右时产乳量最高。乳汁浓厚,脂肪球大,香味醇正,乳脂率高。

4. 肉用性状

一般利用老残水牛作肉用，在营养水平较低的牧饲条件下，增重效果仍很好。未经育肥阉牛的屠宰率和净肉率分别为46.7%和37.3%，牛肉肌纤维粗，品质差；若用小牛（19～21月龄）短期育肥（58 d），日增重0.66 kg，屠宰率和净肉率分别为50.8%和39.3%，不但提高产肉性能，也改善牛肉品质。

2.4.1.3 中国水牛的杂交改良

中国水牛是一种以役用为主的沼泽型水牛，乳、肉用性能和经济效益都低。随着市场经济的发展，人们期望这种家畜除供役用外，还能发挥其乳、肉用性能的潜力，水牛势必由役用转为乳用、肉用或兼用的方向发展，充分挖掘这一畜种资源，这对于我国水牛业发展具有深远的战略意义。根据1995年"中国乳肉兼用型水牛育种方案"（草稿）制定的中国水牛的杂交繁育方向是"育成一个外貌结构良好、体质结实健壮、性温驯易管理、环境适应性强，乳肉生产率高、遗传性状稳定的乳肉兼用水牛新类群"。

我国水牛的杂交繁育模式是，采用巴基斯坦尼里-拉菲水牛和印度摩拉水牛为父本，中国本地水牛为母本进行两个品种的级进杂交方法或3个品种的育成杂交方法。按照传统育种方法，杂交繁育大体上分3个阶段。第一阶段是品种杂交，选择最优的杂交组合加以培育；第二阶段是杂种自繁，杂种群间公、母牛进行自群繁育若干个世代，选择理想个体参与繁殖；第三阶段是建立品系，采用小群繁育分向建系，逐步形成一个新类群。

2.4.2 牦牛

牦牛是中国的主要牛种之一，数量仅次于黄牛、水牛而居第三位。牦牛自古至今是青藏高原牧区的优势种畜和当家畜种，具有顽强的生命力。牦牛是牛属动物中，能适应高寒气候而延续至今的珍稀畜种资源，是动物中高原地理分布很有限的少数家畜之一。

2.4.2.1 牦牛的分布与分类

牦牛（*Bos grunniens*）又称猪声牛，是牛属动物中唯一生活在海拔3 000 m以上高寒地区的特有牛种资源，主要分布在青藏高原及其相邻的高山地区，集中于东经70°～115°，北纬27°～55°范围内，此外，蒙古、塔吉克斯坦、吉尔吉斯斯坦、印度、尼泊尔、不丹、锡金、阿富汗和巴基斯坦等国家的部分地区也有少量牦牛。全世界约有牦牛1 500万头。中国是牦牛分布最多的国家，约占世界牦牛总数的95%，近1 400万头，分布在中国喜马拉雅山、昆仑山、阿尔金山及祁连山所环绕的青藏高原地区，即海拔3 000 m以上的西藏、青海、新疆、甘肃、四川、云南等省区。

牦牛由野牦牛驯化而来，在驯化过程中，自然选择的作用远大于人工选择，保持了较多的野生特性，属于晚熟畜种。在现代动物分类学上家牦牛（*Bos grunniens*）和野牦牛（*Bos mutus*）属两个不同的种。野牦牛主要生活在海拔4 500～6 000 m的喜马拉雅山麓、昆仑和喀拉科朗高地，野牦牛体格高大，体躯硕壮，公野牦牛体高高达2 m，母野牦牛体高1.5 m左右。

2.4.2.2 牦牛的生物学特点与经济价值

由于牦牛特殊的生理结构，对缺氧、太阳辐射强烈、低气压、昼夜温差大的高寒草原地区有高度的适应性,具有耐寒、耐粗、耐劳和采食性强的特点,但耐热性差。牦牛是高寒地区人民衣、食、住、行、用的工具,被誉为“高原之舟”。牦牛为原始品种,具有多种经济用途,无专门化品种,具有产肉、奶、皮、毛、绒的功能,也可作役力。牦牛毛和尾毛是我国传统特产,以白牦牛毛最为珍贵,牦牛绒是新型毛纺原料,具有很高的经济价值。

2.4.2.3 牦牛的外貌与生产性能

牦牛外貌粗野,体躯强壮,头小颈短,嘴较尖,胸宽深,鬐甲高,背线呈波浪形,四肢短而结实,蹄底部有坚硬的突起边缘,尾短而毛长如帚,全身披满粗长的被毛,尤其是腹侧丛生密而长的被毛,形似“围裙”,粗毛中生长绒毛。有的牦牛有角,有的无角。毛色以黑色居多,约占60%,其次为深褐色、黑白花、灰色及白色。公、母牦牛两性异相,公牦牛头短颈宽,颈粗长,肩峰发达;母牦牛头尖,颈长角细,尻部短而斜。成年公牦牛体重300~450 kg,母牦牛200~300 kg;屠宰率55%,净肉率41.4%~46.8%,眼肌面积50~88 cm^2,泌乳期3.5~6个月,产奶量240~600 kg,乳脂率5.65%~7.49%;公牦牛产毛3.6 kg,绒0.4~1.9 kg,母牦牛产毛1.2~1.8 kg,绒0.4~0.8 kg;负载60~120 kg,日行走15~30 km。

2.4.2.4 牦牛的杂交改良与利用

牦牛(*Bos grunniens*)与普通牛(*Bos taurus*)可进行种间杂交,杂种称为犏牛。普通公牛与母牦牛杂交,杂一代(F_1)称“真犏牛”,杂二代(F_2)称“阿果牛”或“尕利巴”,杂三代(F_3)称“假黄牛”或“撒尾黄”。公牦牛与母黄牛杂交,杂一代(F_1)称“假犏牛”,杂二代(F_2)称“牦渣”,杂三代(F_3)称“假牦牛”。牦牛与普通牛之间的杂交,杂种后代的生产性能、体重、体格和生长发育比牦牛有较大提高。杂种后代中1~3代的雄性均不育,第4代杂种公牛有正常生育力。在牦牛改良利用中除用黄牛杂交外,还采用荷斯坦牛、西门塔尔牛等品种与牦牛杂交。卢鸿汁等(1990)在青海省大通牛场,野牦牛♂×家牦牛♀的杂一代初生重比家牦牛提高30.77%,6月龄体重提高55.46%,成活率提高23.91%,一代成年公牛体重700 kg,母牛500 kg,表现出明显的杂种优势。贲正坤等(1989)研究表明,荷斯坦牛♂×牦牛♀的杂一代在放牧条件下,产奶量高达786.9 kg,补喂少量干草和精料,全年可产奶,产奶量提高到1 382.5 kg。周名海提出了牦牛种间三元杂交的新途径,黑白花牛×藏黄牛→F_1,F_1♂×牦牛♀→F_2,F_2代初生重达20 kg,提高约30%;2.5岁时犏牛体重达300 kg,提高68.62%;第一个泌乳期183 d挤乳量659.36 kg。

2.4.2.5 牦牛品种简介

根据牦牛分布地和生态特点,我国牦牛可划分为“高原型”和“高山型”。例如青海高原牦牛、天祝白牦牛、麦洼牦牛属高原型;西藏高山牦牛、九龙牦牛属高山型。牦牛染色体数目$2n=60$,我国牦牛遗传资源丰富,品种较多。

一、九龙牦牛

1. 产地与分布

主要分布于四川省甘孜藏族自治州的九龙县及康定县,凉山彝族自治州的木里藏族自治县、盐源县和冕宁县,雅安市的石棉县也有分布。

2. 外貌特征

头较短，额宽，额毛丛生、卷曲，长者遮盖双眼。公、母均有角，角间距大，角基粗，角形开张雄伟，母牦牛角较细，不如公牦牛粗大、开张，颈粗短。有肩峰，尤以公牦牛为显著。前胸发达开阔，肋开张，胸极深，腹大不下垂，背腰平直，体型呈矩形者多，后躯较短，发育不如前躯，尻欠宽而略斜。尾根着生较低，尾短，尾毛丛生帚状。四肢、腹侧、胸前裙毛着地，四肢相对较短，前肢直立，后肢弯曲有力。蹄小，蹄叉紧，蹄质坚实。毛色整齐，全身黑毛者多(3/4)，少有黑白相间(1/4)。

3. 品种性能

成年公牦牛的体高 137.5 cm，体重 593.5 kg；成年母牦牛体高 116.6 cm，体重 314.4 kg。初生公犊重 15.9 kg，母犊重 15.5 kg；公、母牦牛的屠宰率分别为 57.6%和 56.2%；净肉率分别为 47.9%和 48.5%，眼肌面积分别为 83.7 cm^2 和 58.3 cm^2。母牦牛自第二个泌乳月开始挤乳，一般每年挤乳 5 个月(6～10 月份)，入冬(11 月份)停止挤乳。挤乳季节每天早上挤奶一次。产乳量随牧草生长季节而变化，7、8 月份牧草丰盛、营养丰富，牦牛产乳量亦高，分别占全年产乳量的 22%和 25%左右；乳脂率因季节不同而异，6～7 月份为 5%～6.5%，8～10 月份可达 7.5%以上。

二、青海高原牦牛

1. 产地与分布

青海高原牦牛产于青海果洛藏族自治州和玉树藏族自治州的 12 个县，黄南藏族自治州的泽库县和河南蒙古族自治县，海西蒙古族藏族自治州的天峻县和格尔木市，海北藏族自治州的祁连县和海南藏族自治州的兴海县西部，大多在海拔 3 700 m，甚至 4 000 m 以上的高寒地区。青海高原牦牛是我国青藏高原型牦牛中一个面较广、量较大、质量较好的地方良种。

2. 外貌特征

由于不断混入野牦牛遗传基因，因而体型外貌上多带有野牦牛的特征。头大，角粗；皮松厚；鬐甲高长宽，前肢短而端正，后肢呈刀状；体侧下部密生粗长毛，犹如穿着统裙，尾短并着生蓬松长毛。公牦牛头粗重，呈长方形，颈短厚且深，睾丸较小，接近腹部、不下垂；母牦牛头长，眼大而圆，额宽，有角，颈长而薄，乳房小、呈碗碟状，乳头短小，乳静脉不明显。毛色多为黑褐色，嘴唇、眼眶周围和背线处的短毛多为灰白色或污白色。

3. 品种性能

成年公牦牛的体高 129.2 cm，体重 443.4 kg，成年母牦牛体高 110.9 cm，体重 256.4 kg。青海高原牦牛年剪毛一次，成年牦牛年产毛量为 1.17～2.62 kg。成年阉牦牛(12 头)平均屠宰率 53.0%，净肉率 42.5%。经产母牦牛泌乳期一般为 150 d 左右，年产乳量 274 kg，日泌乳量 1.38～1.70 kg。乳脂率 6.37%～7.2%。

三、天祝白牦牛

1. 产地与分布

产于甘肃省天祝藏族自治县，是我国稀有而珍贵的牦牛地方类群。

2. 外貌特征

天祝白牦牛毛色为纯白，体质结构紧凑，鬐甲隆起，前躯发育良好。四肢结实，蹄小，质地密。尾形如马尾。公牛头大、额宽、头心毛卷曲，有角，个体角粗长，有雄相。颈粗，鬐甲显著隆起。母牛头清秀，颈细，鬐甲隆起，鬐甲后的背线平直，腹较大不下垂，乳房发育差，乳头短小。

3. 品种性能

成年公牦牛体高 115.8 cm，体重 257 kg，母牦牛体高 106.2 cm，体重 189 kg。初生公牛重为 14 kg，母牛为 12 kg；6 月龄公牛体重为 70 kg，母牛体重 50 kg；18 月龄公牛体重为 100 kg，母牛体重为 85 kg。天然草场放牧条件下，成年公牦牛屠宰率为 50.90%，净肉率为 39.6%。天祝白牦牛初配年龄母牛为 2～3 岁，公牛为 3 岁，4 岁体成熟，发情季节为 6～11 月份，7～9 月份为发情旺季，公母配种比为 1：(15～25)；妊娠期为 270 d，繁殖成活率为 63.1%。

四、帕里牦牛

1. 产地与分布

产于西藏自治区日喀则地区亚东县帕里镇。

2. 外貌特征

以黑色为主，深灰、黄褐、花斑也常见，还有少数为纯白个体。头宽额平，角间距大，有的达 50 cm。颈粗短，鬐甲高而宽厚，前胸深，背腰平直，尻部欠丰，四肢强健较短。

3. 品种性能

帕里牦牛是西藏牦牛优良类群之一，帕里公、母牦牛平均体重分别为 318.3 kg、200.85 kg，眼肌面积分别为 74.46 cm^2、47.72 cm^2，平均屠宰率为 50.84%，平均净肉率为 42.36%。母牛初配年龄为 3.5 岁，一般利用 14 年。公牛初配年龄 4.5 岁，一般利用到 13 岁左右。大多数两年一胎。8 月份日平均产奶量为 1.22 kg，乳脂率为 5.95%，乳糖含量为 3.77%，年产酥油平均为 12.5～15 kg/头。牦牛毛绒产量 0.15～1 kg，平均实际收绒量 0.25 kg，平均绒纤维细度为 23.46 μm。

五、麦洼牦牛

1. 产地与分布

分布于四川省阿坝藏族羌族自治州北部的阿坝、松潘、壤塘等县。

2. 外貌特征

麦洼牦牛头大小适中，绝大多数有角，额宽平，额毛丛生、卷曲，长者遮眼(尤其无角个体更是如此)。公牦牛角粗大，向两侧平伸而向上，角尖略向后、向内弯曲，相貌粗野雄伟。母牦牛角较细、短、尖，角形不一；颈较薄，鬐甲较低而单薄。前胸发达，胸深，肋开张，背腰平直，腹大不下垂，尻部较窄略斜，体躯较长。四肢较短，蹄较小，蹄质坚实。前胸、体侧及尾着生长毛，尾毛帚状。毛色以黑毛为主，其次为黑带白、青色、褐色和黑白色。

3. 品种性能

品种整齐度差，不同地区的麦洼牦牛体格大小差异较大，成年公牦牛体高 126.0 cm，体重 413.8 kg；成年母牦牛体高 106.2 cm，体重 221.8 kg；初生公、母犊牛重分别为 13.4 kg 和 11.9 kg；麦洼牦牛产后 10～15 d 才开始挤奶，日挤一次，每年挤奶 5 个月左右(6～10 月份)。母牦牛泌乳高峰期与牧草生长状况密切相关，每年牧草茂盛的 7、8 月份，也是牦牛泌乳的高峰期。在终年放牧不加任何补饲的条件下，成年阉牦牛体重 426 kg 左右，屠宰率 55.2%，净肉率 42.8%。阉牦牛供役用，善驮运和步履沼泽。麦洼牦牛于每年 6 月初进行一次性剪毛，其产毛量因个体、性别、年龄不同而异。麦洼牦牛在长期的自然选择和人工选择下对高寒沼泽草地有良好的适宜性，且能很好地利用沼泽草地的粗硬牧草。

六、西藏高山牦牛

1. 产地与分布

主要产于西藏自治区东部高山深谷地区的高山草场，以嘉黎县产的牦牛最为优良。主要分布在西藏西北部青藏高原和藏南三江流域，按体型外貌分山地牦牛和草原牦牛两个类群。

2. 外貌特征

西藏高山牦牛头较粗重，额宽平，面稍凹，眼圆有神，嘴方大，唇薄，绝大多数有角，角形向外折向上、开张，角间距大，母牦牛角较细。公、母均无肉垂、前胸开阔，胸深，肋开张，背腰平直，腹大而不下垂，尻部较窄、倾斜。尾根低，尾短。四肢强健有力，蹄小而圆，蹄叉紧，蹄质坚实，肢势端正。前胸、臂部、胸腹体侧着生长毛及地，尾毛丛生帚状。公牦牛鬐甲高而丰满，略显肩峰，雄性特征明显，颈厚粗短；母牦牛头、颈较清秀。毛色较杂，以全身黑毛为多，占60%左右，面部白、头白、躯体黑毛者次之，占30%左右，其他灰、青、褐、全白等毛色占10%左右。

3. 品种性能

西藏高山牦牛体格高大，公、母间差异大，成年公牦牛的体高、体重分别为130.0 cm、420.6 kg；母牦牛分别为107.0 cm、242.8 kg。泌乳高峰期为6～8月份，每日挤奶量1.2 kg，乳脂率5.82%～7.49%。放牧条件下，阉牛屠宰率55%，净肉率46.8%。公、母、阉牛的产绒量分别为1.76 kg、0.45 kg和1.70 kg。母牦牛发情周期17.8 d，发情持续期16～56 h，繁殖成活率48.2%。

七、大通牦牛

1. 产地与分布

大通牦牛是中国农业科学院兰州畜牧与兽药研究所和青海省大通种牛场利用以青藏高原昆仑山型野牦牛为父本、青海牦牛类型中的高原型牦牛为母本培育出的新品种。

2. 外貌特征

具有明显的野牦牛特征，嘴、鼻、眼睑为灰白色，灰色背线可见；公牛均有角，母牛多数有角；体型结构紧凑，偏向肉用，体质结实，发育良好；毛色全黑色或夹有棕色，背腰平直，前胸开阔，肢高而结实。

3. 品种性能

初生重13 kg，18月龄重150 kg。28～30月龄屠宰率达47%。繁殖年龄比同等条件下当地原有牦牛提前1年，多为3年2胎，产犊率为75%，能很好地适应3 500～5 000 m以上的高海拔环境。头胎母牦牛150 d的产乳量达260 kg。

2.4.3 瘤牛

瘤牛原产于印度。瘤牛因其鬐甲前端有一肌肉隆起组织似瘤而取名。瘤牛与普通牛不同，它的头部狭长，额宽且凸出，两耳大而悬垂，长达22～33 cm，下垂倒挂，皮肤松弛，颈垂、脐垂特别发达，皮肤质地紧密而厚，分泌有臭气的皮脂，能驱虱，有明显的抗热、抗病和抗焦虫病能力，并能将此特性遗传给杂种后代。瘤牛汗腺发达，单位面积的汗腺比普通牛多，且汗腺的体积大，一般温度升到25℃以上时，普通牛呼吸、脉搏加快，而瘤牛却无影响，瘤牛十分耐热，耐干旱。

2.4.3.1　婆罗门牛(Brahman)

婆罗门牛是美国引用印度瘤牛而育成的一个适应热带、亚热带和炎热干旱地带的肉用瘤牛品种。1924年成立婆罗门牛品种协会并建立了良种登记薄。由于婆罗门牛具有耐热抗寒、抗病力强、寿命长、母性强、泌乳力高、难产率低、耐粗饲及杂种优势明显等特点,近几十年来美国利用婆罗门牛作为亲本,培育了圣格鲁迪牛(Santa Gertrudis)、肉牛王(Beef Master)、婆朗格斯(Brangus)、婆罗福特(Braford)、西门婆罗(Simbrah)及夏白雷(Charbray)等12个肉牛新品种。目前,美国46个州均分布有婆罗门牛,此外,还出口到墨西哥、巴西、澳大利亚、马来西亚、菲律宾和泰国等63多个国家。

1. 外貌特征

体格中等偏大型,头部狭长,前额平或稍凸,耳大下垂,皮肤松软,瘤峰及垂皮发达、呈黑色。躯干宽深,全身肌肉发达,四肢较长,骨骼结实,被毛粗短略稀,毛色多为深浅不同的银灰色,目前也有少数红、棕、黑色个体。成年公牛体重800～1 000 kg,成年母牛体重500～650 kg,犊牛初生重平均为31 kg。

2. 生产性能

6月龄体重达170～180 kg,从6月龄到2周岁平均日增重为830 g,经育肥后屠宰率可达70%以上,小牛屠宰率为60%。婆罗门牛杂种优势明显,如6月龄的婆罗福特断奶体重达197 kg,比在同等条件下的海福特纯种牛高13%。邹霞青等(1987)用婆罗门牛与闽南黄牛杂交,其杂一代牛18月龄体重比本地牛提高56.2%,育肥期日增重比本地牛提高54.1%,屠宰率提高4.5%,经常挽力比本地牛提高39.5%;杂种牛的耐热性能亦提高,杂种牛的耐热系数为86,本地牛为76;杂种牛还表现出抗蜱、抗病和耐粗饲的特点。据云南省肉牛和牧草研究中心的资料,用澳大利亚的婆罗门牛与云南黄牛杂交,在完全放牧的条件下,杂种一代牛的初生重、18月龄体重和成熟体重分别比本地牛提高42.10%、28.92%和21.91%,尤其是在生长后期,杂种优势高于其他品种与本地黄牛的杂交后代。

2.4.3.2　辛地红牛(Red Sindhi)

辛地红牛属于乳役兼用瘤牛品种,原产于巴基斯坦的辛地省。目前,该品种已被引入到亚洲、非洲和美洲的不少国家。我国于20世纪40～60年代曾先后多次从巴基斯坦引入该品种,饲养在海南、广西、广东、湖南、贵州及云南等地。

1. 外貌特征

被毛细短有光亮,毛色多为暗红色,亦有不同深浅的褐色,鼻镜、眼圈、肢端、尾帚多为黑色。结构紧凑,额宽而突,耳大下垂,角小、向上弯曲。肩峰和垂皮发达,体躯深,肋骨开张,腹大而深,十字部高,腰角较窄,臀部倾斜,尾长。母牛乳房大而下垂,乳头长。成年公牛体重450～550 kg,母牛体重300～400 kg,犊牛初生重18～21 kg。

2. 生产性能

成年母牛产奶量1 560 kg,乳脂率4.9%～5.0%;优良母牛可产奶4 000 kg。在我国广东省湛江地区终年放牧、日补混合精料1.5～2 kg的条件下,平均泌乳期270 d,泌乳量1 179 kg,最高为1 990 kg。辛地红牛性成熟晚,初产年龄大多在30～43月龄。

用辛地红牛与我国南方亚热带地区的本地黄牛杂交，杂种优势明显。杂种一代牛具有耐热、抗蜱、抗血原虫的特点，能够很好地适应热带、亚热带的生态环境和饲料条件。据海南省红岛牧场的报道，1/4 辛地红、1/4 当地黄牛、1/2 荷斯坦牛遗传组成的杂种牛，平均一个泌乳期产奶 2 992 kg。

2.4.3.3 其他瘤牛和含不同程度瘤牛血液的牛品种

这类品种还有：产于巴基斯坦西部旁遮普省蒙马利地区沙希瓦牛（Sahiwal），用婆罗门牛（Brahman）培育的抗旱王（Droughtimaster）、契安尼娜牛（Chianina）等，中国培育的含有用婆罗门牛血液的婆莫云牛（BMY 牛）类群。

复习思考题

1. 我国引进的主要小型、大型肉牛品种有哪些？我国培育的主要兼用牛品种是什么？
2. 简述中国黄牛类型与主要黄牛品种的分布区域。
3. 引进品种开展杂交优势利用时应注意哪些问题？如何利用我国水牛、牦牛的品种资源？

3 牛的体质外貌与生产力

[重点提示] 本章主要阐述牛的体质外貌与生产性能的关系，不同生产用途牛的外貌鉴别，奶牛的生产力测定指标及测定方法，肉牛主要生产力指标及测定方法，肉牛屠宰及胴体质量评定。教学重点是结合实验部分内容，包括牛体各部位名称及形态特征，牛体尺的测量和牛体尺指数的计算外貌鉴别，牛的年龄鉴定，奶牛线性外貌鉴定，奶牛体况评分，肉牛屠宰试验的方法，牛的胴体分割方法等，以进行现场教学讲授为主，要求教师准备各种类型牛体貌的图片或多媒体。

牛的体质外貌与其生产力的表现密切相关，通过体质外貌可以判断牛的健康状况和生产力水平，如对奶牛的体质外貌特征认真进行外貌鉴定，就可就其产奶性能做出初步的判定；对肉牛的产肉性能高低也可以通过肉眼鉴别其体质外貌做出判定。通过观察并评定牛的体质外貌可以为间接选择牛的生产性能提供科学依据，定期对奶牛、肉牛的生产性能进行测定，开展生产性能监测工作是提高奶牛、肉牛生产性能的有效手段。

3.1 牛的体质外貌

体质，简单地讲就是通常人们所说的身体素质，是有机体机能和结构的综合表现，它在诸如神经类型、生产性能、健康状况、抗病能力和适应性等各个方面都有表现。外貌是体躯结构的外部表现，内部组织器官的发育情况是构成外貌的基础。不同生产类型的牛，都有与其生产性能相适应的体质外貌。如奶牛皮薄骨细，血管显露，被毛短而有光泽，肌肉不发达，皮下脂肪沉积不多，具有明显发达的泌乳器官，全身细致、紧凑而且比较清秀，属细致紧凑体质类型；肉牛则头宽短多肉，体躯低垂，皮薄骨细，全身肌肉丰满，疏松而匀称，属细致疏松体质类型；役牛皮厚骨粗，肌肉强健而坚实，富于线条，皮下脂肪不发达，全身粗糙而紧凑，属粗糙紧凑体质类型。但个体的体质外貌表现是其遗传基础与其所处的外界环境条件，尤其是饲养管理等条件相互作用的结果。

3.1.1 体质外貌与生产性能

研究牛的体质外貌，旨在揭示体质外貌与生产性能和健康程度之间的关系，以便比较容易地选择出生产性能较强、健康状况较好的牛只。因此，国内外育种者都非常重视该领域的研究。如在奶牛育种中，除重视对产奶量的选择外，对体质外貌，尤其是对乳房、后肢发育和体质更为重视。一般而言，体质外貌好的牛，其生产性能都比较好。如加拿大荷斯坦牛育种协会根据 25 万头荷斯坦牛外貌等级统计的产奶量、乳脂率和乳脂量，二者相比较基本一致(表 3-1)。

表 3-1 加拿大荷斯坦牛的外貌等级及其产奶性能

外貌等级	评分等级	占总数的百分比/%	305 d，每天挤奶 2 次		
			平均产奶量/kg	乳脂率/%	乳脂量/kg
特好	90 或 90 以上	0.16	8 549	3.98	325
很好	85～89	3.99	7 575	3.78	288
上好	80～84	43.46	6 925	3.73	258
好	75～79	47.60	6 301	3.70	244
一般	65～74	4.74	6 061	—	—
差	65 以下	0.05	—	—	—

引自邱怀，2002。

由表 3-1 可见，体质外貌与生产性能之间有着密切的关系，但两者之间的关系不是绝对的，体质外貌不是选择牛只的唯一标准。在选择个体时，如果只注重体质外貌而忽视生产性能，就有可能把一些生产性能很高的牛只从群体中淘汰掉；相反，如果只注重生产性能而忽视体质外貌，则会导致牛群体质衰退，外貌变劣，进而造成生产性能下降。此外，牛的生产性能还受许多因素影响，如奶牛的泌乳性能，不仅受泌乳器官发育好坏及其外界因素的影响，而且还受神经、循环、消化、呼吸和内分泌系统等机能互相作用的影响，所以对奶牛的鉴定，除查阅系谱档案、评定体质外貌结构外，还应测定实际产奶性能。肉牛体躯产肉量基本上可以用目测和手摸的方式觉察出来，但生长速度、饲料转化效率就不是可以目测的。

总之，体质外貌只是选择或鉴别牛只并预测其生产潜力的手段之一。

3.1.2 牛体各部位名称及形态特征

在对牛的体质外貌进行评定时需要用眼看、用手摸，对牛只整体的平衡状态、体躯形状、各部位结合状况与发育程度以及各部位相互间比例大小做出分析，并对牛的生产性能高低做出间接的判定。

牛体各部位名称：人们一般将牛整个躯体分为头颈部、前躯、中躯和后躯 4 个部分来描述各部位的形态特征。牛体各部位名称，参见第 9 章实验一。

(1)头颈部。头颈部位于躯体的最前端，它以鬐甲和肩端的连线与前躯分界，又分为头部和颈部。头部以整个头骨为基础，以枕骨脊为界与颈部相连。头部是整个牛体的缩影，它可以反映出牛的生产类型、品种特征、性别及年龄等情况。颈以 7 个颈椎为基础而形成。

(2)前躯。前躯指颈之后、肩胛软骨后缘垂直切线之前，以前肢诸骨为基础的体表部位，包括鬐甲、前肢、胸等主要部位。鬐甲是以第二至第六胸椎棘突和肩胛软骨为基础组成的体表部位，它是颈、前肢和躯干的连接点。前肢包括肩、臂和下前肢。胸位于鬐甲下方和两前肢之间，后与腹部相连。胸腔内有心、肺等重要器官。

(3)中躯。中躯指肩胛软骨后缘垂直切线之后至腰角垂线之前，以背椎、腰椎和肋骨为支架的中间躯段。其中以第七至第十三胸椎为基础形成背，而腰以6个腰椎为基础，腹部位于背腰下方，腹内是主要的消化器官。

(4)后躯。后躯是腰角以后的躯段，是以荐骨、骨盆及后肢诸骨为基础的体表部位，其中以骨盆、荐骨及第一尾椎为基础构成尻部。

3.1.3　外貌鉴别

外貌鉴别是指根据不同生产类型牛的外貌特点进行鉴别，以肉眼鉴别应用最多，其次还有测量(体尺)鉴别、评分鉴别和线性外貌鉴别等。在进行外貌鉴定之前，应首先了解不同生产类型牛的外貌特点。

3.1.3.1　奶牛的外貌特点

从整体看，奶牛皮薄骨细，被毛短细而有光泽，血管显露，肌肉不发达，皮下脂肪沉积不多，骨骼舒展，外形清秀。由于头颈部、鬐甲、胸部的发育相对不如后躯，所以侧视、前视和背视的轮廓都趋向于楔形(图3-1)。

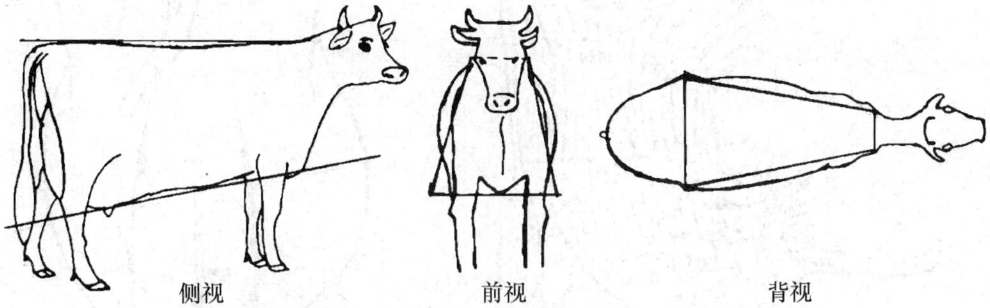

侧视　　前视　　背视

图3-1　奶牛楔形模式图(侧视、前视、背视)(昝林森，1999)

(1)头部。头轻，狭长而清秀；皮下结缔组织不发达，头部轮廓清晰，皮薄毛细、短、密，角细致光滑。

(2)颈部。颈细长而薄，垂皮不发达，皮薄而松弛，在颈两侧形成密而整齐的皱褶，与头、肩结合自然。

(3)胛及肩部。鬐甲低而不发达，与肩胛骨连接紧密。肩宜斜、长，与颈、胸侧连接自然。

(4)胸部。宽深适度，深为体高的55%左右为宜。前胸不饱满，也不单薄。肋骨长而开张，弯曲，肋间距离宽，这样有利于胸腔的充分发育。胸部皮薄，皮下结蹄组织不发达，从侧面能看到2～3根肋骨，在吸气时，可较清楚地看到肋弓、肌束、腱等。

(5)背腰。背长而直，不弯曲，宽窄适度，背椎棘突隐约显露。腰与背的情况基本相似，但略比背宽，背腰都没有脂肪沉积。背、腰、尻成一直线，结合自然。

(6)尻部。尻部长、宽、平，荐骨不隆起，皮下结缔组织不发达。

(7)腹部。腹部应粗壮、饱满，呈充实腹，不下垂，膁窝不明显。

(8)四肢。呈正常肢势，关节明显、干净，前管上血管显露，四肢长短适中，结实有力，蹄质致密，蹄与地面呈50°角左右，后肢间距离宽，大腿薄，乳镜附着高。

(9)乳房。乳房是母牛的重要器官，见图3-2和图3-3，对乳用牛和乳、肉兼用牛，要求乳房容积大，乳腺发达，前乳房尽量向腹下前方延伸，超过腰角之前，后乳房充满两股间，向两股上方延伸，附着点高，左右附着点距离宽，乳房有一定的深度，底部平坦，附着紧凑。乳房外观应呈浴盆状，悬垂乳房和漏斗乳房都属畸形乳房。乳房内部腺体组织占 75%～80%，结缔组织和脂肪组织占 20%～25%，这就是所谓的腺乳房。这种乳房挤乳前后体积变化明显，挤乳前乳房饱满，左右乳房间的纵沟明显，挤奶后乳房后部有许多皱褶，手感柔软，富有弹性，与此相反的是肉乳房。肉乳房内部结缔组织过分发育，外感缺乏弹性，挤奶前后体积变化不明显。四个乳区要发育匀称，分布均匀，乳头长度为 7～9 cm，直径为 2～3 cm，呈圆柱状，垂直于地面。乳头分布均匀，呈中央分布。乳头管容量大，在 20 mL 以上。乳头括约肌正常，不过紧或过松。畸形乳头的形状有锥形、短乳头、长乳头、基部膨大乳头、附赘生乳头、细乳头、粗乳头等。乳静脉是乳房前静脉的延续，它分左右两条通过乳井到达胸腔，汇合胸内静脉而进入心脏，是衡量乳腺功能的主要标志之一，因此乳静脉应粗大、明显，弯曲且分支多。乳井是乳静脉进入胸腔的通道，位于第八和第九肋间，它的大小直接反映了乳静脉的粗细。当乳静脉位置深而不易观察时，应通过触摸乳井大小判断乳静脉的粗细。乳房应皮薄，毛细、短、稀，在泌乳高峰期能看见乳房静脉及侧悬韧带筋腱的隆起。

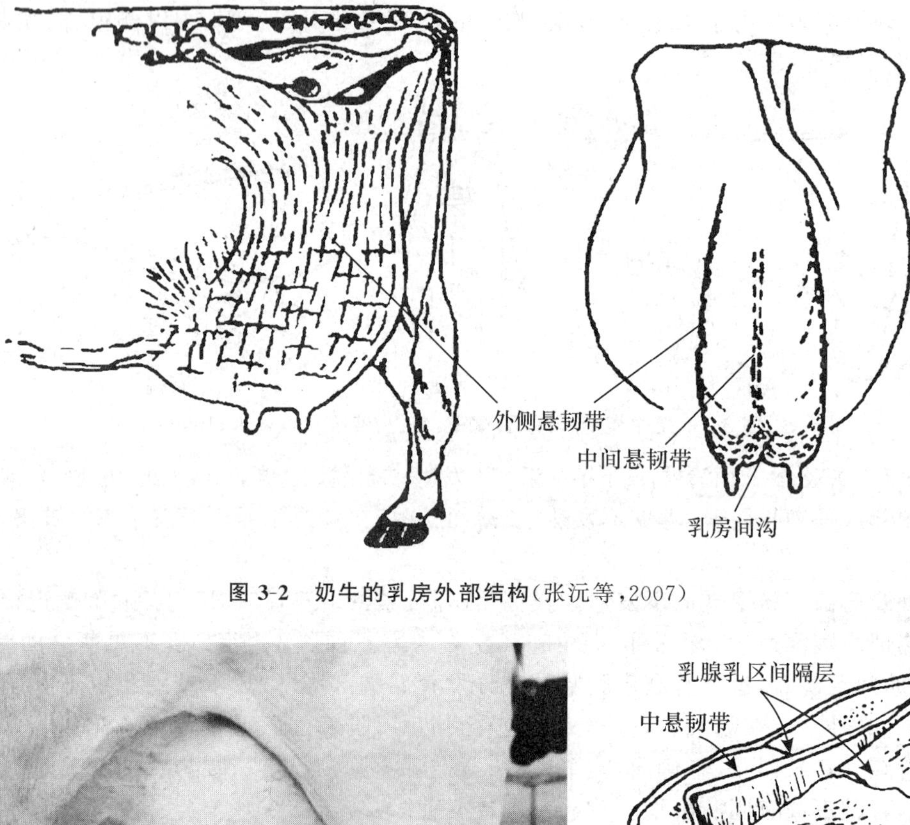

图 3-2　奶牛的乳房外部结构(张沅等,2007)

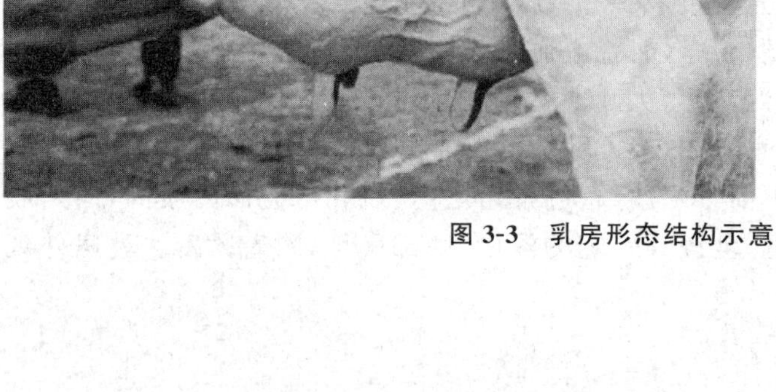

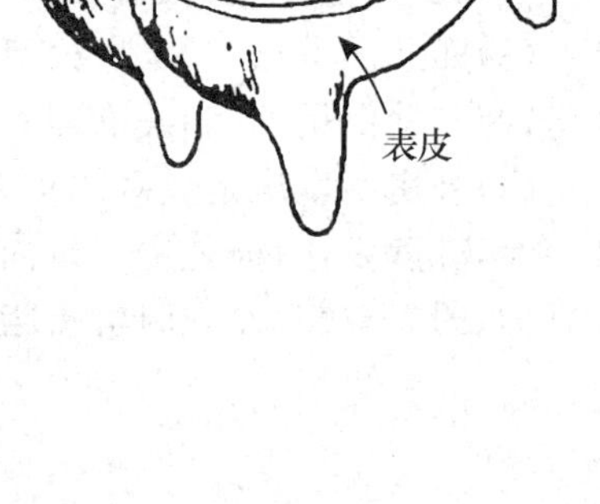

图 3-3　乳房形态结构示意图

3.1.3.2　肉牛的外貌特点

肉牛从整体看，皮薄骨细，体躯宽深，低垂，全身肌肉丰满，皮下脂肪发达，疏松而匀称。肉用牛的侧视、背视、前视、后视体躯都呈圆筒形。从侧面看，颈短而宽，垂皮发达，前胸突出，胸深，尻深，背线、腹线平行，股后平直，肋骨弯曲，呈圆筒形；背视鬐甲宽平，背腰宽，尻部平而广阔，肋骨弯曲，腹部充实，形成圆筒形；前视鬐甲宽平，胸宽而深，胸底部稍平，两侧肋骨开张，呈圆筒形；后视尻部宽而平，后裆宽，股间肌肉丰满而深，后视呈圆筒形（图 3-4）。

肉牛体型模式

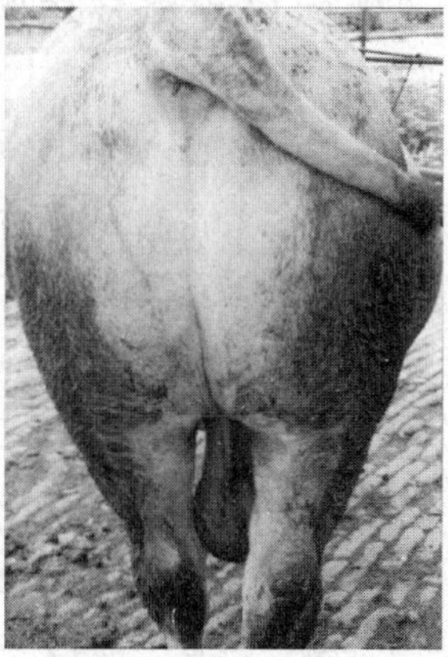

肉牛后躯

图 3-4　肉牛体型模式(昝林森，1999)**和后躯**

肉牛头短宽，皮下结缔组织发达，角细致光滑，眼睛大而明亮，鼻孔大，口裂深。颈宽短，与鬐甲、肩结合平滑丰满。鬐甲宽厚多肉，与背腰成一条直线。

前胸饱满，突出于两前肢之间，垂肉高度发育。肩直立，肋骨长而弯曲，使胸宽而深，肋间肌肉充实。肩颈、肩胸结合平滑丰满，肋骨外观不明显。

背腰宽广、丰满，脊柱两侧和背腰的肌肉由于非常发达而呈复背、复腰，腰角宽。腹部大小适中，不下垂，不卷腹，腹壁厚，肷窝丰满。

尻长、宽、平，坐骨端宽，肌肉及皮下脂肪发达，呈复臀。后裆乳镜靠下，股后肌群、腹内肌肉都十分发达，呈"大象臀状"。乳房发育中等，但脂肪组织比例较大。

四肢骨细而短，关节不明显。

3.1.3.3　外貌鉴别方法——肉眼鉴别

牛的外貌鉴别方法有肉眼鉴别、测量鉴别、评分鉴别和线性外貌评定，其中以肉眼鉴别法应用最广。肉眼鉴别就是靠眼睛观察牛的外貌，并借助于手的触摸对牛的各个部位和整体进行鉴别的方法。

在鉴别之前，首先要了解牛的品种、年龄、胎次、泌乳月、妊娠日期、健康状况、体重等情况，以避免鉴别时出现不必要的误差。

外貌鉴别应在宽阔而平坦的地方进行。鉴定时让牛四肢站立自然，头略抬直，鉴定者站在距牛 5～8 m 的地方，先将整个牛体观察一遍，以便有一个轮廓的认识和掌握牛体各部位发育是否匀称。然后从牛的前方看头部及品种特征,前肢肢势,胸、腹的宽度,肋骨开张度等。然后走到牛体右侧,鉴别头与颈、颈与肩的结合情况及颈、鬐甲、肩、胸、背、腰、腹、尻、乳房等各部位的体型特征。再走到牛体后侧,看后躯发育情况,尻宽、坐骨端、乳房及后肢肢势等。最后再到牛体左侧进行补充鉴别。

肉眼观察完毕后,再用手触摸,了解其皮肤、被毛、皮下组织、乳房等的发育情况,最后再让牛行走,观察四肢动作的协调性和步伐等。

进行肉眼鉴别时,可将各部位评定的分数或结果做记录。

3.1.4 牛体尺测量及年龄鉴别

体尺测量是测量鉴别的重要内容之一,是计算体尺指数和估测活牛体重的基础性工作,它能准确反映牛主要部位的发育情况,弥补肉眼鉴别的缺陷。

1. 体尺测量与计算分析

进行体尺测量时,应使牛站立于平坦的地面上,肢势要端正,四腿成两行,从前往后看,前后腿端正;从侧面看,左右腿互相掩盖。背腰不弓不凹,头自然前伸,不左顾右盼,不昂头或下垂,待体躯各部呈自然状态后,迅速、准确地进行测量,具体测量见第 9 章实验二。

2. 活重估测

牛的体重测定,最好方法是用地磅或电子秤获得牛的实际重量。每次称重时,应在早上喂饲前或放牧前进行,连续称重两天,每天在同一时间内称测,然后求其平均数,以求精确。若无称量工具,可进行体重估测。估测的方法很多,具体见第 9 章实验三。

3. 牛的年龄鉴定

年龄是评定牛经济价值和种用价值的重要指标,也是采取不同饲养管理措施的依据。根据产犊记录是确定牛年龄的最准确方法,在缺乏记录的情况下,可根据门齿的变化鉴别其年龄。此外,通过角轮的观察和外貌的表现也可大致看出其年龄,具体鉴定见第 9 章实验四。

3.1.5 牛的外貌鉴定评分

外貌鉴定评分是根据牛的不同生产类型,按各部位与生产性能和健康程度的关系,分别规定出不同的分数和评分标准,进行评分,最后综合各部位评得的分数,即得出该牛的总分数,以此划分牛的外貌等级,不同品种的牛都有其外貌标准。

(1)奶牛外貌鉴定评分。中国荷斯坦公母牛外貌鉴定评分,见第 9 章实验五。

(2)肉牛的外貌鉴定评分。我国肉牛繁育协作组制定的纯种肉牛外貌鉴定评分标准,见第 9 章实验五。

(3)黄牛的外貌鉴定评分。中国良种黄牛育种委员会制定的良种黄牛外貌鉴定评分标准,见第 9 章实验五。

(4)水牛的外貌鉴定评分。全国水牛改良及育种协作组制定的水牛外貌鉴定评分标准,见第 9 章实验五。

3.1.6 奶牛体型线性评定

奶牛体型线性评定方法于1983年在美国正式应用，同年传入我国，现已被许多国家采用，并且证明奶牛体型线性特征与终生产奶量和牛群生产年限之间有较高的遗传正相关。采用这种评定方法可取得明显的经济效益。奶牛体型线性评定把奶牛的体型外貌性状分为主要性状（共15个）和次要性状（共14个，一般只测定主要性状），确定各性状的线性评分标准，按照这个标准，将奶牛的每一个性状在1～9分的范围内，从性状的一个极端到另一个极端作衡量得到该性状的线性评分，通过转换得到功能分，最后在功能分的基础上，又将各性状归属于一般部位、乳用特征、体躯容积和泌乳系统4项特征性状（或综合体型性状），求出特征性状功能分，从特征性状分数得到个体的总分数，最终评定出被鉴定个体的等级。全幅线性刻度评分我国推荐采用9分制（中国、加拿大、德国、英国），而美国、日本、荷兰等使用50分制。确定评分最主要的原则就是依照个体每个体型性状的实际表现，强调将各个性状分开单独评定，不受其他关联性状的影响，从而确保极端表现个体的线性分。因此，线性评定更符合客观实际情况。不过，其数据处理较为复杂，具体见第9章实验七。

3.2 奶牛的生产力评定

牛的生产能力是指牛生产各种产品或服役的能力，是评定其品种优劣的一个重要依据。通常以产品的数量、质量或役力强弱来比较。它的内容和计算方法，因产品与用途不同而异，如乳牛有产乳量和乳脂率；肉牛则有日增重、饲料报酬和屠宰率；种畜为使用年限、受胎率、繁殖率等。牛的生产力评定是育种中最基本的工作，包括乳用性能测定，肉用性能测定，繁殖性能测定，体型外貌评定。

3.2.1 奶牛乳房结构与乳的合成

乳房又称乳腺，它的机能是合成、蓄积和排出乳汁。乳腺的发育早在胚胎时期就开始了，胚胎的第二个月奶头开始形成，不断发育直到第六个月。胚胎在6个月的时候，乳房器官已经发育完全，包括4个乳腺、中间韧带、奶头和乳腺池。

3.2.1.1 乳房的形态结构

乳房的外形呈扁球，靠乳房中部的一条中悬韧带和两侧的两条侧悬韧带将其悬吊于腹壁上。乳房中间的中悬韧带将乳房分为左右两半，每一半边乳房的中部又各被结缔组织隔开分为前后两个乳区，这样，乳房被分为前后左右4个乳区，每个乳区都有各自独立的分泌系统，互不相通，每个乳区有一个乳头，见图3-3。

3.2.1.2 乳房的内部结构

乳房主要由腺体组织和结缔组织构成，前者占75%～80%。乳腺的最小单位是乳腺泡，是由分泌上皮细胞构成的，其中心是空的，称乳腺泡腔。众多的乳腺泡由末梢导管连接起来形成类似葡萄穗状的乳腺小叶。许多乳腺小叶由小叶导管连起来构成乳腺叶。在乳腺泡、乳腺小叶、乳腺叶之间分布着血管、神经和结缔组织。乳腺泡分泌的乳汁经末梢导管汇集到小叶导管，再经小叶导管汇集到乳导管，最后流入乳池。乳池是储存乳汁的地方，分乳腺乳池和乳头乳池两部分。乳头开口处有环形括约肌，在有犊牛吮吸或其他刺激时，乳汁便可通过乳头排出体外。乳房内部结构见示意图3-5。

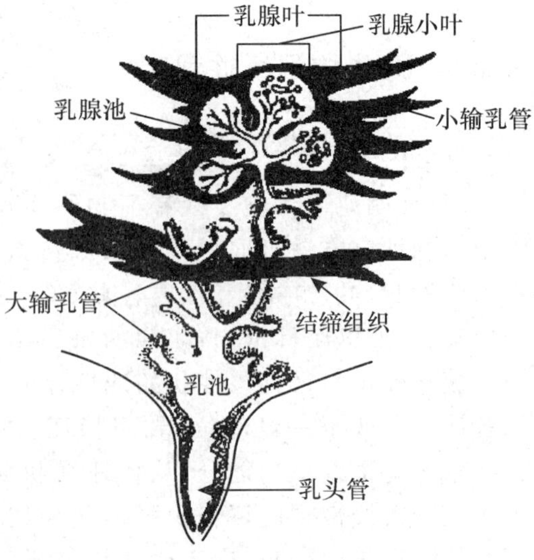

图 3-5 乳房内部结构示意图(邱怀，2002)

腺泡和细小乳导管的外层围绕有一层星状的肌上皮细胞，互相联结成网状，当这些细胞收缩时，可使蓄积于腺泡中的乳汁排出。较大的乳导管和乳池由平滑肌构成，这些肌肉的收缩参与乳的排出过程。围绕乳头管的平滑肌纤维在乳头末端排列成环形，形成乳头管括约肌，使乳头孔在不排乳时保持闭锁状态。乳头开口处有环形括约肌，在有犊牛吮吸或其他刺激时，乳汁便可通过乳头排出体外。乳房和乳头皮肤中存在机械和温度等外感受器，而乳腺内的腺泡、血管、乳导管等则具有丰富的化学、压力等内感受器，所有这些神经纤维和各种感受器，保证了对泌乳的反射性调节。

3.2.1.3 乳腺组织的发育

胎儿乳腺的形成始于乳腺芽，其后发展成乳汁运送管道，包含乳池及大小乳管(图3-5)。在出生时基本的乳头、乳管系统以及性别已形成，但此时泌乳组织尚未形成。出生后管道系统继续发育分支直到极细微的支管，当腺体各部位生长到一定的体积，脂肪及结缔组织以身体一般组织的生长速度在乳房内堆积，3～9月龄小母牛，乳腺组织增殖速度较身体其他组织快，当小母牛达到260 kg(10～12月龄)的初情期时，进入发情周期，雌性激素的作用促进管道系统的增殖，乳房内输送乳汁的管道系统逐渐形成，然而此时泌乳的乳腺细胞尚未发育，在9～13月龄小母牛的乳房以每月增加200 g的速度成长，20月龄怀孕小母牛的乳腺组织比13月龄时发育得更多，乳房大小因品种及营养的供应而有所不同。进入发情周期后，乳房的乳头周围已有触感组织，每一乳头有一个单独的乳头沟与乳腔相连，血管及神经等供应系统尚未发育完善，乳池、大小乳管、微细乳管、乳头腔等均已形成。乳房内主要组织为脂肪组织和结缔组织，而结缔组织中的未分化细胞及一些结构性胶原，当小母牛怀孕后分化为腺组织即泌乳细胞。

小母牛的怀孕促进乳腺组织的发育，并完成最后的分化及结构。怀孕期前3个月，由于内泌激素(特别是孕酮与催乳激素)的作用，输送管道进一步增殖为许多未分化的组织块，在怀孕中期这些未分化组织自行分化成圆形泡状组织(乳泡)，每一乳泡是由许多泌乳细胞环绕，形成一个中空圆形(泡腔)，以后的3个月内乳泡完成其架构并充满像糖浆似的液体(胞浆)，乳房开始扩胀，更多的管道及泌乳组织取代脂肪，乳房的体积与重量增加，皮肤紧绷，并形成压力，此时乳房柔软而发热。怀孕期的最后一个月，由于泌乳细胞数量增加以及乳汁合成率的提高（表 3-2），泌乳活动加速进行。产前 7 d 乳房充满乳汁，因乳汁没被挤出，故只有乳泡充满乳汁所形成的内压阻止泌乳细胞继续合成乳汁。

表 3-2　乳腺组织的细胞数量发育对比（以百分比表示）　%

生长期	最高量的细胞数	生长期	最高量的细胞数
出生	<1	怀孕中期（20 月龄）	20
小母牛（10 月龄）	5	怀孕末期（24 月龄）	60
小母牛（15 月龄）	10	产乳量最高峰期（26 月龄）	100

初孕牛产犊后，在泌乳前期乳腺组织继续生长，由于挤乳经常将乳汁挤出而有良好的刺激，造成泌乳细胞数量明显增加，有时产后增加的数量甚至等于产前所累积的数量。

泌乳期到达 10 个月，由于乳泡表层的泌乳细胞退化，乳的合成很快地终止。剩余的乳泡及管道等架构维持不变，经过短暂的休息，达到下胎次产前 3～4 周，新一层的泌乳细胞再次于乳泡架构内形成，作为下一泌乳期乳腺加速活动而准备。

对于荷斯坦奶牛来说，体重在 90～229 kg 间是乳房发育的重要时期，该期的营养可对乳腺的发育产生很大的影响。尽管乳腺发育同体组织和繁殖机能的变化平行进行，在初情期以前通过营养供给可有效控制乳腺发育的时期。

许多研究表明初情期以前若体增重过快会不利于乳腺发育，见表 3-3，在配种后快速的体增重却可促进乳腺的发育。大型品种在初情期的平均日增重不应超过 0.75 kg，比较适宜的为 0.6～0.7 kg，但不能低于 0.5 kg。在发情前营养水平可影响垂体释放生长激素，生长激素对促进乳腺的发育有重要的作用。据研究报道，在初情期以前平均日增重在 0.6 kg 的育成牛，1 mL 血浆中的生长激素含量是 5.3 mg，当日增重达到 1.2 kg 时，其含量下降到 70%的水平。而过了初情期后则营养对生长激素含量的影响却很小。

表 3-3　不同饲养水平对西门塔尔品种杂种幼牛乳腺组织发育的影响

饲养水平	乳房组织比例/%		
	腺体组织	结缔组织	脂肪组织
适度的（18 月龄内共喂 2 200 饲料单位）	40.5	30.4	29.1
较高的（18 月龄内共喂 2 500 饲料单位）	37.4	48.0	14.6
丰富的（18 月龄内共喂 2 870 饲料单位）	30.0	24.7	45.3

引自邱怀，2002。

总之，在初情期前应适当控制育成牛的日增重，否则营养水平过高不利于乳腺发育和正常的泌乳机能的发挥。尤其应避免牛过肥，多余的脂肪会沉积在乳腺组织内，影响泌乳器官发育。这样的牛外观上看乳房形状很好看，而在挤奶前后乳房容积变化不大，乳腺组织内充填着脂肪组织，被人们称为“肉乳房”。

3.2.1.4　乳的合成与分泌

乳在乳腺泡的分泌细胞内合成，然后分泌到乳腺泡腔中。乳的主要成分是脂肪、蛋白质、乳糖、矿物质、维生素和水，合成乳成分的前体物来源于血液（表 3-4）。乳脂肪是由甘油和脂肪酸合成的，长链脂肪酸和甘油直接来源于血液，短链脂肪酸则由来源于血液的乙酸盐和β-羟基丁酸盐在乳腺分泌细胞中合成。乳蛋白由氨基酸合成，氨基酸直接来源于血液。合成乳糖的原料是葡萄糖，葡萄糖由血液进入乳腺分泌细胞后，一部分转化为半乳糖，半乳糖再与葡萄糖结合生成乳糖。牛奶中的维生素和矿物质是由乳腺分泌细胞直接从血液中摄取的。牛奶中的水一部分直接来源于血液，一部分来源于乳腺泡内的液体。

乳的合成与分泌是持续不断的，贮存于乳池、乳导管、小叶导管、末梢导管和乳腺泡腔内。乳的分泌速度取决于乳房内压，乳的合成见示意图 3-6。

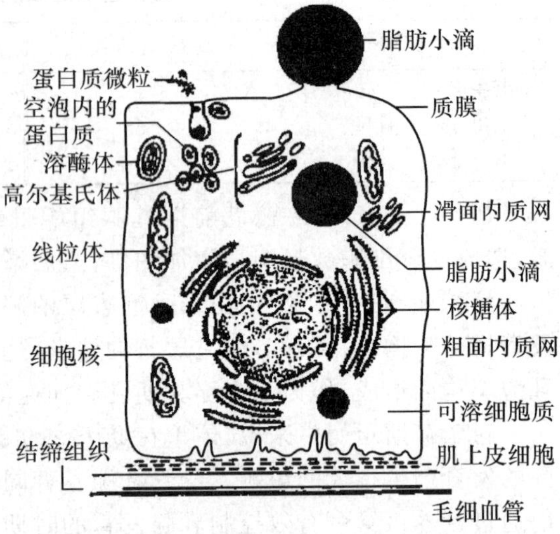

图 3-6　乳的合成示意图(邱怀，2002)

乳在乳腺泡的上皮细胞内形成后，连续不断地分泌进入腺泡腔，当乳充满腺泡腔和细小乳导管时，依靠腺泡周围的肌上皮和导管系统平滑肌的反射性收缩，将乳周期性地转移入乳导管和乳池内发生排乳。在哺乳或挤乳刺激作用下，反射性地引起乳房容纳系统紧张度改变，使乳腺泡和乳导管中的乳再迅速流入乳池。同时使乳头管开放，乳汁排出体外。奶牛挤乳时，最先排出的是乳池乳，一般占总泌乳量的1/3～1/2。我国黄牛、水牛、牦牛的乳池乳甚少，有的甚至完全没有。由排乳反射从腺泡及乳导管排出的乳，称为反射乳，占总乳量的1/2～2/3。哺乳(或挤乳)刺激乳房不到 1 min，就可引起牛的排乳反射。

3.2.1.5　乳合成的前体物质

奶牛的乳腺组织合成乳的部位是乳腺腺泡和细小乳导管，合成的乳成分主要是乳脂、乳蛋白和乳糖，见表 3-4，其合成前体物是乙酸、β-羟丁酸、脂肪酸、氨基酸、葡萄糖，每生产 1 L 奶，需要约 500 L 血液通过乳腺。其所需的营养成分由奶牛日粮或者瘤胃代谢产生的物质来提供。其中乳蛋白的前体由日粮过瘤胃蛋白和瘤胃微生物蛋白提供，乳糖由饲料中的碳水化合物和丙酸类生糖前体物来合成，乳脂是由饲料瘤胃发酵产生的乙酸、丁酸和饲料中的脂肪等前体物来合成。

表 3-4　乳成分的血液前体物

乳的成分	血液中的前体物	乳的成分	血液中的前体物
蛋白质		碳水化合物	
α-酪蛋白	游离氨基酸 90%	乳糖	葡萄糖
β-酪蛋白	游离氨基酸 90%	脂肪	
κ-酪蛋白	游离氨基酸 90%	长链脂肪酸	长链脂肪酸
α-白蛋白	游离氨基酸 90%	短链脂肪酸	乙酸及β-羟丁酸
β-球蛋白	游离氨基酸 90%	甘油	葡萄糖
免疫球蛋白	免疫球蛋白 10%	维生素	维生素
血清白蛋白	血清白蛋白 10%	矿物质	矿物质
γ-酪蛋白	γ-酪蛋白 10%	水	水

3.2.2 奶牛产奶性能的测定与评定

牛产奶能力即乳牛(奶牛)的生产性能,主要是由经过培训的专职人员对奶牛产奶量和牛奶质量进行测定,以衡量奶牛的优劣。这是奶牛生产和牛群改良工作的基础。产奶能力主要用产奶量和乳成分含量来度量,此外还有挤奶能力等。

3.2.2.1 奶牛产奶量的测定与计算

根据奶牛产奶量可以很直观地反映饲料投放和各项管理措施的效果,同时也为奶牛育种选种选育提供科学参考,奶牛产奶量度量指标的表示方法有:①年产奶量,指在一个自然年度中的总产奶量;②泌乳期产奶量,指从产犊到干乳期间的总产奶量;③305 d 产奶量,指从产犊到第 305 个泌乳日的总产奶量;④成年当量,将各个产犊年龄的泌乳期产奶量校正到成年年龄时(我国校正到第 5 胎时的产奶量)的产奶量,称为成年当量。

1. 产奶量的测定方法

测定奶牛产奶量需要计量每次的挤奶量,计量奶量方法因不同挤奶方法和机械挤奶设备不同而有差别,如手工挤奶或推车挤奶多用称量方法计量奶量,而挤奶厅或管道式挤奶则用计量瓶或分流式计量器;与挤奶机联合的奶牛自动识别和电子奶量自动记录系统使获得奶量的方法更为方便。

(1)逐头牛记录汇总。每次挤奶后计量奶量并逐天累计;而后统计出各月和全泌乳期的总奶量。

(2)每月计量记录 3 d 的产奶量,每次间隔 8～11 d,将每次所得数据(即月内 3 次测定的日全天奶量,分别用 M1、M2、M3 表示)乘以相隔天数(分别用 D1、D2、D3 表示),先计算出各月的泌乳量,然后各泌乳月的产奶量累加即为全泌乳期产奶量。用计算公式表示时,则月产奶量(kg)＝M1×D1＋M3×D3＋M3×D3。以此为根据统计每月和整个泌乳期的产奶量。

2. 个体产奶量的计算

奶牛个体产奶量是以个体奶牛为单位来进行测定和统计,它表明个体奶牛的产奶性能,其数据以奶牛的泌乳周期为基础。

(1)个体 305 d 产奶量。个体 305 d 产奶量指母牛自产犊第 1 天开始到第 305 天为止的产奶总量。产奶时间不足 305 d 者,按实际产奶量计算,并注明天数;产奶天数超过 305 d 者,305 d 以后的产奶量不计在内。

(2)个体校正 305 d 产奶量。实际记录的产奶量乘以相应的校正系数,得到校正 305 d 产奶量。校正系数见表 3-5、表 3-6。如某头奶牛产奶天数 350 d,产奶量 7 600 kg,此牛为第三胎,其 305 d 校正产奶量则为:

305 d 校正产奶量＝7 600×0.925＝7 030(kg)

(3)个体全泌乳期实际产奶量。个体全泌乳期实际产奶量指母牛自产犊之日起到干奶为止的累计产奶量。

(4)个体终生产奶量。个体终生产奶量指母牛在其一生中的全部产奶量,是将该头牛的各胎次全泌乳期实际产奶量累加。

表 3-5 泌乳期不足 305 d 的校正系数

实际泌乳天数	240	250	260	270	280	290	300	305
第 1 胎	1.182	1.148	1.116	1.086	1.055	1.031	1.011	1.000
2～5 胎	1.165	1.133	1.103	1.077	1.052	1.031	1.011	1.000
6 胎以上	1.155	1.123	1.094	1.070	1.047	1.025	1.009	1.000

表 3-6 泌乳期超过 305 d 的校正系数

实际泌乳天数	305	310	320	330	340	350	360	370
第 1 胎	1.000	0.987	0.965	0.947	0.924	0.911	0.895	0.881
2～5 胎	1.000	0.988	0.970	0.952	0.936	0.925	0.911	0.904
6 胎以上	1.000	0.988	0.970	0.956	0.940	0.928	0.916	0.893

3. 群体产奶量的统计

群体产奶量的测定和统计是以奶牛场全群成年母牛为对象的，它反映该牛群整体产奶遗传性能的高低，也反映牛场的饲养管理水平，供拟订产奶计划时参考。同时群体产奶量的统计与计算是以日历年为基础的。全群产奶量的统计，应分别计算成年牛（又称应产牛）的全年平均产奶量和泌奶牛（又称实产牛）的全年平均产奶量。计算成年牛的全年平均产奶量时，须将成年牛群中所有泌奶牛和干奶牛（包括不孕牛）都统计在内，以便计算牛群的饲料报酬和产品成本。计算泌奶牛的全年平均产奶量时，仅统计泌奶牛的饲养头数，不包括干奶牛及其他不产奶的母牛，故用此法计算的全群年产奶量较前一种方法为高。

(1)全群应产牛全年平均产奶量。

全群应产牛全年平均产奶量＝全群全年总产奶量/全年平均每天饲养应产母牛头数

全群全年总产奶量是指从 1 月 1 日起到 12 月 31 日止全群牛产奶的总量。

全年平均每天饲养应产母牛头数＝全群每天饲养应产母牛头数总和/365

如某牛场 2009 年全年产奶量为 3 183 022 kg，全年每天饲养应产母牛头数总和为 159 432 头，则该场 2009 年平均每天饲养应产奶母牛头数为 159 432/365＝436.8(头)，2009 年全群应产母牛全年平均产奶量为 3 183 022/436.8＝7 287.1(kg/头)。

(2)全群实产牛全年平均产奶量。

全群实产牛全年平均产奶量＝全群全年总产奶量/全年平均饲养实产母牛头数

全年平均饲养实产母牛头数＝全年每天饲养实产母牛头数总和/365

如某牛场 2009 年全年产奶总量 3 183 022 kg，全场全年每天饲养实产母牛头数总和为 140 343 头，那么全场全年平均每天饲养实产母牛头数为 140 343/365＝384.5(头)，全场实产牛全年平均产奶量为 3 183 022/384.5＝8 278.3(kg/头)。

3.2.2.2 原料奶质量指标的测定与评定

原料奶又名生鲜牛奶，是指来自健康奶牛的乳房，感官正常，营养成分均衡，其他理化指标符合国家标准的牛奶，原料奶（牛奶）质量指标包括营养指标和卫生指标，其中，营养指标包括乳脂肪、乳蛋白、乳糖、乳非脂固形物等成分，卫生指标包括冰点、体细胞数、总细菌数、致病菌、抗生素、重金属、农药及霉菌毒素的含量等。营养指标中任何一项的不合格都会降低牛奶营养品质，卫生指标不合格将会破坏牛奶质量安全，对人体健康造成危害。

1. 牛奶中乳成分的测定

表示牛奶中乳成分含量测定与评定的度量指标有乳脂率、乳脂量、乳蛋白、乳糖等，此外还有一些综合性指标，例如4%标准奶量。

(1)乳成分测定方法。牛奶中乳成分含量是评定奶牛生产力和牛奶质量的重要指标。测定牛奶中的乳成分含量是奶牛场、牛奶公司、科研单位的一项重要日常工作，主要测定成分是乳脂率、乳蛋白率，现代红外线牛奶分析仪的应用使测定全部自动化操作，并可同时测定乳脂量、乳蛋白、乳糖和总干物质的含量。

①乳脂率的测定和乳脂量计算。乳脂是指牛奶中所含的脂肪，乳脂率是指牛奶中所含脂肪的百分率。牛的乳脂率在整个泌乳期中有很大变化，一般所说的乳脂率是指平均乳脂率。

$$平均乳脂率 = \sum (F \times M) / \sum M$$

F 为在整个泌乳期中每次测定乳脂率的测定值，测定方法见第9章实验十一，M 为某一测定值所代表的该段时间的产奶量。

乳脂量等于乳脂率与产奶量的乘积。

乳脂率的测定次数，一般有两种：a. 全泌乳期中每月测定一次；b. 在全泌乳期中只在第2、5、8个泌乳月各测定一次，共3次。测定乳脂率时要注意全天采样，采用方法见第9章实验八。

②乳蛋白的测定。乳蛋白是牛奶的重要营养成分之一，随着对乳蛋白含量重视的提高，乳蛋白含量已成为奶牛育种中选择的一项重要指标，也是衡量牛奶质量的一项重要指标，并可作为收购牛奶时定价的主要参考指标。

乳蛋白测定的经典方法是凯氏定氮法，即先测定牛奶中氮含量，然后根据蛋白质的含氮量计算出该牛奶的蛋白质含量(%)。此法准确，但效率低，近年来采用比色法和用全奶成分测定仪进行测定，效率明显提高。

(2)4%标准奶(校正乳，fat corrected milk, FCM)。为了便于比较奶牛之间的产奶量，统一奶牛产奶性能，以4%乳脂率的牛奶作为标准奶(FCM)来对一头奶牛的产奶量和乳脂率的综合作为评判指标，$FCM = M(0.4 + 0.15F)$，式中，M 为乳脂率为 F 的牛奶量，F 为牛奶的实际乳脂率。如1头牛产奶量为7 500 kg，乳脂率为3.3%，转化为乳脂率4%的标准奶量(FCM)为6 712.5 kg[7 500×(0.4+0.15×3.3)]。

2. 牛奶卫生指标的测定与评定

原料奶卫生质量的优劣直接关系到奶及乳制品的质量，原料奶卫生指标包括细菌数、体细胞数、重金属、硝酸盐、亚硝酸盐和药物残留等，在奶牛养殖业和乳制品工业已从数量型向质量型方向发展的今天，牛奶卫生质量已成为企业度量优质原料乳的计价依据，其中奶中细菌总数和体细胞数的高低是衡量原料奶质量的一个重要指标。原料奶的卫生质量是我国乳业发展中的瓶颈和与国外生产技术水平的主要差距。通过建立原料奶的规范生产、冷链运输存储制度、检测等设施与技术管理，能够使我国原料乳的卫生质量达到与国际先进水平同等的水平。

(1)牛奶中的微生物。决定原料奶品质的一项重要指标是微生物指标，即原奶中细菌和致病菌的数量。在健康奶牛的乳房内也总有一些细菌存在，但仅限于极少数几种细菌，如小球菌、链球菌等，细菌的数量不多，大约在每毫升几百个。在健康牛的奶中，大多数微生物来自于牛的体表皮肤和外环境，以及奶离开奶牛后细菌的快速增殖。牛奶的细菌总数很大程度上决定于环境卫生、挤奶机、牛奶贮存和运输设备的清洁程度和牛奶的冷藏温度，见第6章6.3.6.4

的表 6-17。能在越短的时间内把牛奶温度降至 4℃左右，牛奶中的微生物总数就越低。存在于牛奶中的主要微生物有：细菌，可分为乳酸菌、大肠菌、丁酸菌、丙酸菌和腐败菌群，各菌群中有许多种及亚种；真菌，可分为酵母菌和霉菌；病毒，例如噬菌体，因而损坏干酪、稀奶油和发酵乳制品的质量。同时牛奶中有时会出现危害人类健康较严重的病原微生物，如化脓性链球菌、葡萄球菌、某些大肠杆菌。如奶牛发生乳房炎，则在奶中会检出大量的金黄色葡萄球菌、链球菌和化脓杆菌等致病菌。

根据我国生鲜牛奶收购标准（生鲜牛乳收购标准 GB 6914—86 和生鲜牛乳标准 NY 5045—2001），国家一级奶的标准是细菌总数≤50 万个/mL，二级奶的标准是≤100 万个/mL，这些标准远远落后于世界先进国家的标准；而国外对原料奶细菌总数卫生指标控制十分严格，如荷兰等国家要求原料乳细菌总数在 10 万个/mL 以下，英国、法国则要求在 5 万个/mL 以下。原料奶细菌总数说明牛奶被污染的程度和冷藏保存的好坏，细菌总数过多，说明牛奶被污染的程度高，原料奶容易发生酸败，会缩短牛奶的保质期。细菌总数高，其中的致病菌可能产生非常耐热的毒素，这些毒素经超高温处理后仍有少量残留，消费者饮用后会导致中毒，且大量细菌繁殖会加速产酸，引起原料乳酸度增加，蛋白质热稳定性下降。

随着人均奶制品的消费快速增长，奶制品的结构也有了很大变化，突出表现为奶粉的消费逐渐下降，液态奶消费显著上升，对原料奶的要求也越来越高。影响原料奶卫生指标的污染源主要是挤奶过程、牛乳房及牛舍环境；原料奶中的细菌数又取决于牧场的卫生条件、牛体的健康状况、挤奶方式、储藏条件、储藏时间以及运输条件。规范挤奶程序、改进牛舍环境、保证挤奶设备正常与清洁是在奶牛场内控制细菌总数的重要途径。

(2)牛奶中的体细胞。牛乳中的体细胞数（somatic cell counts，SCC），是指每毫升奶中的细胞总数，牛奶中体细胞包括白细胞和脱落的上皮细胞，其中白细胞（即巨噬细胞、嗜中性白细胞和淋巴细胞）占牛奶体细胞数的 98%～99%，其他 1%～2%的体细胞是乳腺组织脱落的上皮细胞。正常乳中含有巨噬细胞，其作用是清除乳腺中的细菌和细胞碎片，淋巴细胞在抵抗感染的机制中起主要作用。若乳腺受到损害，也会造成乳腺上皮细胞脱落，成为乳汁内的体细胞的一部分，但不超过体细胞总数的 10%。因此可以用牛奶中体细胞数多少来评判乳房感染的程度，高体细胞数表明有大量白细胞的存在和乳房感染几率较大。体细胞数是变化的，在完全健康奶牛的牛奶中 SCC 一般在 20 万～30 万个/mL；一般健康奶牛的牛奶体细胞数小于 50 万个/mL。当乳房外伤或得了乳房炎或发生疾病产生炎症时，机体将大量的白细胞分泌进入乳房以清除感染，SCC 一般都超过 50 万个/mL。当 SCC 超过 50 万个/mL 时，表明奶牛已患有乳房炎，体细胞数越大，表明炎症越严重，相应的原料乳中的成分变化增大，牛奶的质量变差，牛奶中乳蛋白率、乳脂率、总固形物与牛乳中的体细胞数呈显著正相关，而乳糖含量与 SCC 呈显著负相关。体细胞计数是快速、简便、准确判断乳房炎的一种方法，使用此法可及早发现隐性乳房炎，从而可尽快采取治疗措施。国际乳业联合会（IDF）已制订出牛奶体细胞数推荐分级标准，具体规定见表 3-7。

表 3-7 牛奶体细胞数分级标准 万个/mL

牛奶级别	体细胞数	乳房炎判断	牛奶级别	体细胞数	乳房炎判断
A 级	＜50	乳房卫生优良	C 级	100～200	患乳房炎
B 级	50～100	表面乳房炎	D 级	＞200	严重乳房炎

(3)牛奶中抗生素残留。抗生素残留是影响原料乳卫生质量的敏感因素。对泌乳奶牛用药不当或不注意安全间隔时间是造成牛乳抗生素残留的重要原因，尤其是采用乳房灌注治疗奶牛乳房炎时，更易造成牛乳中抗生素的残留，见 6.5.2 节的表 6-27；奶牛如果长期饲喂含抗生素的饲料也是造成牛奶中抗生素残留问题的一个重要原因。原料乳中抗生素残留有很大的危害，如容易引起人类的过敏反应，牛乳中抗生素残留可导致牛乳的发酵不能正常完成或出现异常发酵，造成人体肠道内的微生物环境紊乱或菌群失调，在药物治疗中产生耐药性等。预防牛奶中抗生素残留必须采取加强对饲料的检测，防止饲料中出现抗生素药物，控制奶牛乳腺炎的发病率，严格遵守休药期规定，加强饲养管理，加强乳品安全体系建设等措施。

(4)原料奶冰点。生鲜牛奶的冰点平均值为－0.54℃，其变动范围在－0.56～－0.52℃。生鲜牛奶冰点比纯水的冰点(0.00℃)低是由于奶中含有一定浓度的可溶性乳糖及氯化物等盐类。在正常情况下，生鲜牛奶的冰点基本保持一致，只在很小范围内变化。但当生鲜牛奶被掺了水或含有其他杂质时，则其冰点发生变化。因此，生鲜牛奶的冰点检测是检测牛奶中是否掺水、掺杂的重要指标，而且通过冰点的检测大致可以检出加水的数量。

(5)牛奶的质量标准与异常奶。牛奶和乳制产品的质量标准是对牛奶及其制品的生产、加工、质量分级、检验方法、保管、运输等所作的技术规定。按其颁发单位和适用范围不同，分为国家标准(如《生鲜牛乳收购标准》GB 6914—1986、生鲜牛乳标准 NY 5045—2001、无公害牛奶加工技术规范 NY/T 5050—2001)，行业标准和企业标准。近年还出现了国际乳业联合会(IDF)标准以及国际标准化组织(ISO)的国际质量认证体系等。

牛奶在生产过程中其成分和性质发生变化，偏离规定标准范围的牛奶统称异常奶。按异常奶产生的原因可分为：①生理异常奶，初乳、末乳、营养不良乳；②病理性异常奶，乳腺炎奶、病原菌污染奶；③生物化学异常奶，高酸度奶、酒精阳性奶、低成分奶和冻结奶等；④掺杂使假奶，如掺水、米汤、豆浆、石灰水等。异常奶检测见第 9 章实验十二和实验十三。

3.2.2.3 挤奶能力测定

挤奶能力是指奶牛在挤奶时所表现出的诸如排乳速度、各个乳区的泌乳量的均衡性等性能，这些性状对于机器挤奶来说是十分重要的，因为挤奶的时间越长，或各个乳区不能同时挤净，机器对乳房的机械损伤就会增加，乳房炎的发生可能性也相应增加。

1. 排乳速度

排乳速度是近 30 年来评定乳牛生产性能的重要指标之一，排乳速度快的母牛，有利于在挤乳厅集中挤乳。排乳速度一般用平均每分钟的泌乳量来表示。国外有些国家对不同品种的母牛规定了排乳速度指标，如美国荷斯坦牛为 3.61 kg/min；德国荷斯坦牛，成年母牛为 2.5 kg/min，初胎母牛为 2.2 kg/min；德国西门塔尔牛 2 胎以上成母牛为 2.08 kg/min，初胎母牛为 1.86 kg/min。排乳速度的遗传力为 0.5～0.6，但与挤奶条件有很大关系。排乳速度测定方法很简便，可用弹簧秤悬挂在三脚架上以每 30 s 或每分钟排出的奶量(kg)为准，一般可结合产奶记录进行测定。由于每分钟的泌乳量与测定时的日产奶量有关，所以应在一定的泌乳阶段测定，一般规定在第 50～180 泌乳日的期间在一个测定日内测定一次挤奶中间阶段需要的时间和奶量，要求所测定的奶量不少于 5 kg，其剩余的奶量不少于 300 g，得到的平均每分钟奶量还需再矫正为第 100 泌乳日的标准平均每分钟泌乳量，标准乳流速＝实际乳流速＋0.001×(测定时的泌乳日－100)。

2. 前乳房指数

前乳房指数是度量各乳区泌乳的均衡性主要指标，它是指一次挤奶中前乳区的挤奶量占总挤奶量的百分比。测定的方法是用有 4 个乳罐的挤奶机进行测定，4 个乳区的奶分别流入 4 个玻璃罐内，由自动记录的秤或罐上的容量刻度，可测得每个乳区的奶量，计算 2 个前乳区（即前乳房）所产的奶占全部奶量的百分率，即为前乳房指数，其计算公式为：前乳房指数＝（两个前乳区奶量/总奶量）×100％。

在外貌鉴别时，一般都强调母牛乳房的 4 个乳区必须发育均称，但凭肉眼判断乳区的对称程度，不及通过 4 个乳区奶量的实际测定精确可靠。根据瑞典用头数众多的几个乳牛品种的调查研究表明，左右乳房的奶量基本相等，亦即左右乳房的发育比较匀称；而前后乳区的奶量则差别较大，后乳区的奶量显著地多于前乳区，亦即前乳房发育不如后乳房，因此一般多用前乳房指数（亦称前后指数）表示乳房的对称程度。一般地说，初胎母牛的前乳房指数大于 2 胎以上的成年母牛，如德国荷斯坦牛初胎母牛前乳房指数为 44％，成母牛为 43％；西门塔尔牛初胎母牛前乳房指数为 44.1％，2 胎以上成母牛为 42.6％。此外，品种不同，前乳房指数也不一样，如丹麦荷斯坦牛的前乳房指数为 43.5％，丹麦红牛为 44.4％，丹麦娟姗牛为 46.8％，瑞典红白花和黑白花牛的前乳房指数分别为 42.8％和 39.1％，可见丹麦红牛、娟姗牛的前乳房发育比荷斯坦牛要均称。乳牛前乳房指数的遗传力为 0.31～0.76，平均为 0.50。

3. 抗病性状——乳房炎抵抗力

在奶牛中，最重要的抗病性状是对乳房炎的抵抗能力——乳房炎抵抗力。乳房炎是由多种细菌（主要是链球菌和金黄色葡萄球菌）感染所引起的一种乳腺炎症，是奶牛中最常见的疾病，通常由于创伤、卫生不良、挤奶机使用不当、过分挤奶等因素所引发，发病母牛产奶量将降低 20％左右，牛奶质量也受到影响，它是对奶牛生产威胁最大的疾病。虽然乳房炎主要由外界因素引发，但个体间在易感性上也存在一定的差异，通过选择是可以从遗传上提高牛群对乳房炎的抗性的。

动物体抵御一些入侵细菌的措施之一就是将白细胞渗透到受感染区域，白细胞来自动物血液。乳腺组织一旦被病原菌感染，牛奶中体细胞数明显增加，主要是起着防御、杀菌作用的白细胞数大量增加，乳腺泡上皮细胞数目减少，部分上皮细胞被结缔组织替代，影响泌乳功能，奶牛生产性能受挫，体细胞数在 20 万/mL 基础上，每增加 10 万/mL，产奶量将减少 2.5％；如牛群的体细胞数是 50 万/mL，则其产奶量因隐性乳房炎影响减少 7.5％。

牛奶中体细胞数反映牛场奶牛乳房健康状况，几乎参加 DHI 项目的每头泌乳牛都进行体细胞检测。与细菌不同，体细胞一旦进入乳汁内，其总数是不会发生变化的。目前有许多种测定牛乳中体细胞数的方法，如荧光计数法、美国加利福尼亚乳房测试法（CMT）和 FOSS120 型测定法等，CMT 是快速、简便、准确的方法。

目前对乳房炎的测定方法主要有 2 种，第一种方法是通过兽医临床诊断来鉴定牛只是否患病，但这只能检出临床性乳房炎，而很难检测出隐性乳房炎和乳房炎先兆；第二种方法是利用牛奶中的体细胞数作为辅助指标。健康乳腺奶中不同类型体细胞百分比是巨噬细胞 60％，淋巴细胞 25％，嗜中性或多型核嗜中性白细胞 15％。感染乳区的乳汁中大约 99％的细胞是白细胞，其余少量是乳腺组织上皮细胞，一起组成了牛奶中的体细胞。健康牛奶体细胞数小于 50 万个/mL，如果体细胞数超过 50 万个/mL，表明奶牛已患有乳房炎，体细胞数越大，表明炎症越严重，见表 3-6。体细胞计数是快速、简便、准确判断乳房炎的一种方法，使用此法可及早发现隐性乳房炎,从而可尽快采取治疗措施,对体细胞数的测定一般是结合常规的乳成分测定同时进行。

4. 泌乳均衡性

泌乳均衡性是指一个泌乳期内产奶量的稳定情况,泌乳均衡的奶牛种质好,如高产奶牛产奶后最初3个月的泌乳量占总产奶量的35%左右,第4～6泌乳月占32.5%左右,第7～10泌乳月占32.5%左右;泌乳均衡性与产乳量密切相关,从泌乳曲线可判断泌乳均衡性。从1个泌乳期看,最高月产出现的早晚与维持时间的长短是影响泌乳均衡性主要指标;从终身泌乳曲线看,第4～6个泌乳期产奶量最高时,泌乳曲线较平稳。

3.2.3 奶牛后备牛生长发育性能的评定

奶牛后备牛的生长发育好坏,将直接影响到其成年时期的生产性能,早期生长发育不良的个体一般在以后生产性能的表现上也较差,因而要及早淘汰。称重与测量体尺(测量体尺包括体高、斜长、胸围)是检查后备牛生长发育的重要指标,尤其育成牛每月应进行测量体尺,记录、统计分析,以便及时发现饲养管理中存在的问题。生长发育的测定性状包括各月的体尺和主要生长阶段的体重,即初生重、6月龄重、12月龄重、18月龄重和24月龄重。对公犊牛一般在测定站进行测定,母犊牛一般在牛场内测定。

3.2.3.1 牛体尺测量

生长发育的测定对于乳用、乳肉兼用和肉用牛都是需要的,而且测定方法相似,其作用是为牛的早期选择提供依据。体尺即牛体某一部位长或宽的度量,它不仅能反映机体某一部位和整体的大小,而且能反映各部位及整体的发育情况。经常测量体尺,可以了解各部位及整体的生长发育情况,估计内部器官的发育是否正常良好,从而检验饲养管理等技术措施,制定改进的方案。

体尺是最易评定的特性。每一品种或品系的牛在体尺上都有一定的要求,代表其品种特征,因此在育种工作中,体尺也是一个选种与鉴定品种特征的指标。牛在不同的生长发育阶段,各部位的发育是不平衡的,其体尺也就具有一定的各自的特点。外貌和生产性能是相关的,在一定程度上,体尺测量是外貌的数量化,由此可估测牛的生产性能。

3.2.3.2 牛体尺的测量方法和度量

牛体尺测量是判断牛的体形外貌比较客观的一种方法,它不仅能帮助了解牛躯体结构特性,外形变化情况和估测体重,还可以进行体型分类。生产中常用的测量部位指标有鬐甲高(体高)、腰高(十字部高)、胸深、体斜长(体长)、胸宽、后躯宽(腰角宽)、胸围和管围。用于测量的工具有测杖、圆形测定器、卷尺和测角计,见第9章实验二。在体尺测量后常采用计算体尺指数的方法来研究各部位相对发育的情况。

所谓体尺指数,就是畜体某一部位尺寸相对于另一部位尺寸的百分比。体尺指数可以表示两个部位间的相互关系,通常所应用的指数都为彼此间相互关系比较密切的两个部位之比,而且这两个部位间按其解剖构造及生理机能具有一定的关系,反映牛体各部位生长与发育的相互关系,这种比例关系称为体尺指数。它是用来衡量牛的体态结构,确定类型的重要参数,见第9章实验二。

3.2.4 影响奶牛生产性能的因素

奶牛的奶产量和牛奶的品质直接影响奶牛场及乳品厂的经济效益，因而如何提高奶产量及乳品质量为众多牛奶生产者所关注。影响奶牛产奶能力的因素很多，归纳起来，不外乎有遗传（如品种、个体）、生理（如年龄和胎次、泌乳期、初产年龄、干乳期等）和环境（如饲养管理、挤奶与乳房按摩、产犊季节与外界温度、疾病与药物等）3方面的因素。但总的说来，奶牛奶的产量和牛奶的组成，是母牛遗传特性（内因）及其外界环境（外因）相互作用的结果。内因是变化的根据，外因是变化的条件，外因通过内因而起作用。例如，品种的育种工作是创造高产奶牛的前提，饲养管理和后备牛培育等技术是发挥奶牛产奶能力的关键，两者相辅相成，缺一不可。如果没有正确的饲养管理和良好的环境条件，品种再好，也不能充分发挥其固有的产奶活力。因此，内因和外因是辩证的统一，两者必须有机地结合起来，才能达到高产稳产。

3.2.4.1 遗传因素

奶牛品种是提高生产力的基础。只有高产奶牛品种，才能取得较高的产品。所以应选留高产、适应性强、抗病力强、遗传稳定的奶牛。奶牛品种不同，其产奶量存在较大差异。在各品种的奶牛中，纯种荷斯坦奶牛的产奶量最高，而娟姗牛的平均产奶量与荷斯坦奶牛的平均产奶量相差2 000 kg。中国荷斯坦奶牛的产奶量在6 500～7 500 kg，而一些改良牛（本地黄牛与荷斯坦奶牛的杂交后代）的产奶量则是非常低的，一般在2 500～3 000 kg。

1. 品种

品种不同，表现在遗传方面有显著的差异，其产奶量和奶的组成也不相同，这是各品种的特征之一，见表3-8。不同品种牛的产奶量和乳脂率有很大差异，经过高度培育的品种，其产奶量显著高于地方品种，产奶量和乳脂率之间存在着负相关，产奶量较高的品种，其乳脂率相应较低，但通过有计划的选育，乳脂率也可提高。

表3-8 主要乳牛品种母牛的平均产奶量和乳中成分

品种	乳中成分/%					产奶量/kg
	脂肪	蛋白质	乳糖	非脂固体物	灰分	（二次挤奶，305 d）
娟姗牛	5.2	3.7	4.7	9.6	0.77	4 024
更赛牛	4.8	3.5	4.8	9.2	0.75	4 376
爱尔夏牛	4.0	3.3	4.6	8.7	0.72	5 050
瑞士褐牛	4.1	3.2	4.8	9.0	0.72	5 547
荷斯坦牛	3.6	3.1	4.6	8.5	0.73	6 338

引自邱怀，2002。

2. 个体

一般地说，体重大的个体其绝对产奶量比体重小的要高，体型较大的乳牛，消化器官容积较大，采食量大，故产奶量较高（$r=0.7$），如荷斯坦牛的体型大比体型小的产奶量高，通常情况下，中国荷斯坦牛体重在550～650 kg为宜。同一品种的不同个体，由于个体间遗传素质的不同，即使在同样环境条件下，产乳量及其乳的成分、性质也有很大差异，甚至高于品种间差异。例如，乳脂率变动范围，荷斯坦牛为2.6%～6%，娟姗牛为3.3%～8.4%，而产乳量变动则更大，如荷斯坦牛的产奶量变异范围在 3 000～12 000 kg。

3.2.4.2 生理因素

奶牛由于生理状况不同，其机体代谢有明显不同，奶牛获得必需的营养物质也因不同的生理阶段有所不同，这将明显影响奶牛的生产性能即奶产量和乳成分，生理因素包括年龄、胎次、泌乳期、干乳期、发情与妊娠等。

1. 年龄和胎次

乳牛泌乳能力随年龄和胎次的增加而发生规律性的变化。一般地说，奶牛产奶量总是随着生长发育程度，特别是随着乳腺发育程度而增长，成年时，产奶量达到最高峰，以后随着年龄的增长，机体逐渐衰老而使产奶量开始下降。初产乳牛的年龄在 2 岁半左右，由于本身尚在生长发育的阶段，所以产奶量较低，其泌乳量约相当于成年时的 70%，3 岁时为 80%，4 岁时为 90%，5 岁时为 95%，6 岁时为成年产量。因此在 5～7 岁即第 4～6 胎是产奶量达到一生中的最高峰。10 岁以后，由于机体逐渐衰老，产奶量又逐渐下降。但饲养良好，体质健壮的母牛，年龄到 13～14 岁时，仍然维持较高的泌乳水平；相反，饲养不良，体质衰弱的母牛，7～8 岁以后，产奶量就开始逐渐下降。

2. 初次产犊年龄

奶牛第一次产犊的年龄不仅影响当次产奶量，而且影响其终生产奶量，见表 3-9。第一次产犊年龄过早，除影响乳腺组织发育及产奶量外，也不利于牛体健康；而第一次产犊年龄过晚，则缩短了饲养期间的经济利用期，减少了产犊次数和推迟了经济回收时间，并影响终生产奶量。初次产犊适宜的年龄应根据奶牛的品种特性和当地饲料条件而定。一般情况下，育成母牛体重达成年母牛的 70%时即可参与配种。中国荷斯坦牛在合理的饲养条件下，育成母牛发育正常，可以适当提前到 24 月龄左右产犊，即 16 月龄体重在 360 kg(北方为 380 kg)以上时进行初配。

表 3-9 不同产犊年龄对产奶量的影响

首次产犊月龄	23～25	26～28	29～31	32～34	35～37
平均牛群寿命/年	4.00	4.03	3.84	3.81	3.78
终生产奶量/kg	18 725	18 708	17 943	17 970	17 637
平均日产奶量/kg	13.1	13.2	13.1	13.1	13.2

引自邱怀，2002。

3. 泌乳期各阶段的影响

奶牛在一个泌乳期中产奶量呈规律性变化。一般低产母牛在产后 30～40 d、高产牛在产后 50～60 d 产奶量达到最高峰；这段最高峰一般维持 20～60 d，以后便开始下降。高产品种一般每月下降 4%～5%，低产品种下降 9%～10%；最初数月下降速度较慢，到泌乳末期(妊娠 5～6 个月以后)，泌乳量迅速下降。不同的泌乳时期，乳中乳脂率也有变化。初乳期内的乳脂率很高，第 2～8 周乳脂率最低。第 3 个泌乳月开始，乳脂率又逐渐上升。

在同一牛群中，虽然环境条件相对一致，但因个体的遗传素质有差异，所以，泌乳曲线也出现 3 种类型：第一类是高度稳定型，其逐月泌乳量的下降速率平均维持在 6%以内，这类个体具有优异的育种价值；第二类是比较平稳型，其逐月泌乳量的下降速率为 6%～7%，这类个体在牛群中较为常见，全泌乳期产乳量高；第三类是急剧下降型，其逐月泌乳量的下降速率平均在8%以上，这类个体的产乳量低，泌乳期短不宜留作种用。

4. 干乳期

母牛在妊娠的最后两个月前后为了保证胎儿的正常发育和使其在10个月的泌乳后得到休息，更新乳腺泡，要进行干奶。合适的干奶期为45～75 d，如果干奶期过短，牛的体况得不到很好的恢复，乳腺泡得不到很好的更新，会使下一个泌乳期的产奶量降低，如果干奶期过长，乳腺泡会发生萎缩，同样会影响下一个泌乳期的产奶量，见图3-7。

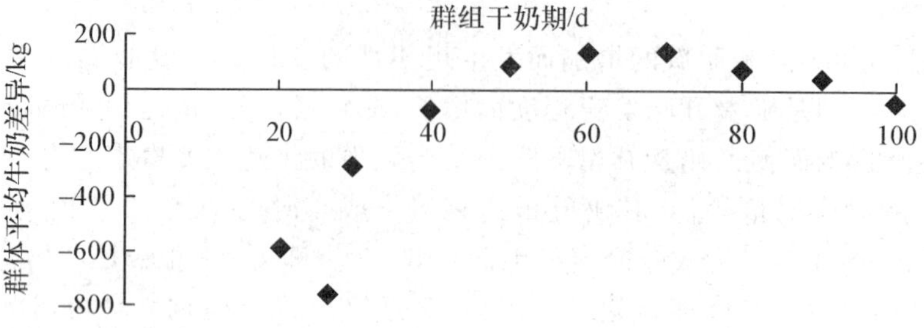

图3-7　干乳期长短对下一胎次奶产量的影响

5. 发情与妊娠

母牛发情期间，由于性激素的作用，产乳量会出现暂时性的下降，其下降幅度为10%～12%。在此期间，乳脂率略有上升。而母牛妊娠对产乳量的影响明显而持续。妊娠初期，影响极微，从妊娠第5个月开始，由于孕激素对泌乳起了抑制作用，泌乳量显著下降，第8个月则迅速下降，直至干乳。

6. 产犊间隔

产犊间隔指连续2次产犊之间的间隔天数。产犊间隔影响胎次的平均日产奶量、奶牛的终身奶产量和利用年限，最理想的产犊间隔为12个月，即奶牛在1年中产奶10个月，干奶2个月，保持一年一产犊，一般管理良好的奶牛场产犊间隔为13个月，产犊间隔短奶牛的产奶量高，反之奶牛久配不育，则产奶量就会下降。如果母牛久配不孕，或人为地不给母牛及时配种，使母牛的泌乳期过长，其产犊间隔超过380～400 d，使其年产量大大降低。如果母牛产后不能按时配种，不能及时干奶，泌乳期拖得太长，就会影响下一个泌乳期的产奶量，也容易造成母牛的不孕症，影响其繁殖成绩。

7. 疾病与药物

母牛在患病和损害健康的情况下，有机体正常的生理功能遭到破坏，因而影响奶的形成，产奶量随之下降，奶的组成亦发生变化。特别是患乳房炎、酮病、乳热症和消化道疾病时，泌乳量显著下降。奶牛患病后，生理状况异常，首先产奶量下降，乳成分变化，如患乳腺炎时，干物质、乳糖、脂肪含量降低，而氯、白蛋白含量增加（表3-10）。乳成分的变化幅度与患病轻重和患病时间长短以及奶牛的体质、泌乳期的不同阶段有关。

表3-10　母牛个别乳房患乳房炎时乳中成分的变化　　　　%

乳房情况	干物质	乳脂肪	含氮物质	酪蛋白	白蛋白和球蛋白	乳糖	乳灰分中氯含量
健康的	13.8	5.3	3.6	2.7	0.9	4.3	4.3
患病的	10.8	2.2	6.1	3.0	3.1	1.5	1.5

引自邱怀，2002。

3.2.4.3 环境因素

奶牛产奶量的遗传力较低，为0.25～0.30，奶牛产奶量的高低受外界环境因素的影响很大，环境因素包括饲养管理、外界气温、挤奶管理等。

1.饲养管理

母牛产奶量的高低有70%～75%是由于环境因素造成的，而环境因素中对产奶量影响最大的是饲养管理条件，乳牛的饲养方式、喂饲方法等都对产乳量有影响。营养物质的供给，对产乳量的影响最为明显，饲料条件对母牛的产奶量和乳成分有显著的影响，见表3-3和表3-11。奶牛在泌乳期中，必须根据其体重、产奶量、乳脂率、乳蛋白率等成分以及体况进行合理的全价饲养。奶牛适当的运动，经常刷拭牛体，牛舍内保持通风良好，清洁干燥，合理安排工人日程，定期进行预防检疫等，对提高产奶量有良好的作用。

表3-11 饲料因素对奶牛乳中乳脂率和乳蛋白率的影响

因素	乳脂率	乳蛋白率
最大进食量	增加	增加
增加精料饲喂次数	增加	可能会轻微增加
日粮能量不足	很少影响	降低
非结构性碳水化合物含量高(>45%)	降低	增加
非结构性碳水化合物含量正常(25%～45%)	增加	维持正常水平
高纤维日粮	明显增加	降低
低纤维日粮(中性洗涤纤维<26%)	降低	增加
粗饲料切短	降低	增加
日粮粗蛋白含量高	无影响	若原日粮蛋白不足，可增加
日粮粗蛋白含量低	无影响	若原日粮蛋白不足，会降低
日粮过瘤胃蛋白增加	无影响	若原日粮蛋白不足，可增加
添加脂肪	不一定	降低

2.产犊季节与环境温度

荷斯坦牛喜凉怕热，适宜的气温为10～16℃，高温对产奶量有严重的负面影响，当气温达26.7℃，奶牛呼吸、脉搏次数增加，采食量减少，进而产奶量下降，特别是高产牛和泌乳盛期牛，尤为敏感。母牛产犊季节不同，其泌乳高峰期所处的环境温度不同，因而对整个泌乳期产奶量的影响程度不同。就产奶量而言，以冬季和早春产犊最好，春、秋季次之，不好的季节是夏季(7、8月份)。另外，产犊季节还通过不同季节的饲料供应情况(主要是青粗饲料)的不同对牛的产奶量产生影响。在我国目前条件下，母牛最适宜的产犊季节是在冬、春季，因为母牛在分娩后进入泌乳期，恰好在青绿饲料丰富和气候温和的季节，有利于产奶量的提高。

3.挤奶技术

正确的挤奶技术是提高乳牛产奶能力和防止乳腺炎发生的重要条件之一。挤奶并不是牛奶从乳房内排出的简单的机械作用，而是挤奶时在神经系统和内分泌的共同作用下完成排乳过程的。挤奶技术熟练，并能根据乳牛的泌乳特性进行挤奶，就能提高产奶量；反之，则会降低产奶量。表3-12为利用同一头乳牛于10月9～12日连续4个早晨分别由4名参加比赛的工人进行当天第一次挤奶所得结果，表明奶的产量并不在于挤奶时手的活动频率，关键在于单位时间所能挤出的奶量。奶的分泌与排出受神经体液的调节，科学熟练的挤奶技术，可刺激乳的分泌与排出，提高产奶量。

表 3-12 挤奶技术与产奶量的关系 kg

挤奶员编号	单手每分钟频率	每分钟挤奶量	总挤奶量	总挤奶时间
1	145	1.375	13.5	9 分 49 秒
2	124	1.625	14.15	8 分 46 秒
3	92	2.125	16.375	7 分 47 秒
4	157	1.300	13.46	10 分 21 秒

引自邱怀,2002。

4. 乳房按摩

挤奶前用热水擦洗乳房,能引起血管反射性扩张,使血液流向乳房的数量增多,能加强乳脂的合成作用。在挤奶前不按摩乳房或按摩不充分的情况下,乳腺内的奶只有 10%～25%进入乳池;而在较长时间按摩的情况下,进入乳池的乳腺泡奶可达 70%～90%。

5. 挤乳次数

乳腺中奶的合成与分泌速度是与乳房内压成反比的,奶在乳腺中积存的越多,造成乳房内压越高,奶的分泌速度就越慢,及时将乳房内的奶挤出来,减低乳房内压,可促进乳的合成与分泌,提高产奶量。适当缩短挤乳间隔时间,增加挤乳次数,加速奶的形成和分泌,无疑是能增加产奶量的,如每天挤乳 3 次的比挤 2 次者可增加产奶量 10%～20%,挤 4 次的比 3 次者又可提高 5%～15%。但增加挤奶次数增加了劳动强度和人工成本,因而挤奶次数不可能无限制地提高,我国大部分奶牛目前采用每日 3 次挤奶的体制。另一方面,由 3 次改为 2 次挤乳时,对高产牛影响较大,对低产牛则影响不大。一昼夜产奶量在 18 kg 以下的,可采用 2 次挤乳制,这样,既符合母牛的生理要求,也比较经济。但对日产量在 18 kg 以上的母牛,特别是高产牛,则每天应挤乳 3 次。

3.2.5 牛奶的组分与特性

随着人类生活水平的提高,人们对牛奶品质的要求也越来越高,牛奶含有多种营养成分。正常的乳成分基本上是稳定的,但各成分也有一定的变动范围,其中变化最大的是乳脂肪,其次是乳蛋白。牛乳成分受多种因素影响,主要包括奶牛品种、环境和营养,日粮中所含营养物质是影响牛奶成分的一个重要因素。

3.2.5.1 牛奶的物理化学性质与组分

牛奶是一种组成复杂、结构有序、具有胶体溶液特性的生物营养溶液。正常牛奶为不透明乳白色或微淡黄色的均匀胶态流体,无沉淀、无凝块、无杂质、无异物。新鲜牛奶有香味和纯净的甜味(来源于乳糖),略带微咸味,牛奶经加热香味更浓郁。牛奶很容易吸收外界各种气味,处置不当有时能闻出牛粪味、饲料味、葱蒜味、芹菜味、鱼腥味、霉味、涩味或臭味等,感官鉴定见第 9 章实验九。

牛奶中各主要成分的含量因牛种和品种(遗传因素)、年龄和胎次、泌乳阶段和季节、饲养管理条件、产奶水平和挤奶技术,以及奶牛的个体特征和健康等有相当的差别。牛奶的主要成分见表 3-13,其微量成分为维生素、酶类、磷脂、色素、激素及生长因子、有机酸、气体和体细胞等。牛奶中除去水分和气体所剩余的物质称为乳干物质或乳总固形物,非脂乳固形物(SNF)是指除脂肪以外的固形物含量。中国荷斯坦奶牛正常原料奶 20℃时牛奶的比重为 1.026～1.034,

pH值为6.5～6.7，其滴定酸度为12～18°T，冰点－0.54℃，细菌总数小于5万个/mL，体细胞数20万～30万个/mL，检测见第9章实验十和实验十三。

表3-13 中国荷斯坦牛原料奶的主要化学成分含量 %

成分	平均值	变化幅度	成分	平均值	变化幅度
水	87.9	85.5～89.5	乳糖	4.6	3.6～5.3
总固形物	12.1	10.5～14.5	矿物质	0.65	0.53～0.80
脂肪	3.5	2.4～5.5	其他微量成分	0.35	—
蛋白质	3.0	2.3～4.4			

乳脂肪是牛奶及乳制品中最重要的成分之一，又含有一定数量的必需脂肪酸，且是维生素A、维生素D、维生素E、维生素K的载体，与乳制品的组织结构、状态和风味有密切关系；乳脂肪中包括多种脂类，其中98%以上是甘油三酸酯，另外还有一些胆固醇、二羧酸甘油酯、游离脂肪酸、磷脂等；乳脂肪中的脂肪酸一般包括4～20个碳原子，0～4个双键。乳糖是仅在牛奶中存在的糖类，它是一种还原性双糖，由一个葡萄糖分子和一个半乳糖分子组成，使牛奶略带甜味；它也是微生物在牛奶中生长的主要碳源，牛奶中其他的碳水化合物含量甚微。乳蛋白通常被分为酪蛋白(其在pH值为4～5时会发生沉淀)和乳清蛋白(又称乳清)；酪蛋白大约占了总乳蛋白的80%。乳中包含多种"微量蛋白"，如酶类，含量虽少却在化学反应中起重要作用。无机盐是牛奶中主要的矿物质，一部分被离子化，另一部分以复合物的状态存在，一些无机盐是以共价形式存在，如在酪蛋白中的磷酸根。牛奶中还包含许多微量成分。在鲜牛奶中存在有机酸盐，其中大多是柠檬酸盐，牛奶中还含有许多其他复杂成分，如维生素等。

3.2.5.2 饲料成分与牛奶成分关系

牛奶的乳成分受许多因素的影响，除遗传、生理、环境控制及饲养方式外，供给奶牛日粮的营养素是调控牛奶乳成分的决定因素，主要包括日粮精粗比、能量、蛋白质、脂肪及干物质采食量。

1. 饲料中的碳水化合物与牛奶成分的关系

乳脂是牛奶成分中最不稳定的组成部分，其含量受饲料中的淀粉和纤维的相对含量的制约。淀粉在奶牛瘤胃发酵以产生丙酸为主，丙酸是糖原的前体物质；粗纤维在奶牛瘤胃发酵以产生乙酸为主，乙酸和丁酸是脂肪的前体物质，在乳腺中可转化成脂肪，血清中的乙酸浓度可以左右乳脂含量变化的50%～75%。

粗饲料切短后可缩短咀嚼时间，减少乙酸产量(如苜蓿青贮的长度由9.5 mm减到4.8 mm，乳脂率便可从3.8%降到3.0%)，同时日粮中酸性洗涤纤维(ADF)的含量变化(相当于干物质中的8.8%～23.1%)能影响乳脂含量变化达76%。如果固定粗饲料，调整精饲料，其中中性洗涤纤维(NDF)含量的改变，可使乳脂含量变化达56%。

不同品种的精饲料，其纤维含量对乳脂含量的影响也不同。棉籽饼和玉米影响较大；甜菜渣和食品加工糟渣影响较小；小麦和大麦发酵速度大于玉米，所以易于降低奶中的脂肪含量，易发酵碳水化合物(谷物)能增加奶中的蛋白质含量。

2. 饲料中的蛋白质与牛奶成分的关系

奶牛饲料的粗蛋白质从10%增加到18%时，可提高奶牛的采食量，增加其消化率；产奶量增加时，乳脂则因产奶量的增加而被稀释，浓度减小，乳蛋白和乳糖含量则无变化。饲料中的粗蛋白质从15.4%增加到20.7%，能使泌乳初期的乳脂含量从3.56%增加到

4.16%，并使产奶量和奶中的蛋白质都有所增加。

3. 饲料中的脂肪与乳脂的关系

饲料中的脂肪对乳脂有正负两方面的影响。乳脂的一半是由饲料脂肪或体脂肪所供给的，能量平衡如果是正的，体脂肪便不易向乳房移动，所以泌乳中、后期奶牛日粮脂肪对乳中脂肪是正影响的。饲料脂肪的负面作用主要表现为其对消化率的降低及其不饱和脂肪酸在瘤胃内氢化促进了丙酸的生成，降低乳脂含量。饲料脂肪的正面作用是指其对饲料能量的提高以及能为乳脂直接提供脂肪酸。根据饲料脂肪的上述正负双重作用，最好在奶牛饲料中添加氢化或皂化的脂肪较为适宜。饲喂油脂时一定要注意油脂的用量、形态和条件，到了泌乳后期就不宜饲喂油脂。

4. 饲料中的瘤胃缓冲剂与乳脂的关系

当奶牛瘤胃的酸碱度保持在正常范围内时，乙酸的形成较丙酸更容易些。由于乙酸增多，奶牛的采食量、产奶量和乳脂率都将得到提高。高水分谷物和玉米青贮等易发酵饲料添加缓冲剂也可取得理想效果，但当日粮含酸性洗涤纤维达20%以上时，加缓冲剂效果不明显。

5. 环境对牛奶成分的影响

温度在29.4℃以上，牛奶中的脂肪和氯化物含量增加，产奶量、非脂固形物、乳蛋白和乳糖的含量下降。在4.4～15℃，乳脂肪、乳非脂固形物和乳蛋白的含量增加，氯化物和乳糖的含量不受影响。

3.3 肉牛生产力的评定

肉牛的生产力又称产肉力，是指肉牛在一定的饲养管理条件下，一定的时间内，所提供出来的一定标准、一定数量牛肉产品的能力。评定肉牛的生产力是拟定肉牛育种指标，评定其种用价值的依据；也是组织生产，加强饲养管理，获取高产优质产品，提高经济效益的基础性工作。肉牛的生产力指标主要包括日增重、屠宰率、净肉率及肉的品质等。

3.3.1 肉牛生长发育规律

牛的产肉性能是受遗传基因决定、饲养管理条件制约，并在整个生长发育过程中逐步形成的。因此，要提高每头牛的产肉量，改善肉的品质，除了选择好品种和改善饲养管理条件以外，必须了解并掌握肉牛的生长发育规律。

3.3.1.1 肉牛体重增长规律与补偿生长

表示牛只生长情况的常用方法是测定其增量，一般采用初生体重、断奶体重、一岁体重、一岁半体重、平均日增重等项目。增重受遗传和饲养两方面的影响，增重的遗传能力较强，断奶后增重速度的遗传力为0.50～0.60，是选种的重要指标。

怀孕期间，胎儿在4个月以前的生长速度缓慢，以后生长变快，分娩前的速度最快。犊牛的初生重与遗传、孕牛的饲养管理和怀孕期长短有直接关系。初生重与断奶重呈正相关，也是选种的重要指标。一般胎儿在早期头部生长迅速；以后四肢生长加快，在整个体重中的比重不断增加，而肌肉、脂肪等发育较迟，把初生犊用来肉用就很不经济。

出生后，在正常的饲养管理条件下，12 个月龄以前的生长速度很快，以后明显变慢（图 3-8），近成熟时生长速度很慢，到了成年阶段（一般 3～4 岁）生长基本停止。生长快慢之间有一个生长转缓点，生长转缓点的出现时间因品种而异，如夏洛来牛在 8～18 月龄，而秦川牛在 18～24 月龄。在满足其营养需要的条件下，牛的最大日增重是在 250～400 kg 活重期间达到的，但因日粮中的能量水平而异，不同月龄的体重与其成年体重的关系见表 3-14，不同月龄每单位增重中各组织的大致比例见表 3-15。

表 3-14　幼牛月龄与体重的关系

月　龄	0	6	12	18	24	60
占成年体重的比例/%	7	35	55	70	85	100

表 3-15　每单位增重各组织比例　　%

组织	月龄						
	5	10	15	20	25	30	40
胴体脂肪	11	24	48	62	65	60	47
肌肉	69	63	48	35	33	39	52
骨骼	20	13	4	3	2	1	1

从表 3-14 看出，成年体重的 48%是在 1 周岁内完成的，1～2 周岁间完成了 30%，2～5 周岁间仅完成剩余的 15%，年龄越小，生长发育强度越大。从表 3-14 可见，不同年龄的牛，体组织的生长也呈特定的规律。随着年龄的增长，肌肉生长速度从快到慢。随着肌纤维增大，肉质纹理变粗，肉的嫩度变差。骨骼生长速度则呈均匀慢速增长，脂肪从初生到周岁期间生长较慢，仅比骨骼快，周岁后加速。掌握这些规律，可选择合适的架子牛年龄，以充分利用架子牛生长发育的规律，提高日增重和饲料利用效率，提高经济效益。在生产上应掌握其生长发育特点，在生长发育快速的阶段给以充分饲养。在饲料利用效率方面，增重快的牛比增重速度慢的要高。如在犊牛期，用于维持需要的饲料，日增重 800 g 的犊牛为 47%；而日增重 1 100 g 的犊牛只有 38%，牛的正常增重规律可用图 3-8 表示。

牛的增重速度除受遗传、饲养管理、年龄等因素影响之外，还与性别有关。公牛增重最快，其次是阉牛，母牛增重最慢。饲料转化率也以公牛最高。例如，秦川牛在 1 岁时，公牛体重可达 240 kg，母牛只有 140 kg；2 岁时，公、母牛体重分别为 340 kg 和 230 kg。饲养生长期的公、母牛应区别对待，给予公牛以较高水平的营养，使其充分发育。

当幼畜营养贫乏，饲喂量不够或由于饲料质量不好，牛的生长速度变慢或停止，当营养恢复正常时，生长加快，经过一段时间的饲养仍能长到正常体重，这种特性叫“补偿生长”。但在胚胎期和出生后 3 月龄以内的牛如生长严重受阻，以及长期营养不良时，以后则不能得到完全的补偿。在快速生长期（3～9 月龄）也是很难进行补偿生长的。对 1 岁以后生长牛来说，利用补偿生长可节省冬季昂贵的饲料，直到第二年春夏吃到丰盛的青草，这种限量饲养的阶段叫吊架子阶段。牛在补偿生长期间增重快，饲料转化效率也高，但由于饲养期延长，总的饲料消耗成本增加，达到正常体重时总饲料转化率则低于正常生长的牛。

3.3.1.2　体组织生长规律和生长重点顺序转移规律

体组织生长规律主要是指骨骼、肌肉、脂肪等的生长规律，肉牛在生长期间，其身体各部位、各组织的生长速度是不同的，见图 3-9。每个时期有每个时期的生长重点。早期的重点是头、四肢和骨骼；中期则转为体长和肌肉；后期即成年，重点是体重和脂肪。牛在幼龄时四肢骨生长较快，以后则躯干骨骼生长较快。随着年龄的增长，牛的肌肉生长速度从快到慢，脂肪组织的生长速度由慢到快，骨骼的生长速度则较平稳（图 3-10）。

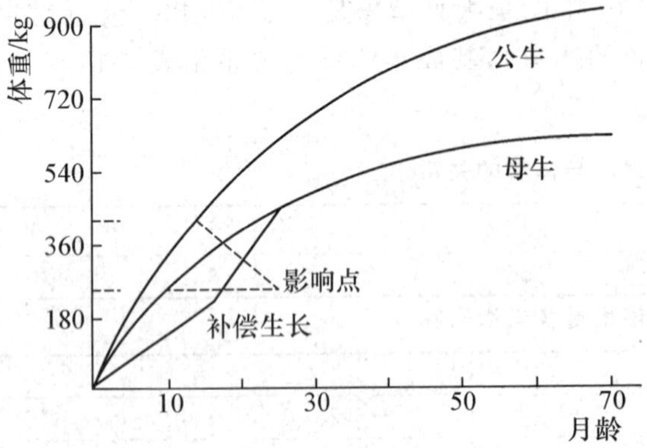

图 3-8　肉牛正常生长发育曲线（冯仰廉，1995）

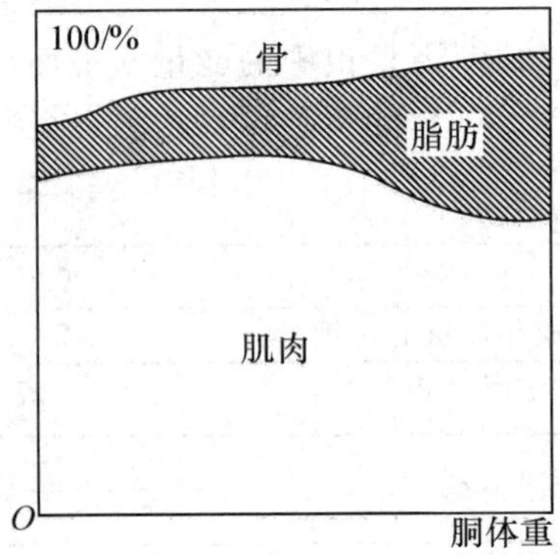

图 3-9　肉牛各体组织在生长中所占比例的变化（冯仰廉，1995）

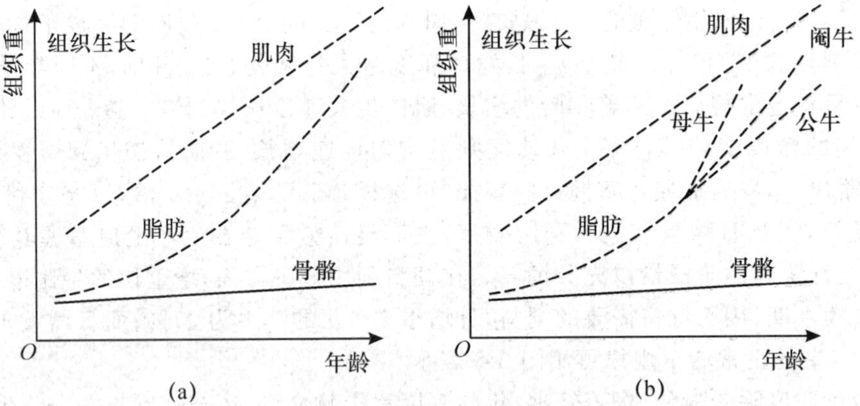

图 3-10　肉牛体组织增长曲线（冀一伦，2001）

a. 肉牛体组织增长曲线　b. 性别对肉牛体组织生长影响

1. 骨骼比例的变化

初生犊牛，骨骼已经发育得较为完善，占体重的 30%左右，而肌肉、脂肪等发育较差；幼龄阶段，骨骼生长较快，以后则躯干骼生长较快。肌肉/骨骼比率反映了活重中肌肉的比例，肌肉骨骼比率大，活重中肌肉的比例也大。

2. 肌肉比例的变化

胴体中肌肉与骨骼相对比例在初生的正常犊牛为 2∶1，当达到 500 kg 屠宰重，其比例就变为 5∶1，即肌肉/骨骼比率随着生长也在增加。可见，肌肉的相对生长速率比骨骼要快得多，肌肉与活重的比例很少受活重或脂肪的影响。对肉牛来说，肌肉重占活重的百分数，是度量产肉量的重要指标。

3. 脂肪比例的变化

胴体中的脂肪在开始生长时速率相对较慢，进入育肥期后脂肪增长很快。但牛的性别影响其增长速度。以脂肪与活重的相对比例来看，青年母牛较阉牛育肥得早一些，快一些，阉牛较公牛早一些，快一些，见图3-10。另一个影响因素就是牛的品种，有些品种如安格斯牛、海福特牛、短角牛，成熟得早，育肥也早；有些品种夏洛来牛、西门塔尔牛、利木赞牛成熟得晚，育肥也晚。

肉牛肌肉、骨骼和脂肪的生长规律还受品种、性别等的影响。早熟品种牛的肌肉和脂肪生长速度较晚熟品种牛快；肉用品种牛的肌肉和脂肪生长速度较其他品种快。脂肪生长能力以肉用品种最强。不同性别之间脂肪生长情况也不一样，母牛易长脂肪，其次是阉牛，公牛则肌肉增长能力强，而脂肪生长速度最慢，见图3-10。因此，如需要脂肪组织少的牛肉，则可直接将公牛育肥而不需阉割。

4. 牛体躯脂肪组织生长的顺序

牛体躯脂肪组织生长的顺序依次为肾脂肪与腹腔和盆腔脂肪、肌肉间脂肪、皮下脂肪，然后是肌肉内脂肪即五花肉。要获得肌肉内脂肪很容易育肥过头，使胴体积储了过多的脂肪，如像肾脂肪、皮下脂肪在胴体修整时可以去掉，但肌肉间脂肪则不好处理，影响牛肉的品质。

根据上述规律，应在不同的生长期给予不同的营养物质，特别是对于肉牛的合理育肥具有指导意义。即在生长早期应供给幼牛丰富的钙、磷和维生素A和维生素D，以促进骨骼的增长；在生长中期应供给丰富而优质的蛋白质饲料和维生素A，以促进肌肉的形成；在生长后期应供给丰富的碳水化合物饲料，以促进体脂肪的沉积，加快肉牛的育肥。

3.3.1.3　内脏器官增长规律

肉牛在生长期内，各种内脏器官的增长速度不同，有的增长率高，有的增长率低。一般规律是胃容积增长最快，其中瘤胃增长速度又比真胃快；就肠道容积或长度而言，大肠增长速度比小肠快；体重增长速度一般较消化器官增长慢，见表3-16。

表3-16　犊牛不同月龄体重与胃、肠的变化

项　目	体重/kg	胃容积/L		肠长度/m	
		真胃	瘤胃	小肠	大肠
初生	41.5	1.3	0.7	16.0	2.0
1月龄	65.7	4.9	8.5	21.5	3.5
5月龄	230.5	20.5	65.0	26.5	10.0
5月龄时为初生时的倍数	5.6	15.8	92.8	1.7	5.0

由表3-16可以看出，犊牛瘤胃和大肠的增长率较高，这为肉牛断奶后采食粗饲料创造了条件。因此，在培育幼牛时应尽早训练其吃粗饲料，这样做有利于消化机能的锻炼，为以后具备消化大量粗饲料的能力奠定基础。但对种用公牛，在幼年时期不宜饲喂过多的粗饲料，以防形成"草腹"，影响其种用价值。

3.3.1.4　"双肌型"肉牛

双肌是肉牛臀部肌肉过度发育的形象称呼，而不是说肌肉是双的或有额外的肌肉，在200年以前已发现牛的肌肉发育有双肌现象，在短角牛、海福特牛、夏洛来牛、比利时蓝白花牛、皮埃蒙特牛、安格斯牛、利木赞牛等品种中均有出现，其中以皮埃蒙特牛、比利时蓝白花牛、夏洛来牛双肌性状的发生率较高。Charlier等(1995)用7个微卫星标记的双肌牛(比利时蓝白花牛)和非双肌牛(弗里生牛)杂交的系谱信息将双肌基因定位于2号染色体，并确认双肌性状为常染色体单基因隐性遗传。

双肌牛在外观上的特点有:①以膝关节为圆心画一圆,双肌牛的臀部外线正好与圆周相吻合,非双肌牛的臀部外线则在圆周以内(图 3-11)。双肌牛后躯肌肉特别发育,能看出肌肉之间有明显的凹陷沟痕(图 3-12),行走时肌肉移动明显且后腿向前向两外侧,尾根突出,尾根附着向前。②双肌牛沿脊柱两侧和背腰的肌肉很发达,形成"复腰"。腹部上收,体躯较长。③肩区肌肉较发达,但不如后躯,肩肌之间有凹陷。颈短较厚,上部呈弓形。④"双肌型"牛由于后躯特别发达,胸部很宽厚,"双肌型"牛的胴体与肌肉较一般的牛胴体有极大的区别,"双肌型"牛的胴体不长,而髋部厚、横径大,胸廓的内腔小而肉板墩厚。胴体冷却后失重,长度和容量的比较都显示极大的优势,见表 3-17。

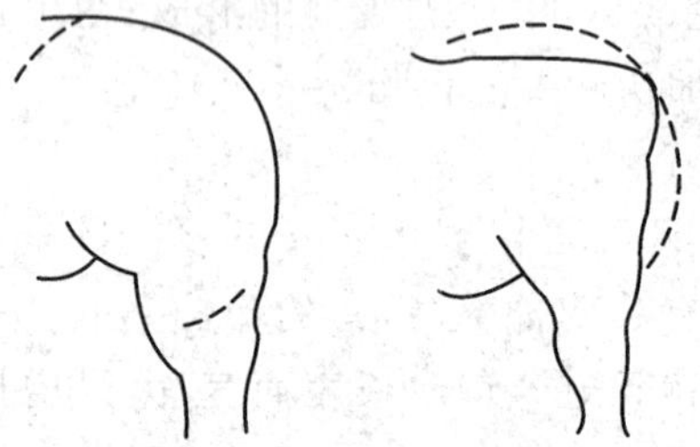

图 3-11　双肌牛的臀部形状
(冯仰廉等,1995)

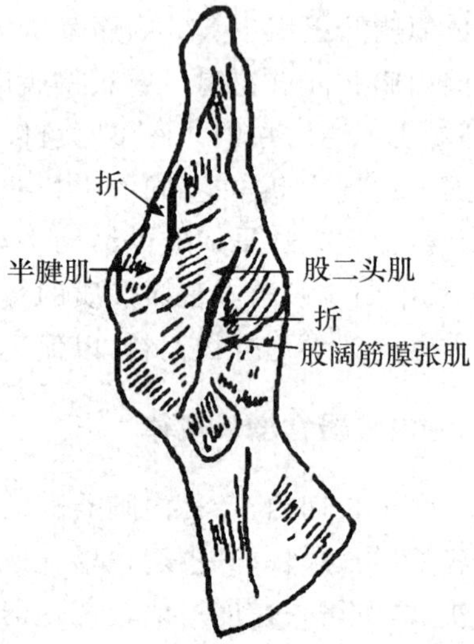

图 3-12　双肌牛肌肉之间的凹陷沟痕
(冯仰廉等,1995)

双肌牛生长快、早熟,双肌特性随牛的成熟而变得不明显,公牛的双肌比母牛明显。双肌牛胴体优点是脂肪沉积较少,肌肉较多,用双肌牛与一般牛配种,后代有 1.2%~7.2% 为双肌,因不同公牛和母牛品种有较大变化。如母本是乳用品种,后代的肌肉量提高 2%~3%;母本是肉用品种或杂种肉用品种,则后代的肌肉量提高 14%。双肌公牛与一般母牛配种所产犊牛初生重和生长速度均有所提高。

表 3-17　双肌型和普通型皮埃蒙特牛胴体指标

牛种	双肌型皮埃蒙特牛	普通型皮埃蒙特牛
胴体长/cm	119.08	123.50
髋最大横径/cm	43.42	41.08
髋最大厚/cm	29.50	26.42
腰长/cm	59.83	61.58
髋最大围/cm	119.33	108.17
胸总深/cm	59.42	61.58
半胴体重/kg	152.71	142.92
半胴体重(24 h 后)/kg	150.35	140.67
前四分体重/kg	77.49	75.63
后四分体重/kg	69.30	61.58

引自陈幼春,1999。

双肌牛的主要缺点是饲养条件要求比较高，在饲料条件差或无补饲条件的地区不能充分发挥其优势；繁殖力较差，怀孕期延长，难产增多。其含双肌基因的品种牛如皮埃蒙特牛、比利时蓝白花牛等品种只能适于作终端杂交公牛，应避免级进杂交。实践证明，我国黄牛及其杂种母牛产犊性能较好，与皮埃蒙特公牛终端杂交，其难产率也较低。

3.3.2 肉牛主要生产力指标及测定方法

肉牛生产力指标主要包括生长性能和胴体品质，是衡量肉牛经济价值的重要指标，通常是同时测定的，需测定的性状主要有育肥性能指标、产肉性能指标和肉质品质测定。

3.3.2.1 肉牛育肥性能指标的计算

肉牛的育肥性能主要指标包括平均日增重和饲料报酬。

1. 日增重的测定与计算

日增重是测定牛生长发育和育肥效果的重要指标，也是育肥速度的具体体现。测定日增重时，要定期测量各阶段的体重，常用指标有初生重、断奶重、12 月龄重、18 月龄重、24 月龄重、育肥初始重、育肥末重。称重一般应在早晨饲喂及饮水前进行，连续称 2 d，取其平均值。有称重设备时可直接称重，没有则可估测体重。

2. 饲料报酬的计算

饲料报酬是衡量经济效益和品种质量的一项重要指标，根据饲养期内总增重、净肉重、饲料消耗量计算每千克增重和净肉的饲料消耗量，可作为考核肉牛经济效益的指标。

增重 1 kg 消耗饲料干物质(kg)＝饲养期内消耗饲料干物质总量/饲养期内绝对增重量

生产 1 kg 净肉需饲料干物质(kg)＝饲养期内消耗饲料干物质总量/屠宰后的净肉量

在生产成本中，饲料消耗占比重最大，降低单位增重的饲料消耗量，是肉牛育肥及育种的一项基本任务。

3.3.2.2 产肉性能的测定项目及胴体产肉的主要指标计算

肉牛产肉性能的测定项目就是肉牛在屠宰时的测定项目，主要有：

(1)重量测定。如宰前重，宰后重，血重，胴体重，净体重，骨重，净肉重，切块部位肉重及各种器官重等。

(2)长度、深度、厚度测定。如胴体长，胴体后腿长，胴体后腿宽，胴体后腿围，胴体体深，胴体胸深，皮厚，肌肉厚度，皮下脂肪厚度等以及眼肌面积及第 9～11 肋骨样块化学成分分析。

(3)胴体产肉的主要指标计算。如屠宰率，净肉率，胴体产肉率，肉骨比，肉脂比等。

具体测定方法见第 9 章实验十四。

3.3.2.3 肉质品质测定

牛肉品质是决定消费者购买意向和市场价格的主要因素，在牛肉的生产和流通过程中对牛肉品质进行及时检测和监控，对保障牛肉食品安全、促进牛肉生产及合理消费，具有十分重要的作用。牛肉的品质是一个综合性状，主要由肌肉颜色、嫩度、pH值、风味、系水力、大理石纹等指标来度量，其中，嫩度是决定质量的最主要因素。

1. 肌肉颜色

颜色本身并不会对肉的滋味做出多大贡献。它的重要意义在于它是肌肉的生理学、生物化学和微生物学变化的外部表现，人们可以很容易地用视觉加以鉴别，从而由表及里地判断肉质。肉色的测定多用主观评定法，用标准肉色谱比色板与肉样对照，并且测肉样评分。目前，国际上有美制、法制、日制等不同色谱或色块标准，其中美制最为通用。

肉的颜色主要取决于肌肉中的色素物质——肌红蛋白和血红蛋白，如果放血充分，前者占肉中色素的80%～90%，占主导地位。肌红蛋白的3种存在形式还原型肌红蛋白（紫红）、氧合肌红蛋白（鲜红）、高铁肌红蛋白（褐色）赋予肌肉不同的色调。肌红蛋白的多少和化学状态变化造成不同肌肉的颜色深浅不一，肉色千变万化，从紫色到鲜红色、从褐色到灰色，甚至还会出现绿色。而肌红蛋白的状态又受到温度、氧气分压、pH值、肉面微生物活动、光照、腌制条件（渗透压）的影响。当高铁肌红蛋白≤20%时肉仍然呈鲜红色，达30%时肉显示出稍暗的颜色，在50%时肉呈红褐色，达到70%时肉就变成褐色，所以防止和减少高铁肌红蛋白的形成是保持肉色的关键。采取真空包装、气调包装、低温存储、抑菌和添加抗氧化剂等措施可达到以上目的。

2. 嫩度

嫩度是肉的主要食用品质之一，它是消费者评判肉质优劣的最常用指标。肉的嫩度指肉在食用时口感的老嫩，反映了肉的质地（texture），由肌肉中各种蛋白质的结构特性决定。对肉嫩度的客观评定是借助于仪器来衡量切断力、穿透力、咬力、剁碎力、压缩力、弹力和拉力等指标，而通用的是切断力，又称剪切力（shear force），即用一定钝度的刀切断一定粗细的肉所需的力量，以千克为单位。一般来说，肉的剪切力值大于4 kg时就比较老了，难以被消费者接受。这种方法测定方便，结果可比性强，是常用的肉嫩度评定方法。不同部位的肌肉因功能不同，其肌纤维粗细，结缔组织的量和质差异很大，嫩度情况也不同。如腰大肌的剪切力值为3.2 kg，很嫩，斜方肌为6.4 kg，很老。

3. 肉的pH值

肌肉pH值是反映宰杀后牛肉糖原酵解速率的重要指标，宰后有机体自动平衡机能终止，而一系列物理、化学和生物化学变化仍持续进行着。动物由有氧代谢转变为无氧代谢（糖酵解），其最终产物是乳酸，乳酸的积累导致肌肉pH值降低。肌肉pH值下降的速度和强度，对一系列肉质性状产生决定性的影响。肌肉呈酸性首先导致肌肉蛋白质变性，使肌肉保水力降低。肌肉中pH值测定可以将pH值计电极插入肌肉切缝或肌肉匀浆中即可读取pH值。

4. 风味

肉的风味大都通过烹调后产生，生肉一般只有咸味、金属味和血腥味。当肉加热后，前体物质反应生成各种呈味物质，赋予肉以滋味和芳香味。这些物质主要是通过美拉德（Maillard）反应、脂质氧化和一些物质的热降解这3种途径形成。风味的差异主要来自于脂肪的氧化，这是因为不同种动物脂肪酸组成明显不同，由此造成氧化产物及风味的差异。风味是食品化学的一个重要领域，熟肉中与风味有关的物质已超过1 000种。肉的风味由肉的滋味和香味组合而成,滋味的呈味物质是非挥发性的,主要靠人的舌面味蕾(味觉器官)感觉,经神经传导到大脑反映出味感;香味的呈味物质主要是挥发性的芳香物质,主要靠人的嗅觉细胞感受,经神经传导到大脑产生芳香感觉,如果是异味物,则会产生厌恶感和臭味的感觉。

5. 肌肉保水力

肌肉系水力是一项重要的肉质性状,它不仅影响肉的色香味、营养成分、多汁性、嫩度等食用品质,而且有着重要的经济价值。肌肉保水力是指当肌肉受到外力作用时,例如加压、切碎、加热、冷冻、融冻、贮存、加工等,保持其原有水分和添加水分的能力,也称为持水性或保水力,测定其在一定机械压力下在一定时间中的重量损失率。用"滴水损失"(driploss)度量的保水力,是指不施加任何外力,只受重力作用下,蛋白质系统的液体损失量,或称贮存损失和自由滴水。利用肌肉有系水潜能这一特性,在其加工过程中可以添加水分,从而提高出品率。如果肌肉保水性能差,那么从家畜屠宰后到由被烹调前这一段过程中,肉因为失水而失重,造成经济损失。

测定保水性使用最广泛的方法是压力法,即施加一定的重量或压力以测定被压出的水量,或按压出水湿面积与肉样面积之比以表示肌肉系水力。我国现行应用的系水力测定方法,是用 35 kg 重量压力法度量肉样的失水率,失水率愈高,系水力愈低,反之则相反。

6. 多汁性

多汁性也是影响肉食用品质的一个重要因素,尤其对肉的质地影响较大,10%~40%肉质地的差异是由多汁性好坏决定的。多汁性评定较可靠的是主观评定,现在尚没有较好的客观评定方法。对多汁性较为可靠的评测仍然是人为的主观感觉(口感)评定,对多汁性的评判可分为 4 个方面:一是开始咀嚼时肉中释放出的肉汁多少;二是咀嚼过程中肉汁释放的持续性;三是在咀嚼时刺激唾液分泌的多少;四是肉中的脂肪在牙齿、舌头及口腔其他部位的附着给人以多汁性的感觉。

7. 大理石纹

肌肉大理石纹反映肌肉纤维之间脂肪的含量和分布,牛肉大理石花纹的丰富程度,是影响肉口味和口感的主要因素,又是容易客观评定的指标,也是美国、中国等国家牛肉质量评定系统中的主要参数之一。牛肉的大理石纹与牛肉的嫩度、多汁性和适口性有密切的相关关系。大理石纹的测定部位为第 12~13 肋骨眼肌横切面,以标准板为依据,分为丰富、适量、适中、少、较少、微量或几乎没有等级别。当牛肉的生理成熟度和大理石纹决定后就可判定其等级了,年龄越小,大理石纹越丰富,则级别越高,反则越低。

8. 肌内脂肪含量

肌内脂肪是指肌肉组织内所含的脂肪,是用化学分析方法提取的脂肪量,不是通常肉眼可见的肌间脂肪(intermuscular fat)。在主观品味评定中,富含适量肌内脂肪对口感惬意度、多汁性、嫩度、滋味等都有良好作用。肌内脂肪含量受品种因素、月龄和育肥程度的影响。普遍认为,中国地方牛品种育肥后肌内脂肪丰富是肉好吃的内在因素之一。

9. 脂肪颜色和质地

脂肪色泽以洁白而有光泽、质地较硬为最佳,脂肪中饱和脂肪酸含量高时,皮下脂肪坚实而硬,这样的牛肉适合进行生、熟肉的造型深加工。

3.3.3 牛肉的形态学和化学组成

从广义上讲,肉牛的胴体就是肉。胴体是指牛经宰后,除去头、皮、蹄、血及内脏的部分。

而胴体再剔除内部骨骼即是净肉，而把头、蹄、内脏等称为“杂碎”或“下水”。从狭义上讲，牛肉是指胴体中的可食部分，即除去骨的胴体，又称其为净肉。

3.3.3.1 牛肉的形态学组成

在形态学上，肉(胴体)是由肌肉组织、脂肪组织、结缔组织和骨组织四大部分构成。这些组织的构造、性质直接影响肉品的质量、加工用途及其商品价值，它依牛的品种、年龄、性别、营养状况、育肥程度不同而异。牛肉的组成百分比大体如下：肌肉组织占50%～60%；脂肪组织占20%～30%；结缔组织占9%～11%；骨组织占15%～20%。

肌肉组织是构成肉的主要组成部分，在肌肉内，脂肪组织容易沉积在外肌周膜间，而难以沉积到内肌周膜和肌内膜处。只有在良好的饲养管理条件下，脂肪才会沉积在内外肌周膜、肌内膜间。结缔组织内的脂肪沉积较多时，使肉呈大理石状，能提高肉的多汁性。脂肪在肉中的含量变化较大，取决于品种、年龄、性别及育肥程度，脂肪组织是疏松状结缔组织的变形。动物消瘦时脂肪消失而恢复为原来的疏松状结缔组织纤维。脂肪在牛体内主要蓄积在体腔、肌肉间、皮下，脂肪蓄积在肌束内使肉呈大理石状，肉质较好。结缔组织是构成肌腱、筋膜、韧带及肌肉内外膜、血管、淋巴结的主要成分，分布于体内各部，起到支持、连接各器官组织和保护组织的作用，使肌肉保持一定的硬度，具有弹性。结缔组织是由细胞、纤维和无定形基质组成，其含量和肉的嫩度有密切关系。

3.3.3.2 牛肉的化学组成

牛肉主要由水分、蛋白质、脂肪与灰分所组成。不同肥度不同年龄其成分不同，尤其是脂肪沉积量和水分含量差异较大，见表3-18，经育肥的牛水分含量降低，脂肪含量提高，蛋白质含量则相对降低。

表3-18 牛肉的化学组成

育肥程度	水分/%	蛋白质/%	脂肪/%	灰分/%	发热量/(kJ/g)
育肥程度下等	74.1	21.1	3.7	1.1	5.192
中等	68.3	20.0	10.7	1.0	7.594
上等	61.6	19.2	18.3	0.9	10.397
肥胖	58.5	17.7	22.9	0.9	11.950

引自昝林森，1999。

3.3.4 肉牛屠宰及胴体分级

屠宰是将活畜转化为可食肉品的具体过程，一般包括活牛检疫、称重、击晕、放血、剥皮、开膛、劈半、屠体修理、排酸处理、胴体分割、包装等步骤。牛的屠宰方法对于客观评价肉的产量和质量有重要影响，必须进行标准化屠宰。

3.3.4.1 屠宰前管理

伴随着肉牛饲养规模化、标准化的进程，肉牛屠宰也逐渐告别了一把刀子、一根绳子、一个盆子的原始方式，采用了现代化的流水作业，并且根据一定的生产标准，按照科学的方法来操作，同时牛肉肉块重量和育肥牛屠宰前活重成正比例关系，即屠宰前活重越重，肉块重量也越重；育肥牛屠宰前活重要在500 kg以上，肉牛屠宰前的管理明显影响肉的质量，如停药期的管理，尤其是疫病的检疫。

(1)宰前饲养。对产地运到屠宰场的牛，要分群饲养，使其恢复长途运输造成的减重和疲劳，并防止牛因惊恐、紧张而使周身毛细血管充血，造成淤血血栓，细菌污染，以及肉的持水性下降而降低肉的质量。一般来说，待宰牛进场后应休息1 d以后方能屠宰。

(2)宰前禁食、供水。在宰前24 h对待宰牛进行断食，以减少消化道中的内容物。在断食期间，要注意供给清洁饮水，要尽量保持环境安静，使牛群充分休息。在屠宰前12 h停止饮水。准备屠宰用具、测量用的钩秤、卷尺以及记录表格等。

(3)宰前淋浴。屠宰前应对牛进行淋浴(水温20℃左右)，以洗净体表污物，改善屠宰环境，保证电麻效果和放血质量。

(4)宰前检验。目的是控制各种疫病的传入和扩散，减少污染，维护产品质量，宰前对牛进行常规检查，测定几项主要生理指标，并由兽医进行健康和疫病检查，严防各种传染病。

3.3.4.2 牛的屠宰

牛的屠宰方法有机械屠宰和手工屠宰两种，其步骤略有不同。常见的屠宰工艺是：育肥牛待宰→待宰活牛→击晕→放血→预剥头皮→去前后蹄→转挂→预剥腿胸、腹皮→机械扯皮→去头→剖腹去胃肠→去心、肝、肺→胴体劈半→冲洗→检验盖章→入冷藏间冷藏排酸。

(1)击晕起吊。将活牛赶入击晕箱，在100 V左右的电压下对牛进行5～10 s的麻电，将其击晕。接着由一人用绳索套牢牛的一条后腿，并挂在电动葫芦的吊钩上，启动电动葫芦将牛吊起，直到高轨上的滑轮钩住后，再放松电动葫芦吊钩并取出，使牛完全吊在高轨上。

(2)刺杀放血。从牛喉部下刀割断食管、气管和血管进行放血，放血时间约为9 min。然后，再进入低压电刺激系统接受脉冲电压刺激，电压为25～80 V，用以放松肌肉，加速牛肉排酸过程，提高牛肉嫩度。牛血送化制间经蒸煮、干燥制成血粉。

(3)牛的剥皮。根据生产规模可分为手工剥皮和机械剥皮2种，在形式上又有倒悬式剥皮和地滚式剥皮(人工屠宰)。手工剥皮适用于生产规模小的屠宰厂，其开剥顺序为：剥前蹄→剥胸→锯胸→剥后腿→剥腹皮→剥头皮→剥背皮。机械剥皮适用于设备齐全的大型屠宰场。牛体大多在吊轨上吊挂宰杀剥皮。在剥皮时要先进行手工预剥，其操作顺序为：剥头皮→剥脖头→剥前蹄和前腿→剥后小腿→剥后蹄和后腿→剥小腹皮→剥背皮→劈胸→机械拉皮。无论何种剥皮方法都应使皮上不带肉和油，肉上不带上皮，在用刀上要不伤皮张，又不在肉体上留有刀迹，保证皮、肉完整美观。

(4)去头、前肢、后肢及尾。剥皮后从枕骨与第一颈椎间切断即去头，去后肢由胫骨和跗骨间的跗关节处切断，而去前肢则由前臂骨和腕骨间的腕关节处切断，去尾是由尾根部第一、二尾椎间切断。

(5)剖腹去内脏。去内脏也叫出腔，包括开胸、剖腹及取内脏操作等。

①开胸。牛的胸骨较硬，可用锯胸机或砍刀劈胸，力求开口整齐。

②剖腹取内脏。剖腹操作时，用利刀从鼠蹊部(或肛门部)开始至放血口，沿正中线剖开腹

肌，从耻骨前剖开腹腔，随即插入左手，护住胃肠，再用刀小心地割开腹腔，直至胸骨处，撬开耻骨，割离肛门直肠，一并割下膀胱、大小肠和脾胃等，然后用刀锋从放血口伸入，撬开胸骨割除心、肝、肺和气管，最后割除生殖器官和母牛乳房。

(6)胴体劈半。沿脊椎骨中央分割为左右各半片胴体(称为二分体)。无电锯时，可沿椎体左侧椎骨端由前向后劈开，分软、硬两半(左侧为软半，右侧为硬半)。

(7)修整、冲淋。修整范围包括割牛尾、扒下肾脏周围脂肪、修伤痕、除淤血及血凝块、修整颈肉、割除体腔内残留的零碎块和脂肪，割除胴体表面污垢，然后经冲淋洗去残留血渍、骨渣、毛等污物。

(8)宰后检疫。牛被屠宰后应立即进行宰后检疫，宰后检疫应在适宜的光照条件下进行。头、蹄、内脏和胴体实行同步检疫，必要时进行实验室检验。

(9)冷却。符合鲜销和有条件食用的合格牛胴体盖章后送入冷却间冷却。冷却的作用有①宰后胴体冷却降温的速度越快，越有利于抑制微生物的生长繁殖；②冷却的时间越短，重量损失越小；③牛肉冷却排酸。根据牛肉的档次不同，冷却排酸的时间也不同。高档牛肉其半胴体放入冷却间，在 0～4℃温度下排酸 7～14 d。普通牛肉在冷却间停留 24 h 后，当胴体温度达到 7℃时即可进入下一道工序了。

(10)四分体的产生和分割要求。由腰部第 12～13 肋骨间将半胴体截开即为四分体，前段统称为前腿，后段统称为后腿，四分体又称四大块。胴体分割时分割加工间的温度不能高于 11℃；分割牛肉中心冷却终温需在 24 h 内下降至 7℃以下；分割牛肉中心冻结终温需在 24 h 内至少下降至－19～－18℃。

3.3.4.3 牛胴体分割

胴体分割根据不同要求分割的精细程度不同，分为四分体带骨分割和部位肉的去骨分割两部分。

(1)胴体的分割工艺。牛屠宰后，经加工完成的胴体，要根据不同要求加工成不同规格的肉，其工艺过程如下：

胴体→二分体→冷却胴体→四分体→剔骨→按部位分割肉→修整

→高档肉→真空包装→冻结→包装

→中档肉、普通肉→大包装→冻结→包装→入库。

将四分体再进一步剔除骨骼，则成为剔骨牛前腿肉和后腿肉。

部位肉则是指将四分体肉剔净骨骼后，按部位分割的分部位肉。通常将牛前腿肉分成前小腿肉(前腱子)、前臂肉、胸部肉、背部肉(带颈部肉)，牛后腿肉分成腹部肉、腰部肉、短腰肉、里脊肉、后腿肉、膝部肉、后小腿肉(后腱子)、臀部肉。

(2)前腿剔骨分割肉。见第 9 章实验十五。

(3)后腿剔骨分割肉。见第 9 章实验十五。

(4)牛胴体分割的优质肉。见第 9 章实验十五。

牛胴体分割后的部位肉块，优质肉为：腰部肉＋短腰肉＋膝圆肉＋后腿肉＋里脊肉(＋臀部肉)。其中对臀部肉看法不一，有人认为是优质肉，而有的人则不这样认为。

(5)包装。分割成品的处理有：①经包装后装铁盒在冻结间内冻结 16 h，冻结温度为－33℃，当肉中心温度达到－15℃以下时，再将冻结肉从铁盒中取出装入纸箱，送入－25℃的冷藏库中冷藏;②成品进入0～4℃的保鲜库内准备鲜销;③真空鲜牛肉,经过低温排酸、分割、表面喷涂保水抗氧溶液、装入不透气复合材料袋真空封口、用低功率微波杀菌、在0～4℃条件储藏。④分割肉修割下的碎肉作为熟食加工的原料外售。

3.3.4.4 排酸牛肉

准确地说,排酸牛肉应叫做“冷却排酸牛肉”,是现代肉品卫生学及营养学所提倡的一种肉品后成熟工艺。早在20世纪60年代,发达国家即开始了对排酸肉的研究与推广,如今,排酸肉在发达国家几乎达到了100%的市场占有率。

动物被宰杀后,肌肉组织转化成适宜食用的肉要经历一定的变化,包括肉的僵直、解僵和成熟等。肉牛刚被屠宰后,体细胞失去了血液对其的氧气供应,进行无氧呼吸,产生大量乳酸,若不及时经过充分的冷却处理,则积聚在肌肉组织中的乳酸会损害肉的品质。

排酸牛肉是活牛屠宰经自然冷却至常温后,将两分胴体送入冷却间(排酸车间),在一定的温度、湿度和风速下(排酸车间的要求温度0～4℃,湿度80%～90%,风速每秒2～4 m)将牛肉中的乳酸成分分解为二氧化碳、水和酒精,然后挥发掉,同时细胞内的大分子三磷酸腺苷在酶的作用下分解为具有鲜味的肌苷酸(IMP),经过排酸后的牛肉口感得到了极大的改善,味道鲜嫩,肉的酸碱度被改变,新陈代谢产物被最大限度地分解和排出,从而达到无害化,排酸肉肉体柔软有弹性,肉质也比较细腻,和热鲜肉、冷冻肉在色泽、肉质上并没有明显的区别。排酸肉的排酸过程能减少肉中有害物质的含量,排酸肉的低温制作过程,可以避免微生物对肉品质量的污染。

加工排酸牛肉必须有雄厚的技术力量,一流的设备,电脑自动控制温度、湿度及风速的排酸库,严格的工艺流程,先进的加工工艺和优良的管理。目前市场上销售的排酸牛肉,主要有牛仔骨(牛排)、牛柳(里脊)、西冷(腰板)、T骨及肥牛系列。这些产品主要用于烧、烤、煎及肥牛火锅系列。排酸牛肉所屠宰的牛,都是极度育肥的优质品种的肉牛。肉质中有极其丰富的大理石花纹,柔软多汁,滋味鲜美,颜色柔和,肥而不腻,瘦的不柴,容易咀嚼。

3.3.4.5 牛肉质量安全追溯系统

牛肉作为一种大众化食品,其质量安全正在引起全世界消费者的普遍关注。目前,很多国家开展实施了肉牛生产全程质量安全可追溯体系。为了让消费者吃上放心的牛肉,我国于2006年7月1日开始实施的《畜牧法》明确规定必须对畜产品实施追溯管理。我国已建立了“中国肉牛身份标识系统(CBCIS)”和“中国牛肉质量安全报告查询系统(CBRCS)”,可以实现肉牛生产“从产地到餐桌”的全程质量安全可追溯,肉牛在养殖、屠宰、分割、物流一直到摆上超市货架都可以有完备的档案。消费者在购买牛肉时,通过该系统可以很容易知道牛肉何时生产、哪家企业生产、如何流通和储藏等,见图3-13。

我国的牛肉可追溯系统主要采用“无线射频识别(radio frequency identification,RFID)+条形码”技术,对牛个体及牛肉进行标示,并将肉牛生长、牛肉生产、加工、销售各个过程采集得到的数据上传到由“JSP+MySQL”设计的网络数据库中,从而实现牛肉生产全过程的跟踪与追溯。肉牛生产全程质量追溯系统是实现从产地到餐桌的全程监控和可查,包括带犊母牛、育肥牛、屠宰场、分割车间和流通环节在内的肉牛产业链追溯系统软件和硬件,在技术标准、数据传输、标识技术等,目前已在大中型肉牛屠宰加工企业进行应用。

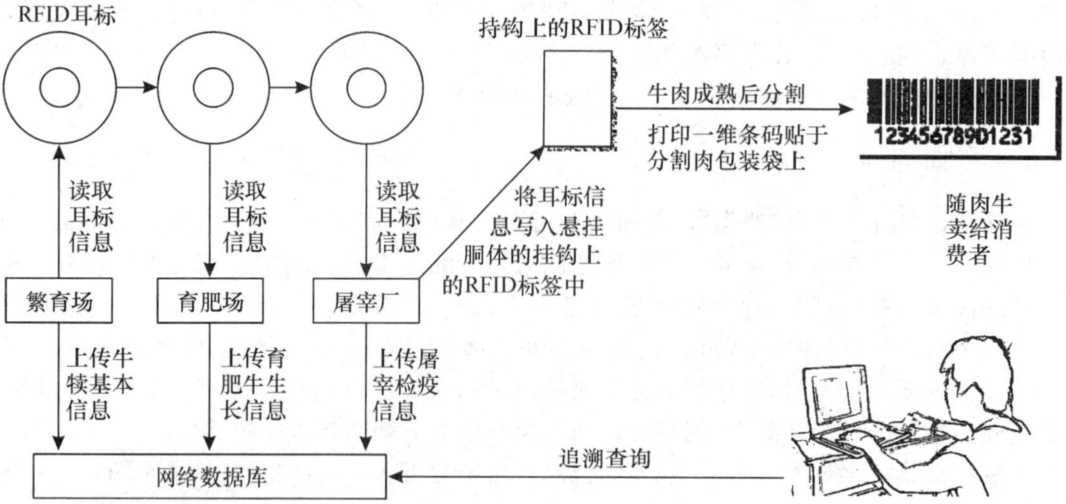

图 3-13 运用 RFID 标签实现牛肉质量安全可追溯系统网络化管理(申光磊等,2007)

每头犊牛从出生开始,就给它们佩戴上 RFID 耳标,并建立一份文字档案,该耳标和档案将跟随牛只的迁徙而转移。每次在对牛只进行生长性能测定或迁徙时,均要用读卡器读取牛耳标上的信息,并及时上传到网络服务器上。编号设计采用 14 位,前 8 位表示牛的详细出生地,其中 2 位为省市代码,其余 6 位为不同养殖机构代码;后 6 位表示该养殖机构牛的实际顺序号,其中 2 位表示出生年号,其余 4 位为该年份牛的实际顺序号,这样牛的耳标号中包含牛的来源地、出生年份等基本信息。在牛进入屠宰场时,还需对耳标进行一次扫描,将耳标号信息转移到挂钩上的 RFID 标签上,牛肉经过排酸成熟后对牛肉进行分割,然后读取悬挂牛肉的挂钩上的 RFID 标签上的信息,随即打印出相应的一维条码,贴在分割肉的包装上,进行出售。一维条码的编码原则在牛胴体被劈半后,左侧二分体在原耳标号的基础上加“1”,右侧二分体加“2”,然后再加上 2 位分割肉部位的编号,这样就形成了一个 17 位的分割肉编号。

3.3.4.6 牛胴体分割示意图

世界各国和地区对牛胴体分割的部位虽有所不同,但大同小异,差别不大,现举例加以说明。

1. 香港地区肉牛肉胴体分割(图 3-14)

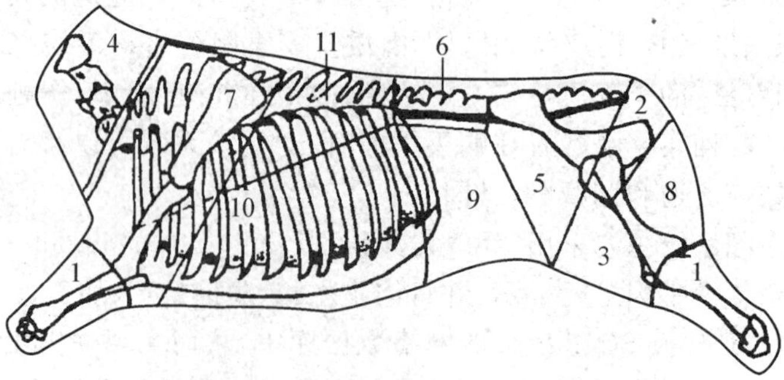

图 3-14 香港地区牛胴体分割部位示意图(昝林森,1999)

1. 小腿肉 2. 臀部肉 3. 膝圆肉 4. 脖肉 5. 短腰肉 6. 腰部肉 7. 前腿肉 8. 腿部肉 9. 腹部肉 10. 胸部肉 11. 背部肉

2. 澳大利亚牛肉胴体分割(图 3-15)

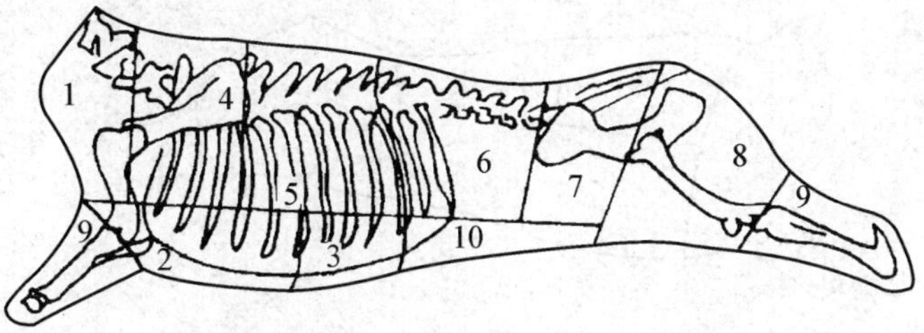

图 3-15　澳大利亚牛胴体分割部位示意图(昝林森,1999)

1.颈　2.前胸　3.后胸　4.肩　5.肋　6.腰　7.前臀　8.后臀　9.小腿　10.腹

3. 加拿大牛肉胴体分割(图 3-16)

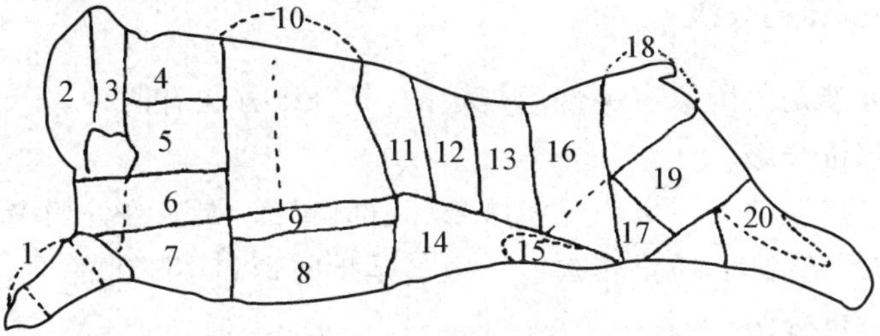

图 3-16　加拿大牛胴体分割部位示意图(蒋洪茂,1995)

1.带骨前腿　2.无骨颈肉　3.肩肉　4.肩胛肉　5.前短肋　6.胸肋　7.前胸肉　8.胸肉
9.短(软)肋　10.肩肋　11.前肋　12.中肋　13.后肋　14.腹肋肉　15.后腹肉排
16.后腰肉　17.后腿通腹肉　18.臀尖肉　19.后臀肉　20.无骨后腿

4. 日本牛肉胴体分割(图 3-17)

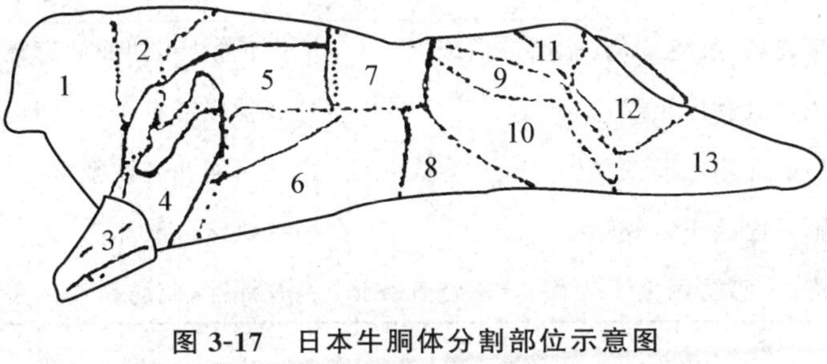

图 3-17　日本牛胴体分割部位示意图

1.颈部肉　2.肩部通脊　3.前花腱　4.肘部肉　5.前腰上肉
6.肩腹肉　7.后腰上肉　8.后腹肉　9.股肉肌　10.短腰肉
11.臀肉　12.后腿外侧　13.后花腱

5. 美国牛肉胴体分割(图 3-18)

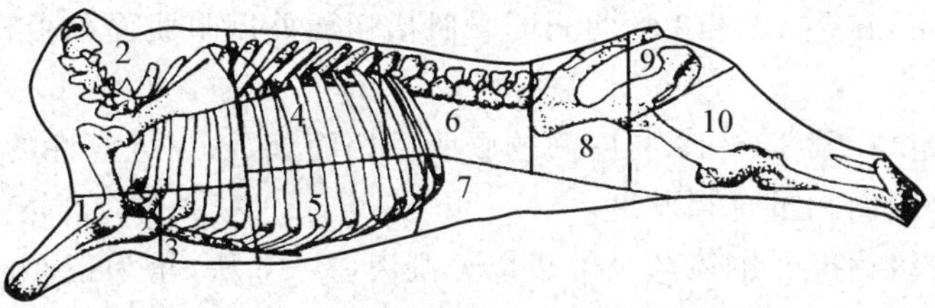

图 3-18　美国牛胴体分割部位示意图(王根林,2000)

1.前腿肉　2.肩颈肉　3.胸部肉　4.肋部肉　5.胸腹肉　6.前腰肉
7.腹部肉　8.后腰肉　9.臀部肉　10.后腿肉

6. 我国肉牛胴体分割(图 3-19)

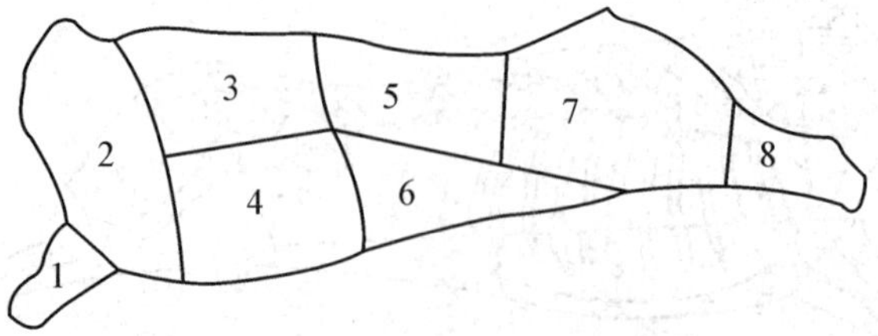

图 3-19 我国肉牛胴体分割部位

1. 前腿肉 2. 颈肩肉 3. 肋部肉 4. 胸部肉 5. 后腰肉
6. 腹部肉 7. 臀腿肉 8. 后腿肉

3.3.4.7 我国肉牛胴体的分级

牛胴体的分级标准是由国家有关部门规定的，其分级方法有两种。

1. 根据牛肉的部位分级

分为一级、二级、三级肉。一级肉是指腰部、胸部、背部、大腿等处的肉，质量最好。二级肉是指腹部、肩胛部和颈部的肉，质量较次。三级肉是指前颈和小腿部的肉，质量差。

2. 根据牛肉的鲜度分级

分为一级鲜度和二级鲜度。鲜牛肉系指活牛屠宰加工后，经兽医卫生检验，符合市场鲜销而未经冷冻的牛肉。具体分级见表 3-19。

表 3-19 牛肉胴体的鲜度分级标准

项目	一级鲜度	二级鲜度
色度	肌肉有光泽，红色均匀，脂肪洁白或淡黄	肌肉色稍暗，切面尚有光泽，脂肪缺乏光泽
黏度	外表风干或有风干膜，不粘手	外表干燥或粘手，新切面湿润
弹性	指压后的凹陷立即恢复	指压后的凹陷恢复慢，且不能完全恢复
气味	具有鲜牛肉的正常气味	稍有氨味或酸味
煮沸后肉汤	透明澄清，脂肪团聚于表面，具有特殊香味	稍有浑浊，脂肪呈滴浮于表面，香味差或无鲜味

引自昝林森，1999。

3. 胴体产量等级评定

(1)胴体产量指标评定方法。除热胴体重一项外，其他两项的评定条件与质量级指标相同。

热胴体重的测定，宰后剥皮、去头、蹄、尾、内脏，劈半后、冲洗前称出热胴体重。

眼肌面积的测定，在第 12～13 胸肋间的眼肌横切面处用眼肌面积板直接测出背最长肌切面的面积。

背膘厚度的测定，在第 12～13 胸肋间的眼肌横切面处，从靠近脊柱的一端起，在眼肌长度的 3/4 处，垂直于外表面测量背膘厚度。

(2)胴体产量等级标准。胴体产量等级以分割肉(共 13 块)重为指标。

$$分割肉重\ Y=-5.9395+0.4003\times 胴体重+0.1871\times 眼肌面积$$

牛胴体产量分级以胴体分割肉重为指标，将胴体等级分为 5 级。1 级，分割肉重≥131 kg；

2 级,121 kg≤分割肉重≤130 kg;3 级,111 kg≤分割肉重≤120 kg;4 级,101 kg≤分割肉重≤110 kg;5 级,分割肉重≤100 kg。

肉块分割方法参照 NY/T 676－2003 标准的附录,标准中半胴体分割牛肉共分为 13 块:里脊(tenderloin)、外脊(striploin)、眼肉(ribeye)、上脑(highrib)、胸肉(brisket)、嫩肩肉(tendershoulder)、腰肉(rump)、臀肉(topside)、膝圆(knuckle)、大米龙(outsideplat)、小米龙(eyeround)、腹肉(flank)、腱子肉(shin)。

3.3.5 肉牛胴体质量评定

在各国牛肉的胴体质量评定中,不同的国家及组织都有不同的评定方法和标准;总的来说胴体的质量评定主要包括胴体重量、胴体外观(结构)、嫩度及瘦肉质量等内容。现介绍我国、欧共体、美国的分级标准,可以概括东、西方牛肉质量要求的范围,以资参考。

3.3.5.1 我国肉牛胴体的质量指标评定方法

胴体质量等级评定是在牛胴体冷却后,对胴体的质量指标以及生理成熟度进行评定,主要按大理石花纹级别和生理成熟度级别将牛胴体分为特级、优一级、优二级和普通级。

1. 胴体的质量指标评定方法

牛胴体冷却后,在 660 lx 光线强度下对 12～13 胸椎眼肌截面处各项指标进行评定。

(1)大理石花纹。对照大理石花纹等级图片(其中大理石纹等级图给出的是每级中花纹的最低标准)确定眼肌横切面处大理石花纹等级。大理石花纹等级共分为 7 个等级:1 级、1.5 级、2 级、2.5 级、3 级、3.5 级和 4 级。大理石花纹极丰富为 1 级,丰富为 2 级,少量为 3 级,几乎没有为 4 级,介于两级之间为 0.5 级,如介于极丰富与丰富之间为 1.5 级。参照 NY/T 676—2003 附录 C 大理石花纹等级图谱。

(2)生理成熟度。以门齿变化和脊椎骨(主要是最后 3 根胸椎)横突末端软骨的骨质化程度为依据来判断生理成熟度。生理成熟度分为 A、B、C、D、E 5 级。参照 NY/T 676—2003 附录 D 及附录 E,见表 3-20 生理成熟度与牛年龄的关系。

表 3-20 生理成熟度与牛年龄的关系

脊椎部位	生理成熟度				
	A	B	C	D	E
	24 月龄以下	24～36 月龄	36～48 月龄	48～72 月龄	72 月龄以上
	无或出现第一对永久门齿	出现第二对永久门齿	出现第三对永久门齿	出现第四对永久门齿	永久门齿磨损较重
荐椎	明显分开	开始愈合	愈合但有轮廓	完全愈合	完全愈合
腰椎	未骨化	一点骨化	部分骨化	近完全骨化	完全骨化
胸椎	未骨化	未骨化	小部分骨化	大部分骨化	完全骨化

引自周光宏等,2001;或 NY/T 676—2003。

(3)肉色。肉色作为质量等级评定的参考指标,肉色等级按颜色深浅分为 9 个等级:1A、1B、2、3、4、5、6、7,肉色深于 7 级为 8 级,其中肉色为 3、4 两级最好(参照 NY/T 676—2003 附录 F 肉色等级图)。

(4)脂肪色。脂肪色也是质量等级评定的参考指标,脂肪色等级也分为 9 级:1、2、3、4、5、6、7、8、9,其中脂肪色为 1、2 两级最好(参照 NY/T 676—2003 附录 F 脂肪颜色等级图)。

2. 胴体质量等级标准

(1)胴体质量等级主要由大理石纹和生理成熟度两个因素决定,分为特级、优一级、优二级和普通级(参照 NY/T 676—2003 附录 G 牛肉等级图,图 3-20)。

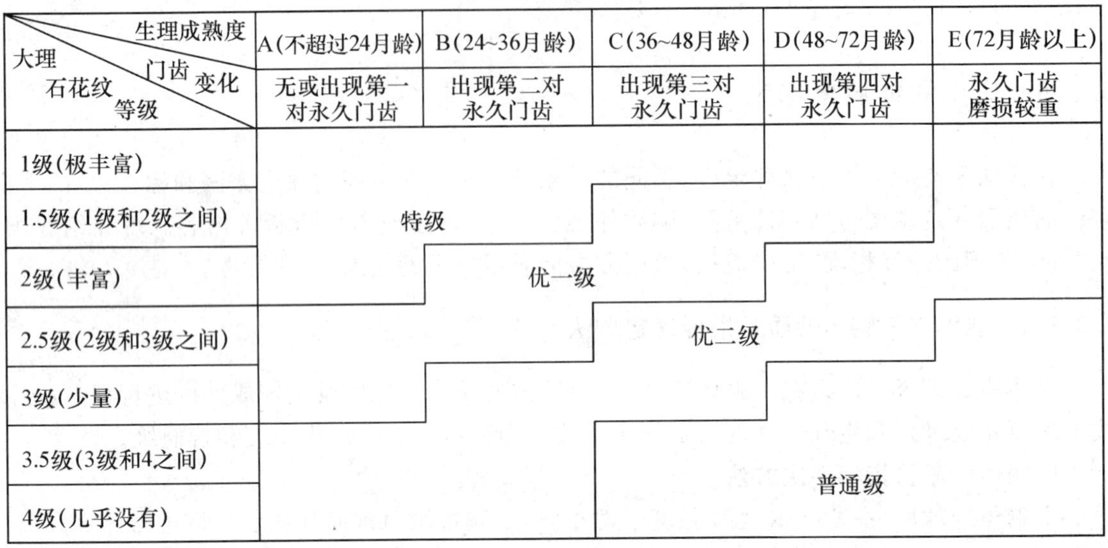

图 3-20　牛肉等级图(周光宏等,2001;或 NY/T 676—2003)

(2)肉的质量等级主要根据眼肌面积和背膘厚度来判断。除此以外,还可根据肉色和脂肪色对等级进行适当的调整,其中肉色以 3、4 两级为最好,脂肪色以 1、2 两级为最好。

(3)凡符合上述等级中优二级(包括优二级)以上的牛肉都属优质牛肉,二级以下的是普通牛肉。

肉质评定的测定项目、胴体的评定标准及评定方法见第 9 章实验十六。

3.3.5.2　欧洲经济共同体(EEC)的肉牛胴体评定标准

欧洲经济共同体(EEC)的肉牛胴体分级标准包括肥度和结构两大部分。

1. EEC 的肉牛胴体评定方法

EEC 的肉牛胴体评定方法有两种,其一是肉眼记分评定法,即利用肥度和等级图卡对实际胴体进行对比评定,方法简便;其二是用探针自动记录脂肪测定法,该法取代肉眼的记分评定法,具有省时、省力、准确的优点。

2. EEC 对肉牛胴体结构的评定等级

对胴体结构的观察主要包括胴体整体外部轮廓、胴体厚度、长度、宽度,要求肋、腰、臀等部位丰满。EEC 对胴体外观结构分 5 个指标。

特(excellent,E):整个外观特别丰满,胴体特别长、宽、厚,肌肉发育特别好,后大腿及臀部很圆满,背宽而很厚且与肩相平,肩很圆且与背成一体,背腰部略有凹陷,后腿与胴体深相似。

优(very good,V):整个外观丰满,肌肉发育很好,后大腿部及臀部圆满,背部宽而厚,并且背腰部有一定凹陷,肩圆,后腿宽与胴体深有一点差异。

良(good,R):整个外观平整,肌肉发育良好,后大腿及臀部发育良好,背部较宽但在肩部的宽度不够,腰部凹陷,后腿宽与胴体深有差异。

中(fair,O):外观各部位发育中等,不够平整,后腿肌肉欠丰满,肋骨略现。

差(poor,P):整个外观不平整,肌肉发育差,后躯差,背窄可见骨,肩扁可见骨。

3. EEC 对肉牛胴体肥度的评定等级

胴体肥度指胴体外观脂肪的覆盖面积和肌肉内部脂肪的分布即"大理石"状。胴体表面脂肪覆盖要求分布均匀,厚度适宜,覆盖面积大。EEC 将胴体肥度分 5 个等级。

一级(低,low):胴体表面几乎无脂肪。

二级(少,slight):脂肪覆盖少而薄,可见肌肉,胸腔内可见肋骨肉,覆盖度 60%以下。

三级(中,average):胴体表面大部分覆盖脂肪,覆盖度为 60%~75%,胸腔内沉积脂肪少,仍可见肋骨肉。

四级(高,high):胴体表面覆盖脂肪良好,覆盖度为 76%~89%,臀部脂肪明显,胸腔有一定脂肪沉积。

五级(很高,very high):整个胴体被脂肪覆盖,覆盖度达 90%以上,胸腔脂肪沉积多,臀部完全被脂肪覆盖,胸腔内肋间也沉积脂肪。

3.3.5.3 美国的牛肉胴体评定标准

美国早在 1927 年就制定了牛肉品质评定等级(USDA Beef Quality Grade),共分 8 个等级,主要根据是肉的大理石状,牛的生理成熟阶段和胴体结构。1965 年开始实行零售切块产量等级(USDA Beef Yield Grade),用于评定修整后的零售切块的比例。1976 年 2 月又实行了新的等级标准,该标准由品质和零售切块产量进行综合评定,对大理石状的要求稍低,而且胴体的结构(外形)已不再作为评定胴体等级的依据。

1. 肉质评定项目和方法

(1)胴体切面。胴体在室温(15~20℃)下静放 24 h,用肉眼进行评定,观察肌肉和脂肪的色泽、脂肪间层、大理石状和肌肉中的脂肪交杂程度。

(2)肌肉的色泽。要求肌肉颜色鲜红,有光泽,肌纤维的纹理较细(颜色过深或过浅均不符合要求)。

(3)脂肪的色泽。脂肪以白色、有光泽、质地较硬、有黏性为最好。

(4)肉的品味。采用评分法。取臀部深层肌肉,切成长宽厚各 2 cm 的肉块,待水沸时投入,不加任何调料,煮沸 70 min(肉水比为 1∶3),然后盛在碗内,品评鲜嫩度、多汁性和味道,并按其程度进行评分(1 分最低,9 分最高)。

(5)熟肉率。取臀部肌肉 1 kg,在沸水中煮 100 min,测定生熟肉之比(要在屠宰后两天内进行)。

(6)肉的化学成分分析。取 9~11 肋骨样块的全部肌肉作化学分析样品(不包括背最长肌),测定水分、灰分、脂肪及蛋白质的含量。

(7)牛肉的物理指标。主要包括失水率(%)、pH 值、剪切值(嫩度)、肌纤维密度(根/cm^2)、肌纤维直径(μm)等。

(8)pH 值。测定时间为宰杀后 3~4 h,可用 EA-940 扩展离子分析仪测定。

(9)失水率(%)。测定时间为宰杀后 2~3 h,仪器为铜环膨胀式测定仪,压力为 35 kg。

(10)剪切值。用C-LM型嫩度计测定。

(11)肌纤维密度与直径。用石蜡切片机制片,再用光学显微镜测定。

2. 牛肉的品质等级

牛肉的品质由成熟度和大理石状进行综合评定。

(1)牛的生理成熟度。牛的生理成熟度(年龄)是确定牛肉品质等级的一个重要因素,它是牛肉嫩度等级的评定根据。根据胴体确定成熟度的主要标志是肉的颜色、肋骨形状、脊椎骨上软骨的骨化程度和脊椎骨上的小突起。当知道牛的实际年龄时,则主要根据年龄,即成熟度直接与年龄相关联,肉的成熟程度、嫩度等级与牛实际年龄之间的关系见表3-21。

表3-21 肉的成熟程度、嫩度等级与牛实际年龄之间的关系

肉的成熟程度	牛屠宰年龄	嫩度等级	肉的成熟程度	牛屠宰年龄	嫩度等级
A	9～30月龄	A很嫩	D	60～72月龄	D较粗硬
B	30～40月龄	B嫩	E	72月龄以后	E粗硬
C	40～60月龄	C中等			

引自昝林森,1999。

(2)大理石状。肉的大理石状能直接反应肉的多汁性和口味,是牛肉品质评定的重要指标。大理石状由第12～13肋横切的眼肌按标准图样确定。通过育肥在背最长肌内肌纤维间积存脂肪,育肥程度越高,肌纤维间存积的脂肪量越大,表现为红肉中白色的斑点越大,使眼肌越花,眼肌周围的脂肪层越厚。大理石状的等级按其呈现的程度共为8级:适度丰厚、稍丰厚、适度、中等、少量、轻度、微量和实无(脂)。

(3)牛肉的品质等级。旧标准牛肉的品质分为8级:特(prime)、优(choice)、良(good)、中(standard)、可(commercial)、差(utility)、等外(cutter)及劣(canner)。新标准牛肉的品质共分为四级:特优级(prime)、精选级(choice)、良好级(good)、合格级(standard),它是成熟度与大理石状程度两者综合的结果。

3. 牛肉胴体的产量等级

产量等级是指每片胴体属于哪一种生产量的,由于胴体由骨、肉和油脂构成,故在决定产量等级时采用4个指标,即背腰厚度[第12肋脊骨上脂肪厚度(cm)],热胴体重(kg),眼肌面积(cm^2),肾、心、盆腔油脂量[以此与热胴体量计算所得的腔油百分率(KPH%脂肪)]。按公制单位,产量等级和出肉率的计算公式是:

$$产量等级=2.5+(0.98\times 脂肪厚度)+(0.2\times KPH\%)+(0.0084\times 热胴体重)-(0.0496\times 眼肌面积)$$

$$出肉率=51.34-(2.263\times 脂肪厚度)-(0.462\times KPH\%)-(0.2205\times 热胴体重)-(0.1147\times 眼肌面积)$$

根据计算结果,胴体的产量等级分为5个级别,即1.0、2.0、3.0、4.0、5.0。

4. 产量等级、出肉率及胴体可食产品产量三者之间的关系

按美国对牛肉可食部分的要求,在产量等级、出肉率和胴体可食产品产量间有着如下的关系(表3-22)。

表 3-22 牛肉产量等级、出肉率及胴体可食产品产量间关系 %

产量等级	出肉率	胴体可食产品产量	产量等级	出肉率	胴体可食产品产量
1.0	54.6	75.0	4.0	47.7	63.0
2.0	52.3	71.0	5.0	45.4	59.0
3.0	50.0	67.0			

引自昝林森,1999。

3.3.6 影响肉牛生产性能的因素

肉牛的产肉能力和肉品质量受多种因素的影响,其主要影响因素为品种、类型、年龄、性别、饲养水平及杂交等因素。

1. 品种和类型的影响

肉牛的品种和类型是决定生长速度和育肥效果的重要因素,二者对肉牛的产肉性能起着主要作用。从品种和生产类型来看,肉用品种的牛与乳用品种牛、乳肉兼用品种牛和役用品种牛相比,其肉的生产力高。这不仅表现在它能较快地结束生长期,能进行早期育肥,提前出栏,节约饲料,能获得较高的屠宰率和胴体出肉率,而且屠体所含的不可食部分(骨和结缔组织)较少,脂肪在体内沉积均匀,大理石纹状结构明显,肉味优美,品质好。不同品种间比较表明,肉用牛的净肉率高于黄牛,黄牛则高于乳用牛。

从体型来看,牛的肉用体型愈明显,其产肉能力也愈高。断奶后在同样条件下,当饲养到相同的胴体等级(体组织比例相同)时,大型晚熟品种(如夏洛来牛)所需的饲养时期较长,小型早熟品种(如安格斯牛)饲养时期较短,出栏早。根据对 300 头牛的饲养试验,断奶后在充分饲喂玉米青贮料和玉米精料的条件下,饲养到一定胴体等级时(体脂肪达 30%),夏洛来牛平均需 200 d(体重达 522 kg),海福特牛需 155 d(470 kg),安格斯牛需 140 d(442 kg),平均日增重分别为 1.38 kg、1.33 kg 和 1.28 kg,消耗饲料干物质总量分别为:夏洛来牛 1 563 kg、海福特牛 1 258 kg。

2. 杂交对提高肉牛生产能力的影响

无论品种间杂交还是改良性杂交,其后代均表现出良好的杂交优势。研究表明,肉牛品种间杂交,其后代的生长速度、饲料转化效率、屠宰率和胴体产肉率等明显增加,较原纯种牛多产肉 10%～15%,甚至高达 20%。利用杂种优势是提高肉牛生产性能的一个重要手段,通过品种间杂交产生的杂种后代,生长发育快,饲养报酬高,胴体出肉率高,但杂交类型不同,育肥效果也不一样。用国外肉牛品种改良中国黄牛,其后代的肉用生产性能较当地牛可提高 5%～15%,实践证明,轮回杂交和三元杂交的效果要优于二元杂交。

3. 性别与去势

牛的性别对肉的产量和肉质亦有影响。一般来说,母牛的肉质较好,肌纤维较细,肉柔嫩多汁,容易育肥。过去习惯对公犊去势后再育肥,认为可以降低性兴奋,性情温顺、迟钝,容易育肥。但近期国内外的研究表明,胴体重、屠宰率和净肉率的高低顺序为公牛、去势牛、母牛,见表 3-23。同时,随着胴体重量的增加,其脂肪沉积能力则以母牛最快,去势牛次之,公牛最慢。育成公牛比阉牛的眼肌面积大,对饲料有较高的转化率和较快的增重速度,一般生长率高,每增重 1 kg 所需饲料比阉牛平均少 12%。因而公牛的育肥逐渐得到重视。

表 3-23 公牛、阉牛、母牛增重速度的比较

项　目	公牛	阉牛	母牛
头数	12	22	12
日龄/d	361	383	398
初始活重/kg	386.1	376.9	345.8
日增重/g	1 070	984	869
结束活重/kg	597	508	493
胴体/kg	405	323	271
胴体中脂肪/kg	132	160	156
胴体中骨/kg	77	67	55
肌肉/骨	5.1	4.8	4.9

引自冯仰廉等，1995。

对于采用公牛或阉牛育肥，还因饲养方式和饮食习惯而异。美国的肉牛胴体质量等级中的一个重要依据是脂肪沉积，故以饲养阉牛为主；欧洲共同体国家以规模饲养的专业为主，多为“一条龙”的饲养方式，且在肉食习惯上喜食瘦肉，所以以饲养公牛为主；日本讲究吃肥牛肉，以养阉牛为主。

根据 Arthaud 等(1977)报道，公牛的日增重比阉牛平均提高 13.5%，饲料利用率提高 11.7%。Kay 和 Houseman(1974)研究表明：公牛胴体的瘦肉含量比阉牛高 8%，而脂肪含量则比阉牛低 28%；Jacobs 等(1977)，Landan 等(1978)，Ntunde 等(1977)的研究都证明了公牛的胴体重、净肉率和眼肌面积均大于阉牛。

4. 年龄的影响

牛的年龄对牛的增长速度、肉的品质和饲料报酬有很大影响。幼龄牛的肌纤维较细嫩，水分含量高，脂肪含量少，肉色淡，经育肥可获得最佳品质的牛肉。老龄牛结缔组织增多，肌纤维变硬，脂肪沉积减少，肉质较粗又不易育肥。

从饲料报酬上看，一般是年龄越小，每千克增重消耗的饲料越少。因年龄较大的牛，增加体重主要依靠在体内贮积高热能的脂肪，而年龄较小的牛则主要依靠肌肉、骨骼和各种器官的生长增加其体重。据邱怀等(1982)报道，秦川牛每千克增重所消耗的营养物质以 13 月龄牛为最少(平均 5.81 kg)，其次是 18 月龄牛(平均为 9.58 kg)，再次为 22.5 月龄牛(15.23 kg)。亦即年龄越大，增重越慢，每千克增重消耗的饲料越多。

从屠宰指标而言，据邱怀等(1982)研究，在相同的饲养条件下，22.5 月龄牛的屠宰率、净肉率、肉骨比最高，其次是 18 月龄牛，再次是 13 月龄牛。而眼肌面积则为 18 月龄牛大于 22.5 月龄牛，22.5 月龄牛大于 13 月龄牛。国外对肉牛的屠宰年龄要求大多为 1.5～2.0 岁，国内则为 1.5～2.5 岁。

5. 饲养水平和营养状况的影响

饲养水平是提高牛产肉能力和改善肉质的重要因素。营养水平的好坏直接影响肉牛的生长、脂肪沉积、产肉量和肉的品质。若营养供给充足，就能获得较快的增重，只有育肥度好的牛，其产肉量和肉质才是最好的；若营养缺乏，势必影响肉牛的增重速度。因此只有按牛的营养需要合理投料，结合市场需求科学饲养，才能达到理想的育肥效益。

育肥期牛的营养状况对产肉量和肉质影响也很大。营养状况好、育肥良好(肥胖)的牛比营养差、育肥不良(瘠瘦)的成年牛产肉量高，体脂沉积多，肉的质量好。据对幼阉牛以不同饲

养水平(丰富组和贫乏组)饲喂并在 1.5 岁屠宰的试验表明:贫乏饲养组宰前活重平均为 224 kg,屠宰率为 48.5%,丰富饲养组宰前活重平均为 414 kg,屠宰率为 58.3%,可见丰富饲养组幼阉牛的体重和屠宰率较贫乏饲养组提高了 84.82%和 20.20%。每千克肉的产热值,丰富饲养组为 10 416 J,贫乏组为 7 459 J,提高了 39.6%。胴体中骨的含量,丰富饲养组为 18.4%,贫乏饲养组为 22.4%。

6. 环境因素

环境主要包括温度、湿度、饲养密度及卫生等几个因素,这些因素若不重视也会严重影响肉牛生产性能的正常发挥,尤其是对犊牛影响更为显著。适宜的温度有利于生长发育,温度过低会影响牛对饲料的消化率,增加能量消耗,从而降低生产速度,增加饲养成本,一般来说,育肥牛环境温度在 5～21℃较适宜,过高或过低都会引起牛机体反应,造成体能消耗。

总之,牛的品种和类型,年龄和性别,饲养水平和营养状况以及杂交等对肉牛的生产性能均有很大影响。因此,在肉牛生产中,必须重视良种选育和杂交优势的利用。根据肉牛生长发育的特点,配合良好的饲养管理,选择适宜的屠宰时间等,则会极大地提高肉牛生产性能,增加经济效益。

复习思考题

1. 简述乳用牛、肉用牛、役用牛、公牛的体型外貌要求。
2. 牛的年龄鉴定的主要方法有哪些？简述牛体尺测量的部位及牛体尺指数评定的含义。
3. 奶牛生产力指标有哪些？如何测量？简述肉牛主要生产力指标及测定方法。
4. 如何进行奶牛线性外貌鉴定和奶牛体况评分？影响奶牛生产性能的因素有哪些？
5. 简述牛奶的组成成分与特性,哪些生产因素影响奶成分？
6. 生产上如何利用肉牛生长发育规律的特点？简述肉牛的屠宰和肉牛胴体分割过程。
7. 简述不同国家肉牛胴体分割和胴体质量评定的异同。

4 牛的育种繁殖技术与管理

[**重点提示**] 本章主要简述奶牛群体遗传改良计划，奶牛场的育种技术，地方良种牛保种与杂交改良利用，牛的繁殖技术与繁殖育种管理等。教学讲授时注意减少与专业基础课的重叠，重点可放在DHI，奶牛场育种与繁殖管理，提高母牛繁殖性能的措施等。要求教师准备肉用牛、地方良种牛、杂交牛、家畜改良站等图片或多媒体。有条件时可参观家畜改良站或公牛站或奶牛场，现场教学，或结合实习的实验课进行教学。

畜禽良种是现代畜牧业生产的基础，建立配套完善的畜禽良种繁育体系，培育、推广、利用畜禽优良品种，提高良种化程度，对于促进畜牧业向高产、优质、高效转变及持续稳定发展，提高养殖生产水平，增加经济效益的基础，尤其是在农村产业结构调整中发挥了不可替代的作用。但是，繁育体系不健全、畜禽品种低、劣、杂，管理技术落后，档案不清等问题依然存在，并严重制约着畜牧业的发展。要加强牛的良种繁育管理，规范牛精液、胚胎等遗传材料的生产经营程序，促进牛的良种繁育体系建设，依据《中华人民共和国种畜禽管理条例》依法管理，加大良种牛推广的力度和推广大覆盖面，提高良种牛在生产中的贡献率。

4.1 中国奶牛群体遗传改良计划

《国务院关于促进畜牧业持续健康发展的意见》(国发[2007]4 号)和《国务院关于促进奶业持续健康发展的意见》(国发[2007]31 号)的出台为我国奶业的持续健康发展进一步指明了方向，也为我国奶业发展关键时期加快转型创造了良好的政策环境，国家农业部根据“抓紧制定奶牛遗传改良计划，切实做好良种登记和奶牛生产性能测定等基础性工作”的要求，组织制定并实施了《中国奶牛群体遗传改良计划(2008～2020 年)》。该计划总体目标指出，到 2020 年中国荷斯坦牛品种登记工作覆盖到全国，奶牛生产性能测定规模不断扩大，全国青年公牛联合后裔测定稳步推进，优秀种公牛冷冻精液全面普及和推广，奶业优势区域成母牛年平均产奶量达 7 000 kg，其他地区奶牛每个世代的单产提高 500 kg，奶牛遗传改良技术逐步与国际接轨，奠定奶业发展的优良种源基础。计划主要内容是要建立健全的奶牛个体生产性能测定体系、中国荷斯坦牛品种登记体系、种牛遗传评定体系、公牛后裔测定体系和优秀种公牛冷冻精液推广体系。

良种是奶业发展的基础，对产业发展的贡献率超过 40%。奶牛良种是通过不间断的选育、改良而产生的，多数国家为提高奶牛良种化水平，都相继制定并实施了奶牛遗传改良计划，通过有计划、分步骤地实施改良计划来推进奶牛品种改良工作。国外奶业发达国家的实践和经验均表明,实施国家奶牛遗传改良计划,对于提升奶牛生产水平作用显著。北美国家通过实施"国家牛群遗传改良计划",经过半个多世纪的不懈努力,奶牛平均单产由5 000 kg增加至9 000 kg以上。因此,实施中国奶牛群体遗传改良计划,既是《国务院关于促进奶业持续健康发展的意见》对奶业发展提出的要求,也是通过品种登记、生产性能测定、个体遗传评定、青年公牛联合后裔测定、人工授精技术等手段,加快推动我国奶牛改良工作的必然选择,对于提升牛群遗传水平,改善奶牛健康状况,提高牛群产奶水平,增强综合生产能力具有重要的现实意义。

4.1.1 优秀种公牛冷冻精液推广——国家奶牛良种补贴项目

为了加速奶牛良种化进程,促进农民持续增收,国家从2004年起对奶牛良种推广进行财政补贴。2008年中央财政首次对全国荷斯坦能繁母牛全部实施了良种冻精补贴,并兼顾其他奶牛品种。2009年在继续补贴荷斯坦奶牛、奶水牛、乳用西门塔尔、褐牛、牦牛的基础上,增加了娟姗牛和三河牛。农业部为该项目主管部门,负责制定、审核项目实施方案,选定项目用种公牛,并对项目进行组织协调、监督、检查、验收以及培训指导等。省级畜牧主管部门组织指导申报项目,编制项目实施方案,组织技术培训和项目检查,集中选购冷冻精液等;县级畜牧部门负责项目具体实施,对基层技术人员和奶牛养殖户进行培训,建立健全配种、产犊、产奶等相关信息记录档案和耳标佩戴工作;参加项目的种公牛站按照采购合同组织项目冻精生产,确保项目县奶牛冻精的质量和供应。

4.1.1.1 农业部奶牛良种补贴项目实施方案

奶牛良种补贴项目是国家的惠民政策,是奶牛业的效益工程,通过这个项目的实施,将进一步激发奶牛养殖户使用优质冻精的积极性,有利于加速奶牛良种繁育的进程,提高奶牛品种质量,扶持奶牛业发展,增加农民收入,增强奶业的市场竞争力,促进奶业持续、协调、健康发展。

(1)项目资金按照《奶牛良种补贴试点项目资金管理暂行办法》(农财发[2005]004号)的规定,拨付给提供冷冻精液的种公牛站,各省(区)从参加项目的种公牛站差价采购冷冻精液。

(2)按政策公开、农民受益的原则,实施奶牛冻精补贴。补贴对象为试点县的奶牛养殖农户,包括散养户、养殖小区和农户兴办的养殖场。

(3)奶牛良种补贴是实物补贴,不是现金直补。项目区内使用优质种公牛冷冻精液进行品种改良的奶牛养殖者,包括散养户和规模养殖户都能拿到。补贴标准是按照每头能繁母牛每年使用两剂冻精计算,分不同品种,荷斯坦牛、娟姗牛每剂冻精补贴15元,其他奶牛品种每剂冻精补贴10元。这样养牛者购买奶牛冻精时,每剂冻精便宜10～15元。

4.1.1.2 具体补贴程序

奶牛良种补贴项目是一项综合的技术推广工程,通过国家和地方分别建立职责明确、分级负责的项目管理机制,保证上下协调,责任到人,工作到位。通过良种补贴带动全国省、地、县举办以奶牛良种补贴为主题的奶牛培训,重点培训人工授精技术人员及奶牛养殖户。

(1)由农业部组织专家对种公牛进行评选,确定冻精生产单位,公布入选种公牛编号和生产性能等技术指标。由农业部牛冷冻精液质量监督检验测试中心对入选种公牛生产的冷冻精液进行质量检测,并在有关媒体上公布检测结果。省级畜牧部门按照农业部和财政部每年的奶牛良种补贴项目实施要求,组织项目县进行集中招标选购,采购合同报农业部备案。省级财政部门根据畜牧部门提供的采购合同、销售发票和冻精出入库凭据与种公牛站进行结算。供精单位按照补贴后的优惠价格向养殖者提供奶牛冻精。

(2)技术培训和推广是保证项目顺利实施的关键。各项目省(区)、县都要把技术培训工作作为项目实施的基础,制定计划,明确任务,落实责任人,开展形式多样的培训工作。为支持项目区开展好这一工作,农业部将项目县列入“新型农民科技培训项目”,并严格按照“新型农民科技培训项目”要求执行,培训经费主要用于奶牛良种补贴试点县的基层人工授精技术员和奶牛饲养户的技术培训,专家现场巡回技术指导和咨询。各省(区)、县也应安排相应的经费,扩大培训的范围,加大适用技术推广力度。

(3)项目区母牛和犊牛建档造册。配种母牛基本情况登记按照奶牛品种登记要求由农业部统一印制,人工授精技术员必须如实填写。新生犊牛要佩戴统一耳标。

(4)奶牛良种补贴项目是一项技术性很强的工作,重在技术的普及技术推广。为提高项目实施效果,农业部、省、地、县各级项目单位以及冻精生产单位积极开展形式多样的技术培训活动,普及奶牛人工授精、选种选配、编号、系谱档案建立和计算机管理等方面的知识。为提高项目实施的透明度,农业部组织编写了《奶牛良种补贴工作手册》、《荷斯坦公牛图谱》、《种公牛宣传挂图》、《奶牛科学饲养管理宣传挂图》、《水牛开发利用》等技术资料,发放到各项目县。全国畜牧总站还开辟了《奶牛良种补贴项目》宣传网页(2009 年奶牛良种补贴项目 http://www.holstein.org.cn/lb/gnlist.php? tb=2009),宣传报道有关项目情况,公布每头入选种公牛的系谱资料和冻精质检结果(中国奶牛数据中心 http://www.holstein.org.cn/index.php)。参加良种补贴的配种人员一律要参加农业部组织的培训及考试,合格后方能上岗。各项目区通过电视、互联网、报刊、杂志和宣传告知等形式,向广大养殖场户宣传良种补贴政策的具体内容。

4.1.2 奶牛生产性能测定

自 1906 年诞生已经在世界范围内得到广泛应用的奶牛生产性能测定(意为奶牛群体改良,Dairy Herd Improvement,简称 DHI,也称奶牛记录体系)技术,经过 100 多年的发展完善,这项技术已成为改善奶牛饲养环境条件,提高奶牛生产率,保障乳制品质量安全不可缺失的重要工具。DHI 为奶牛养殖者提供了日常监控牛奶数量、质量和改进生产管理的科学依据,也为奶牛的遗传改良提供了生产性能方面的重要数据。开展奶牛生产性能测定是牛群遗传改良的基础,是进行牛群选育、评估公牛遗传素质、公牛后裔测定、乳腺炎防治、改进饲养管理、提高产奶性能等的关键措施。DHI 通过测试每头泌乳牛的生产性能,使牛场管理建立在数据化、科学化的管理之上,大量有效数据资料的统计分析使得牛场的管理细化、高效,既掌握整体状况,又清楚个体水平,改变粗放型、经验型管理奶牛模式,从而提高奶牛的品质、牛奶的质量、牛奶的产量,降低牛奶生产成本,使奶牛管理由群体全面管理向个体细化管理过渡,由奶牛群数量提高向牛奶和奶牛质量共同提高迈进。

奶牛生产性能测定是通过测定泌乳牛的奶样,分析其产奶量、乳成分和体细胞数等基础信息,形成生产性能测定报告,系统反映奶牛繁殖配种、饲养管理、乳房保健及疾病防治等状况,为牛群管理提供及时、客观、准确、科学的依据。我国的奶牛生产性能测定工作起始于 20 世纪 90 年代初,已制定了中国荷斯坦牛生产性能测定技术规范(http://www.holstein.org.cn/

view. php? articleid＝2249&sortid＝5)，2008 年中央财政实施奶牛生产性能测定补贴项目，极大地推动了这项工作的进展。通过项目的推动，使参测牛群产奶量、乳脂率、乳蛋白率等都有显著提高，乳腺炎等疾病发病率有明显下降。

4.1.2.1 奶牛生产性能测定(DHI)操作流程

DHI 的具体工作由专门的测试中心来完成，牛场可自愿加入，双方达成协议后即可开展。测试中心派专职采样员定期(原则上每月一次)到各牛场取样，收集奶量与基础资料，并将资料和奶样一起送至测试中心，测定奶样的奶成分和体细胞并将结果用计算机处理，最终得出 DHI 报告，3～7 d 反馈到实施奶牛场。

1. 样本采集

(1)测定牛群要求。参加生产性能测定的牛场，应具有一定生产规模，最好采用机械挤奶，并配有流量计或带搅拌和计量功能的采样装置。生产性能测定采样前必须搅拌，以免乳脂分层影响测定结果。

(2)测定奶牛条件。测定奶牛应是产后一周以后的泌乳牛。牛场、小区或农户应具备完好的牛只标识(牛籍图和耳号)、系谱和繁殖记录，并保存有牛只的出生日期、父号、母号、外祖父号、外祖母号、近期分娩日期和留犊情况(若留养的还需填写犊牛号、性别、初生重)等信息，在测定前需随样品同时送达测试中心。

(3)采样。对每头泌乳牛 1 年测定 10 次。每头牛每个泌乳月测定 1 次，两次测定间隔一般为 26～33 d。每次测定需对所有泌乳牛逐头取奶样，每头牛的采样量为 50 mL，1 天 3 次挤奶按 4∶3∶3(早、中、晚比例)比例取样，两次挤奶按 6∶4(早、晚比例)比例取样。测试中心配有专用取样瓶。

(4)样品保存与运输。为防止奶样腐败变质，在每份样品中需加入重酪酸钾 0.03 g，在 15℃的条件下可保持 4 d，在 2～7℃冷藏条件下可保持 1 周。采样结束后，样品应尽快安全送达测定实验室，运输途中需尽量保持低温，不能过度摇晃。

2. 样本测定与数据处理

(1)测定设备。实验室应配备乳成分测试仪、体细胞计数仪、恒温水浴箱、保鲜柜、采样瓶、样品架等仪器设备。

(2)测定原理。实验室依据红外原理作乳成分分析(乳脂率、乳蛋白率)，体细胞数(somatic cell counts，SCC)是将奶样细胞核染色后，通过电子自动计数器测定得到结果。

(3)测定内容。主要测定日产奶量(牛场)、乳脂肪、乳蛋白、乳糖、全乳固体、尿素氮和体细胞数。

(4)提供报告的内容。数据处理中心根据奶样测定的结果及牛场提供的相关信息，由计算机生成奶牛生产性能测定报告，反馈给牛场或农户。

4.1.2.2 奶牛生产性能测定(DHI)报告的指标

计算机室将奶牛场的基础资料输入计算机，建立牛群档案，并与测试结果一起经过牛群管理软件和其他有关软件进行数据加工处理形成 DHI 报告。还可根据奶牛场需要提供 305 d 产奶量排名报告，不同牛群生产性能比较报告，体细胞总结报告，典型牛只泌乳曲线报告，DHI 报告分析与咨询。DHI 报告信息有以下几项。

序号：样品的测试顺序号，由测试中心统一编号。

牛号：采用中国奶协规定的统一编号，由奶牛场提供。

分娩日期：是计算分析各项指标的依据，根据分娩日期可产生一系列重要参数。由牛场提供。

DIM(泌乳天数)：从分娩第一天到本次测奶的时间。反映了奶牛所处的泌乳阶段，有助于了解牛群结构调整。

胎次：由奶牛场提供。计算305 d预测奶量的必备条件。

HTW(日产奶量)：以千克为单位，指测定日奶牛的产奶量。反映了牛只、牛群当前产奶水平的真实情况。

HTACM(校正奶量)：根据实际泌乳天数、乳脂率校正泌乳天数为150 d、乳脂率为 3.5%所产生的数据，用于不同泌乳阶段，不同牛群间相关性能的比较。

Prev. M(前次奶量)：上次测奶日的奶量。用于说明牛只生产性能是否稳定。

F%(乳脂率)：奶中脂肪的百分比。

P%(乳蛋白率)：奶中蛋白质的百分比。

F/P(乳脂/蛋白)：乳脂率与乳蛋白率的比值。

MUN(乳中尿素氮)：单位为mg/100 mL，反映日粮氮的供给和质量。

SCC(体细胞数)：单位为1 000，指每毫升样品的体细胞数含量。

Mloss(牛奶损失)：由计算机通过该牛的产奶量和体细胞数产生的数据。由于乳房受细菌感染而造成的牛奶损失，可以通过体细胞数和奶量的高低进行计算。

LSCC(线性体细胞数)：即体细胞评分，将体细胞数通过数学的方法线性化由计算机产生的数据，用于确定奶量的损失。其优点在于它的直观性和其与奶损失的直线关系，更能反映牛真实的奶损失。

PreSCC(前次体细胞数)：上次测定日测得的体细胞数，用以说明奶牛场采取的预防管理措施是否得当，治疗手段是否有效。

LTDM(累计奶量)：从分娩至本次测奶日的产奶量累加数。

LTDF(累计乳脂量)：从分娩至本次测奶日所生产的脂肪总量。

LTDP(累计蛋白质量)：从分娩至本次测奶日所生产的蛋白质总量。

PeakM(高峰奶量)：高峰奶，以千克为单位的最高日产奶量，是以该牛本胎次以前的几次产奶量比较得出的。

PeakD(高峰日)：从分娩后到产奶高峰的泌乳天数。

305M(305 d奶量)：计算机产生的数据，如果泌乳天数不足305 d则为预计产量，如果完成305 d，该数据为实际奶量。连续测奶3次即可得到305 d的预测奶量。

Repro stat(繁殖状况)：如果牛场管理者呈送了配种信息，这将指奶牛当前所处的生理状况(配种、怀孕、产犊、空怀)。

Due Date(预产期)：如果牛场管理者提供繁殖信息，如孕检，根据配种日期及怀孕检查推算而来的。

4.1.2.3 奶牛生产性能测定报告的应用

DHI通过测试奶牛的奶量、乳成分、体细胞数等关资料，形成的反映奶牛场配种、繁殖、饲养、疾病、生产性能等的信息，为奶牛场饲养管理提供决策参考。

1. 体细胞数(SCC)的应用

体细胞数是反映乳房是否健康的指标(表 4-1),它关系到牛奶的产量和质量及乳成品的存放时间。测量牛奶体细胞数的变化有助于及早发现乳房损伤或感染、预防治疗乳腺炎,同时还可降低治疗费用,减少牛只的淘汰,增加产奶能力。体细胞数与泌乳天数结合起来可以确定与乳房健康相关的问题在何时发生,如果高的 SCC 发生在泌乳早期,表明干奶期护理较差或干奶牛舍和产房卫生条件太差;如果泌乳早期 SCC 很低,但在泌乳期持续上升,表明可能是挤奶程序有问题或挤奶设备有问题。

表 4-1 体细胞数与牛乳房健康状况的关系

奶牛体细胞数/(万个/mL)	乳房健康状况	奶牛体细胞数/(万个/mL)	乳房健康状况
<10	良好	50~75	已患隐性乳腺炎
10~20	较好	750~10	极差
20~50	有患隐性乳腺炎的可能	>100	乳腺炎

体细胞的多少可用来诊断牛是否感染乳腺炎或隐性乳腺炎,奶牛理想的体细胞数第 1 胎≤15 万个/mL,第 2 胎≤25 万个/mL,第 3 胎≤30 万个/mL。根据加拿大学者研究的经验,体细胞数与牛乳房健康状况关系见表 4-1。奶牛一旦感染上隐性乳腺炎,其产奶量就会降低,病情愈重,奶量损失愈多。由 DHI 报表提供的奶损失可计算出经济损失,SCC 与 305 d 潜在奶量损失关系见表 4-2,应重视体细胞的测定,降低隐性乳腺炎,以提高牛场经济效益。

表 4-2 体细胞数与 305 d 潜在奶损失的关系 kg

体细胞数/万个	<15	15.1~30	30.1~50	50.1~100	>100
一胎牛	0	180	270	360	454
二胎牛	0	360	550	725	900

通过阅读测定报告,总结月、季、年度的体细胞数,分析变化趋势和牛场管理措施,制定乳腺炎防治计划,降低体细胞数,最终达到提高产奶量的目的。采取措施后各胎次牛只的体细胞数如果都在下降,则说明治疗是正确的。如连续两次体细胞数都持续很高,说明奶牛有可能是感染隐性乳腺炎(如葡萄球菌或链球菌等)。如挤奶方法不当会导致隐性乳腺炎相互传染,一般治愈时间较长。体细胞数忽高忽低,则多为环境性乳腺炎,一般与牛舍、牛只体躯及挤奶员卫生问题有关,这种情况治愈时间较短,且容易治愈,总之,预防高 SCC 的花费所得到的回报比治疗乳腺炎的回报要高得多。

2. 乳脂率、乳蛋白率的应用

高乳脂率(F%)和高乳蛋白率(P%)是牛奶品质良好的标准,能够生产高乳脂率和高乳蛋白率牛奶的奶牛可用于选种,培育高性能优良奶牛,根据测定报告提供牛只的乳脂率和乳蛋白率,可用于选择生产理想型乳脂率和乳蛋白率的奶牛。乳脂率、乳蛋白率指标能反映奶牛营养状况,乳脂率低可能是瘤胃内纤维消化受影响,代谢紊乱,饲料组成或饲料大小、长短等有问题。如果产后 100 d 乳蛋白率很低(小于 3%),其原因是干奶牛日粮差,产犊时膘情差,泌乳早期碳水化合物缺乏,饲料蛋白质含量低等。奶牛泌乳早期乳脂率如果特别高,就意味着奶牛在快速动用体脂,则检查奶牛是否发生酮病。如果是泌乳中后期,大部分的牛只乳脂率与乳蛋白率之差小于 0.4%,则可能发生了慢性瘤胃酸中毒。

乳脂率和乳蛋白率之比(F/P),正常情况下,奶牛乳中脂肪和蛋白质之比有一合理范围,荷斯坦奶牛在1.12～1.30之间。如高于1.30，就有可能表示能量缺乏，能氮不平衡，饲料蛋白质没有完全利用，奶牛此时可能患有亚临床或临床性酮病。反之小于1.12则可能表示精饲料饲喂过度，奶牛可能患有亚临床或临床性酸中毒。

3. 牛奶中尿素氮(MUN)含量的应用

牛奶尿素氮的正常值为12～18 mg/100 mL，其值过低同时伴随乳蛋白低，可能表示日粮蛋白质不足和(或)能量不足，其值过高同时伴随乳蛋白低，可能表示饲料蛋白质过剩和能量不足。MUN值<12 mg/100 mL表明日粮蛋白质缺乏或过瘤胃蛋白含量过多。MUN值大于18 mg/100 mL表明日粮蛋白质浪费，因此可以通过调整日粮来降低日粮成本。MUN值过高时应增加非降解蛋白的采食量，也表示需要增加日粮中的非结构碳水化合物(NSC)的含量。MUN还可以作为牛群繁殖状况表现的指标，高MUN值可以预测牛群潜在的繁殖问题，高MUN与不孕和全群低繁殖性能有一定的相关性，MUN和繁殖率呈负相关，当MUN>18 mg/100 mL时，牛的受胎率可以下降。

4. 奶产量的应用

从本月平均产奶量可以看出本月牛场的生产经营情况，如与上月平均产量相比差距大，说明饲养管理方面存在的问题。每头奶牛下降的幅度不能超过20 d×0.07 kg/d=1.4 kg，如超过这个数值，经营者应分析其存在的问题，是饲料问题、疾病问题还是环境带来的应激，加以纠正改善。通过产奶量分析，对牛只进行合理分群饲养，调整日粮，根据其泌乳能力有目的地选择种公牛改良牛群。

5. 高峰奶量的应用

高峰产奶量是指个体牛只在某一胎次中最高的日产奶量。例如：成母牛泌乳高峰时产奶量为30 kg，则头胎牛在泌乳高峰时产量应为22.5 kg，即75%，若比例小于75%，说明没有达到应有的泌乳高峰，也表明头胎泌乳牛或成母牛的潜力没有得到充分发挥。峰值奶量推动着胎次产奶量的提高，其每提高1 kg，相当于胎次奶量一胎牛提高400 kg、二胎牛提高270 kg、三胎以上牛提高256 kg。峰值奶量与胎次奶量关系见表4-3。高峰产奶量较高的牛只，305 d奶量也高；305 d预测奶量是衡量一个奶牛场生产经营状况的指标，也是进行牛只淘汰的重要依据，有助于管理者及早淘汰那些亏本饲养的奶牛，以保证牛群的整体水平与经济效益。

表4-3 峰值奶量与胎次奶量的关系

kg

峰值奶量	26.5	30.3	34.3	38.2	42.0	46.1	50.1
胎次奶量	5 440～6 350	6 350～7 260	7 260～8 160	8 160～9 070	9 070～9 980	9 980～10 890	10 890～11 800

6. 高峰日和泌乳曲线的应用

高峰日是指产后高峰奶量出现的那一天。一般在产后40～60 d出现产奶峰值，若每月测定一次，其峰值日应出现在第二个测定日，即应低于平均值70 d；若大于70 d，表明有潜在的奶损失。要检查下列情况：产犊时膘情、干奶牛日粮、产犊管理、干奶牛日粮向产奶牛日粮过渡的时间、泌乳早期日粮是否合理等。产奶高峰过后，所有牛只的产奶量逐渐下降，每月下降4%～6%，头胎牛的持久力要好于经产牛。

7. DHI应用于生产管理，科学制定管理计划

应用DHI生产性能跟踪报告指导奶牛场主动淘汰。除了依据奶牛生产性能指导选种选配外，平时我们能够对于奶产量较高的牛只进行持续的关注，使它们获得良好的饲养和管理，保证优者更优；而对于奶产量很低的牛只也对它们进行持续的关注，结合测定日产奶量和妊娠状况，如果确定该牛的确生产性能低，没有饲养价值，采取主动淘汰。

对规模化奶牛场，可以通过 DHI 记录反映生产管理的好坏，以此来考核员工的工作效率。如配种人员以一年的产犊情况和产犊间隔作为考核指标；饲养员可以通过一个泌乳期的泌乳曲线（即峰值奶量及测定奶量）来考核；挤奶员用体细胞计数和牛群乳腺炎发病率来衡量。

4.1.3　奶牛品种登记

品种登记，是由专门的机构或牛场依据系谱资料，将符合品种标准的牛只登记在专门的登记簿中或特定的计算机数据管理系统中。品种登记是开展奶牛生产性能测定、线性鉴定、育种及奶牛品种改良的一项基础性工作，登记目的在于确保该品种奶牛血统稳定一致的前提下，促使生产管理者在饲养优良奶牛品种的同时，完善和保存相关信息资料和记录，以作为育种及品种遗传改良工作的依据。国内外的奶牛群体遗传改良实践证明，经过登记的牛群质量提高速度远高于非登记牛群，因此，系统规范的品种登记工作，已成为奶业生产特别是实施奶牛群体遗传改良方案中不可缺少的一项基础工作。

4.1.3.1　奶牛品种登记的内容

奶牛品种登记是一项细致而繁琐的工作，登记者既要有耐心又要负责任，确保所填写的信息真实可靠。在品种登记时，我们除了做常规牛只系谱登记外，还应对该牛只的来源、出生地等基础性资料进行补充，要做到牛场信息明确，牛只个体资料完整，便于查找和追溯。

一、奶牛品种登记编号办法——牛只编号

牛只编号全部由数字或数字与拼音字母混合组成。通过牛号可直接得到牛只所属地区、出生场和出生年代等基本信息。牛只编号具有唯一性，并且使用年限长，保证 100 年内在全国范围内不会出现重号，以保证信息的准确性。

1. 编号方法

2 位品种＋3 位国家代码＋1 位性别＋12 位牛只编号，牛只编号由 12 个字符组成，分为 4 个部分，如图 4-1 所示。

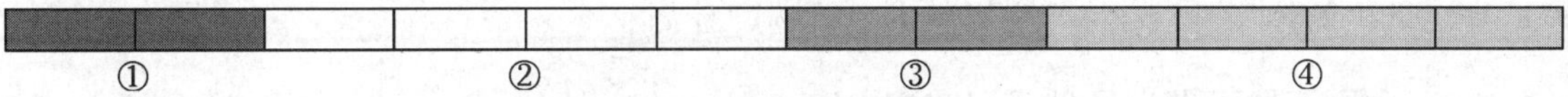

图 4-1　奶牛品种登记编号办法

①全国各省（市、区）编号，由全国统一确定，具体见《中国荷斯坦母牛品种登记实施方案》（http://www.holstein.org.cn/view.php? articleid＝177&sortid＝5）。②牛场编号，这个编号占 4 个字符，由数字或由数字和字母混合组成。该编号在各省（区、市）范围内不重复。③牛只出生年度的后两位数，例如 2007 年出生即为“07”。④场内年内牛只出生的顺序号，4 位数字，不足 4 位数以 0 补齐。

2. 编号的使用

（1）此编号规则主要应用于荷斯坦奶牛。在进行荷斯坦奶牛登记管理时，可以仅使用 12 位牛只编号。如果需要与其他国家和其他品种牛只进行比较，可以在牛只编号前加上 2 位品种编码，3 位国家代码和 1 位性别编码。公牛编号方法另有规定，具体请参见《中国荷斯坦种公牛后裔测定实施方案》。

（2）12 位牛只登记号只出现在牛只档案或谱系上，牛号应写在牛只的塑料耳牌上，耳牌佩戴在左耳上。

(3)对现有在群牛只,在进行品种登记或者良种登记时,如现有牛号与以上规则不符,必须使用此规则进行重新编号。

(4)国家统一牛只编号。考虑到牛场内管理方便,牛场可以使用国家统一牛只编号的后6位作为牛场内牛只管理编号。如:北京市西郊一队奶牛场,有一头荷斯坦母犊牛出生于2007年,出生顺序是第09头,其编号办法为:北京市编号为11,该牛场在北京的编号0001,该牛出生年度编号为07,出生顺序号为0009,所以该母牛的全国统一编号为110001070009。推荐该牛场使用070009作为该牛场内部管理编号。

二、奶牛系谱登记

奶牛系谱登记是根据系谱资料,将符合品种标准奶牛进行特定数据管理一项基础性工作,目的是保证奶牛品种的一致性、稳定性。目前,发达国家90%以上的奶牛都进行了品种登记,60%以上的奶牛进行了良种登记,完整的记录系统为奶牛育种提供了根本保证。

4.1.3.2 奶牛品种登记工作步骤

奶牛登记工作要做到"统一编号、统一戴标、统一建档、统一计算机管理",为有计划地实施奶牛群改良和开展良种荷斯坦高产核心群选育工作打下基础。

(1)制定统一《奶牛谱系》卡片,健全牛群系谱资料,开展建档立卡工作。做到"一牛一卡、一牛一号、一场一册、卡到牛户、卡随牛走、终生使用"。谱系卡片登记内容:奶牛出生时间、编号、血缘关系、双亲生产性能、个体生长发育情况、体型线性鉴定成绩、牛只生产性能、繁殖性能和防疫检疫记录等。

(2)建立良种奶牛登记制度。对符合登记要求的良种奶牛按照中国奶协制定的全国统一编号办法进行编号,并佩戴耳号。建立良种奶牛档案,包括系谱、体尺、体重、生长发育、生产性能、饲料消耗、健康状况和繁殖情况。对登记的奶牛由评审小组进行以评定泌乳系统为重点的外貌评定工作,应用电子秤、测尺和测杖等工具实测其体重、体长、体高、胸围和管围,并认真填写体尺、体重记录表。育种档案建成后,对已经登记的每头奶牛进行生产性能测定,测试的项目主要有产奶量、乳脂率、乳蛋白率及体细胞计数等。按要求管理全部档案资料,牛只登记管理是终生累积进行的过程,登记牛还要对其以后新产生的生产性能记录不断地进行补充记录。根据登记母牛的体型外貌、生产性能制定个体选配计划。

4.1.3.3 中国荷斯坦母牛品种登记实施方案

开展良种奶牛登记工作是奶牛育种工作当中的一项基础性工作,它对提高奶牛生产性能和加速奶牛育种进程都具有重要的意义。在认真调查的基础上,对体型外貌、基因型、生产性能、体尺以及体重指标都符合要求的奶牛进行登记,加强档案建设,组建奶牛育种核心群。对核心群奶牛开展个体生产性能测定工作,并根据测定结果有针对性地制定选配计划。

中国奶牛主要包括中国荷斯坦牛、乳用西门塔尔牛、奶水牛、褐牛和三河牛等品种,其中荷斯坦牛是中国奶牛的主要品种,占奶牛总存栏量的80%以上。其他乳牛的品种登记和良种登记可参照中国荷斯坦母牛品种登记实施方案执行。具体登记实施方案可在 http://www.holstein.org.cn/view.php? articleid=177&sortid=5 下载或查阅中国奶业协会文件[2006]中奶字第06号,中国荷斯坦母牛品种登记表见表4-4。

表 4-4 中国荷斯坦母牛品种登记表

省(市、区)名称：____省(市、区) 代码：____ 牛场名称：________ 牛场代码：________ 登记日期：________ 登记人：______

牛号	父号	母号	外祖父	出生日期	出 生 场	出生重/kg	毛色[a]	品种纯度[b]	登记时胎次	是否胚胎移植	受体牛号	体型总分	
胎次	初配日期	配妊日期	配妊次数	与配公牛	流产日期	产犊日期	产犊难易[c]	干奶日期	305 d 产奶量	305 d 乳脂率	305 d 蛋白率	全期产奶量	是否为DHI
1													
2													
3													
4													
牛号	父号	母号	外祖父	出生日期	出 生 场	出生重/kg	毛色[a]	品种纯度[b]	登记时胎次	是否胚胎移植	受体牛号	体型总分	
胎次	初配日期	配妊日期	配妊次数	与配公牛	流产日期	产犊日期	产犊难易[c]	干奶日期	305 d 产奶量	305 d 乳脂率	305 d 蛋白率	全期产奶量	是否为DHI
1													
2													
3													
4													
牛号	父号	母号	外祖父	出生日期	出 生 场	出生重/kg	毛色[a]	品种纯度[b]	登记时胎次	是否胚胎移植	受体牛号	体型总分	
胎次	初配日期	配妊日期	配妊次数	与配公牛	流产日期	产犊日期	产犊难易[c]	干奶日期	305 d 产奶量	305 d 乳脂率	305 d 蛋白率	全期产奶量	是否为DHI
1													
2													
3													
4													

a. 毛色：1—黑白花，2—全黑，3—全白，4—红白花；b. 品种纯度：1—100%，2—93.75%，3—87.5%；c. 产犊难易：1—顺产，2—助产，3—难产，4—剖腹产。

4.1.4 种公牛选育和后裔测定

奶牛群体遗传改良的原动力是来自一代超过一代遗传改良的优秀种公牛，目前人工授精技术仍是最大限度地发挥优秀种公牛群体遗传改良的主要手段。选育和识别具有优良基因组合的优秀种公牛是奶牛育种工作的核心，种公牛对奶牛群体的遗传改良和生产性能提高起着至关重要的作用。种公牛的选择比种母牛的选择更重要，尤其是奶数量需求增长较快时。所以，选择和培育种公牛是育种工作的关键性措施。特别在采用冷冻精液人工授精的今天，其意义更为重要，1头良种公牛通过人工授精，可将其优良基因广为传播，从而尽快地达到改良牛群的目的。

4.1.4.1 有计划地选配培育后备种公牛

为保证后备种公牛的遗传质量，根据育种目标进行有计划地选配培育后备公牛是非常重要的。参加后裔测定的青年公牛中，主要由有计划的选配产生的，也可以是种公牛站在一些奶牛育种场经过严格系谱审查后直接选育。有计划地选配培育后备种公牛的重点是种子母牛（公牛母亲）的选择、在全球范围内最优秀的种公牛（公牛父亲）的选择和选配计划的确定，通常考虑以下几个方面。

一、种子母牛的选择

种子母牛是从育种群中选出的最优秀母牛，通过它来创造、培育良种公牛。这是育种工作中一项重要的基本工作，对不断提高种公牛的质量，加速牛群改良有极为重要的作用。种子母牛的选择要根据奶牛生产性能记录（DHI）数据资料，通常选择遗传评定优秀的母牛作为种子母牛，要求种子母牛系谱资料完全、家系血统优秀、产奶性能突出且稳定、奶牛综合指数高、体型外貌优秀、体质健康无疾病。种母牛的生产性能要高，在产奶量、乳脂率和乳蛋白率等方面达到一定的标准，繁殖性能良好，体质健壮，外貌整体优秀，乳用特征强，乳房结构好。近年来，随着平衡育种理念的深入，选择种子母牛时，主要根据其本身的生产性能或与生产性能相关的一些性状，注重乳房、蹄腿、长寿能力、分娩能力、乳中体细胞数和泌乳速度方面的遗传潜力，将生产性状、体型性状和功能性状相结合，此外还要参考其系谱、后裔及旁系的表现情况。

二、公牛父亲的选择

公牛的父亲必须是种用顶尖公牛，各方面的成绩表现优秀，在个别重要育种性状上表现特别突出。在与种子母牛选配时，大多考虑同质选配以更好地巩固优良性状；选用优秀种公牛作为公牛父亲时，还要考虑公牛血缘关系的远近，注重保持公牛来源和遗传物质的多样性，可以在全世界范围内选用最优秀的种公牛资源，同时，育种目标要兼顾将来的市场发展需求和选育方向，以满足不同用途、不同地区的需要。

三、后备种公牛的选育与培育

后备公牛的培育是选育优秀种公牛的重要环节。选留的小公牛要进行良种登记，在12个月龄前进行生长发育测定、生殖器官和睾丸发育评定、健康状况和传染性疾病检查、精液质量评定等各项检查，重点要考虑小公牛的精液产量和质量，并进行初次选择，淘汰30%～40%，合格的小公牛才能进入青年公牛后裔测定程序。

1. 青年公牛的选择

通过系谱可了解种公牛祖代的遗传可靠性，包括基因、生长发育、生产性能、体质外貌、繁殖性能、遗传缺陷和公牛后代生产性能等内容。按系谱选择种公牛要特别重视其父亲的遗传信息，因为亲缘越接近对该牛的遗传性能影响越大。系谱上必须记载有祖先生产记录，包括305 d产乳量、乳脂率，每次产犊时的实际年龄，或是根据5～8岁成年母牛计算的全部产乳记录。对每个青年公牛的系谱资料进行分析，即可评定其遗传品质的优劣。凡经系谱鉴定入选者，每隔一定时间应进行一次称重、外貌鉴定。如果小公牛由外地购入还应隔离观察（30～60 d）和检疫。如属健康者，方可合群饲养。小公牛外貌鉴定的重点是四肢和骨骼发育。有的国家对小公牛眼睛、鼻子、关节、睾丸、腹围及消化道特别重视。近年来加拿大还审查小公牛的繁殖性能，其方法是根据小公牛阴囊围（周径）和睾丸硬度作为繁殖性能的指标。阴囊围大小与精液生产量呈正相关，睾丸硬度与精液品质呈正相关。青年公牛在根据系谱资料选择的同时也要进行外貌鉴定，外貌有缺陷者不能留作种用。

2. 后裔测定

后裔测定是选择优良种公牛的主要手段。育种工作者应当始终把种公牛后裔测定作为一项中心任务。种公牛的选择，首先是审查系谱，其次是审查该公牛外貌表现及发育情况，最后还要根据种公牛的后裔测定成绩，以断定其遗传性是否稳定。

良种公牛的选择，主要是通过种公牛的后裔测定，选出相对育种值较高的公牛作种用。选择公牛方法的相对育种值称为“总性能指数（total performance index，TPI）”，即包括产乳量、乳脂率、体型外貌及体细胞数4个指标的综合指数，我国定义为中国奶牛性能指数CPI（china performance index）。总性能指数是把几个主要不同性状的资料，按其遗传力和经济重要性合并成一个指数，作为选留的标准。小公牛年龄达到12～14月龄时采取精液，具体后裔测定实施方案可在 http://www. holstein. org. cn/view. php? articleid＝176&sortid＝5 下载（中国荷斯坦种公牛后裔测定实施方案和中国荷斯坦种牛遗传评定方法）。

四、参加后裔测定的种公牛数量

有一定数量的青年公牛参加后裔测定是提高种公牛选择强度和保证选育出足够数量的优秀公牛的关键，测定的公牛头数越多，则在其中发现优秀公牛的概率就越大。近年来世界奶业发达国家都保持了相当数量的后裔测定青年公牛规模和选择强度，留种率通常为5%～10%。

4.1.4.2　种公牛的后裔测定体系

青年公牛主要是通过有计划的选配来产生的，青牛公牛携带的优良基因和遗传潜力的识别和鉴定，需要通过后裔鉴定和遗传评估来发现。选育种公牛最可靠的方法是后裔测定，所谓公牛后裔测定，就是通过公牛女儿的生产成绩和体型鉴定结果来评定公牛本身的遗传品质。后裔测定需要时间较长，约5年，并需将公牛女儿分布于不同环境条件下的许多牛群之中，要积累大量的资料，需要有严格的管理制度和严密的组织。后裔测定的效果取决于选留参加测定的青年公牛数量、获得准确完整数据的青年公牛的女儿数和分布、遗传评定准确性和选择强度。抓好种公牛后裔测定工作，就是找到了奶牛群体遗传改良的主要矛盾。

1. 奶牛场建立种公牛后裔测定制度

种公牛的后裔测定是育种工作中最重要的措施之一，许多国家对其异常重视，有的国家还专门成立了后裔测定站，在相同条件下，对不同种公牛的后裔进行测定。中国荷斯坦牛种公牛的后裔测定，开始于20世纪70年代初期前黑白花奶牛育种组织成立以后，种公牛的后裔测定由育种中心站(即种公牛站)按同期同龄比较法每半年进行一次。并每年发表测定结果。凡应用中心站的精液，参加协作的单位每季度都应将此期结束的第一胎305 d生产性能资料报送中心站。种公牛后裔测定方案可参照中国荷斯坦种公牛后裔测定执行。具体后裔测定实施方案可在 http://www.holstein.org.cn/view.php? articleid=176&sortid=5 下载。同时中国荷斯坦青年公牛联合后裔测定规程也可在 http://www.holstein.org.cn/view.php? articleid=2168&sortid=5 下载。

2. 青年公牛后裔测定程序

后裔测定数据要完整准确，参测公牛冻精分配到各牛场后，各牛场要详细记录以下信息：①配种记录和怀孕母牛资料；②产犊资料，包括公犊母犊数，公犊母犊初生重；③公牛女儿的生长发育情况，包括断奶体尺体重、6月龄体尺体重、周岁体尺体重和18个月龄体尺体重；④公牛女儿的线性鉴定评分，合格健康的女儿参加配种；⑤公牛女儿的配种资料和产犊资料；⑥公牛女儿产犊后参加DHI测定后的数据。以上资料和数据要完整、准确、翔实的上报到中国奶牛数据处理中心。

3. 公牛育种值估算

公牛女儿第一个泌乳期后，其DHI数据报送到中国奶协数据中心，数据中心采用测定模型估计公牛育种值，并计算出中国奶牛性能指数(CPI)，CPI由中国奶业协会育种专业委员会负责制定。

4. 后裔测定成绩公布

参测公牛全部女儿完成第一个泌乳期之后，通过遗传评定，经农业部授权由中国奶业协会进行统一发布后裔测定成绩。后裔测定成绩不好的直接淘汰，不允许出售其冻精，而经过后裔测定的优秀公牛叫“验证公牛(proven bull)”，验证公牛具有遗传性能优良、稳定性高的特点，验证公牛的选择将对我国奶牛的遗传改良起到重要作用。农业部已规定2012年起，我国荷斯坦奶牛良种补贴招标公牛必须是验证公牛。

4.1.4.3 牛 MOET 育种体系

牛育种发展的特点是不断深入应用数量遗传学的理论与方法指导育种实践，主要表现在：①大规模、规范化的生产性能测定；②人工授精技术的广泛应用；③应用计算机技术提高种畜选择的准确性。牛的育种体系有人工授精育种体系(常规)、超数排卵和胚胎移植技术综合育种体系(MOET技术育种体系)。

“人工授精育种体系”即“AI育种体系”。其主要特点是：大规模使用种公牛的冷冻精液，在牛群中实施以获得优秀种公牛后代为目的的“定向选配”；有计划地通过性能测定和后裔测定等育种措施，选育优秀种公牛；在育种群和生产群中全面使用“验证公牛”。这种育种体系的实施，可以在种公牛即“公牛父亲”和种子母牛即“公牛母亲”的选择上实现一个较高的选择强度，在牛群的产奶、产肉性状和次级性状上获得较大的选择精确性。但AI育种体系的缺点是：由于大规模后裔测定耗费大量人力、物力和财力，育种成本高；种牛群世代间隔拖长、遗传进展受到限制；只能充分利用优秀公牛的遗传优势，而优秀母牛对牛群的育种工作影响较小。

MOET技术育种体系将超数排卵(multiple ovulation)和胚胎移植(embryo transfer)技术与核心群育种相结合的奶牛育种体系，在一个高产母牛组成的核心群中，所有母牛都是用来作为胚胎移植的供体母牛或受体母牛，按照一个特定的方案实施。它的特点是：在一个群体内，集中一定数量的优秀母牛，形成一个相对的闭锁群体，群体内完全通过 MOET 技术进行繁殖。高强度地利用最优秀的公牛和母牛，并以培育出用于全群的种公牛为主的育种目标。由于借助超数排卵和胚胎移植手段，可使一头公牛除了有大量半同胞外，还有大量的全同胞姐妹。MOET 技术育种体系的主要育种措施集中在较小的高产牛群中或少数牛场中实施。它便于严格地实施育种方案，进行准确的性能测定，而且可以测定一些在大群体中无法测定的性状，例如采食量。MOET 育种体系的优点在于缩短了种公牛选择的年限，传统的后裔测定需要 5～6.5 年，现降低到 2～3.6 年，加快了遗传进展。由于范围小，减少了环境误差，性状测定较准确，提高了优秀母牛的繁殖力。MOET 育种方案的不足在于成本高（由于组建基础群和胚移的一次性和经常性费用过高）；核心群中有限的种公牛数量造成近交。为了降低近交的风险，可采用每年选留 4 头来自不同全同胞家系的公牛进行使用或定期引入外群的种公牛进入核心群测定并使用，另外，对低遗传力选择有效时，半同胞数不低于 200 头。

4.2 奶牛场奶牛育种与育种工作管理

奶牛场育种就是从遗传上改进奶牛的品质，增加良种数量以及提高牛奶的产量与质量，创造新的高产品种、品系以及利用杂种优势等。育种工作是一项周期较长的系统工程，又是一项投入产出比很高的高效技术。奶牛场对奶牛育种的每一份投入，至少在 3 年之后才能见分晓。而一头良种公牛的育成，更需要 5 年以上的时间来完成。奶牛育种工作，需众多企业的协同参与，要有一个共同的方向、目标和工作程序。

4.2.1 奶牛场奶牛育种的育种方向和特点

应用良种繁育技术是奶牛场不断提高奶牛优良遗传品质，创造长期盈利和培育优秀后备母牛的关键性技术。由于奶牛是一种世代间隔长（3～4 年）、繁殖率低（每年 1 胎，每胎 1 头）的畜种，奶牛场的育种工作，只能通过对现有牛场品种实施长期、系统的科学选育技术，使奶牛群得到整体的遗传改良。

4.2.1.1 奶牛场奶牛育种工作的育种方向

在以荷斯坦牛占奶用品种统治地位的今天，育种的目标多在于改良和提高，奶牛的育种目标包括生产性状（产奶量、乳脂率、乳蛋白率）、体型外貌性状（乳房得分和肢蹄得分）、长寿性状（1 头母牛产奶的时候已经两岁半了，前期都是投入，如果这头牛能够多产一胎就能多有一些收益）、健康和繁殖性状。对于以产奶为主的生产场而言，其育种的任务主要在于做好育种的基础工作，包括建立健全育种记录、搞好生产性能测定和线性外貌评定等，以此为基础对奶牛进行选择，淘汰不合格奶牛个体。并通过研究、选择遗传基因优势的公牛精液，进行合理选配，消除近交、滥交等现象，防止不良基因在牛群的蔓延。从而配合国家、省市奶牛育种组织长远的选育计划和育种方案的落实。有条件的地区或企业，应制订或参加 MOET 方案，使牛群的遗传品质尽快得到改良和更新。

奶牛场育种工作的主要方向是积极引进和应用国内外优良种质(冻精或胚胎),提高牛群素质(提高抗病力,降低体细胞数)和牛奶单位产量、乳脂率(量)和乳蛋白率(量),改良母牛的乳房和肢蹄结构,培育适应性强和种质资源优秀的荷斯坦牛群体。奶牛育种工作是提高牛群素质,增加牛奶产量、质量和终身效益的关键技术之一。在原料奶实行按质论价的今天依靠育种工作来提高牛奶质量是工作的重中之重,如对乳蛋白要求就要选用乳蛋白高的公牛精液以提高群体的乳蛋白。

4.2.1.2 奶牛场奶牛育种的特点

奶牛的生物学特性对育种工作带来不少难处。单胎性使得可供选择范围小;世代间隔长,使改良速度受到影响;产奶只限于母牛一方,给公牛选择造成困难;未达成年之前没有产奶表现,因为产犊是产奶的前提,这样就使选种工作受到时间上和经济上的约束;另外,在目前常规繁殖技术条件下,乳牛一生的后代数比较少,一般产 3～5 头后代就被淘汰;奶牛是一种大家畜,经济价值高,培育成本也大,选优淘劣不像其他家畜那样容易,因此要认识到奶牛育种工作的长期性、综合性与艰巨性,要求育种工作者在各方面要有较高的预见性和准确性,不断应用现代生物科学方法来解决存在的问题,达到改良牛群的目的。

4.2.2 种公牛冷冻精液的选择

随着人工授精技术的广泛应用,牛群改良的总遗传进展 68%以上的贡献直接或间接来自于种公牛的选择和使用,其具体表现在母牛群的生产性能,体型外貌,质量控制和生产寿命的遗传改良上。因此,合理科学选择优秀种公牛冷冻精液和适合的选配对牛群改良至关重要。奶牛场选用种公牛的好坏直接关系着 3 年以后该牛场中将会有怎样的产奶能力的母牛及生产效益的好坏。目前我国各地种公牛站提供冷冻精液产品的公牛有 2 种,即根据后裔测定结果选择验证公牛和通过系谱选择青年公牛。

4.2.2.1 阅读种公牛信息的各项指数

种公牛系谱要求可靠,种公牛家系和后裔鉴定结果必须清楚,结合种公牛系谱和种公牛外貌线性评定的资料,选择外貌无缺陷优秀种公牛个体。要选择适合的种公牛冷冻精液,首先要理解种公牛站提供的公牛信息。

CPI:中国奶牛性能指数(china performance index),CPI 数值高表明种公牛育种值高,列入良种补贴的种公牛的 CPI 可以在网上查询(http://www.holstein.org.cn/),有些种公牛站的公牛信息也列出。

TPI:总性能指数(total performance index),它是将生产性状(产奶量、乳脂率、乳蛋白率、体细胞数和体型性状整体评分)的 PTA 值根据相对经济重要性加权构成的一个综合指数。TPI 值反映了公牛上述多个性状的综合遗传能力,公牛的选择通常按 TPI 值的大小顺序排列。按 TPI 值大小选择公牛,能较客观地评定其种用价值。

PTA 值:预测传递力(predicted transmitting ability),是公牛预测育种值的一半,反映了公牛能够传递给女儿的遗传优势值,是选用公牛的主要依据。PTA 值是衡量公牛优劣的主要指标,也是计算公牛其他评定指标(如 TPI)的基础,PTA 值愈高愈理想。信息中的 PTAM、

PTAF、PTAF(%)、PTAP、PTAP(%)、PTASDC 和 PTAT 分别代表产奶量、乳脂量、乳脂率、乳蛋白量、乳蛋白率、体细胞数和体型外貌的公牛育种值预测传递力。

PTAM:产奶量预测传递力,反映该种公牛对后代女儿产奶量的改良程度,该指数越高,说明对后代产奶量的提高能力越强。

PTAF:脂肪量预测传递力,反映该种公牛对后代女儿乳脂产量的改良程度,该指数越高,说明对后代乳脂产量的提高能力越强。

PTAP:蛋白质量预测传递力,反映该种公牛对后代女儿乳蛋白产量的改良程度,该指数越高,说明对后代乳蛋白产量的提高能力越强。

PTASDC:体细胞评分,反映该公牛后代女儿头三胎产奶时的体细胞评分,该指数越低,表明后代女儿所产牛奶中体细胞数越少,体细胞数低,健康状况好,奶质量和奶量越高。

PTAT:体型外貌预测传递力,反映该种公牛对后代女儿体型外貌的改良程度,该指数越高,说明对后代体型外貌的提高能力越强。

R%(reliability, REL)为预期遗传力的可靠性,可靠性值越高,说明其 PTA 与本身真实的传递力越接近,该值大小取决于在计算 PTA 时可利用到的有效数据的多少。

在系谱栏中公牛信息的 PTA:M+,F+,P+,T+,UDC+,FLC+,UD+分别表示产奶量(M)、脂肪量(F)、蛋白质量(P)、体型总分(T)、泌乳系统(UDC,乳房复合指数)、肢蹄(FLC,肢蹄复合指数)、乳房深度(UD)的预期传递力。

系谱中母牛的生产性能测定记录将会出现在育种值信息下面。生产性能测定记录分别为年龄(AGE)、泌乳天数(DIM)、产奶量(M)、脂肪率(%F)、脂肪量(F)、蛋白质率(%P)、蛋白质量(P),母牛的体型-生产性能指数(total performance index for cow,CTPI)。

4.2.2.2　牛群改良性状的选择——公牛性状的选择

公牛有很多的性状,可以归为生产性状、健康性状和体型外貌性状 3 个方面。其中一些性状可以具体地测量,例如生产性状中的产奶量、乳脂率、乳蛋白率等,但是还有一些性状,无法用准确的测量数据表示,例如泌乳系统评分等,对于此类无法测量的性状,牛场就应该进行有针对性控制,一般认为,选择性状越多,改良效果越差。在需要改进多个性状时,要先选择最易进行改进的缺陷;特别注意公母牛的缺陷不能一致。

生产性状包括产奶量、乳脂率和乳蛋白率。产奶量往往和乳脂率、乳蛋白率成反比,这就导致大多数的选择无法兼顾这 3 个指标,所以我们需要根据牛群自身的特点,有目的地进行选择。如果牛群产奶量很低,但是乳脂率和乳蛋白很高,就可以选用产奶量预测传递力高的公牛,这样正好弥补了牛群主要生产性状的缺陷。同样的道理,如果牛群的产奶量高,为了提高牛奶的价格就可以选择乳脂率和乳蛋白率高的公牛。

健康性状包括使用寿命(PL)、女儿受孕率(DPR)、体细胞数(SCS)、产犊难易度(CE)、女儿的产犊难易度(DCE)、公牛的死胎率(SSB)和女儿的死胎率(DSB)等。可以看出,健康性状包括很多内容,所以在选择公牛的时候很难兼顾所有的健康性状。

体型外貌性状共有 18 个,分别为体高、力度、体深、乳用特征、尻角度、尻宽、后肢侧视、后肢后视、蹄角度、蹄腿形状、前乳房附着、后乳房附着、后乳房宽度、乳房的形状、乳房的深度、前乳头位置、后乳头位置和乳头的长度。从机械化挤奶和提高奶牛利用年限的要求出发对于公牛性状着重注意其乳房改良能力(UDC)和肢蹄(FLC)表现。

4.2.2.3 如何选择公牛——选种

奶牛场如何选择公牛，选用的公牛能否满足牛场的需要，牛群是否取得了预期的遗传进展，牛群现有的遗传缺陷是否得到了改善等，都是奶牛场工作人员最关心的问题，而选择优秀的公牛是牛场进行育种改良的第一步，因此选择公牛对于每一个奶牛场来说都是重要的工作，尤其在选购公牛精液时更为重要，选择的重点主要是查阅资料。

(1)审查系谱及有关资料。包括审查公牛父亲的后裔测定结果，审查公牛母亲的生产成绩，审查公牛外祖父的后裔测定成绩。

(2)审查公牛后裔测定的成绩。主要是①查公牛女儿的头数及分布牛群数，女儿头数愈多，分布的牛群数愈多，该牛经后裔测定验证的结果就愈可靠；②查各性状的预期传递能力(PTA)值，进行各牛之间的比较，选出最佳者；③注意与生产寿命有密切关系的乳房及肢蹄的传递能力值；④查有无遗传疾病。

(3)在选择公牛去改良后代的时候，不可能做到百分之百的改良，但是可以改良牛场的主要遗传缺陷。改良是一个漫长的过程，一般需要4～5年去改良牛群的主要性状结构。4～5年后再选用合适的公牛进行下一步的改良，这样就会使整个牛群的遗传水平不断提高。

4.2.2.4 种公牛冷冻精液的选购

牛场购买公牛冻精一方面是能够配上母牛，另一方面是希望生下的小母牛在未来投产后能够帮助牛场赢利。实际上也就是对公牛冻精的两个基本要求即冻精活力必须达到规定的标准，冻精的遗传品质优秀。我国农业部规定冻精活力必须达到0.35以上。评估公牛遗传品质的最有效方法是后裔测定，仅仅根据父母亲的表现来推断儿子遗传品质并不可靠，但是目前国内仅有少数公牛站有能力对进站公牛进行后裔测定。市场提供的精液产品有后裔测定成绩的公牛，也有青年公牛精液，只有购买经过后裔测定的优秀公牛，对牛群改良才有保证。

一、选择公牛冷冻精液的准备工作(选种选配的准备)

奶牛冷冻精液的品质好坏决定于种公牛站的规模和实力，一般来说，种公牛站饲养经后裔测定的公牛数越多，规模越大，该站的实力就越强，所以优秀种公牛精液应在全国著名种公牛站选择，详细了解奶牛冷冻精液生产单位的资质情况，生产许可证和产品合格证是否齐全，制作的冷冻精液是否符合国家标准。

1. 搜集可靠的公牛资料

公牛资料是牛场进行选种的主要依据，只有具备了可靠的公牛数据才能保证选种的正确和效果。通常使用的冷冻精液都会带有系谱，即公牛的遗传信息，可以知道要使用的公牛三代内亲缘关系。如果与配母牛是这头公牛的近亲，则尽量避免使用。

在选择交配组合时，首先要分析种公牛的资料，对验证种公牛要考查各性状的育种值、体型线性柱形图及公牛女儿体型改良的效果，对青年公牛要认真分析其系谱资料。结合本场已确定的育种目标，选择组成最适宜的配种组合。

2. 绘制本牛群血统系谱图

依据牛场的原始记录(三代以上的配种记录)绘制牛群的系谱图，了解牛群的基本组成结构和血缘关系，可以为下一步按父系分析牛只的体型外貌和生产水平做准备，这些分析数据将是制订选种选配计划和精液产品选购计划的主要依据。

3. 获取牛只的生产水平与体型外貌数据

包括牛只生长发育性能记录、各胎次产奶量、乳脂率、乳蛋白率、体细胞数的记录和育种群的体型外貌线性鉴定成绩等，一个规范化牛场在日常管理中要注意积累这些数据，因为它是制定牛群选育目标的依据。

二、冷冻精液的选购

冷冻精液人工授精技术的广泛使用使 1 头公牛每年可以承担上万头母牛的配种任务，优秀种公牛对整个牛群的改良显得非常重要。从这个意义上说，种公牛的影响确实比母牛大。由于不小心的引种(冻精选择)会对牛群的后代带来若干年的危害，如近交或片面追求某一性状而忽略其综合改良效果。选购公牛冻精的决定看似简单，但是实际上由于不同牛场之间对知识的应用不一，同等的育种投入最后得到的收益会大不一样。在设定牛场的育种目标之后，选购冻精时必须对各种因素全面考虑。

(1)需要查阅以前在牛群中使用的是哪些公牛冻精及其后代表现，在选购新的公牛冻精时要注意与原先使用公牛的亲缘关系，这样可以控制近交系数的过快上升。

(2)分析牛群中存在的缺陷，并分析哪些性状最具有经济价值，从而确定最需要改良的性状。选定改良的性状一般以不超过 4 个为宜。如，目前大部分牛场最需要改良的性状有产奶量、乳脂率、肢蹄、体细胞等，有些还要兼顾乳房结构的改良。所以在选择公牛时，特别关注这 4 个性状的遗传评定成绩，即 PTA 值为正值。公牛的花片(颜色)与其生产性能、体型等方面的成绩没有关联。

(3)有选择地购买公牛的冷冻精液是为了最大限度地控制冻精费用开支，验证公牛和青年公牛的冻精数量可以按一定比例搭配使用，一般是前者占 60%～70%，后者占 30%～40%，验证公牛冻精价格普遍高于青年公牛。对于因使用优秀公牛冻精获得的优秀种质和奶牛生产性能的提高来说，所得的效益绝对高于冻精的投入。在选购青年公牛精液要注意其父母的育种值，我国大多数青年公牛为优质胚胎公牛，牛号后带“ET”标识，一些是以种子公母牛培育的。

(4)所选购公牛冻精的遗传品质要高于母牛群的遗传水平，现购买公牛冻精的遗传品质要高于牛场先前使用的公牛冻精。要使牛群的遗传水平持续改进，必须重视每一次改良的机会，持续地提高牛群遗传素质很不容易，而一个错误的决定不知不觉就会使牛群素质倒退。

(5)通过正规渠道获得精液，如到有资质的种公牛站或家畜改良站，1 头优良母犊的价值永远大于精液费用的投入。国内各地种公牛站饲养的种公牛大多数都是引进国外的验证公牛冻精和冷冻胚胎培育的。尤其以美国和加拿大血统居多，许多公牛相互之间都有血缘关系。通过选择不同公牛站公牛避免近交是不可能的，尤其是世界著名公牛黑星(To-MarBlackstar)和空中之星(Madawaska Aerostar)的后代多。因此一定要做好本牛场的育种资料记录，了解所选公牛的血统，避免近交致使后代个体的生产性能下降。

(6)女儿的遗传基因一半来自公牛父亲，一半来自母亲。从遗传组分上讲，公牛和母牛对其女儿的影响是相当的，因此牛场在重视公牛选择的同时，更有注重本群母牛的选育和培育，只有这样父母优秀的性状才能在子代得到表现。

4.2.3 奶牛场奶牛选种选配

加强奶牛场奶牛的选种选配是落实《中国奶牛群体遗传改良计划》，配合全国奶牛育种工作的重要工作。奶牛场只有加强牛只的选种选配才能发挥奶牛业的育种成效，培育出优质高产的后备奶牛，保持奶牛业持续健康发展。

4.2.3.1 奶牛场奶牛选种选配的原则

选种就是从奶牛群中选出最优秀的个体，通过与所选公牛恰当的选配，把具有优良遗传特性的公、母牛进行组合交配，可以达到提高产奶量、改善牛奶品质、克服体型缺陷、增强抗病力、提高经济效益的目的。

(1)避免近亲交配，在制定育种计划时，奶牛场在选配上一定要避免近交，一般奶牛群近交系数应控制在6.25%以下。

(2)严禁使用与母牛具有共同缺陷的公牛进行改良，技术人员在选择配种用公牛时，仔细考察公牛的缺陷和后代的状态，避免出现共同缺陷的公母牛交配组合。

(3)牛只的改良性状要有重点，如果需要改良的性状较多，应先选择急需改良的重点性状，使主要缺陷尽快得到改良，不可面面俱到。

4.2.3.2 奶牛场奶牛选配

选配是在奶牛群鉴定的基础上有计划地把具有优良遗传特性的公、母牛进行交配，得到能产生较大遗传改进的理想后代。

一、分析牛群情况，确定育种目标

在确定选配方案前，首先对本场牛群仔细调查分析，包括本场牛群的血统系谱图、使用过的历史公牛(在群母牛的父亲)、胎次产奶量、乳脂率、乳蛋白率和体型外貌的主要优缺点等。在确定本场最近几年的主要育种目标时，应结合本牛群母牛的生产性能及体型外貌情况，以改良2～3个性状为主，不要面面俱到，才能获得较理想的改良效果。目前，我国的多数奶牛场的育种目标主要以产奶量和乳蛋白率为主，兼顾外貌中乳房结构、肢蹄和体躯结构等性状。

二、选配原则

根据育种目标，为提高优良特性和改进不良性状而进行选配；应考虑牛只的个体亲和力和种群的配合力进行选配；公牛的生产性能与外貌等级(遗传素质)应高于与配母牛等级；优秀公母牛采用同质选配，品质较差的母牛采用异质选配。但是一定要避免相同缺陷或不同缺陷的交配组合；一般牛群应控制近交系数在4%以下；青年母牛应选择后代产犊容易的公牛，即难产率低的公牛。

(1)在选配时，若母牛的缺陷较多，选择改良首选主要性状，若一次改良多个缺陷，会降低选择差，使遗传改良速度降低，达不到牛群的预期改良。

(2)优良品种作为奶牛生产的物质基础对奶牛生产的影响占40%以上。对奶牛场来说，优良品质在很大程度上依赖于种公牛冷冻精液的选择。经济效益是奶牛场的核心，牛场应根据自己的实际情况考虑牛群的育种改良目标，最终选择理想的种公牛，获得优秀的后代母牛。只有通过恰当的选种选配，加强饲养管理、繁殖管理、疾病防治等，才能培育出高产、优质、健康和长寿的牛群。

三、选配的方法

奶牛场要想获得长远的、较高的经济效益，必须持续不断地抓好牛群的改良，根据每头母牛的个体特性、来源、外貌和生产性能以及过去的选配效果，选择最优秀的种公牛进行交配。

(1)分析整理母牛的生产性能和外貌线性鉴定数据，确定牛群存在的缺陷，确定具体育种目标，制订出进一步改良的方向。根据牛只个体技术资料分析结果来确定具体的改良目标，制订出奶牛场的育种规划。所确定的育种目标可根据重要程度分为一级、二级和三级等级别，分别作为优先改良和后续改良的目标。确定具体目标时要注意将负相关的性状，例如产奶量和乳脂率，放在同一级别内同时进行改良，以防顾此失彼。一般对低产牛群应把产奶量作为首要的改良目标，体型外貌如乳房形状、尻角度等作为二级目标；对年产奶量在 7 000 kg 以上的高产核心群应重点改良乳成分和体型外貌缺陷。

(2)根据母牛基本体型和生产水平，选择与配公牛；根据母牛乳房、肢蹄等表现最差的外貌缺陷，选择具相对优点的种公牛；根据母牛其他性状表现，选择最具相对优点的种公牛；要将牛群的各选配组合制成牛场选配方案图表，以便参照实施。

(3)把奶牛群划分为核心育种群和商品奶生产群。牛群的划分也需在考查分析牛只的基本资料和生产性能基础上进行，一般育种群占 60%，生产群占 40%。有时限于条件，育种群和生产群可不在饲养管理过程中体现，只是在育种工作中区分。通过区分育种群和生产群可以按牛群性能采用不同的选配方法，有利于提高选配的进程。核心育种群最好选择具有后裔测定成绩的优秀种公牛进行交配，产生的后代进一步扩充核心育种群；生产群可选择后裔测定结果没出来的青年公牛进行交配，这样可以缩短世代间隔，加速遗传进展，加速改良速度，并且可以从其后代中选择优秀个体来扩充核心群。

(4)牛场要根据选配方案采购公牛冻精。在引进后，可以先进行试配，待后裔产生后，观察后代有无重大缺陷，再决定是否在本场大量使用。这样可以防止公牛携带的隐性缺陷基因同本场牛群中的隐性遗传基因发生重合，从而表现出显性的遗传缺陷，造成不必要的损失。如后裔有缺陷，需要及时调整和修改选配计划。选配计划要在管理人员的监督下，由人工授精人员严格实施。每年要召开育种工作会议，总结选配计划落实情况，分析问题，为以后的育种工作提供指导。

4.2.4　良种乳用母牛的培育

培育高产奶牛是奶牛场长期不断追求的目标之一。系统的、科学的后备牛培育是育种工作的重要基础。培育的目的是使奶牛群中原有的优良特性得到巩固和提高，不良的缺点或缺陷逐步地被淘汰或替代，从而培育出生产性能高、具有优良共性、生活力强、饲料报酬高、使用年限长的高产奶牛群，使得奶牛业获得最大的经济效益。

4.2.4.1　后备母牛的挑选

后备母牛挑选首先要从犊牛开始。犊牛阶段既是生前胎儿期发育的结果，又是生后生长发育的基础。为此，在具体选择上，第一应考察该牛的系谱，即查其父母、祖父母及外祖父母的生产性能和表现情况，根据牛场不同生产目的要求挑选祖、父代好的后代作后备母牛；在对其进行系谱考察的同时，侧重在泌乳性能(母牛的泌乳性能主要包括产奶量、奶的质量、泌乳的均衡性、前乳房指数、排乳速度等)和祖、父代母牛的繁殖力，长寿性以及对某些疾病的抵抗力。第二是考察其本身的外形与结构特点，对于某些结构性或器质性缺陷应特别注意。如母犊的阴门、肉质乳房、乳头畸形、肢蹄不正、上下颚不齐等。在体型结构上，要求后备母牛符合本品种牛的基本特征，结构良好，四肢端正，行动灵活。后备母牛还要求观察其乳头的分布位置，有无副乳头，乳头是否较长，乳房形状是否呈扁圆形，乳房是否呈现皱纹等。第三还要观察其本身的生长发育状况，是否符合初生体重要求（牛的初生重一般为成年母牛体重的6%～7%）。

4.2.4.2 后备母牛的选育

为了保持牛群高产、稳产，每年必须选留一定数量的犊牛、育成牛、青年母牛。为满足这个需要，并能适当淘汰不符合要求的母牛，根据牛场发展选育一定数量的母犊牛，每年选留不应少于产乳母牛的1/3。

按生长发育选择，主要以体尺、体重为依据，其主要指标是初生重、6月龄、12月龄体重、日增重及第一次配种及产犊时的年龄和体重，有的品种牛还规定了一定的体尺标准。犊牛出生后，6月龄、12月龄及配种前按犊牛、育成牛、青年母牛鉴定标准进行体型外貌鉴定。对不符合标准的个体应及时淘汰。

新生犊牛有明显的外貌与遗传缺陷，如失明、毛色异常、异性双胎母犊等，就失去了饲养和利用价值，应及时淘汰。在犊牛发育阶段出现四肢关节粗大，肢势异常，步伐不良，体型偏小，生长发育不良，育成牛阶段有垂腹、卷腹、弓背或凹腰，生长发育不良，体型瘦小；青年牛阶段有繁殖障碍、不发情、久配不孕、易流产和体型有缺陷等都一律淘汰。

4.2.4.3 后备母牛的培育

在选种、选配确定之后，母牛、母犊牛、育成牛、青年母牛，直至青年母牛产后的第一个泌乳期完成的全过程，给予科学的饲养管理，进行生长发育和生产性能的测定，使遗传潜力得到正常表达，这不但有利于生产力的进步，也是对整个奶牛群改良方案进行正确评估的重要条件。

后备母牛要经历迅速增长、性成熟、初配、初孕等不同阶段，是完成生长发育的最重要阶段。这个阶段饲养正确与否，对成年牛的体型结构、初次配种年龄以及初胎和终生产奶性能都具有重要影响；在这个阶段，犊牛和育成牛如营养不良或饲养失误，将会给牛群改良与牛群的正常转群造成很大损失（包括所投资金）。由此可见，犊牛和育成牛的饲养是关系到一个奶牛群（场）的未来，也关系着一个奶牛群（场）是否后继有牛（符合品种标准奶牛）的大问题。但从目前情况看，有些牛场对犊牛、育成牛的饲养不够重视，各阶段的体重和体尺达不到规定标准，体型结构不良，拖延配种时间，从而严重地影响了牛群的改良和更新，后备母牛生长发育的具体培育目标见第6章6.1.2和表6-7。

4.2.5 奶牛场奶牛育种工作的管理

奶牛场的成败取决于对牛群育种的重视程度及其经营管理水平，育种工作是奶牛场中一项主要的基本建设工作，只有在奶牛育种基础工作到位的情况下，奶牛育种的技术手段才可以实施，如果我们要想把奶牛养好，提高奶牛的单产水平，延长奶牛的使用年限和改善奶牛乳房结构，就必须重视奶牛的育种工作。

4.2.5.1　奶牛场奶牛育种的基本工作

奶牛场的育种，即奶牛牛群改良，其工程量大而繁琐，一个周期长达 4 年以上，奶牛育种成功与否是关系奶牛养殖企业经营中投入产出比回报高低的一项技术工程，也是对牛群经济价值的影响最为深远的一项技术。奶牛育种工作之良莠直接关系到奶牛企业的经济效益与生存前景，作为一个奶牛场的生产管理者必须充分认识到这一点，并必须予以长期重点关注和予以施行的一项技术性工作。要做好奶牛场的育种工作，必须做好以下几项基础性的工作。

一、牛群的编号与标记——奶牛记录系统

改良牛的品质，必须有正确的记录资料，而做好记录工作的前提条件就是识别每头奶牛。奶牛场对本场的所有牛只(不论选留与否)均应给予固定的标记和编号。这是育种工作之基本，也是牛群的饲养管理、牛群周转、配种繁殖、疫病防治、系谱档案中所必不可少的。

1. 牛号编制

犊牛出生后，应立即给予编号。编号时要注意同一牛场或选育(保种)区，不应有 2 头牛相同的号码；如有牛只死亡或淘汰出场时，不要以其他牛只递补其号码；从外地购入的公牛可继续沿用其原来的号码，不要随便变更，以便日后查考；如果一个牛场有若干个分牛场，为避免号码重复，每一分场应有一定数量的顺序号码。编号方法参见 4.1.3。

2. 标记

给牛编号后，就要进行标记，也称标号。常用的标记方法有画花片、打耳标、烙印、颈链编号、电子标记、剪毛或书写等多种。

(1)塑料耳标法。已被广泛采用，是用不褪色的色笔将牛号写在 2 cm×3.5 cm 的塑料耳标牌上。用专用的耳标钳固定于耳朵中央，标记清晰，站在 2～3 m 远处也能看清号码。缺点是用久了塑料老化，容易折断丢失。

(2)电子标号法。适用于大群牛。是将一种体积很小的携带有个体编号信息的电子装置，如电子脉冲转发器，固定在奶牛身上的某个特定部位如颈圈之上，它所发出的信息可用特殊的仪器接收并读出，可以作为自动挤奶、自动饲养、发情鉴定、自动数据记录系统的一部分，以保证对奶牛进行及时的自动控制和提供数据。

二、建立牛群的档案

建立牛的档案，是科学养牛的一项重要措施。牛的档案，一般包括种公、母牛卡片，配种记录，牛的品种，出生日期，特征、系谱，后裔测定成绩，母牛产奶记录，犊牛培育记录，公牛采精记录，牛群饲料消耗记录，疾病及健康状况记录等。有了牛的档案登记制度和表格，重要的是要有专人负责，登记工作要认真，贵在坚持。对初生或新购的牛只编号注册，建立谱系档案，即牛籍卡，按照"奶牛谱系"格式填写。一牛一卡片，必须妥善保管，以备查阅。

三、建立记录制度，做好育种记录，及时统计分析

完整的育种资料是育种工作必不可少的重要依据，完整的育种资料来源于平时认真记录、累积、管理。如果没有正确精细的各项记录，则正确的饲养管理和育种工作将无法进行。例如，进行选种选配时，必须要有牛只生长发育、生产性能和系谱记录等资料；有了配种记录，才能推算母牛的预产期和犊牛的血统；有了犊牛的体重增长和母牛的体重及产奶量、乳脂率、乳蛋白率等记录，才能正确地配合日粮和改进饲养管理工作。只有根据这些记录，才能了解牛只的个体特性,及时发现、分析和解决问题,检查计划任务的执行和完成情况。所以,建立记录和统计制度,确定专人负责,是开展牛的育种和组织养牛生产的一项基本工作。

奶牛场育种管理的一个主要工作是做好牛群的育种记录,对所记录的所有技术资料进行详细分析,根据技术资料分析牛群遗传改良进展,确定下一步的牛群改良目标。牛场育种记录包括犊牛、育成牛、青年牛的个体的体尺及增重记录,成年母牛的外貌评分记录,产奶性能记录等,常用的奶牛场育种记录有以下几种。

1. 系谱记录和牛籍卡

所谓系谱就是一个个体的父母亲及其祖先的编号,如果有一个完善的育种资料数据库管理系统,实际上只要准确记录了个体和其父、母亲编号,就可以非常方便地追溯出它的所有祖先,但为了管理的方便仍需要制作系谱卡片。目前系谱卡主要以横式系谱表示。在每头牛的卡片上要有尽可能完整的系谱记录,还要记录该牛的品种、牛号、良种登记号、出生日期、特征等,具体内容可参考中国奶业协会制定的各种育种登记记录表格和牛籍卡的内容。

2. 配种繁殖记录

配种繁殖记录的内容如表 4-5 所示。此外,进行胚胎移植的母牛,还应记录胚胎及胚胎移植的情况、移植日期、产犊日期及产犊情况等。

表 4-5 奶牛配种繁殖情况

母牛号	年龄/(胎次)	配种日期	与配公牛号	产犊日期	妊娠天数/d	犊牛情况					备注
						性别	毛色	初生重/kg	编号	处理	

3. 体尺与增重记录

记录不同年龄不同阶段的体尺测量与称重(或估重)结果,如表 4-6 所示。主要记录的年龄阶段为初生、6 月龄、12 月龄、18 月龄。

表 4-6 奶牛体尺体重测定

牛号	测定日期	体高/cm	体斜长/cm	胸围/cm	管围/cm	体重/kg

4. 体型外貌、体况评分记录

记录不同年龄阶段体型外貌评分结果。每头奶牛应有一张外貌评分表,其表格形式可见表 4-7。

表 4-7 奶牛外貌评分与体尺体重

牛号	年龄(胎次)	外貌评分				体重/kg	体高/cm
		一般外貌与乳牛特征	体躯	泌乳系统	肢蹄		

5. 产奶性能记录(DHI 测定)

记录每头牛每月测定一次的DHI结果,如表4-8所示,并对DHI测定结果进行分析,并及时反馈给奶牛场指导生产,如调整牛群结构、日粮配制、疾病预防(特别是乳腺炎),有利于选择高产奶牛,培育良种,改良核心群。

表4-8　奶牛产乳性能记录

牛号	日期	年龄(胎次)	泌乳天数	总产乳量/kg	高产日产乳量/kg	305 d产乳量/kg	乳脂率/%	备注

6. 兽医诊断及治疗

奶牛健康状况记录,如表4-9所示。

表4-9　奶牛健康疾病与治疗记录

牛号	诊断日期	发病日期	病因病况			诊断治疗	治疗方法	治疗结果	备注
			繁殖疾病	乳房疾病	其他疾病				

7. 饲养记录

记录犊牛、育成牛、初孕牛、产乳牛,每日、每月、每年实喂的饲料(包括喂奶量)种类和喂量,对育种和饲养工作均可提供可靠的参考依据。有了饲养记录,才能较准确地分析育种资料。

8. 牛场日记

乳牛场每日的工作比较繁琐,为了便于日后考查和总结经验,奶牛场每天必须把重要的工作事项(如牛群变动、转群、调出调入、死亡及出售等)进行认真记录(表4-10是产房的产犊日记)。牛只去向(牛只移出、淘汰、死亡等),应简要记录日期及到达地点。

表4-10　牛场产房的产犊日记录

日期	产犊					备注 (包括转群、调出、调入、出售、死亡)
	母牛号	父牛号	犊牛性别	编号	初生重/kg	

四、育种资料记录保存和原始记录整理

奶牛场育种资料不全是一个较为普遍的现象,尤其是养殖户和中、小牛场。牛只个体记录和资料保存是奶牛养殖业中最基础的工作,是奶牛养殖管理规范化的前提。否则,提高饲养管理水平,育种及品种改良、品种登记都无从谈起。对所有的原始记录材料要保存好,要及时整理和统计分析,并与技术员、饲养员等的劳动报酬相结合,育种资料和记录保存有临时性记录和永久性记录。

1. 临时性记录

临时性记录有2种记录方式。

(1)手工记录。这是一种传统的记录方式,就是将测定结果记录在纸上,但要根据育种方案事先设计好各种统一的规范化记录表格如系谱记录,将测定结果直接填入表格中,这样可提高工作效率,减少漏记、错记等现象发生,便于对数据进行整理分析。

(2)自动记录。这是一种随着计算机信息科学的发展而出现一种新的记录方式,这种记录方式在奶牛生产管理和性能测定中也逐渐开始应用。自动记录可大大提高工作效率,避免由于手工操作所容易出现的错误,而且可以直接传输到计算机中转为永久性记录。自动记录系统一般由计算机、佩戴在奶牛个体身上的含有个体标号的电子标记(脉冲转发器)、电子标记的阅读器和计算机软件组成。

奶牛产奶量自动测定系统就是在每头泌乳牛的脖子上套一个含有个体号码信息的磁卡,在挤奶器上装一个磁卡感应器和电子计量器,它们与计算机相连,当牛进入挤奶架开始挤奶后,磁卡感应器和电子计量器就会将从磁卡上读到的信息和泌乳量的信息传到计算机中,再经过特定软件的处理,就可得到奶牛产奶量的记录。自动测定系统由于成本相对较高,在育种中尚未大规模使用。

2. 永久性记录

无论是手工记录还是自动记录所得的临时性记录都要经过处理,将需要长期保存的信息转成永久性记录长期保存,供育种分析和经营管理利用。保存的期限一般要求至少保存上溯5个世代的记录,这就要求不仅要保存性能测定记录,还要保存系谱信息,也就是要尽量保存每个个体的完整的双亲信息。永久性记录一般都用某种数据库的形式在计算机的外部存储设备(硬盘、软盘、光盘等)中保存。为了便于这些记录的录入、管理、编辑、查询和有效的利用,还可使用一些专门设计的计算机记录管理和分析软件,目前国内外已有了很多这方面的软件。

3. 育种资料的传递——计算机网络系统

现代化奶牛育种的规模越来越大,一个育种方案需要许多个奶牛场、多个地区乃至全国实施。要将数据资料集中起来统一地进行遗传评定,再将评定的结果发布到各育种单位。计算机网络技术的发展为育种资料的传递提供了新的途径,即通过计算机网络进行传递。因此,可利用计算机进行记录与统计,并可通过互联网、电子邮件或局域网实现数据共享,以提高奶牛育种效率和准确性。

4.2.5.2 奶牛场的育种计划管理

搞好奶牛的育种工作是提高牛群质量及扩大牛群数量,增加奶牛场经济效益的重要措施之一。只有搞好育种工作,严格执行育种规划和加强对种质的选育与利用,才能使奶牛的生产性能、体型外貌及适应性均有所提高,最终培育出适应当地的高产牛群。

一、制定奶牛场奶牛育种工作方案,坚持不懈地开展奶牛生产性能测定工作

只要进行奶牛品种(或奶牛群)改良,就必须制定育种方案,明确育种目标;育种指标必须切合实际,不能凭个人想象。育种方案一旦确立,除非有某些原则上的错误需要修改外,应坚决贯彻执行,万万不可任意修改或中途废止。制定培育优质高产牛群的育种方案可以参考或参加全国统一要求的奶牛编号、注册、生产性能测定(DHI)、个体鉴定分级与选种选配等技术工作。

二、确定育种目标

对奶牛场来说,应根据本场实际情况,仔细考虑育种目标,制定出奶牛场长期的育种规划

(5～10 年)和短期育种计划(5 年内)。育种的最终目标是获得更理想的母牛,创造最高的经济效益,这就要求母牛具有寿命长(即产犊胎次多),每胎产乳量高、产乳质量好、等级高。奶牛育种目标首先可把生产性状作为首要目标考虑,如,选择奶产量、乳脂量、乳蛋白量最高的乳牛;也要考虑生产长寿性(利用年限长)和体型结构。对长寿性选择可从对第一泌乳期产乳量的选择,乳牛第一泌乳期产乳量与长寿性的关系最密切,凡是第一个泌乳期产奶量高的母牛,在以后各泌乳期保留率就高。对体型的选择,母牛的体高、后肢、后乳房、乳房韧带、乳头与长寿及终生产奶量的关系密切。凡是体高中等,肢蹄正常,后乳房高而宽,乳房韧带壮,乳区分明,乳头大小适中、分布好的母牛,其生产寿命就长,而且各性状遗传力也较高。

三、编制奶牛的育种计划

制订育种工作计划时,要根据国家的育种方针和《全国牛的品种区域规划》以及各省(自治区)牛种改良区域规划,结合各地和奶牛场的生产任务及具体条件,并从完成任务的实际出发,计划一经拟定,就要贯彻执行。

1. 牛群经过鉴定、整群、分群

对本场和牛群的基本情况做好调查,应以调查奶牛品种的特性和特征以及杂交效果为中心,同时调查自然、社会、饲养管理等条件;在牛群普查、整群基础上,建立良种核心牛群、繁殖牛群,确定牛群组成和选留。一头奶牛平均有 10 年的经济价值,因此每年至少要有 10%的补充数。实际是 1～2 岁的小母牛应占成年牛数的 15%～16%,1 岁以下的母牛应占成年牛数的 8%～20%,牛场成年母牛应占牛场总牛数 50%～70%。

2. 奶牛的育种计划的内容

在编制奶牛的育种计划时,要确定育种目标和具体措施以及达到指标所需的饲养管理水平等条件;确定选配方式;拟定选种和选配的方法和标准;确定培育制度;最后还要确定成果验收以及推广范围和措施。

3. 编制奶牛的育种计划

在编制育种工作计划时,必须考虑本场或本地区的生产任务和自然条件、牛群的类型及饲养水平等特点,以及采用哪个品种和利用哪种繁殖方法、生产指标逐年的要求等都应详细列入。育种工作计划的组成,主要包括下列 3 部分:①育种方向与育种指标。包括牛群逐年增长的头数和育种指标。育种指标根据育种方向而有所不同。如乳用品种牛,主要包括各胎次产奶量、乳脂率、乳蛋白率、胎间距等指标。②育种措施。如建立育种档案及记录制度;确定选种方向及其方法、选配方法与育种方法。③建立严格的选留、淘汰制度。制定出留种的标准,并按此标准进行选留。对有明确缺陷的犊牛要及时淘汰。如仅仅体重较轻,可采取措施如增加喂奶量和补料量等饲喂一个阶段,根据发育情况再做决策。对于无胎无奶的优良成年母牛要及时查明原因进行治疗,无效立即淘汰。对于年老、有胎或尚有一定经济效益的成年母牛,如对本场年单产有影响时,要及时加以调整。

4. 制定确保育种措施的执行适宜方案

如加强组织领导,建立健全育种机构;加强犊牛培育,制订各类牛的饲养管理操作规程;饲草饲料生产及供应,畜牧业机械化及畜舍的布局与建筑;制订和落实奖励政策;培训技术人员以及加强疫病防治工作等措施。

四、建立高产奶牛牛群

调整好奶牛的牛群结构是奶牛育种工作的关键问题之一,确定高产奶牛的牛群结构,既是经济管理问题，又是育种技术问题。一个奶牛场全部牛中成母牛和后备牛的比例，以及成母牛中年龄胎次的比例，称为牛群的年龄结构；一个奶牛场中核心群、生产群和淘汰群的比例，可称为遗传结构。年龄结构直接影响经济效益，而遗传结构是牛场的育种潜力。为使牛群逐年更新成母牛群的年龄胎次应有合适的比例。在一般情况下，1～2 胎母牛占成母牛群总数的 40%，3～5 胎母牛占 40%，6 胎以上占 20%。老弱病残牛应淘汰，以保持牛群高产稳产。但是，在调整好年龄结构的同时，还必须考虑有适当的遗传结构。

1. 根据头胎牛产奶量制定逐步淘汰计划

奶牛的头胎产奶量与以后各胎产奶量之间有极强的正相关，评定奶牛的育种价值一般以头胎产奶量为依据。牛群更新率一般为 20%～25%，每年除因老弱病残或死亡淘汰一部分（占 10%～15%）外，另外 10%牛只应根据头胎产奶水平高低来决定，但淘汰工作应逐步进行。

2. 建立核心群

核心群是带动全群发展的核心，是指导后备牛选留标准的重要依据，从牛群遗传结构角度出发，一个奶牛群的组成应为核心群 30%，生产群 60%，淘汰群 10%。从刚完成头胎产奶量的牛群中，根据产奶量高低，选择 50%作为预选牛进行体型线性评定，根据评定结果，去掉部分体型不合格的牛，约保留 30%的母牛作为核心群，此时核心群中在不同年龄胎次中的比例为 1～2 胎占 7.5%，3～5 胎占 10.5%，6 胎以上占 12%，核心群牛除因年老和死亡外，一般不淘汰。

3. 从经济效益角度确定后备牛的留养数

影响牛场经济效益的主要因素有牛群平均产奶量、鲜奶价格、鲜奶成本、后备牛培养费等。一般奶牛场都是用成母牛折旧费来支付后备牛的培养费，但因物价的上涨，后备牛的培养费比以前要高得多，测算经济承受能力，确定后备牛的留养数。如某场有奶牛 1 500 头，其中成母牛 1 000 头，占 66.7%；后备牛 500 头，占 33.3%，成母牛与后备牛的比例约为 2∶1，每年应留养犊牛数为 500 头/26 个月×12 个月＝231 头（按每头后备牛 26 个月投产）。

4. 从育种技术的角度确定后备牛的质量

首先，核心群牛的后代，除个别发育不良外，全部留养；其次，淘汰群的后代全部淘汰；要从生产群母牛的后代中选择，应视初生重及以后发育情况决定选留。为了使牛群总数保持不变，如果每年留养 231 头犊牛，就必须更新 231 头成母牛，以使牛群总数保持动态平衡。故成母牛年更新比例为 23.1%。如果加强饲养管理和选种育种工作，每年单产水平还会有所提高。牛场承受培育后备牛的能力也可增加，达到更新率为 25%的良性循环，使牛群持续稳产高产。

4.3 我国肉牛产业良种繁育体系建设

我国肉牛生产的基础是带犊繁育体系，包括从母牛饲养到繁殖改良，从犊牛培育到幼牛养殖，其中杂交改良是我国肉牛生产体系中关键的一环，涉及良种繁育、杂交优势利用、能繁母牛的选育等方面。品种良种化是肉牛产业发展的前提，母牛养殖是基础，饲养管理是关键。重视良种繁育体系建设，做到本地品种选育与杂交改良相结合，保种和利用相结合，提高我国肉牛群的整体质量和数量，达到优质、高效的改良效果。目前肉牛生产广泛应用杂交优势提供商品牛源，即经济杂交，而搞好肉牛的经济杂交，关键在于杂交亲本和杂交方式的选择。

4.3.1 杂交亲本的选育繁育

所谓杂交亲本,即牛进行杂交时选用的父本和母本(公牛和母牛)。实践证明,要想使牛的经济杂交取得显著的饲养效果,一个重要的条件是父本必须是高产良种公牛。如近几年我国从国外引进的西门塔尔牛、夏洛来牛、利木赞牛等种公牛,它们的共同特点是生长快、体型大,是目前最受欢迎的父本;而杂交后代公牛,其遗传性能很不稳定,要坚决淘汰,绝对不能留作种用。母本应选择当地分布广泛,适应性强的地方品种母牛,在选择和确定杂交组合时,应重视对亲本的选择。通过品种间杂交,可使杂交后代生长加快,饲养效率高,屠宰率高,比原纯种牛多产肉15%左右。经济杂交可以是生产性能较低的母牛与优良品种公牛杂交,也可以是两个生产性能都较高的公母牛之间杂交,无论哪一种情况,其目的都是为了利用其杂交优势,提高后代的经济价值。

4.3.1.1 良种能繁母牛的选育与登记

建立良种母牛登记制度,加强本品种选育,同时选择良种母牛与良种公牛配种,以达到提高本地黄牛的生产性能。理想的繁殖母牛应该是中等身高,泌乳性能好,容易管理,犊牛断奶时的体重至少能够达到母牛体重的一半。保护好能繁母牛,把能繁母牛留下,配种产犊,特别是杂交母牛是实现优质肉牛产业化的根本基础。对本地优秀母牛绘制图片,建立系谱档案,推行冻配登记制度,做到一牛一卡、跟踪服务,确保改良工作落在实处。

1. 后备母牛的培育与选育

质优量大的母牛是肉牛产业发展的基础,是生产和培育牛源的根本,"农户养母牛、分散养母牛、集中搞育肥",动员千家万户养母牛,大力发展母牛专业村,鼓励发展适度规模的母牛繁育小区,着力培育优质牛源。为了保持牛源的稳定、稳产,每年必须选留一定数量的母犊牛、育成母牛、青年母牛进入繁殖母牛的行列。对选留的优质后备母牛(母犊牛),要登记建档、配打耳标,有条件要测定体尺和体重,主要是初生、6月龄、12月龄、第一次配种及产犊时的体重和体尺,计算日增重,也可对照品种牛的体尺标准进行培育。

(1)犊牛培育。犊牛培育不仅限于出生以后,应该从母牛怀孕时候开始,因为犊牛正常的发育、体重以及对疾病的抵抗能力,都是由于对妊娠母牛加强照顾及在良好的环境条件中建立。因此,我们应当十分重视母体对胎儿发育的影响,特别是母牛的妊娠后期。选择繁殖率高、泌乳量高的母牛所产犊,决不选择难产、流产、乳房不健全、其他组织缺陷或健康不佳的母牛所产母犊牛作繁殖后备母牛培育。

(2)犊牛、育成牛、青年牛的选留。可参看奶牛后备牛的挑选,见4.2.4节。

(3)生产母牛的选择。生产母牛主要根据其本身表现进行选择,如哺乳性能、体质外貌、难产率、体重与体型大小、长寿性等性状。

2. 母牛登记

建立基础繁殖母牛档案和系谱登记档案,佩戴统一编号耳标牌;建立的记录表格,记录内容包括母牛配种繁殖登记表、犊牛培育记录表和牛群饲料消耗记录表。内容涉及母牛发情、配种、产犊、犊牛编号、与配公牛品种、血统、初生特征等情况。

3. 繁殖母牛的培育

注重提高基础母牛的科学饲养水平，使基础母牛由粗放饲养向集约化饲养转变，应用不同时期母牛的补饲技术，保持和提高母牛的生产性能；加强基础母牛繁殖疾病的预防和治疗，严格母牛饲养防疫条件，建立消毒制度，开展经常性的环境卫生消毒，提高繁殖成活率和群体质量，稳定并逐步扩大母牛养殖效益，提高基础母牛在产业链中的地位和经济效益。从肉牛养殖现状来看，牛源生产的小规模分散养殖在今后相当长的时期内，仍然是提供牛源的主力。实现肉牛产业的持续发展，必须抓“根”，要从可繁母牛的规范化养殖开始，使牛源充足，牛肉品质优良。政府要加大对农户饲养繁殖母牛的支持力度，如建立基础母牛保险制度，降低养殖风险，在信贷方面对发展基础母牛给予必要的支持以保护和调动养牛户(场)饲养母牛的积极性。

4.3.1.2 肉用良种公牛的选育与培育

目前，支撑我国肉牛业生产的主导品种仍然是肉用性能欠佳的地方良种黄牛品种，分户饲养、集中育肥仍然是当前我国肉牛生产的主要方式，传统的饲养方式还十分普遍。在长期的生产实践中，国内已形成了具有鲜明地方特色的黄牛品种，如秦川牛、南阳牛、鲁西牛、延边牛、晋南牛等。继 2007 年“夏南牛”品种通过国家审定后，2008 年“延黄牛”通过了国家审定，但专门化的优质肉牛品种缺乏仍是一个不争的事实。20 世纪 80 年代以来，国内许多地方也曾引进了一些国外肉牛品种，如西门塔尔牛、夏洛来牛、安格斯牛、短角牛、丹麦红牛、利木赞牛、德国黄牛、皮埃蒙特牛等来改良我国地方黄牛，但限于规模、饲养条件和选育水平，其后代生产水平与国外肉牛品种相比仍有较大差距。要建立肉牛良种体系，提纯复壮原种肉牛和地方良种黄牛，加大制种供种力度，重视培育我国的优良品种，如鲁西牛、南阳牛、秦川牛、晋南牛、延边牛；并进行优质肉牛杂交配套系筛选及饲养管理技术体系的建立。

肉牛良种品种纯种选育方法包括：①成立牛品种管理组织，负责本品种牛的保种和进一步改良提高工作，其中包括种牛鉴定、良种登记、生产性能测定、公牛后裔测验及技术指导等。②实行良种登记制度。③建立种公牛的后裔测定制度。

4.3.2 肉牛生产杂交优势的利用和组合

肉牛改良就是利用各种杂交的方法，以本地黄牛为母本，引进优良肉用品种为父本，进行杂交，利用杂交后代的杂种优势，并根据其生长发育的营养需求特点，科学地调制饲料，并辅以适当精料进行育肥来进行肉牛生产的一种技术。所培育的杂交后代既保留了本地牛耐粗放、适用性强的特点，又有外来优良品种长速快、产肉多、肉质好、饲料报酬高的优点，使本地黄牛在体型、生长速度、产肉性能等方面得到提高。引进优良牛种改良黄牛要求有 3 方面，一是引进牛种要与黄牛相近，二是制定合理的技术方案和杂交路线，三是选择较好个体进行下一代杂交。具体到我国现阶段情况，肉牛杂交体系应该是：①在引入品种改良本地黄牛的基础上，继续组织杂交优势，改良差的地区改良方向应是向配套系的母系发展。②选择具有互补性的有理想长势和胴体特征的公牛作父系，保持杂交优势的持续利用。③组装两个或两个以上品种的优势开展肉牛配套系生产，在可能的情况下形成新的地方类群，在级进杂交有困难的地方组织这种配套系。

4.3.2.1 肉牛生产杂交方式

不同品种牛的遗传性存在差异，两品种杂交可以产生杂交优势，这是肉牛杂交改良的基本原理。肉牛生产中以利用杂交优势，提高后代的经济价值的肉牛杂交模式有以下几种。

(1)经济杂交。也叫生产杂交，是用外来优良品种公牛与本地黄牛杂交，以获得具有经济价值的杂种后代，增加产品数量和降低生产成本，来满足商品生产的需要。

(2)品种间的轮回杂交方法。是用两个或两个以上品种的公、母牛进行交替杂交，使逐代都能保持一定的杂种优势，从而获得生活力强和生产力高的牛群。本地黄牛与西门塔尔杂交一代母牛，与夏洛来牛杂交，其生产的二代母牛再与西门塔尔牛杂交，并继续轮回。

(3)"终端"公牛杂交方法。即用B品种公牛与A品种纯种母牛配种，将F_1母牛(BA)再用第3个品种C公牛进行杂交，所生F_2不论公母全部出售，不再进一步杂交，停止在最终用C品种公牛的杂交，就称为"终端"公牛杂交制。特点是能使品种优点相互补充而获得最高的生产性能。如:西门塔尔牛与本地黄牛母杂交，杂一代母牛与夏洛来牛或皮埃蒙特公牛杂交，其后代全部育肥。

在三元经济杂交过程中，种公牛品种的选择上，第一父本选择母性性状(受精力、产奶量、乳房质量)比较明显的肉乳或乳肉兼用型种公牛；第二父本选择生长速度快和胴体质量好的纯种肉用种公牛，从而，有效改善地方品种繁殖母牛的泌乳性能，提高商品肉牛的生长速度、屠宰率和胴体品质。生产中的几个杂交组合有①利木赞牛×西杂母牛；②夏洛来牛×西杂母牛；③夏洛来牛×利杂母牛；④西门塔尔牛×利杂母牛。

4.3.2.2 良种公牛的选择

肉牛选种选配应根据商品肉牛的生产目的有计划地为母牛选择最适合的公牛，或为公牛选择最适合的母牛进行交配，使其产生基因型优良的后代。不同的选配，有不同的效果。肉牛的主要生产性能(如产肉性能、繁殖性能)和重要的经济性状(如初生重、断奶重、增重效率)以及它的各种特征特性的表现，从根本上来说，主要取决于两方面的原因，一是遗传方面，如品种、个体特性等；二是环境方面，如营养水平、饲养管理等。

一、杂交父本——种公牛品种的选择

为了克服中国黄牛生长缓慢、饲料报酬低、后躯发育不良、产肉性能相对较低的缺陷，几十年来，先后引进了28个国外肉牛品种与当地黄牛进行杂交，从杂交后代的表现来看，都不同程度地取得了一定的效果。引入品种中，使用最广的是西门塔尔牛，其杂交一代或二代的肉奶性能明显提高，6月龄犊牛再强度育肥8个月，宰前活重达500 kg。其次是夏洛来牛、利木赞牛。在肉牛公母牛选择中，种公牛的选择对改良起着关键作用，公牛的选择主要是根据基础母牛的资源、肉牛的生产方向和目的选择，从事高档牛肉生产，要考虑商品肉的等级，有明确的目的，要求胴体的脂肪沉积为主，如主要是生产极品的大理石纹牛肉要选择早熟性的品种如安格斯牛和地方良种牛；如要求胴体重或出肉率或略带大理石纹的牛肉则要选择大型品种如利木赞牛、夏洛来牛，同时母本必须是杂交母牛如西杂母牛；如主要是杂交改良，没有确定目标，从今后发展角度，第一父本首选西门塔尔牛，目的是提高本地母牛的泌乳能力，为以后发展留下一个个体大、哺乳能力强的母本。

二、种公牛精液的选择

首先是审查系谱，其次是审查该公牛外貌表现及发育情况，最后还要根据种公牛的后裔测定成绩，以断定其遗传性是否稳定。选配中公牛冷冻精液选择工作应注意以下几点：

(1)每区域必须定期地制订出符合生产目标的选配计划，其中要特别注意和防止近交衰退。

(2)在调查分析的基础上，针对每头母牛本身的特点选择出优秀的与配公牛，也就是说，与配公牛必须经过后裔测验，产肉性能、外貌的育种值或选择指数高于以往所选的公牛。

(3)每次选配后的效果应及时分析总结，不断提高选配工作的效果。

三、公母牛的选配

无论是引进品种还是地方良种，公牛必须是良种登记过的种畜。进行二元杂交时，配种的良种母牛一般选用本地母牛。进行三元杂交或终端杂交时，则选用杂交一代或二代的母牛。产后的母牛必须在 50～90 d 后进行配种；选作配种用的本地育成母牛应当满 18 月龄，体重应当达到 300 kg，杂交母牛体重应当达到 350 kg。配种前应当对母牛进行检查，记录母牛的特征、体尺、体重、发情、输精、产犊等信息，建立良种母牛档案。其他选配注意事项可参看第 2 章中 2.2.4 的内容。

4.3.2.3 杂交优势的利用

在肉牛的杂交改良中，需要根据杂交亲本的优缺点，并结合当地的具体情况，制订出科学的杂交用种方案，使参加杂交的父母本有序且持续的供种。

一、制订切实可行的杂交改良方案

在肉牛生产中，目前国内的肉牛牛源主要是国外优良肉牛品种与我国本地黄牛杂交生产的杂交改良牛和我国几个地方良种黄牛品种。我国肉牛的杂交已由二元杂交转向三元杂交，由级进转向轮回，并形成了“终端”公牛杂交和轮回“终端”公牛杂交配套体系。好的杂交组合要来源于好的亲本，本地黄牛正是具备作为良好母本的条件，例如良好的适应性，耐粗放饲养，性情温顺，母性良好，很少难产等。就父本而言，20 多年来尽管我国引进了约 20 个肉牛品种，如西门塔尔牛、夏洛来牛、利木赞牛、安格斯牛等。在肉牛冷冻精液人工授精技术大面积应用的今天，为了保证杂交改良模式能有序地进行，要制订切实可行的杂交改良方案。

杂交改良方案制定要根据本地区母牛的泌乳性能、饲草饲料品质、饲养管理条件、肉牛生产方向和目的等实际。在杂交改良中，可能会有若干种不同的组合方案，如母本为本地黄牛，第 1 父本要选择西门塔尔牛，具有良好泌乳性能的父系，第 2 父本再利用大型肉用品种，夏洛来牛、利木赞牛，但如有明确的生产目的，可选择目标公牛，如安格斯牛、利木赞牛。如母本为杂交改良牛，则要开展三元杂交，第 1 父本和第 2 父本可选择夏洛来牛或利木赞牛，或明确的生产目的目标公牛，建议杂交后代的公母都进入商品肉牛生产，保证母本的泌乳性能和大个体。无论哪种方案都要做到能繁母牛(地方良种母牛、各代杂交母牛)统一登记、标记，以便配种技术人员确定用哪个公牛精液进行输精，做到杂交有计划，改良有方案。

二、开展了杂交组合的筛选及生产性能测定——杂交组合配合力测定

配合力就是若干肉牛品种间产生杂交优势的程度，首先要有一个完整的杂交繁育体系，在此基础上通过对核心群亲本的选育以培育亲本系，然后通过杂交配合力测定确定杂交组合,进行不同杂交组合的肉用性能测定,筛选出了适合不同地区条件的肉牛优良杂交组合。利用经济杂交提供商品肉牛首先要培育用作杂交的优良父系,培育的地方黄牛品种(或杂交后代)为母本,经配合力测定,筛选出优良杂交组合供推广应用。生产中一般的杂交组合为:母本品种×兼用品种→杂交一代后备母牛;杂交一代后备母牛×终端品种→育肥肉牛(公母)。

4.3.2.4 中国黄牛杂交利用效果分析

我国以黄牛改良为特点的肉牛业蓬勃发展,利用良种肉牛与我国黄牛杂交,其杂交后代普遍具有耐粗饲、适应性强、生长快的特点,初生重、日增重、挽力、肉质、屠宰率等都有显著的提高,表现出良好的杂交优势。但有些地方引进品种过多,杂交工作缺乏规划和方向不明确,以致造成品种混杂,改良效果欠佳。

1. 牛体型结构的变化

中国黄牛经杂交改良,体型明显增大,随着杂交代数的增加,体型逐步向父本类型过渡。荷斯坦牛的改良牛向着乳用方向发展,西门塔尔牛、短角牛的杂交改良牛向乳、肉兼用方向发展,利木赞牛、夏洛来牛等肉用品种的杂交改良牛主要向着肉用方向发展。

(1)西杂牛。体躯深宽高大,结构匀称,体质结实,肌肉发达,乳房发育好。毛色一般黄(红)白花为主,花斑分布随代数增加而趋于整齐。西杂牛属乳肉兼用型,已在松辽平原、科尔沁草原、太行两麓、皖北、豫东、苏北农区形成了数十万头的成片成块的西门塔尔改良牛群。

(2)利杂牛。背腰平直,体躯较长,后躯发育良好,臀部宽平,肌肉发达,四肢稍短粗,呈肉用体型。毛色黄色或红色。

(3)夏杂牛。背要宽平,臀、股、胸部肌肉发达,四肢粗壮,体质结实,呈肉用体型。毛色为草白或灰白,有的呈黄色。

此外,辛地红牛、安格斯牛等杂交改良牛的体型结构都优于本地黄牛。

2. 生长发育加快

杂种牛初生重大,生长发育快,而且随着改良代数的增加,初生重逐步提高,见表 4-11。

表 4-11 几个杂交组合 F_2 与本地牛的比较 %

杂交	初生重提高		18 月龄体重提高		36 月龄体重提高	
组合	公	母	公	母	公	母
西杂	68.38	68.62	9.51	29.01	6.96	27.48
黑杂	50.80	51.07	11.80	39.07	7.40	23.60
短杂	29.98	25.92	8.50	24.67	3.38	37.37
夏杂	58.00	61.00	—	—	—	—
利杂	34.00	21.00	—	—	—	—

引自《黄牛改良效果普查总结报告》。

3. 产奶性能水平提高

与本地牛比较,改良牛的产奶性能有很大提高。西杂一代年产奶量 1 071.57 kg,比本地牛提高 139.05%。利杂一代年产奶量 985.14 kg,比本地牛提高 119.77%(李积友等,1994)。据山西农业大学(徐廷生等,1995)的测定,西杂牛平均乳脂率 4.4%,乳蛋白率 3.8%,乳糖含量 4.82%,干物质含量 14.56%。随着杂交代数的提高,改良牛的产奶量进一步提高,一般西

杂牛 F_2 的产奶量比 F_1 提高15%～30%。

4.产肉性能增强

改良牛的产肉性能好，肉质优良。据陕西资料（邱怀，1997），在农村条件下，杂种一代公牛平均日增重≥1 000 g。一般改良牛的屠宰率、净肉率、骨肉比、眼肌面积比本地黄牛分别提高2.2%、2.1%、0.27%和17.44 cm^2。短秦二代公牛育肥期平均日增重达1 072.5 g，比秦川牛提高26.7%，其屠宰率、净肉率、肉骨比、眼肌面积比短杂一代牛分别提高3.3%、3.0%、0.24%和0.7 cm^2。徐廷生、阿地力·马木提等（1995，1998）报道，西杂牛生长迅速，体重大，和地方黄牛相比其胴体重、屠宰率、净肉重、净肉率和眼肌面积等都有显著提高。据124头西杂一代屠宰测定结果，上述各项指标分别比本地牛提高39.12%、2.37%、40.58%、4.57%和26.61%。西杂二代、三代胴体重、屠宰率、净肉重、净肉率分别比本地牛提高4.87%、5.17%、104.45%、10.00%和14.00%、7.75%、129.63%、16.75%。

5.保持良好适应性

引进国外良种对我国黄牛进行改良，杂种优势十分明显，除生产性能指标有显著提高以外，其适应性也强，在严寒的东北草原，冬季最低气温为－40～－35℃，改良牛没有出现弓腰缩背现象。在炎热的南方各省，最高气温35～40℃的酷暑下也没有发生气喘怕热的症侯。据四川省万源县畜牧站的测定，夏杂牛的抗热指数为72.8，西杂牛68.8，海杂牛53.2，本地牛61.3。夏杂和西杂的抗热指数分别比本地牛提高11.5%和7.5%，而海杂比本地牛降低9%。改良牛的放牧能力强，能在海拔2 500 m、坡度25°的山地草场放牧。犊牛在3月龄就能随母牛上山放牧，并可饱食，爬坡上坎，自由采食，成活率也高。改良牛抗逆性强，耐粗饲，采食增膘快，保膘方面与本地牛相同，但在冬季缺草少圈寒冷，由于改良牛个体大，需要营养多，入不敷出，比本地牛掉膘快，损失大。

6.经济效益和社会效益显著

黄牛改良的经济效益和社会效益十分明显。由于改良牛的生产性能提高，单位牛所能提供的乳、肉产品数量增多，肉质量改善，使杂交改良牛的售价普遍高于同龄本地牛，养牛的经济效益大大提高。随着黄牛改良工作的深入，全国牛群中改良牛比例将逐年提高，每年向社会提供的肉产品也相应增加，既满足了广大消费者的消费需求，丰富了市场，又增加了牛生产者的经济收益。

7.黄牛杂交利用存在的问题

我国的黄牛改良以广大农村为基础，牛的饲养分散，改良措施、改良技术的应用推广以及改良效果的评定等都有一定难度，需要科技人员、地方政府、养牛户全方位协作；牛改良大多采用冻改，是一项技术性较强的工作，需要经专门训练方能掌握；改良牛群的维持不容易，性能的评定、价值的评定还有不少困难，直接影响了改良、育种工作的开展；饲养管理还比较粗放，影响改良牛的发育和生产性能的发挥。

4.3.3 地方良种黄牛的保种和综合利用

地方良种黄牛具有体型中等，骨骼粗壮，肌肉丰满，被毛短密，富有光泽，皮肤较厚，富有弹性，具有免疫力强等特点，同时地方良种黄牛的肉质优良、肉味鲜美、脂肪少。当前由于农村劳动力大部分外出务工，农民所养的黄牛日趋下降，同时农民也没有留种保种的意识，长期这样，地方良种黄牛的优良性状将会退化，甚至会有消亡的可能，所以保护这样一个优良的黄牛品种迫在眉睫。

4.3.3.1　地方良种黄牛保护与开发利用的重要性和必要性

大力保护与合理开发利用这些地方良种资源，对促进良种繁育体系建设与品种改良工作，推动畜牧业全面发展，繁荣社会主义新农村，增加农民收入有着重要的现实意义。

(1)维护生物多样性。地方黄牛品种资源是生物多样性的重要组成部分，同人类关系最为密切最为直接，它们是通过长期的自然和人工选择、适应当地生态环境进化的结果，并在人工生态系统中发挥重要的主导功能。正是由于它们的存在，才保证了当地畜牧业生产的健康、持续发展。加强地方黄牛品种资源保护，实现合理、有效、持续的作用，对实现畜牧业可持续发展，满足人类不断发展的需求。

(2)打造地方特色品牌需要保护地方黄牛良种。随着畜产品市场更加开放，竞争更加激烈，要提高畜产品的竞争力和市场占有率，很重要一点就是取决于畜产品的品质和特色。

(3)调整农业产业结构，发展区域经济需要保护地方黄牛良种。农村经济的发展使畜牧业在农村产业结构的主体地位更加突出，作用越来越重要，已成为农业增效、农民的主导产业。地方黄牛品种资源保护和开发是提高畜牧业生产力，实现畜牧业结构调整的物质基础。地方品种有较强的地方优势，是开展“二元”杂交改良的优良亲本，与国外良种相差无几，而且具有母本耐寒、耐粗饲、抗病力强的特性。

4.3.3.2　地方良种黄牛的保护措施

保种工作是一个长期的工程，时间长，见效慢，所以开展这个工作政府应统筹规划，在地方良种黄牛的主产区内划定良种基地，进行有目的有计划地开展留种保种工作，划定地方良种黄牛的保种基地，同时将地方良种黄牛列入国家或省的重点保种品种。根据地方品种目前的现状，当前要切实保护好地方优良品种，应采取如下措施。

(1)积极开展地方品种资源调查，各级人民政府要加强领导、组织人员、落实责任，对地方良种黄牛建档立卡，为保护与开发利用提供科学依据。

(2)建立不同层次的“保种场”就地保护品种资源，同时，在“保种场”建立科学的种群体系，组建核心群、繁殖群与生产群，留足后备公畜，建立完善的繁育系普档案，防止近交和导入杂交，避免品种衰退或遗传基因的漂变消失。

(3)在主保种区内禁止引进其他品种的牛，严防群体混杂；并对保种区内经过鉴定确定为优秀品种，实行登记挂号建档立卡。同时为农户养殖地方优良品种给予必要的补偿或奖励，以扩大优秀品种的数量和分布地区。

(4)建立健全育种体系，科学地进行品种选育。在保种的基础上，积极建立健全地方良种繁育体系，制定品种的选育方案和鉴定标准，将保种和选育有机地结合起来。同时要大力宣传保种的意义和地方选育技术及方法，使选育方案和鉴定标准的实施落到实处，不断选优淘劣，提高本品种的生产性能，以达到提纯复壮和提高经济利用效益的目的。

(5)保护与提高品种质量，在基地内的所有牛群须先选优去劣，实行牛群的分类饲养，对不同年龄牛群的集中饲养员或分散饲养的农户，都要先进行严格的专业培训，使其具有科学的管理意识与技能。

(6)强化管理,依法查处。抓好种畜禽管理工作,合理布局种畜禽生产规划,搞好《种畜禽生产经营许可证》的管理发放,完善种畜生产档案。同时在公安局、工商局、经贸局、质监局等部门的密切配合下搞好种畜禽市场监督管理工作。

4.3.3.3 目前我国黄牛的品种保存的类型

中国黄牛地方品种在以前、现在和将来都将是中国肉牛业的主宰,不论从数量上说还是着眼于中国黄牛的地方适应性,中国地方黄牛都是我们的宝贵资源。保种的目的在于充分利用品种资源,利用保种群体的某些优良性状作为培育新品种的材料,通过适当的育种方法和手段培育适应新的需要的新品种。地方品种内非保种部分可以直接用作产生杂种优势的母本,提高该品种的利用价值,使人们认识到保种的重要意义和作用。我国黄牛品种多样,在做好保持中国黄牛的优良特性,提高中国黄牛生产性能的同时,也要注意保护我国地方黄牛的品种资源的多样性,做好提纯复壮和保种选育工作。

1. 保护生产性能优秀的地方良种

我们黄牛中有许多地方良种,如南阳牛、鲁西牛、秦川牛、晋南牛、延边牛、西镇牛、温岭高峰牛等,它们和欧洲类型的牛相比具有许多优点。我国地方良种黄牛没有或极少有半死性状,如软骨发育不全,先天性无毛,多蹄,无尾等。肌肉纤维细致,肉味浓而不腥膻,性情温顺,耐粗饲,抗焦虫。

2. 保护具有特殊抗病力和适应特殊自然环境的品种

如雷琼牛,抗血液寄生虫病,耐热性强,对我国南方热带、亚热带发展乳牛业和肉牛业具有特殊的潜在意义。安西牛对西北半荒漠干旱地区有高度适应性,对布病和焦虫病抵抗力好,潜在的经济价值不可低估。

3. 保护小型品种

小型品种因维持需要低,具有更高的饲料报酬,例如美国近年育成的“前山”小型奶牛,产奶量高达 7 000 kg。我国南方山区具有许多体格小的牛种,如四川的荥经黄牛,成年体重仅 200 kg 左右,在粗放条件下饲养 190 d,产奶量达 300 kg,乳脂率达 6.1%,乳蛋白率达 3.8%以上,且肉质肥美,山区和丘陵放牧性能好,对于培育新品种是极好的原始材料。

4.4 牛的繁殖技术与繁殖管理

养牛业是应用现代先进繁殖技术最广泛的养殖业,牛群数量的增长有赖于先进繁殖技术的推广应用,优良品种品质提高的根本途径在于按照遗传规律选择良种繁殖后代,而进行品种改良和培育新品种,也是通过繁殖技术才得以实现。

4.4.1 常规繁殖技术——人工授精技术

人工授精技术是指借助于专门器械,用人工方法采取公牛精液,经体外检查与处理后,输入发情母牛的生殖道内,以代替公母牛自然交配,使其受胎的一种繁殖技术。

4.4.1.1　种公牛站和冻精生产

种公牛站是养牛业良种繁育体系的主要组成部分，种公牛站主要是培育优秀荷斯坦品种和其他品种种公牛，进行冻精生产，为全国奶牛、肉牛和黄牛改良提供质量优良的冻精。

1. 种公牛站的任务

我国的种公牛站是集良种冻精生产、科研和技术推广为一体的科技型良种企业，其主要任务是为我国奶牛、肉牛遗传改良提供优质冷冻精液，具体任务包括：①饲养种公牛，生产优质冷冻精液，建立以肉牛、奶牛为主的精子库；②制订家畜改良规划，建立家畜繁育体系；③指导基层家畜改良站建设布局和技术工作，负责对家畜改良技术人员进行技术培训，提高其业务素质；④负责良种推广工作，以先进的技术手段促进良种的广泛应用，最大限度地扩大良种在生产中的应用，以提高畜牧业扩大再生产的潜力；⑤负责并承担种公牛的后裔测定及其他畜种种畜的鉴定工作；⑥负责并承担家畜冷冻精液的质量监测评定工作。

2. 规模与设备

根据我国生产实际需要，一般种公牛站存栏规模为100头为宜。其中肉牛品种有西门塔尔牛、利木赞牛、夏洛来牛、安格斯牛(红、黑安格斯牛)、皮埃蒙特牛、德国黄牛、比利时蓝白花牛及日本和牛等；奶牛品种有荷斯坦牛(黑白花、红白花)等。平均月产冻精14万～15万剂。

主要设备为法国卡苏公司购进的冻精设备，该设备包括分光光度计密度测试仪、可视尼康活力测定显微镜、电控恒温冻精解冻仪、多米诺电脑智能喷码机、光电感应程控分装机、程控自动喷氮冷冻柜、电子恒温平衡柜、立式液氮储存罐及一套冻精控制程序和一套喷码分装程序；采精假阴道、输精器、消毒灭菌器、干燥箱、正置和倒置微分相差显微镜、液氮罐、超纯水仪等。

3. 组织结构和人员配置

种公牛站应由饲料管理室、采精室、冻精室、兽医室、饲料调配室、后勤及行政管理部门组成。专业技术人员应占50%以上，专业人员文化水平应具有专科或本科以上学历，中、高级职称的占30%以上。

4. 冻精生产的种类

目前冷冻精液生产种类包括引进肉牛(十余种)、奶牛(2种以上)和水牛、黄牛等几个品种，其中剂型主要是细管冻精，也有颗粒冻精。细管冻精是用长12.5～13.3 cm，容量为0.25 mL或0.5 mL的各种聚氯乙烯复合塑料细管装盛。牛冷冻精液生产工艺流程是：鲜精采集→鲜精检查→鲜精稀释→分装印字→降温平衡→冷冻→冻精质检→包装→储存→销售。

奶牛冻精根据后裔测定和谱系情况分为特级、一级和二级，奶牛、肉牛冻精活率在0.35以上，细管剂型有效精子数为1 000万以上。

4.4.1.2　人工授精技术

牛的人工授精技术包括冷冻精液制作工艺(引进良种公牛→采精→制成冻精→利用液氮在−196℃的条件下保存)和人工授精操作流程(准备工作→母牛发情鉴定→器械消毒→利用2.9%柠檬酸钠液解冻精液→镜检活力达0.35以上→适期对发情母牛输精)。

1. 冷冻精液制作

在种公牛站完成。

(1)采精。是指借助于专门器械，人工采取公牛的精液，是人工授精技术的重要环节之一。

公牛采精，利用母牛或公牛做台牛（或假合牛）通常使用假阴道法采精。

（2）精液品质检查。常规检查项目包括射精量、色泽、气味、混浊度、pH值、活率及密度等。

（3）冷冻精液技术。把新鲜精液用含有抗冻剂和含有其他保护物质的稀释液稀释，通过降温、分装、平衡和冷冻等工艺流程，将冷冻精液置于超低温（液态氮－196℃）下长期保存。

工厂化细管的冷冻方法是使用控制液氮喷量的自动记温速冻器，在5～－60℃之间每分钟下降4℃，－60℃起尽快降至－196℃。此法效果很好。

2. 母牛发情鉴定

发情鉴定是适时配种（输精），提高家畜受胎率的一项重要技术。因此，对母畜发情与否，输精是否适时，都要做出正确判定，这套技术称为发情鉴定。由于母牛发情时对外部表现较明显，发情期短，排卵发生在发情结束后4～16 h，所以在生产实践中常采用外部观察法、阴道检查法、直肠检查法等方法进行发情鉴定，同时在大型规模奶牛场也应用计步器发情鉴定法，即将计步器固定在母牛的前肢或颈链上，可以显示母牛的活动情况，母牛发情后活动频繁，发情母牛每小时步数比不发情母牛高2～4倍，计步器显示的数字会明显增加，其有效性为60%～100%，从而有助于对发情的判断，并且可将此技术与计算机联网，通过计算机信息管理确定发情母牛。

（1）发情早期。母牛外阴部湿润且有轻度肿胀，食欲不佳，常有几声哞叫，不安；追随其他母牛，嗅闻其他牛外阴部，并企图爬跨别的牛，但不愿接受别的牛爬跨。

（2）站立发情期。由发情早期进入站立发情阶段，一般为6～18 h。阴门红肿，由阴道中流出牵缕性强的透明黏液，愿意接受其他牛的爬跨。此阶段母牛表现食欲差，不停地哞叫，目光锐利，两耳直立，走动频繁，伴有体温升高。以手按压十字部，母牛表现凹腰，高举尾根部。有时因接受爬跨，致使尾根部被毛蓬乱。此阶段输精比较适时。

（3）发情后期。继站立发情阶段后，一部分母牛仍继续表现发情行为。这一阶段可持续17～24 h，主要表现为黏液量减少，白而混浊，有干燥的黏液附于尾部。发情母牛被其他母牛闻嗅或有时闻嗅其他母牛，但不大愿意接受其他母牛爬跨。同时，外阴部的充血肿胀度明显消退，以后母牛恢复正常，如其他牛跟随，母牛拒绝接受爬跨。

3. 解冻与输精

（1）解冻。将细管直接投入（38±2）℃温水中解冻。解冻后的精子畸形率不超过25%，顶体完整率在60%以上。

（2）输精。用于输精的冷冻精液，解冻后精子的活率不应低于0.3，现用现解冻。普遍采用直肠把握子宫颈输精技术。每一情期输精1～2次。要做到输精适时和输精器适宜深度，慢插、轻注、缓出，防止精液逆流。具体输精时间为早晨（8:00前）发现母牛发情，当日午后输精；中午（9:00～14:00）发现母牛发情，当日晚输精；午后（15:00后）发现母牛发情，次日早晨输精，输精适期见表4-12。

表4-12 输精适期

发情周期及发情阶段	发情前期	发情期			发情后期	排卵
		初期	中期	末期		
母牛表现	拒绝爬跨	接受爬跨	接受爬跨	接受爬跨	拒绝爬跨	
输精	过早	早	可	最适	可，晚	过晚

4.4.1.3　性控精液的生产应用——奶牛性控精液人工授精技术

性控精液是使用精液流式细胞分离技术使精子有效分离，只要X精子不要Y精子，控制奶牛胎儿出生性别，使用性控精液产母犊率理论上可达90%以上。牛性控精液已进入商业化进程，在生产应用上的主要问题是分离精子的受精能力比正常精子偏低。在技术上主要通过子宫角深部输精技术提高受胎率，同时性控精液最好用在青年母牛上以获得较好的受胎率，性控精液的受孕率(含青年牛)为35%～40%，而常规精液为55%～60%，限制了生产者应用性控精液的积极性。与常规精液比较，性控精液分离技术成本高，操作复杂，且受胎率低。

1. 提高性控精液应用效率的措施

为确保使用性控精液成功，必须对牛加强饲养管理，处理精液小心谨慎，而且输精人员技术要熟练。随着成本的降低，性控精液将不断扩大应用于生产。

(1)选用经后裔测定并证明优秀的验证种公牛性控精液，使用性控精液的目的在于获得具有优质高产基因的母犊牛，提高牛群产量和质量，加速良种奶牛扩繁和品种改良进程，获取更大的经济效益。

(2)严格选择受配牛是保证性控精液受胎率的关键，首选育成牛，育成牛未产过犊牛，子宫没有受过污染，卵巢子宫疾病少，生理生殖机能旺盛，受胎率高。尽量不选经产牛。

(3)常规精液多在发情后12 h左右输精，从时间和受胎率上看，性控精液要比常规精液输精时间晚6～8 h，因性控精液在生产分离过程中只要带X染色体精子不要带Y染色体的精子，分离后每支精液中精子密度降为200万～300万(常规冷冻精液精子密度为1 000万以上)，在分离后精子密度减少数倍，分离过程对精子也有损害。所以针对精子密度比常规相对低和弱，输精时间要晚些，更接近排卵时间，保证受精时精子有旺盛活力，排卵前3～5 h进行最好，通过直肠检查卵巢发育情况确定输精最佳时间，输精次数和常规精液相似。

(4)性控精液解冻，和常规冷冻精液一样。40℃解冻，解冻后如有不合格情况如半管精液等要将精液管放回液氮中冷冻保存做好标记，以便向生产厂家要求更换合格精液。

2. 严格执行技术操作规程

输精前要准确进行发情鉴定，直肠检查发情牛卵泡，确定排卵侧，尽量做到适时输精。

(1)在具体操作时一定要仔细检查输精器械，严格对器械和手臂进行消毒，并使用消毒过的一次性手套；依次用消毒液、清水清洗母牛外阴，并用灭菌巾擦干。

(2)按规范取出冻精解冻，并尽量缩短解冻与输精之间的时间，迅速将精液输入母牛体内。

(3)输精部位一般在排卵侧子宫角，应较常规输精稍深，最好将精液输到子宫角大弯部。

(4)深部输精，可减少子宫颈液吸附精子数，因精子数较常规精液精子数少，对做过胚胎移植的技术人员深部输精容易些，对于没有深部输精经验的技术人员输精时较常规稍深些也可以，不是非要输到子宫角大弯处，弄不好会伤害子宫内膜影响受胎率，但深部输精稍深后一定要保证输到发情侧子宫角。输精时要做到轻插、适深、慢推、缓出，防止精液倒流。每次输精使用一支性控冻精。

(5)为了提高受胎率，可采用同期发情处理。如果对成母牛使用性控冻精配种，应选择发情症状明显、卵泡发育正常的母牛，配种前要进行清宫，并可根据具体情况适当选用外源激素。输精时可用促排卵药物，如促排3号等。这样可以加强输精和排卵同步，提高受胎率。

4.4.1.4 母牛妊娠诊断与分娩

妊娠诊断是确定母牛是否妊娠，已妊娠，则应加强饲养管理，保证胎儿正常发育与分娩。

1. 妊娠诊断

母牛配种后，如能尽早进行妊娠诊断，经过妊娠检查，可确定已经怀孕的母牛，按孕牛对待，加强饲养管理；而未怀孕的牛只，可以及时找出原因，尽早采取措施复配。目前应用最普遍的母牛妊娠诊断方法是外部观察法和直肠检查法。

(1)外部观察法。妊娠后的母牛，一般外部表现为周期发情停止，食欲增进，被毛光泽，行为谨慎安稳，性情变得温顺；妊娠至5个月左右，腹围增大，且不对称，右侧腹壁突出，乳房胀大，8个月以后可见胎动，这时隔着腹壁用手可触诊到胎儿。

(2)直肠检查法。直肠检查法是判断牛是否妊娠和妊娠时间的最基本而可靠的方法，此方法在整个妊娠期间均可应用，其诊断依据是妊娠后的母牛生殖器官的变化。这些变化要随着怀孕时间的不同而有所侧重。如妊娠初期，是以子宫角的形状质地的变化为主；当胎胞形成以后，即以胎胞的发育为主；当胎胞下沉不易摸到时，可以卵巢位置及子宫动脉的妊娠脉搏为主。

(3)其他诊断方法。①超声波诊断法，用B超仪探头扫描可以直接观察妊娠开始子宫内的最初变化。国内外研制的超声波诊断仪有多种，有较精密的B型超声波诊断仪(大型奶牛场可采用)。②奶中孕酮水平测定法，根据妊娠后血中及奶中孕酮含量明显增高的现象，用放射免疫和酶免疫法测定孕酮的含量，判断母牛是否妊娠。③化学诊断法，方法虽多，但都有一定的局限性，准确率也不及直肠检查。

2. 母牛分娩

母牛在妊娠期满后，在各种因素(激素、神经、胎儿、免疫学等)的共同作用下，将胎儿、胎膜和胎水经产道排出，这个生理过程称为分娩。

4.4.2 提高牛繁殖力的生物技术

科技的不断发展，使动物繁殖生物新技术的应用日益广泛。从常规的人工授精到胚胎移植和体外性控胚胎生产等一系列高新技术的应用使得家畜繁殖的速度更快，生产性能更高，繁殖准确性更好，现代生物技术可以大大提高母牛的繁殖力，给畜牧业带来了巨大的经济和社会效益，为畜牧业的产业化发展提供了强劲的动力和竞争力。

4.4.2.1 发情控制

应用某些激素或药物以及饲养管理措施，人工控制雌性动物个体或群体发情并排卵的技术，称为发情控制。诱导单个动物发情并排卵的技术，称为诱导发情(estrus induction)。使一群动物在同一时期内发情并排卵的技术，称为同期发情(estrus synchronization)。使单个或多个动物发情并排出超过正常数量卵子的技术，称为超数排卵(super ovulation)。由于上述3种技术的共同特点是诱导雌性动物发情并排卵，因此而统称为发情控制技术。

1. 诱导发情

在畜牧生产中常发现，有些动物生长发育到初情期后，仍不出现第一次发情。有些动物在分娩后甚至在断奶后迟迟不出现发情。为了提高雌性动物的繁殖效率，常常需要对这些乏情动物进行诱导发情处理。即使是发情周期正常的动物，有时因为饲养管理和市场发展的需要也需做诱导发情处理。

青年母牛可用“三合激素”（为雌激素、雄激素和孕激素的配伍制剂）处理便可诱发发情。对于泌乳期乏情的母牛，宜用促性腺激素（FSH、PMSG）处理。对于患持久黄体或黄体囊肿的母牛可用前列腺素 F2α 进行治疗，使黄体溶解，引起发情。奶牛用 GnRH 类似物 LRH-A_2 或 LRH-A_3 200～400 μg 进行肌肉注射，每日 1 次，连续 1～3 次，也可诱导发情并排卵。

2. 同期发情

同期发情的基本原理，是通过调节发情周期，控制动物群体的发情排卵在同一时期发生。使黄体期延长或缩短的方法，通过控制卵泡的发生或黄体的形成，均可使动物同期发情并排卵。延长黄体期最常用的方法是进行孕激素处理。缩短黄体期的方法有：①注射前列腺激素；②注射促性腺激素；③注射促性腺激素释放激素等。

孕激素和前列腺素是诱导牛同期发情最常用的激素，前者通常用皮下埋植法或阴道栓法给药，后者一般以肌肉注射方式给药。

3. 超数排卵

超数排卵简称超排，通常用于单胎动物的人工孪生和胚胎移植中。诱导动物超排所用的药物主要为 FSH、PMSG 或 HMG（人绝经期促性腺素）。PMSG 由于半衰期长，只需一次用药（静脉或肌肉注射）就可诱导超排，用量一般为 2 500～3 000 IU。但是，使用 PMSG 易引起卵巢囊肿，降低可用胚数。为了克服因 PMSG 残留引起的胚胎死亡，近年来发现在 PMSG 诱导发情后注射抗 PMSG 抗体，以中和体内残留的 PMSG，可以提高超排效果。

促性腺激素开始处理时期有两个，通常为发情周期的两个卵泡发生波开始时期，即发情周期第 16～17 天或第 10～13 天。在注射促性腺激素前，先用前列腺素处理，以消除黄体，可以提高超排效果。

4.4.2.2　胚胎移植

胚胎移植（embryo transfer，ET）的含义是将良种母畜的早期胚胎取出，或者是由体外授精及其他方式获得的胚胎，移植于同种的生理状态相同的母畜体内，使之继续发育成为新个体。提供胚胎的母体称为供体（donor），接受胚胎的母体为受体（recipient）。胚胎移植俗称借腹怀胎。胚胎移植产生的后代，它的遗传特性（基因型）取决于胚胎的双亲，受体母畜对后代的生产性能影响是很小的。

牛胚胎移植的主要技术环节包括超供体母畜和受体母畜的选择，超数排卵，胚胎收集，胚胎的质量鉴定，胚胎移植，移植后供体和受体的观察。

4.4.2.3　体外受精

体外受精（in vitro fertilization，IVF）是指哺乳动物的精子和卵子在体外人工控制的环境中完成受精过程的技术。由于它与胚胎移植技术（ET）密不可分，又称为 IVF-ET。把体外受精胚胎移植到母体后获得的动物称为试管动物（test-tube animal）。体外受精已成为一项重要而常规的动物繁殖生物技术。在家畜品种改良中，体外受精技术为胚胎生产提供了廉价而高效的手段，对充分利用优良品种资源，缩短家畜繁殖周期，加快品种改良速度等有重要价值。体外受精技术是哺乳动物胚胎移植、克隆、转基因和性别控制等现代生物技术不可缺少的组成部分。体外受精技术包括卵母细胞的采集,卵母细胞的成熟培养,体外受精。

4.4.2.4 克隆技术

克隆(cloning)是指由一个细胞或个体以无性繁殖方式产生遗传物质完全相同的一群细胞或一群个体。在动物繁殖中,它是指不通过精子和卵子的受精过程而产生遗传物质完全相同的新个体的一项胚胎生物技术。哺乳动物的克隆技术包括胚胎分割和细胞核移植两种,一般情况下,仅指细胞核移植技术,其中又包括胚胎细胞核移植和体细胞核移植技术。

1. 胚胎细胞核移植

胚胎细胞核移植(embryonic cell nuclear transplantation)又称胚胎克隆,是通过显微操作将早期胚胎细胞核移植到去核卵母细胞中构建新合子的生物技术。哺乳动物胚胎克隆的基本操作程序主要包括卵母细胞的去核,供体核的准备和移植,卵裂球与去核卵子融合,卵子的激活,胚胎克隆与培养,胚胎冷冻保存或胚胎移植。

2. 体细胞克隆

体细胞核移植(somatic cell nuclear transplantation)技术又称体细胞克隆,是把分化程度较高的体细胞移入去核卵母细胞中,构建新合子的生物技术。体细胞克隆的主要技术程序与胚胎细胞克隆基本相同,主要差别在供体细胞的选择。体细胞克隆的核供体是体外培养传代的体细胞。

4.4.2.5 性别控制

动物的性别控制(sex control)技术是通过对动物的正常生殖过程进行人为干预,使成年雌性动物产出人们期望性别后代的一项生物技术。哺乳动物的性别控制主要包括技术有:

1. X、Y 精子的分离

依据两类精子头部 DNA 含量的差异以流式细胞器分类仪对 X、Y 精子进行分离,在家畜中,X 精子的 DNA 含量比 Y 精子高出 3%~4%。用分离后的精子进行人工授精或体外受精对受精卵和后代的性别进行控制。这种方法对 X、Y 精子分离准确率达 90%以上。

2. 早期胚胎的性别鉴定

运用细胞学、分子生物学或免疫学方法可对哺乳动物附植前的胚胎进行性别鉴定,通过移植已知性别的胚胎可控制后代性别比例。目前胚胎性别鉴定最有效的方法是胚胎细胞核型分析法和 SRY-PCR 法。

4.4.3 提高母牛繁殖性能的措施

牛群繁殖率的降低,意味着母牛产犊间隔延长,即产后至配种受胎间隔时间的延长,也意味着空怀或不孕时间的延长。因此增加了母牛的饲养管理及配种费用,也减少了母牛的产犊数,影响了母牛养殖的经济效益。影响母牛繁殖力的主要因素有遗传、环境因素、营养、配种时间及人为因素等,通过应用下列措施,都可提高母牛繁殖力。

4.4.3.1 确保全面、均衡的营养

营养对母牛的发情、受胎、妊娠和犊牛的成活起决定性作用。日粮中能量水平长期不足,

幼龄母牛可推迟性成熟和适配年龄,缩短一生有效生殖时间;成年母牛不发情,或发情征状不明显甚至只排卵不发情;妊娠后母牛由于能量不足,易造成流产、死胎、分娩无力、犊牛生活力低下等。日粮中能量水平过高时,多余的脂肪会沉积于生殖器官,使发情、受胎困难。

日粮中蛋白质缺乏不但影响牛的发情、受胎和妊娠,而且由于日粮适口性下降而影响牛的食欲,使牛体重下降,直接或间接影响牛的健康和繁殖。随着日粮中粗蛋白质含量的增加,血浆中尿素氮水平增加而不显著地使受胎率下降,但用高瘤胃非降解蛋白饲喂,则不会使血浆中尿素氮水平增加。

矿物质中的磷对繁殖的作用较大,缺磷会推迟性成熟,严重时性周期停止。钙是胎儿生长不可缺少的,可防止成年母牛的骨质疏松症、胎衣不下和产后瘫痪。一些微量元素如钴、铜、碘、锰等对牛的繁殖和健康都起一定的作用。

胡萝卜素和维生素 A 与母牛繁殖力有密切关系,缺乏时易造成流产、死胎、胎衣不下等。在生产实践中,应根据牛的生理状态和生产力,给予恰当的营养水平,注意各养分之间的平衡,可大大提高母牛的繁殖力和牛群的质量。

4.4.3.2 提高管理水平

管理水平是提高繁殖力的重要方面。管理工作所涉及的内容较多,主要包括组织合理的牛群结构,合理的生产利用,母牛发情规律和繁殖情况调查,空怀、流产母牛的检查和治疗,配种工作的组织,保胎及犊牛培育等方面。只有做好各个环节的工作,才能取得好的繁殖成绩。

4.4.3.3 保持卵巢功能正常,杜绝异常发情

母牛的正常繁殖主要取决于正常发情。但母牛往往由于卵巢功能失常等而引起异常发情,异常发情包括不发情、暗发情、常发情和假发情。

(1)不发情。母牛既不发情也不排卵,往往由于疾病、气候、营养或泌乳引起。子宫内膜炎或其他生殖道疾病、持久黄体、卵巢发育不全是不发情的主要原因。用前列腺素的溶液直接注入子宫或做肌肉注射,对持久黄体具有明显的治疗效果。用垂体促性腺激素,特别是促卵泡素治疗卵泡幼稚型是十分有效的。

(2)暗发情或隐性发情。指发情征状不明显或发情持续时间短,但牛有卵泡发育并且排卵,产后母牛、高产牛、年老体弱母牛、高温季节较常见。这种情况如不注意检查易造成漏配,应对牛群加强试情和直肠检查,使暗发情的牛也能受孕。

(3)常发情。指母牛经常有外部发情表现,亦称慕雄狂,其主要原因是卵巢囊肿。由于营养不足、维生素缺乏、使役过度等因素,妨碍了卵泡发育,使卵泡不成熟、不排卵,形成囊肿,因卵泡的不断发育,分泌过多的雌激素,使母牛持续发情。常发情给母牛造成不孕,生产力下降,同时影响牛群的正常活动,因此必须及时治疗。

(4)假发情。母牛有外部发情表现,但卵巢上无发育的卵泡,也不排卵。在母牛妊娠 3～5 个月内,有 3%～5%的牛突然有性欲表现,在阴道检查时,阴道黏膜苍白,无发情分泌物,所以对这种情况要仔细检查,不可盲目配种,以防流产。

4.4.3.4 提高繁殖技术

造成繁殖力下降的原因,在自由交配或群配时,公母牛比例不当,公牛头数过少;在人工辅

助交配时则是公牛利用过度，交配不适时或公牛饲养管理不当；在采用人工授精和冷冻精液后，对采精、新鲜精液处理及保存各环节操作技术不过硬，或要求不严，造成受胎率下降；发情鉴定不准确导致的误配、漏配；未掌握好输精时间；输精技术不熟练等都使繁殖效率下降。因此，对各操作环节都必须有严格的操作规程、周密的工作计划及检查制度。

4.4.3.5 防治疾病引起的不孕

对繁殖影响最大的疾病有两大类。

(1)传染病。包括布氏杆菌病、滴虫病、胎弧菌病及生殖道颗粒性炎症等。为了控制传染病，应严格执行传染病的检疫和防疫制度，普及人工授精，严格消毒输精的每个环节步骤，以减少传染病的蔓延。

(2)非传染性的疾病。包括各种生殖道炎症，如阴道炎、卵巢炎、输卵管炎、子宫内膜炎、子宫囊肿、子宫颈炎等。在加强牛群饲养管理的基础上，针对各种非传染性的疾病进行治疗，以提高母牛的繁殖能力。

4.4.3.6 淘汰先天性和生理性不孕的母牛

由于下丘脑-垂体-性腺轴的内分泌系统失调和神经系统的紊乱所造成的，致使母牛生殖器官发育异常、性机能失调等引起的先天性和生理性不孕，如子宫颈狭窄、位置不正、阴道狭窄、两性畸形、异性双胎的母犊、幼稚病(功能性不孕)等。先天性的不孕除幼稚病外，多数是属于永久性的，应该及早地从牛群中淘汰这些母牛。由于遗传或高度近亲造成的早期胚胎死亡也是有的。必须注意对带有隐性致死基因的母牛严格淘汰。

4.4.3.7 充分利用有利的气候与环境条件，提高母牛的繁殖效率

季节是最大的气候与环境，不同季节意味着温度、湿度、光照、饲料供应等因素的不同，从而都会影响繁殖。过高或过低的温度都不利于牛的繁殖。如在夏季炎热和冬季严寒时，牛的繁殖率最低。春、秋两季气候适宜，繁殖效率最高。冬季发情受胎少的原因，主要是由于日照短和粗料中维生素含量低。夏季的高温会使甲状腺机能不足，使甲状腺素分泌量少而缩短发情持续期并减少发情表现，高温还明显地增加了胚胎的死亡率。但如给予遮阳、通风等措施，可改进其繁殖率。创造理想的环境条件，如凉爽的气候、适宜的温度、长的日照和丰富的营养，可有效提高母牛的繁殖效率。

4.5 奶牛场及家畜改良站的牛群繁殖管理

繁殖管理是养牛生产管理的关键环节，母牛只有经配种、怀孕才能产犊、产奶。搞好母牛的繁殖管理，明显提高母牛繁殖率和降低饲养成本，使养牛经济效益最大化。

4.5.1 奶牛场的奶牛繁殖管理

奶牛繁殖工作做得如何，不仅直接影响本胎次泌乳母牛产乳量的高低，而且对母牛生产性

能的发挥和经济效益的提高也将起着决定性作用。

4.5.1.1　母牛繁殖管理

母牛繁殖管理，就是在生产中为了保护、保持母牛繁殖能力，提高母牛繁殖效率所采取的一切管理措施。母牛的繁殖管理就是保证母牛发情、配种、妊娠、分娩、哺乳（泌乳）、产后再发情，伴随着繁殖率的提高，使养牛的经济效益明显增加。

1. 发情管理

发情和排卵是母牛繁殖活动的主要生理现象，也是母牛能否配种受胎的首要条件，发情管理主要包括发情鉴定、育成母牛初情检查、成年母牛产后第一次发情检查、异常发情检查等。

(1)做好母牛的发情观察和母牛发情鉴定，做好发情观察记录，安排配种。

(2)对异常发情母牛要查明原因，酌情治疗，对不发情母牛应及时进行分析和生殖检查。繁殖人员对14月龄以上的后备母牛不见发情症状，要进行饲养管理的检查，对内外生殖器官检查；产后60 d以上未见到发情的母牛，要首先检查有无漏情，然后，通过直肠检查子宫是否正常。对不发情的母牛，要从改善饲养管理和应用生殖激素着手，使其恢复性周期。

(3)在配种后，观察母牛是否再发情，统计30 d、60 d、90 d和120 d不返情率（不发情母牛数占配种母牛数的百分数）来估计母牛群的受胎情况。

2. 配种管理

母牛配种工作基本分为前期和后期，前期工作主要有母牛的饲养管理、种公牛精液的选购及配种，抓住母牛发情最佳配种时间配种，在母牛配种后期工作也不要松懈，做好保胎工作，具体的配种管理工作包括以下方面。

(1)固定配种员，不要随便更换。

(2)后备母牛的配种管理，乳用后备母牛在15～16个月体重达到375 kg，体高在1.27 m时可以配种；在一般情况下，地方黄牛的配种年龄为20～22月龄，改良杂交黄牛为18～20月龄配种。如果配种过早，母牛发育不全、奶产量低，易出现难产；配种过晚，不仅降低了母牛利用年限使终生奶产量降低，而且易使母牛肥胖，生殖激素平衡失调而造成不孕。

(3)配种员应熟悉全群母牛的繁殖情况，掌握配种技术，建立详细的发情、配种记录。

(4)配种员要根据母牛发情阶段，确定配种时间。严格遵守人工授精的操作规程，冻精处理要严，精液品质检查要细；输精时间要及时；在直肠把握子宫颈输精时，操作要细致，输精部位要准确；操作过程中，对母牛的外阴、所有器具等应严格消毒。

(5)每次输精后及时填写配种记录登记表。

3. 妊娠管理

妊娠管理的工作主要是妊娠诊断和保胎，并做好分娩前的准备工作，而早期妊娠诊断对母牛生产管理、牛群质量的提高、牛群繁殖率提高、空怀率减少有着重要意义。

(1)母牛配种后，是否受胎怀孕，要进行妊娠诊断。母牛配种后最好进行3次妊娠诊断，第一次在配种后60～90 d采用直肠检查法；第二次在配种后4～5个月采用直肠检查法；第三次在产前60 d采用腹壁触诊法。

(2)通过妊娠诊断，对已妊娠牛和未妊娠牛做到心中有数，从而能采取相应的饲养管理措施。对妊娠牛，需改善饲养管理，保证母体与胎儿健康和正常发育，及时采取保胎护胎措施，防止流产；对未配上的母畜则要查明原因，采取防止漏配措施，从而减少空怀，缩短产犊间距，发现有产科病要采取及时治疗，促使其再发情，再输精；对屡配不孕牛也应及时淘汰。与此同时，分析未妊原因，找出解决方法，最大限度地减少因空怀给生产带来的损失。

(3)当牛群中大批母牛发生不妊时，应对饲养管理、健康状况、繁殖管理技术等进行全面调查和综合分析。查日粮组成、饲料品质、矿物质、维生素的含量；查母牛健康状况与营养状况，其中包括全身检查和生殖器官检查；查母牛配种情况；查精液品质。通过上述调查研究，运用我们现有知识和适当手段，加强饲养管理，坚持发情鉴定要细，输精操作要准，患有疾病要治等综合措施，减少不孕症。

(4)母牛妊娠后期，为做好分娩前的准备工作，准确推算母牛的产犊期。根据预产期注意观察，减少饮水，减少运动，加强管理，做好分娩前各种用具和人员的准备。

(5)用大型肉用牛品种与本地黄牛杂交时，一般难产率较多，尤以初产牛较多，临产前要注意观察，及时做好助产工作。注意清洁卫生和疫病防治，搞好妊娠母牛的乳房护理。不论初产母牛还是经产母牛妊娠后期都要清洗乳房并作乳房按摩，对于增加产后泌乳量，培育强壮犊牛，提高养牛生产效益极为重要。

4. 分娩管理

分娩管理的好坏直接关系到犊牛的正常分娩、母牛分娩后的健康及产后生产性能的发挥和繁殖表现。重点是加强临产和产后母牛的监护，目的是促使母牛体质尽快恢复，保证其健康和高产，以持续维持足够的再生产能力。具体管理措施有以下几项。

(1)搞好母牛分娩产犊工作，产前5～10 d，将产圈扫干净，并用10%～20%的新鲜石灰水喷洒消毒，临产前用2%～5%的来苏儿液消毒母牛的腹部、乳房和阴户。

(2)分娩前应注意观察母牛分娩预兆，以便做好接产准备。分娩时要注意接产，尽可能让其自然分娩，对头胎牛、胎儿较大及倒生时可在产出期过后适当给予人工助产，发生难产时要在兽医指导下进行助产。

(3)母牛产犊后及时掏出犊牛鼻中黏液，扯去胎膜。对假死犊牛可用拍打胸部、倒提后肢和酒精刺鼻等方法急救。对于难产母牛要做好助产，使母牛顺利产犊。此外，保温对初生犊牛尤为重要。犊牛出生时，分娩舍的温度必须保持在26～32℃。

(4)做好奶牛分娩检查记录，包括是否难产的记录，产后母牛胎衣排出时间完整与否记录，恶露排出颜色、数量记录等。

(5)分娩后要注意产后监护：①产后3 h内注意观察母牛产道有无损伤、出血，发现损伤出血及时处理；②产后6 h内注意观察母牛努责情况，若母牛努责强烈，要检查是否还有胎儿未产出，并注意是否有子宫脱症兆；③产后12 h内注意观察胎衣排出情况。④产后24 h内注意观察母牛恶露排出的数量。⑤产后3 d内注意观察母牛有无产后瘫痪症状，发现瘫痪症状要及时治疗；⑥产后7 d左右注意观察母牛恶露排出程度，发现恶露不净或腐败要及时治疗；⑦产后15 d左右注意观察母牛子宫分泌物是否正常；⑧产后30 d左右通过直肠检查母牛子宫复旧情况，发现子宫复旧不全要及时治疗；⑨产后40～60 d注意观察母牛产后第一次发情是否正常。

4.5.1.2 奶牛场牛群繁殖管理的目标

奶牛场繁殖管理是管理实施与繁殖相关工作人员的繁殖绩效，根据确定的工作目标考核工作完成的数量和质量，目的是通过繁殖管理扩大良种奶牛存栏、提高牛场经济效益。

一、牛场繁殖管理指标的统计

奶牛场繁殖管理水平直接影响到母牛泌乳量的高低和全场生产任务的完成，繁殖指标反映奶牛场繁殖配种水平的高低，牛场应用繁殖指标作为发情鉴定、配种、妊娠、产犊管理工作的考核内容和计算报酬依据。生产上常用的繁殖指标有：

1. 受胎率

年度内配种后妊娠母牛数占参加配种母牛数的百分率，受胎率又可分为总受胎率、情期受胎率和第一情期受胎率。

(1)年总受胎率。反映全年总的配种效果，年总受胎率＝年受胎母牛头数/年受配母牛头数×100％。

统计日期由上年 10 月 1 日至本年 9 月 30 日；年内受胎两次以上的母牛(包括正产受胎两次和流产后受胎的)，受胎头数和受配头数应一并统计，即各计为两次以上；以受配后 2～3 个月的妊检结果确认受胎要参加统计；配种后 2 个月内出群的母牛，不能确定是否妊娠的不参加统计，配种 2 个月后出群的母牛一律参加统计。

(2)年情期受胎率，以情期为单位的受胎率，反映母牛发情周期的配种质量。

年情期受胎率＝年受胎母牛头数/年输精总情期数×100％

凡经输精的情期均应统计在内。年内出群的牛只，如最后一次配种距出群日不足 2 个月时，该情期不参加统计，但此情期以前的受配情期必须参加统计；统计的起止日期与年总受胎率相同。

(3)第一情期受胎率，第一个情期配种的受胎母牛数占配种母牛数的百分比，它便于及早发现问题，从而改进配种技术。

第一情期受胎率＝第一情期配种受胎母牛头数/第一情期配种母牛头数×100％

2. 年繁殖率

反映牛群在一个繁殖年度内的增殖效率。

年繁殖率＝年实繁母牛头数/年应繁母牛头数×100％

实繁母牛头数指自然年度(1～12 月份)内分娩的母牛头数、年内分娩两次的以两头计，一产双胎的以一头计，妊娠 7 个月以上的早产计入实繁头数，妊娠 7 个月以下的流产不计入实繁头数。应繁母牛头数指年初(1 月 1 日)18 月龄以上母牛数，加上年初未满 18 月龄而在年内实繁的母牛数。年内出群的母牛，凡产犊后出群的一律计算，未产犊而出群的一律不计算。年内调入的母牛，在调入后产犊的，分子、分母各算一头，未产犊的，不统计。

3. 年平均胎间距(产犊间隔)

胎间距为母牛本胎产犊日距上胎产犊日(不含)的间隔天数。

年平均胎间距＝胎间距之和/统计头数

按自然年度统计，凡在年内繁殖的母牛均进行统计。年内繁殖两次的(指正产)，其所形成的两个胎间距一并进行统计。流产也计为产一胎，遇到流产情况时，不足 270 d 的胎间距不参加统计，超过 270 d 的胎间距一并参加统计。

4. 初产月龄

初产月龄＝初产日龄/30，初产日龄指初生日(不含初生日)到初产日的间隔天数。

5. 犊牛成活率

在本年度内断奶成活的犊牛数占本年度出生犊牛数的百分率，反映母牛育仔能力和犊牛生活力及饲养管理水平。

二、繁殖管理工作目标指标

通过繁殖管理提高母牛的繁殖率，奶牛场繁殖工作应达到以下指标。

(1)年总受胎率要求大于85％，管理好的奶牛场可达到95％以上。

(2)情期受胎率大于50％，1次情期受胎率达58％以上较理想。

(3)年平均产犊间隔不应大于400 d，饲养管理好的奶牛场产后第一次配种时间为35～55 d。

(4)青年母牛初配龄为16～18个月，初产月龄为25～28个月。

(5)繁殖母牛年繁殖率达85％以上，管理好的奶牛场可达到90％以上。

(6)个体每次妊娠平均所需配种(输精)次数低于1.6次。

(7)有繁殖障碍的个体低于10％。

4.5.1.3 奶牛场的繁殖管理工作

奶牛场的繁殖管理就是保证奶牛妊娠，分娩，泌乳，再妊娠，伴随着奶牛头数的增加，奶牛场获得经济效益。

1. 奶牛场繁殖记录

奶牛繁殖管理的一个主要工作是做好牛群的繁殖育种记录，繁殖记录主要内容包括，公母牛号，发情情况(日期、状况、发情鉴定)，配种情况(日期、配种人员、输精次数)，妊娠鉴定情况，预产期，产犊情况，疾病治疗等，做到每一头牛有一卡片，具体的繁殖记录有以下几种。

(1)发情记录。发情日期、开始时间、持续时间，性欲表现，阴道分泌物状况等。

(2)配种记录。配种日期，第几次配种，与配公牛号，输精时间，输精量，精子活率，子宫和阴道健康状况，排卵时间等。

(3)妊检记录。妊检日期，结果，处理意见，预产期，停奶日期等。

(4)流产记录。胎次，配种日期，与配公牛，不孕症史，配种时子宫状况，流产日期，妊娠月龄，流产类型，流产后子宫状况，处理措施，流产后第一次发情日期、第一次配种日期、妊检日期等。

(5)产犊记录。胎次，与配公牛，产犊日期，分娩情况(顺产、接产、助产)，胎儿情况(正常胎儿、死胎、双胎、畸形)，胎衣情况，母牛健康状况，犊牛性别、编号、体重等。

(6)产后监护记录。分娩日期，检查日期，检查内容，临床状况，处理方法，转归日期等。

兽医诊断及治疗记录。包括各种疾病和遗传缺陷。

2. 奶牛繁殖计划——配种计划

制订配种产犊计划，可以明确一年内各月参加配种的母牛数和分娩数，便于组织和计划生产，它是完成繁殖任务、调节生产需要、制订育种计划以及提高养牛业经济效益的必要管理措施。配种产犊计划的内容包括牛号、胎次、年龄、生产性能、产犊日期、计划配种日期和实际配种日期、与配公牛、预产期、干奶期等，见第9章实验十七。

母牛的产犊通常有均衡性分娩和季节性分娩两种类型，均衡性分娩是指各月份均有母牛分娩，一年中各月份分娩母牛较均衡；季节性分娩是指集中在某一季节分娩，如春季或秋季。具体采用哪一种配种产犊计划，应根据不同生产方向、气候条件、饲料供应、产品需求及育种方向和某些母牛特点等而定。具体编制配种产犊计划的编制方法和步骤见实验内容。

3. 奶牛场日常繁殖管理工作

(1)奶牛场要建立繁殖管理板，有条件的牛场要进行计算机管理，这样可使全场每头奶牛每天和预期基本情况如产犊、配种、妊娠、干奶等时间、时期，犊牛、育成牛的日龄、月龄，全群各类牛组成等一目了然，非常实用。

(2)要随时了解牛群的繁殖情况，通过计算第一情期受胎率、总受胎率、繁殖率等有效方法分析总结繁殖成绩，从而掌握奶牛的营养、健康、生殖状况以及配种员的技术水平，并与设置繁殖管理指标对比，进行绩效管理。

(3)建立繁殖记录制度；建立繁殖月报、季报和年报制度，见表4-13；并要求配种技术员或兽医工作者例行下列生殖道检查工作：①母牛产后14～28 d检查一次子宫复位情况，对子宫恢复不良的母牛连续检查并治疗，直到可以配种为止；②对阴道分泌物异常的牛和发情周期不正常的牛，应进行记录，并给予治疗；③产后60 d以上尚不发情的牛，应查明原因，予以治疗；④对配种30 d以上的牛进行妊娠检查。

表4-13　奶牛场繁殖月报

牛号	产犊日期		胎间距/d(初产日龄)	犊牛情况			备注
	本胎	上胎(初生日期)		父号	初生重/kg	性别	

4.5.2　家畜改良站的繁殖管理工作

凡奶牛、肉牛改良和黄牛养殖比较集中的地区，我国在各县(市)及乡镇设立家畜改良站(畜牧站)、配种站(冷冻精液供应站、家畜繁育站或改良站)、当地乡镇畜牧兽医站或输精点或人工授精中心，由点到面开展群众性杂交改良工作，通过站点，培养一批技术骨干，大力推广冷冻精液人工授精技术和科学饲养管理技术，提高基层技术人员和广大养牛户的素质，以及饲养、繁育技术水平，在发展商品肉牛生产、奶牛生产，建立高效快繁奶肉牛配套繁殖技术体系上起着重要作用，这些站点的主要工作围绕冷冻精液的保存与人工输精，建立母牛繁殖基地，做好各项登记工作，推广普及科学养殖技术等，具体繁殖育种管理工作有以下几方面。

4.5.2.1　正确使用液氮罐贮精器

运输中轻拿轻放，避免碰撞，特别注意对液氮罐颈部的保护；平时放置于阴暗处，尽量减少开罐次数和时间，以减少液氮消耗。

定期(液氮剩1/3时)添加液氮；贮存过程中，如发现液氮消耗显著或罐外排霜，表明液氮罐性能失常，应立即更换；取、放冻精时不要把盛冻精的提筒提到罐之外，只能提到罐颈基部，如经10 s还没有取完，应将提筒放回，经液氮浸泡后再继续提起取用。

贮存冻精的液氮罐，每年至少要彻底清洗一次，要冲洗干净并控干后方可再次使用。

4.5.2.2 冷冻精液的保存

每个罐子、提筒应有编号，并记录冷冻精液的名称、批号、数量，登记工人做好记录。房间要求通风、干燥，避免日光照射容器。室内保存多个容器时，要注意安全，尤其是通风。

将不同牛的冷冻精液按品种、畜号、剂型、制作冻精批次，分别有秩序地装在液氮罐里，始终浸入液氮内长期保存。

4.5.2.3 冻精质量管理

使用优秀种公牛精液，能加快牛遗传改良进展，提高牛群整体素质。采购冻精时，要选择管理良好和符合国家标准的种公牛站。每次购买冻精，都应抽检其活力、密度、顶体完整率、畸形率和微生物指标。其标准为：活力≥0.35、直线运动精子密度≥1 000 万个、顶体完整率≥40%、畸形精子率≤20%、非病原细菌数≤1 000 个/mL。性控精液直线运动精子密度≥200 万个。

4.5.2.4 严格按规定要求对母牛进行配种

即育成母牛满 18 月龄或本地牛体重达到 300 kg、杂交牛体重达 350 kg 以上开始配种。

成年母牛产后第一次配种时间掌握在产后 50～90 d，膘情中等以上。

配前要对母牛进行检查，对患有生殖疾病的牛不予配种，应及时治疗或淘汰。

4.5.2.5 严格执行牛的人工授精技术操作规程

做好发情鉴定，按牛的人工授精技术操作规程进行配种。输精母牛须做好记录，各项记录必须按时、准确，并定期进行统计分析。

及时进行妊娠诊断，加强母牛分娩前、后的饲养管理指导。

4.5.2.6 建立繁殖记录登记及统计报表制度

建立发情、配种、妊娠、流产、产犊、产科管理及繁殖障碍牛检查、处理等记录。

原始记录必须真实，完整，详细。要认真做好各项繁殖指标的统计，数字要准确。

建立繁殖月报、季报和年报制度。

认真记录产后母牛、犊牛的状况，如胎衣排出情况、犊牛体况等，及时处理产科问题，发现病症及时处理。对早期胚胎死亡、流产、早产牛、屡配不孕牛、屡治不育的母牛，要分析原因，必要时进行流行病学调查，并采取相应措施，或治疗或及时淘汰。

复习思考题

1. 简述中国黄牛的杂交改良利用方法及种公牛站冻精生产过程。
2. 如何提高母牛繁殖性能？如何对奶牛场进行繁殖管理？
3. 奶牛场的育种管理措施有哪些？家畜改良站的繁殖育种管理应注意哪些问题？

5 牛营养需要与常用饲料及其加工管理

［重点提示］ 本章主要简述奶牛、肉牛营养需要及肉牛日粮营养要求，牛常用饲料的加工方式及营养价值等。教学讲授时注意减少与饲养学、动物营养学等专业基础课的重叠，可结合实验中日粮配方制订讲授，或结合实习讲授。

饲料是畜牧业发展的物质基础，我国养牛业的发展，除了需要大量的优质牧草，为提高生产性能还需要一定的精饲料投入。营养是动物的客观要求，饲料是营养物(养分)的载体和营养素供应途径。牛的饲料种类很多，养牛生产中饲料费用占饲养费用的70%～80%。为使养殖业不但能高产、高效，而且能获得优质的乳、肉，因地制宜尽量降低饲料的成本投入，减少不必要的浪费及消耗，有效地达到“两高一优一低耗”的目的。

5.1 牛的营养需要

牛的营养需要是指每头牛每天对水、能量、蛋白质、矿物质和维生素等营养物质的需要量。因牛的品种、生理机能、生产目的、体重、年龄和性别等不同，对营养物质的需要在数量和质量上都有很大的差别。从生理活动角度将牛的营养需要分为维持和生产两个方面，维持是指维持生命活动和保持健康所需要的营养物质，生产是指生长、泌乳、产肉、使役和妊娠所需的营养物质。

5.1.1 奶牛营养需要

奶牛只有通过饮水、摄食饲料，从中获取必要的营养物质，以满足其生长、怀孕和泌乳的营养需求，方能发挥其最大的生产性能。奶牛所需营养物质的吸取明显影响原料奶的成分含量，只有供给奶牛均衡、足量的营养物质，才能最大限度提高奶牛对营养物质的利用效率。奶牛的营养物质包括水、蛋白质、脂肪、矿物质、维生素和其他促产奶添加剂等。奶牛的营养需要包括蛋白质需要、能量需要、干物质和粗纤维需要、钙、磷、镁及食盐需要以及维生素和微量元素的需要。

5.1.1.1 水的需要

牛体内含有50%～70%的水分，牛奶中含有约87%的水；水是主要的营养物质之一，当体内失水10%时,代谢过程就要受到破坏,失水20%将引起死亡。奶牛需要的水来源于自由饮水、饲料中含有的水和有机营养物质代谢产生的代谢水。奶牛的自由饮水量因年龄、体重、采食量、气温、水温、水的质量、饲料含水量、产奶量、增重速度等有很大变化。

干奶母牛每天需饮水35 L,日产奶15 kg的母牛每天需饮水50 L,日产奶40 kg左右的高产母牛每天需饮水约100 L。炎热季节母牛所需饮水量超过春季、秋季和冬季,天气炎热时,保证牛的足量饮水十分关键;饮水量的下降会限制干物质的进食量、增重和产奶量,保证牛随时饮到新鲜、洁净的水。水槽可安置在饲喂区、休息区和运动场,夏季水槽每周至少清洗一次,定期消毒,以防止水污染,冬天应避免饮冰水。有条件的养牛场可在牛舍内安装自动饮水器,让牛随时饮水,也可每天定时供水,一般每天3~4次,夏季每天5~6次。

5.1.1.2 干物质采食量

干物质采食量(dry matter intake,DMI)是奶牛配合日粮中一个重要的指标,影响奶牛DMI的因素包括体重、生理阶段(妊娠)、产奶量、环境条件、日粮的精粗比例(饲料能量浓度、日粮类型)、饲料加工、粗饲料质量、牛的体况、饲养方式、气候条件等,其中体重是主要影响因素。在实际应用时可以根据牛的体重和饲料状况(日粮浓度、精粗比例)预测干物质的采食量,见表5-1。我国奶牛饲养标准中,泌乳牛干物质采食量计算公式为:

干物质进食量(kg)$=0.062W^{0.75}+0.40y$(适用于偏精料型日粮,精粗料比约60∶40)

干物质进食量(kg)$=0.062W^{0.75}+0.45y$(适用于偏粗料型日粮,精粗料比约45∶55)

式中y表示标准乳产量(kg),W表示体重(kg)(冯仰廉等,2000)。

生长母牛:干物质进食量(kg/d)$=0.062W^{0.75}+(1.5296+0.00371\times$体重$)\times$日增重。

妊娠后期母牛:干物质进食量(kg/d)$=0.062W^{0.75}+(0.790+0.005587\times t)$。

式中W表示体重(kg),t表示妊娠天数。

乳用种公牛:干物质进食量(kg/d)$=\text{NND}\times0.6$

牛是反刍动物,为了保持正常的消化机能,配合日粮时应考虑粗纤维含量。粗纤维含量过低,往往会影响瘤胃的消化机能,含量过高则达不到所需的能量浓度,可考虑有效粗纤维大于15%。当有条件测定或计算日粮中中性洗涤纤维(NDF)含量时,奶牛日粮干物质中NDF含量应大于25%,其中必须有19%以上来自粗饲料(即有效中性洗涤纤维)。

表5-1 乳牛干物质采食量

泌乳阶段		DMI占体重的比例/%	泌乳阶段	DMI占体重的比例/%
泌乳盛期	日产乳>30 kg	3.0~3.5	泌乳后期	3.0~3.2
	日产乳<30 kg	2.7~3.3	干乳期	1.8~2.2
泌乳中期		3.0~3.2	围产期	2.0~2.5

引自卢德勋,2001。

5.1.1.3 能量需要

我国奶牛的能量需要和饲料的能量价值采用产奶净能体系,即将产奶、维持和生长统一用产奶净能表示,奶牛饲养标准中采用相当于1 kg含脂4%的标准乳能量,即3.138 MJ产奶净能作为一个“奶牛能量单位”，缩写成NND(汉语拼音字首)，其英语缩写为DCEU(dairy cattle energy unit)。例如1 kg干物质为89%的优质玉米，产奶净能有9.01 MJ，则 9.01/3.138=2.87 NND。其生产应用上的概念可反映为1 kg玉米(能量)相当于2.87 kg奶(能量)的价值。

饲料产奶净能值的测算：产奶净能(MJ/kg干物质)=0.550 1×消化能(MJ/kg干物质)−0.395 8。

一切生命活动都需要能量，能量不足会导致泌乳牛体重和产奶量的下降，严重的情况下将导致繁殖机能衰退，奶牛能量的需要可以分为维持、生长、繁殖(怀孕)和泌乳几个部分。

一、成年母牛的能量需要

能量是所有营养物质的基础，能量不足将影响其他营养物质的利用率，在一定能量的基础上，其他营养成分也能转变成能量满足奶牛的需要。产奶牛的能量需要主要包括维持、产奶和妊娠后期等的能量需要。

1. 维持的能量需要

在中立温度拴系饲养条件下，奶牛维持的能量需要(MJ)为0.356$W^{0.75}$。由于第一和第二泌乳期奶牛的生长发育尚未停止，故第一泌乳期的能量需要须在维持基础上增加20%，第二泌乳期增加10%。放牧运动及牛在低温条件下能量消耗明显增加。具体可查看奶牛饲养标准。

2. 产奶的能量需要

牛奶的能量含量就是产奶净能的需要量，可按如下回归公式计算：

$$\text{每千克奶的能量(MJ)}=0.75+0.388\times\text{乳脂率(\%)}+0.164\times\text{乳蛋白率(\%)}+0.055\times\text{乳糖率(\%)}$$

3. 产奶牛的体重变化与能量需要

当产奶母牛日粮的能量不足时，母牛往往动用体内贮存的能量去满足产奶的需要，结果体重下降。反之，当日粮能量过多，多余能量在体内沉积，体重增加。成年母牛每千克增重或减重，相当于净能25.104 MJ。泌乳期间增重的能量利用效率与产奶相似，因此每增重 1 kg约相当8 kg标准奶(25.104/3.138=8)。动员体脂减重产奶的能量利用率为0.82，故每减重 1 kg能产生20.585 MJ产奶净能(25.104×0.82=20.585)，即6.56 kg(20.585/3.138)标准奶。

4. 产奶牛不同生理阶段的能量需要

奶牛泌乳早期日粮能量的不足，会使奶牛达不到理想的产奶高峰，高峰期所能维持的时间缩短，致使整个泌乳期的产奶量大幅度降低。当产奶母牛日粮的能量不足时，母牛往往动用体内贮存的能量去满足产奶的需要，结果体重下降。反之，当日粮能量过多，多余能量在体内沉积，体重增加。

(1)产后泌乳初期的能量需要。产后泌乳初期阶段，母牛的食欲和消化机能较差，能量进食不足，需动用体内贮存的能量去满足产奶需要。往往在产后的头15 d为剧烈减重阶段，在此期间既应保持消化机能并注意增加采食量，防止过度减重。荷斯坦牛的最高日产奶出现的时间不一致，但一般多出现在产后60 d以内。因此，当食欲恢复后，采用引导饲养，给量应稍高于需要。

(2)泌乳后期和怀孕后期的妊娠能量需要。已知泌乳期用于增重的能量利用效率较高，与产奶相似。所以在泌乳后期增加一定体重供下个泌乳期的需要是经济的。按胎儿生长发育的实际情况，从妊娠第六个月开始，胎儿能量沉积已明显增加，牛妊娠的能量利用效率很低，每1.00 MJ的妊娠沉积能量约需要4.870 MJ产奶净能，所以，按此计算，妊娠6、7、8、9月时，每天应在维持基础上增加4.184、7.112、12.552和20.92 MJ产奶净能。

二、生长牛的能量需要

增重净能(NEg)是指生长过程中沉积在组织内的能量。生长牛的能量需要包括维持和增重净能需要两部分，在饲养标准中已分别计算排列成表，可直接由表中查找。

(1)生长牛的维持能量需要。在中立温度区的维持需要(kJ)＝$584.6W^{0.67}$。W为体重(kg)。

(2)生长牛增重净能的需要。增重的能量沉积(MJ)＝{4.184×增重(kg)×[1.5＋0.004 5×体重(kg)]}/[1－0.3×增重(kg)]。

5.1.1.4 蛋白质的需要量

蛋白质是生命的物质基础，牛体各种组织主要由蛋白质组成，牛体需要不断地利用蛋白质来修补、更替和增重，蛋白质是构成组织、维持代谢、生长、繁殖、泌乳和抵抗疾病所必需的营养物质。我国奶牛蛋白质需要采用小肠可消化粗蛋白质体系，增重的蛋白质需要量是根据增重中的蛋白质沉积，以系列氮平衡实验或对比屠宰实验确定。

1. 奶牛维持的蛋白质需要

奶牛维持的可消化粗蛋白质的需要量为$3.0\ (g)\times W^{0.75}$。200 kg体重以下用$2.3\ (g)\times W^{0.75}$。小肠可消化粗蛋白质的需要为$2.5\ (g)\times W^{0.75}$，200 kg体重以下用$2.2\ (g)\times W^{0.75}$。

2. 产奶的蛋白质需要

产奶的蛋白质需要量取决于奶中的蛋白质含量。在乳蛋白率没有测定的情况下，亦可根据乳脂率进行测算。

乳蛋白率(%)＝2.36＋0.24×乳脂率(%)($p<0.01, n=330$)

产奶的可消化粗蛋白质需要量＝牛奶的蛋白质量/0.60

产奶的小肠可消化粗蛋白质需要量＝牛奶的蛋白质量/0.70

3. 生长牛的蛋白质需要

生长牛的蛋白质需要量取决于体蛋白质的沉积量。

$$\text{增重的蛋白质沉积(g/d)}=\Delta W(170.22-0.173\,1\,W+0.000\,178\,W^2)\times(1.12-0.125\,8\Delta W)$$

其中，ΔW为日增重(kg)，W为体重(kg)。

生长牛日粮可消化粗蛋白质用于体蛋白质沉积的利用效率为55%。但幼龄时效率较高，体重40～60 kg可用70%，70～90 kg可用65%。

4. 妊娠的蛋白质需要

妊娠的蛋白质需要按牛妊娠各阶段子宫和胎儿所沉积的蛋白质量进行计算。在维持的基础上，可消化粗白质的给量，妊娠6个月时为50 g，7个月时为84 g，8个月时为132 g，9个月时为194 g；小肠可消化粗蛋白质的给量，妊娠6个月时为43 g，7个月时为73 g，8个月时为

115 g,9 个月时为 169 g。

5.1.1.5　钙、磷和食盐的需要

矿物质是构成骨骼和牙齿的主要成分,同时软组织和体液中也含有一定量的矿物质元素,参与体内各种代谢过程。牛奶中的矿物质、维生素成分约占 1%,矿物质、维生素是奶牛正常生理活动、生长发育、泌乳所必需的营养素,其缺乏明显影响繁殖性能和生产性能,见表 5-2。规模舍饲的奶牛如不饲喂矿物质、维生素添加剂,至少会引起 2 种微量元素缺乏,严重时可达 6 种。尤其水泥地上舍饲的奶牛更易造成矿物质、维生素营养不足,因此,补充这些营养素是提高牛群健康、充分发挥其生产性能的一项有效措施。当发生常量、微量矿物质或维生素缺乏时,可以出现一种或多种症状,影响奶牛的高产与健康,造成经济损失。

表 5-2　奶牛矿物质、维生素缺乏症

缺乏症	钙	磷	食盐	钠	镁	钾	硫	铁	锌	锰	铜	碘	钴	硒	维生素A	维生素D	维生素E
不孕		+							+	+	+	+	+	+	+	+	+
流产		+								+	+	+		+	+		+
胎衣不下	+								+		+	+		+	+		+
生长缓慢(生长发育不良)	+	+	+	+			+		+		+		+	+	+	+	+
产奶量下降(生产性能降低)	+	+	+	+	+	+	+			+		+	+			+	
消瘦(体况不良)													+		+		
被毛、皮肤异常									+		+		+		+		
骨骼变形	+	+							+	+	+				+	+	
异食癖		+	+	+		+											
食欲减退(低采食量)		+	+	+	+	+			+				+			+	
下痢											+			+	+		
青草搐搦症(低镁症)					+												
贫血								+			+		+				
肌肉营养不良(运动失调)	+				+					+	+			+	+		
视力障碍或夜盲															+		
弱蹄(腐蹄病)									+		+						

引自冯仰廉等,2000。

1. 产奶牛的钙、磷和食盐的需要

奶牛维持需要按每 100 kg 体重给 6 g 钙和 4.5 g 磷;每千克标准乳给 4.5 g 钙和 3 g 磷,钙磷比以(2～1.3)∶1 为宜。

食盐的需要量,维持需要按每 100 kg 体重给 3 g,每产 1 kg 标准乳给 1.2 g。或按精料干物质的 1.5%～2%给予。

2. 生长牛的钙磷需要

维持需要按每 100 kg 体重给 6 g 钙和 4.5 g 磷。每千克增重给 20 g 钙和 13 g 磷。妊娠的

最后 3 个月可以适当增加钙、磷的供给量。

5.1.1.6 矿物质微量元素、维生素的需要量

奶牛矿物质微量元素、维生素理想的补充方法是经常测定本地区牛群日粮矿物质、维生素的含量及奶牛血液中矿物质、维生素的浓度，根据测定结果来配制添加剂，平衡与补充矿物质和维生素，做到缺什么补什么，奶牛对主要矿物质、维生素的需要量见表 5-3。

表 5-3 奶牛对主要矿物质、维生素的需要量(日粮干物质中浓度)

项目	干乳牛	泌乳牛(乳量/kg)			项目	干乳牛	泌乳牛(乳量/kg)		
		>20	20～30	<30			>20	20～30	<30
钙/%	0.39	0.53	0.60	0.65	锌/(mg/kg)	40	40	40	40
磷/%	0.24	0.34	0.38	0.42	锰/(mg/kg)	40	40	40	40
镁/%	0.16	0.20	0.20	0.25	铜/(mg/kg)	10	10	10	10
钾/%	0.65	0.90	0.90	1.00	碘/(mg/kg)	0.25	0.60	0.60	0.60
钠/%	0.10	0.18	0.18	0.18	硒/(mg/kg)	0.30	0.30	0.30	0.30
氯/%	0.20	0.25	0.25	0.25	钴/(mg/kg)	0.10	0.10	0.10	0.10
硫/%	0.16	0.20	0.20	0.20	维生素 A/(IU/kg)	3 200	3 200	3 200	3 200
铁/(mg/kg)	50	50	50	50	维生素 D/(IU/kg)	1 200	1 000	1 000	1 000
					维生素 E/(IU/kg)	15	15	15	15

5.1.1.7 种公牛的营养需要

种公牛的能量和蛋白质需要是以保证采精种用体况为基础。种公牛的产奶净能需要(MJ)$=0.397W^{0.75}$；可消化粗蛋白质的需要(g)$=4.0W^{0.75}$；小肠可消化粗蛋白质的需要(g)$=3.3W^{0.75}$。

5.1.1.8 各种奶牛的营养需要量

产奶奶牛的营养需要量见表 5-4 及表 5-5。

表 5-4 成年母牛维持的营养需要

体重/kg	日粮干物质/kg	奶牛能量单位/NND	产奶净能/Mcal	产奶净能/MJ	可消化粗蛋白质/g	小肠可消化粗蛋白质/g	钙/g	磷/g	胡萝卜素/mg	维生素A/IU
450	6.06	11.07	8.30	34.73	293	244	27	20	48	19 000
500	6.56	11.97	8.98	37.57	317	264	30	22	53	21 000
550	7.04	12.88	9.65	40.38	341	284	33	25	58	23 000
600	7.52	13.73	10.30	43.10	364	303	36	27	64	26 000
650	7.98	14.59	10.94	45.77	386	322	39	30	69	28 000
700	8.44	15.43	11.57	48.41	408	340	42	32	74	30 000

注：对第一个泌乳期的维持需要按上表基础增加 20%，第二个乳期增加 10%；如第一个泌乳期的年龄和体重过小，应按生长牛的需要计算实际增重的营养需要。放牧运动和环境温度低时，须在上表基础上增加能量需要量，按奶牛饲养标准中的说明计算。泌乳期间，每增重 1 kg 体重需增加 8 NND 和 325 g 可消化粗蛋白质；每减重 1 kg 需扣除 6.56 NND 和 250 g 可消化粗蛋白质。

表 5-5 每产 1 kg 奶的营养需要

乳脂率/%	日粮干物质/kg	奶牛能量单位/NND	产奶净能/Mcal	产奶净能/MJ	可消化粗蛋白质/g	小肠可消化粗蛋白质/g	钙/g	磷/g
2.5	0.31～0.35	0.80	0.60	2.51	49	42	3.6	2.4
3.0	0.34～0.38	0.87	0.65	2.72	51	44	3.9	2.6
3.5	0.37～0.41	0.93	0.70	2.93	53	46	4.2	2.8
4.0	0.40～0.45	1.00	0.75	3.14	55	47	4.5	3.0
4.5	0.43～0.49	1.06	0.80	3.35	57	49	4.8	3.2
5.0	0.46～0.52	1.13	0.84	3.52	59	51	5.1	3.4
5.5	0.49～0.55	1.19	0.89	3.72	61	53	5.4	3.6

注：乳蛋白率(%)＝2.36＋0.24×乳脂率(%)。

其他奶牛的营养需要及奶牛饲料营养价值成分表见《奶牛饲养标准与营养需要》(2000，中国农业大学出版社)。

5.1.1.9 奶牛日粮配方的制订

奶牛日粮配方设计的目标是满足不同生理阶段奶牛的营养需要；确保奶牛机体的健康和乳成分提高；适口性好；生产效率高；成本低，经济合理；使奶牛排泄物对环境影响最低，奶牛日粮配方的制订见第 9 章实验二十一。

5.1.2 肉牛的营养需要及日粮营养要求

肉牛所需的营养物质包括能量、蛋白质、矿物质、维生素和水，但各种营养物质的需要量，同其品种、年龄、性别、体重、生产目的及生产水平不同，而有很大差异。

5.1.2.1 肉牛对水的需要

肉牛所需要的水主要来源于饮水。牛肉含水量约 64%。水占肉牛体重的 65%左右，一头育肥牛日需水 50～80 kg。

5.1.2.2 干物质采食量

干物质采食量受体重、增重水平、饲料能量浓度、日粮类型、饲料加工、饲养方式和气候等因素的影响。肉牛干物质进食量，一般为肉牛体重的 1.4%～2.7%。对于不同日粮和体重的生长育肥牛干物质采食量如表 5-6 所示。日粮中粗饲料超过 90%或低于 20%将影响饲料干物质采食量，因而降低日增重和饲料利用率。根据国内饲养试验结果，参考计算公式如下：

(1)生长育肥牛(中等小阉牛、大型青年母牛和中型公牛)干物质进食量(kg)。

$DMI=0.062W^{0.75}+(1.5296+0.00371\times W)\times \Delta W$。式中 ΔW 为日增重(kg)。

(2)妊娠后期母牛。

干物质进食量(kg)$=0.062W^{0.75}+(0.790+0.005587\times t)$。式中 t 为妊娠天数。

表 5-6 不同体重生长育肥牛每日的干物质采食量 kg

饲料(日粮)	体重							最大日增重(估)
	100	150	200	250	300	350	400	
稻草、麦秸	1.80	2.45	3.03	3.59	4.11	4.62	5.10	<维持
玉米秸	2.59	3.51	4.36	5.15	5.91	6.63	7.33	0.03
100%干草	2.89	3.92	4.86	5.74	6.58	7.93	8.17	0.29
83%干草,17%精料	3.09	4.19	5.20	6.15	7.05	7.91	8.75	0.58
67%干草,33%精料	3.20	4.33	5.37	6.35	7.28	8.18	9.04	0.85
50%干草,50%精料	3.20	4.34	5.39	6.37	7.30	8.20	9.06	1.08
33%干草,67%精料	3.13	4.24	5.26	6.22	7.13	8.00	8.84	1.24
17%干草,83%精料	2.97	4.02	4.99	5.90	6.77	7.60	8.40	1.34
100%精饲料	2.73	3.71	4.60	5.44	6.23	7.00	7.74	1.36

5.1.2.3 能量需要

肉牛要维持生命及生产肉、役等产品都要消耗能量。牛所需要的能量主要来源于饲料中的碳水化合物、脂肪和蛋白质,衡量肉牛的能量需要大多以“净能”来表示,即肉牛以净能体系来表示肉牛的能量需要和饲料的能值。

一、肉牛的能量体系

我国将肉牛的维持和增重所需能量统一起来采用综合净能表示,并以肉牛能量单位(RND)表示能量价值。其计算公式如下:

$$饲料综合净能值(NEmf, MJ/kg) = DE \times [(Km \times Kf \times 1.5)/(Kf + Km \times 0.5)]$$

肉牛能量单位(RND)是以 1 kg 中等玉米所含的综合净能值 8.08 MJ 为一个肉牛能量单位,即:RND=NEmf(MJ)/8.08(MJ)。

二、生长育肥牛的能量需要

生长期为满足肌肉和骨骼的快速增长,要求能量水平较高。生长育肥牛能量需要由维持加增重确定。

1. 维持需要

我国肉牛饲养标准(2000)推荐的计算公式为:$NEm(kJ) = 322\ W^{0.75}$。

式中,W 为牛的体重(kg)。此数值适合于中立温度、舍饲、有轻微活动和无应激环境条件下使用,当气温低于 12℃时,每降低 1℃,维持能量消耗需增加 1%。

2. 增重需要

肉牛的能量沉积就是增重净能,其计算公式(Van Es,1978)如下:

增重净能(kJ)= $[\Delta W \times (2\,092 + 25.1W)]/(1 - 0.3 \times \Delta W)$。$\Delta W$ 为日增重(kg),W 为体重(kg)。

肉牛的综合净能需要为:$NEmf(kJ) = \{322W^{0.75} + [\Delta W \times (2\,092 + 25.1W)]/(1 - 0.3 \times \Delta W)\} \times k$。

式中,k 为不同体重和日增重的肉牛综合净能需要的校正系数,见《肉牛营养需要和饲养标准》(2000 年,中国农业大学出版社)。

生长母牛的维持净能需要与生长育肥牛相同,增重净能需要在上式计算基础上增加10%。

三、妊娠母牛的能量需要

不同妊娠天数每千克胎儿增重的维持净能为:NEm(MJ)=0.197 69t-11.761 22。式中t为妊娠天数。

不同妊娠天数不同体重母牛的胎儿日增重(kg)=(0.008 79t-0.854 54)×(0.143 9+0.000 355 8W)。

由上述两式可计算出不同体重母牛妊娠后期各月胎儿增重的维持净能需要,再加母牛维持净能需要(MJ)(0.332$W^{0.75}$),即为总的维持净能需要。总的维持净能需要乘以0.82即为综合净能(NEmf)需要量。

四、哺乳母牛能量需要

泌乳的净能需要按每千克4%乳脂率的标准乳含3.138 MJ计算。维持能量需要(MJ)=0.322$W^{0.75}$。二者之和经较正后即为综合净能需要。

5.1.2.4　蛋白质需要

为了便于理解及应用,本教材肉牛蛋白质需要按粗蛋白质体系确定需要量,反刍动物小肠蛋白质体系可参考《肉牛营养需要和饲养标准》(2000年,中国农业大学出版社)一书。

1. 生长育肥牛的粗蛋白质需要量

维持的粗蛋白质需要量(g)= 5.5$W^{0.75}$。

增重的粗蛋白需要量(g)=ΔW(168.07-0.168 69W+0.000 163 3W^2)×(1.12-0.123 3×ΔW)/0.34。式中ΔW为日增重(kg)。

2. 妊娠后期母牛的粗蛋白质需要

维持的粗蛋白质需要量(g)=4.6$W^{0.75}$。

妊娠6~9个月时,在维持基础上增加妊娠的粗蛋白质需要量,6个月时每天增加77 g,7个月时145 g,8个月时255 g,9个月时403 g。

3. 哺乳母牛的粗蛋白质需要

维持的粗蛋白质需要量(g)=4.6$W^{0.75}$;生产需要按每千克4%乳脂率标准乳需粗蛋白质85 g计算。

5.1.2.5　矿物质需要

肉牛通过采食自然饲料所获得的矿物质元素与自身所需要的差别很大,一般是钙、磷、钠、钾、镁、硫不足,铁、铜、钴、碘、锰处于临界缺乏或缺乏,锌有可能不足,硒缺或不缺,采食不能满足的部分必须用微量元素预混料进行补充。

1. 钙、磷需要

(1)钙。肉牛的钙需要量(g/d)=[0.015 4×W+0.071×日增重的蛋白质(g)+1.23×日产奶量(kg)+0.013 7×日胎儿生长(g)]/0.5。

(2)磷。肉牛的磷需要量(g/d)=[0.028 0×W+0.039×日增重的蛋白质(g)+0.95×日产奶量(kg)+0.007 6×日胎儿生长(g)]/0.85。

2. 食盐

肉牛的食盐给量应占日粮干物质的0.3%。牛饲喂青贮饲料时，所需的食盐量比饲喂干草时多；喂高粗料日粮时要比喂高精料日粮时多；喂青绿多汁饲料时要比喂枯老粗饲料时多。

3. 肉牛对矿物质微量元素的需要

肉牛对矿物质的需求量(表5-7)，一般饲料都能满足，只有个别地区土壤中缺乏某些矿物质，才引起肉牛的矿物质供不应求。

表5-7 肉牛矿物质需要量及最大耐受量(以日粮干物质为基础)

矿物质/%	需要量		最大耐受量	矿物质/(mg/kg)	需要量		最大耐受量
	推荐量	范围			推荐量	范围	
钙	见标准	见标准	2.00	铁	50.0	50.0～100.0	1 000.0
磷	见标准	见标准	1.00	锌	30.0	20.0～40.0	500.0
钾	0.65	0.50～0.70	3.00	锰	40.0	20.0～50.0	1 000.0
钠	0.08	0.06～0.10	10.00	铜	8.0	4.0～10.0	115.0
氯	—	—	—	碘	0.5	0.2～2.00	50.0
镁	0.10	0.05～0.25	0.40	硒	0.2	0.05～0.3	2.0
硫	0.10	0.08～0.15	0.40	钴	0.1	0.07～0.11	5.0
				钼	—	—	6.0

5.1.2.6 维生素需要

一般情况下，成年肉牛仅需补充维生素A、维生素D和维生素E，而犊牛需要补充各种维生素。青绿饲料、酵母、胡萝卜可提供各类维生素。

(1)维生素A(或胡萝卜素)。肉用牛维生素A需要量(每千克饲料干物质中含的维生素A数量)：生长育肥牛2 200 IU(或5.5 mg胡萝卜素)；妊娠母牛为2 800 IU(或7.0 mg胡萝卜素)；泌乳母牛为3 800 IU(或9.75 mg胡萝卜素)。

(2)维生素D。肉牛的维生素D需要量为每千克饲料干物质275 IU。犊牛、生长牛和成年母牛每100 kg体重需660 IU维生素D。

(3)维生素E。正常饲料中不缺乏维生素E。犊牛日粮中需要量为每千克干物质含25 IU，成年牛为15～16 IU。

5.1.2.7 肉牛补饲和育肥典型日粮配方要求

我国肉牛养殖主要以秸秆、玉米为主，营养不平衡，尤其是舍饲母牛，明显影响母牛的繁殖性能，通过补饲有明显的促生产效应，如日粮中补充蛋白质、各种矿物元素和维生素，增强瘤胃微生物活力，促进养分消化，并能满足母牛对蛋白质、矿物质和维生素的需要，改善母牛膘情，提高配种受胎率，增加母牛泌乳量，促进哺乳犊牛的生长发育。

一、肉牛补饲

要使肉牛在生产实际中获得最佳生产性能和较高利润，只靠粗饲料是不可能的，必须对肉牛进行补饲，肉牛补饲日粮的配合应遵循以下原则。

(1)适宜的饲养标准。在实际生产中应根据实际饲养情况做必要的调整。

(2)适当的精粗比例。根据牛的消化生理特点，适宜的粗饲料对肉牛健康十分必要，以干物质为基础，日粮中粗饲料比例一般在40%～60%，强度育肥期精料可高达70%～80%。

(3)充分利用当地饲料资源。饲料种类应多样化，饲料应新鲜、无污染，对畜产品质量无影响。

(4)日粮应有一定的体积和干物质含量。所用的日粮数量要使牛吃得下、吃得饱并且能满足营养需要。

二、肉牛育肥典型日粮配方营养要求

育肥肉牛包括幼龄牛、成年牛和老残牛，育肥的目的是科学地应用饲料和管理技术，以尽可能少的饲料消耗获得尽可能高的日增重，提高出栏率，生产优质牛肉。

1. 持续育肥日粮要求

犊牛断奶后，立即转入育肥阶段进行育肥，一直到出栏体重，持续育肥是在饲料利用率较高的生长阶段保持较高的增重。

(1)强度育肥，周岁左右出栏。选择良种牛或其改良牛，在犊牛阶段采取较合理的饲养，使日增重达0.8～0.9 kg，180日龄体重超过200 kg后，按日增重大于1.2 kg配制日粮，12月龄体重可达450 kg左右，上等膘时出栏。黄应祥(1998)用6月龄断奶的晋南牛公牛进行了182 d强度育肥试验。氨化秸秆自由采食。150～250 kg体重阶段每日每头补苜蓿干草0.5 kg，精料3.1～3.7 kg(其中玉米65.3%、菜籽饼16%、麸皮16%、磷酸氢钙1.2%、食盐1%、小苏打0.5%)。250～400 kg体重阶段每日每头补喂苜蓿干草0.8 kg，精料4～5 kg(其中玉米70%、菜籽饼9%、麸皮18%、磷酸氢钙1.5%、食盐1%、小苏打0.5%)。

(2)18月龄出栏。杂交肉牛7月龄体重150 kg开始育肥至18月龄出栏，体重达到500 kg以上，平均日增重1 kg。精料营养水平：7～10月龄肉牛能量单位0.84，粗蛋白质201.3 g，钙7.5 g，磷5.6 g；11～14月龄肉牛能量单位0.88，粗蛋白质171.9 g，钙7.2 g，磷4.6 g；15～18月龄肉牛能量单位0.92，粗蛋白质149 g，钙3.2 g，磷4 g。

2. 架子牛育肥日粮要求

架子牛育肥也称后期集中育肥，是采用强度育肥方式，集中育肥3～4个月，充分利用牛的补偿生长能力，达到理想体重和膘情后屠宰。

(1)青贮玉米秸类型日粮典型配方营养要求。育肥全程日粮中采取精料高比例玉米(玉米精料中可占70%以上)，每千克精料营养水平达到肉牛能量单位0.8，粗蛋白质110 g，钙 7 g，磷4.5 g，日粮中注意补充小苏打等瘤胃缓冲剂。

(2)干玉米秸类型日粮配方。农区有大量的作物秸秆，是廉价的饲料资源。但秸秆的粗蛋白质、矿物质、维生素含量低。对干玉米秸类型日粮进行合理营养调控，可改善饲料养分利用率。玉米在育肥日粮精料中占较高比例(精料中可占75%以上)，每千克精料营养水平达到肉牛能量单位0.85，粗蛋白质110 g，钙7 g，磷4.5 g，日粮中注意补充小苏打等瘤胃缓冲剂及微量元素预混料。

5.2　常用饲料的营养价值及其加工调制

饲料的营养价值，不仅取决于饲料本身，而且还受饲料加工调制和贮存管理的影响。科学的加工调制不仅可改善适口性，提高采食量、营养价值及饲料利用率，并且还是提高养牛经济效益的有效技术手段。

5.2.1 青绿饲料

指天然水分含量60%以上的青绿多汁植物性饲料，常见的青绿饲料有天然牧草(野草)、栽培牧草(主要有苜蓿、三叶草、草木樨、紫云英、黑麦草、苏丹草、青饲玉米等)、树叶类饲料(槐、榆、杨树等的树叶)、叶菜类饲料(苦荬菜、聚合草、甘蓝等)、水生饲料(水浮莲、水葫芦、水花生、绿萍等)。

青绿饲料水分含量高，为70%～90%，粗蛋白质较丰富，其中非蛋白氮大部分是游离氨基酸和酰胺，干物质中无氮浸出物为40%～50%，粗纤维不超过30%。青绿饲料含有丰富的维生素，特别是维生素A原(胡萝卜素)，可达50～80 mg/kg。矿物质中钙、磷含量丰富，比例适当，尤其是豆科牧草更为突出，同时富含铁、锰、锌、铜、硒等必需的微量元素。青绿饲料柔软多汁，适口性好，能刺激牛采食量，易消化，牛对青绿饲料有机物质的消化率可达75%～85%。但青绿饲料干物质含量低，能量含量也低，应注意与能量饲料、蛋白质饲料配合使用，青饲补饲量不要超过日粮干物质的20%。

铡短和切碎是青绿饲料最简单的加工方法，加工后不仅便于牛咀嚼、吞咽，还能减少饲料的浪费。一般青饲料可以铡成3 cm长的短草，饲用时应注意：

(1)适时刈割，力求新鲜，合理搭配。植物生长早期营养价值较高、但产量较低。生长后期，虽干物质产量增加，但由于纤维素含量增加，木质化程度提高，营养价值下降。青绿饲料品种不同，利用方法不同，其最佳利用时间是不一样的，禾本科一般在孕穗期，豆科则在初花至盛花期，叶菜类牧草应在叶簇期收割。青绿饲料直接鲜喂应适当提前刈割，青贮利用和晒制干草则应适当推迟。注意青粗搭配和适当晾晒，青绿饲草不宜单独饲喂，一定要补充和掺入适量干青草、谷物饲料(玉米、高粱等)和蛋白质饲料(豆饼、花生饼等)。

(2)青草和叶菜类应保持新鲜，堆放过程中容易腐烂，产生有害健康的亚硝酸盐类，宜随割随喂。鲜嫩的玉米苗、高粱苗、亚麻叶，因为含有氰甙，牛采食后在瘤胃内会生成氢氰酸而发生中毒。

5.2.2 粗饲料

干物质中粗纤维含量在18%以上的饲料均属粗饲料。包括青干草、秸秆及秕壳等。

5.2.2.1 干草

干草是青绿饲料在尚未结籽时刈割，经过日晒或人工干燥制成的，优质干草叶多，适口性好，胡萝卜素、维生素D、维生素E丰富。不同种类的牧草质量不同，禾本科干草粗蛋白质含量为7%～13%，豆科干草为10%～21%，粗纤维含量为20%～30%，所含能量为玉米的30%～50%。

调制干草的牧草应适时收割，刈割时间过早，水分多，不易晒干；过晚，营养价值降低。禾本科草类在抽穗期，豆科草类在孕蕾及初花期刈割为好。制作青干草时应尽量缩短干燥时间，保证均匀一致，减少营养物质损失。另外在干燥过程中尽可能减少机械损失、雨淋等。

1. 干草的饲喂方法

干草的饲喂方法有自由采食或限量饲喂。在自由采食时，牛对同样质量的干草颗粒或草块的采食量高于长草或切短的草；限量饲喂多见于将精饲料和粗饲料按供给量人工饲喂或采用全混合日粮（TMR）的情况。如果数量充足，给牛饲喂禾本科干草的数量可以不受限制。对于豆科干草来说，采食数量应逐步提高，否则，易引起臌胀。单独饲喂干草时，其进食量为奶牛体重的2%～3%，干草质量越好，进食量越高，干草尽量与一定的精饲料搭配饲喂。

2. 干草贮存与管理

调制好的青干草应及时妥善收藏保存，以免引起青干草发酵、发热、发霉变质，降低其饲用价值。具体收藏方法可因具体情况和需要而定，但不论采用什么方法贮藏，都应尽量缩小与空气的接触面，减少日晒雨淋等影响。干草贮藏库应建在牛群饲养相对集中的区域。选择向阳、背风、干燥、平坦、管理方便、便于运输的地段，与周围建筑物应保持20 m以上距离。为降低运输费用及减小贮藏库面积，干草应先进行打捆处理。青干草的贮藏可临时露天堆垛或建造干草棚或青干草专用贮存仓库，避免日晒雨淋。堆垛时干草和棚顶应保持一定距离，有利于通风散热。为了保证垛藏青干草的品质和避免损失，对贮藏的青干草要指定专人负责检查和管理，应注意防水、防潮、防霉、防火、防人为破坏，更要注意防止啮齿类动物的破坏和污染。堆垛初期，定期检查，如发现棚顶有漏缝，应及时加以修补，当垛内的发酵温度超过45～55℃时，应及时采取散热措施，否则干草会被毁坏，或有可能发生自燃着火。散热办法是用一根粗细和长短适当的直木棍，先端削尖，在草垛适当部位打几个通风眼，使草垛内部降温。

5.2.2.2　秸秆

农作物收获籽实后的茎秆、叶片等统称为秸秆。秸秆中粗纤维含量高，可达30%～45%，其中木质素多，一般为6%～12%。单独饲喂秸秆时，难以满足牛对能量和蛋白质的需要。秸秆中无氮浸出物含量低，此外还缺乏一些必需的微量元素，并且利用率很低。

（1）玉米秸。玉米秸粗蛋白质含量为3%～6%，粗纤维为25%左右。同一株玉米秸的营养价值，上部比下部高，叶片较茎秆高。玉米穗苞叶和玉米芯营养价值很低。

（2）麦秸。营养价值低于玉米秸。其中木质素含量很高，可利用能量低，消化率低，适口性差，是质量较差的粗饲料。小麦秸蛋白质含量低于大麦秸，春小麦秸比冬小麦秸好，燕麦秸的饲用价值较高。该类饲料不经处理，对牛没有多大营养价值。

（3）稻草。稻草是我国南方地区的主要粗饲料来源。粗蛋白质含量为2.6%～3.2%，粗纤维含量为21%～33%。能值低于玉米秸、谷草，优于小麦秸。灰分含量高，主要是不可利用的硅酸盐，钙、磷含量均低。

（4）谷草。质地柔软，营养价值较麦秸、稻草高。

（5）豆秸。指豆科秸秆，大豆秸木质素含量高达20%～23%，消化率极低，对牛营养价值不大。但与禾本科秸秆相比，粗蛋白质含量和消化率较高。在豆秸中，蚕豆秸和豌豆秸品质较好。

（6）秸秆的贮存。秸秆的贮藏方法是否合理，对秸秆品质影响很大。若秸秆含水较多，堆垛时营养物质发生分解和破坏，严重时会引起秸秆发酵、发热、发霉而使秸秆变质，染有不良气味，营养价值会大大降低，所以应注意堆垛技术。不论用什么方法贮藏，都应尽量缩小与大气接触面积，减少日晒雨淋等影响。

调制好的秸秆应及时收藏，收藏的方法可因具体情况和需要定。数量较多时可露天堆放，选择通风干燥且不易积水的地方，有条件时将秸秆晾晒成小捆，捆扎好上垛，垛好，上要封顶，以防止漏雨；数量不大时，一般多采取室内堆放的方法，或垛于草棚内以防止日晒雨淋。严禁把麦秸、玉米秸运到居住区储存或者集中村边成片存放，必须远离村庄，与村庄或居民区距离至少保持 500 m 以上，并远离高压线、加油站，避免对国家、集体和群众的利益造成损害。秸秆经过长期贮存后，适口性变差，营养价值下降。因此，过长时间的贮存或隔年贮藏的方法是不适宜的。

5.2.2.3 秕壳

指籽实脱离时分离出的夹皮、外皮等，营养价值不高，尤其是稻壳和花生壳质量较差。

(1)豆荚。含粗蛋白质 5%～10%，无氮浸出物 42%～50%，适于用作牛的粗饲料。

(2)谷类皮壳。包括小麦壳、大麦壳、高粱壳、稻壳、谷壳等，营养价值低于豆荚，稻壳的营养价值最差。

(3)棉籽壳。含粗蛋白质 4.0%～4.3%，粗纤维 41%～50%，无氮浸出物 34%～43%。棉籽壳含棉酚 0.01%，要注意喂量要逐渐增加，1～2 周即可适应，注意防止棉酚中毒。

(4)玉米穗轴。玉米穗轴中含有 45%～55%的碳水化合物，1%～3%的蛋白质和 0.5%～3%的脂肪。玉米穗轴碾压或粉碎成豆粒大小的碎屑，然后用清水浸泡 2～6 h，与精料混合可以饲喂育肥肉牛，但要适当补充优质青贮或干草。

(5)棉秆。在没有其他秸秆类粗饲料条件下经晒干粉碎后可做粗饲料使用，粗纤维含量高，且木质化。

5.2.2.4 低质秸秆饲料的加工调制与处理

低质粗饲料如秸秆、秕壳、荚壳、竹笋壳等，由于适口性差、消化性低、营养价值不高，直接单独饲喂反刍动物，往往难以达到应有的饲喂效果。为了提高牛对秸秆的消化利用率，生产实践中常对这些低质粗饲料进行适当的加工调制和处理，加工处理的方法可分为物理加工、化学处理、生物学处理和复合处理。

1. 物理方法

对秸秆进行切短、粉碎、揉搓、制成颗粒饲料、碾青、盐化等。物理方法一般不能改善秸秆的消化利用率，但可以改善适口性，减少浪费。秸秆粉碎后与精料混合使用，提高秸秆采食量。

2. 化学处理——氨化和碱化

粗饲料中纤维素和木质素结合紧密，木质素对消化率的影响最大。碱化或氨化处理的主要目的是用化学方法使木质素和纤维素、半纤维素分离，从而提高瘤胃微生物对纤维素和半纤维素的消化利用率。

(1)碱化。适合生产使用的碱化法是用石灰乳处理秸秆，100 kg 秸秆，需 3 kg 生石灰，加水 200～250 kg，将石灰乳均匀喷洒在粉碎的秸秆上，堆放在水泥地面上，经 1～2 d 后即可直接饲喂牲畜。这种方法成本低，生石灰到处都有，方法简便，效果明显。

(2)氨化处理。氨化处理使秸秆质地变软，气味糊香，适口性大大增强，消化率提高。氨化能使秸秆粗纤维消化率提高 21%，采食量提高 30%以上，含氮量增加 1～1.5 倍，但氨化对氮的利用率低，大量的氮以氨的形式放掉。氨化处理适用于清洁未霉变的秸秆饲料，一般在氨化前先铡短至 2～3 cm，氨化处理有用液氨处理堆贮法和用氨水处理及尿素处理的窖贮法、小垛处理法。氨化的时间应根据气温来确定，一般 1 个月左右。饲喂时一般经 2～5 d 自然通风将氨味放掉后才能饲喂，如暂时不喂可不必开封放氨。

(3)氨碱复合处理。为了使秸秆饲料既能提高营养成分含量，又能提高饲料的消化率，把氨化与碱化二者的优点结合利用。如稻草氨化处理的消化率仅 55%，而复合处理后则达到 71.2%。

3. 秸秆饲料生物学处理——添加微生物处理技术

秸秆饲料常见的生物处理方法有 3 种：①自然发酵法，青贮是最常见的一种。②微生物发酵法，另加微生物发酵，即目前常称的微贮。③酶解技术。生物学方法是通过微生物和酶的作用，使粗饲料纤维部分降解，并且产生乳酸和菌体蛋白，改善适口性、消化率和营养价值。秸秆饲料的生物处理对粗纤维分解作用不大，主要起到软化秸秆的作用，并能产生一些糖、有机酸，可提高适口性。但在发酵时产生热能，使饲料中的能量损失。秸秆饲料添加微生物处理就是在农作物秸秆中，加入微生物高效活性菌种(如乳酸菌类或真菌类)与可溶性碳水化合物、食盐混合物，放入密封的容器(如水泥池、土窖)中贮藏，经一定的发酵过程，使农作物秸秆变软，有酸味。

4. 复合机械处理技术

将物理、化学处理和机械成型加工调制相结合，即先对秸秆饲料进行切碎或粗粉碎，再进行碱化或氨化等化学预处理，然后添加必要的营养补充剂，进一步通过机械加工调制成秸秆颗粒饲料或草块。通过复合处理技术，既可达到秸秆氨化或碱化处理的效果，又可显著改善秸秆饲料的物理性状和适口性，大大提高秸秆饲料的密度，有利于其运输、储存和利用，因而有利于实施工厂化高效处理。

5.2.2.5 常用青粗饲料的加工调制

(1)玉米秸。玉米秸在所有秸秆中的消化率是较高的，特别是在青绿时期，消化率可达 55%～60%，同时还含有一定量的糖分，可制作出质量较为满意的青贮饲料。因此，对于玉米秸应及时收割制作青贮。玉米秸干黄后，消化率和营养物质的含量迅速下降，即使经过氨化或复合化学处理后，消化率也基本上只能达到玉米秸青贮的水平。干黄后的玉米秸茎秆粗大，质量粗糙，但消化率相对较高，因此在用玉米秸饲喂肉牛时，可以不进行化学处理，但要进行切碎或粗粉碎处理(大筛孔或无筛底粉碎)，也可切碎后再进行化学处理。

(2)稻草和麦秸。干的稻草和麦秸均不能制作青贮，其消化率较低。要获得较好的饲喂效果，最好进行氨化或尿素加氢氧化钙处理后再饲喂。稻草和麦秸可以不切或切短后饲喂，过细粉碎对肉牛没有必要。

(3)豆秸等。豆秸的细胞内容物比稻草和麦秸高，但细胞壁的木质化程度较高，目前所采用的化学处理对豆科秸秆的效果较差，这类秸秆可粉碎后直接饲喂。

(4)青干草。铡短后直接或与麦秸、玉米秸等饲草混合后饲喂。

(5)青绿饲料。鲜饲时宜铡短后与麦秸、玉米秸混合后饲喂。鲜苜蓿草饲喂过多易造成牛的瘤胃臌胀，有条件时可调制“花草”，方法是将鲜刈割的青绿饲草如苜蓿或玉米青及时运到晒场上迅速铺开，在其上、下各铺一层干秸秆，用石磙或拖拉机来回碾压，使青绿饲料的汁液能渗透到秸秆中，晒干后混合堆垛，铡短饲喂。

5.2.3 青贮饲料

青贮饲料是牛的理想粗饲料，已成为日粮中不可缺少的部分。青秸秆青贮就是将新鲜的作物秸秆切(铡)碎，装入密闭的容器内，造成厌氧条件，利用微生物的发酵作用，调制出营养丰富、消化率高的饲料，达到长期贮存的一种简单可靠而经济的方法。用青贮的方法保存秸秆饲料，比制干草的方法效果好。一般农作物秸秆青绿时都可青贮，比较常用的有专门种植的青贮玉米(带穗)，收获后的青绿玉米秸、高粱秸、甘薯秧等，其中以青玉米秸青贮最多。一般制作青贮饲料的原料含干物质35%为宜，可溶性碳水化合物含量按干物质计以7%～8%较为理想。青贮原料水分高时，可先割下，放在田中使其凋萎一段时间后再行加工贮存，如直接贮制，则过湿，会产生质量差的青贮饲料。

5.2.3.1 常用的青贮原料

(1)青刈带穗玉米。玉米带穗青贮，即在玉米乳熟后期收割，将茎叶与玉米穗整株切碎进行青贮，这样可以最大限度地保存蛋白质、碳水化合物和维生素，具有较高的营养价值和良好的适口性，是牛的优质饲料。玉米带穗青贮干物质中含粗蛋白8.4%，碳水化合物12.7%。

(2)青玉米秸。收获果穗后的玉米秸上能保留1/2的绿色叶片，应尽快青贮，不应长期放置。若部分秸秆发黄，3/4的叶片干枯视为青黄秸，青贮时每100 kg需加水5～15 kg。

(3)各种青草。各种禾本科青草所含的水分与糖分均适宜于调制青贮饲料。豆科牧草如苜蓿因含粗蛋白量高，可制成半干青贮或混合青贮。禾本科草类在抽穗期，豆科草类在孕蕾及初花期刈割为好。

另外甘薯蔓、白菜叶、萝卜叶等都可作为青贮原料，将原料晾晒到含水60%～70%，然后青贮。

青贮原料的切短长度：细茎牧草以7～8 cm为宜，玉米等较粗的作物秸秆不要超过1 cm。

5.2.3.2 青贮容器类型

(1)青贮窖青贮。如是土窖，四壁和底衬上塑料薄膜(永久性窖可不铺衬)。先在窖底铺一层10 cm厚的干草，以便吸收青贮液汁，然后把铡短的原料逐层装入压实。最后一层应高出窖口0.5～1 m，用塑料薄膜覆盖，然后用土封严，四周挖好排水沟。封顶后2～3 d，在下陷处填土，使其紧实隆凸。

(2)塑料袋青贮。青贮原料切得很短，喷入(或装入)塑料袋，逐层压实，排尽空气压紧后扎口即可。

5.2.3.3 特殊青贮饲料的制作

(1)低水分青贮。亦称半干青贮，其干物质含量比一般青贮饲料高一倍多，无酸味或微酸，适口性好，色深绿，养分损失少。制作低水分青贮时，青饲料原料应迅速风干。在收割后24～30 h内，豆科牧草含水量达50%左右，禾本科牧草达到45%，在低水分状态下装窖、压实、封严。

(2)混合青贮。常用于豆科牧草与禾本科牧草混合青贮以及含水量较高的牧草(如紫云英等)与作物秸秆进行的混合青贮。豆科牧草与禾本科牧草混合青贮时的比例以1∶1.3为宜。

(3)添加剂青贮。是在青贮时加一些添加剂来影响青贮的发酵作用,如添加各种可溶性碳水化合物、接种乳酸菌、加入酶制剂等可促进乳酸发酵;加入各种酸类、抑菌剂等可抑制腐生菌的生长;加入尿素、氨化物等可提高青贮饲料的养分含量。

5.2.3.4 青贮质量简易评定

主要根据色、香、味和质地判断青贮料的品质,优良的青贮料颜色黄绿色或青绿色,有光泽;气味芳香,呈酒酸味;表面湿润,结构完好,疏松,容易分离。不良的青贮料呈黑色或褐色,气味刺鼻,腐烂,黏滑结块,不能饲喂。用pH值试纸测定值为4.2以下为优良的青贮。

5.2.3.5 青贮窖管理

为了提高青贮饲料的品质和营养水平,青贮饲料贮好后,要加强对青贮窖管理。

1. 防止进水,再次密封

距青贮窖四周0.5~1.0 m处挖一条排水沟,防止雨水向窖内渗入,并经常检查青贮窖四壁、窖顶有无裂纹,有裂纹时应及时覆土压实,防止透气和进水。窖顶应高出四周窖壁,类似馒头状,下雨时雨水能及时流到窖外,冬天下雪时也要及时清除窖顶积雪,以保证窖顶没有积水。

2. 经常检查,防止踩压出洞,防止受冻

密封的青贮池要经常检查,严防人畜踩踏,一旦发现踩踏和裂缝要及时用土填平。青贮窖密封以后,要严格防止踩压出漏洞,引起透气变质。要用砖、土坯或树枝把窖围起来,防止牲畜进入踩坏窖顶。若出现结冰的青贮饲料,不要直接饲喂给家畜,尤其是妊娠期的母牛,容易造成流产。青贮时,要在窖上堆垛一些干草、秸秆等,以防青贮饲料受冻。

3. 防止二次发酵

青贮饲料开封取样后,及时密封,避免与空气进行长时间接触。开窖取用青贮饲料时,要从窖的一端开始,按一定的厚度,自表面一层一层地往下取,使青饲料始终保持一个平面,切忌由一处挖洞掏取或全部掀开,每次取用后必须用塑料布或草帘盖严,以免霉烂、冻结或掉进泥土。青贮过程中,利用青贮添加剂,防止青贮饲料二次发酵。

5.2.3.6 青贮饲料的饲喂技术及饲喂注意事项

一般青贮在制作45 d后即可取用。开始饲喂时,有些牛不习惯采食,为使牛有个适应过程,喂量宜由少到多,循序渐进。一般奶牛与育肥牛每天喂量20~25 kg,役牛10~15 kg。

注意取料数量,每次取料数量够饲喂一天为宜,不要一次取料长期饲喂,以免饲料腐烂变质。建议每天上、下午各取1次,每次取用的厚度应不少于10 cm,保证青贮饲料的新鲜品质,适口性也好,营养损失降到最低点,达到饲喂青贮饲料的最佳效果。取出的青贮饲料不能暴露在日光下,应放置在牛舍内阴凉处。

5.2.4 糟渣类饲料

糟渣类饲料是甜菜、禾谷类、豆类等生产糖、酒、醋、酱油等的工业副产品,如甜菜渣、淀粉渣、醋渣、酒渣、啤酒糟、白酒糟、饴糖渣、豆腐渣、酱油渣等,都可以作牛的饲料。糟渣类饲料特点是水分含量高，干物质中蛋白质含量因原料而异，不耐贮存，适口性较好，价格低廉，合理饲用可降低饲料成本；如果喂量不加限制，或单独饲喂，效果不好，牛容易患消化障碍病和营养缺乏病；各种糟渣因原料不同、生产工艺不同、水分不同，营养价值差异很大，长期固定饲喂某种糟渣时，应对其所含主要营养物质进行测定。

(1)啤酒糟。鲜糟中含水分75%以上，干糟中蛋白质为20%～25%，体积大，纤维含量高。可用于奶牛和肉牛日粮。鲜糟日用量不超过10～15 kg，干糟不超过精料的30%为宜。

(2)白酒糟。因制酒原料不同，营养价值各异，干酒糟蛋白质含量一般为16%～25%，是育肥牛的好原料，鲜糟日用量不超过10～15 kg，白酒糟一般不用来饲喂奶牛，妊娠母牛也不宜多喂。不宜把糟渣类饲料作为日粮的唯一粗料，应和秸秆饲料、青贮饲料、干草和优质青绿饲料搭配。长期使用白酒糟时应在日粮中补充维生素A，每日每头1万～10万IU。

(3)甜菜渣。主要成分是碳水化合物，含蛋白质低，缺乏维生素，含有高消化率纤维素，适口性好，有利于维持夏天的采食量。新鲜的甜菜渣含水分90%，粗蛋白质0.9%，粗脂肪0.1%，粗纤维2.6%，无氮浸出物3.5%，不含胡萝卜素和维生素D。含有甜菜碱，有毒害作用，鲜喂成母牛日喂量10～15 kg，应与蛋白质较多的混合料和青饲料搭配饲用，干甜菜渣颗粒每日每头奶牛可喂2～3 kg。

(4)豆腐渣。鲜渣含水多，含少量蛋白质和淀粉，缺乏维生素，适口性好，消化率高。豆腐渣易酸败，适于鲜喂，饲喂量控制在2.5～5 kg为宜，与青饲搭配饲喂，效果好。

(5)粉渣。是制作粉条和淀粉的副产品。用豆类、薯类等作原料生产的粉渣，所含营养主要是淀粉和粗纤维，粗蛋白质极少。用豌豆、绿豆、蚕豆做原料生产的粉渣，含蛋白质较高，质量较好。粉渣夏天易腐败，饲后容易中毒。粉渣的日喂量应控制在3～5 kg为宜，一般与青饲、粗饲料搭配饲用。

(6)玉米淀粉渣。玉米加工用湿法提取淀粉后的剩余物称为玉米淀粉渣。含有少量的淀粉和粗纤维，适口性较好。因加工时含有少量亚硫酸，易造成奶牛发生臌胀病和酸中毒，可在饲料中加入小苏打。玉米淀粉渣易酸败，应鲜喂或风干后保存，日喂量10～15 kg。

(7)果渣。果渣是鲜果(如苹果、草莓、西红柿等)加工以后的副产品。含有果皮、果核(籽)以及少量的果肉。以苹果渣为例，含水80%，粗蛋白质0.9%，粗纤维素5%，钙 0.02%，磷0.02%，钾0.10%，苹果渣含有果胶、果糖和苹果酸。果渣含水量高，粗纤维素多，可以作为粗饲料和多汁饲料使用，也可以晒(或烘)干后与别的饲料混合使用，对于一时用不完的果渣可以和其他干饲料混合后青贮。果渣在奶牛、肉牛日粮中的用量为饲料干物质的20%以下，新鲜果渣的用量不超过6～10 kg/(头·d)。

(8)酱油渣。酱油渣是黄豆经米曲霉菌发酵浸提出呈味物质后的残渣，酱油渣含有较高蛋白质，营养价值相对较高，酱油渣干物质中含粗蛋白质21.40%、脂肪18.10%、粗纤维23.90%、无氮浸出物9.10%、矿物质15.50%。酱油渣价格低廉，可用作奶牛饲料，但含盐量较高，一般含量为2%～3%，不可多喂，以4～5 kg为宜，以防食盐中毒。

(9)醋糟。醋糟是酿醋的主要下脚料，其干物质中含有粗蛋白质6%～10%，粗脂肪2%～5%，无氮浸出物20%～30%，粗灰分13%～17%，钙0.25%～0.5%，磷0.16%～0.37%，营养丰富，可用作牛饲料。

(10)植物提取物残渣——菊花粉。菊花粉是东北、内蒙古、新疆等地种植的万寿菊花经过提取色素后的下脚料，呈淡绿色，带纤维状。菊花粉水分含量＜12%，粗蛋白质＞13%，粗纤维<26%,脂肪0.6%,钙1%,磷0.2%,用量为精料中占2%~3%或用5%替代麸皮作牛饲料。

(11)枣粉。适口性好,消化吸收率高,含糖量达50%~70%,富含动物必需的维生素P(又叫芦丁)和维生素C(抗坏血酸),用作牛饲料原料-高能量饲料,提高饲料适口性,用量可达精料的5%~10%。

5.2.5 多汁类饲料

多汁饲料是指胡萝卜、饲用甜菜、甘薯、木薯、马铃薯等块根饲料和南瓜、番瓜等瓜类饲料。含水量高,为70%~95%,松脆多汁,适口性好,容易消化,有机物消化率高达85%~90%。多汁饲料干物质中主要是无氮浸出物,粗纤维仅含3%~10%,粗蛋白质含量只有1%~2%,钙、磷、钠含量少,钾含量丰富。维生素含量因饲料种类差别很大。胡萝卜、南瓜中含胡萝卜素丰富,甜菜中维生素C含量高,但均缺乏维生素D。多汁饲料只能作为牛的副料,适宜切碎生喂,或制成青贮料,也可晒干备用(但胡萝卜素损失较多)。块根块茎类饲料不能代替精料,一般多用于饲喂肉牛,要限量尤其是木薯。

(1)胡萝卜。产量高,耐贮藏,营养丰富。胡萝卜的大部分营养物质是无氮浸出物,因含蔗糖和果糖,多汁味甜,胡萝卜素丰富,每千克含胡萝卜素36 mg以上,为其他饲料所不及。胡萝卜是种公畜、产奶畜和幼畜的优质多汁饲料,奶牛最高饲喂量25 kg,种公牛5~7 kg。在饲喂时,应先洗净切细。在储藏时,最好用湿沙掩埋,以防止腐烂及营养物损耗。

(2)甜菜。饲用甜菜产量高,含糖5%~11%,含干物质8%~11%,粗纤维和粗蛋白质含量少,矿物质中钾盐较多,呈硝酸盐形式(要防止发热,喂时放置过久易中毒),饲喂时,应先洗净、切碎,每日每头牛可喂20~30 kg。收获的甜菜如立即喂牛,易引起腹泻,须经短暂贮存后再喂,因其中大部分硝酸盐经过贮存可转化为无害的天门冬酰胺。饲喂的甜菜饲料不能放置时间过长,以免形成硝酸盐引起中毒。

(3)马铃薯。马铃薯平均含干物质为22%,粗蛋白质1.6%,粗脂肪0.1%,粗纤维0.7%,无氮浸出物18.7%,而且干物质中约80%为淀粉,容易消化,但缺蛋氨酸、钙、磷和胡萝卜素等。每日每头牛喂20~25 kg,并注意在日粮中搭配好蛋白质、矿物质和维生素补充料,防马铃薯中毒(发芽或腐烂的马铃薯,要除掉芽煮熟才可饲用)。

(4)木薯。木薯中因含有一定量的氢氰酸,直接饲用时,应通过浸水、切片干燥、剥皮蒸煮等手段进行去毒处理。木薯加工后的残渣,含毒不多,可以直接饲喂;木薯青贮后也是很好的饲料。木薯富含大量淀粉,大量饲喂时容易导致酸中毒,因此无论是鲜饲或青贮,一般用量以每天5~6 kg为宜。

(5)红薯。又名甘薯、红苕、地瓜、山芋、番薯,是一种良好的粮菜饲三用作物。红薯里含有丰富的淀粉、膳食纤维、胡萝卜素、维生素A、维生素B、维生素C、维生素E以及钾、铁、铜、硒、钙等10余种微量元素和亚油酸等,是一种优良的多汁饲料,经过简单切碎处理即可饲喂牛,但要防黑斑病红薯中毒。

(6)瓜果类饲料。目前栽种最多的是饲料南瓜,产量比食用南瓜高一倍,此外西葫芦、西瓜、甜瓜皮等瓜类均可喂牛。这类饲料含水量高,如南瓜含水量为90%~95%,干物质10%左右,其中粗蛋白质为1%,粗脂肪0.3%,粗纤维1.2%,无氮浸出物6.8%,并含有大量的胡萝卜素。在饲喂时,应先洗净切细,每日每头喂量10～15 kg。

5.2.6 蛋白质饲料

蛋白质饲料指干物质中粗纤维含量在18%以下,粗蛋白质含量为20%及20%以上的饲料,包括植物性蛋白质饲料和糟渣类饲料等。我国规定,禁止使用动物性饲料饲喂反刍动物。常用的蛋白质饲料主要包括豆科籽实、饼粕类及其他加工副产品。以榨油副产品为主,如大豆饼粕、花生饼粕、棉籽饼粕、椰子饼、菜籽饼等,啤酒糟、豆腐渣也属蛋白质饲料,其中大豆饼(粕)是最好的植物蛋白质饲料。植物蛋白质饲料如加工不善,常含有一定的毒素,在生产中一定注意。

5.2.6.1 籽实类

豆类籽实粗蛋白质含量高,占干物质的20%～40%,钙磷比例不恰当,钙多磷少,胡萝卜素缺乏。无氮浸出物含量为30%～50%,纤维素易消化,是牛重要的蛋白质饲料。

(1)双低(低芥酸、低硫代葡萄糖甙)油菜籽。双低油菜籽的营养价值在于蛋白质和油的含量,粗蛋白质的平均含量为21%～24%,油的平均含量为31%～42%,籽实成熟程度越高的含油越高。菜油籽在奶牛、肉牛日粮中使用量取决于饲粮中脂肪或油的总量,使用量以日粮干物质中脂肪总含量低于6%为参考。

(2)膨化大豆。膨化大豆是将整颗大豆以膨化机进行热加工,膨化处理而成,能提高油脂的利用率。在加工过程中温度可达到130～145℃,破坏了抗营养因子(胰蛋白酶抑制因子、尿素酶、血球凝集素等不利于动物消化的成分)。全脂膨化大豆的一般含水分小于12%,粗脂肪17%～19%,粗蛋白质35%～39%,粗纤维5.0%～6.0%,粗灰分5.0%～6.0%,钙0.24%,磷0.58%,高热能、高蛋白质,适口性好,养分浓度高,保存时间长。

(3)全棉籽。适口性好,蛋白质(29%)、能量(消化能6.9 Mcal/kg)、脂肪(17%)以及纤维素(ADF 29%)都很高,加上棉籽壳本身可以保护其中的营养物质免受瘤胃微生物的降解,增加了过瘤胃营养物质的数量,因此被称作“全能”性饲料。奶牛饲喂全棉籽不仅可以提高产奶量,还可以提高乳脂率,饲喂量为2～2.5 kg。生长育肥牛可以按照日粮干物质总量的10%饲喂全棉籽。和全棉籽一样,向日葵、菜籽等也可以作为饲料。

5.2.6.2 饼粕类

(1)大豆饼(粕)。大豆饼(粕)是我国最常用的主要植物性蛋白质饲料。大豆饼(粕)含蛋白质较高,达40%～45%,必需氨基酸的组成比例也比较好,尤其赖氨酸含量是饼粕类饲料中最高者,高达2.5%～3.0%,蛋氨酸含量较少,仅含0.5%～0.7%。生豆粕中含有大豆中的胰蛋白酶抑制剂,在使用前应经113℃,3 min的处理。大豆饼(粕)适口性好,饲喂肉牛、奶牛都具有良好的生产效果,在产奶牛日粮中,大豆饼(粕)可占精料的20%～30%。

(2)棉籽饼(粕)。由于棉籽脱壳程度及制油方法不同,营养价值差异很大。由完全脱壳的棉仁制成的棉仁饼(粕)粗蛋白质可达40%～44%,而由不脱壳的棉籽直接榨油生产出的棉籽饼(粕)粗纤维含量达16%～20%,粗蛋白质仅为20%～30%。带有一部分棉籽壳的棉仁(籽)饼(粕)蛋白质含量为34%～36%。棉籽饼(粕)蛋白质的品质不太理想,赖氨酸含量较低,蛋氨酸也不足,分别为1.48%和0.54%,精氨酸含量过高,达3.6%~3.8%。棉籽饼(粕)中含有对牛有害的游离棉酚,牛如果摄取过量或食用时间过长,可导致中毒。在犊牛、种公牛日粮中一定要限制用量,同时注意补充维生素和微量元素。棉籽饼(粕)在瘤胃内降解速度较慢,是奶牛和肉牛良好的蛋白质饲料来源。

①脱酚棉籽蛋白。在加工过程中采用低温一次浸出及两种溶剂分步萃取等新工艺,极大地减少了蛋白质的变性,降低游离棉酚含量,粗蛋白质含量在50%以上。

②棉籽饼。棉籽饼是带壳棉籽经过榨油后的副产品。棉籽饼既具有蛋白质饲料的特性(含粗蛋白质24%~28%),又具有能量饲料的特性(脂肪含量较高),还具有粗饲料的特性(含粗纤维达20%以上),在育肥牛的日粮中可以大量搭配。棉籽饼可直接与其他饲料混合制成配合饲料喂肉牛,也可以用粉碎机粉碎或用水淹没浸泡4 h以上后直接饲喂。

(3)花生仁饼(粕)。花生仁饼(粕)饲用价值因含壳量的多少而有差异,脱壳后制油的花生饼(粕)营养价值较高,仅次于豆粕,其粗蛋白质可达44%~48%。氨基酸组成不好,赖氨酸含量只有大豆饼(粕)的一半,蛋氨酸含量也较低。带壳的花生饼(粕)粗纤维含量为20%~25%,粗蛋白质及有效能相对较低。花生饼(粕)适口性好,有香味,牛都喜欢采食,可用于犊牛的开食料。花生饼的瘤胃降解率可达75%以上,因此不适合作为唯一的蛋白质饲料原料。花生仁饼(粕)易染上黄曲霉菌,在贮存时要注意,并尽快用完。

(4)菜籽饼(粕)。粗蛋白质含量在30%~38%,矿物质中钙和磷的含量高,硒含量为1.0 mg/kg,适口性较差,菜籽饼(粕)中含有硫葡萄糖苷、芥酸等毒素,在奶牛日粮中应控制在10%以内,肉牛日粮应控制在15%之内,或日喂量1~1.5 kg。菜籽饼(粕)在瘤胃中的降解速度低于豆粕,过瘤胃蛋白较多。犊牛和怀孕母牛最好不喂。经去毒处理后可保证饲喂安全。

(5)葵花饼(粕)。葵花饼(粕)的饲用价值,取决于脱壳程度。我国葵花饼(粕)的粗蛋白质含量低,一般在28%~32%之间,可利用能量较低,赖氨酸含量不足[低于大豆饼(粕)、花生饼(粕)和棉仁饼(粕)],为1.1%~1.2%,蛋氨酸含量较高,为0.6%~0.7%,在牛日粮中葵花饼(粕)可以用到20%。

(6)亚麻饼(粕)。亚麻饼(粕)又叫胡麻饼(粕),其粗蛋白质含量为32%~36%,赖氨酸和蛋氨酸含量分别为1.10%和0.47%,亚麻籽饼(粕)应与其他含赖氨酸较高的蛋白质饲料混合饲喂。犊牛、奶牛和肉牛饲粮中均可使用,但亚麻籽饼(粕)中含有生氰糖甙,可引起氢氰酸中毒,亚麻籽饼(粕)在日粮中的用量应控制在10%以内,另外,育肥牛饲喂量太多会使脂肪变软,影响胴体品质。

(7)芝麻饼(粕)。芝麻饼(粕)的粗蛋白质含量可达40%以上。氨基酸组成中蛋氨酸、色氨酸含量丰富,缺乏赖氨酸。芝麻饼(粕)可作为牛的良好蛋白质来源,应用时与豆饼(粕)搭配使用。

(8)棕榈仁饼。棕榈仁饼为棕榈果实提油后的副产品,压榨法所得产品适口性优于浸提法。严格讲,它不属于蛋白质饲料,其粗蛋白质含量低,仅14%~19%,且赖氨酸、蛋氨酸和色氨酸等缺乏,脂肪酸以饱和脂肪酸为主,矿物质中锰含量高,但利用率差;棕榈仁饼适口性差,牛日粮中用量应控制在10%以内。

(9)椰子粕。椰子粕又称椰子干粕,是将椰子胚乳部分干燥为椰子干,提油后所得的副产品,粗蛋白质含量为20%~23%,氨基酸组成欠佳,缺乏赖氨酸、蛋氨酸及组氨酸,但精氨酸含量高。有椰子的烤香味,适口性好,是牛良好的蛋白质来源,但采食过多易便秘,为防止便秘,精料中使用20%以下为宜。

(10)蓖麻籽饼(粕)。蓖麻籽饼(粕)的粗蛋白质含量因去壳程度不同有所差异,一般25%~45%,由于其含有蓖麻毒蛋白、蓖麻碱、CB-IA变应原和血球凝集素4种有毒物质,必须经过脱毒才能饲喂。作为一种新型的蛋白质饲料资源,蓖麻饼的脱毒方法主要有化学法、物理法、微生物发酵法和联合法,有饲养试验结果表明在精料中添加10%的脱毒蓖麻饼粕未出现任何中毒症状。

(11)玉米蛋白粉。又称玉米麸质粉,是玉米湿法加工工艺生产玉米淀粉的主要副产品,通常由50%~75%的蛋白质、15%~30%的淀粉、少量的酯类物质和纤维素组成。玉米蛋白粉中的蛋白质主要是玉米醇溶蛋白(即玉米朊,占60%)、谷蛋白(占22%)、球蛋白和白蛋白,过瘤胃蛋白含量高,可用作奶牛、肉牛的部分蛋白质饲料原料。在使用玉米蛋白粉的过程中,应注意霉菌含量,尤其是黄曲霉毒素含量。

(12)玉米酒精糟或玉米酒精蛋白饲料(DDGS)。玉米酒精糟因加工工艺与原料品质差别,其成分差异较大。一般粗蛋白质含量在26%~32%之间。酒精糟气味芳香,是牛良好的饲料。在牛精料中添加可以调节饲料的适口性。既可作能量饲料,也可作蛋白质饲料,在牛精料中用量应在50%以内。

(13)玉米胚芽饼(粕)。玉米胚芽饼(粕)是玉米胚芽经提油后的副产物,含粗蛋白质14%~29%。氨基酸组成较差,赖氨酸含量0.75%,蛋氨酸和色氨酸含量较低,钙少磷多,钙磷比例不平衡;维生素E含量非常丰富,适口性好;但品质不稳定,易变质,使用时要小心,一般在牛精料中可用到15%~20%。

(14)脱脂奶粉(dried skim milk)。脱脂奶粉一般水分含量<8%,粗蛋白质33%~35%。无氮浸出物约为50%,大部分由乳糖组成,有丰富的B族维生素,缺少脂溶性维生素和矿物质,所以必须在日粮中添加。脱脂奶粉是幼畜最佳的蛋白质来源。

(15)酪蛋白粉。酪蛋白粉(casein meal)是指在脱脂乳中加入酸或凝乳酶(rennet),使酪蛋白凝固,经分离、干燥、粉碎所得的一种乳副产品。酪蛋白多供人类食用,价格低廉时也可用作高蛋白质饲料。酪蛋白粉的粗蛋白质含量大于70%,各种氨基酸组成平衡。

(16)单细胞蛋白质饲料。主要包括酵母、真菌及藻类。酵母最具有代表性,粗蛋白质含量40%~50%,生物学价值较高,含有丰富的B族维生素。牛日粮中可添加1%~2%,用量一般不超过10%。

(17)非蛋白氮饲料。非蛋白氮可被瘤胃微生物合成菌体蛋白,被牛利用。常用的非蛋白氮主要是尿素,含氮46%左右,相当于粗蛋白质288%,使用不当会引起中毒。用量一般为每100 kg体重 15~20 g,与富含淀粉的精料混匀饲喂,喂后1 h饮水。6月龄以上的牛日粮中才能使用尿素。其他非蛋白氮产品如磷酸脲、双缩脲、异丁基二脲等,其特点是比尿素难溶解,分解为氨的速度比尿素要慢,比较安全,利用率高。利用尿素(非蛋白氮饲料)作为蛋白质补充料必须与谷物精料混匀饲喂,且在日粮中的含量不超过1%,避免与含脲酶高的饲料如豆饼(粕)等混喂,可以按75%玉米面+24%尿素+1%(食盐和缓解剂)比例加工成糊化淀粉尿素,使瘤胃释放氨的速度减慢,提高微生物利用氨合成菌体蛋白效率。

5.2.6.3 蛋白质饲料的加工——过瘤胃蛋白的加工技术

蛋白质饲料的日常机械加工与调制方法是粉碎(如豆粕、棉粕)、浸泡(豆类、棉粕、菜粕、胡麻粕等)、焙炒(豆类)、膨化(大豆)等。饲料蛋白质进入瘤胃后,大部分在瘤胃内被微生物降解为氨，蛋白质的过高降解造成最终流入小肠内的蛋白质不能满足高生产性能的肉牛奶牛营养需要。因此，人们设法研究减少饲料蛋白质的瘤胃降解，增加过瘤胃蛋白的技术。尤其是对一些降解率高的优质饼粕类蛋白质饲料进行保护，以增加过瘤胃蛋白。国内外用于蛋白质保护的方法主要有物理的加热法、化学法，或两者的联合使用，以降低饲料蛋白质在瘤胃中的降解速度和降解程度，保证瘤胃降解蛋白（RDP）和瘤胃非降解蛋白（RUP）的合理配比，提高蛋白质饲料利用率。

一、低瘤胃蛋白质降解率饲料的筛选

不同饼粕饲料蛋白质的瘤胃降解率有明显的差异，主要取决于饲料本身的特性和加工过程的温度处理。不同饲料或同一种饲料的不同加工处理，其蛋白质的降解率不同。如豆饼的蛋白质瘤胃降解率为42%，豆粕为50%，棉籽粕37%，125℃热处理豆饼为25%，花生饼（粕）为70%。因此在牛日粮配合时应将蛋白质降解率高的饲料和降解率低的饲料搭配使用，以满足降解蛋白和非降解蛋白的需要，提高动物的生产性能。有条件的饲料企业可以应用瘤胃瘘管牛测定饲料蛋白质的降解率，根据测定结果采购饲料原料，制定日粮配方。将蛋白质饲料加工成颗粒状或压成饼状，可使饲料蛋白质较快地通过瘤胃。

二、饼粕饲料蛋白质的过瘤胃保护技术

合理加工，可提高蛋白质饲料利用率。对于牛来说，蛋白质饲料加工技术主要是蛋白质的过瘤胃保护技术。豆粕是我国使用最多、应用范围最广的植物性蛋白质饲料，其在瘤胃中的降解速度很快，如大豆在瘤胃24 h的消失率达90%以上，豆粕有一半在瘤胃降解，造成蛋白质的浪费。对蛋白质饲料进行保护处理（蛋白质的过瘤胃保护），避免其在瘤胃内降解，而直接进入小肠被吸收利用，是提高蛋白质饲料利用率，提高豆粕的营养价值的一种途径。

1. 化学修饰保护

主要使蛋白质与化学试剂相互作用，将蛋白质的功能团保护起来免遭瘤胃中酶及微生物的降解作用，而后消化道的酸性环境中又能释放出蛋白质来。如甲醛、单宁等保护属于化学修饰保护。这类保护缺点是它的化学毒性对瘤胃微生物造成破坏，还会造成过保护，目前在国内外已基本不再使用。此外还有乙醇处理、氢氧化钠处理、硫酸锌处理等。用戊糖保护豆粕可成功地降低豆粕蛋白瘤胃降解率，戊糖含有多个醛或酮，加热后可以和蛋白质的氨基酸残基发生美拉德反应（Maillard reaction）。杨威（2007）提出4种不同的糖（戊糖、己酮糖、己醛糖、蔗糖）浓度3%、140℃加热90 min条件下对大豆粕、棉籽粕、菜籽粕、棉籽粕蛋白质保护效果较理想。

2. 物理方法

目前，干热、热喷、焙炒和蒸汽加热等都可明显降低蛋白质饲料在瘤胃的降解率，提高蛋白质的瘤胃通过率。如豆粕在125℃下处理（45 min）使其蛋白质在瘤胃降解率（%）下降10个百分点。但是用热处理保护蛋白质常伴随小肠内的消化率降低，且费工、费时、耗能等，所以未能广泛应用，仅对一些含抗营养因子的蛋白质原料进行热处理。

3. 包被方法

全血、乳清蛋白、卵清蛋白等富含白蛋白的物质都能对蛋白质起到保护作用（程茂基等，1995；Orskov 等，1980；李爱科，1991），白蛋白在饲料颗粒外可形成一层保护壳（Matsumoto 等，1995），防止易溶蛋白在瘤胃内的扩散溶解，从而降低被保护蛋白质饲料在瘤胃内的降解。

依据瘤胃与皱胃中胃液 pH 的差别，把饲料用一些在中性或弱酸性条件下不溶解而在强酸性条件下能溶解或崩解的材料包裹起来，如用 pH 敏感的多聚物包被，迄今为止，这种方法是最有效的提供补充过瘤胃营养到小肠的方法。

4. 生物技术增加过瘤胃蛋白

①瘤胃外流速度的调控。瘤胃外流速度影响着降解率，瘤胃外流速度加快，日粮在瘤胃内停留时间缩短，蛋白质降解率下降。影响外流速度的因素很多，其中日粮结构和饲养水平影响较大，尤其是日粮的精粗比，随着精粗比升高，外流速度加快，蛋白质降解率下降。②应用添加剂如添加瘤胃素，可减少蛋白质在瘤胃中的降解，使游离氨基酸的降解率降低。瘤胃素适用于体重 180 kg 以上的肉牛，每天每头用 0.2 g 混于精饲料中饲喂。③化学调控处理，现在已投入大量人力物力寻找可以减少蛋白质在瘤胃内降解的物质，即抑制多肽水解和氨基酸脱氨作用如添加脱氨酶抑制剂等。

5.2.7 能量饲料

指干物质中粗纤维含量在 18%以下，粗蛋白质含量在 20%以下的饲料，是牛能量的主要来源。主要包括谷实类及其加工副产品(糠麸类)、块根、块茎类及其他。

5.2.7.1 谷物籽实类饲料

主要包括玉米、小麦、大麦、高粱、燕麦、稻谷等，其主要特点是无氮浸出物含量高，一般占干物质的 66%～80%，其中主要是淀粉；粗纤维一般在 10%以下，适口性好，可利用能量高；粗脂肪含量在 3.5%左右，粗蛋白质一般在 7%～10%，缺乏赖氨酸、蛋氨酸、色氨酸；钙及维生素 A、维生素 D 含量不能满足牛的需要，钙低磷高，钙、磷比例不当。

(1)玉米。玉米被称为“饲料之王”，其特点是含能高，黄玉米中胡萝卜素含量丰富，蛋白质含量 7%～8%，钙、磷均少，是一种养分不平衡的高能饲料，但玉米是一种理想的过瘤胃淀粉来源。高油玉米由于含蛋白质和能量比普通玉米高，替代普通玉米可以提高牛肉品质，使牛肉大理石花纹等级和不饱和脂肪酸含量提高。对玉米的加工方法有 3 种，即蒸汽处理、压片和粉碎。在育肥牛日粮含 70%～80%的玉米时，蒸汽处理或压片可使净能提高 5%～10%，能量沉积提高 6%～10%。饲喂前浸泡，可使玉米的消化率提高 5%。如果没有条件进行蒸汽处理或压片，可以将玉米粗粉碎(颗粒大小为 2.5 mm)，千万不要粉碎太细，以免影响粗饲料的消化率。

(2)高粱。能量仅次于玉米，蛋白质含量略高于玉米。高粱在瘤胃中的降解率低，因含有鞣酸，适口性差，与玉米配合使用效果增强，可提高饲料的利用率。要注意用高粱喂牛易引起便秘。当日粮内粗饲料的含量小于 20%时，对高粱进行蒸气处理和压片可使能量利用率提高 5%～10%，淀粉消化率提高 3%～5%。在没有条件进行蒸气处理或压片的地区，可将整粒高粱在水中浸泡 4 h，晾干，粉碎，这样可以提高能量和淀粉的消化率，效果与蒸汽处理相同。其优点是成本低，还可增加肉牛的采食量。与粗粉碎相比，细粉碎(1 mm)可使高粱的净能提高 8%，与蒸汽处理效果相等。因此，最简单实用的方法是将高粱细粉碎到 1 mm 后饲喂。

(3)大麦。蛋白质含量高于玉米，品质好，赖氨酸、色氨酸和异亮氨酸含量高于玉米；粗纤维较玉米多，能值低于玉米；富含 B 族维生素，缺乏胡萝卜素和维生素 D、维生素 K 及维生素

B_{12}。用大麦喂牛可改善牛奶、黄油和体脂肪的品质。粉碎或压扁能提高大麦的消化率和利用率。为了增加采食量，减少瘤胃臌胀等消化性疾病，对大麦不要粉碎过细，粗粉碎效果较好，对大麦进行蒸汽处理没有效果。

(4)小麦。与玉米相比，能量较低，但蛋白质及维生素含量较高，缺乏赖氨酸，所含B族维生素及维生素E较多。小麦的过瘤胃淀粉较玉米、高粱低，牛饲料中的用量以不超过50%为宜，并以粗碎和压片效果较佳，不能整粒饲喂或粉碎得过细。在牛饲料中较少直接使用小麦，一般使用面粉作为颗粒饲料的成分，起到黏合的作用。

(5)燕麦。因带壳燕麦的外壳占20%以上，一般占26%左右，高的可达50%，所以带壳燕麦含粗纤维10%～13%。而不带壳的燕麦(即莜麦)含蛋白质高达17.24%，脂肪含量在4.5%以上，其无氮浸出物含量在主要的几种谷物饲料中最低。燕麦籽实的壳坚实，不易透水，若牛咀嚼不完全进入胃肠时，则会整粒排出影响养分的消化率，所以在饲喂前，需要进行压片或粉碎等加工调制。但不可磨碎过细，否则粉状饲料的适口性变差，容易糊口，在胃肠里容易形成面团状物难以消化。

5.2.7.2　谷实类饲料的加工调制

1. 粉碎

粉碎是最简单、最实用的一种加工调制方法。整粒籽实被粉碎后，饲料表面积加大，有利于和消化液接触，也容易被逆呕到口腔重新咀嚼，可提高饲料的消化率。谷物粉碎的程度可根据日粮中精料的比例确定。粉碎过细时，适口性下降，采食量减少，精料不能与唾液充分混合，会妨碍消化。尤其当精料比例过大时，过细的精料会在瘤胃内迅速发酵，使饱食的瘤胃内气体急剧增加，酸度增加，反刍减少，造成慢性瘤胃臌胀与酸中毒。通常当日粮含30%以下精料时，玉米籽实的消化率与细度呈正相关，细磨玉米较整粒玉米消化率提高10%左右，但以蒸气压扁最好。日粮中精料比例超过60%时，不可粉碎太细，以2～4 mm为宜。谷物粉碎过细与空气接触面增大，易吸潮、氧化和霉变等，不易保存，应在配料前才粉碎或破碎。

2. 浸泡

对一些坚硬籽实，经浸泡可软化或溶去饲料中的一些有害物质，减轻饲料异味，提高饲料适口性，也有利于咀嚼。浸泡用水量依浸泡目的而异，用于软化时，料水比为1∶(1～1.5)，即以手握指缝渗水为准；用于减轻异味时如高粱，可用热水浸泡，料水比为1∶2浸泡 24 h，中间搅拌几次。

3. 熟化

谷物熟化均能有效降低原料中所含淀粉和蛋白质的降解率，生淀粉转化为糊精，使瘤胃后的消化有改善，谷物熟化有几种方法。

(1)压扁。将谷物饲料在特制的蒸气加热室中加热到120℃，保持10～30 min，使含水量达到18%～22%，再用机器压成1 mm厚的薄片，将薄片迅速干燥，使水分降到15%以下保存。土法可将谷物饲料在近100℃水中煮12～26 min，使水分达20%左右，捞出后通过辊轴或石碾压扁，随后干燥保存。大量试验和生产实践表明，蒸汽压片高粱的效果明显优于蒸汽压片玉米。

(2)焙炒熟化。焙炒可使谷物等籽实饲料熟化。谷物籽实饲料，特别是玉米，经过130～150℃短时间的高温焙炒后，一部分淀粉转变糊精而产生香味，适口性提高，也有利于消化。焙炒谷物籽实主要用于犊牛诱食料和开食料。

(3)膨化熟化。谷物饲料膨化处理使淀粉的糊化程度比例更高,可破坏和软化纤维结构的细胞壁,使蛋白质变性,脂肪稳定,而且脂肪可从谷物内部渗透到表面,使谷物具有一种特殊的香味。经膨化处理的谷物更疏松,有利于消化。膨化的高温处理几乎可杀死所有的微生物,从而减少饲料对消化道的感染,但成本高。谷物饲料膨化处理主要用于膨化玉米,作为犊牛的诱食料、开食料和犊牛料。

4. 发芽

籽实的发芽过程是一个复杂而有质变的过程。大麦发芽后,部分蛋白质分解成氨化物,而糖、维生素、各种酶、纤维素增加,无氮浸出物减少。从1 kg大麦中含有的有机物质来看,发芽后的总量减少,但是在冬季缺乏青饲料的情况下,为使日粮具有一定的青饲料性质,可以适当地应用发芽饲料。籽实发芽有长芽与短芽之分。长芽(6~8 cm)以供给维生素为主要的目的,短芽则利用其中含有的各种酶,以供制作糖化饲料或促进食欲。

5. 保存高水分谷物的方法

高水分谷物是指收获时谷物水分含量在22%~40%,不经晒干就制成青贮的谷物,谷物如玉米含水量达30%以上保存的称为高水分玉米保存。高水分谷物有两种保存方法:一是制成青贮;二是用有机酸或碱(氨)保存。有机酸保护即谷物与1%~1.5%的丙酸或丙酸乙酸、丙酸甲酸混合物彻底混合。用有机酸处理高水分谷物时能杀死其中的霉菌等大部分微生物,酸还能穿透种皮,杀死胚芽,阻止呼吸和酶的活性,最终防止发酵产热,保存各种营养成分。用氢氧化钠等碱性物质保存高水分谷物是一种常用方法,使玉米和高粱的利用效率比干燥保存时高。

5.2.7.3 过瘤胃淀粉的加工及应用

在反刍动物的精饲料中,淀粉占很大比例,如小麦中含淀粉77%,玉米和高粱中含72%,大麦和燕麦中含57%~58%。食入的大部分淀粉在瘤胃内被微生物降解生成挥发性脂肪酸,被瘤胃壁吸收供能,但过量精料中的淀粉在瘤胃微生物的作用下迅速发酵,产生大量乳酸,使瘤胃内pH迅速降低,这可能导致牛酸中毒(冯仰廉,2004)。在这种情况下,增加日粮中过瘤胃淀粉的比例,使更多的淀粉在小肠内被消化分解为葡萄糖吸收,就能够减少日粮中精料的用量,改善瘤胃内环境,防止酸中毒。过瘤胃淀粉含量适当时效果较好,过多后则在结肠和盲肠发酵,出现胀肚、放屁,而导致负效果。

1. 物理方法

(1)加热处理。加热对淀粉瘤胃发酵率的影响研究报道不一。大麦经过加热处理对淀粉的瘤胃发酵率无显著影响,但能使蛋白质的瘤胃发酵率显著下降。也有报道称加热后的淀粉发酵率显著降低。

(2)机械处理。日粮颗粒大小对淀粉在瘤胃内的发酵率有很大影响。一般来说,颗粒越大,在瘤胃内发酵率越小。如粉碎玉米、蒸汽压片玉米的瘤胃发酵率高于颗粒玉米,颗粒玉米到达小肠后消化率降低,抵消了进入小肠过瘤胃淀粉的量,降低了总消化率。因此,在生产中一般不采用通过饲喂粒度较大的颗粒饲料来增加过瘤胃淀粉的方法。淀粉的瘤胃发酵率因处理方法和饲料类型的不同而不同。干式碾压能降低玉米淀粉的瘤胃发酵率,但对奶牛泌乳量影响不显著。蒸汽挤压玉米能增加过瘤胃淀粉的比例,降低瘤胃氨氮和血液尿素氮浓度,促进乳糖和乳蛋白的合成。

(3)包被处理。原理同饼粕蛋白质包被保护。

2.化学方法

原理同饼粕蛋白质包被保护。

5.2.7.4 过瘤胃保护脂肪

直接添加过量油脂(日粮粗脂肪超过9%)对反刍动物效果不好,油脂影响瘤胃中微生物对纤维的消化,所以添加的油脂采取某种方法保护起来,形成过瘤胃保护脂肪。最常见的产品有氢化棕榈脂肪和脂肪酸钙盐,不仅能提高牛生产性能,而且能改善奶产品质量和牛肉品质。瘤胃保护脂肪是通过不同的技术途径对脂肪进行保护,生产中主要有以下几种方式。

(1)包被脂肪。脂肪被处理过的蛋白质或碳水化合物包裹,使脂肪在瘤胃中保持稳定。由于包被的效果有异、包被材料的特征不一,以及反刍活动对包被材料的可能破坏,产品的过瘤胃性能需仔细评价,目前市场较少应用。

(2)脂肪酸钙化。通过皂化反应,由长链脂肪酸合成脂肪酸钙盐,该类产品简称为钙皂。在正常的瘤胃液pH值6.5～6.8的环境中,脂肪酸钙盐是稳定的。在真胃pH值1.5～3.0的酸性环境中立即分解成脂肪酸和钙,而后被真胃和小肠吸收,其吸收率可达95%。由于脂肪酸钙含有钙,其脂肪含量受到限制,有效能值低,同时产品有肥皂气味,适口性较差。市场上见到的有异丁酸钙、辛酸钙、癸酸钙、棕榈酸钙、硬脂酸钙等。

(3)脂肪酸氢化。通过化学加氢反应,脂肪中的不饱和脂肪酸加氢后形成饱和脂肪酸,属游离脂肪酸产品。氢化脂肪主要利用饱和脂肪酸熔点比不饱和脂肪酸熔点高的原理,提高脂肪的熔点,其在瘤胃38～39℃条件下不溶于瘤胃液,对瘤胃微生物活动没有影响,只有在小肠内消化液作用下才溶解。由于在氢化过程中可能产生异位脂肪酸,氢化脂肪酸和异位脂肪酸在小肠的消化率低于天然的脂肪酸。

(4)分馏脂肪。又称稳定性脂肪,根据脂肪原料中各种脂肪酸熔点不同采用物理方法进行分馏,收集到高熔点脂肪酸加工而成,称脂肪粉,富含棕榈酸,不饱和脂肪酸含量不超过13%,具有较高的C16与C18的分子比例。脂肪粉产品的粗脂肪>99%、水分<1%、饱和脂肪酸>75.00%、亚油酸为4.25%、熔点为54～59℃。由于熔点高于瘤胃液的温度在瘤胃中保持稳定,瘤胃pH下降不影响该类脂肪的过瘤胃特征,因此又称稳定性脂肪,其过瘤胃效果比其他种类过瘤胃脂肪好,可消化脂肪的含量比脂肪酸钙和氢化脂肪要高。

5.2.8 糠麸类饲料

糠麸类饲料为谷实类饲料的加工副产品,主要包括麸皮和稻糠以及其他糠麸。其特点是无氮浸出物含量(30%～52%)较少,其他各种养分含量均较其原料高,有效能值低,钙少磷多,含有丰富的B族维生素,胡萝卜素及维生素E含量较少。

(1)麸皮。包括小麦麸和大麦麸等。其营养价值随麦类品种和出粉率的高低而变化。粗纤维含量较高,属于低能饲料。大麦麸在能量、蛋白质、粗纤维含量上均优于小麦麸。麸皮具有轻泻作用,质地蓬松,适口性较好,过量使用易造成便秘,应掌握使用比例,一般在日粮中用量不宜超过20%。

(2)米糠。米糠的有效营养变化较大,随含壳量的增加而降低,粗脂肪含量高,易发生酸败。为使米糠便于保存,可经脱脂生产米糠饼。经榨油后的米糠饼脂肪和维生素减少,其他营养成分基本被保留下来。肉牛采食适量的米糠,可改善胴体品质,增加肥度。但采食过量,可使肉牛体脂变软变黄。

(3)其他糠麸。主要包括玉米糠、高粱糠和小米糠,其中以小米糠的营养价值较高。高粱糠的消化能和代谢能较高,但因含有单宁,适口性差,易引起便秘,应限制使用。

(4)玉米喷浆蛋白。也称玉米麸,或玉米纤维饲料,是把玉米生产淀粉及胚芽后的副产品进行加工,把含蛋白质、氨基酸的玉米浆喷上去,使其蛋白质、能量、氨基酸含量增加,干燥后即成玉米喷浆蛋白,主要成分为玉米皮。颜色呈黄色,适口性好,蛋白质含量变化大(14%~27%),能量含量低,富含非蛋白氮。

(5)大豆皮。大豆皮是大豆制油工艺的副产品,颜色为米黄色或浅黄色,主要成分是细胞壁和植物纤维,粗纤维含量为38%,粗蛋白质12.2%,氧化钙0.53%,磷0.18%,木质素含量低于2%。大豆皮无须加工便可喂牛,大豆皮可代替部分秸秆和干草。Owen(1987)试验结果表明:大豆皮的NDF可消化率高达95%。大豆皮含有适量的蛋白质和能量,可代替反刍动物部分精料补充料。

(6)玉米皮。玉米皮(糠)(CGF),亦称玉米皮渣,或玉米纤维饲料、玉米皮糠等。它是湿法生产淀粉时将玉米浸泡、粉碎、水选之后的筛上部分,经脱水制成的玉米麸质饲料。其粗纤维16.20%(6%~16%),无氮浸出物57.45%(其中淀粉40%以上),粗蛋白质3.0%(2.5%~9%)。可以代替20%~50%的麸皮。

5.2.9 矿物质饲料

奶牛每天通过泌乳消耗大量的矿物质,而肉牛育肥一般以粗饲料作为主要饲料,所以无论奶牛还是肉牛其植物性日粮中钙、磷、钠、氯等矿物质均不能满足奶牛泌乳和肉牛育肥的需要,必须额外补充。

(1)食盐。主要成分是氯化钠,牛喂量为精料的1%~2%。通常不计算饲料中盐的含量,只是按常规量补加。但在日粮中使用酱油渣时要特别注意,因为酱油渣中的盐分含量较高,必要时可减少食盐的补加量或降低酱油渣用量。

(2)含钙的矿物质饲料。常用的有石粉、贝壳、蛋壳等,主要成分为碳酸钙。这类饲料来源广,价格低,但动物利用率不高。石粉和贝壳粉是廉价的钙源,含钙量分别为38%和33%左右。石粉主要指石灰石粉,为天然的碳酸钙;贝壳粉由天然海贝类的壳加工而成,它的钙含量一般低于石粉。

(3)含磷的矿物质饲料。单纯含磷的矿物质饲料并不多,且因其价格昂贵,一般不单独使用。这类饲料有磷酸氢钠、磷酸氢二钠、磷酸等。

(4)含钙、磷的饲料。常用的有磷酸钙、磷酸氢钙等,它们既含钙又含磷,消化利用率相对较高,且价格适中。在牛日粮中出现钙和磷同时不足的情况时,多以这类饲料补给。磷酸氢钙的磷含量18%以上,含钙不低于23%,是常用的无机磷源饲料。

其他的一些矿物性饲料有沸白粉、麦饭石粉,都含有多种常量和微量元素。

5.2.10 饲料添加剂

饲料添加剂的作用是完善饲料的营养性，提高饲料的利用率，促进牛的生产性能和预防疾病，减少饲料在贮存期间的营养损失，改善产品品质。牛常用的饲料添加剂主要有维生素添加剂，如维生素 A、维生素 D、维生素 E、烟酸等；微量元素添加剂，如铁、锌、铜、锰、碘、钴、硒等；氨基酸添加剂，如保护性赖氨酸、蛋氨酸；瘤胃缓冲调控剂，如碳酸氢钠等。

一、氨基酸添加剂——瘤胃保护性氨基酸(RPAA)

一般对于肉牛不必过多考虑必需氨基酸的需要，对高产奶牛或生长快的肉牛，蛋氨酸和赖氨酸通常是日粮的第一、第二限制性氨基酸，添加过瘤胃保护氨基酸，改善蛋白质利用效率，可提高产奶量和日增重。

所谓过瘤胃保护氨基酸(rumen protected amino acids，RPAA)，就是将氨基酸以某种方式修饰或保护起来以免在瘤胃内被微生物降解，而在小肠中还原或释放出来被吸收和利用的保护性氨基酸。RPAA 主要采用 3 种技术：①用脂肪酸或 pH 敏感的多聚物包被于氨基酸的表面。②RPAA 表面包膜涉及到油脂或饱和脂肪酸和矿物质。③液体来源的 Met 羟基类似物(HMB)。使用少量的瘤胃保护氨基酸(RPAA)不但可以代替数量可观的瘤胃非降解蛋白(UIP)，还能提高奶牛产奶量和乳脂率，降低日粮蛋白质水平和饲料成本。瘤胃保护性氨基酸的产品有化学保护方法产品氨基酸类似物(MHA)、氨基酸金属螯合物、氨基酸聚合物如 N-羟甲基-*DL*-蛋氨酸钙(固体)，*DL*-蛋氨酸羟基类似物(methionine hydroxyl analogue，简称 MHA)及其钙盐(MHA-Ca)，氨基酸金属螯合物(蛋氨酸锌、蛋氨酸硒、蛋氨酸铜、蛋氨酸钙、赖氨酸锌等)以及包被氨基酸(蛋氨酸、赖氨酸)。

二、微量元素添加剂

主要是补充日粮中微量元素的不足。对于牛一般需要补充铁、铜、锌、锰、钴、碘、硒等微量元素，按需要量制成微量元素预混剂后方可使用。

三、维生素添加剂

由于牛瘤胃微生物能够合成维生素 K、B 族维生素，肝脏和肾脏可合成维生素 C，一般情况下，除犊牛外，不需额外添加以上维生素。日粮中必须提供足够的维生素 A、维生素 D 和维生素 E，以满足奶牛和肉牛不同生理时期的需要。烟酸对于奶牛营养代谢和产奶有重要作用，一般在奶牛泌乳初期或产前每日每头牛喂 3～6 g 烟酸，可防止母牛发生酮病，产奶量也可明显提高。夏季，对高产奶牛每日每头增加 6 g 烟酸也可增加产奶量。

四、瘤胃缓冲剂

牛进食精饲料较多时，易造成瘤胃内酸度增加，瘤胃微生物活动受到抑制，引起消化紊乱，因此需要加入可以调节瘤胃酸碱度的缓冲剂。碳酸氢钠是最常用的瘤胃缓冲剂，碳酸氢钠添加量占精料混合料的 1%～1.5%。氧化镁的作用效果同碳酸氢钠；二者混合使用效果更好(混合物中碳酸氢钠占 70%，氧化镁占 30%)，用量为精料的 1%～1.2%。

五、其他饲料添加剂

1. 乙酸盐，双乙酸盐

乙酸是合成牛奶乳脂肪的前体，乳中的 50%脂肪酸是由乙酸合成的。日粮中添加的乙酸盐进入奶牛机体消化道后分解成乙酸根和钠离子，从而增加体内乙酸的含量，有利于牛奶中短链脂肪酸的合成，提高牛奶的乳脂率。乙酸盐可改善瘤胃内环境的酸碱度，对炎热环境下奶牛产奶性能的影响具有双重作用过程，既参与机体代谢的调控，又有利于机体水盐代谢的平衡。夏季高温条件下奶牛日粮中每天添加 300 g/头乙酸钠，可使产奶量及乳脂率明显增加。

2. 丙酸钠

丙酸钠是一种适用于小公牛的能量添加剂。日粮中添加丙酸钠（占饲料量的 3%），可提高牛的能量营养水平。

3. 莫能菌素

莫能菌素可抑制瘤胃革兰氏阳性菌的生长，降低瘤胃中乙酸、丁酸、甲烷的产生量，增加丙酸的含量和比例，抑制乳酸的产生，提高瘤胃的 pH，降低饲料蛋白质在瘤胃的降解，提高饲料转化效率，改变瘤胃充满度和瘤胃食糜外流速度，减少甲烷和氨气等有害气体的产生。瘤胃素又称莫能菌素，属聚醚类抗生素，可提高饲料消化率 10%左右，防止酸中毒，广泛应用于肉牛育肥牛。在产奶牛日粮中添加莫能霉素可以明显提高奶牛的产奶量。其他抗生素添加剂的应用见表 5-8。

表 5-8　肉牛饲料添加剂使用简表

名　称	用　途	使用范围和剂量	屠宰前停药期/d
杆菌肽锌	在舍饲条件下提高日增重和饲料效率，抑制肝脓肿	每头每天 35～250 mg	5
氯四环素（金霉素）	提高日增重和饲料效率，抑制肝脓肿、腹泻、蹄坏疽病、呼吸道病、鞭虫病	每头每天 25～750 mg	5～7
红霉素	促进生长和提高饲料效率	每头每天 37 mg	2
莫能菌素（瘤胃素）	提高饲料效率	每吨饲料加入 5～30 g（必须充分混匀）	3
新霉素	抑制腹泻、犊牛大肠杆菌病	每吨饲料加入 70～140 g	30
氧四环素（土霉素）	提高日增重和饲料效率，提高产奶量，抑制腹泻、臌胀和呼吸道病	每头每天 0.5～100 mg	5
青霉素	抑制臌胀病	每头每天 75 mg	5
泰乐霉菌素	抑制肝脓肿	每头每天 60～90 mg 或每吨饲料加入 8～10 g	5
金霉素＋土霉素	抑制细菌性腹泻	犊牛，每吨饲料加（50＋50）g	5～7
乙氧基喹啉（山道喹）	饲料抗氧化损失，延长贮存期	每吨饲料加入 100～500 g	

4. 酵母培养物

酵母培养物的作用机制主要是维持稳定的瘤胃 pH，刺激瘤胃纤维消化，提高挥发酸的产量，有利于干物质进食量提高。在产奶初期每头每天添加 15～115 g，有助于防止进食量的下降和提高产奶量。米曲霉和酿酒酵母是目前国内外制备酵母培养物的常用菌种。研究者用米曲霉、酵母菌添加于精饲料中，每头奶牛每天为 10 g，结果乳脂率从 3.07%提高到 3.14%。国外的研究结果显示，在奶牛饲料中添加酵母培养物能够提高产奶量 1～1.5 kg，乳脂率和乳蛋白率也有不同程度的提高。在热应激状态下，日粮中添加酵母培养物能减缓粗饲料采食下降，

7、8月份在奶牛饲料中添加酵母培养物，前期添喂60 g，后期添喂80 g。

5. 酶制剂、复合酶制剂

酶制剂可破坏植物饲料的细胞壁，使营养物质释放出来，提高营养成分，尤其是粗纤维的利用率。酶制剂还可消除抗营养因子如应用瘤胃稳定的纤维素酶制剂尤其是复合酶制剂可提高饲料纤维性物质瘤胃降解率，使生产性能提高。Schingoethe等(1999)在泌乳牛的日粮中加入纤维素酶和木聚糖酶的混合物，结果表明奶牛的泌乳量提高10.8%，乳脂率提高20%，乳蛋白率提高13%。而且酶的添加能使泌乳量在泌乳前期的100 d增加15%，泌乳中期泌乳量增加8%。外源酶在肉牛幼龄应用效果明显，Burrough等(1960)通过大量的饲养实验首次发现外源酶能够提高肉牛的日增重和饲料利用率。

6. 异位酸

异位酸主要包括异丁酸、异戊酸、异己酸等脂肪酸，添加异位酸可以调节瘤胃微生物的含量，增加纤维素的消化率，增进食欲，提高血糖浓度，增加产奶量，减轻能量负平衡。一般来说，异位酸对改善肉用反刍动物的生产性能不明显，但可改善和促进反刍动物的泌乳，所以可添加在泌乳动物的饲料中。在奶牛饲料中添加异位酸可使奶牛泌乳期的产奶量平均每天增加0.5～2.3 kg，泌乳初期的产奶量提高10.6%，乳脂率提高0.05%。异位酸的不足之处在于有刺激性气味。一些国家已停止使用这类添加剂。

7. 阴离子盐

阴离子盐是指含氯离子(Cl^-)和硫离子(S^{2-})相对较高而钠离子(Na^+)和钾离子(K^+)相对较低的盐类，如氯化铵、硫酸铵、硫酸铝、硫酸镁和氯化钙等。阴离子盐是一种新型添加剂，给围产前期奶牛饲喂“阳离子－阴离子差(DCAD)”为负值的日粮能够有效预防奶牛产后疾病的发生，提高奶产量。阴离子盐的适口性差，通过与适口性好的酒精糟、糖蜜或热处理大豆粕等载体混合后制粒的方法，提高其适口性，并防止分离。生产上经常使用的配比是200 g阴离子盐与载体混合，喂给干奶后期或产前21 d的经产奶牛。

8. 抗热应激类添加剂

夏季高温天气，如饲养管理不当，牛会发生不同程度的热应激反应，严重影响肉牛奶牛生产性能和健康。如果在日粮中加入某些药物添加剂，便可以缓解热应激对肉牛、奶牛的不良影响。

(1)氯化钾。炎热气候条件下，奶牛皮肤蒸发量、饮水量和排尿量均增加，从而增加了体内电解质的排出，而钾的丧失显著高于最适环境下，使血浆钾水平下降。氯化钾的添加可提高高温季节奶牛日粮中钾水平，以维持机体电解质的平衡，既有利于健康，又能提高产奶量。

(2)有机铬。铬是一种微量元素，主要以Cr^{3+}形式构成葡萄糖耐受因子，协助胰岛素作用，影响糖类、脂类和核酸的代谢。在基础日粮中添加0.3 mg/kg酵母铬饲喂奶牛补充有机铬，可降低奶牛血清中皮质醇浓度，提高其抗应激能力，改善生产性能，增强抗病力和适应性。

(3)中草药。一些具有清热解毒、凉血解暑作用的中草药，能够全面协调生理功能，减轻热应激造成的机能紊乱，增强奶牛对高温的适应性，增加营养物质的消化吸收利用，调整免疫机能，缓解热应激反应。采用石膏、板蓝根、苍术、白芍、黄芪、党参、淡竹叶、甘草等中草药，一定比例配制粉碎后于夏季添加于奶牛饲料中饲喂2个月，对缓解奶牛夏季热应激有很好的作用，还有无残留、无污染的优点，是今后奶牛抗热应激的一个新途径。

9. 青贮饲料添加剂

青贮饲料添加剂的种类根据其作用性质可分为发酵促进剂、发酵抑制剂、二次发酵抑制剂、营养性添加剂。生产中常用的是乳酸发酵促进剂，主要有乳酸菌、糖蜜、葡萄糖、乳糖、非蛋白氮、谷物籽实等。糖蜜添加量一般视原料含糖量而定，为3%～5%，禾本科原料添加4%，豆科原料添加6%；葡萄糖一般添加1%～2%；谷物籽实视原料含水量而定，含水量80%的添加10%，含水量70%左右的添加5%。常用防止二次发酵的添加剂有丙酸、乙二烯酸、己酸、甲酸钙等，添加量分别为3～5 L/t。

10. 青贮细菌接种剂

主要作用是增加乳酸类细菌，促进其更快地产生乳酸，有目的地调节青贮料内的微生物和生化过程，加速饲料酸化和促进多糖与粗纤维的转化，从而有效地提高青贮饲料的质量。我国市售的接种剂多为均一发酵型乳酸菌。如果青贮原料中的干物质＞25%，则加入足量的乳酸菌(要求每克原料中含乳酸菌100万个)，可迅速地产生大量乳酸，使pH降低，从而有效地抑制其他微生物的生长，保证青贮饲料的安全和质量。添加细菌接种剂的青贮料由于产乳酸较多，而发酵的终产物中醋酸和乙醇较少，故干物质损失减少。为了使细菌在青贮料中接种均匀，接种剂应以液体形式使用，一般是先复活，用水悬浮制成菌液，再洒在青贮料中，边装填边洒，原料每30 cm一层洒一次，20 d左右即可开窖使用。

5.3 牛场的饲料管理

饲料是养牛生产的物质基础，均衡、合理的饲料供应是保证牛场生产正常进行的前提，全价饲养是保证牛正常生长、产奶、增重的必要条件；饲料费用的支出是牛场生产经营支出中最重要的一个项目，如以舍饲为主的牛场来计算，该费用在全部费用中所占比例约50%，甚至更高，管理的好坏不仅影响到饲养成本，而且对牛群的健康和生产性能均有影响。

1. 管理原则

注意质和量并重的原则，不能随意偏重哪一方面，要根据生产上的要求，尽量发挥当地饲料资源的优势，扩大来源渠道，既要满足生产上的需要，又要力争降低饲料成本。饲料供给要注意合理配制日粮的要求，做到均衡供应，各类饲料合理配给，避免单一性。为了保证配合日粮的质量，对于各种精、粗料，要定期做营养成分的测定。

2. 合理的计划

按照全年的需要量，对所需的各种饲料提出计划储备量。在制订下一年的饲料计划时，需知道牛群的发展情况，主要是牛群中的产奶牛数和育肥牛数，测算出每头牛的日粮需要及组成(营养需要量)，再累计到月、年需要量。编制计划时，在理论计算值的基础上提高15%～20%为预计储备量。

3. 饲料的供应

了解市场的供求信息，熟悉产地和摸清当前的市场产销情况，联系采购点，把握好价格、质量、数量、验收和运输，对一些季节性强的饲料、饲草，要做好收购后的贮藏工作，以保证不受损失。

4. 加工和储藏

青贮玉米的制备要按规定要求，保证质量。青贮窖要防止漏水，不然易发生霉烂。精料加工需符合生产工艺规定，混合均匀，加工为成品后应在 10 d 内喂完，每次发 1～2 d 的量，特别是潮湿的季节，要注意防止霉变。干草、稻草本身要求干燥无泥，堆码整齐，棚顶不漏水，否则会引起霉烂；还要注意防火灾。青绿多汁料，要逐日按次序将其堆好，堆码得不能过厚过宽，尤其是返销青菜，否则易发生中毒。另外，大头菜、胡萝卜等也可利用青贮方法延长其保存时间。

5. 饲料的开发利用

能满足奶牛、肉牛营养需要的饲料丰富多样，除种植的豆科、禾本科牧草外，粮食作物如谷类、薯类副产品，经济作物主要是油料作物副产品可提供大量饼类，是植物蛋白的主要来源。

6. 饲料的保管和合理利用

饲料收购的季节性很强，收购后必须做好保管工作，防止霉烂变质，保持其原有的营养价值。根据牛群结构对饲料的需求，制订饲料定额，按定额标准组织饲料供应，定期采购，妥善保管。经济合理地利用饲料是通过合理的饲料配合和采用科学的饲养方法来实现的。根据不同生理时期、不同年龄、不同生产要求的牛群，对营养的不同需求，经过试验和计算配制不同的日粮，既满足牛的营养需要，也不浪费饲料。要经常开展饲喂方法的研究和探索，以提高饲料的消化率。

7. 定期考核饲料利用率

对牛群供应的饲料是否合理，要经常对牛群进行分析，如育成牛的生长发育情况，育肥牛的增重效果，成年牛的体膘和繁殖情况等。此外，定期考核饲料转化率或计算饲料报酬，是加强对饲料管理的有效措施。可用下列公式计算：

饲料转化率＝(饲料消化量/饲料的消耗量)×100％

饲料报酬＝增加的体重或胴体重/饲料消耗量

单位畜产品饲料成本＝饲料成本/畜产品产量

单位畜产品生产费用＝生产费用/畜产品产量

复习思考题

1. 简述奶牛、肉牛的营养需要特点。
2. 牛常用饲料有哪些，如何加工？
3. 简述牛场的饲料管理措施。

6 奶牛的饲养管理

[重点提示] 本章主要阐述犊牛、育成母牛、青年母牛、种公牛、成年母牛的饲养与管理技术，奶牛生产过程的管理技术如体况评分、挤奶技术、饲喂技术、鲜奶处理技术、奶牛疾病的控制与牛群保健，使学生了解奶牛生产的经营管理与经济效益评价等，涉及内容较多，可根据教学实际情况选择部分内容讲授。同时这部分的实验内容也较多，重点围绕牛奶品质质量和奶牛场生产计划制定，可依教学条件情况选用适合的实验。有条件时可参观公牛站或奶牛场，现场教学，或结合实习的实验课进行教学。要求教师准备奶牛养殖生产的图片或多媒体。

奶牛饲养管理是指对奶牛生产的全过程进行饲养和管理，包括从犊牛到成母牛，从交配开始，经过妊娠、产犊，直到再次交配；从产奶开始，经过干奶，直到再次产奶。奶牛饲养管理实际是奶牛养殖生产劳动过程的组织和管理，包括奶牛饲养的生产准备、直接生产、辅助生产和生产服务等。

前　言

奶牛产奶量的高低，主要由产奶遗传性能和饲养管理条件决定的。在同一个牛群内，不同奶牛每个泌乳期产奶量只有25%～30%是由上代遗传下来的，而余下70%～75%的产奶潜力，则是由饲养管理决定。饲养管理则是实现从饲料到牛奶，充分发挥奶牛遗传潜力的重要手段。在我国，随着奶牛品种的不断改良，以及集约化程度的日益提高，饲料与饲养管理的好坏已成为现代奶业进一步发展的瓶颈。奶牛的产奶量是随着基因选择，营养改善，疾病控制和其他饲养管理的改进而不断提高，其中饲养方式是否合理直接影响到奶牛生产力的发挥。奶牛饲养方式有放牧饲养、舍放综合饲养、舍饲拴系、散栏群饲等，因饲养方式的不同，奶牛管理则经历了以下几个过程：放牧饲养的粗放管理→拴系式的劳动密集型管理→散放式的有限精确管理。因此，提高奶牛生产水平，既要狠抓育种，不断提高牛群的遗传基础，又要重视抓科学的饲养管理，不断发挥奶牛的产奶潜力。

奶牛饲养管理的一般原则包括：

(1)分群管理，定位饲养。所谓分群管理，就是成母牛按泌乳阶段分别集中管理，后备母牛按月龄分别集中管理。所谓定位饲养，就是无论成母牛还是后备牛都要有固定床位或槽位。

(2)固定饲喂程序,稳定饲料品种。无论先粗后精或先精后粗,还是全混合日粮,饲喂程序要固定,不要随意变更。饲料品种要保持稳定,更换饲料时要有一周的过渡期。

(3)按营养需要配制日粮,保证干物质采食量,保持能量和粗蛋白质营养平衡。冬季日粮应适当增加能量饲料,夏季日粮应适当增加蛋白饲料。

(4)运动场内应设置补饲槽、水槽和盐槽,便于母牛饲喂后能自由采食粗饲料和饮水。夏季不喂发霉变质饲料,冬季不喂冰冻饲料,不饮冰凉水。

(5)稳定饲养人员,不要频繁变动。饲养人员要熟悉每头牛基本情况,要经常观察牛的精神状态和采食情况。

(6)严冬保暖,酷暑降温。气温低于－15℃要采取防寒保暖措施,气温高于26℃要采取防暑降温措施。

(7)保持牛舍内外及运动场清洁卫生。运动场粪便应及时清理,地面要做到夏季不积水,冬季不结冰。饲喂和挤奶用具要及时清洗干净,牛体应每天刷拭,经常保持牛体清洁。

(8)挤奶要遵守操作规程,做到稳定挤奶员,固定挤奶时间,坚持对乳头进行药浴。

(9)做好运动、刷拭和修蹄三项日常管理工作,并按防疫规程搞好疾病防治。

6.1　后备母牛的饲养管理

后备母牛包括犊牛、育成牛和妊娠青年母牛。后备母牛正处于快速的生长发育阶段,因此它的培育正确与否,对奶牛体型的形成、采食粗饲料的能力,以及到成年的产奶和繁殖性能都有影响。后备母牛培育在鲜奶生产总成本中所占的比例仅次于饲料,位居第二。一头后备母牛从出生到24月龄产犊所需费用为8 500～11 000元,占鲜奶总成本的15％～20％,如若初次产犊年龄超过24月龄,每延迟一个月,生产费用增加500～600元,同时初次产犊时的体重及体高与产奶量密切相关,可见后备牛科学饲养的重要。

6.1.1　犊牛的饲养管理

犊牛培育的好坏直接关系到奶牛饲养的成败,按照奶牛生长阶段划分,犊牛是指出生后到6月龄的小牛。犊牛的饲养管理工作是养好奶牛的开始,犊牛培育是奶牛场饲养管理工作的组成部分,作为培育高产奶牛的基础,犊牛的生长发育对将来成年奶牛的产量有很大影响。犊牛饲养的最终目标是培育有发展潜力的育成母牛,确保在不发生难产的情况下尽早产犊,形成生产能力,大大降低成本,并有一个较长的可利用周期,获得更多的利润。

6.1.1.1　犊牛生长发育特点

犊牛是奶牛一生中生长发育最快、最易患病死亡的阶段。犊牛在这一时期的消化机能还不完善,对外界适应能力差,且营养来源从血液、奶汁到草料的过程,变化很大。犊牛的发育又与以后形成好的奶牛体型,提高采食粗饲料的能力以及成年后的产奶水平和繁殖性能密切相关。犊牛生长发育速度很快,增重部分主要是蛋白质,但其中水分含量较大,所以每单位增重所需营养物质较少,合理饲养犊牛,保证犊牛达到500～800 g的日增重。

1. 新生犊牛的生理特点

随着母牛的分娩，腹内的胎儿离开母体，初生犊牛，其环境条件发生大转折。犊牛初生时，抗体(大分子蛋白质)经过消化道可以通过犊牛小肠壁进入血液，犊牛对抗体的吸收率平均为20%，但变化范围为6%～45%，抗体的吸收率在出生后2～3 h急剧下降，初生24 h后小牛就无法吸收完整的抗体(肠封闭)。新生犊牛的组织器官，尤其是瘤胃、网胃和重瓣胃发育很不完全，只靠皱胃消化食物；对外界环境的适应力很差；胃肠空虚，缺乏分泌反射，蛋白酶和凝乳酶不活跃，真胃和肠壁上无黏液；初生犊牛皮肤保护机能较差，神经系统不健全，易受外界影响发生疾病，甚至死亡。特别由于生存环境发生突变，自身体温调节机能虽已完成，但对外界气温的抵抗力(寒冷)还很弱，它的临界温度是15℃。

2. 犊牛消化系统的生长发育特点

犊牛的消化特点，与成年牛有明显不同。犊牛在哺乳期内，其胃的生长发育经历了一个成熟过程，新出生的犊牛真胃相对容积较大，约占4个胃总容积的70%，瘤胃、网胃和瓣胃的容积都很小，仅占30%，并且它们的机能也不发达。犊牛出生的最初20 d，瘤胃、网胃和瓣胃的发育极不完全，没有任何消化功能。初生的犊牛，吮奶时反射性引起食管沟闭合，形成管状结构，避免牛奶流入瘤胃，牛奶经过食管沟和瓣瘤管直接进入皱胃被消化，能很好地消化牛奶中的乳糖，但乳糖酶的活力却随着年龄的增长而逐渐降低，很容易消化利用乳脂及代乳品脂肪，总之犊出生后3周龄以内主要靠皱胃进行消化，主要以奶及乳制品为日粮，20日龄后，犊牛学会吃料草，前胃迅速发育，消化功能完善，采食饲料日渐增多，瘤胃内微生物区系逐步形成。3周龄以后的犊牛，瘤胃发育迅速，比出生时增长3～4倍，3～6月龄又增长1～2倍，6～12月龄又增长1倍。满12个月龄的育成牛瘤胃与全胃容积之比，已基本上接近成母牛。

3. 犊牛体重和体型变化特点

初生犊牛与成年牛的体型相比，在体型的相对发育上，有明显的不同。初生犊牛和成年牛相比，显得头大、体高、四肢长，尤其后肢更长。据测定，新出生的犊牛体高为成牛的56%，后高为57%，腿长为63%。而成年牛体型则显得长、宽、深。母牛妊娠期饲养不佳，胎儿发育受阻，初生犊牛体高普遍矮小；出生后犊牛体长、体深发育较快，如发现有成年牛体躯浅、短、窄和腿长者，则表示哺乳期、育成期犊牛、育成牛发育受阻。所以犊牛和育成牛宽度是检验其健康和生长发育是否正常的重要指标。在正常饲养条件下，6月龄以内荷斯坦犊牛平均日增重为500～800 g。但母犊牛在4～6月龄如营养不足，会影响卵巢发育，6～7月龄后则子宫生长受阻，性成熟延缓，第二性征发育缓慢。日粮中缺磷，妨碍骨骼硬化，而影响造血器官发育，同时也会影响以后的繁殖和产乳性能。

6.1.1.2 犊牛培育要求与饲养方式

犊牛培育是否得当，直接影响以后的生长，犊牛培育具体要求是重视胎儿时期营养供给，确保新生犊牛的健壮；为犊牛饲养提供良好的条件；注意营养投入，保持良好的乳用体型；加强运动，增强犊牛的健康。

目前奶牛场饲养犊牛的方式有两种，即集中饲养和单圈饲养，为了搞好犊牛舍内空气卫生，防止犊牛在一起相互舔咂，造成疾病传播。3周龄以前，犊牛最好单独饲养，因此现已广泛采用单圈饲养，尤其是“犊牛岛式”的饲养。

小规模奶牛场(农户)初生犊牛都饲养在母牛舍内，一般都设有产房和犊牛栏，不另设犊牛舍和犊牛栏。在大规模牛场，另设犊牛舍和犊牛栏，犊牛栏分为单栏和群栏。犊牛出生后即在靠近产房的单栏中，每犊一栏，单独管理，一月龄后过渡到群栏。犊牛出生时患病可能性较大，隔离分养，使其互相交叉感染的机会减少，犊牛互相隔离，不易发病，30 d 或 90 d 后转入群舍。犊牛移入犊牛栏之前，应用煤酚皂溶液将牛栏消毒，铺上足够的新鲜干燥垫草。舍内有适当的通风设备或通风出口，保证通风良好，空气新鲜，阳光充足，冬暖夏凉。新型犊牛舍为半敞开式单间犊牛舍，前面设有简单围栏，并有小饲槽和草架，投资少，容易保持清洁，用阳光自然消毒。

6.1.1.3　哺乳期犊牛的饲养管理

哺乳犊牛经历了从母体子宫环境到体外自然环境、由靠母乳生存到靠采食植物性为主的饲料生存、由反刍前到反刍的巨大生理环境的转变，各器官系统尚未发育完善，抵抗力低，易患病。哺乳期犊牛处于各组织器官的发育时期，可塑性大，良好的培养条件可为其将来的高生产性能打下基础，如果饲养管理不当，可造成生长发育受阻，影响终身的生产性能。

1.初生犊牛的护理

犊牛由母体产出后应立即做好如下工作，即消除犊牛口腔和鼻孔内的黏液，剪断脐带，擦干被毛，饲喂初乳。

(1)产房的准备与接产。奶牛产前 1～2 周进入产房待产。产房要冬暖夏凉，冬季保温防寒，严防过堂风侵袭。进入产房前，要做好产房、牛槽、牛床、牛体和用具消毒。地面、牛床要清洁、干净、有垫草，水、料充足，保持产房卫生。对临产母牛要注意看护，发现临产征兆，及时做好接产准备，发生难产要请兽医助产。产后 30 min 左右首次挤出 1.5～2 kg 初乳喂给犊牛，产后 4～5 d 内不要将乳汁全部挤净，要逐渐增加挤奶量。

分娩过程中的事故常造成犊牛和母牛死亡。母牛临产，侧卧于地上，待胎包已排出一部分于阴门外，即可上前接产。若是顺产头先露，待头已娩出时再撕去胎膜，挤掉口鼻黏液，用干净布把小牛口、鼻腔胎水吸净。经产牛可待其自然分娩，头胎牛则握住犊牛两前蹄，随着母牛努责往外拉，但不可操之过急。

(2)清除口腔和鼻孔内的黏液。犊牛自母体产出后应立即清除其口腔及鼻孔内的黏液，以免妨碍犊牛的正常呼吸和将黏液吸入气管及肺内。如犊牛产出时已将黏液吸入而造成呼吸困难时，可两人合作，握住两后肢，倒提犊牛，拍打其背部，使黏液排出。如犊牛产出时已无呼吸，但尚有心跳，可在清除其口腔及鼻孔黏液后将犊牛在地面摆成仰卧姿势，头侧转，按每 6～8 s 一次按压与放松犊牛胸部进行人工呼吸，直至犊牛能自主呼吸为主。

(3)断脐。在清除犊牛口腔及鼻孔黏液以后，如其脐带尚未自然扯断，应进行人工断脐。方法是在距离犊牛腹部 8～10 cm 处，两手卡紧脐带，往复揉搓 2～3 min，然后在揉搓处的远端用消毒过的剪刀将脐带剪断，挤出脐带中黏液，并将脐带的残部放入 5% 的碘酒中浸泡 1～2 min。

(4)擦干被毛。断脐后，应尽快擦干犊牛身上的被毛，以免犊牛受凉，尤为在环境温度较低时，更应如此。

(5)喂初乳。初乳是母牛产犊后 5～7 d 内所分泌的乳，与常奶相比初乳有许多突出的特点，对新生犊牛具有特殊意义，根据规定的时间和喂量正确饲喂初乳，对保证新生犊牛的健康非常重要。

①初乳的特点。初乳色深黄而黏稠，并有特殊气味。与常奶相比，初乳干物质含量高，尤

为蛋白质、胡萝卜素、维生素A和免疫球蛋白含量是常奶的几倍至十几倍，见表6-1。另外，初乳酸度高，含有镁盐、溶菌酶和K-抗原凝集素。

表6-1　第一次初乳与常奶营养成分的比较

成分	初乳	常奶	成分	初乳	常奶
干物质/%	22.6	12.4	维生素D/(IU/kg)	32.4～64.8	10.8～21.6
脂肪/%	3.6	3.6	维生素E/(μg/kg)	3 600～5 400	504～756
蛋白质/%	14.0	3.5	钙/(g/kg)	2～8	1～8
球蛋白/%	6.8	0.5	磷/(g/kg)	4.0	2.0
乳糖/%	3.0	4.5	镁/(g/kg)	40	10.0
胡萝卜素/(mg/kg)	900～1 620	72～144	酸度/°T	48	17
维生素A/(IU/kg)	5 040～5 760	648～720			

引自黄应祥等，1998。

②初乳对新生犊牛的重要性。a.由于母牛胎盘的特殊结构，母体血液中的免疫球蛋白不能在胎儿时期通过胎盘传给胎儿，因而新生犊牛无免疫能力。初乳中含有大量的免疫球蛋白，犊牛可通过哺喂初乳来获得免疫能力。b.初乳中含有大量镁盐，镁盐具有轻泻作用，有利于犊牛胎便的排出。c.初生犊牛皱胃不能分泌胃酸，因而细菌易于繁殖，而初乳酸度较高，有杀菌作用。d.初乳中有溶菌酶和K-抗原凝集素，也有杀菌作用。

③初乳的饲喂时间。犊牛在出生时肠壁的通透性强，初乳中的免疫球蛋白可直接通过肠壁以未被消化的状态吸收，但随着时间的推移，犊牛肠壁的通透性下降，导致以未被消化状态吸收的免疫球蛋白的能力减小，且初乳中的免疫球蛋白浓度也会随时间的推移而降低，犊牛应在出生后1 h内吃到初乳，而且越早越好。

初乳所含的各类抗体，能在特定环境下为犊牛提供抵抗各种疾病的免疫力，而初乳中抗体的类别取决于母牛所接触过的致病微生物或疫苗，即在某一牛场出生并成长的母牛，其所产的初乳是保护这一牛场所出生犊牛的理想初乳。与之相反，产犊前不久从另一牛场购进的母牛其初乳中所含抗体的免疫力与本厂母牛有所不同。同理，购买或迁移出生后6～8周内的犊牛，其受到感染的危险性较高，因为这些犊牛没有获得抵抗新环境中抗原的特异抗体。

④初乳的喂量及饲喂方法。第一次初乳的喂量应为1.5～2.0 kg，不能太多，以免引起消化紊乱，以后可随犊牛食欲的增加而逐渐提高，出生的当天(生后24 h内)饲喂3～4次初乳，一般初乳日喂量为犊牛体重的8%～10%。而后每天饲喂3次，连续饲喂4～5 d以后，犊牛可以逐渐转喂正常牛奶。

初乳哺喂的方法可采用装有橡胶奶嘴的奶壶或奶桶饲喂。犊牛惯于抬头伸颈吮吸母牛的乳头，是其生物本能的反映，因此，以奶壶哺喂初生犊牛较为适宜。目前，奶牛场限于设备条件多用奶桶喂给初乳。欲使犊牛出生后习惯从桶里吮奶，常需进行调教。最简单的调教方法是将洗净的中、食指蘸些奶，让犊牛吮吸，然后逐渐将手指放入装有牛奶的桶内，使犊牛在吮吸手指的同时吮取桶内的初乳，经3～4次训练以后，犊牛即可习惯桶饮，但瘦弱的犊牛需有较长的时间和耐心的调教。喂奶设备每次使用后应清洗干净，以最大限度地降低细菌的生长以及疾病传播的危险。

挤出的初乳应立即哺喂犊牛，如奶温下降，需经水浴加温至38～39℃再喂，饲喂过凉的初乳是造成犊牛下痢的重要原因。相反，如奶温过高，则易因过度刺激而发生口炎、胃肠炎等或犊牛拒食。初乳切勿明火直接加热，以免温度过高发生凝固。同时，多余的初乳可放入干净的带盖容器或密封塑料袋内，并保存在低温环境中。在每次哺喂初乳之后 1～2 h，应给犊牛饮温开水(35～38℃)一次。

⑤多余初乳的发酵保存方法。把新鲜混合初乳过滤后倒入塑料桶内(不宜用金属桶)，及时盖上桶盖(不宜过满以防发酸后溢出)，放在室内阴凉的地方，任其自然发酵；为了防止乳脂与乳清分离，每天应搅拌 1 次；发酵时间视气温而定，室温在 10～15℃，发酵 5～7 d；室温 15～20℃，发酵 3～4 d 即可；室温 20～25℃，发酵 2 d 左右；室温 25～30℃，发酵 1 d；室温 30℃以上，发酵 8～12 h 即成。也可以用乳酸菌发酵，把新鲜混合初乳过滤后水浴加温到 80℃，保持 5～10 min，然后将其冷却到 40℃，倒入已消毒的塑料桶内，按 5%～7%的比例加入发酵剂(保加利亚乳酸杆菌和链球乳酸菌的扩大培养剂)，搅匀后及时盖上桶盖，每天搅拌 1 次；当室温在 10～15℃时，发酵 2 d 左右即可；室温 20～25℃时，发酵 1 d；室温 25～30℃，发酵 12 h；室温 30～35℃，发酵 4 h 左右即成。发酵初乳在饲喂前应先搅拌均匀，然后取需要量加入 80℃左右的水，将奶温调至 38℃进行饲喂[初乳与水比例为(2～3)∶1]。个别犊牛在第一次喂给时对发酵初乳可能会不适应，可掺入一些鲜乳诱食。也可在喂前加入 0.5%的碳酸氢钠中和，以改善其适口性。

(6)特殊情况的处理。犊牛出生后如其母亲死亡或母牛患乳房炎，使犊牛无法吃到其母亲的初乳，可用其他产犊时间基本相同的健康母牛的初乳。如果没有产犊时间基本相同的母牛，也可用常奶代替，但必须在每千克常牛奶中加入维生素 A 2 000 国际单位，60 mg 土霉素或 40 mg 金霉素，并在第一次喂奶后灌服 50 mL 液体石蜡或蓖麻油，也可混于奶中饲喂，以促使胎便排出。5～7 d 后停喂维生素 A，抗生素减半直到 20 日龄左右。

2. 哺乳期犊牛饲养

犊牛饲养中最主要的问题是哺育方法和断奶。采用什么样的方法对犊牛进行哺育，何时断奶，怎样断奶是犊牛饲养的核心。随着人们对犊牛消化生理认识的深入，为了降低犊牛的培育成本，使得哺乳期不断缩短，喂奶量不断降低。犊牛哺乳期的长短和喂奶量的多少与养牛者培育犊牛的技术水平、犊牛的培育条件及饲料条件密切相关，很难定出统一的标准。一般的原则是初乳期为 4～7 d，饲喂初乳，日喂量为体重的 8%～10%，日喂 3 次；初乳期过后，转为常奶饲喂，日喂量为犊牛体重的 10%左右，日喂 2 次。目前大多哺乳期为 2 个月左右，哺乳量约 300 kg。比较先进的奶牛场，哺乳期 45～60 d，哺乳量为 200～250 kg，并注意定时、定温、定量。初乳期过后开始训练犊牛采食固体饲料，根据采食情况逐渐降低犊牛喂奶量，当犊牛精饲料的采食量达到 1.5 kg 时即可断奶。

(1)犊牛哺育方法。犊牛出生后 4～5 d 内哺喂初乳，初乳期后哺喂常奶，常奶哺育有 2 种方法，即犊牛随母牛自然哺乳和人工哺乳，乳用犊牛一般采用人工哺乳方法。人工哺乳既可人为地控制犊牛的哺乳量，又可较精确地记录母牛的产奶量，同时可避免母子之间传染病的相互传播。人工哺乳又可分为全乳充裕哺育法、全乳限量哺育法和脱脂乳哺育法等。

①全乳充裕哺育法。采用常奶哺育犊牛，不限量，任其自由饮用，以不引起下痢为度。采用此法哺育犊牛的优点是犊牛生长速度快，其缺点是奶量消耗大，成本高，因而此法多用于小牛肉的生产，在后备牛培育中已极少采用。

②全乳限量哺育法。采用常奶哺乳犊牛，但对喂奶量进行控制，并让犊牛尽早采食固体饲料。此法既可保证犊牛有一定的增重速度，又可降低培育成本，促进犊牛瘤胃的发育，为以后

提高生产性能打下基础。喂奶量的限制程度视固体饲料的质量和犊牛饲养管理水平而定，目前乳用后备牛的培育多采用此法。

③脱脂乳哺育法。脱脂乳哺育法以脱脂乳哺育犊牛，脱脂乳来源于黄油生产的副产品。此法较常奶哺育成本低，多用于从事黄油生产的牧场。因脱脂乳的能量含量较常奶低，因而脱脂乳哺育法的喂奶量要比常奶大，并应在脱脂乳中添加脂溶性维生素。从常奶到脱脂乳要有一个过渡阶段，一般是犊牛在21日龄前喂初乳和常奶，以后逐渐减少常奶喂量，增加脱脂乳喂量，在35～40日龄时过渡到全脱脂乳。

④犊牛的哺乳期、哺乳量与喂奶方法。传统上犊牛哺乳期为6个月，喂奶量为800～1 000 kg。目前全世界犊牛培育的哺乳期和喂奶量差别很大，短者2～4周，长者20周以上；喂量少者10多千克，多者几百到1 000 kg，目前大多奶牛场犊牛哺乳期为2～3个月，哺乳量300～400 kg，哺喂方案见表6-2。

表6-2 犊牛2～3月龄断奶的培育方案 kg

日龄或月龄	全奶		精料	干草	青贮
	日喂量	全期喂量			
0～5 d	初乳(4.0)	20	—	—	—
6～15 d	5.0	50	训食	训食	—
16～25 d	7.0	70	自由采食	自由采食	—
26～35 d	6.5	65	0.5	0.2	—
36～45 d	6.0	60	1.0	0.4	—
46～60 d	5.0	75	1.5	0.8	训食
2～3月	2.0	60	2.0	1.0	自由采食

犊牛喂奶的奶温应在38～40℃，并定时定量，喂奶速度一定要慢，每次喂奶时间应在1 min以上，以避免喂奶过快而造成部分乳汁流入瘤网胃，引起消化不良。喂犊牛的奶，必须新鲜，品质良好；凡患有乳房炎及传染性流产的母牛乳，一律不得用来喂犊牛。

(2)独栏圈养或单栏露天培育。犊牛出生后应及时放入保育栏内，每牛一栏隔离管理，15日龄出产房后转入犊牛舍犊牛栏中集中管理。犊牛栏应定期洗刷消毒，勤换垫料，保持干燥，空气清新，阳光充足，并注意保温。20世纪70年代以来，国外在犊牛出生后常采用单栏露天培育，近年来国内一些先进的奶牛场也采用了这个办法。户外犊牛栏多建于背风向阳、地势高燥、排水良好的地方。户外犊牛栏由轻质板材组装而成，可随意拆装移动。每头犊牛单独一栏，栏与栏之间相隔一定的距离。

在气候温和的地区或季节，犊牛出生后3 d即可饲养在室外犊牛栏内，进行单栏露天培育。室外犊牛栏应保持干燥、卫生，勤换垫草。栏的后板应设一排气孔，冬天关，夏天开；或在后板与顶板之间设升降装置，夏天将顶板后部升起以便通风。犊牛在室外犊牛栏内饲养60～120 d，断奶后即可转入育成牛舍。实践证明，采用单栏露天培育，犊牛成活率高，增重快，还可促进其到育成期时提早发情。

(3)植物性饲料的补饲。犊牛生后1周即可训练采食精料，生后10 d左右训练采食干草，见表6-2。训练犊牛采食精饲料(开食料)，也可用大麦、豆饼等精料磨成细粉，并加入少量食盐拌匀。每日15～25 g，用开水冲成糊粥，混入牛奶中饮喂或抹在犊牛口腔处，教其采食，几天后即可将精料拌成干湿状放在奶桶内或饲槽里让犊牛自由舔食。少喂多餐，做到卫生、新鲜，喂量逐渐增加,至一月龄时每天可采食 1 kg 左右甚至更多。刚开始训练犊牛吃干草时,可在犊牛栏的草架上添加一些柔软优质的干草让犊牛自由舔食,为了让犊牛尽快习惯采食干草,也可在干草上洒些食盐水。喂量逐渐增加,但在犊牛没能采食 1 kg 混合精料以前,干草喂量应适当控制,以免影响混合精料的采食。青贮饲料由于酸度大,过早饲喂青贮饲料将影响瘤胃微生物区系的正常建立。同时,青贮饲料蛋白质含量低,水分含量较高,过早饲喂也会影响犊牛营养的摄入。所以犊牛一般从 4 月龄开始训练采食青贮,但在 1 岁以内青贮料的喂量不能超过日粮干物质的 1/3。

在早期训练采食植物性饲料的情况下,6～8 周龄的犊牛前胃发育已达到了相当程度,见表 6-3。为了使犊牛能够适应断奶后的饲养条件,断奶前 2 周应逐渐增加精、粗饲料的喂量,减少奶量的供应。每天喂奶的次数可由 3 次改为 2 次,而后再改为 1 次。在临断奶时,还可喂给掺水牛奶,先按 1∶1 喂给掺温水的牛奶,以后逐渐增加掺水量,最后全部用温水来代替牛奶。

表 6-3 不同饲料类型对瘤胃发育的影响 L

日龄	瘤胃体积	
	低奶量＋植物性饲料	全奶
7	0.5	—
14	2.1	0.83
21	4.0	1.25
30	4.3	1.70
60	8.0	4.50
90	13.0	8.50
120	20.0	13.50

(4)早期断奶。传统乳用犊牛培育的方法哺乳期长,耗奶量大,成本高,瘤胃发育晚,对以后的生产性能无益。根据犊牛消化系统发育的规律,可采用早期断奶方法,即人为缩短犊牛的哺乳期,减少犊牛的哺乳量,既降低了犊牛的培育成本,又使犊牛的消化系统尽早得到锻炼,提高了犊牛的培育质量,为以后高生产性能的发挥打下基础,其哺乳时间和哺乳量视牛场犊牛的饲养管理水平和早期断奶犊牛饲料条件而定。

①早期断奶的概念。目前国外犊牛早期断奶的哺乳期大多控制在 3～6 周,以 4 周居多,也有喂完 7 d 初乳就进行断奶的报道。英国、美国一般主张哺乳期为 4 周(日本多为 5～6 周),哺乳量控制在 100 kg 以内。例如英国的做法是:犊牛生后最初几天喂饲初乳,1 周后改喂常奶,并开始训练犊牛采食开食料,任其自由采食,同时提供优质的干草,当犊牛每天能吃到 1 kg 左右的开食料时就可断奶,这时犊牛约为 1 月龄,全哺乳期共消耗鲜奶 96 kg。

②代乳品和开食料。犊牛早期断奶成败关键之一就是代乳品和开食料的配制技术。

a. 代乳品。代乳料是模拟牛奶的特性所制作的商品饲料,用水冲调后可代替部分或全部鲜奶饲喂犊牛,所以又称人工奶粉。代乳品在日本也称为人工乳(美国称为 milk replacer 或 replacer,而英国则称为 milk substitute 或 milk replacement)。代乳品是一种以乳业副产品(如脱脂乳、乳清蛋白浓缩物、干乳清等)为主的一种粉末状商品饲料,饲喂时必须稀释为液体,且具有良好的悬浮性和适口性,浓度 12%～16%。为使犊牛早期断奶或节省商品乳哺用量,犊牛生后 10 d 左右可应用代乳品代替常乳哺喂。使用代乳品的目的除节约鲜奶,降低培育费外,尚有补充全乳某些营养成分不足的特点,使用它代替鲜奶饲喂犊牛在经济上比较合算,特别是在小牛肉生产中使用较为普遍。

代乳品的蛋白质含量要求达20%以上，脂肪10%～12%，一般商业代乳品脂肪含量达18%～20%，代乳品的蛋白质原料主要为乳蛋白，油脂进行均质化，并且添加卵磷脂或甘油一酸酯进行乳化，植物油脂由于含有大量游离脂肪酸，犊牛的消化率比较低。代乳品中的粗纤维含量应低于0.25%，添加一定量的矿物质和维生素，以及抗菌素如土霉素、新霉素以促进犊牛的生长，提高饲料转化效率，一般每吨代乳品可添加200 g土霉素和400 g新霉素，喂用14 d后再换成抗球虫药。代乳品应按产品说明进行使用，同时注意不同代乳品其所使用的蛋白质原料以及能量含量均有较大差异。表6-4为几种商品代乳品的原料配方。

表6-4 几种商品代乳品的原料配方 %

原料	商品名						
	卡比塔尔	基普	晶石	拉台罗	登科维蒂	费列包莫克	纽包比
脱脂奶粉	78.5	72.5	78.37	79.6	75.4	71.5	72.6
动物性脂肪	20.2	13.0	19.98	12.5	10.4	20.0	19.4
植物油	—	2.2	0.02	6.5	5.5	—	—
大豆卵磷脂	1.0	1.8	1.0	1.0	0.3	1.0	1.0
葡萄糖	—	—	—	—	2.5	1.5	4.84
乳糖	—	9.0	—	—	—	—	—
谷类产品	—	—	0.23	—	5.4	5.86	2.0
维生素、矿物质	0.3	1.5	0.4	0.4	0.5	0.14	0.16

引自华南农业大学主编《养牛学》，1993。

代乳品在饲喂时，按产品标签推荐的比例（代乳品与温水的常用比例为1.1∶8.9），用35～40℃的温水调均。代乳品的使用时期可以与全奶一样，在犊牛喂完初乳即可使用，每日等量喂给两次。如果犊牛体质弱，则应先使用全奶，然后视犊牛健康状况逐渐用代乳品取代全奶。

b.开食料。犊牛开食料（calf starter或starter）是根据犊牛消化道及其酶类的发育规律所配制的，能够满足犊牛营养需要，适用于犊牛早期断奶所使用的一种特殊饲料。其特点是营养全价，易消化，适口性好，它的作用是促使犊牛由以吃奶或代乳品为主向完全采食植物性饲料过渡，开食料富含维生素及微量元素矿物质等。此外，开食料一般也含有抗菌素如金霉素或新霉素，驱虫药如拉沙里菌素、癸氧喹啉以及益生菌等。通常，开食料中的谷物成分是经过碾压粗加工形成的粗糙颗粒，以利于促进瘤胃蠕动，可在开食料中加入5%左右的糖蜜，以改善适口性。犊牛开食料营养指标见表6-5。

表6-5 犊牛开食料营养指标

营养成分	指标与含量	营养成分	指标与含量
粗蛋白质	18%～20%	钙	0.9%
净能	>2.2 NND/kg	磷	0.5%
粗脂肪	2%	维生素A，维生素D	2 200 IU/kg，300 IU/kg

③早期断奶方法。早期断奶根据不同的情况有不同的方法，主要的不同是哺乳期的长短和喂奶量的多少，根据目前我国奶牛生产的水平，采用两个月哺乳期，总喂奶量为255～293 kg

的方法较为现实,其具体方法可参照表6-6。青贮、块根饲料、优质干草可任意采食。

表6-6 早期断奶实施方案

日龄	喂奶量			喂料量	
	日喂量/kg	日喂次数	总量/kg	日喂量/kg	总量/kg
1～7	4～6	3	28	0	0
8～15	5～6	3	40～48	0.2～0.3	1.42～2.1
16～30	6～5	3	90～75	0.4～0.6	3.2～4.0
31～45	5～4	2	75～60	0.7～1.0	9～12
46～60	4～2	1	60～30	1.0～1.5	13.5～15
合计			293～355		27.1～33.1

④及时补饲适时断奶。为满足犊牛营养需要和尽早断奶,应及时补饲开食料,从7～10日龄开始训练采食干草,在犊牛栏草架上放置优质干草,供其随意采食,促进犊牛发育。

犊牛从4～7日龄开始调教采食开食料和干草,方案可参考表6-6,常用的方法有:a.在开食料中掺入糖蜜或其他适口性好的饲料;b.可将开食料拌湿涂抹其嘴,或置少量在奶桶底,当犊牛舔食奶桶底部时,即可食入;c.少喂勤添,以保持饲料新鲜;d.限制犊牛喂奶量,每天喂奶量以不超过其体重10%为限。

供给充足清洁、新鲜的饮水。饮水对犊牛开食料的采食量影响很大,当犊牛饮水不足或不给犊牛饮水时,开食料的采食量不及1/3,日增重减少41%。

当犊牛连续3 d采食1.0～1.5 kg开食料即可断奶。在此之前要适当控制干草的喂量,以免影响开食料的采食量,但要保证日粮中所含的中性洗涤纤维不低于25%。缩短哺乳期,减少哺乳量的犊牛,虽然头3个月体重增长较慢,但只要精心饲养,在断奶前调整好采食精料的能力,并在断奶后注意精料和青粗饲料的数量和品质,犊牛在早期受阻的体重在后期可得到补偿,不影响后备牛的配种月龄、繁殖以及投产后的产奶性能。

3. 哺乳期犊牛的管理

良好的饲养管理犊牛成活率应在95%以上,哺乳期平均日增重600～700 g,2月龄断奶时体重应达75 kg以上。犊牛看上去活泼,精神好,毛色光亮,犊牛"三病"(腹泻、肺炎、脐带炎)发病率低。

(1)编号、称重、记录。犊牛出生后应称出生重,对犊牛进行编号,对其毛色花片、外貌特征(有条件时可对犊牛进行拍照)、出生日期、谱系等情况作详细记录,以便于管理和以后在育种工作中使用。目前国内广泛采用的是塑料耳标法,牛号写在塑料耳标上,用专用的耳标钳将其固定在牛耳朵的中央。

(2)哺乳。犊牛喂奶要做到五定:定位、定时、定量、定温、定人。

(3)饮水。牛奶中虽含有较多的水分,但犊牛每天饮奶量有限,从奶中获得的水不能满足正常代谢的需要。从1周龄开始,可用加有适量牛奶的35～37℃温开水诱其饮水,10～15日龄后可直接喂饮常温开水。一个月后由于采食植物性饲料量增加,饮水量愈来愈多,可在运动场内设置饮水池,任其自由饮用,但水温不宜低于15℃。冬季应喂给30℃左右的温水。

(4)卫生。犊牛的培育是一项比较细致而又十分重要的工作,与犊牛的生长发育、发病和死亡关系极大。对犊牛的环境、牛舍、牛体以及用具卫生等,均有比较严密的管理措施,以确保犊牛的健康成长。

喂奶用具(如奶壶和奶桶)每次用后都要严格进行清洗消毒,程序为冷水冲洗→碱性洗涤剂擦洗→温水漂洗干净→晾干→使用前用85℃以上热水或蒸汽消毒。饲料要少喂勤添,保证饲料新鲜、卫生。每次喂奶完毕,用干净毛巾将犊牛嘴缘的残留乳汁擦干净,并继续在颈枷上挟住约15 min后再放开,以防止犊牛之间相互吮吸,造成舐癖。犊牛舍应保持清洁、干燥、空气流通。舍内二氧化碳、氨气聚积过多,会使犊牛肺小叶黏膜受刺激,引发呼吸道疾病。同时湿冷、冬季贼风、淋雨、营养不良亦是诱发呼吸道疾病的重要因素。

(5)健康观察。平时对犊牛进行仔细观察,可及早发现有异常的犊牛,及时进行适当的处理,提高犊牛育成率。观察的内容包括:①观察每头犊牛的被毛和眼神;②每天两次观察犊牛的食欲以及粪便情况;③查有无体内外寄生虫;④注意是否有咳嗽或气喘;⑤留意犊牛体温变化。正常犊牛的体温为38.5～39.2℃,当体温高达40.5℃以上即属异常;⑥检查干草、水、盐以及添加剂的供应情况;⑦检查饲料是否清洁卫生;⑧通过体重测定和体尺测量检查犊牛生长发育情况;⑨发现病犊应及时进行隔离,并要求每天观察4次。

(6)分群管理。按月龄、断奶情况分群管理。可分为哺乳犊牛群(0～3月龄)、断奶犊牛群(3～4月龄)、断奶后犊牛群(4～6月龄)。每月称体重1次。满6月龄时称体重、测体尺,转入育成牛群饲养。

(7)刷拭。犊牛在舍内饲养,皮肤易被粪及尘土所黏附而形成皮垢,这样不仅降低了皮毛的保温与散热能力,使皮肤血液循环恶化,而且也易患病。为此,每天应给犊牛刷拭1～2次。最好用毛刷刷拭,对皮肤软组织部位的粪尘结块,可先用水浸润,待软化后再用铁刷除去。对头部刷拭尽量不要用铁刷乱挠头顶和额部,否则容易从小养成顶撞的坏习惯。顶人恶癖一经养成很难矫正。

(8)运动。犊牛正处在长体格的时期,加强运动对增进体质和健康十分有利。生后8～10日龄的犊牛即可在运动场作短时间运动(0.5～1 h),以后逐渐延长运动时间,至一月龄后可增至2～3 h。如果犊牛出生在温暖的季节,开始运动的日龄还可再提前,但需根据气温的变化,酌情掌握每日运动时间。

(9)去角。为了便于成年后的管理,减少牛体相互受到伤害。犊牛在4～10日龄应去角,这时去角犊牛不易发生休克,食欲和生长也很少受到影响。常用的去角方法有以下2种。

①苛性钠法。先剪去角基周围的被毛,在角基周围涂上一圈凡士林,然后手持苛性钠棒(一端用纸包裹)在角根上轻轻地摩擦,直至皮肤发滑及有微量血丝渗出为止。约半个月后该处便结痂不再长角。利用苛性钠去角,原料来源容易,易于操作,但在操作时要防止操作者被烧伤。此外,还要防止苛性钠流到犊牛眼睛和面部。

②电热去角。电热去角是利用高温破坏角基细胞,达到不再长角的目的。先将电动去角器通电升温至480～540℃,然后用充分加热的去角器处理角基,每个角基根部处理5～10 s,适用于3～5周龄的犊牛。

(10)剪除副乳头。乳房上有副乳头对清洗乳房不利,也是发生乳腺炎的原因之一。所以,犊牛在哺乳期内应剪除副乳头,适宜的时间是2～6周龄。剪除方法是先将乳房周围部位洗净和消毒,将副乳头轻轻拉向下方,用锐利的剪刀从乳房基部将其剪下,剪除后在伤口上涂以少量消炎药。如果在有蚊蝇季节,可涂以驱蝇剂。剪除副乳头时,切勿剪错。如果乳头过小,一时还辨认不清,可等到母犊年龄较大时再剪除。

(11)预防疾病。犊牛期是牛发病率较高的时期,尤其是在生后的头几周。主要原因是犊牛抵抗力较差。此期的主要疾病是肺炎和下痢。

①肺炎最直接的致病因素是环境温度的骤变,预防的办法是做好保温工作。

②犊牛的下痢可分两种,其一是由于病原性微生物所造成的下痢,预防的办法主要是注意犊牛的哺乳卫生,哺乳用具要严格清洗消毒,犊牛栏也要保持良好的卫生条件。其二是营养性下痢,其预防办法为注意奶的喂量不要过多,温度不要过低,代乳品的品质要合乎要求,饲料的品质要好。

6.1.1.4　断奶至6月龄犊牛的饲养管理

断奶犊牛一般是指从断奶到6月龄阶段的犊牛,此阶段是犊牛消化器官发育速度最快的时期,发育中的瘤胃体积也不断扩大,犊牛的营养需要也在不断变化。当犊牛两个半月断奶时,它的瘤胃很小,尚未得到完全发育,尚不能够容纳足够的粗饲料来满足生长需要,此时要注意补饲饲料的质量以不断满足其对蛋白质和维生素的需要。断奶犊牛的培育目标:①犊牛的日增重平均为760 g;②6月龄的体重达到170～180 kg,体高为95～100 cm,体长为100～115 cm;③6月龄时,犊牛日粮干物质采食量应达到4～4.5 kg/d;④犊牛(6月龄时)混合精料喂量2 kg/d。

1. 断奶至6月龄犊牛的饲养

犊牛断奶后,继续喂开食料到4月龄,日喂精料应在1.5～2.0 kg,以减少断奶应激。4月龄后方可换成育成牛或青年牛精料,以确保其正常的生长发育。6月龄前的犊牛,其日粮中粗饲料主要功能仅仅是促使瘤胃发育。4～6月龄犊牛对粗饲料干物质的消化率远低于谷物,其粗饲料的适口性和品质就显得尤为重要。饲养时可选用商用犊牛生长料加优质豆科干草或豆科禾本科干草混合物,自由饮水,饲料中添加抗球虫病药,并保持适当的通风条件。一般犊牛断奶后有1～2周日增重较低,且毛色缺乏光泽、消瘦、腹部明显下垂,甚至有些犊牛行动迟缓,不活泼,这是犊牛的前胃机能和微生物区系正在建立、尚未发育完善的缘故,随着犊牛料采食量的增加,上述现象很快就会消失。

2. 断奶至6月龄犊牛的管理

犊牛断奶后,如果牛舍条件较差,很有可能成为犊牛死亡的主要原因,因此犊牛饲养管理要求有一个干燥的牛床,充分的新鲜空气,清洁的牛舍环境,使牛感到舒适。

犊牛断奶后进行小群饲养,将年龄和体重相近的牛分为一群,每群10～15头。日粮中应含有足够的精饲料和含有较高比例的蛋白质,一方面满足犊牛的能量需要,另一方面也为犊牛提供瘤胃上皮组织发育所需的乙酸和丁酸。日粮一般可按1.8～2.2 kg优质干草、1.8～2.0 kg混合精料进行配制。

6.1.2　后备母牛的饲养管理

培育高产奶牛是奶牛场长期不断追求目标之一,后备母牛要经历迅速增长、性成熟、初配、初孕等不同阶段,是完成生长发育的最重要阶段。这个阶段饲养的正确与否,对成年牛的体形结构、初次配种年龄以及初胎和终生产奶性能都具有重要影响;在这个阶段,育成牛如营养不良或饲养失误,将会给牛群改良与牛群的正常转群造成很大损失(包括所投资金)。

6.1.2.1 7～16月龄育成母牛的饲养

育成母牛是指7月龄至初次配种受胎阶段。育成母牛饲养主要目的是通过合理的饲养使其按时达到理想的体型体重标准和性成熟，按时配种受胎，并为其一生的高产打下良好的基础。

1.育成母牛生长发育特点

育成母牛阶段是生长发育最快的时期，性器官和第二性征发育很快，体躯向高度和长度方面急剧增长。

(1)瘤胃发育迅速。7～12月龄时瘤胃容积大增，利用青粗饲料能力明显提高，12月龄左右接近成年牛水平。在12～18月龄，育成母牛消化器官容积更加增大。训练育成母牛大量采食青粗饲料，以促进消化器官和体格发育，为成年后能采食大量青粗饲料，提高产乳量创造条件。日粮应以粗饲料和多汁饲料为主，其重量约占日粮总量的75%，其余的25%为混合精料，以补充能量和蛋白质的不足。为此，青粗饲料的比例要占日粮的85%～90%，精料的日喂量保持在2～2.5 kg。

(2)生长发育快。7～8月龄以骨骼发育为中心，7～12月龄期间是体长增长最快阶段，体躯向高度和长度方面急剧生长，以后体躯转向宽深发展。

(3)生殖机能变化大。在6月龄至1周岁期间，牛的性器官和第二性征发育很快。

2.育成母牛的饲养管理

荷斯坦母牛7～9月龄，体重175～229 kg期间是一个关键阶段，因为在此期间乳腺的生长发育最为迅速。奶牛性成熟前的生长速度目标是日增重600 g左右，而性成熟后日增重的指标应为800～825 g。

(1)育成母牛培育要求与饲养方式。育成牛的培育要求是保证小母牛正常生长发育和适时配种；育成牛的饲养方式有小群饲养、大群饲养和放牧饲养。犊牛满6月龄后转入育成牛舍时，应分群饲养，应尽量把年龄、体重相近的牛分在一起，同一小群内体重的最大差别不应超过30～50 kg，生产中一般按6～9月龄、10～12月龄、13～14月龄、15～16月龄进行分群，便于饲养管理，也可以按6～9月龄、10～14月龄、15～16月龄进行分群。

(2)育成母牛的饲养。此期育成牛的瘤胃机能已相当完善，可让育成牛自由采食优质粗饲料如牧草、干草、青贮等，整株玉米青贮由于含有较高能量，要限量饲喂，以防过量采食导致肥胖。精料一般根据粗料的质量进行酌情补充，若为优质粗料，精料的喂量仅需0.5～1.5 kg即可，如果粗料质量一般，精料的喂量则需1.5～2.5 kg，并根据粗料质量确定精料的蛋白质和能量含量，使育成牛的平均日增重达700～800 g，14～16月龄体重达360～380 kg进行配种。由于此阶段育成牛生长迅速，抵抗力强、发病率低，容易管理，在生产实践中，有时往往疏忽这个时期育成牛的饲养，导致育成牛生长发育受阻，体躯狭浅，四肢细高，延迟发情和配种，导致成年时泌乳遗传潜力得不到充分发挥，给生产造成巨大的经济损失。育成期的饲养可按育成牛不同阶段的发育特点和营养需要等情况分两个阶段进行饲养。

第一阶段(6～12月龄)，此期是育成牛达到生理上最高生长速度的时期，是性成熟前，性器官和第二性征发育最快的时期。身体的高度和长度急剧增长，前胃发育较快，瘤胃功能成熟，容积扩大一倍。在良好的饲养条件下，日增重较高，尤其是6～9月龄明显。按100 kg体重计算，日粮参考喂量为青贮5 kg，干草1.5～2.0 kg，秸秆1.0～2.0 kg，精料1.0～1.5 kg。

第二阶段(13～16月龄)，12月龄以后，育成母牛的消化器官已接近成熟，同时又无妊娠和产乳负担,能够尽可能利用青、粗饲料,可以降低饲养成本。为使育成牛消化器官继续扩大,需要进一步刺激其生长发育。此时饲喂足够的优质粗饲料就基本上能够满足营养需要,如粗饲料质量差则需要适当补喂精料,一般可补 2～3 kg 精料,同时补充钙、磷、食盐和必要的微量元素。

6.1.2.2 7～16 月龄育成母牛的管理

管理的目的是使育成母牛在 16 月龄体高达 127 cm,体重达 350～380 kg 时进行配种(一般南方为 360 kg,北方为 380 kg)。此期育成牛采食大量粗饲料,必须供应充足的饮水,注意调教,使牛性情温顺,易于管理。育成母牛蹄质软,生长快,易磨损,应从 10 月龄开始于每年春秋两季各修蹄一次。保证每日有一定时间的户外运动,促进育成牛的发育和保持健康的体型。对于舍饲培育的育成牛,除暴雨、烈日、狂风、严寒外,可终日散放于运动场。

1. 分群

按月龄、体重组群,每 40～50 头为一群,每群牛的月龄差异不超过 1.5～2.0 个月,体重差异不超过 25～30 kg。为防止牛因采食不均而发育不整齐,要随时注意牛的膘情变化,根据牛的体况及时进行调整,采食不足和体弱的牛向较小的年龄群调动;反之,过强的牛向大的年龄群转移,12 月龄后会逐渐地稳定下来。舍饲时,平均每头牛占用运动场面积应达 10～15 m^2,可使牛充分运动,以利于健康发育。散放饲养时,可自由采食粗饲料,补料时拴系,保证每头牛采食均匀,从而保证其采食量和生长发育的均匀性。

2. 制订生长计划

根据育成牛不同月龄、生长发育特点和饲草、饲料供给情况,确定不同日龄的日增重量,以便有计划地安排生产。关注 6～12 月龄母犊牛性成熟,控制日增重(不超过 0.9 kg/d),增重过大将导致乳腺组织脂肪沉积,影响乳腺组织发育,精料给量控制在 2.0～2.5 kg/d。

(1)称重。育成母牛的性成熟与体重关系极大,一般育成牛体重达到成年母牛体重的 40%～50%时进入性成熟期,体重达成年母牛体重的 60%～70%时可进行配种。当育成牛生长缓慢时(日增重不足 350 g),性成熟会延迟至 18～20 月龄,影响投产时间,造成不必要的经济损失。后备母牛各阶段较理想的体重见表 6-7。

表 6-7 荷斯坦牛后备母牛较理想的体重、胸围、体高和体况评分

月龄	体重/kg	胸围/cm	体高/cm	体况评分
初生	41	79	71	—
2	72	94	84	—
4	122	107	95	2.2
6	173	125	104	2.3
8	221	140	110	2.4
10	270	150	115	2.4
12	315	158	119	2.8
14	347	163	123	2.9
16	392	168	127	2.9
18	419	176	130	3.2
20	446	180	133	3.2
22	495	185	136	3.4
24	540	191	138	3.5

(2)检测体高和体况。在某一年龄段体重指标是用于评价后备母牛生长的最常见方法。因为体重侧重于反映后备牛器官、肌肉和脂肪组织的生长，而体高却反映了后备牛骨架的生长，因此，只有当体重测量和体高、体长相配合时，才能较好地评价后备母牛的生长发育。目前国外研究认为后备母牛的体高对初次产奶量的影响大于体重。Hoffman(1997)认为荷斯坦后备母牛产前的最佳体高是 138～141 cm。此外，在生产实践中，还经常用体况评分来评价后备母牛的饲养和管理措施的好坏，体况评分能够较好地反映体内脂肪的沉积情况。

3. 日常管理

为了保持牛体清洁，促进皮肤呼吸和血液循环，增进人畜感情，要对牛体进行刷拭，每天至少刷拭 1～2 次，每次 5～8 min。舍饲期间，注意保持环境清洁。晴天还要让其多接受日光照射，每天在运动场驱赶运动 2 h 以上，以促进机体吸收钙质和促进骨骼生长，严禁在烈日下长时间暴晒。运动场内设有饲槽和饮水池，供牛自由采食青粗饲料和饮水，水质要符合卫生标准。

4. 掌握好发情和配种

在正常情况下，育成牛到 15～16 月龄，体重达成年体重的 70%或 350～380 kg 时，开始初配。育成牛的初情期基本上出现在 8～12 月龄以前。对初情期的掌握很重要，要在计划配种前 3 个月注意观察其发情规律，做好记录，以便及时配种。15～16 月龄是理想的配种时间，要求体重达 375 kg，体高 127 cm。如后备母牛初配时体尺、体重生长指标未达标，青年牛投产体重偏小。

6.1.2.3 青年初孕牛的饲养管理

青年初孕牛指怀孕后到产犊前的头胎母牛，也叫青年母牛。初次怀胎的母牛，未必像经产母牛那样温驯，管理上必须非常耐心，并经常通过刷拭、按摩等与之接触，使之养成温驯的习性，以适应产后管理。对初孕牛要加强饲养，但不要喂得过肥，以防发生难产；视其原来膘情确定日增重，肋骨较明显的为中等膘，日增重可按 1 000 g 饲喂。一般以看不到肋骨较为理想。

1. 配种至产犊青年母牛的饲养

育成牛配种后一般仍可按配种前日粮进行饲养。处在妊娠前期青年母牛生长速度逐渐减缓，体躯向宽、深发展，按干奶牛营养标准饲养，保证优质干草的供应，喂量占达到体重的 1%～1.5%。在良好的饲养条件下，体内容易蓄积大量脂肪，要避免身体过肥造成难产。如营养不良，会影响牛体发育，成为体躯窄浅，四肢细高，产奶量低的奶牛。此时日粮应以优质青草、干草、青贮、根茎类为主，精料少喂或不喂，每日可补给 2～3 kg 精料。

青年母牛妊娠后期(分娩前 3 个月)，由于胚胎的迅速发育以及青年母牛自身的生长，需要额外增加 0.5～1.0 kg 的精料，但喂量不得超过怀孕母牛体重的 1%；胎儿日益长大，胃受压，从而使瘤胃容积变小，采食量减少，这时应多喂一些易于消化和营养含量高的粗饲料，并增加维生素、钙、磷等矿物质含量。具体日粮配方见表 6-8。如果这一阶段营养不足，将影响育成牛的体格和胚胎的发育。但营养过于丰富，将导致过肥，引起难产、产后综合征等。

表 6-8 青年母牛日粮组成

妊娠月	体重/kg	精料量/kg	粗料量/kg	
			干草	青贮
4	405	2.5	2.5	15
5	425	2.5	2.5	17
6	450	3.5	3.0	10
7	475	4.0	3.0	11
8	505	4.0	5.5	5
9	535	4.5	6.0	5

2. 青年母牛的管理

青年母牛正处于生长发育时期，各组织都在迅速增长，是个定型期，但尚未达到体成熟，需要一定的营养物质，因此需要制定较为合理的管理措施，保证供给充足的营养，在管理上除了保证胎儿和乳腺的正常生长发育外，增加运动量，增强体质和健康，避免母牛过肥，以防止难产，除暴雨、烈日、狂风、严寒外，可将青年牛整天放在运动场，场内设有补饲槽和饮水槽，供牛自由采食青粗饲料和饮水，防止驱赶运动，防止牛跑、跳、相互顶撞和在湿滑的路面行走，以免造成机械性流产。防止母牛吃发霉变质食物，防止母牛饮冰冻的水，避免长时间雨淋，加强母牛的刷拭，培养其温顺的习性。

从妊娠第 5～6 个月开始到分娩前半个月为止，为促进妊娠后期青年母牛乳腺组织的发育，应在给予良好的全价饲料的基础上，适时采取乳房按摩的办法，每日用温水清洗并按摩乳房一次，每次 3～5 min，以促进乳腺发育，并为以后挤奶打下良好基础。在此期间，切忌擦拭乳头，以免擦去乳头周围的异状保护物，引起乳头龟裂或因病原菌从乳头孔处侵入，导致乳房炎发生。按摩可与刷拭同时进行，产前 1～2 个月停止按摩。

在产前 20～30 d，将妊娠青年牛移至一个清洁、干燥的环境饲养，以防疾病和乳腺炎。此阶段可以用逐渐增加精料喂量，以适应产后高精料的日粮。但食盐和矿物质的喂量应进行控制，以防乳房水肿，并注意在产前 2 周降低日粮含钙量，以防产后瘫痪。有条件时可饲喂围产期日粮，玉米青贮和苜蓿也要限量饲喂。计算好预产期，产前 2 周转入产房，以尽早适应环境，减少应激，顺利分娩。

3. 初产母牛的饲养管理

搞好初产奶牛围产期的饲养管理是创造奶牛终生高产的基础。初产母牛虽然生长速度已经下降，但其身体还继续生长发育，体躯显著向宽、深发展，乳房的发育很快。所以初产母牛的饲养不仅影响第一产的产奶量，而且还影响其终生产奶量，要求初产母牛保持中上等的营养水平。母牛产后产乳机能迅速增加，代谢旺盛，饲养的重点应侧重尽快恢复母牛的体况，而不应急于过早催乳，以免引起代谢疾病的发生。初产青年母牛较强的泌乳持久力和额外生长需要，意味着青年母牛比成乳牛需求更高的额外养分，同时初产母牛产后身体尚在发育，至第 2 个泌乳期母牛体重还可增加 10%以上。因此，在饲养上除按泌乳量和维持供足精饲料外，还应适当补加 1～2 kg 精饲料。体重是一个影响干物质摄入量的主要因素，缺乏足够的生长会限制采食量的提高，会加重初产母牛营养负平衡，失重时间较长，导致长期不发情。

正常情况下，多数母牛可自然分娩，而一些过肥或过瘦及初产母牛会出现难产。一般母牛产出胎儿后 30 min 即可娩出胎盘，对于难产母牛要进行助产处理，拉出胎儿时动作应轻缓，以免撕裂外阴部，严重时造成子宫外翻。产后母牛十分虚弱，应当给以适当的休息，迅速用温水清洗母牛乳房后躯和尾部，用干净毛巾擦干全身，清除产房内沾污的垫草、粪便，代之以干净的垫草。由于初产牛乳头较小，乳头括约肌紧，加之又不习惯挤奶，常表现胆怯不安。所以初产牛挤奶前要先给予和善的安抚，使其消除紧张的状态，以利于顺利操作。

初产牛可以安排在产房饲养 15 d 左右后，依据产奶表现进入组群，高、中、低产的标准应根据各场实际状况而定，仅依据泌乳月而定似不太适宜。对产奶量较高的头胎母牛（日产奶量超过 20 kg 者），最好单独饲喂（或单独组群），区别对待，有益于头胎牛摄取充足的营养，否则易发生产后体况差（初产体重小的头胎牛表现更为普遍），使母牛产后不能及时配种，大大延长了首次配种前平均空怀天数，使产犊间隔延长。总之要求细心调教，加强管理，使其养成良好的习惯，对于初产牛，体况较差时干奶期可适当延长（60～75 d）。

6.2 种公牛的饲养管理

种公牛对于牛群的发展和改良提高起着极为重要的作用，特别是奶牛业普遍采用人工授精技术的今天，授精已不再受地理条件和时间的限制，这就为充分利用优秀种公牛创造了条件。同时，由于需要的种公牛的数量少，对质量要求高，培育种公牛的经济代价大，这就对种公牛的饲养管理提出了更高的要求。生产经验证明，对种公牛饲养管理过程中任何环节的疏忽，都会造成种公牛体质变弱、性格变坏，精液质量下降，严重时导致种用价值丧失。因此，必须予以高度重视。对种公牛饲养管理的基本要求是：保证种公牛有健康的营养体况，良好的精液质量和较长的使用年限。

6.2.1 后备公牛的饲养管理

后备公牛必须是来自种子母牛或优秀母牛与优秀种公牛选配所生的后代，且初生重在 40 kg 以上，体质健壮，外貌无明显缺陷者。生后 2 月龄以内的后备公犊的日粮以及饲养方式，一般与母犊相似，仅需适当增喂全奶及脱脂乳。后备公犊的断奶时间一般为 6 月龄，日喂奶量，第一个月为 7～8 kg；第二个月，全奶由 8 kg 减至 6 kg，加喂 3～4 kg 脱脂奶；第三个月，全奶减至 5 kg 或 4 kg，脱脂奶增至 10 kg 左右。第四至第六个月，少量全奶，增加脱脂奶用量。6 个月共喂全奶 600 kg 左右，脱脂奶 500 kg 以上，混合精料 60 kg 左右，3～6 月龄平均日增重达 1 000 g 左右，详见表 6-9。

供给后备公犊的奶、草和精饲料，应该品质优良，搭配合理，同时应保证矿物质和脂溶性维生素，特别是维生素 A 的供应，避免使用抗生素和激素类药物，以免影响后备公犊的性机能正常发育。

后备公牛日粮应以精料为主，适当搭配青粗饲料，尤其避免用大量劣质粗料喂养，以防造成“草腹”而影响繁殖机能。日粮中的精粗饲料的比例,依粗料的质量而定。以青草为主时,精、粗料的干物质比例可为55∶45。以干草为主时,其比例可为60∶40。从断奶开始,后备公牛应与母牛隔离,单槽饲养。

表6-9 后备公牛各阶段的培育指标

阶段	腰高/cm	体斜长/cm	胸围/cm	体重/kg
初生	—	—	—	40
4月龄	—	—	—	150
5月龄	—	—	—	175
6月龄	108	123	130	200
12月龄	127	150	163	375
18月龄	140	170	188	525
2岁	147	185	205	670
成年	161	209	240	1 050

引自邱怀,2002。

6.2.2 种公牛的饲养

成年种公牛的日粮应该是品质优良,精、粗、青饲料多样配合,容易消化,营养全价,适口性强。在各类饲料的具体搭配上,应注意掌握多汁饲料和粗饲料不可过量,以防种公牛形成“草腹”,也不宜喂过量的能量饲料以免过肥。

鸡蛋、豆饼等是种公牛良好的蛋白质饲料,有利于精子的形成,提高精液品质。但它属于生理酸性饲料,喂量过多,易在体内产生大量有机酸,反而不利于精子的形成。菜籽饼由于其含有的芥子糖苷在芥子酶的作用下会产生含氰化合物,不仅影响适口性而且还会引起消化器官疾病,而棉籽饼中的游离棉酚,长期过量使用会引起中毒,因此,菜籽饼和棉籽饼均应限量供给。青贮饲料虽属生理碱性饲料,但含有较多的有机酸,因此,喂量不宜过多。酒糟、豆腐渣等糟粕饲料最好不喂或少喂。钙、磷等矿物质饲料对种公牛的健康和精液品质有直接的关系,必须按量供应。食盐对促进消化机能,增采食欲和正常代谢也很重要,但喂量不宜过多,否则对种公牛的性机能有抑制作用。

维生素A是种公牛所必需和最重要的维生素,日粮中如果缺少,就会影响精子的形成,致使精子数量减少,畸形精子数增加,也会引起睾丸上皮组织细胞角质化,因此应注意维生素A及维生素E的供应。微量元素中的锰不足也会引起睾丸萎缩,锰的供应量应按饲养标准供给。一些必需脂肪酸(如亚油酸、亚麻酸、花生四烯酸)对于雄性激素的形成也十分重要,应予以补充。

种公牛的日粮一般可按100 kg体重供给1.5 kg干草、1～1.5 kg块根块茎饲料,0.5 kg青贮料,0.5 kg精料。对于个别属季节性配种的种公牛,在配种季节到来之前2个月左右就应提早加强营养,因为精子的形成大约需8周的时间。

应给种公牛提供充足、清洁的饮水。但要注意在采精或配种前后,运动前后半小时内不宜饮水,以免影响种公牛健康。

6.2.3 种公牛的管理

对经过后裔鉴定证明为优秀的种公牛，除应加强饲养外，还应加强管理，合理利用，充分发挥其种用价值。要管好种公牛，首先要了解它的特性。从生理角度看，种公牛具有"三强"，即记忆力强、防御反射强及性反射强。

(1)记忆力强。种公牛对其周围所处的环境(如事物和人等)记忆深刻，可以多年不忘。例如，对治过病的兽医或对其粗暴殴打的人，如果再次接触时就会有抵触的现象，甚至有报复行为。因此饲养人员应熟悉种公牛的脾性，不要给种公牛以恶意的刺激，以防种公牛的报复及伤人行为。

(2)防御反射强。在长期的进化过程中，种公牛养成了一种"自由反射"，一旦限制其自由，种公牛就会形成一种"防御反射"，看到陌生人或陌生事物时，表现出双目圆睁、鼻出粗气、前蹄刨地、低头角斗姿势。一旦种公牛脱缰，还将出现"追捕反射"——即追赶逃窜的活体。因此，陌生人切勿随意接近它，以防发生意外。

(3)性反射强。种公牛在采精或配种时，勃起反射、爬跨反射及射精反射都很快，射精冲力很猛。如果长期不采精，或采精技术不良，或配种方式不正确，种公牛的性格往往会变坏，容易出现顶人的恶癖，或者形成自淫的坏习惯。

由于公牛具有"三强"的特性，因此，饲养人员在日常管理过程中要处处小心，胆大心细，特别注意安全。即使对公牛很熟悉，它的平时表现也很温驯，一旦由于某种原因使其神经兴奋(如遇见母牛，有求偶欲；头部瘙痒或者见陌生人等)，就会一反常态，出现瞪眼，低头，喘粗气、前蹄刨地和吼叫等。管理种公牛的要点如下：

(1)拴系。后备公牛 10～12 月龄时须穿鼻戴环。穿鼻应在鼻中隔软骨前柔软处进行，穿刺的位置不应太靠后，以便在鼻孔外给鼻环留有拴缰绳或铁链的余地。最初用小号鼻环，2 岁以后换为大鼻环，鼻环以不锈钢为最好。鼻环须用皮带吊起系在缠角带上，缠角带上系有两条绳索通过鼻环，左右分开系在两侧的立柱上或牵引用。

种公牛穿戴鼻环后应经常牵引训练，以养成温驯的性格。在日常管理中，要经常检查种公牛的鼻环和绳索，不结实的必须及早更换。种公牛的围栏隔板等设备也应结实，任何时候都不可让种公牛有脱缰乱跑和施展其牛劲的机会。

(2)牵引。牵引种公牛应坚持双绳牵系，由两人分别在牛的左侧和右侧后面牵引，人和牛之间应保持一定的距离。对烈性的种公牛必须用勾棒牵引。由一人在牵住缰绳的同时，另一人两手握住钩棒，钩搭在鼻环上以控制其行动。

(3)运动。种公牛必须坚持运动。运动是种公牛日常管理中的一项重要工作，加强运动可增进种公牛肌肉、韧带和骨骼的健康，同时又可防止肢蹄变形，保证种公牛举动活泼、性欲旺盛、精液品质优良，也能防止种公牛过肥。种公牛的运动主要有旋架运动、套耙犁或拉车运动等。种公牛站因公牛头数较多，常设置旋转架，旋转牵杆半径应为 4.5～5.5 m，不可过短。每次同时运动数头，每天上、下午各进行一次，每次 1.5～2 h，并注意调整运动方向，以防肢势异常。晴天还宜将种公牛拴在铁索上(铁索上套有铁滑轮)，让其来回走动，并进行每天 4 h 以上的日光浴。

(4)称重。成年的种公牛应每 3 个月称重一次，根据其体重变化情况进行合理的饲养。种公牛只能保持中等体况，不能过肥，以免影响种公牛的性欲和精液品质，同时体重过重也不便于爬跨。

(5)护蹄。种公牛蹄趾不修整，会影响种公牛的运动、觅食和配种。因此饲养人员要经常检查趾蹄有无异常,保持蹄壁和蹄叉清洁。为了防止蹄壁破裂,可经常涂抹凡士林或无刺激性的油脂。发现蹄病后应及时治疗。要求于每年春、秋两季各修蹄一次,以保持正常蹄形。

(6)刷拭。刷拭也是种公牛管理的一项重要内容。种公牛要求每天刷拭1～2次,刷拭不可在饲喂牛的时候进行,以免牛毛和尘土落入饲槽,牛吃入牛毛形成毛球病。刷拭时应细致,牛体各部位上的尘土、污垢应清除干净,特别应注意头、颈部、角基和额部的污垢,以防皮肤发痒顶人。种公牛站内可以安装淋浴设施或设置药浴池以便牛体定期淋浴和驱虫。

(7)睾丸及阴囊的定期检查和护理。种公牛睾丸的最快生长发育期是6～14月龄,因此在此期应加强营养和护理。睾丸发育的大小与精子的生成具有密切的关系。为了促进睾丸的发育,除应注意选种和加强营养以外,还要经常进行按摩和护理,每次5～10 min。应注意保持阴囊皮肤的清洁卫生,定期进行冷敷,这对于改善精液品质及培育种公牛的温驯性情有重要作用。

(8)适宜的采精或配种次数。成年种公牛一般按72 h间隔进行采精,即每周2次,每次可射精2次,前后间隔10 min左右。后备公牛从12月龄开始,可每周或10 d采精1次,以保证正常的射精量和精子活力。种公牛采精或配种次数太少,精子老化,数量减少,影响受胎率,同时还常常降低性反射作用;反之,如若采精或配种次数过多,也会影响精液品质及种公牛的健康。采精时应注意人畜安全,采精架应合适,不可伤害到种公牛的前蹄,也不可影响爬跨。采精室一般采用混凝土或铺垫橡胶垫,地面不宜过滑,以防种公牛在采精时滑跌或受到刺激而影响以后的爬跨。

(9)细心照料。饲养人员在日常管理过程中要细心谨慎,注意安全,即便是性情较温和的公牛也须保持高度警惕。因此,要求饲养员一方面注意从小就将公牛养成听人指引和接近人的习惯,另一方面任何时候均不得逗引种公牛,以免形成种公牛顶人的恶习。同时,饲养员和采精员尽可能不参加兽医治疗工作,以免造成种公牛报复。饲喂种公牛或牵引种公牛运动和采精时,必须密切注意种公牛的表现,当种公牛出现用前蹄刨地或用角掘地行为时,应注意防止意外。对于顶人的种公牛必须采用措施,既要设法纠正又要有防范措施。

6.3 奶牛饲养管理技术与方法

奶牛本身一个重要的特征就是经济利用年限和生产周期较长,饲养管理的好坏不仅涉及到当时或当胎,还影响到以后各胎及其后代,随着奶牛业的快速发展,各种先进管理手段也相应而生。因此国内外奶牛养殖企业都十分重视饲养管理技术的改进。目前世界上兴起一种新型的饲养方式——精确饲养奶牛业,将大大加快奶牛饲养管理水平的提升。

6.3.1 奶牛生产性能测定(DHI)

奶牛生产性能测定简称DHI(dairy herd improvement,直译为“奶牛群体改良”,也称奶牛记录体系),DHI可为配种、繁殖、饲料、营养、疾病以及牛奶质量的调控提供各类可靠参考依据,从而使牧场饲养管理水平得到显著提高。DHI作为奶牛场饲养管理的有效工具,在国外奶牛业已应用了50多年,世界上奶牛业发达国家如加拿大、美国、荷兰、日本、瑞典等都有类似的专门组织,负责DHI测定,为奶户提供服务(具体见第4章4.1.2)。

6.3.2 奶牛体况评分

体况(body condition),俗称膘情,是一个营养学概念。在奶牛生长、生产过程中,一段时期内营养配比如何,或者饲料转化率怎样,常常可通过奶牛的体况变化表现出来。因此,定期进行体况评定成为检查奶牛饲养效果的重要手段之一。奶牛体况与奶牛泌乳、繁殖的关系极为密切,所以体况评定受到养牛者的普遍关注。检查奶牛体况最简单、最有效的办法就是体况评分。在国外,奶牛体况评定工作日益引起人们的重视,并将其作为牛群营养监测与调控的手段加以制度化、标准化。

6.3.2.1 奶牛体况评分的意义

奶牛体况是反映奶牛高产与健康的标志,也是奶牛营养代谢规律及人们饲养效果的客观反映。体况评分是通过视角和触摸相结合,主观上测定体脂和组织储备的方法,是评价奶牛能量代谢状况和脂肪沉积程度的一种手段,是推测检验饲养管理水平的一项实用指标,可以直观明了地反映营养管理是否合理,见表6-10。

表6-10 奶牛体况评分与体组织成分的关系

奶牛体况评分减少1单位	项目	体况评分增加1单位	项目
体组织动员	56 kg(40～70 kg)	体脂增加	+12.65%
能量不足累计数	−1 670 MJ(−2 090～−1 260 MJ)	体蛋白质增加	+12.19%
最大失重期	产后30 d(4～6周)	屠体干物质提高	+7.23%
开始体重增加期	产后50～70 d		

奶牛体况评分(body condition score,BCS)通过数字化评定反映了奶牛体内所贮备脂肪量或能量水平,是评价奶牛饲养效果好坏、营养代谢正常与否的、健康与否的标志之一,是奶牛场饲养管理中不可缺少的一种科学、经济、实用、易掌握的工具,体况评分作为奶牛营养状况是否适度的一个"指示器",应用于营养管理非常科学而实用。

奶牛生产为什么要对体况进行评分?①母牛产犊时过于肥胖,往往容易导致采食量下降,而且多发生代谢疾病及产科病(如脂肪肝、酮病、真胃移位、难产、胎衣不下、子宫内膜炎和卵巢囊肿);②过于消瘦的泌乳牛,由于缺乏足够的体能储备支持泌乳需要,导致泌乳期峰值不高,持续期短,产奶量低,发情不明显或隐性发情;③对于后备牛,营养不良会延迟初情期,影响投产时间;④对于性成熟前(12月龄)过于肥胖的育成牛,则因为其乳房内沉积大量的脂肪,妨碍了乳腺组织的发育,造成终生产奶量不高。

6.3.2.2 体况评分方法

体况评分是根据目测和触摸奶牛尾根、尻角(臀端)、腰角、脊柱(主要是椎骨棘突和腰椎横突)及肋骨等部位的皮下肌肉、脂肪的蓄积情况而进行的直观评分。体况评分是一定范围内的一些数字,用来描述牛体脂沉积状况,体况评分用1～5这个范围的数字表示,1表示非常瘦,5表示非常胖,每0.25个单位递增。

1. 体况评分时间

①后备母牛一般自6月龄开始,每隔1～2个月进行1次体况评定,重点是6～12月龄、第

一次配种及产前 2 个月。②成母牛一个产奶周期应该进行 5 次体况评定，即分娩期、泌乳高峰（产后 21～45 d)、配种时（产后 60～110 d)、泌乳后期（干奶前 60～100 d）和干奶期。泌乳牛也可以每月评定一次。

2. 体况评分方法

评定时，将牛拴于牛床上，评定人员通过对评定部位的目测和触摸，结合整体印象，对照标准给分，标准见图 6-1。

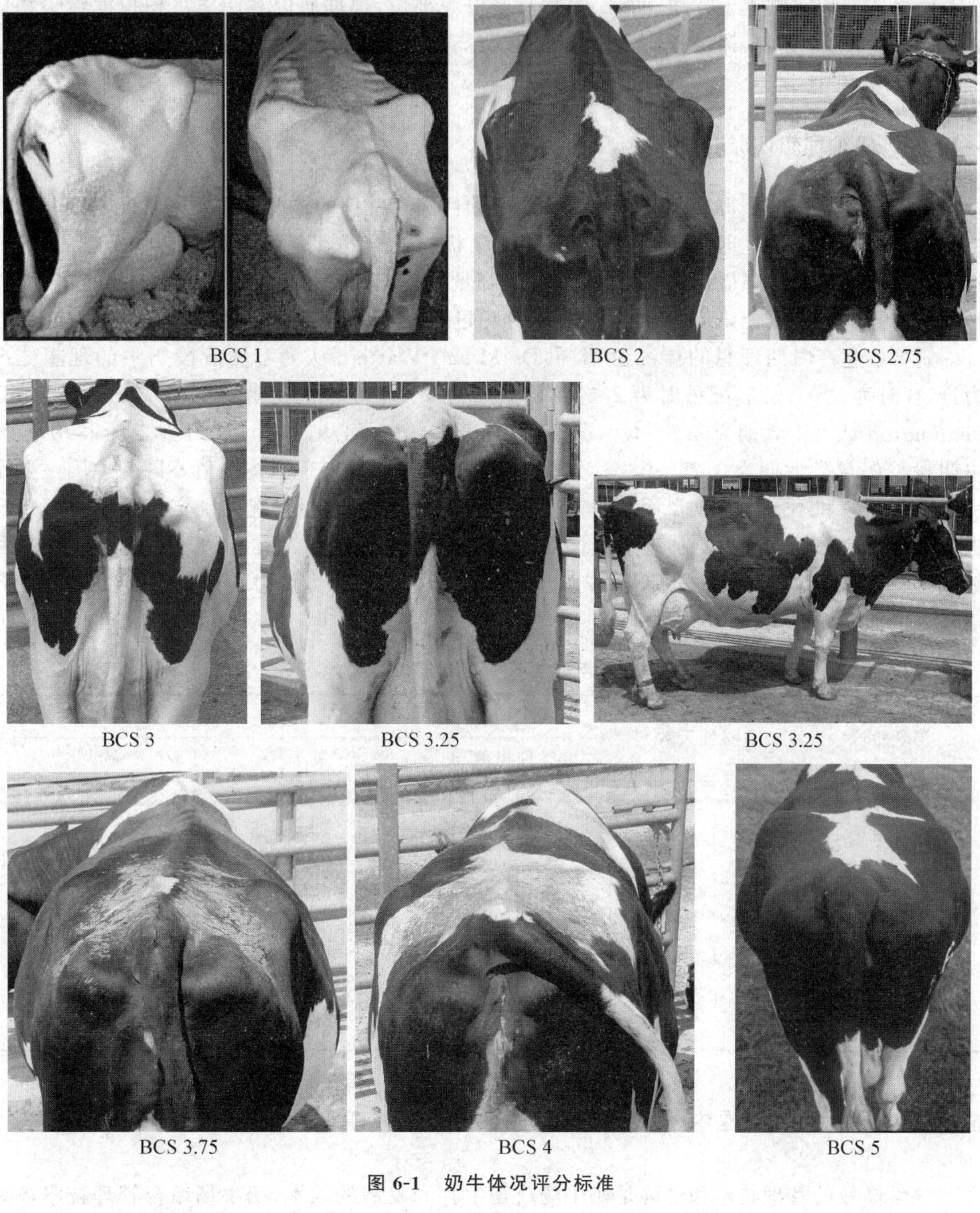

图 6-1　奶牛体况评分标准

3. 体况评分具体过程

首先观察牛体的大小，整体丰满程度。然后触摸短肋肋间部位，再从肋骨滑向脊背，沿着脊椎骨感觉脂肪沉积，再从背部，沿着韧带到腰角，然后从腰角至臀角到尻角，评估其肌肉、脂肪多少及凹陷深浅，最后把手从尻角向上至尾根，触摸该部位脂肪的多少及凹陷深浅。

4. 体况评分给分原则

奶牛体况评定侧重于背线、肋骨、腰臀及尾根等部位，根据肌肉和脂肪沉积程度给予相应的分值，现行的 5 分制，评定方便，对极端肥胖(4.5 分以上)或极端消瘦(1.0 分以下)奶牛只登记归类，不进行评分。

6.3.2.3 奶牛理想体况

理想体况是奶牛获得最大的产奶量和最小的代谢紊乱病的体况。在奶牛泌乳早期不能维持适宜体况或体况发生迅速变化，表明牛群健康状况或饲养管理可能存在某些潜在的问题。奶牛达到理想体况可降低疾病发生率、提高产奶量、提高繁殖性能。要得到最大的经济效益，必须在泌乳的各阶段让奶牛体况达到最佳，避免过肥或过瘦。

奶牛各生产时期理想的体况值不同，Dr Michil Wattiax 认为不同阶段奶牛的理想体况为：产犊时为 3.0～3.5，配种时为 2.5，泌乳后期为 3.0～3.5，干乳期为 3.0～3.5。Jodie A. Pennington 认为干乳期为 3.5～4.0，分娩时为(老牛)3.5～4.0，产后 1 个月为 2.5～3.0，泌乳中期为 3.0，泌乳后期为 3.25～3.75，分娩时(头胎)为 3.5。各理想体况值不同的原因主要是因为不同国家和不同地区以及不同的饲养管理造成的，因此理想体况的确定要根据实际情况进行确定。我国奶牛理想的体况评分标准借鉴国外标准，后备牛的体况评分要求是，6～13 月龄，2.5～3.0；14～17 月龄(配种时)，2.5～3.25；23～26 月龄(分娩时)，3.0～3.75。成母牛各期参考值如表 6-11 所示。

表 6-11 荷斯坦母牛不同泌乳阶段推荐的体况评分

泌乳阶段	泌乳天数	BCS		
		理想值	最小	最大
产犊时前		3.50	3.25	3.75
泌乳早期	1～30	3.00	2.75	3.25
泌乳峰期	31～100	2.75	2.50	3.00
泌乳中期	101～200	3.00	2.75	3.25
泌乳后期	201～300	3.25	3.00	3.75
干奶前	＞300	3.50	3.25	3.75
干奶期		3.50	3.25	3.75

6.3.3 奶牛生产管理中一些评分管理技术

科学高效的管理技术和经验是奶牛场获得生存和发展的根本，奶牛场综合管理技术体系是一项精细而繁杂的工作，其中包括牛舍环境综合管理、奶牛饲养管理、奶牛繁殖管理、奶牛疾病预防管理、牛奶质量控制等。科学地监测饲养管理方案可以帮助我们养好奶牛，提高饲养奶牛的经济效益，而饲养管理方案的监测必须做能度量，有效果，奶牛场只有贯彻“能度量，才能管理；能管理，才能改进”的理念才不断在提高管理水平、改善牛奶质量等方面取得明显效果。

6.3.3.1 奶牛粪便评分

奶牛粪便的评定是检查奶牛的营养问题，奶牛粪便的评判虽不能对营养问题提供确定的回答。但它却是一个很有用的诊断工具，对许多营养问题的发生，它能给予很多的暗示和对问题解决的启示。通过结合其他的诊断工具，可帮助解决营养问题。奶牛营养专家和饲养人员应该对每一头奶牛的粪便予以检查，不仅要观看粪便的外观，更要检查粪便中未消化饲料颗粒的存在。

1. 奶牛粪便的评分方法

奶牛粪便的评分实行是5分制的方法，见表6-12，分别由稀到球状给1～5分，见图6-2，每0.5个单位递增。不同的产奶阶段奶牛粪便的推荐分值为干奶牛，3.5；干奶后期，3.0；围产期牛，2.5；高产牛，3.0；产奶后期牛，3.5。

表6-12 奶牛粪便的评分方法

评分	评分方法
1分	这种粪便就像豆汤一样稀，呈“拱形”从奶牛尾部泄出。过量的蛋白质或淀粉、太多的矿物质或纤维缺乏都可能导致这种情况，后肠道中过量的尿素能产生渗透梯度从而将水吸收到粪便中。腹泻的牛就属于这一类
2分	粪便松软易流动，不能成堆。高度小于2.5 cm，当落到地面或混凝土上时会飞溅出来。是典型在优质草场上放牧奶牛的粪便。低纤维或缺乏有效纤维也会导致这种粪便出现
3分	这是最理想的评分。呈粥样，高4～5 cm，有几个同心圆，中间较低或有陷窝。落在混凝土上有扑通声，会粘在你的鞋子上
4分	粪便较厚，容易粘鞋，堆高超过5 cm。是典型的干奶牛或年龄较大的青年母牛的粪便（这也反映饲喂的粗料质量差和/或蛋白质不足）。增加谷物或蛋白质可以降低这样的粪便评分
5分	这种粪便呈现为坚硬的球状，只喂稻草或脱水的情况下会导致这种评分的粪便，消化障碍的牛也可能有这种情况

Zaaijer D.，W. D. J. Kremer，J. P. T. M. Noordhuizen，2004。

2. 奶牛粪便评分的应用

由于奶牛之间存在相当大的变异，奶牛的粪便评分不可能成为通用的管理工具。但粪便表现如发生较大的变异，就有可能表明配合日粮的构成发生大的变化，提醒管理者对潜在的问题进行分析，以应对可能发生的问题。正常的奶牛的粪便看起来应该成堆，像某些人说的具有厚糊状的一致性。它应该有3～6个叠圈，堆高6～8 cm，中央应有一个浅凹或浅窝，并在粪便中几乎找不到谷物颗粒或长于0.7 cm的纤维片。粪便中带有大量的未消化的玉米，同时酸度小于6，表明奶牛饲喂了大量的谷物和非纤维性碳水化合物，瘤胃酸中毒问题的可能性已存在，

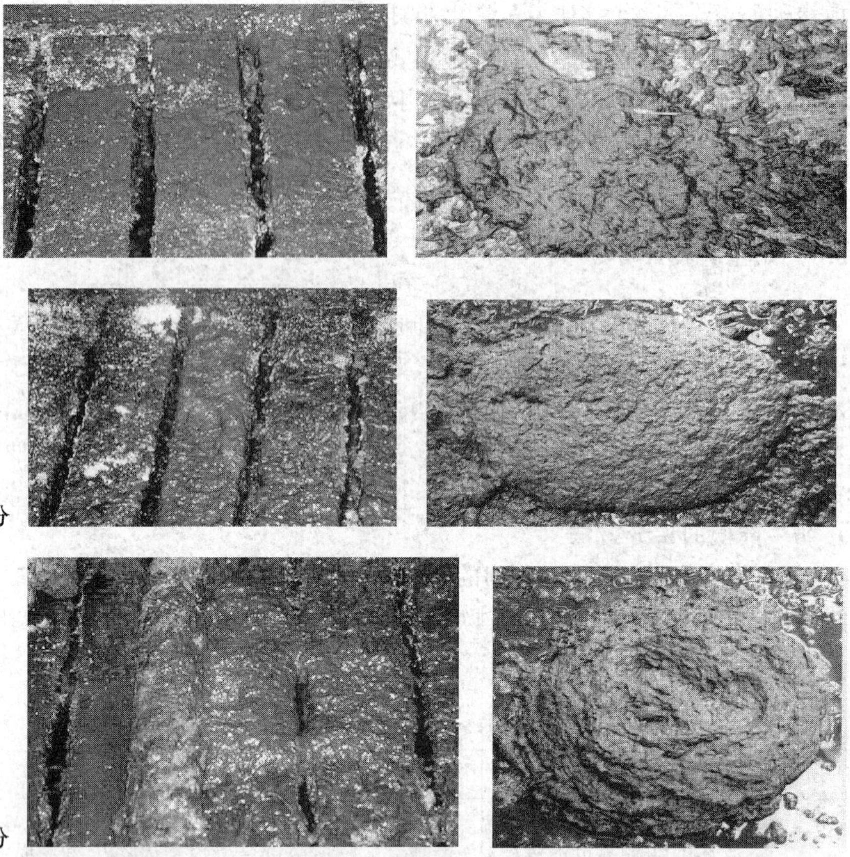

粪便的评分　1分

粪便的评分　2分

粪便的评分　3分

粪便的评分　4分

粪便的评分　5分

图 6-2　奶牛粪便的评分方法(Zaaijer D. , W. D. J. Kremer, J. P. T. M. Noordhuizen,2004;付庆民,2004)

其乳脂率降低和脂肪蛋白质比倒挂。粪便中可看到较多黏液的话,表明有慢性炎症或肠道受损,有时也能看到黏蛋白管型物在其中,这些都说明大肠有损伤,是由过度的后肠发酵和过低的 pH 所引起。粪便中如有气泡,表明奶牛可能乳酸酸中毒或由后肠道过度发酵产生气体所致。

6.3.3.2 奶牛行走移动指数(行走评分)

奶牛每天的活动量与奶牛行走的步数有关,当奶牛的步数多时,即活动量大;反之,活动量少。每头健康的奶牛在平时都有一个平均的活动量,即行走的步数在一定范围内是小幅波动的。当一头奶牛的活动量突然减少时,表示这头奶牛可能生病了;而当一头奶牛的活动量突然增加时,表明奶牛可能发情了;跛足也会使奶牛活动量减少,跛足是奶牛生产中的一个主要问题,不仅导致产量降低,而且危害动物福利。行走评分就是利用这个特点对奶牛每天的活动量进行统计,从而达到对奶牛健康管理的目的。

1. 奶牛行走的评分方法

奶牛行走评分实行 5 分制的方法,见表 6-13,分别由正常到严重跛足给 1～5 分,每 1 个单位递增,奶牛行走评分标准见图 6-3。

表 6-13 奶牛行走的评分方法及对生产的影响

评分	状态	背部	评分方法	干物质采食量影响/%	奶产量影响/%	目标(牛群母牛数)/%
1	正常	平坦	奶牛站立、行走时背部挺直,平坦。步法正常	100	100	75
2	稍跛	平坦/弓形	奶牛站立时背部挺直,平坦,但行走弓背。步法正常	98	99	15
3	中等跛足	弓形	奶牛站立、行走皆弓背,步幅较小	95	97	9
4	跛足	弓形	一直呈明显弓背,步法不稳,每次只走一步。一足或多足患跛,但仍能承重	83	93	0.5
5	严重跛足	3 条腿站立	患足拒绝落地,奶牛不能或非常不愿用腿承担体重	64	84	0.5

Management Report Board Day Booklet,2008。

2. 奶牛行走评分的应用

跛行母牛造成的经济损失十分明显,采食量减少,发情配种延迟均导致奶产量下降,都与严重的经济损失有关。监测行走评分是了解是否有问题的最好办法,管理好的奶牛场行走评分目标是评分为 3、4、5 的母牛数要低于 10%,见表 6-13。

6.3.3.3 奶牛瘤胃充盈度检查(瘤胃评分)

瘤胃检查(也叫饥饿隆廓)是检查食物摄入和在个体奶牛体内的瘤胃食糜流通速度的方法。站在奶牛后方看奶牛左嵌窝来评估瘤胃充实程度,充实程度反映饲料摄入量、发酵速度和食糜通过奶牛消化系统的比率。发酵和流通速度取决于饲料的种类和性质。后者表示饲料发酵速度的快慢,颗粒大小和瘤胃中不同饲料成分间的平衡,奶牛瘤胃饥饿隆廓的评分方法与

奶牛行走评分 1分

奶牛行走评分 2分

奶牛行走评分 3分

奶牛行走评分 4分

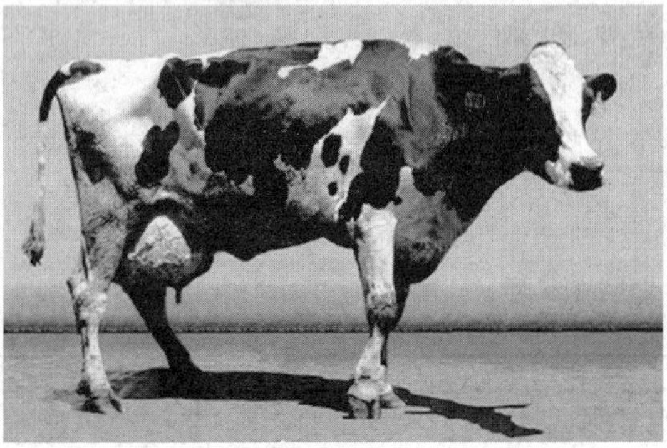

奶牛行走评分 5分

奶牛行走评分定为 小于2分

图 6-3 奶牛行走的评分(Management Report Board Day Booklet, 2008;Hostetler D. J. D. E. ,Kaneene, J. B,1997)

应用见表 6-14 和图 6-4。

表 6-14 奶牛瘤胃饥饿隆廓的评分方法与应用

评分	评分方法
1	左侧嵌窝深陷。脊椎横突下的皮肤向内凹陷,荐骨上的皮肤垂直向下折叠。最后一根肋骨后面的陷窝比手掌宽、深。从侧面看,这部分嵌窝已呈现为矩形。这头牛吃得很少或什么也没吃,可能是突然生病了,饲料不够或适口性差

续表 6-14

评分	评分方法
2	脊椎横突下的皮肤向内凹陷。荐骨下的皮肤皱褶和最后一根肋骨成对角线，最后一根肋骨后面的陷窝有手掌宽、深。从侧面看，这部分嵌窝呈三角形。这个评分常见于产后一周内和泌乳后期的奶牛，这表示采食量不足或食糜流通率太高
3	脊椎横突下的皮肤垂直向下有一掌宽然后向外突起，看不到荐骨处的皮肤皱褶。这是泌乳奶牛的合适评分，表明采食量好而且在瘤胃内的食物存留时间恰当
4	脊椎横突下的皮肤向外突起，最后一根肋骨后面看不到陷窝，对于泌乳末期牛和干奶牛而言是合适的评分
5	瘤胃充满时看不到脊椎横突，整个腹部的皮肤紧绷。在嵌窝和最后一根肋骨之间没有过渡。育成母牛、青年母牛、干奶牛有这样的评分是合适的

Zaaijer D.，W. D. J. Kremer，J. P. T. M. Noordhuizen，2004。

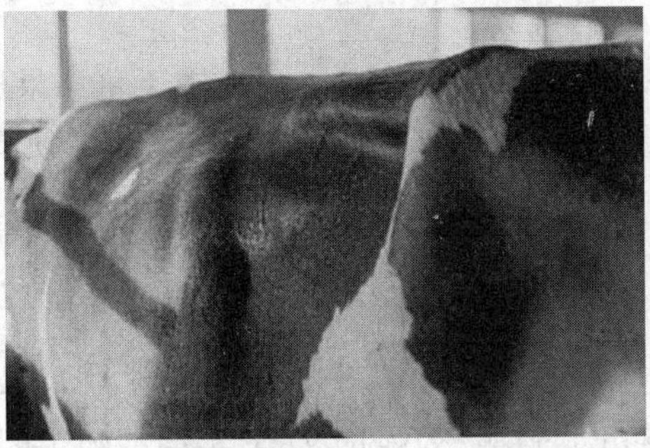
瘤胃饥饿隆廓的评分　1分

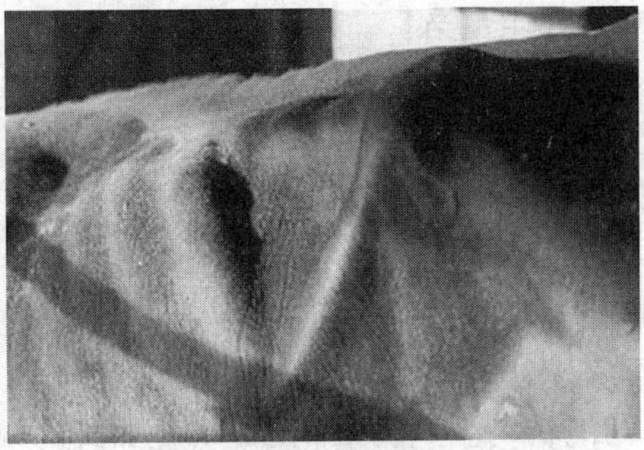
瘤胃饥饿隆廓的评分　2分

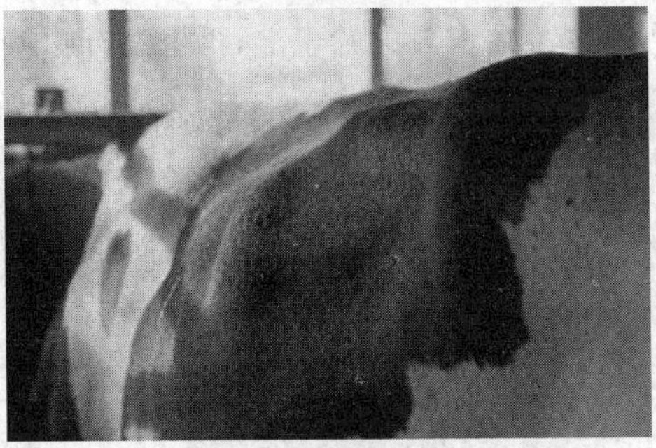
瘤胃饥饿隆廓的评分　3分

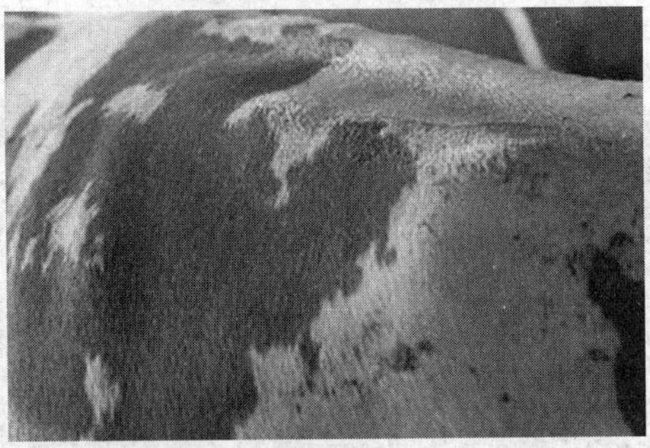
瘤胃饥饿隆廓的评分　4分

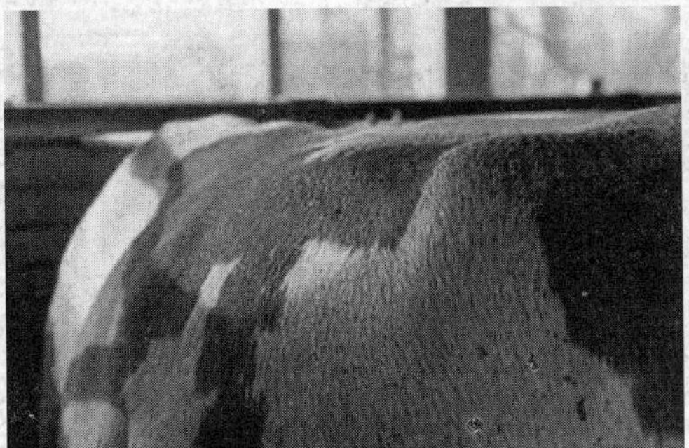
瘤胃饥饿隆廓的评分　5分

图 6-4　奶牛瘤胃饥饿隆廓的评分方法（Zaaijer D.，W. D. J. Kremer，J. P. T. M. Noordhuizen，2004）

6.3.3.4 评价日粮(TMR)纤维长度

奶牛瘤胃微生物活动的正常与否直接关乎奶牛的健康，而瘤胃的 pH 环境直接影响瘤胃微生物的生长、繁殖以及菌体蛋白的生产效率。粗饲料纤维刺激奶牛反刍，反刍咀嚼行为增加唾液分泌量，从而维持瘤胃 pH 环境的稳定，特别是高产奶牛由于大量的精料投入，充足的反刍显得特别重要。掌握奶牛日粮适宜的纤维长度，保证奶牛正常反刍；粗饲料长度不够，奶牛患瘤胃酸中毒的现象也十分普遍。日粮配合(如 TMR 日粮)如何掌握或评价日粮中有效纤维的长短比例是否适合，即如何评价 TMR 日粮的制作纤维长度？通常生产中的 3 种方法可以评价日粮提供的纤维长度：①观察奶牛反刍；②宾州过滤筛；③直接检查日粮。保持 TMR 日粮适宜的纤维切割长度，保持长短、精粗的比例对奶牛的健康、高产，提高饲料的利用率十分重要。

1. 观察奶牛反刍

奶牛充足的反刍可保证其瘤胃健康，奶牛每天累计反刍 7～9 h。青贮或干草如果过长，会影响奶牛采食，造成饲喂过程中的浪费；切割过短、过细又会影响奶牛的正常反刍，使瘤胃 pH 降低，出现一系列代谢疾病。观察奶牛反刍是评价日粮提供纤维是否适宜的有效方法，饲喂后 1～2 h 观察牛群时至少应有 60%～70%的牛正在反刍。

2. 宾州筛过滤法

美国宾夕法尼亚州立大学的研究者发明了一种简便的、可在牛场用来估计日粮组分粒度大小的专用筛。这一专用筛由 3 个叠加式的筛子和底盘组成，见图 6-5。上层的筛子的孔径是 19 mm，中层 8 mm、下层 1.18 mm，最下面是底盘。奶牛未采食前从日粮中随机取样，放在上部的筛子上，然后水平摇动 2 min，直到只有长的颗粒留在上面的筛子上，再也没有颗粒通过筛

专用筛组

上层孔径 19 mm

中层孔径 8 mm

下层孔径 1.18 mm

底盘

中国产专用筛

图 6-5 宾州过滤筛及中国产专用筛

子。这样，日粮被筛分成4部分，分别对这4部分称重，计算它们在日粮中所占的比例。采用宾州过滤筛测定后推荐的饲草和全混合日粮饲料颗粒大小标准（Kononoff等，2003）分为大于19.0 mm、8.0～19.0 mm、小于8.0 mm（1.18～8.0 mm以及1.18 mm以下）分别为8%～15%，30%～50%，40%～60%。宾州筛过滤是一种数量化的评价法，是否适合我国饲料条件的不同牛群的日粮情况还有待研究。

3. 直接检查日粮

随机地从牛日粮（TMR）中取出一些，用手捧起，用眼观察，估测其总重量及不同粒度的比例。一般推荐，可测得3.5 cm以上的粗饲料部分超过日粮总重量的15%为宜。有经验的牛场管理者通常采用该评定方法，同时结合牛只反刍及粪便观察，从而达到调控日粮适宜粒度的目的。

6.3.4 奶牛饲喂技术

任何饲养方法最终目的都是希望奶牛在恰当阶段能够采食适量的平衡营养来取得最高产量、最佳繁殖率和最大利润。

6.3.4.1 饲喂次数

国内外差别较大，国内做法是，一般奶牛场多采用日喂3次，中低产牛群（6 000 kg以下）也有日喂2～3次的情况，高产牛群（7 000 kg以上）可日喂3～4次（特别是每日精料要均匀多次饲喂）。国外较普遍采用2次饲喂或采用电子自动给料箱让奶牛自由采食。

6.3.4.2 饲喂方法

同样的饲料，不同的饲喂方法，会产生不同的饲养效果。具体的饲喂技术有传统饲喂方法和全混合日粮（TMR）技术。

1. 传统饲喂方法

饲喂有序。在饲喂顺序上，应根据精粗饲料的品质、适口性，安排饲喂顺序，当奶牛建立起饲喂顺序的条件反射后，不得随意改动，否则会打乱奶牛采食饲料的正常生理反应，影响采食量。一般的饲喂顺序为：先粗后精、先干后湿、先喂后饮。如干草→副料→青贮料→块根、块茎类→精料混合料。但喂牛最好的方法是精粗料混喂，采用完全混合日粮。

在饲喂上是把精料和粗料、副料分开单独饲喂，或精料和粗料进行简单的人工混合后饲喂。饲喂顺序有：①以精料→多汁料→粗料的顺序先后投料；②先喂粗料，再喂精料、多汁料，使奶牛能大量采食青粗饲料；③粗料→精料、多汁料→粗料的顺序。即先喂一部分粗料（干草）接着喂精料、多汁料，喂完挤奶，挤完奶后再喂粗料（青贮）。

2. 奶牛全混合日粮饲养技术

全混合日粮（total mixed ration，TMR）饲养技术在配套技术措施和性能优良的混合机械基础上能够保证奶牛每采食一口日粮都是精粗比例稳定、营养浓度一致的全价日粮。TMR是以散放牛舍饲养方式为基础研究开发的新技术，近年来在美国、加拿大、日本、中国部分奶牛场等迅速推广应用。所谓"TMR"就是根据牛群营养需要的粗蛋白质、能量、粗纤维、矿物质和维生素等，把揉切短的粗料、精料和各种预混料添加剂进行充分混合（图6-6，图6-7），将水分调整为45%左右而得的营养较平衡的日粮。

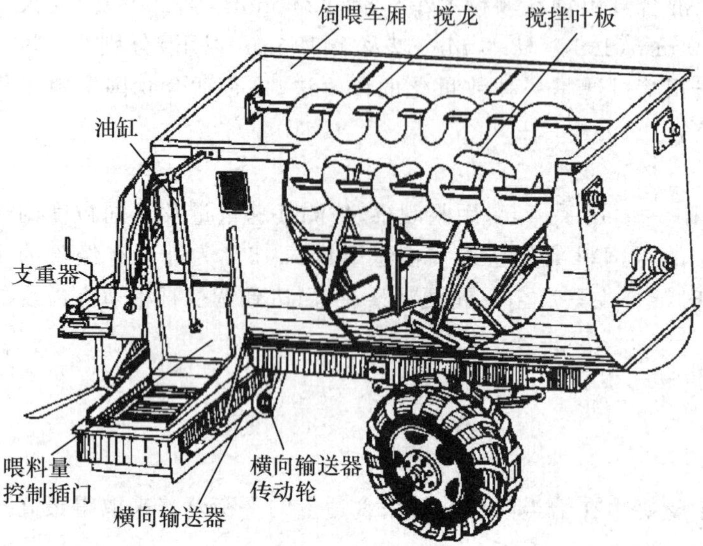

图 6-6 全混合日粮搅拌车

图 6-7 奶牛采食全混合日粮

(1)使用 TMR 饲养技术的必要性。传统饲喂方式多为精粗料分开饲喂,使奶牛所采食饲料的精粗比不易控制,奶牛个体间的嗜好性差异很大,易造成奶牛的干物质摄取量偏少或偏多,尤其要保证高产奶牛群对精料和粗料足量采食难度大;传统饲喂方式一般不按生产性能和生理阶段分群饲养,难以运用营养学的最新知识来配制日粮;传统饲喂方式难以适应机械化、规模化、集约化经营的发展。

(2)TMR 饲养技术。对于散栏饲养的奶牛现多采用全混合日粮(TMR)自由采食,该日粮适口性较好,营养全面,牛能采食到较多的干物质,对增产有利,而且便于实施机械化,这种饲喂要求把牛按生理阶段和泌乳周期分群。目前这种成熟的奶牛饲喂技术在我国新建牛场中广泛应用,部分拴系式牛场、养殖小区也应用固定式的 TMR 即场站式 TMR 技术,采用全混合日粮(TMR)饲养是唯一对大小牛群均适用的饲养方式。

①TMR 的日粮配合与投料,各群(栏)奶牛根据营养需要的量再增加 10%配合日粮,确定不同饲料的日用量,依据投放次数确定每次投入到混合机的各种饲料量,投(进)料的程序是先粗后精,一般按干草(秸秆)类→青贮类→糟渣类、青绿、块根类→籽实饼粕类、添加剂(或混合精料)。在 TMR 搅拌机的作用下,料中粗纤维揉切成 2～3 cm 长为度;生产中可另给予一些长纤维干草(苜蓿)或秸秆自由采食。

②TMR 的日粮混合时间和混合料含水率,采用边加料边混合,饲料全部填充后再混合 3～6 min,全部饲料混合均匀后其含水率在 40%～50%,可以加水或精料泡水后加入,有条件的牛场可以用烘箱(烤箱)检测饲料的概略水分。

③奶牛料槽管理,在 TMR 分发料后,根据气候等因素对日粮湿度、保鲜状况和混合态势的影响,尽可能地延长在槽时间,以适应不同牛只的采食行为,每日饲喂 2～3 次。如每日饲喂 2 次,有益于采食均匀和采食量的提高;在饲料容易变质的情况下,可日喂 3 次。记录每天每次每槽的采食情况、奶牛食欲、剩料量等,以便于及时发现问题,防患于未然;每次饲喂前应保证有 3%～5%的剩料量,还要注意 TMR 日粮在料槽中的一致性(采食前与采食后)和每天保

持饲料新鲜。

(3)使用 TMR 饲养技术的优点。TMR 使精粗饲料均匀混合，避免奶牛挑食，维持相对稳定的瘤胃 pH，防止瘤胃酸中毒，有利于瘤胃健康；TMR 日粮为瘤胃微生物同时提供蛋白质、能量、纤维等均衡的营养物质，促进瘤胃微生物的生长，提高菌体蛋白的合成效率；增加奶牛干物质采食量，提高饲料转化效率；充分利用农副产品和一些适口性差的饲料原料，减少饲料浪费，降低饲料成本；根据饲料品质、价格，灵活调整日粮，有效利用非粗饲料的 NDF；简化饲喂程序，减少饲养的随意性，使管理精准程度大大提高；实行分群管理，便于机械饲喂，提高劳动生产率，降低劳动力成本；实现一定区域小规模牛场的日粮集中统一配送，从而提高奶业生产的专业化程度。

(4)TMR 饲喂工艺的缺点和制约使用 TMR 饲养技术的因素。TMR 饲喂工艺不能对牛进行单个照顾，个别饲养；需要专门的机械设备、混合和计量设备；管理成本高包括设备投资(混合机)、牛舍设计要求有充足的采食位(包括散栏式或饲道足够宽)、牛群管理要求按生理阶段和生产性能分群技术、要定期检测饲料的水分；在原料的贮存过程中，要经常调查并分析其营养成分的变化；TMR 营养浓度设计、干物质采食量(DMI)预测等问题。

(5)使用 TMR 饲养技术带来的经济效益。提高奶牛对日粮采食量，对奶牛生产性能(包括乳脂率、乳蛋白率、产奶量等)，一般认为可使产奶量增加 5%～8%，乳脂率增加 0.1%～0.2%。有报道表明可提高平均产奶量 5.7%，全乳期平均每头产奶量增加 450 kg；增加奶牛饲喂次数，提高营养物质利用率，减少奶牛代谢病的发生，提高劳动生产率。

(6)TMR 饲养技术应注意事项。主要适用于大型奶牛场，需要饲料计量和配合机械设备，投资较大。为使所有原料均匀混合，长草等需要切割，切割机也要投资和运转。要经常调查、分析饲料原料营养成分的变化，特别要注意各种原料的水分变化。饲养体制转变应有一定的过渡期；饲槽中应经常保持有饲料；注意奶牛日采食量及体重的变化；保证 TMR 的营养平衡；应用 TMR 饲养技术，必须把牛群分成若干组，即高产组、中产组、低产组、干奶组、围产期组、青年牛组、育成牛组、犊牛组，为此需有必要的牛舍条件，尤其要考虑不足营养部分由精料补充时的精料配方、所需设备条件、补充方法等。

6.3.4.3 奶牛一般饲喂原则

1. 日粮组成多样化

精、粗饲料要合理搭配，但粗饲料是根本，粗饲料要求要喂饱，青绿饲草现割现喂，青绿苜蓿等晒干后喂，霉变饲草、冰冻饲草严禁饲喂。

2. 定时定量，少给勤添

长时间的饲养会使奶牛形成固定的条件反射，这对保持消化道内环境稳定和正常消化机能有重要作用。饲喂过迟或过早，均会打乱奶牛的消化腺活动，影响消化机能。只有定时饲喂，才能保证牛消化机能的正常和提高饲料营养物质消化率。

3. 饲料更换切忌突然，稳定日粮

奶牛瘤胃内微生物区系的形成需要 30 d 左右的时间，一旦打乱，恢复很慢。因此，有必要保持饲料种类的相对稳定。在必须更换饲料种类时，一定要逐渐进行，以便使瘤胃内微生物区系能够逐渐适应。尤其是在青粗饲料之间更换时，应有 7～10 d 的过渡时间，这样才能使奶牛能够适应，不至于产生消化紊乱现象。时青时干或时喂时停，均会使瘤胃消化受到影响，造成产奶量下降，甚至导致疾病。

4. 防异物、防霉烂

由于奶牛的采食特点，饲料不经咀嚼即咽下，故对饲料中的异物反应不敏感，因此饲喂奶牛的精料要用带有磁铁的筛子进行过筛，而在青粗饲料铡草机入口处安装强力磁铁，以除去其中夹杂的铁针、铁丝等尖锐异物，避免网胃-心包创伤。对于含泥较多的青粗饲料，还应浸在水中淘洗，晾干后再进行饲喂；切忌使用霉烂、冰冻的饲料喂牛，保证饲料的新鲜和清洁。

5. 保证充足清洁的饮水

奶牛的饮水量一般为干物质采食量的5～7倍，每天需水60～100 L，目前奶牛场一般具有水槽或自动饮水器，让牛自由饮水，冬季饮水的水温不低于10℃。饮水的方法有多种形式，最好在运动场安装自动饮水器，或在运动场设置水槽，经常放足清洁饮水，让牛自由饮用。目前在奶牛生产中应用的另一种方法是诱导饮水，如夏季可用凉水泡料或调制粥料喂奶牛，同时可喂含水分多的块根、青绿饲料；冬季可喂热粥料。

6. 饲料的合理使用

奶牛的饲料成本占70%，饲料的使用技术直接影响到养殖成本，因此配制奶牛日粮时，应结合当地饲料资源，既满足营养需要，又要降低饲料成本，争取最大的经济效益。

(1)粗饲料占日粮比例。根据奶牛的生理特点，选择适当的饲料原料，以干物质为基础，日粮中粗料比例应在40%～70%，也就是说日粮中粗纤维含量应占干物质15%～24%。在泌乳早期粗料比例也应在40%，才会保证牛体健康。

(2)精料喂量。在满足青贮(20 kg)、干草(2 kg)饲喂量的基础上，泌乳牛一般按维持需要3 kg精料，然后每产2.5～3 kg奶加喂1 kg精料来确定，食盐占精料的1%～1.5%。

(3)采食量。为了保证奶牛有足够的采食量，日粮中应保证有足够的容积和干物质含量，高产奶牛(日产奶量20～30 kg)，干物质需要量为体重的3.3%～3.6%，中产奶牛(日产奶15～20 kg)为2.8%～3.3%；低产奶牛(日产奶量10～15 kg)为2.5%～2.8%。

7. 市场中奶牛饲料产品的合理使用

市场上奶牛商品饲料品种很多，用户要根据本身的饲料资源情况合理选择，不同饲料产品类型在日粮中的使用比例不同，同一类型产品因奶牛不同生理阶段需要使用不同产品型号。各种产品的营养成分也有很大差异，养殖户要根据自己的矿物质饲料、蛋白质饲料、能量饲料(玉米、麸皮)合理搭配。

(1)预混料。奶牛的预混料是微量元素或维生素的复合，有些预混料还包括磷酸氢钙、小苏打、石粉、食盐等。它是一种不完全饲料，不能单独直接喂奶牛，预混料在奶牛精料中的用量一般为1%～5%。

(2)浓缩饲料。奶牛的浓缩饲料是指蛋白质饲料、矿物质饲料(钙、磷和食盐)和添加剂预混料按一定比例配制而成的均匀混合物。浓缩饲料不能直接饲喂奶牛，使用前要按标定含量配一定比例的能量饲料(主要是玉米、麸皮)，成为精料混合料，才能饲喂。

(3)精料补充料。奶牛精料补充料又称精料混合料。由于奶牛的瘤胃生理特点，精料混合料饲喂时，应另喂粗饲料和多汁饲料。

6.3.5 奶牛分群管理技术

不同年龄的后备母牛及不同泌乳阶段的成年母牛在日粮、营养需要和饲养管理方法上都是不一样的。所以,大型奶牛养殖场和奶牛养殖大户要想提高饲养效益,不论是后备母牛还是成年母牛,都必须分群饲养管理。

6.3.5.1　后备母牛分群

后备母牛按生理发育阶段,一般可分为六群。

(1)哺乳期犊牛(0～3 月龄):此阶段是后备母牛中发病率、死亡率最高的时期。

(2)断奶期犊牛(3～6 月龄):此阶段是生长发育最快的时期。

(3)小育成牛(6～12 月龄):此阶段是母牛性成熟时期,母牛的初情期发生在 10～12 月龄。

(4)大育成牛(12～16 月龄):此阶段是母牛体成熟时期,16～17 月龄是母牛的初配期。

(5)妊娠前期青年母牛(16～22 月龄):此阶段是母牛初妊期,也是乳腺发育的重要时期。

(6)妊娠后期青年母牛(22～24 月龄):此阶段是母牛初产和泌乳的准备时期,是由后备母牛向成年母牛的过渡时期。

6.3.5.2　成年母牛分群

成年母牛按其泌乳阶段,一般可分为五群。

(1)干乳期(60 d):自停奶日期至分娩日期之前,此期对奶牛产后及乳房健康至关重要。

(2)围产期(30 d):分娩前和产后各 15 d,此期对奶牛的健康及以后的产奶量是关键饲养期,包括围产前期(15 d)和围产后期(15 d)。

(3)泌乳盛期(85 d):分娩后 16～100 d(产后 4 个月内),产奶量占全泌乳期产奶量的 45%～50%。

(4)泌乳中期(100 d):分娩后 101～200 d(产后 5～7 个月),产奶量占全泌乳期产奶量的 30%左右。

(5)泌乳后期(105 d):分娩后 201 d 至停奶前一天(产后 8～10 个月),产奶量占全泌乳期产期产奶量的 20%～25%。

6.3.6　挤奶技术与挤奶管理

挤奶是成年母牛饲养管理中的重要工作环节,良好的挤奶技术和科学的操作程序可提高母牛产奶量,促进母牛乳房健康,保证奶的质量。

6.3.6.1　乳的分泌与排出

母牛在泌乳期间,乳的分泌是连续不断的,刚挤完乳时,乳房内压低,乳的分泌最快,随着乳的分泌,储存于乳池、导乳管、末梢导管和乳腺泡腔中的乳不断增加,乳房内压不断升高,使乳的分泌逐渐变慢,这时如不将乳排出(挤奶或犊牛吸吮),乳的分泌最后将会停止。如果排出乳房内积存的乳汁(挤奶或犊牛吸吮),使乳房内压下降,乳的分泌便重新加快。

1. 排乳反射

挤奶操作和犊牛吸吮时,使母牛乳头和乳房皮肤的神经受到刺激,传至神经中枢导致垂体后叶释放催产素,经血液到达乳腺,从而引起乳腺肌上皮细胞收缩,使乳腺泡腔内和末梢导管内储存的乳受挤压而排出，此过程称排乳反射，见图 6-8。

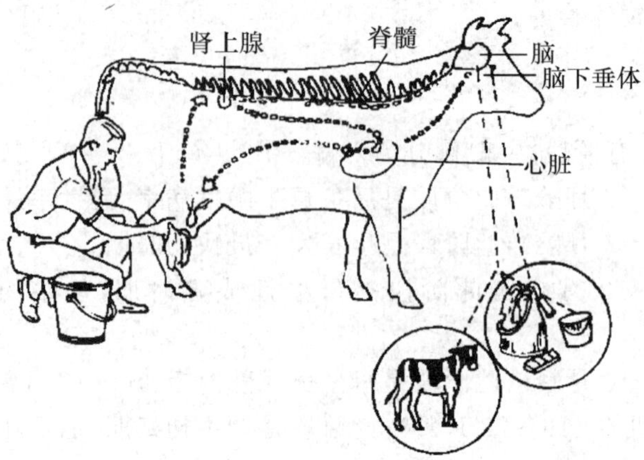

图 6-8 排乳反射

排乳反射对挤奶是非常重要的。奶牛在两次挤奶之间分泌的牛奶，大部分储存于乳腺泡及导管系统内，小部分储存于乳池中，只靠挤奶操作，只能挤出乳池中及一小部分导管系统中的乳，而大部分储存于乳腺泡及导管系统中的乳不能被挤出，只有靠排乳反射才能挤出乳房内大部分(或全部)的乳。排乳反射的刺激包括对乳房和乳头的按摩刺激，挤奶的环境条件等。排乳反射只能维持很短的时间，一般不超过 5～7 min。因而，在挤奶时一定要按操作规程进行，并迅速将乳挤完。

2. 奶牛的泌乳过程

每次挤奶所得到的全部奶量在挤奶前就已贮存在奶牛的乳房中了。挤奶时对奶牛的乳房进行按摩，使乳房受到刺激，或者奶牛通过视觉和听觉神经得到刺激，这些刺激传到奶牛的下丘脑后，使脑垂体后叶分泌催乳素。激素进入血液中，通过心脏到达乳房，促使乳腺泡和导管收缩，乳房内压逐渐升高(40～100 cm 汞柱)，使乳汁流到乳池中。从刺激开始直到乳房内压升到高峰，需 15 s 到 2 min。挤奶刺激的持续时间约为 5 min 左右，过了这段时间后，乳腺泡中即使还贮存有奶也挤不出来了。因此，奶牛的排乳只有一个短暂的过程。为了要把乳房中贮存的奶尽可能多挤一些，挤奶的时间就不能拖得太长，最好能在 3～5 min 内挤完，奶牛 4 个乳室产奶量所占的百分比见表 6-15。

表 6-15 奶牛 4 个乳室产奶量所占的百分比 %

项目	前乳室		后乳室	
	左	右	左	右
每个乳室产奶量	20.6	21.0	29.6	28.8
前、后乳室产奶量	41.6		58.4	
左、右乳室产奶量	左 50.2		右 49.8	

6.3.6.2 挤奶技术

挤奶分人工挤奶和机器挤奶两种，采用手工挤奶或机械挤奶哪一种方式为好，是不好轻易下结论的。如果劳动力比较便宜，或者农场比较小，采用手工挤奶是比较适宜的。

1. 手工挤奶

手工挤奶也叫人工挤奶，就是在牛舍内工人以热水洗乳房后立即用手在5 min以内挤尽4个乳区的乳。手工挤奶效率低，工人劳动强度大，容易对牛奶造成污染，优点是容易发现乳房的异常情况，及时处理。在产房中初乳的挤出仍要使用手工挤奶，同时在牧区牧户或奶牛养殖头数较少农户可采用手工挤奶。手工挤奶有2种方法，即拳握法和滑榨法。

(1)拳握法。先用拇指与食指握紧乳头上端，使乳头乳池中的奶不能向上回流，然后中指、无名指和小指顺序依次握紧乳头，使乳头乳池中的乳由乳头孔排出，见图6-9。适用于乳头较长的奶牛。

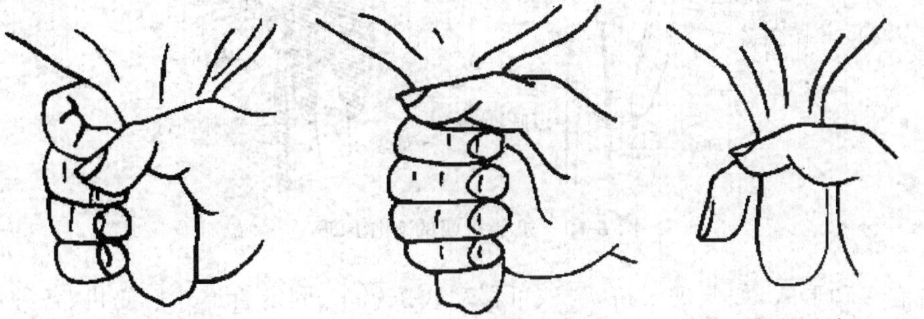

图 6-9 拳握法挤奶示意图

(2)滑榨法。先用拇指、食指和中指捏紧乳头基部，然后向下滑动，使乳头乳池中的奶由乳头孔排出。适用于乳头较短的母牛。滑榨法易对乳头皮肤造成伤害，因而如果乳头长度允许应尽量采用拳握法挤奶。

(3)手工挤奶过程。

①手工挤奶时，把牛的后腿捆住，否则奶桶很可能被踢翻，另外，奶桶一定要夹在挤奶员的两腿之间。通常工人坐在一个特制的挤奶凳上坐在牛的右侧。避免用头或肩碰牛的肋腹，预防桶里掉进脏物和毛发等。

②仔细清洗乳房，检查头把奶。

③当前乳区的奶将全部挤空时，挤奶工就应开始挤后乳区的奶。当4个乳区都挤空到相同程度时，就应回过头来再挤前两个乳区，有时用特殊手法用拇指和食指将乳房中的奶挤压下来，挤出最后部分奶，然后，以相同的方式再挤两个后乳区。

④在接近挤完奶时再次按摩乳房，然后将最后的奶挤净，最后将乳头擦干，药浴乳头(挤完奶后45 s内进行最为适宜，以浸入半个以上的乳头为好。药液现配现用，用后弃掉。药浴主要药品为0.50%～1%碘伏或4%次氯酸钠，0.30%～0.50%洗必泰，0.20%过氧乙酸)。

2. 机器挤奶

实行机器挤奶是奶牛管理中的一大进步，这一行之有效的挤奶方法大幅度地提高了劳动效率，改善了奶品的卫生状况，降低了工人的劳动强度。

(1)机器挤奶的工作原理。挤奶机械基本上是按照一位澳大利亚人-吉利斯先生发明的原理运行的。从桶式挤奶器发展到转盘式挤奶间，不论机械型号怎么变，仍然采用同样的原理工作，即尽可能模仿犊牛吸奶时先用嘴含住乳头，然后扩张口腔，使口腔内形成一定的真空度(为100～280 mL汞柱)把乳头中的奶吮吸出来。接着用舌和上颚挤压乳头，对乳头起一种按摩作用，把奶咽下。犊牛吸奶的频率为每分钟 45～70 次。因此，机器挤奶也应交替地采用吮吸和按摩这两个动作，见图 6-10。利用挤奶机形成的真空，将乳房中的奶吸出。

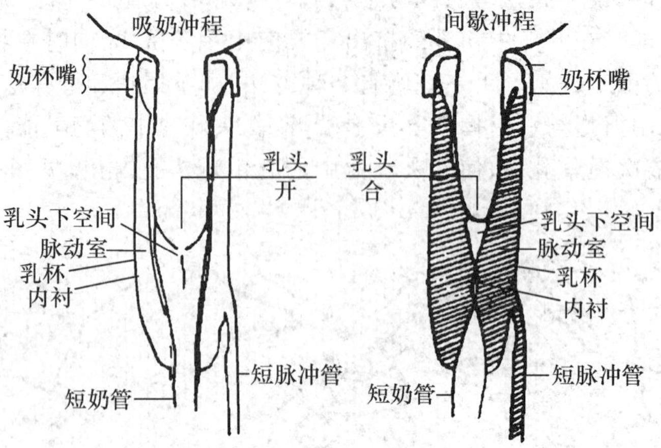

图 6-10 机器挤奶的工作原理

挤奶机有多种形式，如便携式挤奶机、可移动式挤奶车、固定管道式挤奶机、各种形式的挤奶台等，见图 6-11。就奶的产量、质量和乳房卫生来说，机械挤奶时，各种方法都可达到同样理想的效果，机器挤奶是在人、机器和牛之间的一种相关活动，好的挤奶基础是一台良好的挤奶机，其次就是运用良好的挤奶特性。在乳房准备就绪后，应立刻安上挤奶器，至少要在 45 s 内完成。挤奶完成后机器应立即拿走，马上把乳头浸湿或喷上药物，因为乳头管 15～20 min 才能闭合。

机器挤奶效率高，奶不易受到污染，工人劳动强度低，缺点是乳房发生异常情况时不易及时发现，如机器质量差或机器发生故障时易对乳房造成损伤，适于对奶的卫生质量要求较高，牛场规模较大，劳动力成本较高的情况下使用。

(2)管道式挤奶。在固定床位的奶牛舍内安装真空管道，连到牛舍外的真空罐及真空泵，当机器开动，达到一定真空就可将奶挤出。此时脉动器搏动 50～60 次/min。挤奶量通过分流式流量计记录，牛舍内另外安装不锈钢输奶管，将挤出的奶送到奶罐进行冷却。

(3)挤奶台。床位不固定的散栏饲养或集中挤奶的养牛小区的母牛必须用挤奶台，挤奶台设在挤奶厅内，离牛舍较近。有多种形式的挤奶台，有的挤奶时采用自动喂料；有的挤奶机是挤完奶后自动脱落的，挤奶前喷洗乳房、肚下，接着用黑纱杯检查每个奶头第 1～3 把奶看是否有凝块，挤奶完成后药浴乳头。挤奶量通过计量瓶或分流式流量计等记录，牛奶通过封闭的管道输入贮奶间的冷却罐，将奶冷却到 3.5～4℃。

以上两种挤奶设备适用于大型奶牛场，便于规范化管理。

(4)提桶式挤奶机。由真空泵机组、稳压系统、真空管道、挤奶系统组成。适于 30～50 头牛群使用。

(5)推车式挤奶机。车上装有真空泵、脉动器、奶杯组、奶桶，可以移动作业，适于个体奶牛户使用。

3. 挤奶的操作规程

不论采用什么样的挤奶方法，以下的一般规律应遵守和注意。

(1)挤奶人员必须身体健康，搞好个人卫生，工作服要干净，手要洗净，剪好指甲，以免对奶

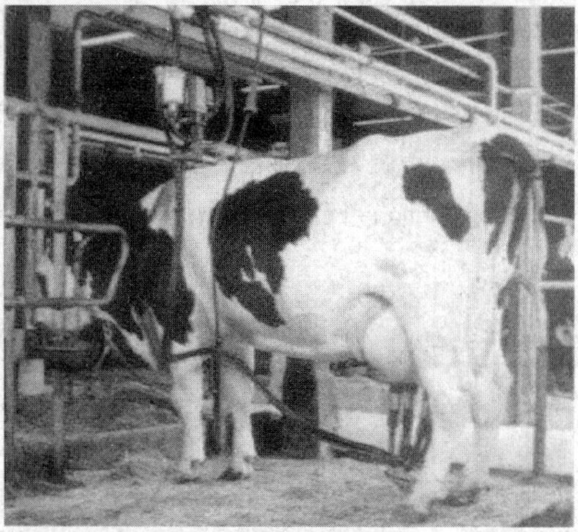

管道式挤奶机挤奶

挤奶台挤奶

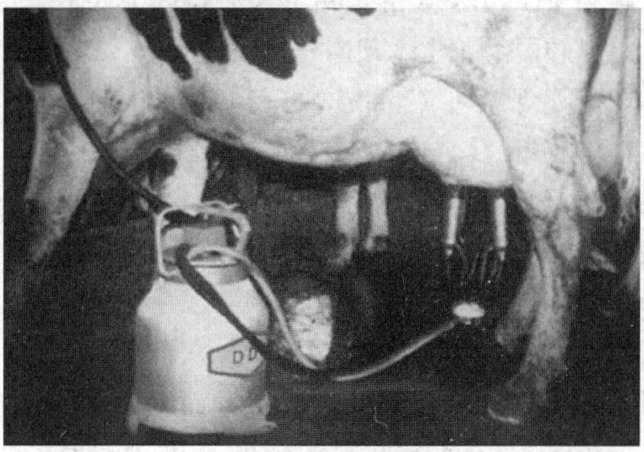

提桶式挤奶机挤奶

可移动式挤奶车

图 6-11　机械挤奶示意图

造成污染，对乳房造成损伤。

(2)挤奶要定时定人定环境，使母牛形成良好的条件反射。挤奶是牛和挤奶员相互配合的工作，挤奶环境要安静，操作要温和，善待奶牛，否则影响排乳反射。

(3)挤奶环境要清洁，挤奶前牛体特别是后躯要清洁，以免对奶造成污染。

(4)挤奶前应用温水擦洗乳房，使乳房受到按摩和刺激，引起排乳反射。

(5)挤奶时第1～3把奶中含细菌较多，要弃去不要，对于病牛，使用药物治疗的牛，患乳房炎的牛的牛奶不能作为商品奶出售，不能与正常奶混合。

(6)尽量轻轻地拉动乳头，使奶流量快而均匀，使牛产生舒适感，每次挤奶力图挤净。

(7)挤奶时密切注意乳房情况，及时发现乳房和牛奶的异常。

(8)迅速进行挤奶，中途不要停顿，争取在排乳反射结束前将奶挤完。

(9)在接近挤奶完成时再次按摩乳房，然后将最后的奶挤净，最后将乳头擦干。

(10)挤奶机械应注意保持良好的工作状态，管道及盛奶器具应认真清洗消毒。

6.3.6.3　机器挤奶的管理

挤奶厅要根据设备厂家提供的技术资料，结合自身的实际条件，细致、严格地制定操作性强、尽可能量化的规章制度和操作规程。包括挤奶厅管理制度、操作员工作职责、质检员工作职责、记录员工作职责、挤奶操作规程、车间卫生制度、安全制度、挤奶操作程序、清洗消毒操作要点、设备保养维护制度等，使操作人员熟记，并按其严格操作，认真执行，最好再配备一套行之有效的检查和奖惩制度。严格的管理、规范的操作，可显著提高奶牛的产奶量和牛奶质量，减少乳房炎的发病率，提高劳动效率，减轻劳动强度，减少备品备件的消耗，延长挤奶机的使用寿命。

1. 挤奶机的操作过程

(1)打开电闸，接通电源，使电动机转动。调节真空压力表，脉动器的搏动频率一般调节到50～60 次/min。

(2)挤奶前先以热水(50～55℃)擦洗和按摩乳房。

(3)先从每个乳区挤出头 3 把奶于黑色的检查平板上或带滤网的黑色检查板上，检查是否有奶块，并观察奶颜色的变化，判断该乳区的健康状况。

(4)当排乳反射形成后，要尽快套上奶杯实施挤奶(要求从挤头 3 把奶到套奶杯在 1 min 内完成)，套杯的顺序是，从左手对面的乳区(后乳区)开始顺时针方向依次套杯。

(5)在挤奶过程中，可通过挤乳器上的透明玻璃管观察乳流情况，如无乳流通过时，关闭通往奶爪的真空。

(6)轻轻取下挤奶杯，卸下奶杯后应立即用药液浸乳头。清洗消毒挤奶杯，为下一头牛挤奶。全部挤奶完成后，将所有的奶杯组装在清洗托上，将奶水分离器上的清洗开关及自动排水开关打开(严格按产品说明书操作)，进行清洗操作。

2. 挤奶的卫生管理

在设备性能良好的情况下，因机械带来奶牛不适引发的乳房炎仅为 6%，而 94%的乳房炎是因为环境卫生及挤奶操作不当造成。乳房炎的控制最终目标是预防新的感染，所谓的预防是防止微生物侵入乳房，因此，卫生管理是奶牛乳房炎预防的最好办法，关键是：在挤奶前保持乳头干净与干燥；挤奶机的清洗；挤奶员的手和挤奶杯的消毒；挤奶前后的乳头卫生和乳房及乳头擦洗干净；浸泡消毒药的质量与浓度。

3. 挤奶操作规程管理

合理的挤奶操作规程目的是刺激排奶；减少乳头皮肤的微生物数量；确保挤奶快速而完全；提高奶产量；缩短挤奶时间；减少传染性和环境性乳房炎致病菌的扩散；保证牛奶的高质量。为此必须做到：

(1)清洁乳头及乳房底部。挤奶前的乳房检查(弃掉头 3 把奶)。

(2)挤奶前实行乳头药浴。消毒后要经过 20～30 s 后才能擦干，将乳头(包括乳房)彻底抹干，抹干应用吸水性良好的纸巾或已消毒及烘干的毛巾擦拭。

(3)在 1 min 内套上奶杯，调节奶杯奶爪。

(4)正确脱杯。目标是正好在最后一个乳区挤完奶后脱杯，脱杯前应先关闭真空。

(5)对乳头进行药浴消毒，对奶杯进行消毒，对挤奶设备进行清洗。

(6)提供奶牛清洁、干燥、没有应激的挤奶环境，决不能粗暴对待奶牛。

4. 挤奶机的管理和设备维护

挤奶设备必须进行良好的维护保养才能有效挤奶。对于挤奶机的各个部分，必须分别定期进行系统检测，保证挤奶机始终处于良好的工作状态。挤奶设备性能好坏直接影响牛奶质量和乳房炎发病率高低，因此定期维修保养非常关键。

(1)挤奶管道清理，每次挤奶完毕，应及时清洗牛奶经过的所有部件。清洗方法是：先用清水冲洗，然后放入热洗涤剂(温度70℃含1%的碱)内，用毛刷进行洗涤，最后用80℃的热水清洗干净，晾干备用。定期更换输奶管，否则，一方面因其弹性导致挤奶困难，另一方面在其表面的任何微小裂隙都会残留奶垢，为细菌的繁殖提供条件。

(2)清洗、检查橡皮套，奶杯内的橡皮套应拆出清洗，防止因水温过高而变形，同时，要检查橡皮套是否完好不漏，发现有漏气现象，应立即更换。

(3)乳头杯的清洗，每周1次将乳头杯拆洗1遍，把不锈钢乳头杯、胶套和脉动短管内外清洗干净、晾干，再装好。装回原位时应注意，杯套颈部与中部要对成一条直线，避免扭曲，否则会对奶牛乳头造成伤害。

(4)集乳器的清洗，将集乳器全部拆开，手工清洗各部件，每周1次。清洗过程中要注意检查各橡胶件，如出现裂缝、老化等，及时更换。清洗后，在装配时应检查橡皮垫圈是否完好，四壁上的小孔是否与大气畅通。

(5)脉动器的维护，脉动器和真空软管每周拆洗一次，并检查脉动器的橡皮薄膜是否完好，器壁上的小孔是否与大气畅通。装配好后，按照40～70次/min的脉动频率调节好，以备使用。一旦有牛奶进入脉动器应及时清洗并干燥。每年至少用脉动器测试仪检测1次脉动器的脉动频率和脉动比率，由专业部门或挤奶机技术服务人员进行。

(6)真空泵的维护，真空泵是整个挤奶系统的动力部件，它的性能好坏直接影响着挤奶机的工作状态，要保持真空罐和稳压器滤网清洁，及时更换橡胶密封件，经常检查传动皮带。

(7)每月检查清洁真空调节器、传感器和真空泵皮带一次，用肥皂液清洗传感器过滤网，晾干后再装上；用拇指按压皮带应有1.25 cm的张度，皮带磨损或损坏应当及时更换，更换或调节皮带后，应检查两个轮是否在一条直线上。

(8)年检，每年要请相关工程师对挤奶设备进行全面测试检查。检查中发现设备有任何问题，都应立即解决。

6.3.6.4 鲜奶的初步处理、暂存与运输

奶牛场生产的鲜奶要经乳品厂加工后才可出售。刚挤出的牛奶往往温度较高，牛奶由奶牛场到乳品厂的运输不能随时进行，因此，奶牛场生产出的牛奶必须首先进行初步的处理，进行冷却，并可能在运输前暂时储存一段时间。从挤奶开始至热奶入奶罐降温全过程应该尽力做到无菌(尤其是某些特定病原菌)和无异味溢入，以免牛奶在到达乳品厂前已变质而失去使用价值。

1. 鲜奶的初步处理

为了保持牛乳在运往乳品厂或销售前不变质，乳牛场对刚挤下的鲜牛乳必须进行包括过滤、冷却与贮藏等环节的初步处理。

(1)鲜奶的过滤。手工挤奶时鲜奶过滤一般不需要什么设备，主要用纱布进行过滤，要求所用纱布清洁，过滤可在挤奶时进行，将纱布扎在奶桶口上，将挤出的奶倒入扎有纱布的奶桶中即可；在提桶式机器挤奶的牛场根据实际情况是否需要用专用的牛奶过滤筛过滤；管道式由于直接把奶输送到冷却罐未与外界接触不需过滤。

(2)鲜奶的冷却。牛奶在挤出后会污染大量微生物，牛奶是细菌最好的培养基，尤其刚挤

出的牛奶，温度在35℃左右，最适合微生物生长繁殖。刚挤出牛奶应立即冷却(2～3 h内)至3.5～4℃，冷却降温可有效抑制微生物的繁殖速度，延长牛乳保存时间(表6-16)。鲜奶的冷却有许多不同的方法，如水池冷却、浸没式(直冷式)冷却器冷却等。

表6-16 冷却温度与保藏时间

冷却温度/℃	保存时间/h	冷却温度/℃	保存时间/h
30	3	6～5	18～24
25	6	5～4	24～36
10～8	6～12	2～1	36～48
8～6	12～18		

水池冷却是最简易的冷却方法，是将装有鲜奶的奶桶置于水池中，在池中通入冷水或冰水进行冷却。冷却过程中应不时搅拌牛奶，使桶内牛奶冷却均匀。水池中的水应不断更换以加快冷却速度。此法冷却速度慢，耗水量大，效率低，只适于养牛户使用。

直冷式冷却剂冷却是一种使用冷源的罐式冷却装置，本身带有搅拌器和定时搅拌控制系统，可使牛奶均匀冷却，又可防止稀奶油上浮。

2. 鲜奶的暂存

冷却后的鲜奶仍需在3.5～4℃下进行贮存以防止微生物繁殖，见表6-17。鲜奶的暂存方法有：①将奶桶一直贮存于前面所介绍过的冷却水池中，并通过更换水池中的冷水将奶温控制在3.5～4℃，直至将奶运出；②贮存于直冷式冷奶罐中，并控制奶温保持在3.5～4℃。

表6-17 不同温度条件下贮存牛奶的细菌的繁殖数

维持12 h的温度/℃	12 h末每毫升奶中的细菌数	维持12 h的温度/℃	12 h末每毫升奶中的细菌数
4.4	4 000	15.5	453 000
8.8	9 000	21.1	8 800 000
9.0	18 000	26.6	55 300 000
12.8	38 000		

3. 鲜奶的运输管理

奶牛场生产的鲜奶需要运至乳品厂进行加工。如果运输不当，会导致鲜奶变质，造成重大损失。牛乳运输有乳桶运输和奶罐车运输，因此鲜奶运输中应注意：①防止鲜奶在运输中温度升高，尤其在夏季运输，选择在早晚或夜间进行；运输工具以专用奶罐车为优，如用奶桶运输应用隔热材料遮盖。②容器内必须装满盖严，以防止在运输过程中因震荡而升温或溅出。③尽量缩短运输时间，中途少停留。④运输容器要严格消毒，避免在运输过程中污染。

6.4 成年母牛的饲养管理

成年母牛是指初次产犊后或30月龄以上尚未产犊的母牛，从第一次产犊开始，成年母牛周而复始地重复着产奶、干奶、配种、妊娠、产犊的生产周期。成年母牛的饲养管理直接关系到母牛产奶性能的高低和繁殖性能的好坏，进而影响奶牛生产的经济效益。

6.4.1 有关成年母牛饲养管理的几个基本概念

成年母牛的饲养管理是奶牛生产的核心，为了便于理解成年母牛的饲养管理，首先应掌握一些有关成年母牛的生理特点和饲养管理基本概念。

6.4.1.1 成年母牛生理及生产特点

奶牛是一种高生产能力的反刍家畜。一头体重 600 kg，年产奶 6 000 kg 的奶牛，若将产奶量换算成干物质（乳中干物质占 11%～12%），产奶一项所提供的畜产品就超过它自身体重；每产 1 kg 奶，就需有 500 kg 血液从心脏到乳房然后再回归心脏，同时也有大量的营养物质用于产奶，这构成了成母牛独特的生理特点。

(1)母牛分娩后在甲状腺素、促乳素和生长激素的作用下开始泌乳，直到干奶期（约 305 d）。在产奶中或每日或每月的产奶量变化有一定的规律。

(2)产后产奶量逐渐增加，在 6～8 周时达到泌乳高峰，维持一定时间后开始下降。到产后 200 d 左右，由于受妊娠的影响，产奶量进一步下降，直到干奶或停止泌乳。

(3)奶牛的产奶变化情况。并非每头泌乳牛均为平滑曲线，泌乳牛在泌乳期内，受到很多因素的影响，其产奶量的变化会呈曲线形。

(4)奶产量。从泌乳曲线中可以看出最高日（或月）产奶量，另外曲线下部，横纵坐标间的面积就是泌乳期的总产奶量。决定泌乳曲线形态的主要因素有两个，即最高日产奶量和泌乳持续性，见图 6-12。

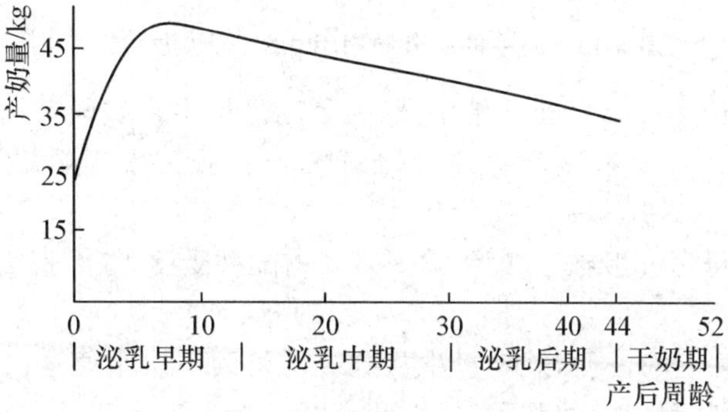

图 6-12 奶牛泌乳阶段的划分及泌乳曲线示意图

(5)奶牛产后泌乳期内食欲的恢复。在妊娠后期，胎儿增重迅速，胎儿在子宫内压迫胃肠，造成产后食欲不振。一般奶牛在产后 10～12 周才能达到干物质采食量的高峰，持续一段时间后，随妊娠进程又逐渐下降。这样干物质采食量的高峰期晚于产奶量高峰期 1 个月左右，奶牛会在泌乳初期出现营养负平衡，使体重下降，影响奶牛体况和配种。尤其是高产奶牛，这种矛盾越大，受到的影响更大。

养好成年母牛的关键是要熟悉其生产周期中每一个生理阶段的生产特点及主要任务。

干奶期：能量正平衡，不产奶，体重增加；任务是干奶保胎、防止过肥，为下一个泌乳期作准备。

围产期：能量由正平衡迅速变为负平衡，由不产奶到产奶，由妊娠变为空怀，生理机能被打乱。任务是保证奶牛母子平安,减少疾病。

泌乳盛期:能量负平衡,产奶达高峰,体重下降到低谷;任务是减少疾病,保证健康,夺取高产,抓好配种。

泌乳中期:能量平衡,日粮干物质摄入达高峰,奶量下降,体重渐恢复,任务是抓奶保胎。

泌乳后期:能量正平衡,奶量下降,体重增加。任务是恢复体质,促进胎儿发育。

6.4.1.2 泌乳周期

母牛第一次产犊后便进入了成年母牛的行列,开始了正常的周而复始生产周期。因为乳用母牛的主要生产性能是泌乳,所以它的生产周期是围绕着泌乳进行的,因而称泌乳周期。母牛的泌乳是一个繁殖性状,与配种、妊娠、产犊密切相关,并互相重叠。一个完整的泌乳周期包括如下几个过程,见图 6-13。

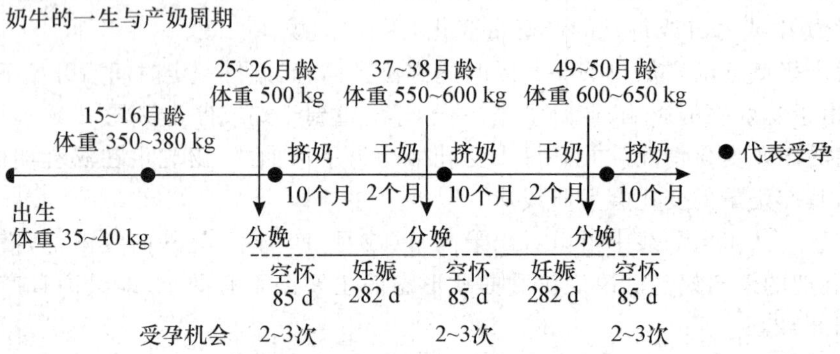

图 6-13 奶牛的泌乳周期示意图(曹兵海,2002)

泌乳-干奶-泌乳:母牛产犊后即开始泌乳,为了满足母牛在妊娠后期快速生长胎儿的营养需要,让母牛在产犊前 2 个月停止产奶(称为干奶),产犊后又重新泌乳,即在一年内母牛产奶 305 d,干奶 60 d。

配种-妊娠-产犊:母牛一般在产犊后 60～90 d 内配种受胎,妊娠期 280 d,从这次产犊到下次产犊相隔一年左右。

为了奶牛饲养管理上的方便,规定母牛从这次干奶到下次干奶这段时间称为一个泌乳周期,时间为一年左右。其间伴随着配种、妊娠和产犊。

1. 泌乳阶段的划分

奶牛的一个泌乳周期包括两个主要部分,即泌乳期(约 305 d)和干奶期(约 60 d)。在泌乳期中,奶牛的产奶量并不是固定的,而是呈一定的规律性变化,采食量,体重也呈一定的规律性变化,为了能根据这些变化规律进行科学的饲养管理,将泌乳期划分为 3 个不同的阶段,即泌乳早期,从产犊开始到第 100 天(0～15 d 为围产后期,16～100 d 为泌乳盛期);泌乳中期,从产后第 101 天到第 200 天;泌乳后期,从产后第 201 天到干奶,见图 6-12。

2. 泌乳曲线

奶牛在从产犊到干奶的整个泌乳过程中,产奶量呈一定规律性的变化,见图 6-12,以时间为横坐标,以产奶量为纵坐标,所得到的泌乳期奶牛产奶量随时间变化的曲线即为泌乳曲线,是反映奶牛泌乳情况既直观又方便的形式。

3. 母牛在整个泌乳周期中产奶量、采食量和体重的变化规律

母牛在整个泌乳周期中的产奶量、采食量和体重呈如下规律性的变化见图6-14。

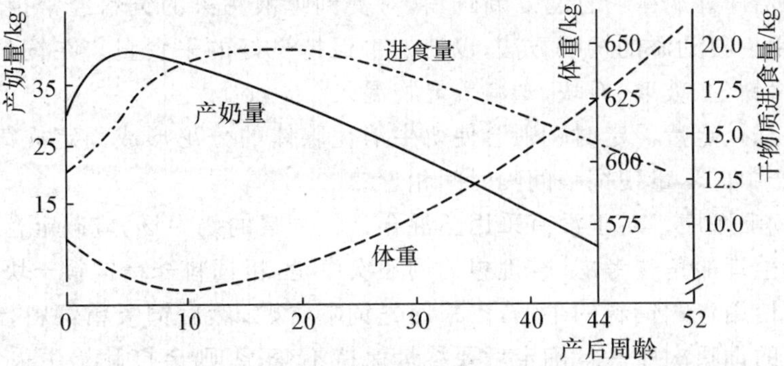

图6-14　母牛在整个泌乳周期中的产奶量、采食量和体重的变化曲线

(1)母牛产犊后产奶量迅速上升,至6～10周达到最高峰,以后逐渐下降,第3～6泌乳月下降2%～5%,以后直至干奶每月下降7%～8%。

(2)母牛产犊后采食量逐渐上升,产后6个月达到最高峰,以后逐渐下降,干奶后下降速度加快,临产前达到最低点。

(3)由于母牛产犊后产奶量迅速上升,但采食量的上升速度没有产奶量上升得快,食入的营养物质少于奶中排出的营养物质,造成体重下降。泌乳高峰过后,母牛产奶量开始下降,而采食量仍在上升,在产后3个月时采食的营养物质与奶中排出的营养物质基本平衡,体重下降停止。以后随着泌乳量的继续下降和采食量的继续上升,采食的营养物质超过奶中排出的营养物质,体重开始上升,在产后6～7个月体重恢复到产犊后的水平。以后母牛采食量虽然开始下降,但泌乳量下降较快,到第10泌乳月后干奶,因而体重仍继续上升,到产犊前达到体重的最高点。

6.4.1.3　成年母牛一般饲养管理原则

正确的饲养管理是维护奶牛健康,发挥泌乳潜力,保持正常繁殖机能的最基本工作。虽然在不同阶段有不同的饲养管理重点,但有许多基本的饲养管理技术在整个饲养期都应该遵守执行。合理的饲养技术可以为奶牛提供营养均衡的养分,维持良好的体况,提高泌乳量,改善饲料报酬,降低饲养成本,增加经济效益。

(1)分群饲养管理。就是将成年母牛按泌乳阶段分别集中管理,成年奶牛处在不同生理阶段,其消化代谢、营养需求都有所不同。所以,为了饲养管理的需要,成母牛的一个生产周期(一个胎次)又分为5个时期,分别是围产期、泌乳盛期、泌乳中期、泌乳后期、干奶期。奶牛场各阶段的奶牛应分群(槽)管理,合理安排挤奶、饲喂、饮水、清扫、休息等工作日程,作息时间不应轻易变动。严格执行兽医卫生制度,定期防疫,定期清扫消毒,夏天要防暑降温,冬天要防寒保暖。

(2)合理确定日粮。①根据瘤胃的生理特点,以干物质计算精粗饲料的比例保持45∶55[范围(40∶60)～(60∶40)]的合理精粗比例,切忌大量使用精饲料催奶。②选择合适的饲料原料，奶牛喜食青绿、多汁饲料和精饲料，其次为青干草和低水分青贮饲料，对低质秸秆等饲料的采食性差。青绿、多汁饲料由于体积较大，其喂量应有一定的限度。在以秸秆为主要粗饲料的日粮中，应将秸秆用揉搓机搓成丝状，并与精饲料或切碎的青绿、多汁饲料混合饲喂。③保持饲料的新鲜和洁净。奶牛习性喜欢新饲料，对受到唾液污染的饲料经常拒绝采食。饲喂日粮时，应尽量采用少喂勤添的饲喂方法，以使奶牛保持良好的采食量。在饲料原料的收割、加工过程中，避免将铁丝、玻璃、石块、塑料等异物混入。

(3)饲喂要定时、定量。定时饲喂会使奶牛消化腺体的分泌形成固定规律，有利于提高饲料的利用率，生产中应尽量使饲喂间隔时间相近。

(4)合理的饲喂顺序。对于没有采用全混合日粮饲喂的奶牛场，应确定合理的精粗饲料饲喂次序。从营养生理的角度考虑，较理想的饲喂次序是：粗饲料→精饲料→块根类多汁饲料→粗饲料。在大量使用青贮饲料的牛场，多采用先饲喂青贮，然后饲喂精饲料，最后饲喂优质牧草的方法。奶牛的饲喂次序一旦确定后要尽量保持不变，否则会打乱奶牛采食饲料的正常生理反应。

(5)保证充足、清洁、优质的饮水。加强运动，对于拴系饲养的奶牛，每天要进行 3 h 以上的户外运动；对于散养的奶牛，每天在运动场自由活动的时间不应少于 8 h。避免剧烈运动，特别是对于妊娠后期的母牛。

(6)肢蹄护理。四肢应经常护理，以防肢蹄疾病的发生。牛床、运动场以及其他活动场所应保持干燥、清洁，尤其奶牛的通道及运动场上不能有尖锐铁器和碎石等异物，以免伤蹄。并定期蹄浴，每年修蹄 2 次。肢蹄尽可能干刷，以保持清洁干燥，减少蹄病的发生。

(7)乳房护理。要保持乳房的清洁，经常按摩乳房，以促进乳腺细胞的发育。每次挤奶后要立即药浴乳头，利用干乳期预防和治疗乳房炎，并定期进行隐性乳房炎检测。

(8)刷拭牛体，奶牛每天应刷拭 2～3 次，保持皮肤清洁。

(9)做好观察和记录。饲养员每天要认真观察每头牛的精神、采食、粪便和发情状况，以便及时发现异常情况，并要做好详细记录。对可能患病的牛，要及时请兽医诊治；对于发情的牛，要及时请配种人员适时输精。对体弱、妊娠的牛，要给予特殊照顾，注意观察可能出现流产、早产等征兆，以便及时采取保胎等措施。发现采食或泌乳异常，要及时找出原因，并采取相关措施纠正。

6.4.2 干奶期母牛的饲养管理

干奶母牛是指在妊娠最后两个月停止泌乳的母牛，停奶后的妊娠母牛称干奶牛，干奶这段饲养期称为干奶期。干奶牛虽不产奶，但其饲养管理却十分重要，母牛干奶期饲养管理的成功与否直接关系到胎儿的正常发育和分娩及产后母牛的健康及生产性能的发挥，应予以高度重视。

6.4.2.1 干奶的意义与方法

为了保证母牛在妊娠后期体内胎儿的正常发育，为了使母牛在紧张的泌乳期后能有一段充分的休息时间，使其体况得以恢复，乳腺得以修补与更新，在母牛妊娠的最后两个月采用人为的方法使母牛停止泌乳，称为干奶。

1. 干奶的意义

母牛妊娠后期，胎儿生长速度加快，胎儿大于一半的体重是在妊娠最后两个月增长的，需要大量营养；随着妊娠后期胎儿的迅速增长，体积增大，占据腹腔，消化系统受压，消化能力降低；母牛经过10个月的泌乳期，各器官系统一直处于代谢的紧张状态，需要休息；母牛在泌乳早期会发生代谢负平衡，体重下降，需要恢复，并为下一泌乳期进行一定的储备；在10个月的泌乳期后，母牛的乳腺细胞需要一定时间进行修补与更新，并利用干奶期预防和治疗乳房炎。因此，母牛在紧张的泌乳期后，有一定的干奶时间，对胎儿的正常发育，对母牛自身的身体健康和下一泌乳期的稳定高产都是非常必要的。

2. 干奶期的天数

实践证明，干奶期以50～70 d为宜，平均为60 d，过长过短都不好。干奶期过短，达不到干奶的预期效果；干奶期过长，会造成母牛乳腺萎缩，同样会降低下一泌乳期的产奶量，见表6-18，表6-19。干奶期的长度应视母牛的具体情况而定，对于初产牛、年老牛、高产牛，体况较差的牛干奶期可适当延长一些(60～70 d)，对于产奶量较低的牛，体况较好的牛干奶期可适当缩短(50～60 d)。

表6-18 干奶期长度对母牛下一泌乳期产奶量的影响

干奶期长度/d	母牛下一泌乳期产奶量/kg
30	2 558
66～90	3 078
90以上	2 871

表6-19 干奶期长度对犊牛出生重的影响

干奶期长度/d	犊牛出生重/kg
30	24.1
30～44	26.5
45～74	28.9

3. 干奶方法

母牛在泌乳后期到干奶期时不会自动停止泌乳，为了使母牛停止泌乳，必须采取一定的措施，即干奶方法。干奶是一种比较复杂的技术，不但要根据母牛的泌乳生理规律，还要有丰富的实践经验。干奶时，可在配合采取控制精料、青绿饲料、多汁饲料的前提下，根据当时的产奶量实行①逐渐干奶法；②快速干奶法；③一次干奶法。

(1)逐渐干奶法。是一种安全、稳妥的方法。在预定干奶期前10～20 d，开始变更母牛饲料，减少青草、青贮、块根等青饲料及多汁饲料的喂量，多喂干草，停止按摩乳房，改变挤奶时间，减少挤奶次数，由每日三次改为每日两次，再由每日两次改为每日一次，由每日一次改为每两日一次，待日产奶量降至4～5 kg时停止挤奶，整个过程需10～20 d。逐渐干奶法所用时间长，母牛处于不正常的饲养管理条件时间长，会对胎儿的正常发育和母体健康产生一定的不良影响，但此法对于母牛的乳房较为安全，对技术要求较低，多用于高产奶牛。

(2)快速干奶法。快速干奶法的原理及所采取的措施与逐渐干奶法基本相同，只是进程较快，当母牛日产奶量降至8～10 kg时即停止挤奶，整个过程需4～7 d。快速干奶法所用时间短，对胎儿和母体本身影响小，但对母牛乳房的安全性较低，容易引起母牛乳房炎的发生，对干奶技术的要求较高，因而仅适用于中、低产量的母牛，对于高产牛、有乳房炎病史的牛不宜采用。

(3)一次(骤然)干奶法。在奶牛干奶日突然停止挤奶，乳房内存留的乳汁经4～10 d可以吸收完全，是目前较简单的干奶方法。根据预产期确定干奶日期后，在正常挤奶之后，充分按摩乳房，将奶挤净，在各乳头口注入干奶软膏5 g，停止挤奶。少数日产奶量仍很高的牛，在停挤2～3 d后再挤净奶，乳头中注入干奶软膏。在停奶当天开始减喂糟渣、根茎类饲料和精饲料，4～5 d减到干奶期的喂量。

(4)最后一次挤奶。不论哪种干奶法，每次挤奶都应把奶挤干净，特别是最后一次更应挤得非常彻底。然后用1%的碘伏浸泡乳头进行消毒，再往每个乳头内分别注入干奶药或其他干奶针。注完药后再用1%碘伏浸泡乳头，防止细菌由此侵入乳房引起乳房炎。

(5)异常情况的处理。在停止挤奶后的3～4 d内应密切注意干奶牛乳房的情况。在停止挤奶后，母牛的泌乳活动并未完全停止，因此乳房内还会聚集一定量的乳汁，使乳房出现肿胀现象，这是正常的，千万不要按摩乳房和挤奶，几天后乳房内乳汁会被吸收，肿胀萎缩，干奶即告成功。但如果乳房肿胀不消且变硬，发红，有痛感或出现滴奶现象，说明干奶失败，应把奶挤出，重新实施干奶措施进行干奶。

(6)干奶后护理。干奶后，认真观察母牛乳房变化，正常情况下，前2～3 d乳房明显肿胀，3～5 d后奶逐渐被吸收，3～10 d乳房明显变小。乳房内部组织变松软，说明已停奶，若有肿胀等症状要再次挤净、注药，防止乳房胀坏。

干奶后注意观察乳房的变化：正常情况下，停止挤奶后的7～10 d内，泌乳功能基本停止，乳房逐渐发生萎缩，因而看到乳房基底部空虚松弛，残存在乳房内的少量乳汁被吸收，整个乳房进一步萎缩。当干奶后1周左右乳房不仅不萎缩反而肿胀发红，触诊有疼痛反应时应引起注意。必要时将积存的乳汁重新挤出，对于伴有炎症的要及时治疗。

干奶前还有两项重要的工作，一是要验胎，确保有孕；避免因初次验胎的失误导致奶牛长期空怀；二是必须进行隐性乳房炎检测，干奶期是治疗隐性乳房炎的最佳时期。

6.4.2.2 干奶牛的饲养

干奶期饲养管理的目标：使母牛利用较短的时间安全停止泌乳；使胎儿得到充分发育，正常分娩；母牛身体健康，并有适当增重，储备一定量的营养物质以供产犊后泌乳之用；使母牛保持一定的食欲和消化能力，为产犊后大量采食作准备；使母牛乳房得到休息和恢复，为产后泌乳做好准备。根据干奶牛的生理特点和干奶期饲养目标，干奶期的饲养分为两个阶段，即干奶前期的饲养和干奶后期的饲养。干奶牛宜从泌乳牛群分出，单独饲养，日粮以青粗饲料为主。

1. 干奶前期的饲养

干奶前期指从干奶之日起至泌乳活动完全停止、乳房恢复正常为止。此期的饲养目标是尽早使母牛停止泌乳活动，乳房恢复正常，饲养原则为在满足母牛营养需要的前提下不用青绿多汁饲料和副料(啤酒糟、豆腐渣等)，而以粗饲料为主，搭配一定精料。

2. 干奶后期的饲养

干奶后期指从母牛泌乳活动完全停止，乳房恢复正常开始到分娩。此期是完成干奶期饲养目标的主要阶段。饲养原则为母牛应有适当增重，使其在分娩前体况达到中等程度。日粮仍以粗饲料为主，搭配一定精料。精料给量视母牛体况而定，体瘦者多些，胖者少些。在分娩前6周开始增加精料给量，体况差的牛早些，体况好的牛晚些，每头牛每周酌情增加0.5～1.5 kg，视母牛体况、食欲而定，其原则为使母牛日增重在500～600 g之间。全干奶期增重30～36 kg。

3. 干奶期母牛饲养过肥的后果

干奶期母牛饲养绝对不能过肥，否则会造成如下严重后果：母牛难产，并影响以后的繁殖机能，产后不能正常发情与受胎；母牛产后食欲不佳，消化机能差，采食量低，体脂动用过快，导致酮病的发生；易导致乳房炎，进而乳房变形，给挤奶造成困难。

4. 干奶期母牛日粮

干奶期母牛日粮营养成分见表 6-20。为防止母牛皱胃变位和消化机能失调，每日每头牛应喂给 2.5～4.5 kg 长干草。

表 6-20 干奶期母牛日粮营养成分

项目	含量	项目	含量
干物质采食量	体重的 1.5%	钙	0.4%～0.6%
粗蛋白质	10%～11%	磷	0.3%～0.4%
产奶净能	1.4 NND/kg	食盐	0.3%

注意胡萝卜素的补充。

5. 产后瘫痪的预防

产后瘫痪又称产乳热，是奶牛常见的代谢病，多由钙磷代谢障碍所引起。母牛在妊娠后期和产奶初期消化机能较差，采食量低，对钙磷的消化吸收能力减弱，母牛分娩后即开始大量泌乳，由乳中分泌出的钙量大大高于从消化道吸收的钙量，造成钙的负平衡。如果此时母牛甲状旁腺机能较弱，甲状旁腺素分泌较少，不能从骨骼中及时动员出足够的钙，则会导致血钙水平降低，发生产后瘫痪。

预防方法为最迟从产犊前两周开始给母牛饲喂低钙高磷日粮和阴离子盐日粮，每天每 100 kg 体重给钙量不超过 6～8 g，日粮钙磷比例为(1.5～1)：1。这样可增强母牛甲状旁腺机能，增加母牛甲状旁腺素分泌量，使母牛提高从消化道吸收钙和从骨骼中动员钙的能力，使其血钙不至于因为产后泌乳而严重下降。母牛产后立即增加日粮钙的供给，同时给母牛灌服糖钙制剂或进行糖钙疗法。

6.4.2.3 干奶期的管理

干奶牛的管理应注意如下几个方面：①加强户外运动，以防止肢蹄病和难产，并可促进维生素 D 的合成，以防止产后瘫痪的发生；②避免剧烈运动以防止机械性流产；③冬季饮水水温应在 15℃以上，不饮冰冻的水，不喂腐败发霉变质的饲料，以防止流产；④母牛妊娠期皮肤代谢旺盛，易生皮垢，因而要加强刷拭，促进血液循环；⑤加强干奶牛舍及运动场的环境卫生，有利于防止乳房炎的发生。

6.4.3 围产期的饲养管理

围产期是指奶牛临产前 15 d 到产后 15 d 这段时期，也可适当缩短或延长 1 周。按传统的划分方法，临产前 15 d 属于干奶期，产后 15 d 属于泌乳早期。之所以在饲养管理上将围产期单独划分出来，是由于此期饲养管理的特殊性及重要性，奶牛的围产期是一个多事之秋，奶牛围产期疾病属多因子病，既有生理变化、遗传方面的因素，又有饲养管理及环境卫生等原因。

围产期饲养管理的好坏直接关系到犊牛的正常分娩、母体的健康及产后生产性能的发挥和繁殖表现。因此在围产期除应注意干奶期和泌乳早期一般的饲养管理原则下，还应做好一些特殊的工作。

6.4.3.1 围产前期的饲养管理

围产前期指母牛临产前15 d，其饲养管理应注意以下几方面。

(1)预产期前15 d母牛应转入产房，单独进行饲养管理，产房预先打扫干净，用2%火碱或20%的石灰水喷洒消毒，铺上干净而柔软的褥草，并建立常规的消毒制度；进行产前检查，随时注意观察临产征候的出现，作好接产准备。

(2)母牛临产前一周会发生乳房膨胀、水肿，如果情况严重应减少糟粕料的供给；临产前2～3 d日粮中适量添加麦麸以增加饲料的轻泻性，并给予优质干草让其自由采食，防止便秘；发现母牛有临产症状时，助产员用0.1%高锰酸钾溶液洗涤外阴部和臀部附近，并擦干，铺好垫草，任其自然产出。

(3)日粮中适当补充维生素A、维生素D、维生素E和微量元素，对产后子宫的恢复，提高产后配种受胎率，降低乳房炎发病率，提高产奶量具有良好作用。

6.4.3.2 分娩期饲养管理

母牛分娩必须保持安静，并尽量使其自然分娩。一般从阵痛开始需1～4 h，犊牛即可顺利产出。如果努责无力或发现异常，应进行人工助产。母牛分娩使其左侧躺卧，以免胎儿受瘤胃压迫产出困难。母牛分娩后稍事休息(20～30 min)立即驱起，以免流血过多，喂饮温热麸皮盐钙汤10～20 kg(麸皮1 kg、食盐100 g、碳酸钙100 g，有条件可加250 g益母草膏、红糖1 kg)，对高产个体，可以补“三高”(高钙、高糖、高盐)，以利母牛恢复体力和胎衣排出，产后0.5～1 h内进行第一次挤奶。

6.4.3.3 接产与助产

对母牛的接产与助产十分重要，如果此工作做得好，胎儿可顺利产出，母子平安，对母牛以后的泌乳和繁殖性能均无不良影响。如果此工作做得不好，胎儿和母牛均会有生命危险，造成产道、子宫炎症或损伤，影响产奶和以后的繁殖性能，应予充分重视。

1. 接产准备

接产的准备包括：①母牛分娩应在专门产房进行，产房环境安静，便于消毒和接产操作，地面防滑；②准备好接产、助产用具及药品，包括消毒液、助产绳、医用剪刀，开膣器、调滑液等，用具要充分消毒；③接产人员昼夜值班，并与兽医取得联系。

2. 母牛临产征兆

母牛的临产征兆为：①从临产前1周开始，乳房出现水肿，并随临产的接近水肿加剧；②从临产前1周开始，尾根两侧柔软松弛，并随临产的接近尾根两侧下陷；③外阴部肿胀松弛，分娩前2～3 d子宫颈栓开始排出，腹部下垂；④临产前1～2 d母牛体温稍有上升，分娩前下降；⑤母牛子宫颈口开张并逐渐变大。出现努责阵痛，间隔时间逐渐缩短，随之出现破水，说明分娩过程已经开始。

3. 接产与助产

对母牛的接产与助产包括:①在外阴部见到胎膜后应进行胎位检查,如胎位正常(前肢和头部在前)可不必助产,使其自行产出。如胎位不正,要对胎位进行校正,先将胎儿推回子宫,校正为正常胎位。②在见到胎膜和前肢后经1 h以上胎儿仍不能正常产出时要进行助产,方法是用产科绳拴住胎儿前肢球关节以上部位,用人拉住产科绳慢慢进行牵引,牵引时注意与母牛的努责相互配合,牵引方向应与产道方向相一致,并护助母牛阴门,防止阴门撕裂。一鼓作气,将胎儿拉出;遇其他异常情况如难产等应由兽医处理。③在胎儿产出后5～6 h胎衣应该排出,应仔细观察完整情况,如胎儿产出后12 h以上胎衣尚未完全排出,应请兽医处理。④如胎儿产出后母牛仍进行努责,则有双胎的可能,即尚有一胎儿未产出,应做好下一胎儿的接生准备。

6.4.3.4 围产后期的饲养管理

围产后期指母牛产后15 d内,其饲养管理应注意如下几个方面。

(1)产后母牛消化机能较差,食欲不佳,因而产后第一天仍按产前日粮饲喂,从产后第二天起可根据母牛健康状况及食欲每日增加0.5～1.5 kg精料,并注意饲料的适口性。控制青贮、块根、多汁料的供给;母牛产后2 d内应以优质干草为主,适当补喂易消化的精料,如玉米、麸皮,并恢复钙在日粮中的水平和食盐的含量。

(2)母牛产后应立即挤初乳饲喂犊牛,但由于母牛乳房水肿尚未恢复,体力较弱,第一天只挤出够犊牛吃的奶量即可,第二天挤出乳房内奶的1/3,第三天挤出1/2,从第四天起可全部挤完。每次挤奶前应对乳房进行热敷和轻度按摩。

(3)注意母牛外阴部的消毒和环境的清洁干燥,防止产褥疾病的发生;加强母牛产后的监护,注意恶露的排出量和颜色,尤为注意胎衣的排出与否及完整程度,以便及时处理;夏季注意产房的通风与降温,冬季注意产房的保温与换气,应坚持饮温水,水温37～38℃。

6.4.4 泌乳牛饲养管理

泌乳牛是指处于泌乳期内的奶牛。对泌乳牛的饲养管理是一项细致的工作,应根据不同个体的特点、习性、泌乳阶段进行饲养与管理。饲料的选择尽量多种多样,按奶牛饲养标准要求合理配合日粮,保证营养供给,奶牛的日粮组成不要突然改变,应逐渐变换,以免引起消化道疾病。此外,不能用有特殊气味的饲料饲喂奶牛以免使牛奶出现不良气味。

6.4.4.1 泌乳早期的饲养管理

泌乳早期的饲养是整个泌乳期饲养的关键,不但关系到母牛整个泌乳期的产奶量,还关系到母牛自身的健康,代谢病的发生与否及产后的正常发情与受胎。泌乳早期的饲养又是整个泌乳期饲养中最复杂、最困难的时期,必须加以高度重视。

1. 泌乳早期的生理特点及饲养目标

泌乳早期又称升乳期或泌乳盛期,此期母牛乳房水肿消失,代谢强度逐渐提高,产奶量由低到高迅速上升,并达到高峰,是整个泌乳期中产奶量最高的阶段,此期饲养效果的好坏直接关系到整个泌乳期产奶量的高低。

泌乳盛期是饲养难度最大的阶段,因为母牛的消化能力和食欲处于恢复时期,采食量由低到高逐渐上升，但是上升的速度赶不上产奶量的上升速度，牛奶中分泌的营养物质高于采食的营养物质，母牛须动员体贮进行泌乳，处于代谢负平衡，体重下降，导致母牛体重骤减。如果此时动用体脂过多，在糖不足和糖代谢障碍的情况下，脂肪氧化不完全，极易暴发酮病，结果使奶牛食欲减退、产奶量猛降，如不及时治疗对牛体损害极大。另外正常母牛在产犊大约两个月之后开始发情，第三个月时再次配种，此时如果营养负平衡问题严重，将会导致体重下降过快，代谢失常，从而会使配种延迟，繁殖率下降。

此期的饲养目标是尽快使母牛恢复消化机能和食欲，千方百计提高其采食量，缩小采食营养物质与牛奶中分泌营养物质之间的差距。在提高母牛产奶量的同时，力争使母牛减重达到最小，避免由于过度减重所引发的酮病。把母牛减重控制在 0.5～0.6 kg/d，全期减重不超过 35～40 kg。

2. 泌乳早期的饲养方法

产后第一天按产前日粮饲喂，第二天开始每日每头牛增加 0.5～1.0 kg 精料，2～3 d 后每日每天增加 0.5～1.5 kg 精料，只要产奶量继续上升，精料给量就继续增加，直到产奶量不再上升为止，泌乳早期奶牛日粮营养成分见表 6-21，生产上采用的饲养方法有预付饲养法、引导饲养法等，其核心是“料追奶”或“奶追料”。

表 6-21 泌乳早期日粮营养成分

日产奶量/kg	干物质采食量/体重/%	产奶净能/(NND/kg)	粗纤维/%	粗蛋白质/%	Ca/%	P/%
30	≥3.5	2.2～2.4	16～20	14～16	0.8～0.9	0.40～0.6
40	≥3.5	2.4～2.6	16～20	16～20	0.9～1.0	0.66～0.7

(1)预付饲养法。其方法是从奶牛分娩后 15～20 d 开始，在吃足粗饲料、青贮饲料和青绿、多汁饲料的前提下，以满足维持和泌乳实际营养需要的饲料量为基础，每天再增加 1.0～1.5 kg 混合精料，作为奶牛每天的实际饲料供给量。在整个泌乳盛期，精饲料的喂量随着泌乳量的增加而增加，始终保持 1.0～1.5 kg 的“预付”，直到产奶量不再增加为止。采取预付饲养法的时间不能过早，以分娩后奶牛的体质基本康复为前提，否则，容易导致各种消化道疾病。采用预付饲养法对一般产奶母牛增产效果比较理想，可以充分发挥奶牛的泌乳潜力，减轻体况下降的程度。

(2)引导饲养法。引导饲养法又称挑战饲养法。从产前 2 周开始，增加精饲料喂量，最初 1 d 约喂给 1.8 kg 精料，以后每天增加 0.45～0.5 kg。直到奶牛每 100 kg 体重采食 1.0～1.5 kg 精料为止。奶牛产犊后，继续按每天 0.45 kg 增加精料，直到产奶高峰，等泌乳高峰过后，再按泌乳量、乳脂率和体重等调整精料喂量。采取引导饲养法可以有效减少酮血症的发病率，有助于维持体重和提高产乳量。在实施引导饲养的过程中，必须始终保证优质饲草的供给，任其自由采食，并给予充足、清洁的饮水，同时，引导饲养法所饲喂的精料(谷物)必须是粗磨或压扁的，不宜磨成粉状，否则易引起消化机能障碍。该方法仅对高产奶牛有效，对患隐性乳房炎的奶牛和低产奶牛则不宜应用。

3. 泌乳早期的管理措施

泌乳早期为尽快安全地达到产奶高峰，减少体内能量的负平衡，泌乳早期应采取如下管理措施：①多喂优质干草，最好在运动场中自由采食。青贮水分不要过高，否则应限量。干草采食不足可导致瘤胃中毒和乳脂率下降；②提高饲料能量浓度，必要时可在精料中加入过瘤胃脂肪，在日粮配合中增加非降解蛋白的比例，日粮精粗比例可达(60∶40)～(65∶35)；为防止高精料日粮可能造成的瘤胃 pH 下降，可在日粮中加入适量的碳酸氢钠和氧化镁；增加饲喂次数，由一般的每日 3 次增加到每日 5～6 次；③及时配种，一般奶牛产后 1 个月左右，其生殖道基本康复、净化，随之开始发情。此时应详细做好记录，在随后的 1～2 个情期，即可抓紧配种。对产后 45～60 d 尚未出现发情征候的奶牛，应及时进行健康、营养和生殖道系统的检查，发现问题，尽早解决。

6.4.4.2　泌乳中期的饲养管理

泌乳中期又称泌乳平稳期，此期母牛的产奶量已经达到高峰并开始下降，而奶牛食欲旺盛，采食量则仍在上升，此期母牛采食量达高峰，采食营养物质与牛奶中排出的营养物质基本平衡，体重不再下降，保持相对稳定，在正常情况下，多数奶牛处于妊娠早、中期。此期饲养目标为尽量使母牛产奶量维持在较高水平，下降不要太快。

饲养方法上可尽量维持泌乳早期的干物质采食量，或稍微有些下降，而以降低饲料的精粗比例和降低日粮的能量浓度来调节采食的营养物质量，日粮的精粗比例可降至 50∶50 或更低，饲养上采取加大青粗饲料喂量，逐渐减少精料。这样可增进母牛健康，同时降低饲养成本，泌乳中期奶牛日粮营养成分要求见表 6-22。

表 6-22　泌乳中期日粮营养成分

日产奶量/kg	(干物质采食量/体重)/%	产奶净能/(NND/kg)	粗纤维/%	粗蛋白质/%	Ca/%	P/%
30	2.5～3.5	2.2	18～20	12～14	0.8	0.6
40	3.0～3.5	2.4	18～20	14～16	0.8	0.6

6.4.4.3　泌乳后期的饲养

泌乳后期母牛的产奶量在泌乳中期的基础上继续下降，且下降速度加快，采食量达到高峰后开始下降，采食的营养物质超过牛奶中分泌的营养物质，代谢为正平衡，体重增加。

此期饲养目的除阻止产奶量下降过快外，要保证胎儿正常发育，并使母牛有一定的营养物质贮备，以备下一个泌乳早期使用，但不宜过肥，按时进行干奶。其理想的总增重为 98 kg 左右，平均日增重 0.635 kg，在饲养上可进一步调低日粮的精粗比例，达 30∶70～40∶60 即可，具体泌乳后期奶牛日粮营养要求见表 6-23。

表 6-23　泌乳后期日粮营养成分

采食量/体重/%	产奶净能/(NND/kg)	粗纤维/%	粗蛋白质/%	Ca/%	P/%
2.5～3.0	1.9～2.2	18～20	12～14	0.7～0.9	0.5～0.6

6.4.4.4　母牛在整个泌乳周期中理想的体重变化模式及能量供需平衡

母牛泌乳的最初 70 d，平均每天损失体贮 10.13 MJ 产奶净能，减重 0.5 kg，全期减重 35 kg，见表 6-24。母牛在泌乳第 71～140 天采食营养物质与奶中分泌的营养物质相平衡，体重不增不减。母牛在泌乳第 141～210 天，平均每天沉积产奶净能 12.55 MJ，增重 0.5 kg，全期增重 35 kg,体重恢复到刚产完犊的水平。母牛在泌乳第 211～280 天平均每天沉积产奶净能 12.55 MJ,增重 0.5 kg,全期增重 35 kg,与刚产完犊时的体重相比,体重增加了 35 kg。母牛泌乳第 281～305 天,平均每日沉积产奶净能 18.83 MJ,增量 0.75 kg,全期增重 18 kg,与刚产完犊相比,体重增加了 53 kg。母牛在干奶期平均每日沉积产奶净能 10.04～14.23 MJ,增重 0.5 kg,全期增重 30 kg,与刚产完犊相比,体重增加了 83 kg。在整个泌乳周期中,母牛共增加体重 118 kg,其中有 35 kg 是恢复泌乳早期丢失的体重,83 kg 是胎儿与母体胎盘及胎水的增长,此 83 kg 体重在下次分娩时失去,见表 6-24。

表 6-24 母牛在整个泌乳周期中理想的体重变化模式及能量供需平衡

泌乳天数	体重变化/(kg/d)	全期体重变化/kg	能量平衡(产奶净能)/(MJ/d)	累积的体重变化/kg
1～70	−0.5	−35	−24.18	−35
71～140	0	0	0	−35
141～210	0.5	35	52.72	0
211～280	0.5	35	52.72	35
281～305	0.75	18	78.66	53
干奶期	0.5	30	41.84～59.41	83

6.4.4.5 泌乳母牛的管理

泌乳母牛的管理应注意如下几个方面。

(1)母牛产犊后应密切注意其子宫的恢复情况,如发现炎症及时治疗,以免影响产后的发情与受胎;母牛在产犊 2 个月后如有正常发情即可配种,应密切观察发情情况,如发情不正常要及时处理。

(2)母牛在泌乳早期要密切注意其对饲料的消化情况,因此时采食精料较多,易发生消化代谢疾病,尤其注意瘤胃弛缓、酸中毒、酮病、乳房炎和产后瘫痪的监控。

(3)加强母牛的户外运动和刷拭,并给母牛提供一个良好的生活环境,冬季注意保温,夏季注意防暑和防蚊蝇;供给母牛足够量的清洁饮水;怀孕后期注意保胎,防止流产。

6.4.5 高温季节奶牛的饲养管理要点

奶牛耐寒不耐热,荷斯坦牛最适宜的气温是 10～16℃,在炎热的夏季,如外界气温在 26℃、湿度为 85%以上的环境下,奶牛表现呼吸加快,体温升高,散热量减少,食欲下降,产奶量降低,生理代谢紊乱,给生产带来很大损失。当气温从 25.9℃上升到 28.6℃时,奶牛标准奶产量下降 25.4%。所以,改善高温季节的饲养管理就成为提高全年产奶量的一条重要途径。

6.4.5.1 热应激对奶牛的影响

热应激对奶牛的健康、产奶量、乳脂率、繁殖率以及犊牛的初生重均引起显著的影响。

1. 热应激对奶牛采食量的影响

外界环境温度的高低直接影响奶牛的采食量。外界温度升高引起的热应激往往导致奶牛采食量下降。奶牛在 22～25℃时采食量开始下降,30℃以上时明显下降,40℃时采食量不会超过 18～20℃时的 60%,40℃以上时有的不耐热品种将停止采食。

奶牛在热应激时,体内的甲状腺激素 T3、T4 分泌量大幅度下降,体内的 T3、T4 变少,影响胃肠蠕动,延长食糜在胃肠存留时间,使胃肠充盈,通过胃壁上的胃伸张感受器作用于下丘脑厌食中枢,反馈回来即减少采量。同时温度可直接通过温度感觉器作用下丘脑的厌食中枢,然后反馈回来抑制采食;温度升高时,奶牛散热加强,流经全身皮肤表面的血量增加,使消化道内充盈,易导致胃的紧张度升高,从而抑制采食。温度升高,奶牛为了减少热增耗而减少采食量;温度升高使奶牛饮水量急剧增加,从而相应减少采食量。

2. 热应激对奶牛产奶量的影响

在热应激情况下,机体需动员机能克服不良作用,使促乳素和 T3、T4 分泌量下降,抑制了排乳反射,导致产奶量下降。

3. 热应激对繁殖率的影响

奶牛虽为全年发情的动物,但其发情仍受不同程度的季节因素影响。奶牛春秋季配种受胎率最高,夏季最低,其原因为,奶牛卵细胞的分化、发育、受精卵着床、分娩,性机能及第二性征的表现,都可能受到热应激的干扰而出现障碍。在热应激情况下,促肾上腺皮质素(ACTH)大量分泌干扰垂体前叶其他激素(FSH、LTH、LH)的分泌,从而导致生长母牛性腺发育不全,成年母牛卵子生成和发育受阻。热应激使精子与卵子的受精率下降。奶牛情期缩短,发情表现不明显或乏情,影响适时配种,从而降低受胎率。在配种后胚胎着床期易引起胚胎吸收、流产等现象。

4. 热应激对血液中某些生化指标的影响

热应激可显著降低奶牛血清中 γ-球蛋白含量,导致机体免疫力减弱。夏季奶牛乳房炎发生率较高,热应激可引起血钙含量明显下降,其原因之一是奶牛采食量减少,钙摄入量不足,血钙浓度下降,导致缺钙症。

6.4.5.2　高温季节降温防暑的主要措施

奶牛高温季节饲养管理的原则应以降温防暑为主,把高温的不良影响减少到最小限度。

1. 满足营养需要

据测定,气温每升高 1℃需要消耗 3%的维持能量,即在炎热季节消耗能量比冬季大(冬季每降低 1℃需增加 1.2%维持能量),所以高温季节要增加日粮营养浓度。饲料中含能量、粗蛋白质等营养物质要多一些,但也不能过高,还要保证一定的粗纤维含量(15%～17%),以保证正常的消化机能。如果平时喂精料 4 kg,夏季可增加到 4.4 kg;平时喂豆粕占混合料的 20%,夏天可增加到 25%。

2. 热应激下如何配合日粮

环境温度为 30℃与 20℃相比,采食量下降约 11%,营养需要量提高约 11%。以奶牛体重 550 kg,日产奶 20 kg,乳脂率 3.8%为例,按奶牛饲养标准营养需要为:能量约 33 NND(12.9+20),小肠蛋白质 1 224 g(47×20+284),或可消化粗蛋白质 1 441 g(55×20+341),干物质采食量 16 kg(0.45×20+7.0)。

下面举例说明如何以需要量配合日粮。每千克日粮含 2.06 NND(33/16),可消化粗蛋白质为 90 g(1 441/16),相当于粗蛋白质为 12.9%(90/700×100%)。

配合日粮时一般认为加 10%安全量比较合适。这样,能量在 33 NND 基础上增加 10%即是 36.3 NND；相应小肠蛋白质或消化粗蛋白质分别为 1 346 g(1 224×1.1)或 1 585 g(1 441×1.1)；干物质采食量仍按 16 kg 计，每千克日粮含 2.27 NND(36.3/16)；可消化粗蛋白质为 99 g(1 585/16)，相当于粗蛋白质为 14.1%(99/700×100%)。

实际上，气温在 30℃的营养需要(增加 11%)为 36.6 NND，小肠蛋白质量为 1 359 g(1 224×1.11)，或可消化粗蛋白质为 1 600 g(1 441×1.11))，干物质采食量为 14.2 kg(16－16×11%)，每千克日粮含 2.57 NND(36.6/14.2)，可消化粗蛋白质 112.7 g(1 600/14.2)，相当于粗蛋白质为 16.1%(112.7/700×100%)，营养浓度增加 13.2%[(0.3/2.27×100%)或(112.7－99)/99×100%]；钙、磷、常量元素(钠、钾、镁、硫、氯)、微量元素、维生素需要量增加的幅度可能会更大。

3. 可以缓解热应激的营养性和非营养性物质

抗应激添加剂一般分为两类，即添加剂和电解质平衡缓冲剂。主要有营养性添加剂，如核黄素、尼克酸、泛酸、生物素、维生素 B_{12}、镁、钾、锌等；具有抗氧化作用的添加剂，如维生素 C、维生素 E、维生素 A 以及微量元素硒等；以及其他添加剂，如有机铬制剂、烟酸、异位酸、酵母、酵母培养物、瘤胃素等。电解质平衡缓冲剂包括瘤胃缓冲剂和调节体内电解质平衡的电解质。瘤胃缓冲剂一般常用 $NaHCO_3$ 和 MgO，可维持正常瘤胃 pH。电解质平衡缓冲剂有氯化钾、氯化铵、$NaHCO_3$、人工盐等。

4. 缓解热应激的措施

奶牛一旦发生热应激，可给养殖户带来不可预料的经济损失，因此，必须采取综合措施避免或减轻奶牛热应激的发生。有 3 种最基本的管理措施可以减轻热应激对奶牛的影响：①改善奶牛的生存环境；②从遗传的角度来降低繁殖对热的敏感程度；③采用适当的营养管理程序。

(1)改善牛舍和牧场环境。牛舍应建造在通风良好处，屋顶应装气楼，促进牛舍热量和水分的排出。采用绝热性能好的材料建造屋顶或增设顶棚，以减少辐射热。牛舍和运动场周围植树种草，减少日光辐射，防止热气进入牛舍，改善牛场小气候。但植树不宜过密，否则影响通风。

①凉棚。研究表明低产奶牛在无凉棚与有凉棚相比，更易出现碱中毒，采食量下降 20%，产奶量下降 12%。简易凉棚可减少 30%的太阳辐射热。凉棚以较高为宜(如 5 m)，一方面便于通风，另一方面也减少了棚顶对奶牛的热辐射。顶棚所选用的材料应有良好的隔热性能且辐射系数小，也可通过在其表面涂刷反射率高的油漆或设置中间留有空隙的双层板结构以降低棚顶对辐射热的吸收。同时，顶棚的角度、结构及凉棚朝向也应考虑，顶棚以钟楼式或倾斜式(18°～22°)为宜，其有助于热气流向上流动，但倾斜度不宜小于 18°，否则，空气流动受阻，造成夏季室温增高。此外，凉棚朝向应考虑夏季主风向和太阳入射角。

②空气的蒸发冷却。经特殊设计的喷雾或雾化装置固定在棚顶，可向棚内的奶牛吹洒冷风或雾，水分蒸发，吸收空气中的热量，进而将空气冷却。冷却效果与空气湿度成反比，这种方法比较适合于北方气候干燥的环境，在美国西南部和中东国家的许多奶牛场都采用这种方法来达到降温目的。

③风扇和喷淋降温。通过蒸发湿被毛层中的水分，带走体表热量，从而达到降温目的，包括的主要设施为风扇和喷淋装置，如图 6-15，图 6-16 所示。

图 6-15　牛舍的风扇和喷淋装置

图 6-16　挤奶厅的风扇降温装置

（2）改善饲喂技术。通过调整、改善饲料结构和饲喂技术，尽量减少采食量的下降，奶牛在22～25℃时采食量开始下降，30℃以上时明显下降，下降幅度高达40%以上；因此增强奶牛食欲是夏季饲养的重要措施，增加供给优质粗料和适口性好、易消化的饲料（如苜蓿干草、胡萝卜、甜菜渣等）可提高采食量。夏季日粮浓度要求高，体积要小，可以通过提高过瘤胃蛋白的比例（占粗蛋白质的35%～38%），添加过瘤胃脂肪、整粒棉籽等特定饲料提高日粮浓度（日粮中脂肪含量达5%～7%）。

在饲喂方法上要少喂勤添，夏季精料每天多喂1次，也可采用TMR饲喂技术，要防止饲料在料槽里堆积发酵酸败变质。

在饲喂时间上，选择一天温度相对较低的夜间增加饲料喂量，从晚上8点到第二天早上8点期间饲喂量可占整个日粮的60%～70%。

在炎热的夏季，由于呼吸系统和排汗的增加，常常会引起矿物质不足，应增加钙、磷、镁、钠、钾等的饲喂量，钾可增加到日粮干物质的1.3%～1.5%、钠0.5%、镁0.3%，如夏季日粮中每天每头增加碳酸钾100～115 g，可使奶牛热应激导致的影响降低到最低程度。

保证干净充足的清凉饮水，并增加饮水位距，水温10～15℃效果最佳。

（3）其他措施。要重视挤奶厅、待挤厅防暑降温措施的落实，见图6-16，夏季高产牛舍应降低饲养密度，增加空气流通，及时清除粪尿。保持牛体和牛舍环境卫生，牛舍不干净，最容易污染牛体，这既影响牛体皮肤正常代谢，有碍牛体健康，又严重影响牛奶卫生。夏天经常刷拭牛体，有利于体热散失。夏天蚊蝇多，不仅干扰奶牛休息，还容易传染疾病，可用1%～1.5%灭害灵药水喷洒牛舍及其环境。做好预防乳房炎、子宫炎、腐蹄病、饲料中毒的措施，坚持挤奶前后乳头药浴；母牛产后15 d，检查一次生殖器官，发现问题及时治疗；坚持刷洗牛蹄，每隔1～2周蹄浴1次；每天清洗饲槽。

6.5　奶牛疾病的控制与牛群保健

随着奶产量的提高，奶牛对饲养管理条件的要求也日趋严格。各种外部条件及饲养管理水平的好坏直接关系到奶牛的健康，而一些疾病的直接原因即是饲养管理的不当。奶牛疾病发生因素多而复杂。但归结起来有传染性、侵袭性和饲养管理性，前者是特定的病原（病原微生物及寄生虫）引起，奶牛的非传染性疾病（普通病）多是饲养管理性所引起的疾病。

6.5.1 奶牛疾病的控制

奶牛泌乳引起奶牛全身系统的变化，包括发情、配种、妊娠、分娩。妊娠、分娩与泌乳是相互联系的，也是奶牛正常的生理机能。在完成正常生理活动过程中，奶牛本身、胎儿发育、泌乳都需要消耗能量。从某种意义来讲，母牛是物质转换机器，而母牛所需的营养物质完全依赖于人，因此，任何饲养与管理的失误，均可引起母牛全身的变化，甚至发生疾病。

6.5.1.1 奶牛普通疾病发生因素

饲养管理条件是奶牛赖以生存的根本条件。奶牛特别是高产奶牛，在长期培育过程中，已形成了具有产奶量高、泌乳曲线上升顶峰时间快、泌乳高峰持续时间长、泌乳高峰后产奶量下降缓慢、新陈代谢旺盛、采食量大、饲料转化率高、对外界环境和饲料反应快的特点，故对饲养管理条件要求严格。饲养管理条件好，奶牛生长发育好，产奶量高，疾病发生少；饲养管理条件不当引起奶牛普通病发生。

1. 饲养技术水平低下

常表现为：饲草、饲料缺乏或品质低劣，饲料无统一安排和长远打算，贮备不足，饲料随时更换，草料的品质好，牛贪食；品质差，牛采食量低，常引起瘤胃弛缓、瘤胃积食等。饲养无规律，日粮无标准，日粮不根据奶牛生长发育阶段、生理状况而随时调整；日粮不平衡，精粗比例失调。常常发生为促使高产，饲喂精料过高，临床引起瘤胃积食、瘤胃酸中毒和酮病的发生，见表 6-25。

表 6-25 日粮营养不平衡(少或过量)所引起的代谢和繁殖疾病

所引起的病症	缺少的营养物质	过量的营养物质
产乳热/产后瘫痪	钙、镁、蛋白	钾、磷
肌肉强直/搐搦	镁	钾、氮
胎衣不下	硒、维生素 E、维生素 A、钙、铜、碘、蛋白	能量
酮症	蛋白	能量
真胃移位	纤维、钙	能量
乳房水肿	无	钠、钾、能量
乳房炎	维生素 E、维生素 A、铜、锌	

2. 管理粗放

不能提供奶牛所需的各种外界条件。如环境卫生不良，圈舍阴暗潮湿，运动场泥泞，牛只拥挤，粪便不及时清除等，致使奶牛易患蹄病、乳房炎、犊牛腹泻等疾患。饲料加工调制不细，各种尖锐异物如铁丝、铁钉等混入饲料中被牛吃入后，常引起奶牛异物性网胃-心包炎、创伤性脾炎、肝炎、肺炎和腹膜炎、急性或慢性前胃弛缓、瘤胃臌胀。管理不分群，不修蹄、不刷拭，冬天无防寒保暖，夏季无防暑降温措施等，常引起奶牛各种外伤、角折、蹄变形、蹄病、高烧、中暑、乳房冻伤和前胃弛缓等。

3. 应激因素

包括各种不良刺激，都可能成为发病的应激因素，通常包括有热应激、冷应激、饥饿应激、积累应激、过食应激、攻击、过劳、恐吓、过度榨奶、中毒、防疫注射等。饲养管理不当易造成应激综合征，有急性瘤胃臌胀、急性瘤胃酸中毒、胃溃疡、新鲜牛奶(刚从乳房内挤出的奶)呈酒精阳性反应等。

6.5.1.2　奶牛传染病的控制

传染病的发生是由病原微生物、传播途径和易感动物(奶牛)3 个环节所组成，缺一不可。舍饲奶牛，由于受其特定的环境所决定，要加强防疫卫生工作。在奶牛场必须严格加强对传染的预防，具体措施如下。

(1)严格执行《中华人民共和国动物防疫法》有关规定的防疫措施，建立和健全防疫消毒制度。牛场应建围墙或防疫沟，门口应有消毒池，消毒间、工作服、胶鞋不能穿出场外；车辆、行人不能随意进入牛场内；全年最少大消毒两次，于春季、秋季用 2% 的苛性钠溶液和 10% 的石灰乳等对牛舍、周围环境、运动场地面、饲槽、水槽等进行消毒处理。尸体、胎衣应深埋；粪便应及时清除，堆积发酵处理；兽医器械、输精用具应按规定消毒后使用。

(2)坚持定期检疫，在春秋两季要进行结核病和布氏杆菌病的检疫，按农业部规定标准进行。如发生流产，对流产胎儿胃内容物、肝、脾取样作布氏杆菌病细菌学检查。如发现阳性病牛，在动物卫生管理部门监督下及时处理。

(3)严格执行预防免疫。对每头牛都要免疫和检疫，执行定期预防接种和补种计划，奶牛要在当地动物防疫部门指导下，根据各种传染病的发病季节，做好相应的免疫接种计划，如每年进行 2 次口蹄疫疫苗、1 次炭疽菌苗预防注射。奶牛常用疫苗及免疫措施见表 6-26。

表 6-26　奶牛的免疫程序

疫苗名称	用法和用量	免疫期
Ⅱ号炭疽菌苗	颈部皮下注射 1 mL	1 年
气肿疽甲醛疫苗	颈部皮下注射 5 mL	1 年
牛出败氢氧化铝菌苗	肌肉或皮下注射：体重 100 kg 以下注射 4 mL；100 kg 以上注射 6 mL	9 个月
牛副伤寒疫苗	肌肉注射，1 岁以下 2 mL；1 岁以上第一次 2 mL，10 d 后同剂量再注射 1 次	6 个月
口蹄疫弱毒疫苗	肌肉或皮下注射：12～24 月龄牛，每头 1 mL，24 月龄以上牛，每头 2 mL	4 个月
布鲁氏菌羊型 5 号弱毒冻干苗	肌肉或皮下注射，每头牛 250 亿活菌	1 年
伪狂犬病疫苗	颈部皮下注射，成年母牛 10 mL，犊牛 8 mL	1 年
牛肺疫兔化弱毒冻干苗	用 50 倍生理盐水稀释，尻部肌肉注射：成年母牛 1 mL，6～12 月龄育成牛 0.5 mL	1 年
狂犬病疫苗	皮下注射 25～50 mL，紧急预防注射 3～5 次，隔 3～5 日 1 次	6 个月

引自梁学武，2002。

(4)坚持自繁自养的原则，既有利于自身的奶牛饲养，又可避免购买奶牛时带进各种传染病。严格控制牛只的出入，外售牛只一律不再回牛场；凡外购牛只，必须按农业部规定的疫病检疫条例进行检查,阴性者,才能入场。

(5)进行牛群健康普查,构建良好生产环境。每年应定期对奶牛进行1～2次健康检查(包括酮病、骨营养不良病),了解奶牛群代谢状况,定期对牛只抗体水平进行监测,及时掌握免疫接种效果,为科学制定防疫、检疫程序提供依据。

(6)做好相关业务记录,保存好资料。包括奶牛健康检查,疾病诊疗,防疫、检疫等,做到一牛一档。

(7)加强对羊、猪的管理,严禁入场;加强灭蚊蝇、灭鼠等工作。

6.5.2 奶牛乳房炎的控制

乳房炎为奶牛最常见的疾病之一,也是对奶牛生产危害性最大的一种疾病。乳房炎的发生,是一种世界性问题。即凡是养奶牛的国家,都有乳房炎的发生。据统计,临床型乳房炎占奶牛总发病的21%～23%。因其造成奶量的下降,病奶废弃;严重者,乳区化脓、坏疽、萎缩,致使永久失去泌乳能力,淘汰率占奶牛总淘汰率的9%～10%,在经济上造成一定损失,在治疗期间也造成奶量损失,见表6-27。

表6-27 奶牛临床用药的弃奶和停药时间

生理阶段	药物名称	给药途径	弃奶时间/h	停药天数/d
非泌乳期牛	土霉素	注射	—	15
	安黄磷	口服	—	4
	磺胺二甲氧嘧啶	口服	—	7
	皮蝇磷	口服	—	4
泌乳期牛	磺胺二甲嘧啶	口服	96	10
	磺胺二甲氧嘧啶	口服	60	7
	磺胺异恶唑	口服	96	10
	普卡青霉素G	注射	72	5
	磺胺二甲氧嘧啶	注射	60	5
	磺胺二甲嘧啶	注射	96	10
	红霉素	注射	72	2～14
	青霉素及新生霉素	乳房注入	72	15
	青霉素G	乳房注入	84	4
	邻氯青霉素	乳房注入	48	10
	盐酸土霉素	乳房注入	72	未定
	红霉素	乳房注入	36	未定
	新生霉素	乳房注入	96	30

引自肖定汉,1994。

隐性乳房炎在奶牛群中更为普遍,由于患牛乳房和乳汁无明显的可见肉眼变化,所以很难被发现,以致常常不被人们所重视。

6.5.2.1 奶牛乳房炎发生病因

病原微生物是引起乳房炎的主要原因。而环境因素及牛体的状况也与本病的发生有关。

1. 病原微生物

病原微生物包括:①在牛乳房上和乳房中传染性病原菌,挤奶时由挤奶员的手、洗乳房的毛巾、挤奶杯等在牛间传播,主要病原菌是无乳链球菌、停乳链球菌和金黄色葡萄球菌;②在牛体外,如粪便、褥草、污水、泥土及蝇类的环境性病原菌,当牛与外界环境接触时,牛体感染后而发病,这类病原菌有大肠杆菌、乳房链球菌、化脓性棒状杆菌等;③还有真菌如念珠菌属、毛孢子菌、酵母样芽状菌、胞浆菌属以及病毒等。

2. 环境因素

环境因素主要指管理不当和环境卫生不良。如牛舍不清洁、不消毒,运动场内粪便不清扫、褥草不勤换,排水不良,污水积聚,运动场泥泞;病牛奶不集中,挤在牛床上后,不冲洗,不消毒;不严格地执行挤奶操作规模,人工挤奶不洗手;洗乳房水不勤换;毛巾共用,不消毒;不进行乳头药浴;机器挤奶乳杯不清洗,不消毒或处理不彻底,过度挤奶。

6.5.2.2 奶牛乳房炎预防

1. 加强管理,减少乳腺感染

挤奶员的技术水平直接与乳房炎有关,挤奶员队伍应进行专业知识培训,使他们了解乳房结构、泌乳生理、乳房炎的发生、传播及预防的基本知识,从而,提高他们执行挤奶操作规程的自觉性。

2. 搞好环境卫生,阻止细菌繁殖

保持环境、牛体清洁是防治措施的关键。粪便、垫草要及时清扫,堆积发酵;运动场要清洁、干燥,污水及时排除;牛舍、牛床经常用水清洗,定期用1%~2%碱水消毒;牛体每日刷拭,冬天干刷,夏季用水刷拭。

3. 创造优良环境,减少应激因素

引起奶牛的应激因素很多,如妊娠、分娩、不良的气候条件(严寒、酷热、湿热),严重蹄病、惊吓、饲料发霉变质等都能引起奶牛的应激反应。产后和夏季,正是因为牛受到了较多应激条件,干扰了牛体与细菌间的平衡,致使乳房炎发病增多。应做好防暑降温工作,创造良好的"人工小气候",牛舍保持安静,使牛生活在最佳环境之中。

4. 加强挤奶卫生,执行挤奶操作规程

①挤奶前应将牛床打扫清洁,并将牛体特别是后躯刷拭干净。②挤奶前用带消毒液(如200~300 mg/kg有效氯溶液)清水清洗乳房,再用50℃的温水用干净毛巾彻底洗净乳房。水要勤换;每头牛要固定一条毛巾;洗涤后一定要擦干,防止洗乳房的污水流到乳头或挤奶杯内套和乳头皮肤间;奶桶洗净后擦干;毛巾要煮沸消毒。③头3把奶应挤在特定容器内,不要挤在牛床上;先挤健康牛,后挤乳房炎病牛,病牛的奶要单独处理。④加强挤奶员卫生,挤奶员要固定,要定期进行身体健康检查,挤奶前手要洗涤清毒。

5. 坚持乳头药浴

乳头药浴(乳头进行药液消毒,见图6-17)是控制奶牛乳房炎主要措施之一,特别是对消除病原菌如无乳链球菌、停乳链球菌、金黄色葡萄球菌和化脓性棒状杆菌的感染,有特定作用。正常挤奶后,乳头管松弛15~20 min,乳头和乳房因乳汁排出而呈负压状态。由于挤奶卫生不良,加至奶牛卧于污秽地面或褥草上,极易使寄生在乳头皮肤上的病原菌及污染物侵入乳头管而发生感染,因此,乳头药浴能减少挤奶过程中乳头上污染及进入乳头管的细菌、痘疮等传染。

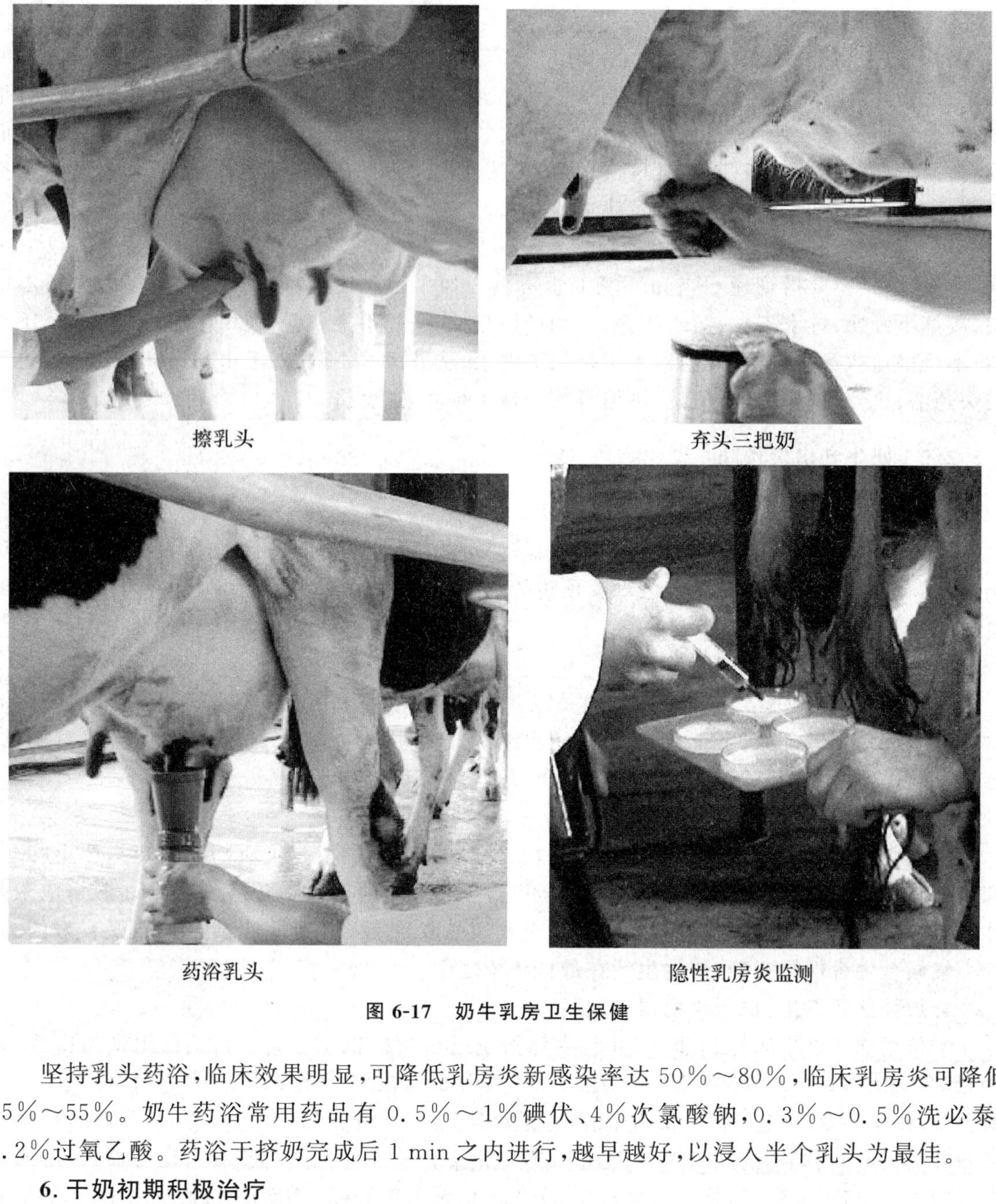

擦乳头　弃头三把奶

药浴乳头　隐性乳房炎监测

图 6-17　奶牛乳房卫生保健

坚持乳头药浴，临床效果明显，可降低乳房炎新感染率达 50%～80%，临床乳房炎可降低 45%～55%。奶牛药浴常用药品有 0.5%～1%碘伏、4%次氯酸钠，0.3%～0.5%洗必泰，0.2%过氧乙酸。药浴于挤奶完成后 1 min 之内进行，越早越好，以浸入半个乳头为最佳。

6. 干奶初期积极治疗

干奶期由于乳腺细胞变性和对感染抵抗力降低，故极易被微生物侵入，干奶期必须注入抗菌药物以预防乳房炎的发生。

7. 及时治疗、淘汰病牛

加强对乳房炎病牛的治疗，一旦发病，应将其隔离，单独饲喂，针对其病情，采取有效的治疗措施，促使其尽快痊愈。对病情严重而疗效不明显的病牛，低产而又呈慢性乳房炎病牛，及时淘汰是消灭乳房炎传染源的措施之一，其作用是切断传染根源，保护健康牛群免受感染，节省饲料和药物费用开支。

6.5.2.3　奶牛乳房卫生保健措施

(1)挤奶员必须保持个人卫生，每挤完1头牛应洗手，洗手水可用0.1%漂白粉、0.1%新洁尔灭溶液。

(2)保持清洁的挤奶环境，用45～50℃的温水按顺序洗净乳房、乳头，并将其由上而下擦干。夏季(7～9月份)可在水中加入3%～4%次氯酸钠。

(3)乳房洗净后应进行按摩，使其膨胀后即应挤奶，采用正确挤奶方法和操作规程。

(4)要干奶的牛，应在干奶前10 d进行隐性乳房炎监测，阳性牛进行治疗。干奶时，每个乳区注射1次抗生素药物。预产前1周，开始药浴乳头，每天2次。

(5)在乳房炎流行季节(7～9月份)，每月对泌乳牛进行1次隐性乳房炎的监测。

6.5.3　酒精阳性乳

酒精阳性乳是指用68%、70%、72%、75%酒精与等量的牛奶混合而产生微细颗粒或絮状凝块的牛奶。根据酒精阳性乳中乳酸度的差异，可将其分为高酸度酒精阳性乳和低酸度酒精阳性乳两种。

高酸度酒精阳性乳：指酸度为18～20°T以上，加酒精发生凝固的牛奶。其发生是因牛奶在收藏、运输等过程中，由于卫生消毒不严，未及时冷却，牛奶中微生物迅速繁殖，乳糖分解为乳酸，致使酸度增高所致。这种牛奶加热后凝固，其实质是发酵变质牛奶。

低酸度酒精阳性乳：指酸度在11～18°T之间，加酒精可产生细小絮状凝块的牛奶。这种牛奶加热不凝固，因质量基于正常牛奶，刚从乳房内挤出来的牛奶出现酒精阳性反应，即属这一类。我国不少地区、不少牛场鲜牛奶酒精阳性反应不断发生，特别在一些集体养牛场、养牛专业户更为多见。

多年来，酒精试验已成为乳品厂检验牛奶品质好坏的一个指标，常用来作为评定牛奶酸度变化的依据。因此，凡属酒精阳性乳，不论其酸度高低，加热凝固与否，皆按不合格处理，致使大批质量稍差，但尚能利用的新鲜牛奶被废弃。

6.5.3.1　酒精阳性乳的产生原因

(1)饲养管理失调。表现在以下几方面。

①日粮不平衡，可消化粗蛋白质和碳水化合物的过度或缺乏，如泌乳前期饲料不足，营养缺乏；妊娠中期的奶牛饲料过剩，营养不足或饲料中含蛋白质过高，使肝机能障碍所致。

②矿物物的不足或过量，日粮中矿物质Ca、P、Mg、Na等的含量及比例直接影响牛奶矿物质含量的变化，饲喂过高Ca时，牛奶中Ca离子增加、分泌的牛奶呈酒精阳性反应；碳酸钙喂量过高，Ca、P代谢紊乱，牛患软骨症，而软骨症的牛易出现酒精阳性乳。

③饲料发霉变质，体内代谢平衡失调。

(2)牛奶中无机离子含量改变，牛奶成分中Ca、P、Mg、磷酸盐、柠檬酸盐之间的平衡是保证牛奶稳定性的必要条件。如果其中任何一种含量过多，都会影响牛奶稳定性的改变。

(3)其他因素。疾病的并发和各种不良因素作用于牛体都可能成为酒精阳性乳发生的诱因，例如酷热、寒冷、气温突然改变、过度疲劳、挤奶过度、牛棚阴暗、潮湿、通风不良、刺激性气体(氨气)、杂音、车辆,运输等各种应激因素,引起内分泌系统机能失去平衡,使乳腺组织分泌乳汁异常;乳腺异常发达、畸形的牛,其乳腺对外刺激也更为敏感,易分泌酒精阳性乳。

6.5.3.2 酒精阳性乳的预防

酒精阳性乳的发生是一个极其复杂的临床表现,它不仅与饲养管理、日粮组成有关,而且与机体所处的状况、健康水平、外界环境、气象因子等都有直接关系,因此要:

(1)加强饲养管理,供应平均日粮。根据奶牛不同生理阶段的营养需要合理供应日粮,精料特别是蛋白饲料的喂量不应过甚或不足。粗饲料要充足,保证优质干草的足够采食量;加强饲料保管,严禁饲喂发霉、变质、腐败饲料;重视矿物质的供应,注意日粮中 Ca、P、Mg、Na 的供应量和比例;日粮要固定,不能突然更换。

(2)加强挤奶卫生和环境卫生,提供良好的环境条件。夏季做好防暑降温,冬季做到防寒保暖工作。

6.5.4 蹄的保健

蹄的健康直接关系到奶牛的高产、稳产和利用年限,关系到奶牛的优良性能能否发挥。随着舍饲方式的迅速发展,蹄病对奶牛业的危害越来越大,蹄病是奶牛养殖场的一种常见病和多发病。蹄病的发生轻则影响牛的正常采食、活动和产奶量,严重的可导致牛无法站立、卧地不起,最终因失去经济价值而淘汰,给养牛户带来很大的经济损失。

6.5.4.1 蹄病发生的因素

圈舍、运动场的卫生条件,湿度,地面硬度,圈舍大小等都直接影响奶牛牛蹄的健康状况。蹄病的遗传性已愈来愈多地被人们所重视,品种不同,蹄病易感性不同,如荷兰黑白花奶牛发病最多,红白花奶牛次之,美国-加拿大黑白花奶牛发病最少。

1. 与营养的关系

产前精料喂量过多,母牛过于肥胖,产后胎衣下不,子宫炎、酮病和瘤胃酸中毒发病增多,而这些疾病都可致使蹄病的发生。矿物质缺乏,特别是钙、磷的不足,比例不当,致使钙、磷代谢紊乱,临床上出现骨质疏松症,也导致蹄病的发生。

2. 与圈舍的关系

牛舍阴暗潮湿,通风不良,氨气浓度过高,在氨的作用下,蹄底角质变性分解呈粉状,故在临床上出现“粉蹄”;炎热多雨季节,牛圈泥泞,粪尿堆积发酵,牛蹄受污物浸渍,角质变软,抵抗力下降,促使蹄病发生;长期立于水泥地等较硬地面上,可使角质过度磨损,引起蹄底发生严重挫伤;圈舍过小,牛密度过大,奶牛缺少运动,蹄角质过度生长,出现变形、蹄裂。

3. 与管理的关系

修蹄不及时或不修蹄,蹄受多种因素影响,表现异常角质形成,出现蹄变形,则促使蹄病的发生。奶牛集中饲养时环境因素、圈舍运动场不消毒、不清扫,致使传染病、寄生虫病流行和传播,如口蹄疫、坏死杆菌病、牛病毒性腹泻、锥虫病等常会引起蹄病出现。

4. 与遗传育种的关系

在生产实践中,奶牛场可通过淘汰有明显肢蹄缺陷,特别是那些蹄变形严重,经常发生跛行的奶牛及其后代,或使牛群肢蹄状况得到改善。

6.5.4.2　蹄的保健

蹄是奶牛重要的支柱器官,奶牛因蹄病被迫淘汰带来的经济损失,是牛场管理者十分棘手的问题,做好牛蹄保健预防奶牛蹄病,是奶牛场必须重视的工作,具体措施有:

1. 修蹄

所谓修蹄,是指利用刀、剪、锯、锉或修蹄器等器械,以外科手术方法使蹄的形状及其生理功能得到恢复的一种技术,见图 6-18。修蹄能使蹄具有更好的保护功能,为奶牛场保护肢蹄健康的有效技术措施,为奶牛生产管理工作一部分。蹄受多种因素影响表现出异常角质形成,修蹄及时、合理,便能缓解异常角质的生长。

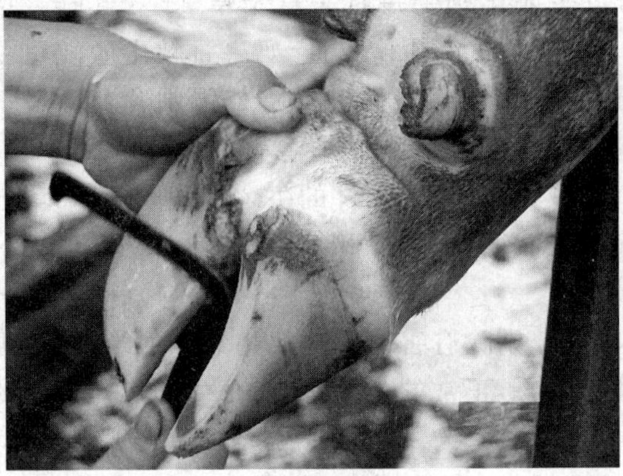

修蹄

蹄浴

图 6-18　奶牛蹄的保健

2. 蹄浴

蹄浴即浴蹄。指用一定浓度的消毒药液处理牛蹄,以达到预防、改善或治疗临床蹄病的一种经常性的卫生措施,见图 6-18。蹄浴所用的药物中方便适用的有 4%硫酸铜溶液,方法是将奶牛置于盛有药液的池内,使牛蹄在药液得到浸泡。蹄浴池可设置在奶牛必经之处,上槽挤奶前和挤奶后下槽牛都能从该池内通过。蹄浴池大小以长 3～5 m,宽与走道同宽,深 5～10 cm 为宜。蹄浴可每周或两周 1 次,连续 2 d,必要时,可长时间使用。

3. 护蹄

护蹄即蹄的护理。为保证蹄肢健康,护蹄应是奶牛场的一个经常性措施。具体分为经常性护蹄和修蹄后护蹄。经常性护蹄是长年坚持不懈所采取的保护蹄的措施,防止蹄变形和蹄病的发生;修蹄后护蹄是修蹄后所采取的对蹄的保护措施。

4. 加强对蹄病的监控

兽医人员与畜牧育种繁殖人员密切配合,对因遗传因素引起的某些蹄病,如指(趾)间增生物、螺旋状变形蹄及蹄叶炎等奶牛应坚决淘汰,不作种用。

5. 积极治疗

对慢性腐蹄病在抗生素治疗的同时,局部进行扩创清理病灶,填塞高锰酸钾粉,并用凡士林封口后,再用纱布包扎好。对蹄叶炎可采用能量合剂、普鲁卡因封闭疗法进行治疗。

6.5.4.3 牛蹄卫生保健规程

蹄的保健是保证奶牛健康的重要措施之一，护蹄不良，牛体质下降，逐渐消瘦，抗病力降低，易感染其他疾病。护蹄良好，可提高牛的利用年限，降低因蹄变形、蹄病造成的淘汰率。护蹄不当不仅导致蹄变形和病变肢蹄，同时泌乳量下降，还会影响繁殖能力。奶牛蹄病的防制，强化奶牛的科学饲养是基础，预防管理是关键，对症治疗是手段。

1. 加强饲养管理

合理搭配日粮结构，满足奶牛营养需要。日粮的供应要根据奶牛的生理状况合理配合，特别是泌乳高峰牛，尽量缩短能量钙磷的负平衡时间，钙、磷比例以 1.4∶1 为宜。日粮中注意维生素、矿物质的供给量，可适当补给维生素 A、维生素 D 或鱼肝油等。严禁为追求产奶量而片面追加精饲料，保证粗饲料，尤其是干草喂给量，每头成年奶牛每日采食干草 3～3.5 kg。增加瘤胃缓冲能力，维持正常的瘤胃 pH，减少奶牛蹄病发生的诱因。高产奶牛日粮中应注重蛋白质、矿物质的投入。发现蹄变形，及时注射维生素 D_3，补充钙、磷和锌。加强圈舍及环境卫生，改善饲养条件，建立经常的卫生管理制度。及时清除粪尿和积水，保持运动场干燥、平坦、无砖石瓦块等物品。实行散放式饲养，自锁颈枷、机械化挤奶，有条件的牛舍铺塑胶牛床；增强奶牛的适当运动，有助于改善奶牛的体质，促进蹄部血液循环，减少蹄病的发生。

2. 加强选种选配

调整配种选育方案，淘汰肢蹄有严重缺陷的母牛。剔除有害基因对奶牛蹄肢的影响，加强个体选育，在每年制定选配方案时，要选择肢蹄健壮、蹄形正常的公牛，避免公牛蹄形对后代的影响。

3. 经常保持牛蹄卫生

冬天刷蹄，夏季冲蹄。坚持用 4%硫酸铜液对奶牛实施蹄浴，夏、秋季节，每 5～7 d 浴蹄 1～2 次，冬春可适当延长浴蹄间隙。

4. 建立定期修蹄制度

每年对全群牛只蹄肢进行普查 1～2 次，于春季、秋季统一全群修蹄 1～2 次。加强观察，对蹄变形的牛应随时修正；蹄变形严重和蹄病牛要及时修蹄，并要对症治疗，促进痊愈过程。

6.5.5 代谢病的监控和病牛的管理

奶牛生产的集约化、高标准饲养及定向选育，使奶牛的生产性能显著提高，但与此同时，若饲养管理条件和技术稍有疏忽，就不可避免地导致营养代谢疾病的发生，严重影响了奶牛的健康、奶产量和利用年限，奶牛代谢病的日常监控突显重要，要求做到以下 3 点。

(1)随时掌握饲料的种类及日粮组成，定期对饲料中的干物质、能量、可消化粗蛋白质、钙、磷、维生素、微量元素等进行计算，依据标准，进行必要的调整；对高产、消瘦、体弱的奶牛，要及时调整日粮配方增加营养，以预防相关疾病的发生。高产奶牛群在泌乳高峰期，应在精料中适当加喂碳酸氢钠、氧化镁等添加剂。

(2)加强管理，提供良好环境，根据奶牛不同生理阶段采用分群管理，已固定的生产程序不应轻易改动。

(3)有条件时,定期对血、尿、牛奶中酮体实施监测,加强临床观察,发现症状及时治疗。

6.5.5.1 围产期母牛代谢病的监控

营养代谢疾病的发生,多属慢性过程,即为长期营养失调而突然于临床发作的过程,营养代谢病临床症状的表现,反应出机体营养代谢已处于严重紊乱的程度,如围产期母牛的代谢疾病有产乳热、母牛躺倒不起综合征、酮病、皱胃移位等。因此,早期监测、提早预报是对围产期奶牛代谢疾病监控的有效途径。

(1)每季度随机抽 30～50 头奶牛血样,测定血中尿氮含量、血钙、血磷、血糖、血红蛋白等一系列生化指标,以观测牛群的代谢状况。

(2)产前 1 周,隔 2～3 d 测尿 pH 值、尿酮体一次;产后 1 d,测尿 pH 值、尿或乳酮体含量,隔 2～3 d 一次,直到产后 30～35 d。凡监测尿 pH 呈酸性、酮体阳性反应者,立即采取葡萄糖、碳酸氢钠及其他相应措施治疗。

(3)加强对临产牛监护,对高产、年老、体弱及食欲不振牛,经临床检查未发现异常者,产前一周可用糖钙疗法防控(25%葡萄糖液,20%葡萄糖酸钙液各 500 mL 一次静注,每天一次,连注 2～4 d)。

6.5.5.2 病牛的管理

病牛需有单独的病牛室,设在兽医室、手术室的旁边,手术室应有六柱栏或手术台及其他设备,病牛室应设饲槽、水槽,墙基、墙角应抹圆,便于消毒,混凝土地应有粪尿沟;排水沟通到室外,室内光线充足,后墙最好不开窗户,防止贼风。

病牛室必须铺垫草,使牛卧得温暖舒适,病牛有的不吃不反刍,说明瘤胃内发酵微弱,产热也少,这时病牛尤其是犊牛怕冷,特别是寒冷季节,牛需要盖毯子,或用 500 W 或 1 000 W 灯泡供热或用电暖气供暖。

牛肢蹄受伤或其他疾病不能起卧,卧下又不能翻身或饮食,这时就需要设法用厚实肚带数条将牛吊起来。

病牛室应天天清扫、消毒,如果牛患传染病,须采取特殊消毒措施和特殊的饲养管理日程。

病牛应有病历档案,详细记载病情、诊断、治疗情况以及防疫、检疫情况。

凡属患有布病、结核病等疫病死亡或淘汰的牛,必须在兽医防疫人员指导下,在指定的地点剖解或屠宰,尸体应按国家的有关规定处理。

6.6 奶牛场生产管理和经营管理

所谓生产管理,是指在科学管理制度和严格操作规程的基础上,按奶牛生产体系的特点所建立的正常生产秩序,包括规章制度的完善,技术操作规程的建立,鲜奶的处理,后勤管理,饲草、饲料的储备、供应,生产计划的编制等。奶牛场经营管理是指在国家政策、法令和一定生产计划的指导下,面对市场的需要,根据奶牛场企业内外部的环境和条件,按照确定经营总目标,合理组织牛场的人、财、物,以获得最大的经济效益为经营管理的最终目的。

6.6.1 奶牛生产定额管理

以最少的人力、物力、财力和工时,换取优质高产牛群和质量合格的牛奶是奶牛生产的最终目标,因此在生产中做到有计划、有布置、有检查、有组织、有结果,切实抓好资金、技术指导、技术推广、品种改良、疫病防治各项工作的落实。

6.6.1.1 重视奶牛场生产中组织生产管理制度和生产责任制

生产管理的重要内容之一是有健全的岗位责任制。它是落实和完成生产计划的重要条件,也是实现管理现代化、调动广大群众生产积极性的有力措施,是提高生产效益的重要措施。通过生产责任制,做到责任分明,分工明确,奖罚落实,用料有计划,生产有安排,生产指标能及时检查,养牛生产成本可随时核算,出现亏损可及时纠正。同时有利于提高工效,实行科学养牛,提高产犊率、成活率和奶产量。

奶牛场分有生产部门和管理部门。每个部门又根据各自的工作性质,设有不同的岗位,每个岗位又都制定了相应的工作人员岗位职责。比如财务科属管理部门,设有会计和出纳、统计等岗位,会计负责计账,出纳负责钱的收入支出,统计则负责生产数据的统计和整理上报。场部有支书、场长,有畜牧队队长及各生产小组组长等,都有相应的工作范围和岗位职责。这样的设置使每个工作人员都能明确自己的职责范围,有利于生产任务的完成。同时奶牛场不宜搞承包制。奶牛生产中最大的流动资金投入是饲料费用,饲料种类的多寡、质量的好坏,供应的充足与否,直接与奶牛生产能力的发挥正常与否有关,与牛群的产奶量高低有关。奶牛场每年一定要事先考虑青贮玉米的制作和青干草收购工作,青贮玉米或青玉米秸青贮或自产或与农业生产有一定协议,为奶牛生产稳产、高产奠定基础。

牛在人养,不论是牛场管理人员还是生产人员,都要认真负责,精心喂养,同时保证牛场人员相对稳定。工作中实行按劳取酬,超产奖励的办法,并定期开展评比竞赛,表彰先进。建立奶牛场合理的生产管理规章制度,是提高牛场生产管理水平、多出产品、提高效益、出优质品,增加职工收入、调动职工积极性的有效措施,是办好奶牛场的重要环节。在各种制度中,养牛生产技术操作规程是各项制度的核心,它主要分为以下几项。

(1)奶牛饲养管理操作规程。包括对不同泌乳阶段奶牛的饲喂方法、挤奶方法及乳房按摩、乳具清洁卫生处理;干奶方法和干奶牛的饲养管理;围产期奶牛的饲喂方法和特点;临产母牛的产前、产后护理等。

(2)犊牛及后备牛的饲养管理操作规程。包括初生犊牛的处理、初乳哺饮的时间和方法,哺乳量和哺乳期,青粗饲料的给量,称重与运动。不同阶段育成牛的饲养管理特点及初配年龄等。

(3)人工授精操作规程。包括对奶牛发情鉴定、配种、牛群周转、繁殖资料保存等。

(4)牛奶处理室的操作规程。包括牛奶的质量监测、冷却、保存与用具的刷洗、消毒等。

(5)饲料加工室的操作规程。包括各种饲料粉碎加工的要求,饲料中异物的清除,饲料质量的检测。配合、分发饲料的办法,饲料供应及饲料保管等。

(6)防疫卫生的操作规程。包括预防、检疫报告制度、定期消毒、清洁卫生等工作。

此外,在操作规程中,还应规定按期填写下发的各种生产表格制度,按期汇总上报制度。

6.6.1.2　奶牛场生产定额

定额是编制生产计划的基础，是组织计划实施的前提，同时也是管理的基础，为了增强管理的科学性，提高经营管理水平，取得经营的预期效果，应当在管理的全过程搞好定额工作，充分发挥定额管理的作用。此外，定额是检查计划执行情况的依据，定额对于正确地考核职工的贡献大小，给予劳动报酬分配；对于提高劳动生产率，搞好经济核算也是不可缺少的有效手段。奶牛场计划中的定额种类很多，劳动定额、人员配备定额、饲料贮备定额、机械设备定额、物资储备定额、产品定额、财务定额等，奶牛场几种主要生产定额包括人员配备定额、劳动定额、饲料消耗定额、成本定额。

(1)人员配备定额。即完成一定任务应配备的生产人员、技术人员和服务人员标准。

(2)劳动定额。即生产者在单位时间内应完成符合质量标准的工作量，或完成单位产品或工作量所需要的工时消耗，又可称工时定额。

(3)饲料消耗定额。即奶牛生产所消耗的饲料量。包括各种精饲料、粗饲料、矿物料以及预混合饲料量。

(4)成本定额。即生产单位奶牛的消耗生产资料和所付的劳动报酬的总和。

1. 制定奶牛生产定额

奶牛生产中制定科学、合理的生产定额至关重要。如果生产定额不能正确反映奶牛场的技术和管理水平，它就会失去意义。定额偏低，用以制订的计划，不仅是保守的，而且会造成人力、物力及财力的浪费；定额偏高，制订的计划是脱离实际的，也是不能实现的，且影响员工的生产积极性。奶牛场主要生产定额的制订包括：

(1)人员配备定额。每个奶牛场均应根据各自的实际情况，合理制订定额，配备人员，提高劳动生产效率。

①牛场人员组成。奶牛场的人员由管理人员、技术人员、生产人员、后勤及服务人员等组成。包括场长、畜牧人员、兽医人员、人工授精员、统计员、会计、出纳、饲养员、挤奶员、饲料加工人员、奶处理人员、锅炉工、夜班工、司机、维修工、仓管、食堂及服务人员等。

②人员配备定额。某规模为 600 头的奶牛场，其中成年母牛 350 头，拴系式饲养，挤奶厅机械挤奶，平均单产 7 500 kg，其人员配备为：管理 4 人（其中场长 1 人、生产主管 1 人、会计 1 人、出纳 1 人）；技术人员 4 人（其中人工授精员 1 人、统计 1 人、兽医 2 人）；直接生产人员 41 人（其中饲养员 17 人、挤奶员 6 人、清洁 5 人、接产员 2 人、轮休 2 人、饲料加工及运送 5 人、夜班 2 人、奶库及原料奶管理 2 人）；间接生产人员 7 人（其中机修 3 人、仓库管理及锅炉 1 人、保安 1 人、绿化 1 人、司机 1 人）。

另一规模为 1 500 头的奶牛场，其中成年母牛 1 000 头，散栏式饲养，挤奶厅机械挤奶，全混合日粮饲喂，平均单产 7 800 kg，其人员配备为：管理 5 人（其中场长 1 人、畜牧生产主管 1 人，兽医主管 1 人、会计 1 人、出纳 1 人）；技术人员 7 人（其中人工授精员 3 人、统计 1 人、兽医 3 人）；直接生产人员 48 人（其中饲养员 17 人、挤奶员 9 人、清洁 8 人、接产员 3 人、轮休 2 人、饲料加工及运送 5 人、原料奶管理 2 人、夜班 2 人）；间接生产人员 8 人（其中机修 3 人、仓库管理及锅炉 2 人、保安 1 人、绿化 1 人、司机 1 人）。

③定员计算方法。牛场对牛应该实行分群、分舍、分组管理，定群、定舍、定员。分群是按牛的年龄和饲养管理特点，分为成年母牛群、育成牛群和犊牛群等；分舍是根据牛舍床位，分舍

饲养；分组是根据牛群头数和牛舍床位，分成若干组。然后根据人均饲养定额配备人员。其他人员则根据全年任务、工作需要和定额配备人员。

(2)劳动定额。劳动定额是在一定生产技术和组织条件下，为生产一定的合格产品或完成一定的工作量，所规定的必要劳动消耗量，是计算产量、成本、劳动生产率等各项经济指标和编制生产、成本和劳动等项计划的基础依据。奶牛场应根据不同的劳动作业、每个人的劳动能力和技术熟练程度，机械化、自动化水平以及其他设备条件，规定适宜的劳动定额。

①配种。定额300～350头，人工授精。按配种计划适时配种，保证受胎率在96%以上，受胎母牛平均使用冻精不超过3.5支。

②兽医。定额250～300头，手工操作。检疫、治疗、接产，医药和器械的购买、保管，修蹄、牛舍消毒等。

③挤奶工。负责挤奶、清扫卫生、护理奶牛乳房以及协助观察母牛发情等工作，每天2～3次挤奶。手工挤奶每人可管理10头泌乳牛；管道式机械挤奶时，每人可管理40～50头；挤奶厅机械挤奶时，每人可管理70～90头。

④饲养工。负责饲喂、饲槽、牛床的清洁卫生，牛体刷拭以及观察牛只的食欲。成年母牛每人可管理50～60头；犊牛2月龄断奶，哺乳量300 kg，成活率不低于95%，日增重700～750 g，每人可管理35～40头；育成牛，日增重700～800 g，14～16月龄体重达360～380 kg，每人可管理60～70头。

⑤清洁工。负责拾运运动场粪尿以及周围环境的卫生。每人可管理各类牛120～150头。

⑥围产期奶牛。每人定额18～20头，负责围产期母牛的饲养、清洁卫生、接产以及挤奶工作。

⑦饲料加工供应。定额120～150头，手工和机械操作相结合。饲料称重入库，加工粉碎，清除异物，配制混合，按需要供应各牛舍等。全混合日粮加工与派送4～5人。

(3)饲料消耗定额。饲料消耗定额是生产单位重量牛奶或增重所规定的饲料消耗标准，是确定饲料需要量、合理利用饲料、节约饲料和实行经济核算的重要依据。

①饲料消耗定额的制订方法。奶牛维持和生产产品，需要从饲料中摄取营养物质。由于奶牛品种、性别和年龄、生长发育阶段及体重不同，其营养需要量亦不同。因此，在制订不同类别奶牛的饲料消耗定额时，首先应查找其饲养标准中对各种营养成分的需要量，参照不同饲料的营养价值确定日粮的配给量；再以日粮的配给量为基础，计算不同饲料在日粮中的占有量；最后再根据占有量和牛的年饲养头日数即可计算出年饲料的消耗定额。由于各种饲料在实际饲喂时都有一定的损耗，尚需要加上一定损耗量。

②饲料消耗定额。一般情况下，奶牛每头天平均需4 kg优质干草，鲜玉米(秸)青贮25 kg；育成牛每头每天平均需干草3 kg，玉米青贮20 kg。成年母牛精饲料除按2.5～3.0 kg奶给1 kg精饲料外，每头每天还需加基础料2 kg；怀孕青年母牛平均每头每天2.5～3 kg精料；育成牛为2.5 kg；犊牛为1.5 kg。

(4)成本定额。成本定额通常指生产单位奶量或增重所消耗的生产资料和所付的劳动报酬的总和，其包括各龄母牛群的饲养日成本和牛奶单位成本。

牛群饲养日成本等于牛群饲养费用除以牛群饲养头日数。牛群饲养费定额，即构成饲养日成本各项费用定额之和。牛群和产品的成本项目包括：工资和福利费、饲料费、燃料费和动力费、医药费、牛群摊销、固定资产折旧费、固定资产修理费、低值易耗品费、其他直接费用、共同生产费、企业管理费等。这些费用定额的制订，可参照历年的实际费用、当年的生产条件和计划来确定。

2. 定额的修订与管理

定额是在一定条件下制定的，反映一定时期的技术和管理水平，但生产的客观条件是在不断发展变化，新的定额标准也要不断完善。

(1)定额的修订。修订定额，对于搞好计划也是很重要的内容，在每年编制计划前，必须对定额进行一次全面的收集、调查、整理、分析，对不符合新情况、新条件的定额进行修订；并补充齐全的定额和制订新的定额标准，使计划编制有可靠的依据。

(2)管理定额。合理的劳动组织是提高工作人员劳动生产率和奶牛产奶量的重要保证。牛场应根据具体情况，确定工作人员的管理定额，使具体工作落实到人，专人专职，有利于工作人员明确自己的工作对象和工作量与工作性质，也有利于饲养人员了解和熟悉自己所管牛只的个体特性、生活习惯、生理机能和生产能力等。以便在了解牛只情况的基础上，对不同牛只进行针对性饲养管理，以达到有计划地提高每头牛的生产能力。

奶牛场的人员定额应根据具体条件而有所区别。一般根据牛群大小，饲养队伍可分成小组，如种公牛组、成年母牛组、育成牛组和犊牛组、乳品处理组等。挤奶员(饲养员)管理奶牛定额系按挤奶方法、设备条件和牛奶产量而定。机械化程度高可定额高些、机械化程度低可低些，并经实施一段时间后，再行调整、固定。目的是使工作人员既不感工作量太大难以完成，又能在力所能及的范围将工作干好，同时还有时间学习科学技术。在制订岗位责任时，必须向每个工作人员明确工作范围和职责以及工作人员之间的关系(平行和领导被领导)，特别是大型奶牛场，必须更加严格地规定职权系统、责任范围，必须要让所有人员都清楚了解。小型场应该规定得灵活一些，可以根据实际情况，随时扩大或缩小工作量和职责范围。如一般人工挤奶时，一人饲养及挤奶可管年产奶 6 000～7 000 kg 的奶牛 7～8 头；7 000～7 500 kg 的奶牛 6 头；挤奶厅机械挤奶时，可增加 3～4 倍。

3. 奶牛场劳动组织形式

奶牛场的劳动组织，有一班制和二班制两种形式。

一班制是牛的饲喂、挤奶、刷拭、清除粪便、打扫牛舍等工作，全部由 1 名饲养员包干，他所管理的母牛头数，根据各场条件、牛的产奶量、工作范围以及机械化程度而有所不同，一般每人管 8～12 头。一班制适合于饲喂 2～3 次的奶牛场。如饲喂数多了，一天工作的时间拖得很长，这样就会影响工人的学习、娱乐和休息。

二班制是将牛舍内一昼夜的工作由 2 名饲养员共同管理，分别在白天及晚间轮流值班，适用于实行多次饲喂(4～5 次)的牛场。它的优点是工作时间较短，有较长的时间学习、娱乐和休息，缺点是需要增加工人名额；两个人都管一群牛，由于他们的饲喂技术、管理方法不尽相同，往往影响牛的产奶量。另外，1 个饲养员在一定时间管理的牛数较多，工作自然不会很细致，一下要饲喂上百头奶牛，容易疲劳，也可能会影响工作质量。

4. 工作日程

合理的工作日程是提高奶牛产奶量的重要环节。当奶牛场的工作日程规定以后，就要严格遵守，一切工作都要按表上规定的时间切实执行。如果随意变更奶牛场的工作日程，就会使奶牛已经形成的条件反射遭到破坏，会使奶牛感到不安，因而也就会影响乳汁的正常分泌。

奶牛场的工作日程，依劳动组织形式、母牛挤奶和饲喂次数而不同。目前我国奶牛场所采用的饲养日程和挤奶次数，大致有以下几种：2 次上槽，2 次挤奶；3 次上槽，2 次挤奶；3 次上槽，3 次挤奶；自由采食，2～3 次挤奶。前 1 种适合于产奶量较低的奶牛场，对总的营养物质和饲料量需要较少，采用 2 次上槽，可以保证牛有充分的休息时间，相对地也减轻了饲养员的劳动负担。但对产奶量较高的母牛，宜采用 3 次上槽，既不增加饲养员过多的劳动负担，也不致影响母牛的产奶量，目前国内各奶牛场多实行这种工作日程，国外一些经济发达的国家，多实行 2 次挤奶制。

3 次挤奶，根据挤奶间隔的时间，有均衡和不均衡两种。前者每次挤奶间隔的时间相等或基本相等，即 3 次挤奶每次间隔约 8 h；后者每次挤奶间隔的时间不相等。

6.6.2 奶牛场的生产计划管理

为了提高效益，减少浪费，各奶牛场均应有生产计划。制订生产计划，首先要考虑完成定额任务，力争超额并提前完成生产指标和提高产品质量。奶牛场生产计划主要包括：牛群周转计划、配种产犊计划、饲料供应计划和产奶计划等。

6.6.2.1 牛群周转计划

在牛群中，由于犊牛的出生，发育成长，转群，成年牛的逐渐衰老淘汰，以及牛只的买进、卖出等，使牛群结构不断发生变化。在一定时期内，牛群结构的这种增减变化称为牛群周转。牛群周转计划是奶牛场生产的主要计划之一，是指导全年生产，编制饲料计划和产品计划的重要依据。通过牛群周转计划，可以了解计划期初和期末的牛群结构，掌握各月份牛群变动情况，使计划年末的牛群结构更加合理，并可了解完成计划的可靠程度。

制订牛群周转计划时，首先应规定发展头数，然后安排各类牛的比例，因此在安排计划前要分析本场原有牛群头数和比例，在原有基础上，确定补充各类牛的头数或出售各类牛的头数。奶牛场的任务不同，牛群发展计划也有所不同，但编制牛群周转计划的方法大致相同。要想保持高产的繁殖牛群，必须合理地组成和更替牛群。奶牛场内不同年龄的牛，在整个牛群中应占一定的比例。

一般奶牛场，牛群组成比例为：成年牛 58%～65%，其中 1～2 胎成年母牛占成年母牛总头数的 40%，3～5 胎占 40%～45 %，6 胎以上占 20%，平均胎次 3.5～4.0 胎；18 月龄以上青年母牛 6%～8%，12～18 月龄育成母牛 7%～8%，6～12 月龄育成牛 8%～9%，犊牛 9%～10%。牛群结构是通过严格合理选留后备牛和淘汰劣等牛达到的，一般后备牛经 6 月龄、12 月龄、配种前、18 月龄等多次选择，每次按一定的淘汰率如 10%选留，有计划培育和创造优良牛群。在具体编制牛群周转计划见第 9 章实验十八。

6.6.2.2 配种产犊计划

配种产犊计划是奶牛场各生产计划的基础，是制订牛群周转计划的重要依据。制定配种产犊计划可以明确计划年度各月份参加配种的成年母牛，头胎牛和育成牛的头数及各月分布，以便做到计划配种和生产。具体编制方法见第 9 章实验十七。

6.6.2.3 产奶计划

奶牛场产奶量的高低、奶质的好坏是衡量牛场经营水平的重要指标。产奶计划是促进牛场生产,改善经营管理的一项重要措施,是牛场制订牛奶供应计划、饲料计划和组织班组劳动竞赛,搞好财务管理的重要依据。奶牛场每年都要根据市场需求和本场情况,制定每头牛和全群牛的产奶计划。奶牛场产奶计划的制订较为复杂,具体编制方法见第9章实验十九。

6.6.2.4 饲料计划

为了使奶业生产建立在可靠的物质基础上,每个牛场每年都要制订饲料计划。编制饲料计划,先要有牛群周转计划(确定每个时期,各类牛的饲养头数),各类牛群饲料定额等资料。全年饲料的需要量,可以根据饲养的奶牛头数予以估计。各种饲料的年需要量得出以后,根据本场饲料自给程度和来源,按当地单位土地面积的饲草产量即可安排饲料种植计划和收购、供应计划,具体见第9章实验二十。

6.6.3 奶牛生产人力资源管理

奶牛生产是围绕奶牛场进行的生产经营管理活动,包括对牛的饲养管理和对从业人员的管理(人力资源管理),人力资源管理主要包括确定牛场生产经营所需要的工作岗位;牛场员工聘用与培训;建立和完善牛场各项规章制度。

6.6.3.1 奶牛场从业员工管理

奶牛场的经营管理是技术性强、管理复杂的系统工程,奶牛场的生产是人养牛,只有合理地将奶牛和人等资源有效结合起来,才能获得利润。

1. 奶牛场生产经营所需要的工作岗位

奶牛场生产经营所需要的员工种类及数量依奶牛场规模、饲养方式、机械化程度、人员的熟练程度而定,规模化的奶牛场员工,一般包括:①管理人员,有场长、生产主管、文秘等;技术员,包括畜牧、兽医、人工授精、统计等;②财务人员,即会计和出纳;③生产人员,有饲养员、挤奶员、饲料加工调制人员、机械维修工、清粪工、清洁消毒工等,如果有饲料基地还包括从事农业生产的人员;④后勤人员,有司机、保管、采购、保安等。

所需要不同岗位的员工大部分是通过招聘的方式满足,招聘挤奶员工时要求核对是否有健康证,其他员工根据岗位特点有不同要求,聘用从业人员要符合国家法规条例,签订劳动合同,约定雇佣双方的义务,并相应安排3～6个月的试用期。

2. 员工岗位培训

奶牛场生产技术性强,新聘用员工上岗前必须经过岗位培训。饲养员和挤奶员在上岗前要由指定的专人进行培训,包括理论学习、实际操作、安全教育等,通过考核合格后,方可上岗。此外在岗人员(包括技术员)也要进行定期培训,以便更新知识,适应不断发展的科学技术要求。

3. 从业员工管理

员工管理不仅仅是雇佣和解雇,还包括员工的管理、福利以及处理员工之间的关系等。良好的员工关系对增加产奶量、提高奶质量和牛群质量有重要的意义。

奶牛场首先应尽可能给员工提供舒适、安全的工作环境和条件，并提供条件好的卫生系统和淋浴设备，员工的工作服要定期统一清洗、消毒。

在牛场内，优美整洁的环境利于保持工人的工作热情。如果通风差，牛舍内的空气污秽，不仅影响奶牛生产，也直接关系员工的身体健康。

注意安全管理和教育，牛舍及其设施方面的任何不足都将给安全带来隐患，尤其是草库、草垛、牛舍内要注意防火。

所有的工作岗位都应有书面的岗位职责和规章制度，明确该岗位的要求和特点，以及不遵守规章制度所应承担的责任。公正对待所有员工，并且奖惩分明。

在不影响生产前提下应尽量给员工安排连续的休息时间，保证员工的利益，以调动他们的工作热情和生产积极性。

4. 从业员工劳动报酬

员工的报酬应随着岗位和工作业绩的不同而异。一个好的员工应得到与其专业技能和责任大小相称的薪水。奖金一般可作为整个报酬的一个组成部分，根据工作岗位以及对工作的胜任程度，按年度或半年，或按月发放。奖金是员工额外努力工作的一个反映，既可与规定的工作业绩挂钩，也可由管理者直接决定，后一种类型的奖金通常在年底或在春节前发放，作为对全年工作一直出色的员工的认可。奖励的基本原则为：

(1)具有可操作性并量化奖励的项目指标，如奶中体细胞数降低 1%，或细菌数减少 1%，受胎率提高 1%，空怀期缩短 1 d，产奶量提高 1%，发现 1 头发情母牛，犊牛成活率提高 1%等；对一些容易产生误导的项目不宜设奖励，如快速完成挤奶操作等。奖励要真实反映员工为获得那些额外的收益所付出的额外劳动。

(2)不要经常变动奖励计划和奖励标准，否则员工将无所适从；避免全场员工平均发放奖金，否则将失去激励作用。

6.6.3.2 奶牛场从业员工岗位职责

奶牛场的所有工作岗位都应制定相应的岗位职责，主要工作人员的岗位职责有：

1. 奶牛场的场长(经理)主要职责

(1)制订牛场的基本管理制度，参与并协助债权人决定牛场的经营计划、市场定位及长远发展计划，审查生产基本建设和投资计划，制订牛场的年度预算方案、决算方案、利润分配方案以及弥补亏损方案。

(2)按照本场的自然资源、生产条件以及市场需求，组织畜牧技术人员制订全场各项规章制度、技术操作规程、生产年度计划，掌握生产进度，提出增产措施和育种方案。

(3)负责全场员工的任免、调动、升级、奖惩，决定牛场员工的工资和奖励分配。

(4)负责召集员工会议，向员工和上级主管机关汇报工作，并自觉接受员工和上级主管机关的监督和检查。

(5)订立合同，对外签订经济合同，负责向债权人提供牛场经营情况和财务状况。

(6)遵守国家法律、法规和政策，依法纳税，服从国家有关机关的监督管理。

(7)负责检查全场各项规章制度、技术操作规程、生产计划的执行情况，对于违反规章、规程和不符合技术要求的事项有权制止和纠正。

(8)负责制订本场消毒防疫检疫制度和制定免疫程序，并行使总监督，对于生产中重大事故，要负责做出结论，并承担应负的责任。在发生传染病时，负责根据有关规定封锁或扑杀病牛。

(9)组织技术经验交流、技术培训和科学实验工作。

2. 畜牧技术人员主要的职责

(1)根据奶牛场生产任务和饲料条件，拟定奶牛生产计划。

(2)制订各类牛只更新淘汰、产犊和出售以及牛群周转计划。

(3)按照各项畜牧技术规程，拟订奶牛的饲料配方和饲喂定额。

(4)制订育种和选种选配方案，组织力量进行牛只体况评分和体型线性评定。

(5)负责牛场的日常畜牧技术操作和牛群生产管理，对生产中出现畜牧技术事故，要及时报告，并组织相关技术人员及时处理。

(6)配合场长(经理)制订、督促、检查各种生产操作规程和岗位责任制贯彻执行情况。

(7)总结本场的畜牧技术经验，传授科技知识，填写牛群档案和各项技术记录，并进行统计整理。

3. 人工授精员的职责

(1)每年末制订翌年的逐月配种繁殖计划，每月末制订下月的逐日配种计划，同时参与制订选配计划。

(2)负责牛只发情鉴定、人工授精(胚胎移植)、妊娠诊断、生殖道疾病和不孕症的防治，以及奶牛进出产房的管理等。经常注意液氮存量，做好奶牛精液(胚胎)的保管和采购工作。

(3)及时填写发情记录、配种记录、妊娠检查记录、流产记录、产犊记录、生殖道疾病治疗记录、繁殖卡片等。按时整理、分析各种繁殖技术资料，并及时、如实上报。

(4)普及奶牛繁殖知识，掌握科技信息，推广先进技术和经验。

4. 兽医的职责

(1)负责牛群卫生保健，疾病监控和治疗，贯彻防疫制度，制订药械购置计划；每天巡视牛群，发现问题及时处理，填写病历和有关报表。

(2)认真细致地进行疾病诊治，充分利用化验室提供的科学数据。遇疑难病例及时汇报。组织力量检修牛蹄，监测乳房炎，检查蹄浴情况。

(3)普及奶牛卫生保健知识，提高员工素质，开展科研工作，推广应用先进技术。

(4)兽医应配合畜牧技术人员，共同搞好牛群饲养管理，减少发病率。

5. 饲养员的职责

(1)按照各类牛饲料定额，定时、定量顺序饲喂，少喂勤添，让牛吃饱吃好。

(2)熟悉牛只情况，做到高产牛、头胎牛、体况瘦的牛多喂；低产牛、肥胖牛少喂；围产期牛及病牛细心饲喂，不同情况区别对待。

(3)细心观察牛只食欲、精神和粪便情况，发现异常及时汇报，并协助配种员做好牛只发情鉴定。

(4)节约饲料，减少浪费，并根据实际情况，对饲料的配方、定额、采食情况及饲料质量及时向技术人员提出意见和建议。

(5)每次饲喂前应做好饲槽的清洗卫生，以保证饲料新鲜，提高牛只采食量。

(6)负责牛体、牛舍内清洁卫生，经常刷拭牛体，做好后备牛调教工作。

(7)保管、使用喂料车和工具,节约水电,并做好交接班工作。

6. 挤奶员的职责

(1)熟悉所管的牛只,遵守操作规程,定时按顺序进行挤奶。不得擅自提前或滞后挤奶或提早结束挤奶。

(2)挤奶前应检查挤奶器、挤奶桶、纱布等有关用具是否清洁、齐全,真空泵压力和脉动频率是否符合要求,脉动器声音是否正常等。

(3)做好挤奶卫生工作,并按挤奶操作要求,热敷按摩乳房,检查乳房并挤掉第1～3把奶,发现乳房异常及时报告兽医,做好乳房药浴,及时更换药液。

(4)含有抗生素的奶以及乳腺炎的奶应单独存放,另作处理,不得混入正常奶中。

(5)挤奶机器要定期清洗及维护。

7. 清洁工的职责

(1)负责牛舍内外清洁工作,做到“三勤”,即勤走、勤看、勤扫;注意观察牛只的排泄及分泌物,发现异常及时汇报。

(2)牛粪以及被玷污的垫草要及时清除,以保持牛体和牛床清洁。

(3)牛床以及粪尿沟内不准堆积牛粪和污水,及时清除运动场粪尿,以保持清洁、干燥。

6.6.4 奶牛生产的经营管理与经济效益评价

奶牛场的经营目标较单一,但实现目标的手段、措施是多种多样的,究竟采取哪种手段和措施需要经营者善于在奶牛场内外环境条件的变化中及时发现影响奶牛生产的关键问题,抓住最有利的时机在最适当的“火候”作出准确的选择,以创新的精神去适应内外环境的变化,使企业在竞争中处于不败之地,取得最好的经济效益。

6.6.4.1 奶牛场经济管理原理

奶牛场的经济管理原理是指在奶牛生产(及饲料农作物生产)中,饲料、劳动力及资金(生产的3要素)的正确组合及应用,它可为企业经营者带来可能的(连续不断的)最佳经济效益或稳定而有效管理。奶牛场的经济管理包括如下几项工作。

(1)制订计划。在制定计划时要着眼于未来,对经营中的各种选择进行估价,对牛场各部门的现在和未来的生产能力,销售及生产费用情况做出估价。根据过去积累的经验和成绩,考虑现有资源情况,并通过记录已获得和掌握过去的生产经营成果等制定计划。

(2)完善记录报告。记录则是对过去发生的事件及其经营活动(过去的资金投入、牛群情况、饲料采购、牛奶出售等)所做的记录,并保存下来。没有生产记录,对过去发生的经营情况进行分析和估价是无法进行的。

(3)监控作用。使用记录对牛场生产活动进行监控,进行日常决策,确定生产经营活动。如我们记录了奶牛的日、月生产情况,就可以很快查明预想不到的生产下降原因,从而马上采取措施进行调整以稳产。

(4)分析及估价。从整体上讲,对一个奶牛场进行记录(资料)分析,就是想要查出过去和现在所发生的生产情况。对记录进行分析后,考虑为什么会产生这样的结果,总结过去的经验教训,有利于更好地制订未来计划。

6.6.4.2 奶牛场生产与经济管理的决策步骤

奶牛场的管理也可被视为制定决策，一般决策的制定有以下步骤：①提出想法及查找问题；②进行观察，收集事实资料及意见；③对所观察到的情况进行分析、试验，检查可能的结论；④制定决策；⑤决策的实施；⑥对决策的实施负责任。

如一个奶牛场的场长通过记录（资料）分析发现牛群中繁殖力下降，生产水平出现回落，他观察到牛啃泥土、墙皮等，怀疑可能是体内缺少矿物质所引起的。他开始收集资料，征求专家意见。走访饲养员，调查在饲养中饲喂矿物质的情况，询问饲养规律、用量多少、管理方法，进行试验，分析试验达到的目标及结果；当结束试验后，牛奶产量，发情牛头数及配种成功率均有上升，这样就出现了产量提高又有经济效益的局面，这时就可对矿物质的使用情况进行决策。下一步要采取一系列行动，如请专人指导，寻求资金来源，及矿物质饲料的供货来源等。最后日常的矿物质满足供应，则需要必要的监控，确保饲槽内有矿物质饲料，且库内有库存。

6.6.4.3 奶牛场经营分析

为了在激烈的市场竞争中知己知彼，立于不败之地，需要不断对奶牛场经营的市场、资源情况进行分析，分析内容包括：

(1)市场需求分析。即使是主管畜牧技术的人，也要有市场观念，要围绕市场对牛奶质量不断高要求来组织生产技术措施。

(2)对乳品企业和牛场外部环境的分析。要了解乳品企业的经营状况，分析其经营能力、技术水平、生产设备水平、产品质量、新产品开发，对与牛场相关的企业也要做分析了解，特别是精粗饲料和配合饲料生产、供应及价格状况，牛源或精液供应与价格情况，机械零件、水电材料及燃料供应及价格状况，兽药及药械供应与价格。企业所需科技人才与劳务市场的供求情况，产品运输能力及冷藏保鲜情况。

(3)牛场内部因素的分析。在养牛业，各奶牛场间的养牛效益是不同的，有时甚至是在原材料的投入条件均等情况下发生，因此要在全面了解本牛场的基础上分析员工对本职工作的责任（挤奶、饲料供给、疾病防制及犊牛饲养）；日常的饲料准备充足情况，优质饲料情况（粗饲草、精饲料、水、矿物质饲料）；疾病控制及发病率情况（乳房炎、驱虫、修蹄及免疫情况）；饲草储备时间及速度（如干草、青贮制作）；对奶牛的繁殖给予的重视程度（发情观察，配种时间，配1次还是2次）。总之在很多的情况下，产量低下的后果都是由于管理不善所造成的。

(4)扩大生产规模可行性及风险分析。在可行性研究中，奶牛管理（奶牛单产、产犊率、产犊间隔、死亡率）、生产性能、价格水平及预算决策的制定对经济效益有很大的影响作用。通常生产、计划的制定总是使人乐观，可是难以实现。尤其是疾病的出现使养牛投资要冒风险。为扩大牛群，投资是值得的，可能会带来流动资金方面的困难，甚至不能及时偿还货款。此外，生产规模的扩大，要购进高产牛、设备、饲草储备、高造价的房屋建设、购置其他设施，都意味着承担风险，这些都要做事先的考虑，以免蒙受资金投放的巨大损失。

6.6.4.4 奶牛场生产分析

系统地分析奶牛场的生产活动，考察各种资源在生产过程中的利用效果，包括产量、质量、品种、效益等。

(1)产量计划完成情况的分析。分析时,常用产品的实际产量与计划产量相比较,分析计划完成程度;用当年的实际产量与上年度或某一基期实际产量相比较,考察产量的变动及其原因;同条件基本相同的先进单位对比,寻找差距,学赶先进;还可用货币指标表示,考查各类产品产值计划完成情况。

(2)产量增减原因的分析。产量的增减受多种因素的影响,分析各个因素对总产量的影响程度和原因,改进饲养管理方法,以及加强疫病防治。

(3)饲料消耗的分析。应从饲料消耗定额、饲料利用率和饲料日粮组成3个方面分析。在牛奶成本中,饲料费用一般占舍饲生产费用总额60%~80%。

(4)产品质量的分析。例如奶品质量,主要鉴定单位重量奶品中脂肪含量和蛋白质含量所占比重,以及卫生指标等;"质量是企业的生命",仅仅分析提高质量后增加收入还是不全面的,还需分析提高产品质量所花费的成本,提高产品质量的经济效果分析,实际上是对产品质量、成本、价格三者关系的分析。

(5)产品成本的分析。成本分析内容包括事前的成本预测分析,生产过程中的成本控制分析和事后的成本总结分析,成本—产量—利润分析的核心是计算盈亏平衡点。

6.6.4.5 奶牛场的经营管理

根据奶牛场企业内外部的环境和条件,合理地确定生产总目标;合理组织牛场的供、产、销活动,以求用最少的人、财、物消耗换取较多的奶产量和最大的经济效益。

1. 目标管理

根据市场需求,确定全年牛奶的产量和质量、成本、利润及牛群扩繁等目标,并制订实施计划、措施和办法。目标管理是经营管理的核心。目标管理的内容主要有以下几项。

(1)全年产量和质量目标。全年产量和质量目标的制定是实施目标管理的中心,也是奶牛场各项技术指标能否实现的具体反映。

产量目标制定的依据是各月产奶计划及气候等环境因素和市场需求。

近年乳制品市场竞争激烈,根据市场需求,制定生鲜牛奶出场标准应符合国家标准和企业收奶标准,包括蛋白质、脂肪和非脂固体含量、无抗生素和黄曲霉毒素残留等指标。

(2)全年各项技术指标。包括奶牛保健、育种、繁殖、牛群周转、后备牛培育等方面的目标和规划,按照这些目标来确定具体实施方案。

(3)成本控制。成本控制目标是反映奶牛场经营活动质量的重要方面。要列出本年度后备牛培育饲养成本和每千克生鲜牛奶单位成本。

成本的主要项目有饲料费、牛舍和牛只等固定资产折旧、工资、兽药费、运输费、水电费、维修费、共同生产费、低值易耗品费、企管费、财务费等,将各项目与生产直接相关项目制订出计划,层层落实。

饲料是生产成本目标管理最重要的方面。要周密编制与产量目标衔接的年度饲料采购、仓储、使用计划。采购的饲料质量要优良、营养含量确实、无污染、价格合理,并且加强对饲料贮存、加工、收发工作的管理,账实相符,并防止霉烂变质。

2. 生产管理

生产管理的内容主要包括以下几项。

(1)强化管理,精简并减少非生产人员,择优上岗。

(2)健全岗位责任制,定岗、定资、定员,明确年度岗位任务量和责任,建立岗位靠竞争、报酬靠贡献的机制。

(3)以人为本,从严治场,严格执行各项饲养管理、卫生防疫等技术规范和规章制度,使工作达到规范化、程序化。

(4)建立并完善日报制度,包括生产等各项日报记录,并建立生产档案。

3. 技术管理

制订年度各项技术指标和技术规范,实行技术监控,开展岗位培训和新技术普及应用,及时做好技术数据的汇总、分析工作,并加以认真的总结,建立技术档案。

4. 物资管理

奶牛场所需各种物资的采购、贮备、发放的组织和管理,直接影响生产成本。因此,应建立药品、燃料、材料、低值易耗品、劳动保护等用品的采购、保管、收发制度,并实行定额管理。

5. 财务管理

财务管理是一项复杂而政策性很强的工作,是监督企业经济活动中的一个有力手段。财务管理的内容主要有,遵守财务有关规定,一切费用进出必须有原始凭证,科目完整,报表完善,逐月提供财务收支报表,通报效益进度;做好各项资金管理工作,可提高资金的周转率,缩短资金的周转期;做好成本分析和核算工作,在做好各项生产成本分析和核算的基础上,提出分析意见,以便制订明确的增产节约措施。

6.6.4.6 奶牛生产的经济效益评价

奶牛生产产出产品是牛奶,牛奶是奶牛、饲料、劳动力、房屋等诸要素的组合而生产出来的。如果一个奶牛场是按照经济实体进行经营,其目的就要实现其产出,总产出值必须超过总投入,然后获得的才是利润。整个产值称为总产出,整个投入值等于总费用。

总产出－总费用＝盈利或亏损

1. 固定费用和可变费用

(1)固定费用。也称作间接费用,或固定资产费用。为长期其他费用,其费用大小程度受管理水平及有关决策、计划的制定等方面的影响,其费用使用期为1年以上。

这项费用同整个奶牛场的各项经济活动都有关系,如土地、房屋、设施费用、劳动力费用、折旧费、机器维修费等。

(2)可变费用。也称作为直接费用,是随着管理决策变化而变化所发生的费用。其费用使用期限不到1年,如:精饲料、粗饲料生产投入、临时用工、燃料、兽医用药、人工授精、奶牛利息、矿物质及兽医费用等。可变费用也包括所有的利息费用。

2. 总产出

总产出为创收值,即总产值,奶牛场的总产值是牛奶和牛群增值的总和。

3. 毛利

毛利＝总产值－总费用,各生产部门所创毛利之总和,被视为牛场总毛利。将总毛利减去总固定费用,便得出牛场的盈亏情况。

分析牛场毛利的盈亏情况,有助于查找在组织经营活动中,存在的薄弱环节原因,如:

(1)单位产值低下,可能是由于产奶量低,奶牛折旧高(淘汰率高),饲料成本高。

(2)集约化生产程度不够,奶牛产值达不到一定高水平;

(3)固定资产投入过大,房舍及机械造价高,或其他制造费用过大等。

4. 奶牛场经济效益分析

凡生产经营活动都有一个效果问题,提高经济效益是养牛生产、经营、发展的核心问题。

(1)产品销售的分析。通过产品销售计划完成情况分析,特别是影响产品销售量的因素分析等,考查牛场生产牛奶的数量、质量、规格是否适销对路。

(2)牛场盈亏分析。所谓盈亏分析,就是利用成本、价格、利润与收入之间的关系,来分析牛场经济效益问题。牛场出售牛奶、牛群等产品的收入,扣除生产成本后,就是盈利。生产成本大于产品收入就是亏损。盈利再扣除销售费用和税金就是利润。

(3)牛场利润率的分析。对牛场利润率的分析,应从销售、成本、产值和资金 4 个方面运用对比分析法和因素分析法进行综合分析,根据分析所得数据,结合企业的具体情况,组织职工、专业技术人员及管理人员进行深入分析讨论,改善经营管理,挖掘内部潜力,制定提高各项利润率的具体措施,确保经济效益的进一步提高。利润率的分析包括:①产品销售利润率=产品销售利润/产品销售收入×100%;②成本利润率=产品销售利润/产品销售成本×100%;③产值利润率=产品销售利润(或利润总额)/产品总产值×100%;④资金利润率=产品销售利润(或利润总额)/全部资金平均占用额×100%。

6.6.5 计算机技术在奶牛场生产管理中的应用

计算机技术在奶牛场生产管理中所起的作用越来越为奶牛生产重视,生产管理人员经常可以从计算机信息管理系统和网络中获取各种信息;同时计算机技术与传感器相结合,可用于识别奶牛个体,将个体识别系统与其他信息技术结合,可产生体重、产奶量及采食量自动记录系统等,简化了劳动强度,提高了奶牛生产性能测定的准确性,改善管理水平。此外,计算机技术在饲料配方制定、牛舍内环境控制、环境污染监控、人事管理、账目管理等方面都可发挥重要作用。

6.6.5.1 奶牛场管理软件

目前,奶牛场管理软件一般包括生产管理信息和生产管理决策支持两个系统。

1. 生产管理信息系统

该系统包括奶牛生产信息库、育种管理库、生产管理库及规范化饲养库等若干个相互独立的子系统。该系统还具有信息查询、数据输入与更新、计算与分析、输出打印等功能。

(1)在奶牛生产信息库中设有奶牛个体记录、牛奶生产与质量(群体情况)、奶牛个体情况牛群保健数据等栏目,包括(日)月报表,可以提供个体牛在泌乳期中奶质量变化,使有关生产技术人员及时了解奶的质量、牛群情况,并提供 DHI 报告单。

奶牛个体记录主要有编号、牛号(耳标号)、出生日期、父号、母号、性别、初生重、在胎天数、品种、毛色、所在栏舍及变动情况、淘汰或死亡情况等。

牛奶生产与质量主要有牛奶产量、上市原料奶或销售的数量、喂犊奶数量、牛奶细菌总数、酸度和比重、乳脂率和乳蛋白率等。

奶牛个体情况包括奶牛个体产奶量、乳脂率和乳蛋白率以及体细胞数、牛奶质量、DHI 等记录。

牛群保健数据主要有两病(布病、结核病)及其他检疫记录、有关疾病的防疫接种记录、奶牛个体临床型和隐性乳房炎的检测结果记录等。

通过分析结果,可以了解奶牛场的整体生产情况,反映和提示牛群中的异常问题,对许多生产环节起到有效的分析与指导,对存在的问题可以及时采取对策,改进饲养管理措施,在生产上起到监控作用,对奶牛场的稳产高产具有一定的意义。

(2)育种管理库设有奶牛系谱档案管理(牛籍信息)、奶牛育种数据、后裔测定信息、奶牛繁殖数据等栏目。

其中牛籍信息主要有奶牛个体的系谱、体型体尺数据、体型线性鉴定结果、年度产奶情况、胎次产奶及奶质量情况、305 d产奶情况、终身产奶情况、配种和怀孕及产犊情况、免疫与检疫情况等,这些信息对于分析奶牛个体的育种价值具有重要的意义。

奶牛育种数据主要有奶牛不同年龄的体型体尺测定记录、体型线性鉴定评分记录等。

后裔测定信息主要有公牛女儿胎次产奶报表、公牛女儿体尺外貌报表、后裔测定公牛女儿生产性能统计表、后裔测定公牛的与配母牛繁殖情况。

奶牛繁殖数据主要有公牛精液登记、配种记录、产犊记录、流产记录、妊娠诊断记录、核心群母牛胎次和产奶量登记等。

通过分析结果,可以了解奶牛个体的生产性能,在培育高产奶牛群方面有了较好的手段。

(3)生产管理库设有生产信息、牛群繁殖信息、牛群日记、产奶记录、饲料消耗记录、生产情况月报等栏目。

生产信息主要是形成生产日报表、生产月报表、生产年报表以及干奶通知和预产通知等。

奶牛繁殖信息主要有奶牛年总受胎率、总繁殖率(分娩率)、年情期受胎率、总正常产犊成母牛数、不正常产成母牛数、年平均胎间隔、年平均产犊胎次以及投产头胎母牛初产月龄,现牛群基本情况、牛群的(月)年存栏和分类情况、奶牛年淘汰情况和有关牛群情况的分析报告等。

通过分析结果,可以了解奶牛繁殖业绩、饲料消耗,确定饲料采购计划及采购量。

(4)规范化饲养库设有高产奶牛饲养管理规范、阶段饲养操作规程、典型日粮配方等栏目。同时,该系统还具有信息查询、数据输入与更新、计算与分析、输出打印等功能。

根据当日产奶情况,进行分析,提供监测信息,可以直接用线性规划程序来优化和设计奶牛饲料配方,计算饲料配方的营养价值,根据奶牛饲养标准和每头奶牛的具体体重、产奶量、乳脂率、产奶阶段等情况计算个体日粮的饲喂量,并可对饲喂的营养是否符合营养标准进行验证评定。

2. 奶牛生产管理决策支持系统

该系统设有信息查询库、生产分析模块、生产预测模块、生产决策模块等。其中,生产分析模块包括生产函数建立、数据的统计、生产消长趋势图形分析、生产诊断等子模块;生产预测模块包括奶牛发展规模、牛群结构、产奶量等的预测;生产决策模块包括生产区规划布局、牛群结构优化、牛群周转、牛群发展规模、饲料配方、经济分析等决策过程。

6.6.5.2 计算机技术在奶牛场信息管理中的应用

计算机和信息网络技术使奶牛生产进入了一个新时代。通过 Internet 网,奶牛场可迅速传递和获取信息(包括市场信息、科学技术信息、政策法规信息和企业、机构及个人信息等),指导生产，提高决策水平。我国在这方面虽然起步较晚，但近年来发展很快，目前已有一些专门化的信息网站，如畜牧兽医信息网(http://www.cav.net.cn)、中国奶业在线(http://www.chinadairyindustry.com)、中国荷斯坦牛遗传育种网(http://www.holsteinchina.com)、奶牛群体管理网(http://www.dairyherd.com)及中国饲料行业信息网(http://www.chinafeed.org)等。其次，通过网络，企业不仅可以对本企业的产品进行全面详尽的宣传，而且可以对企业本身进行全方位的宣传，这种宣传可以不受时间、空间、信息量和经费的限制，所产生的效应也是其他任何广告宣传方式所不能比拟的。国外的一些大型奶牛企业和协会一般都有自己的网站，我国的一些奶牛企业和专业服务企业近年来也开始建立自己的网站，如北京奶牛中心信息网(http://www.bdcc.com.cn)等。同时，通过企业内部网，企业内的各个部门之间可以实现快速可靠的信息交流，从而提高工作效率。此外，通过网络，生产者可与消费者直接进行联系，消除了生产者与消费者之间的中间环节，从而大大降低了产品的附加成本。

复习思考题

1. 简述哺乳犊牛的饲养管理方法。犊牛如何进行早期断奶？
2. 后备牛培育意义及饲养管理主要措施有哪些？后备种公牛的饲养管理的要点是什么？
3. 解释泌乳周期、泌乳曲线、奶牛能量负平衡的含义。
4. 简述奶牛干奶的意义与方法及干奶牛饲养管理注意问题。
5. 简述奶牛围产期的饲养管理要点。奶牛泌乳早期的生理特点及饲养目标是什么？
6. 怎样对泌乳中、后期奶牛进行饲养管理？
7. 什么叫奶牛全混合日粮饲养技术？需要哪些条件？
8. 简述奶牛的泌乳过程。奶牛挤奶有哪些方法，这些技术的优、缺点是什么？
9. 奶牛场生产定额种类和奶牛场从业员工种类有哪些？
10. 奶牛场经济管理原理是什么？如何评价奶牛生产的经济效益？
11. 如何预防奶牛普通疾病发生？简述奶牛乳房保健、蹄保健的主要措施。

7 肉牛生产与管理

[重点提示] 本章主要阐述主要肉牛生产国和我国肉牛生产体系，能繁母牛、犊牛、架子牛的饲养管理，肉牛育肥方式与育肥技术，肉牛养殖场(户)的经营管理和生产技术管理，肉牛养殖企业经营活动分析等。本章内容较多，可根据教学实际情况选择部分内容讲授或增补相应内容。有条件时可参观肉牛场(户)，现场教学，或结合实习的实验课进行教学。要求教师准备肉牛养殖生产的图片或多媒体。

肉牛生产是建立在现代科学技术，尤其是高新技术发展和应用的基础之上，如广泛使用牛冷冻精液人工授精技术，跨国使用最优公牛，全球共享其遗传潜力，肉牛生产的机械化如饲料配合、秸秆处理、牧草播种、收割、打捆、机械运料及喂料，使规模肉牛饲养场劳动效率提高，肉牛集约化、工厂化生产技术日益成熟。牛肉深加工技术发展，如屠宰后胴体排酸低温处理，按不同部位进行分割、包装，便于人们选择和利用；计算机网络可以建立肉牛信息管理系统和牛肉溯源系统，使消费者能充分了解肉牛的生产过程。

7.1 肉牛生产模式

在肉牛生产经营体系上，许多国家都把商品犊牛繁殖场和肉牛育肥场分开，以形成专业化、系列化生产。前者只养繁殖母牛、种公牛和后备母牛，每年把断奶的犊牛及时出售。后者只养育肥牛，从远处甚至国外收购断奶犊牛和架子牛进行集中育肥，分期分批出栏。此外，为了保障牛肉四季均衡供应并获得较好的育肥效果，有些国家，改变单一秋季育肥转向冬季育肥，采用室内(暖棚或保温措施)催肥，人工控制温度，缩短饲养期，饲养的肉牛活动范围缩小，既有利于营养物质沉积，也便于机械化和自动化饲养管理。

7.1.1 肉牛生产国典型的育肥牛生产体系

由于各国的地理、自然条件、饲养习惯、饲养效益以及消费者对牛肉不同的要求，牛肉生产者为适应不同的市场需求，根据各国饲料条件采用不同的生产方式或体系进行肉牛育肥，育肥牛生产体系不同，生产的牛肉成本、质量、档次也有较大的差距。

7.1.1.1 美国肉牛育肥生产体系

美国的肉牛生产，根据肉牛生长阶段的区别以及牧场经营范围的不同，可以分为种牛场、商品犊牛繁殖场、育成牛场、强度育肥牛场。肉牛育肥的生产体系比较单一，即绝大多数采用异地育肥。把西部地区繁殖的犊牛，断奶后转入农业发达的中部玉米产区，短期育肥后出售或屠宰。

1. 商品犊牛繁殖场

主要在美国西部地区，主要饲养种公牛（主要有西门塔尔牛、夏洛来牛、盖福利克牛），种母牛（主要品种有安格斯牛、海福特牛、短角牛），以自然交配为主，在进行杂交组合选择时，牧场主主要考虑早熟性与晚熟性相结合，以便获得既早熟又大个体的犊牛；把每年繁殖的犊牛，除按一定比例留作后备母牛外，其余犊牛全部在断奶（6 月龄）后出售，同时也把当年未孕母牛及时淘汰。这种牛场只养怀孕母牛、种公牛、后备母牛，不养育肥牛。

2. 育成牛场（也称拍卖牛场）

实质是商品犊牛繁殖场与强度育肥牛场间的中转站，收购断奶体重不足 320 kg 的犊牛，依靠优良的牧草，放牧或补饲精料，经过 2～3 个月的饲养，当体重达到 320 kg 即出售给强度育肥场，不养种牛和育肥牛，这类牛场只养育成牛（架子牛）。

3. 强度育肥牛场

专门从事肉牛的强度育肥，强度育肥牛场主要在中部的玉米产区，从繁殖牛场或育成牛场收购体重 320 kg 以上的犊牛。以精料型日粮舍饲强度育肥，经过 100 d 左右，体重达 450～500 kg 屠宰，在育肥过程广泛使用矿物质、维生素等添加剂，并采用肉牛增重剂。强度育肥牛场规模很大，专业化水平高，牛源不仅来自国内，每年还从墨西哥、加拿大等国进口，在美国肉牛业中极少由繁殖场把犊牛饲养到屠宰活重。

7.1.1.2 英国肉牛育肥饲养体系

英国牛肉生产量中由奶牛群提供的牛肉占牛肉总产量的 60％以上，进口架子牛育肥不超过 5％，其他肉牛均为专用肉牛群提供，占 35％左右，英国主要有 3 种肉牛育肥生产方式，专用肉牛育肥、架子牛育肥、小公牛育肥。

专用肉牛育肥的实质是带犊母牛饲养模式，把母牛作为繁育手段，所产犊牛供育肥用，又分秋产和冬春产犊牛两种方式。秋产犊牛育肥为秋产犊牛随母牛哺乳过冬，断奶后草地放牧饲养，第二年冬季以谷物加牧草的日粮强度育肥，饲养期共 15～16 个月。冬春产犊牛育肥为冬产犊牛随母牛哺乳过冬，断奶后放牧饲养，秋后以青贮料及干草为主的日粮饲养过冬，第二年夏季以谷物加牧草或放牧加补饲的方式催肥，饲养期共 18～20 个月。

架子牛育肥为专业化的异地育肥，育肥场从国内或国外选购架子牛，购入时 12 月龄左右，以谷物加牧草或放牧加补饲方式育肥。饲养期 6～10 个月，即肉牛年龄在 18～20 月龄时育肥结束，体重 450～500 kg 时出售屠宰。小公牛育肥为小公牛不去势，直接育肥至屠宰体重出栏，采用全舍饲青贮料为主的育肥，这种育肥方式日增重高，饲料转化效率高，胴体品质优良，高档牛肉的相当部分来自这种育肥方式的牛，饲养效益也高于阉牛。

7.1.1.3 澳大利亚肉牛育肥体系

澳大利亚的肉牛品种主要有抗热抗蜱的婆罗门牛、南非瘤牛品种牛、海福特牛、安格斯牛和莫累灰牛。

澳大利亚是个地广人少的国家，其北部、中部、西部年降雨量少，东部和南部地区降雨量较高，形成了两种截然不同的肉牛育肥方式。在降雨量较少的北部、中部和西部地区，1 km^2 平均不足一头牛，牛出生后随母牛放牧，任牛只活动，几乎没有任何管理措施，开放式粗放经营，只是到了屠宰时才有人来管理，牛肉品质粗老。

在降雨量较多的南部、东南部地区，采用人工或优质草场，实行分区轮牧制等集约式生产。白天放牧，晚间补喂配合精饲料或全天放牧不补料，管理较细。草场有饮水设备或备有添加剂舔砖，这种牛得到较好的管理，牛肉品质优良。

7.1.1.4 日本肉牛育肥生产体系

日本肉牛的两大支柱是以和牛品种为代表的肉用牛及以荷斯坦牛为代表的乳用牛，后者年生产量占全日本自产牛肉产量的70%左右，和牛品种的产量只占全国产肉量的30%左右。用乳用牛生产牛肉的途径有乳用品种的去势公牛育肥、乳用公母牛淘汰后育肥、乳用犊牛育肥。日本肉牛生产中极少有大规模的肉牛育肥场，以农户饲养为主；农户自繁自养和异地育肥相结合；制定肉牛屠宰规范，并规定屠宰权限（无个体户宰牛），对保证牛肉卫生有重要的作用。

用肉用牛生产牛肉时，按年龄大致可分为幼龄育肥（育肥 17 个月）和理想育肥（育肥 24 个月，主要为成年去势公、母牛育肥），其中母牛理想育肥是生产世界上著名日式烧烤牛肉的一种育肥方式，育肥期达 300～360 d，育肥时间长，因而日增重较低，饲养精细，管理科学化，一般在舍内饲养，以培育特优特高价和牛，出栏时体重均达到 650～700 kg。

7.1.1.5 我国肉牛育肥生产模式

我国多采用广大农牧户分散饲养繁殖母牛和架子牛，肉牛育肥主要是小规模或专业养殖户，少部分为肉牛育肥场集中育肥，适度规模经营的方式。我国肉牛育肥模式按饲养时间长短主要有 3 种：①短期育肥（6 个月以内）利用架子牛的补偿生长；②中期育肥（6～12 个月）；③长期育肥（12 个月以上，有些长达 20 个月）。

(1)草原肉牛生产体系。肉牛生产的一切环节均在草原进行，繁殖母牛在草原饲养，并一直饲养到出栏屠宰。基本采用放牧补饲方式，其生产性能与草地的质量有极为重要的关系。一般来讲，效率较低，牛只出栏晚，产肉量低，肉质也较差。

(2)农区肉牛生产体系。在农区饲养的母牛繁殖出犊牛后继续饲养，直到出栏屠宰。这又可分为两种方式：①犊牛育肥直到出栏都在农户家中或以半放牧半舍饲或全舍饲的方式饲养；②犊牛在农民家中养到一定体重后交易到本地或异地集中至育肥场育肥饲养后出栏，集中育肥的肉牛场多在气候、饲养、销售条件较好的地区，生产效率较高。

7.1.2 我国肉牛生产体系——带犊繁育体系

我国肉牛生产的科技工作主要有：杂交改良黄牛品种，改善饲养管理条件，改变传统育肥方式，提高出栏率，提高经济效益，为优质高效肉牛业的发展服务，为农民脱贫致富奔小康服务。我国肉牛生产是一项系统工程，包括从饲草饲料生产到加工调制，从母牛饲养到繁殖改良，从犊牛培育到架子牛育肥，从屠宰加工到产品销售等，生产过程紧紧围绕繁殖改良、科学饲养、育肥出栏三大中心环节,建立并完善技术服务体系。主要有杂交改良体系、繁殖配种体系、饲草料生产加工体系、科学饲养管理体系、肉牛育肥制度和育肥技术体系、疾病防治检疫防疫体系、产品加工销售体系,搞好产前、产中、产后的服务,其中繁殖改良是基础,且工作的中心在千家万户。

7.1.2.1 我国肉牛产业的主要经营模式

我国肉牛产业的主要经营模式为:强化商品肉牛基地建设,实行区域性开发,组建养牛专业村和肉牛育肥户(场)。以肉品加工业为龙头,采取公司加农户,供产销一条龙,实行广大农牧户分散饲养繁殖母牛和架子牛,育肥户(场)集中育肥,适度规模经营的方式。我国幅员辽阔,各地有丰富多样的地方品种资源和饲料饲草条件,肉牛生产模式多种多样,但基本的生产体系相同或相似,均为母牛繁殖带犊饲养体系,在千家万户饲养母牛,繁殖犊牛,培育犊牛和架子牛,母畜或杂交后代母畜留做繁殖,不作为肉畜,肉牛生产基本采用自繁自育和异地育肥两种方式,具体农区和牧区模式有差异。我国肉牛产业流程如图 7-1 所示。

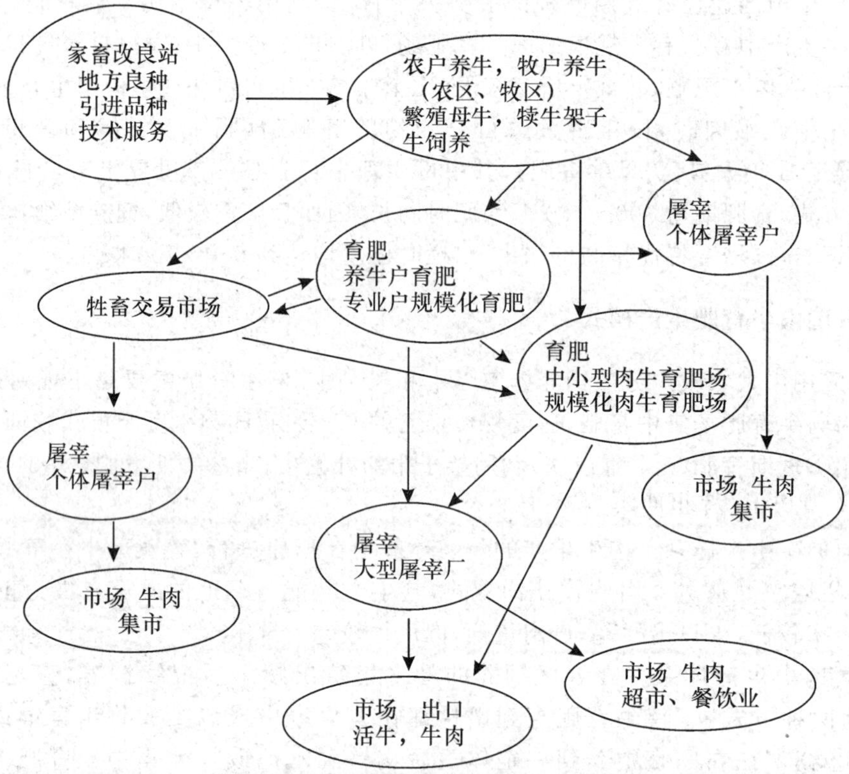

图 7-1 我国肉牛产业流程图

肉牛生产体系中,要充分利用我国地方良种有一系列优点,如饲养成本较低,不易难产(除非引入品种的犊牛出生重过大,如 45 kg 以上),繁殖年限长且温驯,肉质鲜嫩,风味丰厚等优点,在杂交中改造泌乳能力低和晚熟性的不足。

对配套父系的选择以 2～3 个引进肉用品种或地方良种为父本。但选择哪个品种作父本,要考虑所生杂交牛的生产方向,即考虑面向市场,如欧美市场可考虑相对瘦肉率高的杂种牛,可选用夏洛来牛、利木赞牛和皮埃蒙特牛,但若面向东南亚国家或国内销售,多为肥牛型,可选用地方优良品种或引进的安格斯牛、海福特牛等品种，要进行最优杂交组合的筛选。

7.1.2.2　我国肉牛养殖生产模式

根据我国养牛生产的区域性特征和实际情况，我国农牧区肉牛规模化生产主要经营模式有以下几种。

1. 肉牛产业链式发展模式

地域内有较大经济实力的经营性企业，称龙头企业，企业主要从事肉牛加工如屠宰或肉牛产品深加工。肉牛产品加工业的发展，带动相关产业协同发展，使肉牛产业从肉牛饲养开始，通过加工、销售过程各环节链条反复增加附加值，形成肉牛产业链，见图 7-2。

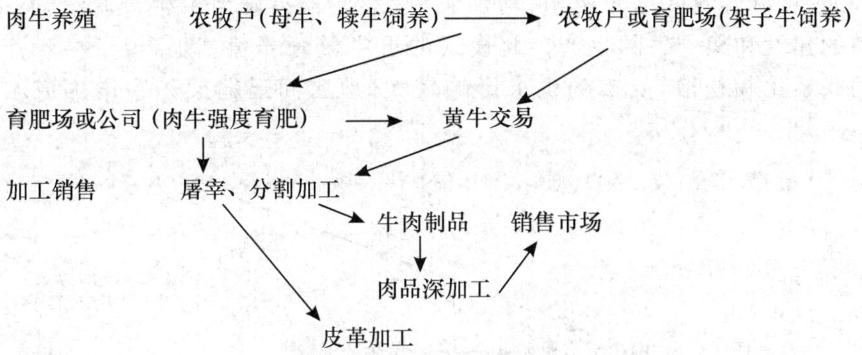

图 7-2　肉牛产业链式发展模式

肉牛产业链式发展模式中加工企业的经营，使肉牛产业化由弱质低效产业向高利润产业转变；肉牛饲养业同第二、第三产业结合，使属于食品工业范畴的牛肉、牛皮等加工业，属商业范畴的活牛、皮制品的流通与养牛业有机结合；若当地政府或事业机构扶持肉牛饲养的发展，健全配套服务体系，将促进肉牛产业化进程。

2. 肉牛小群体大规模发展模式

这种模式存在于广大农区或农牧交错区，这些地域有较好肉牛养殖基础和较大的养殖区域，广大农牧民养牛积极性高，以一个或多个带动能力强的肉牛育肥企业或集贸市场为龙头，农户为龙尾，实行贸农一体、产销一条龙，形成“市场牵龙头、龙头带基地、基地连农户”的经营格局，见图 7-3。建立稳固的肉牛养殖生产基地，保障经营性企业所需的优质牛源是这种模式发展的基础。各生产阶段之间以经济合同为纽带，保证企业和生产基地的稳固利益关系，形成稳定的利益共享、风险共担的共同体，是模式存在和发展的关键。

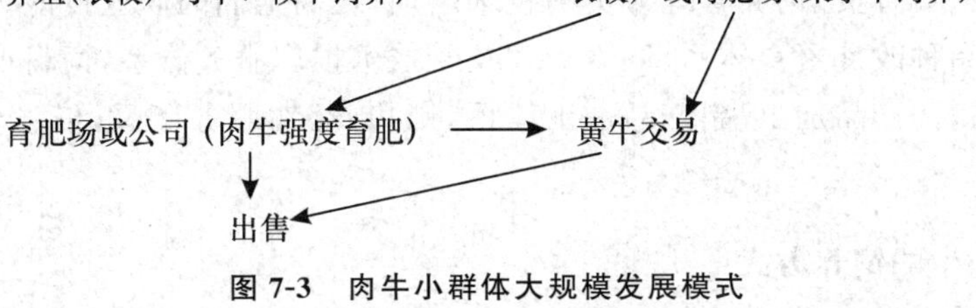

图 7-3　肉牛小群体大规模发展模式

这种模式虽然一个投资个体或农牧户饲养肉牛数量少，但以村或乡镇为一整体，组成养牛合作社或养殖协会，连片经营，统一养殖目标、统一面向市场、统一生产技术服务和防疫，实行分别投资、自主经营，把集体的优越性和个人的主动性较好地结合，既便于先进技术的传播应用，又减少了集资难、风险大等弊端，同时便于乡村规划，减少环境污染。

3. 资源优势互补的异地育肥模式

肉牛异地育肥是指在甲地繁殖并培育犊牛、架子牛，在乙地专门进行肉牛育肥，发挥各自优势，这种模式存在于广大农区与牧区之间或农牧交错区，这些地域有较充裕的架子牛和充足饲料资源，且肉牛养殖基础好，广大农牧民养牛积极性高，对于肉牛育肥区是属“两头在外来料加工”型的肉牛育肥模式，见图 7-4。在有先进的饲养管理技术，交通便利，宜于销售的地区，建立规模育肥场，从架子牛基地购置架子牛进行集中育肥，销售。这种模式在我国较为普遍，可减轻牧区草原负担，增加农牧民收入，提升肉牛生产质量，有效地促进母牛基地养殖的建设和架子牛的生产。此模式的母牛繁育养殖基地（架子牛生产）与异地育肥场之间的联系比较松散，受市场供求影响较大；地区间运输架子牛增加成本，且不利于防疫。

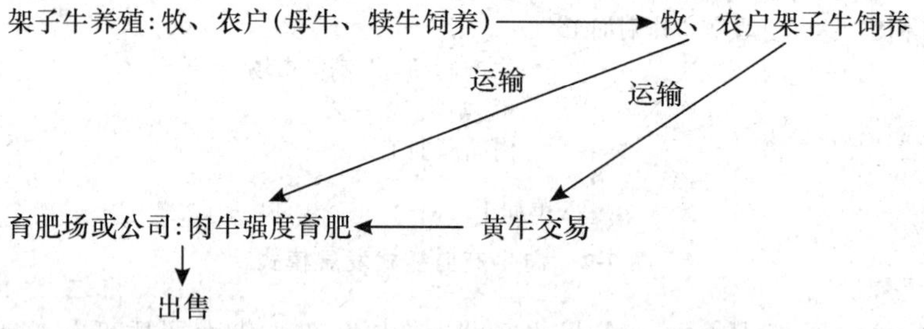

图 7-4 资源优势互补的异地育肥肉牛养殖模式

7.1.2.3 肉牛养殖业社会化服务体系

肉牛养殖业社会化服务体系，是为肉牛养殖者（户）提供产前、产中和产后的综合配套服务。包括服务体系自身的建设要适合不同地区肉牛生产发展水平，多样化，因地制宜；开展肉牛生产全过程综合配套服务，使肉牛生产的整个产业链得到配套综合服务并提升价值。政府要加大对农户饲养繁殖母牛的支持力度，如母牛养殖进行适度的补贴，建立基础母牛保险制度，降低养殖风险。在信贷方面对发展基础母牛给予必要的支持，以保护和调动养牛户饲养母牛的积极性。

加强服务体系建设和技术培训力度，全面提升技术服务能力和水平，建立和完善专业培训平台，加强技术员、繁育员、饲养管理人员的技术培训，提高他们的职业技能。肉牛养殖业社会化服务体系包括品种改良繁育体系，饲养管理及新技术推广服务体系，饲料加工及日粮配合技术，疫病防治体系，肉产品加工、副产品加工体系，销售、运输服务体系，信息交流服务、社会保险等服务体系。

7.1.2.4 我国肉牛的饲养方式

我国肉牛业的生产现状是以农区、牧区农牧户分散饲养为主，占全国养牛的 80%，小规模饲养和中等规模育肥场育肥为辅；以地方品种生产为主，杂交改良生产为辅；以副业为主，以产业为辅,中大规模饲养很少。一般每户饲养都是3～5头,多的也只有十几头或几十头。一些专业化的大型肉牛育肥场和饲养规模较大的肉牛育肥专业户出栏的屠宰牛数量十分有限,占总出栏量的比例也很小。肉牛散养可以充分利用家庭的各种资源如劳动力、闲散资金、农作物秸秆等,有效地降低饲养成本,提高家庭经济收入。

(1)舍饲。饲喂繁殖母牛,培育犊牛和架子牛,利用小公牛或成年牛或淘汰的母牛育肥生产肉牛。饲料资源的利用方式有以秸秆(青秸秆青贮)为主;以割草为主,适当补充精料;以酒糟、甜菜渣等副产品为主,精料为辅;以精料为主。

(2)放牧饲养。靠山地和草原,可节省精料,屠宰年龄以1.5～2岁适宜,不要超过2.5岁,因为生长后期,增重速度慢。

(3)半放牧半舍饲。白天放牧,晚上收牧补饲。

7.2 肉牛饲养管理

只有在肉牛生长发育的各个阶段都施以科学的饲养管理条件,才能真正发挥出品种的遗传潜力,充分显示出高水平的生产效能。实现肉牛产业的持续发展,必须从能繁母牛的规范健康养殖开始,做到牛源充足,牛肉品质优良,加工企业有相对固定的供牛基地,使肉牛种源、育肥、屠宰、分割有完善的标准,实施牛肉、牛源可追溯制度,做强肉牛产业。

7.2.1 能繁母牛饲养管理

繁殖母牛饲养管理的好坏,决定着母牛和犊牛的健康以及哺乳母牛泌乳量的高低和犊牛发育的快慢。饲养繁殖母牛主要目的是为了繁育生产犊牛,繁殖是增加牛群数量和提高牛群质量的前提,是发展养牛生产的基础。

我国繁殖母牛的饲养收益很小而且风险较大,这是我国养牛生产发展的软肋。我国现阶段饲养繁殖母牛有3种情况,一是依赖自然资源饲养繁殖母牛,主要是放牧饲养或配合部分舍饲的方式生产犊牛,这样出售育成犊牛尚有利可图,并可依靠多养母牛来增加获利;二是农户少量舍饲散养繁殖母牛生产犊牛,依靠农户家中不宜直接出售的秸秆等农副产物,通过牛腹变废为宝和集小钱为大钱的方式来增加收入;三是采用集约化大量舍饲养殖繁殖母牛来生产犊牛,进行育肥牛生产。

饲养母牛,期望母牛的受胎率高,泌乳性能高,哺育犊牛的能力强,产犊后返情早,期望产生的犊牛质量好,初生重、断奶重大,断奶成活率高。繁殖母牛除了必须健康外,还要在遗传能力、繁殖能力、饲料利用性能和生产能力等诸方面具有较优的表现。

7.2.1.1 繁殖母牛管理中的重要工作

(1)做好常规记录。记录内容主要有母牛的出生日期、出生地、母牛编号(或名字)、饲养人地址、牛只生长状况、饲养管理变化、牛病防治情况、发情与配种、产犊情况、与配公牛情况等。

(2)做好防疫记录。一旦发现有传染病,严格按当地兽医防疫部门统一安排,按时检疫和注射疫苗,并做好记录。

7.2.1.2 繁殖母牛的饲养方式

肉牛繁殖母牛的任务是每年生育一头具有本品种特点的优良犊牛作为扩大或维持生产的后备牛，多余的犊牛提供给育肥群，肉用繁殖母牛的饲养方式主要有两种，即放牧饲养和舍饲饲养。

1.放牧饲养

放牧方式节省饲料、人力和设备，成本低，有利于提高母牛和犊牛的体质。但由于践踏放牧地或草地，故对牧草的利用率较低，受外界环境影响大，还受体质和性情的影响，采食量有差别，在冬季因牧草干枯、气候寒冷、游牧行走从而使饲养效果降低，合理放牧能最大限度地降低这些不利因素的干扰。

牛群组成应按放牧地产草量、地形地势而定，一般以 50～200 头为宜，并应该考虑妊娠、哺乳、年龄等生理因素组织牛群，妊娠后期和哺乳的牛应放牧于牧草较好、距离牛舍较近的地方。每天放牧时间随牧草的质与量从 7 h 至全天。放牧地载畜量随着牧草产量而变化，在保证吃饱基础上控制牛采食行进的速度，以免把草践踏坏，也不应停留时间太长，否则造成放牧地采食过度。

(1)春季放牧。春季开始放牧的 10 d 左右要避免跑青和践踏放牧地，可等待牧草高于 10 cm 或禾本科牧草开始拔节时放牧。在人工草地或牧草丰盛的草地放牧时，通过控制放牧时间来控制采食量，或者补充干草等方法，逐渐增加放牧时间，以免发生消化系统紊乱、拉稀、臌胀、缺镁和缺磷等症状，还要注意阴坡草与阳坡草的差别。

(2)夏季放牧。夏季牧草生长得最茂盛，营养价值也最高，是牛复膘增膘的好季节。若能采食充分，各种不同生理状态的牛，都能从牧草中得到足够的营养。此时应到远离村庄的地方放牧，来回行走超过 3 km 时，可以在放牧地靠近水源处建立临时牛圈，以便休息和减少出牧回圈及饮水行走所消耗的营养。牛怕热，喜欢凉爽，当气温超过 27℃时开始妨碍牛的采食和正常消化。通常 7、8 月份白天气温往往超过 35℃，严重影响牛的采食、消化和健康。在这个炎热季节中，白天可把牛放牧于阴坡或林间，以便牛休息和纳凉，注意夜间放牧。夏季要充分利用远山、高山和阴坡放牧，把靠近村庄、较平坦的河谷地的野草及时割晒或制作青贮，为越冬备好优质饲草。

(3)秋季放牧。秋季气温逐渐降低，牧草的营养向种子转移。随种子成熟，牧草茎叶所含营养逐日下降。由于气候逐渐凉爽，牛的食欲增加，消化器官机能提高，要充分利用这个时期的特点，让牛充分采食，抓好秋膘，以利过冬。这个季节夜间温度较低，若低于－30℃就停止夜牧，充分利用白天放牧。放牧地也应随天气变化逐渐从阴坡转向阳坡，并逐渐向村庄靠近。这时，当年出生的 4 月龄以上的犊牛(视生长发育是否正常)陆续断奶，从母牛群中分出另组牛群，使其习惯独立生活，也利于补料。断奶时间不要拖到冬天，否则对犊牛和母牛的健康都不利。秋天正是农作物收获的季节，可利用鲜玉米秸、鲜高粱秸、甘蔗尾梢和叶等制作青贮，注意收集秸秆和农副产品作为冬季饲草贮备。

(4)冬季放牧。除我国华南地区冬季气候温和尚宜放牧之外，北方冬季气温低而风大，牛在野外体热散失很多，而且野草已枯萎，营养价值低，牛单靠牧食难以满足所需的营养，因而很快减重。枯草期超过 60 d 的北方地区，冬季最好不要放牧。冬季不得不放牧的缺草地区，不宜去风大的高山、陡坡和阴坡，应该在有草的向阳缓坡、平地和谷地等暖和的地方放牧。日间迟些出牧，早点收牧，晚间在牛圈补喂秸秆，并按不同生理、营养需要补喂精料。遇严寒、大风和下雪天应停牧舍饲。冬季补饲要注意补充含粗蛋白质和维生素 A(或胡萝卜素)丰富的饲草料，若利用各种尿素配合和加工的蛋白质代用饲料更为经济。

(5)放牧饲养应注意的问题。放牧地离牛圈最远不超过 3 km，超过时应在放牧地配置临时牛圈。临时牛圈可充分利用自然条件，因地制宜修建，以实用、造价低为原则。应注意避开泾流、悬崖边、崖下、低洼地和雷击区，以免雷雨天发生意外。还要便于排水，以免圈内潮湿泥泞，使牛无法卧下休息。冬、春季节的牛圈应在背风向阳处修建。为了减少牧草资源的浪费，可采取综合配套放牧技术，如采取分区轮回放牧和围栏条牧等方法。分区轮牧可使放牧地得到休养，给牧草的恢复生长提供机会，较均匀地提供牧草。对于质量较好的放牧地，采用围栏条牧。雨天放牧要避开陡坡、悬崖边和悬崖下，以免滑坡及坍塌的危险。出牧和回牧都不要驱赶过急，特别是归牧路上，速度控制在 1.1 m/s，在险道上控制好爱顶架的牛(让其走在最前)，让瘦弱牛、妊娠后期和带犊牛走慢些，避免发生滚坡事件。春末夏初是牛发情较为集中的时期，牛群放牧地应与人工授精站或交通线靠近，以便及时给发情牛输精。采用本交繁殖的牛群，可按每 30 头母牛配备 1 头公牛的比例组群，繁殖季节过后应把公牛分开饲喂。放牧人员应随身携带雨具和少量常用药品等。春天开始放牧时还应带套管针、抑制瘤胃发泡发酵的药物等。

2. 舍饲饲养

舍饲方式需要大量饲料、设备与人力，成本高，由于缺乏运动、厩舍空气差而使牛体质较弱。舍饲可提高饲草的利用率，不受气候和环境的影响，使牛拥有能抗御恶劣条件的环境，能按技术要求调节牛的采食量，使牛群生长发育均匀，合理安排牛床能避免牛之间的争斗，便于实现机械化饲养，提高劳动效率。牧草质量较差或冬、春枯草季节，放牧吃不饱时，可采用舍饲办法或放牧加补饲的办法。缺少放牧地的平原农业区，牛群可采取舍饲办法。因为肉牛不参加使役，所以应给牛群以一定面积的运动场地，让牛能活动，有利于提高体质。可采取散放或定时上槽，不采用拴系式饲养。尽可能让牛自由采食、自由饮水，气温较低时，一定要饮 20℃以上的温水。肉牛厩舍一般不做特别要求，冬季要求能防寒，防止结冰，夏天防雨、防冰雹、防暴晒，并以有产房为好，有利于犊牛和母牛的健康，减少疾病传播。

(1)粗料以质量较好的青草为主的饲养方法。因为青草营养价值比较高，可较好地满足牛的营养需要。只需对未成年母牛、妊娠6个月以上的母牛补喂精料，每日补混合料 0.5～1 kg，带犊母牛每日补混合料 1～1.5 kg。哺乳期补料比妊娠期补料意义更大，故妊娠期只宜使母牛营养平衡，产犊后提高其营养供给水平，按日泌乳 8～12 kg 标准奶安排日粮。据测定，补料多少对妊娠母牛本身影响很大，但一般对犊牛初生重影响不大(除非母牛营养状况太差)，却对产后泌乳量影响较大，使犊牛日增重提高。妊娠期和哺乳期对母牛补料是否恰当，明显影响断奶重。

(2)以玉米秸类为主的饲养方法。玉米秸的营养价值相当于中等青干草，但蛋白质含量非常低，因此必须补充蛋白质。如果搭配 1/3～1/2 的优质豆科牧草，可按以青草为主的标准补料。如果没有豆科牧草，可用青草补料标准的 1.3 倍补饲混合料，同时要注意玉米秸粗硬，适口性差，需进行适当的加工，改善适口性，增加采食量，减少浪费。

(3)以麦秸为主的饲养方法。麦秸的营养价值很低，牛很难从这类饲料中得到足够的营养维持需要，如用这类饲料饲喂时，必须同时补充能量和蛋白质，其混合精料的补给量可按青草的 1.5～2 倍补饲,还要对麦秸进行细致的加工处理。使用氨化麦秸时,只需按营养标准补给维生素 A,并按青草的方法补充精料。

在以玉米秸秆、麦秸为主的饲养方法中,都要注意适当的粗料搭配,以提高其适口性,进行营养互相调节,节约日粮。

7.2.1.3　妊娠母牛的饲养管理(母牛的妊娠管理)

怀孕后的母牛,除了满足自己的需要以外,还要供给胎儿需要的营养。妊娠母牛饲养管理的基本要求是体重增加、代谢增强、胚胎发育正常、犊牛初生重大、产后生活力强。

1. 母牛妊娠诊断

配种后要及早判断母牛是否受孕,以便对已受胎的牛加强饲养管理,做好保胎工作,而对空怀牛应注意下次及时配种,从而提高母牛的繁殖率。生产中现多采用外部观察法和直肠检查法进行妊娠诊断,外部观察法只对发情规律正常的牛有一定参考价值,并且一些明显的外观症状只在妊娠中后期才较明显,无法做到早期诊断。所以现在广泛采用直肠检查法,但直肠检查法要求有熟练技术,否则非但不能正常诊断而且易造成牛流产。

2. 预产期的推算

母牛的妊娠期一般为 270～285 d,平均为 280 d。以 280 d 计,可以通过最后一次配种日期、月份各加 9 来推算预产期。例如一头母牛 2009 年 8 月 26 日最后一次配种,则预产期为月份 8＋9＝17,需减去 12 个月即为次年的 5 月份,日期 27＋9＝36,需减去 5 月份的 31 d,为下月 5 日,则该牛预产期为 2010 年 6 月 5 日。

3. 妊娠母牛的饲养管理

妊娠前 6 个月胚胎生长发育较慢,不必为母牛增加营养。对怀孕母牛保持中上等膘情即可。怀孕最后的 2～3 个月,应进行重点补饲,至少要增重 45～70 kg。需要重点指出的是,在冬春枯草季节,牛由于长期吃不到青草,维生素 A 缺乏,可用胡萝卜或维生素 A 添加剂补充,也可补饲青干草,另外,每头每天还要补充精料 0.8～1.5 kg。精料配方:玉米 65%,饼类 15%,麸皮 15%,石粉或磷酸氢钙 2%,盐 2%,矿物质和维生素预混料 1%(尤其是补充维生素 A)。

(1)妊娠母牛的饲养。妊娠母牛的营养需要和胎儿的生长速度有关,胎儿在 5 月龄前生长速度缓慢,以后逐渐加快,到第九妊娠月时,妊娠需要达到维持需要的 50%～60%。妊娠期间的营养水平还和产后产乳量和正常发情有关。如果供给的营养不足,会影响犊牛的初生重、哺乳犊牛的日增重及母牛的产后发情。营养过剩使母牛发胖,生活力下降,同时影响繁殖和健康,一般应保持中等膘情。对于头胎母牛,还要防止难产。尤其用大体型的牛改良小体型的牛,对妊娠后期的营养供给不可过量。

妊娠母牛的营养需要除满足能量和蛋白质外,还要注意维生素和矿物质的供给。维生素 A 在冬春 4～5 个月期间常常缺乏,它明显影响分娩、胎衣排出、泌乳、产后第一次发情及初生犊的健康与成活率。缺磷不会影响母牛体况,但能使卵巢静止,影响繁殖。此外,还要补充食盐及其他矿物质元素,特别在放牧青草时应补充,因为青草中钾盐高,钠盐低,补食盐可维持钾、钠的适当比例,使体液稳定。正确的补盐方法是制成舔剂,任其自由舔食;或根据喂量,化在水中喂饮,或每天随草料拌匀给予。妊娠母牛的营养需要除满足能量和蛋白质外,还要注意维生素和矿物质的供给。

以放牧为主的母牛饲养,青草季节应尽量延长放牧时间,一般可不补饲。枯草季节,根据牧草质量和牛的营养需要确定补饲草料的种类和数量;特别是在怀孕最后的2～3个月,这时正值枯草期,应进行重点补饲。

舍饲情况下,按以青粗饲料为主适当搭配精饲料的原则,参照饲养标准配合日粮;粗料如以玉米秸为主要补饲精料;粗料若以麦秸、稻草等粗料为主,秸秆要适当处理加工,必须补饲精料。应采用先粗后精的顺序饲喂。即先喂粗料,待牛吃半饱后,在粗料中拌入部分精料或多汁料碎块,引诱牛多采食,最后把余下的精料全部投饲,吃净后下槽。

(2)妊娠母牛管理工作。怀孕后期应做好保胎工作,预防流产或早产,无论放牧或舍饲,禁止饲喂发霉、变质、冰冻的饲草料,禁饮冰渣水,冬天定时饮水,水温应高于10℃;管理上应强调运动,牛舍、运动场不能太拥挤,防止挤撞、顶架引起流产,禁止母牛猛跑、急转弯、跳跃等。

孕牛要与其他牛分开,单独组群饲养;运动要适当,严防惊吓、滑跌、挤撞、鞭打、顶架等;临产前注意观察,保证安全分娩;在饲料条件较好时,应避免过肥和运动不足。

临产前注意观察,保证安全分娩,临产前两周转入产房,专人护理。在饲料条件好时,应避免过肥和运动不足,充足的运动可增强母牛体质,促进胎儿生长发育,并可防止难产。纯种肉牛难产率较高,尤其初产母牛较高,需做好助产工作。

7.2.1.4 哺乳母牛的饲养管理(繁殖母牛分娩管理)

哺乳母牛就是产犊后用其乳汁哺育犊牛的母牛,哺乳母牛的饲养要求是多产乳,满足肉犊牛生长发育的需要,及时恢复体况,发情配种,为下一个妊娠期做准备。

1. 分娩预兆与助产

临产母牛食欲减退或废绝,表现不安,常回顾腹部,排粪排尿次数增多,另外可见乳房膨大,阴唇肿胀,临产前1～2 d尾根两侧凹陷。

产犊是一种正常生理过程,一般不会发生难产,但初产牛和用大型肉牛所配的牛难产可能性较大,应该助产,助产的原则是尽力保全母牛和犊牛,不得已舍子保母,还要注意避免产道感染和损伤,保护母牛正常繁殖力。助产时母牛如能站立应采取站立保定,呈头低后高,如不能站立,采取左侧卧,垫高后躯。

2. 分娩产后的护理

临近产期的母牛应停止放牧,给予营养丰富、品质优良、易于消化的饲料。产前半个月,最好将母牛移入产房,由专人饲养和看护,发现临产征兆,估计分娩时间,准备接产工作。母牛的分娩征兆主要有:阴唇在分娩前1周开始逐渐松弛、肿大、充血,阴唇表面皱纹逐渐展开;在分娩前1～2 d阴门有透明黏液流出;分娩前1～2周骨盆韧带开始软化,产前12～36 h荐坐韧带后缘变得非常松软,尾根两侧凹陷;临产前母牛表现不安,常回顾腹部,后躯摇摆,排粪尿次数增多,每次排出量少,食欲减少或停止。

在正常分娩过程中,母牛可以将胎儿顺利产出,不需人工辅助。但是对初产母牛,胎位异常及分娩过程较长的母牛要及时进行助产,以缩短分娩过程并保证胎儿的成活。

分娩时母牛体内损失大量水,分娩后应立即给母牛饮温麸皮汤。一般用温水10 kg加麸皮0.5 kg,食盐50 g,搅拌均匀喂给,有条件加500 g红糖和500 g益母草膏效果更好。

母牛产后易发生胎衣不下、食滞、乳房炎和褥热等症,要经常观察,发现病牛及时医治。因此,产后1周内,要经常观察,加强卫生护理,严格消毒制度。牛床铺以清洁干燥垫草,防止受风湿。应根据母牛健康状况、食欲、消化力等来调整日粮。要求日粮易消化、适口性强，产后3 d内，只喂优质干草和少量以麸皮为主的精料，第4天起日粮中可适当增加青草、青贮料和精料，一周后即可恢复正常饲喂。

3. 产犊后母牛的管理

产后注意观察母牛的乳房、食欲、反刍、粪便，发现异常情况及时治疗；分娩后40～80 d，注意观察母牛是否发情，便于适时配种。配种后两个情期，还应观察母牛是否有返情现象。每天刷拭牛体一次，刷遍牛体全身，保护牛体清洁，预防传染病。每年修蹄一两次，保持肢蹄姿势正常。对舍饲牛，每天让其自由活动3～4 h，或驱赶运动1～2 h，以增强牛体质，增进食欲，保证正常发情。

4. 哺乳母牛的饲养

泌乳母牛的营养需要取决于维持和泌乳的营养需要。母牛泌乳量直接影响犊牛的日增重和断奶体重。母牛用于泌乳的营养取决于其泌乳能力（较好、平均和较差，详见《肉牛营养需要和饲养标准》），还和犊牛的哺乳能力及母牛本身的营养水平有关。由于母牛的泌乳量与产前营养水平呈高度正相关，所以，母牛用于泌乳的营养需要与产前营养水平也相关。

哺乳母牛的主要任务是多产奶，以供犊牛需要。母牛在哺乳期能量饲料的需要比妊娠干奶牛高出50%，蛋白质、钙、磷的需要量加倍，每产1 kg的奶相当消耗0.3～0.4 kg精饲料。一头大型西杂肉用母牛在自然哺乳时，平均日产奶量可达6～7 kg，产后2～3个月达到泌乳高峰；本地黄牛产后平均日产奶2～4 kg，泌乳高峰多在产后1个月出现，此时若不给母牛增加营养，就会使其泌乳量下降，并会损害母牛健康，影响犊牛的生长。早春产犊母牛正处于牧地青草供应不足的时期，为保证母牛的产奶量，要特别注意泌乳早期（产后70 d之内）的补饲。除补饲作物秸秆、青干草、青贮料和玉米等，每天最好补喂饼粕类蛋白质饲料0.5～1 kg，哺乳母牛混合精料配方见表7-1，供参考。同时注意矿物质及维生素的补充，有利于母牛的产后发情与配种。头胎泌乳的母牛除泌乳需要外，还要使其继续生长。营养不足对繁殖力影响明显，所以一定要饲喂品质优良的禾本科及豆科牧草，精料搭配多样化，但也不要大量饲喂精料。

表7-1 繁殖母牛混合精料配方

编号	玉米/%	糠麸类/%	油饼类/%	石粉/%	磷酸氢钙/%	食盐/%	微量元素	维生素	适用的粗料
1	65	15	15	2	1	2	添加	—	青草
2	65	15	15	2	1	2	添加	添加	青贮饲料
3	65	10	20	2	1	2	添加	添加	青干草、玉米秸
4	55	32	10	0	1	2	添加	—	苜蓿

7.2.1.5 空怀母牛的饲养与管理

繁殖母牛在配种前应具有中上等膘情，过瘦或过肥往往影响繁殖。在日常饲养实践中，倘若喂过多精料而又运动不足，易使母牛过肥造成不发情，在肉用母牛饲养中，这是最常见的，必须加以注意。但在饲料缺乏，母牛瘦弱的情况下，也会造成母牛不发情而影响繁殖。如果母牛前一个泌乳期内给以足够的平衡日粮，劳役较轻，管理周到，能提高母牛的受胎率。瘦弱的母牛配种前1～2个月加强饲养，适当补饲精料，也能提高受胎率。

7.2.1.6 提高能繁母牛繁殖性能的措施

影响母牛繁殖力的主要因素有遗传、环境因素、营养、配种时间及人为因素等，通过应用下列措施，都可提高母牛繁殖力。

(1)确保全面、均衡的营养。

(2)提高管理水平。管理工作所涉及的内容较多，主要包括组织合理的牛群结构，合理的生产利用，母牛发情规律和繁殖情况调查，空怀、流产母牛的检查和治疗，配种工作的组织，保胎及犊牛培育等方面。

(3)保持卵巢功能正常，杜绝异常发情。母牛的正常繁殖主要取决于正常发情，而母牛往往由于卵巢功能失常等而引起异常发情，异常发情包括不发情、暗发情、常发情和假发情。

(4)提高繁殖技术。造成繁殖力下降的原因，在自由交配或群配时，公母牛比例不当，公牛头数过少；在人工辅助交配时则是公牛利用过度，交配不适时或公牛饲养管理不当；在采用冷冻精液人工授精时对精液保存各环节操作技术不过硬，或要求不严，造成受胎率下降；发情鉴定不准确导致误配、漏配；未掌握好输精时间；输精技术不熟练等都使繁殖效率下降。

(5)防治疾病引起的不孕；淘汰先天性和生理性不孕的母牛；充分利用有利的气候与环境条件，提高母牛的繁殖效率。

7.2.2 幼牛的饲养管理

幼牛包括犊牛和育成牛，经过选择(在断乳、周岁和1.5周岁时进行)，其一部分作为牛群繁殖的后备牛，另一部分用于育肥生产。因此，幼牛饲养管理的好坏，关系到牛群质量及生产率高低，必须引起重视。犊牛指从出生到6个月断乳为止的这段时期，而从断乳到性成熟为止的阶段称为育成牛或吊架子期，这个时期骨骼和肌肉强烈生长，各种组织器官相应增大，性机能开始活动，体躯结构和消化类型逐渐趋于固定。

7.2.2.1 犊牛的饲养管理

我国肉用犊牛多采用“一母一犊”饲养法，让犊牛直接哺食母乳，肉用牛的哺乳期通常为5～6个月，在哺乳同时进行必要的补饲，补料一般从2～3周龄开始，一般采用隔栏补饲的方法，补充的饲料必须是高蛋白质和易消化的能量饲料，并添加维生素和矿物质，其营养必须平衡，还需较好的适口性。

犊牛处于高强度的生长发育阶段，因此必须饲喂较高营养水平的日粮，只有这样，肉用犊牛的潜在发育性能才能充分得到表现。犊牛的营养需要，取决于计划日增重的大小，不同的肉用牛品种及其杂种改良牛又要求有不同的日增重。对于特定的肉用牛，可按该品种的日增重要求供给营养，一般肉用品种犊牛可采用乳用犊牛的增重标准，即6月龄断奶重达到160～170 kg，一般大型肉牛平均日增重应达到700～800 g，小型牛平均日增重应达到600～700 g。若增重达不到上述水平，应增加母牛的补料量，对月龄大的犊牛，则可以直接补料。

一、犊牛的饲养

犊牛培育要求是死亡率较低，即达到成活率95%。犊牛具有生长发育快，瘤胃功能不健全，抵抗能力差等特点，犊牛培育有一定的技术难度，因此养好犊牛是肉牛生产中关键的环节。

犊牛通常是随母牛自然哺乳，6月龄断奶。自然哺乳的前半期(90日龄前)，犊牛的日增重可达到0.5 kg以上。在后半期，犊牛可自觅草料，逐渐代替母乳，减少对母乳的依赖程度，日增重应达0.7～1 kg。为了促进犊牛瘤胃的发育，可用犊牛哺饲栏，从1～2周之后就可给予一定量的含优质蛋白质的精料和优质干草，以后就可以精料定量，多加优质干草，这不仅有利于提高日增重，而且还有利于断奶。但是必须要让犊牛发育良好但又不过肥，哺乳期如果饲喂过多精料也会造成脂肪的蓄积，尤其对繁殖用的母犊牛，由于脂肪的积累，往往妨碍子宫、乳腺及其他内脏的发育，从而导致青年母牛受胎率低，降低了繁殖性能。

1. 初生犊牛的护理

犊牛生后一般随母哺乳，或几头幼犊由一头泌乳牛代哺，以及人工哺乳等不同育犊方式。不管哪种方式育犊，都必须坚持让新生犊牛吃上1周左右的初乳。

(1)产房准备。根据母牛预产日期，产房需事先打扫干净，再用2%的烧碱水喷洒消毒，然后铺上10～15 cm清洁干净的垫草，产房宜宽敞，约30 m^2。夏季要防暑，冬季要防寒，注意严闭门窗，以防贼风。母牛临产时最好通知当地兽医站的工作人员，要建立夜间值班制度，助产人员要懂技术，懂操作规程。

(2)去黏液。犊牛出生后用毛巾等柔软物擦去口、鼻、身体上的黏液，如犊牛已吸入黏液发生呼吸困难时，可握住犊牛后肢向上抬，并拍打其胸部，使其吐出黏液，或直接用手抠出。

(3)去软蹄。用手剥去小蹄上附着的软组织，避免蹄部发炎。

(4)断脐。先将脐血挤回犊牛腹部，在距离腹部6～8 cm处将脐带结扎，剪断，并用5%～10%碘酊消毒，再扶助犊牛起立，防止犊牛摔伤。

(5)保温。在寒冷的冬季产犊，应采取保暖措施。

(6)喂初乳。在出生后0.5～1 h内让犊牛吃上母牛的初乳。初乳比常乳的干物质特别是蛋白质、维生素A、镁盐等营养物质含量多，其蛋白质中有大量的免疫球蛋白，对提高犊牛抗病力至关重要。如果母、犊分离，人工哺乳，第一次初乳量不可低于2 kg，日喂量为体重的1/6，每日分3～5次哺喂，冷凉初乳要用水浴加温至35～38℃。人工哺乳应用带奶嘴的奶壶喂，使犊牛产生吸吮反射，避免呛着和吸进肺部。犊牛吃完初乳，应用干净的毛巾擦干嘴角，避免细菌孳生。如母牛产后患病或死亡，可用同期分娩母牛的初乳或冷库保存的初乳。如得不到初乳，需要用奶粉或常乳饲喂时，应添加维生素A、维生素D和维生素E，可用如下配方配制：鲜牛乳1 kg，生鸡蛋3个，鱼肝油30 g，食盐10 g，土霉素400 mg或金霉素250 mg，充分混匀，加温到37～38℃喂给，连喂5 d。

2. 常乳期的哺喂和补饲

犊牛出生后一直跟随母牛哺乳、采食和放牧。犊牛的哺乳期应根据犊牛的品种，发育状况，农户(牛场)的饲养水平等具体情况来确定。如精料条件较差，哺乳期可定为4～6个月；如精料条件较好，哺乳期可缩短为3～5个月；如果采用代乳粉和补饲犊牛料，哺乳期则为2～4个月。

(1)哺喂常乳的方法。一般肉用犊牛采用自然哺乳，最好用母牛的常乳喂养。如果母牛产后死亡、虚弱、缺乳，或母性不佳，不能进行自然哺乳时，可寻找奶水充足的其他母牛代喂养，或用人工喂乳。

①随母哺乳法。犊牛出生后每天跟随母牛哺乳、采食和放牧，哺乳期为5个月左右，长者6～7个月，这样容易管理，节省劳动力，有利于犊牛的生长发育，是目前多数养殖户选用的培

育方法。但该法不利于母牛的管理，会加大母牛的饲养管理成本，小型的肉牛繁育场或农户可采用此法。

②保姆牛哺乳法。即一头产犊母牛同时哺育 2～3 头出生时间相近的犊牛，应注意选择产奶量较高、哺乳性能好、健康无病的母牛做保姆牛，喂奶时母子在一起，平时分开，轮流哺乳。这种方法可节约母牛的饲养管理成本，也节约劳动力，但缺点是会传染疾病，建议卫生条件好的大中型肉牛繁育场采用。

③人工哺乳法。对乳肉兼用和一些因母牛产后泌乳少或没有母乳可哺喂的犊牛，应对犊牛采取人工哺乳。国际上一些先进的肉牛繁殖场采取 90 日龄分期人工哺乳育犊方案：哺乳天数 90 d，总喂乳量 510 kg 全乳。1～10 日龄，5 kg/d；11～20 日龄，7 kg/d；21～40 日龄，8 kg/d；41～50 日龄，7 kg/d；51～60 日龄，5 kg/d；61～80 日龄，4 kg/d；81～90 日龄，3 kg/d。

人工喂奶的方式有桶喂和带奶嘴的奶壶喂两种，后者较好。如用桶喂，奶桶要固定，开始几次要用手引导犊牛吸入，喂完后用干净毛巾擦干犊牛嘴角周围。

(2)提早补饲，逐渐由吃奶过渡到采食料草。随哺乳犊牛的生长发育、日龄增加，每天需要的养分增加，而母牛产后 2～3 个月产奶量逐渐减少，出现单靠母乳不能满足犊牛养分需要的矛盾。为了促进瘤胃的发育，在犊牛哺乳期，应用“开食料”和优质青草或干草进行补饲。

①犊牛补料的必要性。促进犊牛瘤胃的发育，尽早对犊牛补饲精、粗饲料，由于精、粗饲料的刺激，会促进瘤胃的发育，建立正常的瘤胃微生物菌群，促进犊牛生长。我国的地方黄牛产奶量都不太高，其所产的牛犊又是杂交一代肉牛犊，初生体重大，生长发育快，单靠母乳远远不能满足其营养需要，因此需要补料。犊牛补料可以提高断奶重，杂一代犊牛从 3 月龄开始，根据不同的体重补给相应的混合料，到 6 月龄断奶时，体重可达 180～220 kg，平均日增重 830 g，而不补料的杂交犊牛仅为 156 kg，提高增重 15%～41%。犊牛补料可以提高饲料报酬，从 3 月龄到 6 月龄断奶，在哺乳期内，补料犊牛仅消耗 1 kg 左右混合料就能增重 1 kg，如果排除母乳对增重的作用，也仅消耗混合料 2.8～3.2 kg。通过早期补料的犊牛，6 月龄断奶后不会出现明显掉膘现象，可以直接育肥，12 月龄体重可达 400 kg 以上，周岁即可出栏，而不补料的断奶犊牛育肥，一般要到 14～15 月龄才能达到 400 kg 体重出栏。

②补料时间。为了促进犊牛瘤胃发育，提倡早期补料。一般于生后第一周可以随母牛舔食精料，第二周可试着补些精料或使用开食料、犊牛料补饲，第二、三周补给优质干草，自由采食(通常将干草放入草架内，防止采食污草)，也可在饲料中加些切碎的多汁饲料，2～3 月龄以后可喂秸秆或青贮饲料。

③补饲方法。每天补喂 1～2 次，补喂一次时在下午或黄昏进行，补喂两次时，早、晚各喂一次。开始时，按 1：10 的比例用水做成稀料喂给犊牛，也可在一开始就饲喂湿拌料，将混合精料与水按 1：(2.0～2.5)，以后逐渐改为固态湿拌料。补饲饲料量随日龄增加而逐步增加，尽可能使犊牛多采食。生后一周开始补饲些玉米、豆饼、麦麸，如果犊牛不吃，可将饲料抹在犊牛嘴的四周，经 2～3 d，反复几次，犊牛便可适应采食。10 日龄左右供给优质犊牛料或开食料，以后逐步加入胡萝卜(或萝卜)、甘薯、甜菜等多汁饲料。根据母乳多少和犊牛的体重来确定喂量，2 月龄日喂混合料 0.2～0.3 kg；3 月龄日喂混合料 0.3～0.8 kg；4 月龄增加到 0.8～1.2 kg；5 月龄 1.2～1.5 kg；6 月龄 1.5～2 kg。

有条件时可设立犊牛哺饲栏，从 2～3 月龄开始，在母牛圈外单独设置补料栏或补料槽，以防母牛抢食，栏高 1.2 m，间隙 0.35～0.4 m，犊牛能自由进出，母牛被隔离在外。

在补料期间，供给犊牛柔软、质量好的粗料，让其自由采食。出生2周左右就开始让其自由采食优质干草或饲喂青绿饲料，用草架或悬吊草诱导采食优质干草，最初每天10～20 g，2月龄可达1～1.5 kg。生后60 d开始饲喂青贮饲料或秸秆饲料，最初每天100 g，3月龄可达1.5～2 kg。在夏秋季，有条件时犊牛可随母牛放牧，并逐步增加普通饲料。

④犊牛精料配方。犊牛精料营养要求含粗蛋白质18%、粗脂肪5%、粗纤维5%～8%、钙0.6%、磷0.4%。精料参考配方见表7-2。

表7-2 犊牛的精料配方 %

适用的粗料	玉米	麸皮	油饼类	磷酸氢钙	食盐	维生素、微量元素补加剂
青草，青贮	55～60	5～10	25～28	3	1	因地制宜或1
干草，秸秆	50～55	5～10	30～32	3	1	因地制宜或1

(3)犊牛的饮水。饮水要方便，水质要清洁，放牧时严禁喂沟泡脏水和污染的水，每天饮水3～4次；犊牛在舍饲期要饮温水，水槽要定期刷洗，舍饲期每天饮水3次，不能强迫犊牛多饮水。

3. 犊牛断乳

犊牛断奶是提高母牛生产性能的重要环节，犊牛一般经过4～6个月的哺乳和采食补料训练后，生长发育所需的营养已基本得到满足，可以进行断奶。断奶时体重超过100 kg以上，其消化机能已健全，已能利用一定的精料及粗饲料，一般能采食1.5 kg精料。断奶时可用逐渐断奶办法，将母子分开。具体方法是将母牛和犊牛分离到各自牛舍，减少日哺乳次数，最初可隔1 d，而后隔2 d吃一次母乳，直至彻底断奶(完全离乳)。其次应逐渐增加精料的饲喂量，使犊牛在断奶期间有较好的过渡，不影响其正常的生长发育。断奶后保持原来饲养方案并加强营养，日喂精料1.5～2.0 kg，优质的青、干草任意采食。

4. 犊牛的早期断奶

在肉用犊牛培育过程中，为了提高犊牛生长速度，提高母牛繁殖率，也可采用早期断奶方式。犊牛要早日断奶，必须提早补喂料草，可促进消化器官发育，提高犊牛质量，促进瘤胃显著发育，减少消化道疾病的发生，提高犊牛成活率。犊牛早期断奶能否成效，关键是提早补饲给犊牛营养丰富的全价代乳料和犊牛料。通过早期断奶，饲养和培育公牛犊作肉用育肥，提高资源利用率，通过早期培育，提高母犊育成的效率。同时，早期断奶可促使母牛尽快恢复体况，提早发情配种，提高母牛情期受胎率，是提高母牛繁殖率的重要措施。经过早期断奶和补料的犊牛断奶后进行育肥，周岁体重可达到420 kg，可当年出栏；而不补料的断奶犊牛育肥，至少在14～15月龄时才能达到出栏体重。

(1)人工乳的使用。犊牛早期断乳在生产中已经普遍应用，人工乳配合技术不断完善，可在犊牛吃完初乳后，采用人工乳完全代替全乳。人工乳是干粉，使用方法按说明书进行，一般用温水稀释8～10倍哺喂，一天只喂2次，每次用200～250 g人工乳粉，加水1.5～2 kg溶解后喂给。如果同时备有优质的犊牛代乳料供自由采食，2～3月龄就可断奶。

具体方法：①生后1周内犊牛吃其亲生母亲所产的初乳。②从8日龄至35日龄的4周内，将人工乳一天两次早晚定时喂给。前两周内喂量200 g/d，后2周内250 g/d。将人工乳溶于6倍量的温水(40℃)中喂给。可采用水桶直接哺喂。③从8日龄至3月龄，除喂人工乳外，同时不断喂给代乳料和优质干草。从生后36日龄停喂人工乳，而只给代乳料和干草。哺喂人工乳期间，代乳料的喂量 100～200 g/d；停喂人工乳后，迅速上升到 1 000～3 000 g。④供给饮水，在哺喂人工乳期间，遇到严寒季节时给予 30℃温水，给 1～2 L/d 为限。

(2)代乳料的配制与喂法。代乳料能起到促使犊牛由以乳为主的营养向完全采食植物性饲料过渡的作用，配成犊牛易于消化吸收而又能满足过渡期营养需要的精饲料，形态为粉状或颗粒状。从犊牛生后的第二周开始提供，任其自由采食。在低乳量的饲养下，犊牛采食代乳料的量增加很快，到 1 月龄时已能吃到 1 kg/d 左右，等到 50～60 日龄以后，吃到 1.5 kg/d 时，便可断乳，并限制代乳料的给量，向普通配合料过渡。犊牛计消耗费 20～30 kg 代乳料。

二、肉用犊牛管理与培育

肉用犊牛的培育，除了严格按照饲养规范外，还应该根据本场(农户)实际情况，制定符合自身的培育方案和管理措施，才能提高犊牛成活率，提高日增重，为培育优良后备母牛打好基础。

(1)育种和登记管理——称重及编号。在犊牛生后吃第一次初乳之前，称量初生重；在断奶时，称量断奶重；根据断奶重和初生重之差及哺乳天数，计算哺乳期的平均日增重。在称量犊牛初生重的同时，还应进行编号。对新生犊应统一编号、打耳牌、称重，建立登记档案，如果初生犊牛的体格较小，难以使用耳牌时可做临时标记，1～2 月龄后打耳牌(编号标记)。3 月龄内每月称重 1 次，6 月龄称重 1 次，做好记录，以便掌握生长发育情况。

(2)去角。对于将来做育肥的犊牛和群饲的牛去角更有利于管理。去角的适宜时间多在生后 7～10 d，具体的去角方法见奶用犊牛的去角方法(第 6 章 6.1.1.3)。

(3)运动与放牧。犊牛从生后 8～10 日龄起，即可开始在舍外运动场作短时间的运动，以后可逐渐延长时间。如果犊牛出生在温暖季节，开始运动的日龄可提前，但必须根据气温的变化，掌握每日运动的时间。

放牧饲养的犊牛从生后 3 周到 1 个月开始放牧，放牧时要避免环境和饲养方法的急速改变。放牧前 1 周左右应将牛群赶到户外，使之增加对外界大自然的适应能力，同时加强运动。放牧应使犊牛跟随母牛，采取就近放牧的方式，逐渐延长放牧时间，放牧完后还要给母牛补料，在放牧地也可设立犊牛单独饲喂设施，供应清洁饮用水，应有遮阳条件。

(4)防寒保暖。犊牛舍应保持通风、干燥、明亮、安静、清洁卫生，并保持温度适宜，一般 10～25℃。冬季注意保暖，夏季要注意通风。冬季天气严寒、风大，牛舍应厚垫褥草，并常换；夜间应关闭通风孔，以防贼风。要确保室温初生时在 20～24℃，2 月龄后在 7℃以上。

(5)常晒太阳。犊牛常晒太阳，既可减少疾病，还可促进皮肤维生素 D 的合成，从而有利于钙的吸收、利用和骨骼的钙化。圈舍常晒太阳，保持干燥卫生，有利于犊牛的防病保健。

(6)刷拭与耐心调教。在犊牛期，由于基本上采用舍饲方式，因此皮肤易被粪及尘土所黏附而形成皮垢，这样不仅降低皮毛的保温与散热力，使皮肤血液循环恶化，而且也易患病，为此，对犊牛每日必须刷拭一次。饲养人员经常接近、抚摸、按摩和刷拭牛体，有利于建立人畜感情，能使牛对管理人员亲近而不陌生和胆怯，并能使牛养成良好的采食习惯。

(7)卫生管理。要做到"三勤"，即勤打扫、勤换垫料、勤观察，"三净"，即饲料净、畜体净和用具净。检查脐带和耳号，随时检查脐带，如有肿胀、化脓者，必须及时治疗。耳号如有不显或脱掉者，应及时补上。

(8)母仔分栏。在小规模拴系式的母牛舍内，一般都设有产房及犊牛栏，但不设犊牛舍。在规模大的牛场或散放式牛舍，才另设犊牛舍及犊牛栏。犊牛栏分单栏和群栏两类，犊牛出生后即在靠近产房的单栏中饲养,每犊一栏,隔离管理,一般1月龄后才过渡到群栏。同一群栏犊牛的月龄应一致或相近,因不同月龄的犊牛除在饲料条件的要求上不同以外,对于环境温度的要求也不相同,若混养在一起,对饲养管理和健康都不利。

(9)预防疾病。犊牛在出生后的头几周最易患肺炎和下痢。肺炎多是由环境温度的骤变而引起的,因此,一定要加强犊牛的防寒保暖工作,特别是在冬季。下痢多是由病原菌感染、营养不当、哺乳不当或腹部受凉而引起的。及时清洗奶具和饲槽,打扫畜栏卫生,常晒太阳、保持干燥,预防病原菌感染所引起的下痢。对于营养不当所引起的下痢应减少难以消化食物的喂量,给牛开食时,应给其一个缓慢增加的过程。对于哺乳不当所引起的下痢,应减少哺乳次数和哺乳量,并应增饮温开水。为预防犊牛拉稀,可补饲抗生素饲料。每头补饲1万IU的金霉素,30日龄以后停喂。

(10)分群管理。当犊牛头数多时,将牛按不同的月龄、体格和性别分成若干小群,每群30～50头,固定专人进行饲养或放牧。

(11)注意观察。要经常观察犊牛的精神状态及粪便,发现疾病应及时治疗,以提高犊牛成活率。健康犊牛一般表现为机灵、眼睛明亮、耳朵竖立、被毛闪光,否则就有生病的可能。

7.2.2.2 育成牛的饲养管理

育成牛是指7月龄至第一次配种的小母牛,或做种用之前的公牛犊牛。作为繁殖用的后备小母牛培育得好坏,直接影响其一生的生产性能,对肉牛业的发展至关重要,饲养上应采取自由采食方式,日粮中应供给充足的蛋白质、矿物质和维生素,育成母牛的日粮应以青粗饲料为主,适当补喂精料。

1. 肉用育成母牛的生长发育特点

计划留做后备母牛的犊牛要全部登记建卡、打耳号、照相、建立档案,并应在4～6月龄时选出,要求生长发育好、性情温顺、增重快,留做本群繁殖用。但留种用的牛不得过肥,应该具备结实的体质。育成期是母牛的骨骼、肌肉发育最快的时期,体形变化大。此外,消化器官中瘤胃的发育迅速,随着年龄的增长,瘤胃功能日趋完善,12月龄左右接近成年水平。6～9月龄时,卵巢上出现成熟卵泡,开始发情排卵,一般在18月龄左右,体重为成年体重的70%时可配种。

2. 育成母牛饲养

从断乳到周岁前,育成牛的日粮一般以粗饲料为主,补充少量精料即可,育成母牛日增重保持0.4～0.5 kg以上。在舍饲条件下,粗饲料应以优质青干草为主,搭配部分青饲料,适当补充混合精料。青粗饲料喂量一般为体重的1.2%～2.5%,要求品质良好;混合精料参考配方为:玉米50%～55%,麸皮20%～25%,豆饼5%～15%,棉籽饼或花生饼10%～15%,磷酸氢钙1.8%,食盐1.2%,添加剂2%。日喂量为体重的0.8%～1.0%。在不同的年龄阶段,其生长发育特点和消化能力都有所不同。因此,在饲养方法上也有所区别。

(1)6～12月龄。此阶段为母牛性成熟期,是生长最快的时期,性器官和第二性征的发育也很快,体躯向高度和长度方面急剧生长。经过犊牛期植物性饲料的锻炼,瘤胃虽然已具有了相当的容积和消化青饲料的能力,但还保证不了采食足够的青粗饲料来满足此期强烈生长发育的营养需要。消化器官本身也处于强烈的生长发育阶段,需继续锻炼。为了兼顾此期育成牛生长发育的营养需要并进一步促进消化器官的生长发育,此期所喂给的饲料,除了优良的青粗料外,还必须适当补充一些精饲料。粗饲料的干物质中应该至少有一半来自于青干草,这时精饲料的质量和需要量取决于粗饲料的质量。一般日粮中干物质的75%来源于优良的牧草、青干草、青贮料和多汁饲料外,还必须补充25%的混合精料。从9～10月龄开始,可掺喂一些秸秆和谷糠类粗饲料,其比例占粗料总量的30%～40%。此期可采用的日粮配方为混合料2～2.5 kg,秸秆3～4 kg(或青干草0.5～2 kg,玉米青贮11 kg)。

(2)13～18月龄。此阶段育成母牛消化器官容积增大,已接近成熟,消化能力增强,生殖器官和卵巢的内分泌功能更趋健全,若正常发育在16～18月龄时体重可达成年母牛的70%～75%,生长强度渐渐进入递减阶段,无妊娠负担,更无产奶负担。日粮应以粗饲料和多汁饲料为主,其比例约占日粮总量的75%,其余25%为配(混)合饲料,以补充能量和蛋白质的不足,这样不仅能满足营养需要,而且还能促进消化器官的进一步生长发育。此期可采用的日粮配方为混合料2～2.5 kg,秸秆5～6 kg(或青干草1.5～3.5 kg,玉米青贮15～20 kg)。

(3)19～24月龄。母牛已配种受胎,生长缓慢下来,在此期间,应以优质干草、青干草、青贮料作为基本饲料,精料可以少喂甚至不喂。但是到妊娠后期,由于体内胎儿生长迅速,则需补充精料,日喂量为2～3 kg。如有放牧条件,则应以放牧为主,在良好的放牧地上放牧,精料可减少30%～50%,放牧回来后,如未吃饱,仍应补喂一些干草或青绿多汁饲料。

3. 育成母牛的管理

在管理上应首先与母牛分开,既可以舍饲,也可以放牧,还可以采用放牧加舍饲。既可以白天放牧,晚上舍饲,也可以春末秋初放牧,冬季舍饲。既可以拴系饲养,也可散养。舍饲时应设立运动场,以保证母牛有充足的光照和运动,促进发育。每天最好刷拭牛体1～2次,每次5 min,加强运动。注意观察育成母牛的发情日期,做好记录。育成母牛一般需达到成年母牛体重的70%左右才可配种,即地方良种母牛一般14～18月龄、体重250 kg以上配种;肉用杂交母牛一般16～18月龄、体重300 kg以上配种。妊娠后应注意保胎。配种受胎5～6个月后,母牛乳房组织处于高度发育阶段,为了促进其乳腺组织的发育,一般早晚可按摩2次,每次按摩时用热毛巾擦拭乳房,产前1个月停止按摩。

4. 繁殖母牛养殖场育成母牛的管理

育成母牛时期是骨骼和肌肉强烈生长,各种组织器官相应增大,性机能开始活动,体躯结构和消化类型逐渐趋于固定。体重的增加在性成熟以前是加速阶段,绝对增重随年龄增长而增加,育成母牛时期是控制育成母牛生长和定向培育的关键时期。

(1)分群。性成熟之前分群,按年龄、体重大小分群,月龄差异不超过1.5～2个月,体重不超过25～30 kg。

(2)制订生长计划。根据不同品种、年龄的生长发育特点,饲草、饲料的储备状况,确定不同日龄的日增重。

(3)转群。根据年龄、发育情况,按时转群。一般在12月龄、18月龄、初配定胎后进行3次转群。同时进行称重和体尺测量,对于达不到正常生长发育要求的进行淘汰。

(4)加强运动。尤其是在舍饲条件下,每天至少要驱赶运动2 h左右。

(5)刷拭。为了保持牛体清洁,促进皮肤代谢和养成温驯的气质,每天刷拭1～2次,每次约5 min。

(6)按摩乳房。从开始配种起,每天上槽后用热毛巾按摩乳房1～2 min,促进乳房的生长发育。按摩进行到该牛乳房开始出现妊娠性生理水肿为止,到产前1～2月停止按摩。

(7)初配。在16～18月龄根据生长发育情况决定是否参加配种。初配前1个月应注意观察育成母牛的发情日期，以便在以后的1～2个发情期内进行配种。

(8)防寒、防暑。冬季寒冷地区(气温低于－13℃)做好防寒工作。炎热地区夏天做好防暑工作，持续高温时胎儿的生长受到抑制，配种后32℃温度持续72 h则牛无法妊娠，其主要原因是子宫内部温度升高影响胚胎的生存，并且还能影响育成母牛的初情期，如在26℃环境温度条件下育成时牛的初情期可延迟5个月以上，气温上升则发情周期加长，繁殖效率大幅下降。

5. 肉用育成公牛的饲养管理

对育成公牛的饲养，应在满足一定量精料供应的基础上，令其自由采食优质的精、粗饲料。6～12月龄，粗饲料以青草为主时，精、粗饲料占饲料干物质的比例为55：45；以干草为主时，其比例为60：40；在饲喂豆科或禾本科优质牧草的情况下，对于周岁以上育成公牛，混合精料中粗蛋白质的含量以12%左右为宜。在管理上，肉用商品公牛运动量不易过大，以免因体力消耗太大影响育肥效果。

7.2.2.3 架子牛的饲养管理

架子牛通常是指未经育肥或不够屠宰体况的幼牛，是幼牛在恶劣环境条件下或日粮营养水平较低情况下，没有引起牛生长发育的变化，但使牛生长速度下降，骨骼、内脏和部分肌肉优先发育，搭成骨架，形成架子牛。架子牛是我国北方特有气候、季节、农事等因素影响下的产物，春季产犊，犊牛随母哺乳，随牧青草，断奶时已是冬季，天气寒冷，使得维持营养需要增加，而越冬饲料营养贫乏，形成架子牛。按年龄大小可分为犊牛(1岁以下)、1岁牛(1～2岁)和2岁牛(2～3岁)，它是专门用于育肥的牛，通常由牧场或农户选购至育肥场，但3岁以上的各种用途淘汰牛属于老残牛的范畴。采用在产区“吊架子”，“架子牛”再转移到产粮区和粮食加工业(酿酒、榨油)较发达，距市场较近，经济较好的地区“催肥”的肉牛异地阶段育肥方法，是比较符合目前我国肉牛生产的实际，也是幼牛育肥的主要方法。

架子牛处在幼牛的生长期，是犊牛断奶后至育肥前因饲料营养投入不足造成，也称吊架子期，这是在肉牛生产中不提倡做法，但由于我国肉牛生产现仍是带犊繁育体系，即农牧户养母牛、培育犊牛，限于经济和饲料条件，犊牛断奶后没有足够的投入或赶上枯草期，不得而采取吊架子牛的饲养方法饲养处在生长旺盛期的育成公牛，从获得同等屠体胴体重来说，吊架子牛的饲养方法要比直线育肥投入较多的营养。吊架子的饲养主要是以粗饲料为主，适当补以精料，满足生长牛对能量、蛋白质和矿物质的需要，保证骨骼的正常发育。

1. 吊架子牛期幼牛的饲养

架子牛是我国农村普遍的传统肉牛饲养方式，“吊架子”阶段的饲养目标是促进幼牛骨骼、肌肉生长发育，在15～18月龄(20月龄)体重达300～400 kg。日增重0.6～0.8 kg，不得低于0.4 kg。架子牛的营养需要由维持和生长发育速度两方面决定。根据补偿生长的规律，在架子阶段的平均日增重，一般大型品种牛不低于0.45 kg，小型品种不低于0.35 kg。架子牛营养贫乏时间不宜过长，否则肌肉发育受阻，影响胴体质量，严重时，丧失补偿生长的机会，形成小老头牛。营养贫乏也使得消化器官代偿性地生长，内脏比例较大。当小型品种架子牛体重达到250～300 kg时，即可开始育肥，架子阶段拉的越长，用于维持营养需要的比例越大，经济效益越低；大型品种牛的架子牛体重在400 kg以上即可开始育肥。

架子牛是消化器官发育的高峰阶段，所以饲料应以粗料为主，粗料过少，消化器官发育不良。架子牛体组织的发育以骨骼发育为主，日粮中的钙、磷含量及比例必须合适，以避免形成小架子牛，降低其经济价值。架子牛饲料以粗料为主，适当辅以精饲料，一般控制精粗料之比在 3∶7，充分保证架子牛骨骼生长良好，即吊架子，减少脂肪沉积。应用粗饲料还可以降低饲养成本，所需的精料要注意蛋白质的浓度，精料中蛋白质量不足，能量较高时，增重的主要为脂肪，会大大降低牛的生产性能；待达 300 kg 以上时，再选择合适的饲养方法育肥。

2. 吊架子牛期幼牛的管理

架子牛的饲养方式可以采取放牧饲养或舍饲饲养，舍饲可采取散放式，不可拴饲，充分利用竞食性提高采食量；采取放牧饲养可节约成本，在夏秋季节放牧，不需要补料也可获得正常日增重；放牧饲养方式要注意补充食盐，牧草中的钾含量是钠的几倍甚至十几倍，在放牧中采食牧草相应吸收大量的钾，容易引起缺钠症；补充食盐的最好方式是自由舔食盐砖，也可按每 100 kg 体重 5～10 g 喂给，不能数天集中补一次。

在管理上主要是要根据自身的牛品种、体重、饲料资源、架子牛市场价格、饲料价格和自身的圈舍条件确定是出售还是自育肥或确定何时出售，一般来说是本地牛或小型品种杂交牛体重达 280～300 kg 就可以进行育肥或出售，大型牛最好达到 400 kg。

(1)冬季应备足养牛饲草。一般情况下，每头牛应备足青贮草、青干草、稻草、玉米秸等饲草 1 500 kg 左右；饲草要码垛好，严防风吹雨淋，确保饲草不霉烂变质；秸秆细铡，寸草三刀；应先喂草料，后喂精料；草料应多样化，青草、稻草、麦秸、玉米秸、花生秧等混合搭配饲喂；每天除喂足够的粗料外，还应喂给玉米、饼类、麸皮、大麦等精饲料。

(2)驱虫。架子牛阶段往往是比较寒冷的季节，周围的寄生虫等会聚集于牛体过冬，干扰牛群并使牛体消瘦、致病，牛皮等产品质量下降，可在春秋两季各进行一次体内外驱虫，可选用下列药物：①虫克星(阿福丁，有效成分为阿维菌素)粉剂每 100 kg 体重 10 g，灌服或拌于饲料中喂给，也可用虫克星针剂(阿维菌素)皮下注射，剂量为 100 kg 体重 0.2 mL。②左咪唑，剂量 8 mg/kg 体重，混料喂服，饮水内服，或溶水灌服 1 次；亦可配成 5%注射液，进行 1 次皮下或肌肉注射。③枸橼酸哌嗪，剂量 0.2 g/kg 体重，混饲或饮水，1 次内服。④哈乐松，剂量 30 mg/kg 体重，制成混悬剂或糊剂，1 次口服。⑤丙硫苯咪唑，剂量 10～20 mg/kg 体重，混饲喂服或制成水悬液，1 次口服。

(3)饮水。由于架子牛是以粗饲料饲养为主，食糜的转移、消化吸收、反刍等都需要大量的水，应供给洁净、充足的温水，自由饮水时，控制水温不结冰即可。

(4)称重。每月或隔月称重，检查牛体生长发育情况，作为调整日粮的依据，避免形成僵牛。

(5)运动。架子牛有活泼好动的特点，但主要用于育肥，一般不强调运动，可把放牧当作一种运动的方式。

3. 繁殖母牛养殖场牛群的管理

随着农业结构的调整和养殖观念的转变，尤其是牛源的紧缺，给母牛养殖带来一个机遇，有些规模的肉牛场饲养繁殖母牛，培育犊牛，进行直线育肥生产育肥牛，母牛养殖和肉牛养殖有一定区别。

(1)卫生防疫工作。肉牛较常见的传染病有口蹄疫、布病、结核、炭疽等，要对牛群按时进行检疫，对患有传染病的牛要及时隔离或淘汰，杜绝传染病传入或传出牛群。常见的寄生虫有线虫、蛔虫、肝蛭、牛皮蝇、蜱、蚤等，应按时进行驱虫工作。驱虫一般在春、秋各进行一次。对厩舍、运动场也要保持清洁,要经常化、制度化进行消毒。

(2)建立生长发育测定与记录制度。通过定时测量体重、体高和胸围等,判断生长发育情况,进行日粮调整,以达到预期的要求,并记录入档,以备育种工作的需要。

(3)编制生产计划。生产计划有配种产犊计划,牛群生产与周转计划,饲草与饲料供应计划等。及时淘汰繁殖能力低的母牛,选留足量后备母犊和育成母牛,进行牛群周转,做到四季饲草料的均衡供应。

(4)合理放牧。放牧可降低饲养成本,但要本着保护与利用草坡、草地并重的原则进行。

(5)分群。断奶后的犊牛要公母分群,充分利用公牛生长发育快,饲料报酬高等优点以获得最大经济效益,并可避免野交乱配。没有分群条件时,对不留种用的公畜要适时去势。

7.2.3 肉牛育肥方式与育肥技术

在不影响肉牛的健康和消化的前提下,给予的营养物质越多,所获得的日增重就越高,每千克增重所消耗的饲料就越少,出栏亦可提前。牛在育肥期的营养状况,对产肉量和肉质影响很大,只有育肥度很好的牛,其产肉量和肉质才是最好的。

7.2.3.1 影响肉牛育肥效果的因素

要使牛尽快育肥,给牛的营养物质必须高于正常生长发育需要,所以育肥又称过量饲养。脂肪能形成牛肉的特殊风味,其气味和滋味来源于 VFA(挥发性脂肪酸),VFA 的种类和数量的不同导致牛肉风味的不同,没有脂肪酸就不会有鲜美的牛肉风味。饲料成分对肉的色泽、味道有影响,以黄玉米育肥牛,其肉及脂肪呈黄色,香味浓。

1. 肉牛育肥的原理

牛在育肥期间,前期体重的增加是以骨骼和肌肉为主,后期是以沉积脂肪为主,因而在育肥前期应供应充足的蛋白质和适当的热能,后期要供给充足的能量,任何年龄的牛,当脂肪沉积到一定程度后,其生活力下降,食欲减退,饲料转化效率降低,日增重减少,如再继续育肥就不经济了。通常,年龄越小,育肥期越长,犊牛育肥需一年以上;年龄越大,则育肥期越短,如成年牛仅需 3 个月左右。育肥期的长短,还受饲料品质和饲养方式的影响,放牧的饲料转化效率低于舍饲,所以放牧牛的育肥期要比舍饲长些。

2. 肉牛育肥品种选择

不同品种,育肥期的增重速度是不一样的,肉用品种的增重速度比本地黄牛(耕牛)快,我国自己培育的肉用牛品种较少,实际可以用来作为商品肉牛进行育肥的,大量还是利用引进肉牛品种和我国地方品种母牛杂交产生的改良牛,这类牛的生长速度、饲料利用率和肉的品质都超过本地品种。如我国地方品种用西门塔尔牛改良,产肉产奶效果都很好。用安格斯牛改良,能提高早熟性,后代抗逆性强,牛肉品质好;用利木赞牛改良,牛肉的大理石花纹明显改善;用夏洛来牛或皮埃蒙特牛改良,后代的生长速度快,瘦肉率、屠宰率和净肉率高,肉质好。在地方黄牛中体型大、肉用性能好的培育品种有秦川牛、南阳牛、鲁西牛、晋南牛等优良品种。

公牛育肥与阉牛育肥比较,对 24 月龄以内育肥屠宰的公牛,以不去势为好。不同品种与本地黄牛杂交对增重的影响，各杂交组合在育肥期的增重效果明显高于本地牛，见表 7-3，但在出售价格上本地牛高于杂交牛。

表 7-3 不同品种杂交(二元)肉牛与黄牛育肥期增重效果比较

杂交组合	育肥始重/kg	中期体重/kg	出栏重/kg	日增重/g	与黄牛比/%
皮黄	383.12±12	430±9	495.30±5.6	1 121±95[a]	+4.27
夏黄	416.25±10	494±11	552.70±6.2	1 334±121[b]	+7.75
西黄	404.36±13	479±14	535.30±5.4	1 309±18[b]	+7.35
黄牛	330.72±7	372±9	413.50±5.2	827±18[c]	

引自苗树君等，2005。表中同列数字带有不同肩注字母表示差异显著($P<0.05$)，下同。

3. 适宜育肥的牛年龄(月龄)

肉牛的增重与饲料转化效率和年龄关系很大，见表 7-4 和表 7-5。一般地讲，年龄越大，增重速度越慢，饲料报酬越低。肉牛在出生第一年增重最快；第二年增重仅为第一年增重的 70%；第三年增重仅为第二年增重的 50%。青年牛的增重主要是增长肌肉、器官和骨骼，而老年牛的增重则主要增加脂肪。故国外一般肉牛多在 1.5 岁左右屠宰，最迟不超过 2 岁。根据各地经验，我国地方品种牛成熟较晚，一般 1.5～2 岁间增重较快，故适于在 2 岁左右屠宰。过晚屠宰，肉的品质下降，饲料转化效率低，成本提高。由此可见 1～2 岁的牛最适宜育肥。

表 7-4 小月龄肉牛育肥对增重的影响

组别	头均初试重/kg	头均试末重/kg	头均总增重/kg	头均日增重/kg
0.5 岁组	207.71±35.35	308.05±20.12	100.34±22.47	1.11±0.42
1 岁组	219.87±10.57	320.96±11.44	101.09±20.62	1.12±0.50
1.5 岁组	385.34±10.71	500.12±15.781	114.81±37.48	1.27±0.41

引自张晓琴等，2005。

表 7-5 大月龄试牛增重及耗料试验

月龄	平均日增重/kg	每千克增重耗料量		
		精料/kg	CP/kg	RND/个
21 月龄	1.076±0.204[a]	3.67±0.19	0.77±0.10	4.91±0.35
26 月龄	0.772±0.201[b]	6.06±0.45	1.15±0.36	8.36±0.57

引自王艳荣等，2006。

4. 日粮营养提供对肉牛增重的影响

饲养是改善肉的品质，提高肉的产量最重要的因素。日粮蛋白质水平明显对肉牛增重变化影响，见表 7-6，但综合分析以低蛋白质水平经济效益较好，原因是日粮蛋白质每提高 1 个百分点，每千克饲料价格提高 0.10 元以上，按 10 kg 日粮计算，饲料要多投入 1.0 元，增重才 50 g。对肉牛短期育肥应充分利用农村的秸秆、饲草和精料资源，合理科学地配制肉牛日粮，以满足肉牛的营养需要，才能降低饲料成本。

肉牛育肥日粮的精料水平(表 7-7)和饲养水平、饲养条件(表 7-8)明显影响肉牛的增重，应用添加剂如瘤胃素(表 7-9)或过瘤胃养分如过瘤胃脂肪(表 7-10)等对育肥牛增重有明显的促进作用。

表 7-6 日粮蛋白质水平对肉牛的增重的影响

组别	头均始重/kg	头均末重/kg	头均增重/kg	头均日增重/g	精粗比
10.6%	247.53±21.32	296.36±17.72	48.83±4.54	813.83±181.69	55/45
11.8%	248.27±13.64	298.58±14.31	50.31±3.82	838.50±166.52	65/35
13%	246.89±23.47	301.65±21.24	54.76±4.27	912.67±185.90	75/25

引自王立克等，2005。

表 7-7 日粮精料水平对试验肉牛增重及耗料的影响

精料水平/%	日增重/kg	每千克增重耗料量/kg		
		精料	粗料	日粮
35	0.718±0.129[b]	3.18	5.90	9.08
45	0.772±0.145[b]	2.89	3.53	6.42
55	1.051±0.189[a]	3.75	3.07	6.82
65	0.946±0.117[a]	4.59	2.47	7.06

引自王艳荣等，2003。表中同列数字带有不同肩注字母表示差异显著($P<0.05$)。

表 7-8 不同饲养条件(水平)对试验 180 d 的肉牛育肥增重的影响

饲养条件	牛品种	始重/kg	末重/kg	头均增重/kg	平均日增重/g
集中	皮西本	130.1±18.7	288.4±36.4	158.3±11.8	879.2±65.3
	利西本	106.9±20.4	259.1±42.1	152.3±34.9	845.9±193.8
农户	皮西本	113.9±22.8	228.1±42.3	114.3±26.0	634.7±144.2
	利西本	111.3±26.7	214.8±22.6	103.5±10.3	575.0±57.0

引自孟积善等，2003。

表 7-9 新疆本地黄牛的瘤胃素添加 40 d 试验对增重的影响

分组处理	始重/kg	末重/kg	总增重/kg	日增重/kg	提高/%
50 mg	111.8±15.7	145.0±21.9	33.2±8.1	0.830	115.3
80 mg	115.8±22.9	147.6±30.4	31.8±10.5	0.795	110.4
对照组	103.9±22.6	132.7±28.9	28.8±6.8	0.720	100.0

引自王强等，1994。

表 7-10 过瘤胃脂肪对肉牛增重和饲料转化率的影响

项目	对照组(饲喂 6 kg 精料)	试验组(饲喂 6 kg 精料，含有 300 g 脂肪)
初始重/kg	495.6±11.5	495.0±13.7
结束重/kg	562.4±8.4[a]	570.3±13.8[b]
总增重/kg	66.8±6.5[a]	75.3±9.4[b]
日增重/g	1 113±109[a]	1 255±106[b]
日 DM 采食量/g	11 378	11 406
饲料转化率(F/ADG)	10.22±1.00[a]	9.09±0.77[b]

引自张微等，2008。表中同行数字带有不同肩注字母表示差异显著($P<0.05$)。

5. 肉牛适宜育肥的季节

在四季分明的地区，春、秋季节育肥效果好，此时气候温和，蚊蝇少，适宜肉牛的生长，牛的采食量大，生长快。夏季天气炎热，食欲下降，不利于牛的增重，冬季由于气温低，牛体用于维持需要的热能多,增重减慢,因此冬季育肥,饲料消耗多,饲料报酬低,经济上不合算;而且冬季青饲料缺乏,用于贮备草料的费用增加,也提高了饲养成本。一般说来,在气温 5～21℃环境中,最适宜牛的生长。夏季(特别是气温高于 27℃时)注意防暑工作,在舍外搭凉棚,避免暴晒。冬季,白天喂后可让牛在舍外晒太阳,傍晚入棚舍。为了避免在冬季育肥肉牛,可调节配种产犊季节,进行季节性育肥。调整的方法是集中在 4～5 月份配种,第二年的早春 2～3 月份产犊,18～20 月龄进入冬季前出栏。

6. 育肥牛的出栏及运输

要依据育肥牛的膘情、体重、去势而定。对膘情好有相应体重,但增重低的牛要及时出栏。同时要及时淘汰牛群中的劣质牛。育肥牛在购进或销售时,长途运输失重较多,可达 10%左右,运输前要备好优质草料和水,并注意中途饮水,防止急刹车、急拐弯,以免牛体受伤或事故发生,运输时注意夏防暑冬防寒。

7. 肉牛育肥结束的正确判断

育肥牛育肥后期每头牛每日的饲养费用较高,而增重较低,日增重的回报率较低,如不及时结束育肥会给增加肉牛饲养的成本,使养牛户造成较大的经济损失,可通过眼看手摸判断育肥牛是否育肥充分。

眼看:①看育肥牛的采食量下降,下降量达正常采食量的 10%～20%;②体膘丰满,看不到骨头外露;③背部平宽而厚实;④尾根两侧可以看到明显的脂肪突起;⑤臀部丰满平坦(尾根下的凹沟消失),圆而突出;⑥胸前端非常丰满、圆而大,并且突出明显;⑦阴囊周边脂肪沉积明显;⑧躯体体积大,体态臃肿;⑨走动迟缓,四肢高度张开;⑩不愿意活动或很少活动,显得很安静,对周边环境反应迟钝,卧下后不愿站起。

手摸:①摸(压)牛背部、腰部时感到厚实,并且柔软、有弹性;②用手指捻摸胸肋部牛皮时,感觉特别厚实,大拇指和食指很难将牛皮捻住;③摸牛尾根两侧柔软,充满脂肪;④摸牛肷窝部牛皮时有厚实感;⑤摸牛肘部牛皮时感觉非常厚实,大拇指和食指不易将牛皮捻住。

7.2.3.2　我国育肥牛的饲养方式和育肥方式

我国牧区主要采用草原放牧饲养肉牛,很少补饲精饲料;农区普遍采用秸秆、人工牧草和精饲料作为牛的主要饲料,充分利用了农区丰富的秸秆资源和闲置的劳动力,并缓解了肉牛对草地资源和生态环境的压力。而规模化、集约化肉牛场,主要从农村、牧区采购架子牛,在育肥场进行后期集中育肥。技术实力较强,资金雄厚,精饲料资源丰富的集约化肉牛场采用断奶犊牛直线育肥,此外农户散养的肉牛也偶有采用放牧补饲的方式为市场提供牛源,利用淘汰的乳用牛、耕牛、乳用公犊育肥也丰富了肉牛市场。

1. 育肥牛的饲养方式

我国育肥牛的饲养方式按其饲养管理方式可分为放牧育肥、半舍半牧育肥和舍饲育肥。

(1)放牧。放牧饲养可节省草料、人力、圈舍与设备,同时放牧行走也使牛得到了充分的锻炼,提高了抗病力,所以放牧饲养成本最低。放牧饲养的缺点是由于觅食行走增加了营养消耗,育肥效果受牧草丰茂、牧草质量、季节、气候的影响,牛的放牧践踏也会使牧草利用率下降,还有不安全因素。放牧一般不会有非常理想的效果,但却是一种非常经济的饲养方式,凡有荒山草地的地方,在牧草丰盛的季节都可放牧饲养,其他季节如果以放牧结合补饲方式则会有较好的效果,尤其是补充矿物质如食盐、石粉、磷酸氢钙等。

(2)半舍半牧育肥。放牧和舍饲相结合育肥,放牧时,充分利用草场,归牧后大量给予糟渣类、秸秆类及谷实类饲料,育肥效果理想。

(3)舍饲。舍饲是农区养牛的常见方式,与放牧相比,舍饲可根据牛的体重,健康状况、生理状况给予不同的饲养,使牛生长发育均匀,减少饲草料浪费,不受气候等自然条件的影响,减少行走、气候变化等的营养消耗,提高饲料利用率。但舍饲会加大设备、人工、饲草料加工等的开支,使饲养成本加大,并由于运动量减少而增加了疾病发生的机会。肉牛舍饲育肥有 3 种饲养方法:①每日定时饲喂 2~3 次,饲喂后放于运动场自由运动、自由饮水,或饮水后拴于舍外,每头牛都有固定槽位,这是一种传统的舍饲方式,由于采食、饮水、活动都受到不同程度的限制,使牛的生长发育受到抑制,同时上下槽加大了饲养员的工作量;②小围栏自由饲养,每个小围栏放若干头牛,自由采食、饮水、运动,由于牛的采食时间充足,饮水充分,并充分应用了牛的竞食性,因此能提高饲料利用率,充分发挥其生长发育的潜力,同时省人工;③全天拴系饲养,自由采食和饮水,定时补料,这种方式省工、省场地,在同样饲料条件下,由于活动量减少到最低限度,提高日增重。

2. 肉牛育肥的育肥方式

根据育肥形式和目的及饲料资源情况,育肥牛的育肥方式按营养水平可分为持续育肥(直线育肥)和架子牛育肥。

(1)肉牛直线育肥技术。直线育肥也叫持续强度育肥,就是犊牛断奶后不吊架子,采用“高精料”的育肥体制,直接转入生长育肥阶段。采用舍饲与全价日粮饲喂的方法,使犊牛一直保持很高的日增重量,直到达到屠宰体重时为止。一般 12~15 个月时,体重可达 500 kg 以上,日增重可达 0.8 kg 以上,平均每千克增重消耗精饲料 2 kg。肉牛直线育肥的优点是缩短了生产周期,较好地提高了出栏率;改善了肉质,满足市场高档牛肉的需求;降低了肉牛饲养的整体成本,提高了肉牛生产的经济效益。

(2)肉牛吊架子育肥技术。犊牛断奶后以放牧或以粗饲料喂养,日增重维持在 0.4 kg 左右,饲养到 16~18 月龄,体重达到 300~350 kg,然后育肥 90~120 d 出栏,使体重达到 400~450 kg。这种育肥法就是在育肥之前利用廉价的饲草使牛的骨架和消化器官得到充分的发育。进入育肥期后,提高营养水平,强度育肥。其优点是适用范围广,精料用量较少,经济效益较好;特别是在国内市场价格较低或对经济条件不太好的山区更适用。

7.2.3.3 肉牛育肥方法

按育肥对象不同,肉牛育肥可分为白牛肉生产(乳用公犊育肥)、犊牛育肥、幼龄牛强度育肥、架子牛育肥、成年牛育肥。

1. 白牛肉生产

白牛肉是奶牛业中将不做种用的公犊经过全乳或代乳品育肥的牛肉,这种肉幼嫩、多汁、芳香,是一种昂贵的高档牛肉。犊牛从出生到出栏,经过 90~100 d,完全用脱脂乳或代用乳饲养,不喂任何其他饲料,让牛始终保持单胃(真胃)消化和贫血状态(食物中铁含量少),体重达 100 kg 左右屠宰。若要犊牛增重快,应加喂植物油,但植物油必须氢化如氢化棕榈油。牛肉呈白色,柔嫩多汁,味道极为鲜美,是牛肉中的上品。其价格是一般牛肉的 8~10 倍。因小白牛肉生产成本过高,目前我国生产还很少。

犊牛出生后 1 周内,一定要吃足初乳,实行人工哺乳,哺喂常乳,每日哺喂 3 次。近年来多采用代乳粉(严格控制其中含铁量)饲喂,以降低生产成本,育肥期平均日增重 0.8～1.0 kg。饲养方案如表 7-11 所示。

表 7-11　小白牛肉生产方案

日龄	日喂乳量/kg	需乳总量/kg	日增重/kg
1～30	6.4	192.0	0.80
31～45	8.8	133.0	1.07
46～100	9.5	513.0	0.84

2. 犊牛育肥

犊牛育肥是指用较多数量的牛乳及精料饲喂犊牛,至 7～8 月龄断乳时体重达 250 kg 左右即屠宰。其肉质呈淡粉红色,柔嫩多汁,味道鲜美,营养价值很高,是牛肉中的上品。

(1)选择犊牛。优良的肉用品种、兼用品种、乳用品种或杂交种均可。选头方大,前管围粗状,蹄大,健康无病,初生体重不少于 35 kg 的公犊。

(2)饲喂。初生犊牛要尽早喂给第一次初乳,不限量,吃饱为止,按 35 kg 体重计,第一次喂量为 1～1.5 kg,以后至 4 周龄前,每日可按体重的 10%～12%喂给。从 5 周龄开始,训练犊牛采食料草;10 周龄起,喂乳量按体重的 8%～9%哺喂,精料日喂量增加到 0.5～0.6 kg。以后的喂乳量可基本上维持在一个水平上,而精料喂量却逐渐增加。粗料(青干草或青草)任犊牛自由采食。为了节省用乳量,提高犊牛增重效果和减少疾病的发生,所用混合精料要具有热能高、易消化的特点,并要加入少量的抑菌药物。犊牛育肥期混合精料配方为玉米 60%,油饼类 18%～20%,糠麸类 13%～15%,植物油脂类 3%,石粉或磷酸氢钙 2.5%,食盐 1.5%。混合精料加适量抗生素、微量元素和维生素。

(3)管理。注意哺乳卫生,喂乳应做到定时、定量、定温。天气好时可放犊牛于室外活动,但场地宜小些,使其能充分晒太阳而又不致于运动量过大。5 周龄后,应拴系饲养,减少运动,但每天应能晒太阳 3～4 h,夏季要注意防暑降温,冬季宜在室内饲养,室温应保持在 0℃以上。在育肥期间,每天喂 3 次,自由饮水,夏季饮凉水,冬季饮 20℃左右的温水。犊牛若出现消化不良,可酌情减喂精料,并给予药物治疗。为预防胃肠病和呼吸道病,还可在牛乳中加入抗菌素。

3. 幼龄牛强度育肥

幼龄牛强度育肥是指犊牛断乳后直接转入生长育肥阶段,一直保持很高的日增重,达到屠宰体重时为止,也叫持续育肥。育肥期间采用全舍饲、高营养饲养法集中育肥,使牛日增重保持在 1.2 kg 以上,周岁时结束育肥,体重达 400 kg 以上。这种方法生产的牛肉仅次于犊牛肉。育肥前期混合精料配方见犊牛育肥的配方,育肥后期混合精料配方为玉米 75%,油饼类 10%～12%,糠麸类 10%～12%,石粉或磷酸氢钙 2%,食盐 1%,混合精料加适量微量元素和维生素。精料日喂量达到 3～5 kg。

具体饲养管理方法是,定量喂给精料和副饲料,粗料不限量;自由饮水,冬天饮不低于 20℃的温水;尽量限制其运动,保持环境的安静,公牛不去势。用乳用品种公犊作强度育肥时,可以得到更大的日增重和出栏体重。但是由于乳用品种的代谢类型不同于肉用品种,故每千克增重所需精料量较肉用品种高 30%以上。

4. 架子牛育肥

这是我国常用的一种育肥方式,架子牛通常从外地(牧区、集市)等购入至育肥场进行育肥，也称异地育肥。我国对架子牛尚没有统一的分级标准。一般为 1.5～2 岁，本地良种牛可能达 3～4 岁，有的甚至 5～6 岁。

(1)架子牛的选购。架子牛的选购要根据市场需要或特定屠宰厂的要求，一般情况进行选购主要考虑以下因素。

①选购杂交牛，利用杂种优势，首先要选良种肉牛或肉乳兼用牛及其与本地牛的杂交牛，其次选荷斯坦公牛和荷斯坦公牛与本地牛的杂交后代。

②选购公牛，不去势公牛的生长速度和饲料转化率均明显高于阉牛，且胴体的瘦肉多，脂肪少。现在许多国家都用公牛直接育肥，以高效率生产大量优质牛肉。一般公牛的日增重比阉牛高 14.4%，饲料利用率高 11.7%。

③选择适龄牛，年龄对育肥牛增重影响很大，选择 1～2 岁的牛进行育肥。在生产实践中，应把年龄的选择与饲养计划、生产目的及经济效益结合起来加以考虑。如计划饲养 3～5 个月出售，应选购 1～2 岁的架子牛；利用大量粗饲料育肥时，选购 2 岁牛较为有利。

④选购具有适宜体重的牛，一般认为，在同一年龄阶段，体重越大、体况越好，育肥时间就越短，育肥效果也好。一般杂交架子牛在一定的年龄阶段其体重范围大致为，6 月龄体重 120～200 kg，12 月龄体重 180～250 kg，18 月龄体重 220～310 kg，24 月龄体重 280～380 kg。

(2)架子牛育肥方法。架子牛育肥主要有高能日粮强度育肥法、酒糟育肥法、青贮饲料育肥法、氨化秸秆育肥法等。

①高能日粮强度育肥法。这是一种精料用量很大而粗料比例较少的育肥方法。购进后，第一个月为过渡期，主要是饲料的适应过程，逐渐加大精料比例。第二个月开始，即按规定配方强化饲养，其配方的比例为玉米 65%、麸皮 10%、油饼类 20%、矿物质类 5%。日喂量可达到每 80 kg 体重喂给 1 kg 混合精料。粗饲料以青贮玉米秸或氨化麦秸为主，任其自由采食，不限量。日喂 2～3 次，食后饮水。尽量限制运动，注意牛舍和牛体卫生，环境要安静。

②酒糟育肥法。用酒糟为主要饲料育肥肉牛，是我国育肥肉牛的一种传统的方法。酒糟是以富含碳水化合物的小麦、玉米、高粱、甘薯干等为原料的酿酒工业的副产品，酿酒过程中只有 2/3 淀粉转变为酒精，酒糟含有酵母、纤维素、半纤维素、脂肪和 B 族维生素。

架子牛根据性别、年龄、体重等进行分群，驱除体内外寄生虫。育肥期一般为 3～4 个月。开始阶段，大量喂给干草和粗饲料，只给少量酒糟，以训练其采食能力。经过 15～20 d，逐渐增加酒糟，减少干草喂量。到育肥中期，酒糟量可以大幅度增加。日粮组成上，宜合理搭配少量精料和适口性强的其他饲料，特别注意添加维生素制剂和微量元素，以保证其旺盛的食欲。

③青贮饲料育肥法。玉米秸青贮是育肥肉牛的当家饲料，再补喂一些混合精料，能达到较高的日增重。

选择 300 kg 以上的架子牛，预饲期 10 d，单槽舍饲，日喂 3 次，日给精料 3～5 kg，精料的比例为玉米 65%、麸皮 12%～15%、油饼类 15%～20%、矿物质类 4%。利用青贮玉米秸育肥牛时，随着精料喂量的逐渐增加，玉米秸青贮的采食量逐渐下降，增重提高，但成本增加。

④氨化秸秆育肥法。以氨化秸秆为唯一粗饲料，育肥 150 kg 的架子牛至出栏，每头每天补饲 1～2 kg 的精料，能获得 500 g 以上的日增重，到 450 kg 出栏体重需要 500 d 以上，这是一种低精料高粗料长周期的肉牛育肥模式，这种模式不适合规模经营，要求快周转、早出栏的特点。但如果选择体重较大的架子牛，日粮中适当加大精料比例，并喂给青绿饲料或优质干草，日增重也可达 1 kg 以上。

选择体重 350 kg 以上的架子牛进场后 10 d 内为训饲期，训练采食氨化秸秆。开始时少给勤添，逐渐提高饲喂量。进入正式育肥阶段，应注意补充矿物质和维生素。矿物质以钙、磷为主，另外可补饲一定量的微量元素和维生素预混料。秸秆的质量以玉米秸最好，其次是麦秸，最差是稻草。在饲喂前应放净余氨，以免引起中毒。霉烂秸秆不得喂牛。育肥 350 kg 架子牛，平均日增重 1 kg 以上，至 450 kg 体重出栏需 100 d 左右的时间。但必须适当补饲精料，精料配合比例是玉米 65%、油饼类 10%～12%、麸皮类 18%～20%，矿物质类 5%，包括磷酸氢钙、贝壳粉、微量元素和维生素预混料、食盐、小苏打等。

5. 成年牛育肥

用于育肥的成年牛往往是役牛、奶牛和肉用母牛群中的淘汰牛。这类牛一般年龄较大，产肉率低，肉质差，经过育肥，增加肌肉纤维间的脂肪沉积，肉的味道和嫩度得以改善，提高了经济价值。成年牛主要是增加体内脂肪的沉积，日粮以能量饲料为主，其他营养物质只要满足基本生命活动的需要即可。

成年牛育肥之前，要进行全面检查，凡是病牛均应治愈后再育肥，无法治疗的病牛不应育肥；过老、采食困难的牛也不要育肥，否则会浪费饲料，达不到育肥效果。育肥前要驱虫、健胃、称重、编号，以利于记录和管理。育肥期不宜过长，一般以 2～3 个月为宜。对膘情较差的牛，可先用增重较低的营养物质饲喂，使其适应育肥日粮，经过 1 个月的复膘后再提高日粮营养水平，这样可避免发生消化道疾病。附近有草山、草场或野地，在青草期可先将瘦牛放牧饲养，利用青草使牛复壮，再进行育肥，这样可节省饲料，降低成本。育肥期内，应及时调整日粮，灵活掌握育肥期。一般日粮精料配方为玉米 72%、油饼类 15%、糠麸 8%、矿物质 5%。混合精料的日喂量以体重的 1%为宜。粗饲料以青贮玉米或氨化秸秆为主，任其自由采食，不限量。

6. 生产“雪花”牛肉

“雪花”牛肉是指牛肉的肌肉纤维之间分布十分明显的脂肪组织，使肌肉切面呈清晰的红白相间的花纹，脂肪所占的面积达到 30%以上，这种纹道酷似大理石，故通常也称它为“大理石状”。

(1)品种选择。以早熟品种易于达到，我国的地方良种黄牛如晋南牛、秦川牛、鲁西牛、南阳牛、郏县红牛、延边牛等，引进品种中的安格斯、海福特、日本和牛、肉用短角和西门塔尔及其高代改良牛等，均可作为生产“雪花”牛肉的原料牛。

(2)育肥年龄确定。肉牛的生长发育规律是脂肪沉积与年龄呈正相关，年龄越大沉积脂肪的可能性越大，肌肉纤维之间的脂肪沉积最晚，即年龄大的牛较幼龄牛易形成“雪花”牛肉，所以生产“雪花”牛肉应该选择 2～3 周岁的牛，中小型品种应选 2 周岁左右牛，大型品种可选 2.5～3 岁牛。

(3)根据性别采取不同饲养管理措施。母牛沉积脂肪最快，阉牛次之，公牛沉积脂肪最慢。饲料转化率以公牛最好，母牛最差。不同性别其膘情与“雪花”肉形成并不一样，公牛必须达到满膘以上，即背脊两侧隆起极明显。

(4)育肥牛的营养水平。要获得“雪花”状优良而又嫩的牛肉，则必须在育肥的最后 50～100 d 处于高营养水平获得较大的日增重。在不影响育肥牛正常消化的基础上尽量提高日粮能量水平。同时，蛋白质、矿物质、微量元素和维生素的供给量也要满足，目的是追求较高的日增重，因为只有高日增重，脂肪沉积到肌纤维之间的比例才会增加。要达到脂肪雪白，增加“雪花”状的视觉效果，还要注意草料的选择，如少喂或不喂含花青素、叶黄素、胡萝卜素多的饲料。

“雪花”牛肉生产的育肥方法出栏体重大，屠宰率可达62%以上，净肉率可超过50%，高档部位肉(里脊、外脊、眼肉和上脑)可达到较高比例，经济效益显著。但由于耗费草料大，对配合料要求严等，使成本较高，因此必须了解市场，并有可靠销路后，以销定产。

7.2.3.4 肉牛育肥场的卫生防疫措施

为了保障牛的健康，减少或杜绝疫病的发生，应贯彻“预防为主”的方针，建立行之有效的卫生防疫制度，采取“养、防、检、治”综合性措施。严格执行防疫灭病制度和保健措施，以保证牛群健康无病。

(1)加强饲养管理，增强牛体抗病能力。新引进的牛，要进行药液消毒，可用0.3%的过氧乙酸喷体消毒。同时在2～4 d内一次性驱除体内外寄生虫。用虫克星粉剂(阿维菌素)每100 kg体重10 g，灌服或拌于饲料中喂给，也可用虫克星针剂(阿维菌素)皮下注射，剂量为100 kg体重0.2 mL。

(2)搞好预防注射。预防接种是防止牛传染病发生的有效措施。新引进的牛，在畜牧兽医站兽医师指导下进行口蹄疫疫苗等疫病的接种。

(3)建立检疫制度，坚持定期检疫。进场的牛要进行严格的血清学检查(布氏杆菌病、结核病等)，以免将病带进场内。从外地购牛，必须做好疫情调查，引入后，必须经过检疫和消毒，隔离饲养观察20～30 d；确认无病才准进入牛舍合群饲养。

(4)搞好牛舍及周围环境的卫生消毒工作，消灭外界环境中的病原体，切断疫病传播途径。牛舍及运动场内的粪尿要经常清扫，每年用火碱消毒一次，每季度用白灰粉或来苏儿消毒一次，饲槽及用具更要勤清洗、消毒。粪便可进行发酵处理。牛舍的进出门口设消毒池(装消毒液或生石灰)，安装紫外线的消毒间等，过往车辆人员进行严格消毒，消毒液为3%～5%的火碱液，每3～4 d更换一次，也可用生石灰等。出栏或入栏一批肉牛，都进行一次彻底清扫消毒工作。器械、用具、食槽等用3%～5%的来苏儿消毒。地面墙壁用1%～2%的火碱液或10%～20%的生石灰水消毒一遍，用2%漂白粉溶液对牛舍的排泄物进行消毒。牛场常用的消毒方法有日光曝晒、煮沸、10%～20%石灰乳、1%～2%热氢氧化钠(火碱)溶液、3%～5%来苏儿(甲酚、煤酚皂)溶液、0.5%～2%漂白粉溶液、过氧乙酸。

7.3 肉牛养殖场(户)的生产经营管理

经营和管理养殖场的目标是为了盈利和利润，从长远看为了取得利润，必须要做到既懂技术又懂管理。技术是为经济服务的，管理也是为经济服务的，管理就是保证利润最多、质量最优、牛群最健康的措施，要做到这些，必须要保证实现最大的饲料转化率。

7.3.1 肉牛养殖场(户)人力资源管理

养殖场成功的关键是要有忠诚的、有资质的、有能力的、有团结精神的人才队伍。如果牧场规模较大，必须要有一个懂动物营养的技术员负责日粮配合，因为饲料费支出占养殖场流动支出的60%以上。

7.3.1.1 健全的管理制度

制订一套较完整的管理制度，且管理制度切实可行，紧密结合自身牛场实际，人人遵守制度，按制度办事，尤其牛场经营者和管理者，对遵守规章制度好的人要充分肯定，表扬先进，对违章、违纪的人要批评，把执行规章制度和员工利益结合起来。肉牛养殖场的规章制度主要包括疫病防治条例，肉牛饲养管理制度，饲料出入库登记制度，肉牛进出栏登记制度，运输押运规则，财会、财产管理制度，肉牛疾病治疗病伤登记制度，牛场消毒制度，门卫登记、防火管理制度，牛场精神文明规则，工作人员请假制度，安全、卫生规章制度，职工学习制度等。

7.3.1.2 生产管理的人力设置

为了保证牛场生产有秩序、高效率地进行，对牛场生产、经营要统一进行组织、计划和调控。肉牛场一般实行场长负责制，主要行使决策、指挥、监督等职能，及时把握市场行情，确保购、销渠道畅通。根据牛场规模的大小，还要相应设立其他管理人员，如牛舍(车间)管理人员、班组长等。一般规模较小的生产场可采用直线制的组织形式，即一切指挥和管理职能基本上都由场长自己执行，不设专门的职能机构，只有少数职能人员协助场长进行工作。对于较大规模的肉牛场，由于管理环节增多，工作复杂，因此宜采用职能制的组织形式，即场长下设专门的职能部门和人员，把相应的职责和权力交给职能部门，各职能部门在其职能范围内有权直接指挥下级单位。

7.3.1.3 实行生产责任制

建立生产责任制，对牛场的各个工种按性质不同，确定需要配备的人数和每个人员的生产任务，做到分工责任明了，奖惩兑现，合理利用劳力，不断提高劳动生产率的目的。人员配备和劳动分工要注意：①每个饲养员担负的工作任务必须与其技术水平、体力状况相适应，工作定额要合理，并保持相对稳定，以便逐步走向专业化，发挥其专长，不断提高业务技术水平。②在分清每个工种、饲养员的职责的同时要保证彼此间的密切联系和相互配合，在人员的配备上，有专人对每个牛群的主要饲养工作全面负责，其余人员则配合搞好其他各项工作。③一般的肉牛场的工种主要有饲养工，饲料加工(粗饲料、精饲料、糟渣类)配合与运输工，清粪工，押运工，兽医等，同时要考虑临时用工，如制作青贮、装卸饲料、消毒、卫生清洁等，较大的养牛场还要设置门卫、仓库保管、后勤、饲料种植等人员。④牛场生产责任制的形式因地制宜，可以承包到牛舍(车间)、班组或个人，实行大包干；也可以实行定额管理，超产奖励，如确定要求达到日增重或耗料量，完成者实行奖励，劳动定额的制定要合理，并留有余地，如采用平均数或提前进行试验。

1. 养殖场场长责任制度

认真贯彻执行《中华人民共和国动物防疫法》和国家出入境检验检疫局发布的《供港澳活牛检验检疫管理办法》的各项规定。

每日检查场里的各项工作完成情况，检查兽医、饲养员、饲料员的工作，发现问题及时解决。

对采购各种饲料要详细记录来源产地、数量和主要成分。

把好进出栏牛只的质量关，确保肉牛优质、无病。

做好员工思想政治工作、关心员工的疾苦，使员工情绪饱满地投入工作。

提高警惕,做好防盗、防火工作。

2. 养殖场兽医制度

负责养殖场的日常卫生防疫工作,每天对进出场的人员、车辆进行消毒检查,监督并做好每周一次的牛场大消毒工作。

对购进、销售活牛进行监卸监装,负责隔离观察进出场牛的健康状况、驱虫及加施耳牌号,填写活牛健康卡,建立牛只档案。

按规定做好活牛的传染病免疫接种,并做好记录,包括免疫接种日期、疫苗种类、免疫方式、剂量,负责接种人姓名等工作。

遵守国家的有关规定,不得使用任何明文规定禁用药品。将使用的药品名称、种类、使用时间、剂量,给药方式等填入监管手册。

负责出场活牛前7～10 d向启运地检验检疫机构报检,提供供港澳活牛的耳牌号和活牛所处育肥场的隔离检疫栏舍号。

发现疫情立即报告有关人员,做好紧急防范工作。

3. 养殖场饲养员责任制度

遵守牛场的各项规章制度,对所饲养的牛只每天必须全面、细致地观察,发现问题及时向场长报告并积极配合处理解决。

每日定时对牛只进行饲喂、饮水、刷试、清扫牛舍、运动场。

定期用认可兽医配制的消毒液消毒牛舍、牛槽及运动场。

饲喂前对所用的饲料严格认真检查,剔除饲料异物,对变质的饲料坚决不用。

4. 养殖场押运员条例

押运员需由经检验检疫机构培训考核合格,持押运员证书方可押运活牛。

负责做好活牛途中的饲养管理和防疫消毒工作,不得串车,不得沿途出售或随意抛弃病、残、死牛及饲料粪便、垫料等物品,并做好运输记录。

活牛抵达后押运员须向检验检疫机构提交押运记录,押运途中所带物品和用具须在检验疫机构监督下进行熏蒸消毒处理。

清理好车内的粪便、杂物,洗刷车厢、配合检验检疫机构实施消毒处理并加施消毒合格标志。

途中发现异常情况及时报告主管部门,做好事故处理工作。

7.3.2 肉牛养殖场(户)的生产技术管理

影响肉牛养殖场特别是规模化养殖场生产效益的关键是肉牛饲养殖和生产技术,在确定并且制定养殖场饲养与生产技术实施方案时必须吸取新技术、新工艺等先进技术。

7.3.2.1 肉牛场的技术管理

技术管理是通过科学管理养牛的技术过程,提高养牛场经济效益。

1. 建立养殖场生产技术管理数据库

技术管理是牛场提高牛产品的产量、质量和经济效益的关键。牛场应不断地应用现代养牛的先进技术,从饲养工艺与方法的改进、防疫体系的建立、技术规程管理等方面,确保各项目标的实现，不断提高生产水平和经济效益。

(1)原始记录。在牛场的一切生产活动中，每天的各种生产记录和定额完成情况等都要做生产报表和进行数据统计。因此，要建立健全各项原始记录制度，要有专人登记填写各种原始记录表格，要求准确无误、完整。根据肉牛场的规模和具体情况，所作的原始记录主要是牛群情况，包括各龄牛的数量变动和生产情况、饲料消耗情况、育肥牛的育肥情况，经济活动等。对各种原始记录按日、月、年进行统计分析、存档。

(2)建立档案。①成母牛档案，记载其谱系、配种产犊情况等；②犊牛档案，记载其谱系、出生日期、体尺、体重情况等；③育成牛档案，记载其谱系、各月龄体尺与体重、发情配种情况。

2. 制订养殖场基本生产管理制度

在日常技术管理工作中，制订基本管理制度，并严格执行是维持肉牛正常生产的关键。

(1)饲养管理制度。根据不同牛的生理特点和生长发育规律制订相应的饲养管理制定。抓住配种、妊娠、哺乳、育幼、育肥等环节，制订具体的饲养管理制度，进行合理的饲养，科学地管理，充分发挥其生产潜力，以带来最大的经济效益和社会效益；具体有繁殖母牛饲养管理制度、育成牛饲养管理制度、育肥牛生产的饲养管理制度(包括幼牛育肥制度、架子牛育肥制度、肉牛快速育肥制度)。

(2)冷冻精液人工授精制度。人工授精技术是影响母牛受孕的重要环节之一，操作时必须严格按技术要领进行。要经常检查冷冻精液是否确实浸泡于液氮中。冷冻精液解冻、发情母牛输精的操作规范，输精器械消毒的方法。母牛外阴消毒后，用直肠把握法将精液输到子宫的适当部位。做好记录，注意受孕情况。

(3)疫病防治管理制度。贯彻“防重于治，防治结合”的方针，建立起严格的防疫措施和消毒制度，建立疫病报告制度，传染病的日常预防措施等。

7.3.2.2　生产计划管理

为了提高效益，做好饲料贮备，加快牛群周转，肉牛牛场均应有生产计划。制订生产计划是肉牛养殖场(户)生产技术管理的主要工作，是贯彻科学养牛方案的主要支柱。肉牛场的计划相对比较简单，主要内容有以下几项。

1. 制订牛群周转计划

养牛场生产牛群因购、销、淘汰、病死等原因，在一定时间内，牛群结构有增减变化，称为牛群周转。牛群周转计划是肉牛场生产的最主要计划，直接反映年终牛群结构状况，表明生产任务完成情况；它是产品计划的基础，也是制定饲料计划、建筑计划、劳力计划的依据。通过牛群周转计划实施，使牛群结构更加合理，增长投入产出比，提高经济效益。依据市场(销售)计划或销售合同、生产目标，确定牛群周转方式，实行全进全出制或流水循环制，编制出进出牛的批次、数量和时间，写出书面计划和牛群周转表，见表7-12。

表7-12　某肉牛场某年牛群周转计划

日期	年初头数	本年增加/头			本年减少/头			年末头数
		繁殖	购进	转入	出售	转出	淘汰或死亡	

2. 制订牛场饲料供应计划

为了使养牛生产有可靠的饲料基础，每个牛场都要制订饲料供应计划。编制饲料供应计划时，要根据牛群周转计划，按全年牛群的年饲养日数乘以各种饲料的日消耗定额，再增加10%～15%的损耗量，确定为全年各种饲料的总需要量，在编制饲料供应计划时，要考虑牛场的发展增加牛数量时所需量，对于粗饲料要考虑一年的供应计划，对于精料、糟渣类料要留足一个月的量或保证相应的流动资金，精饲料中各种饲料的供应是在确定精料的基础上按能量饲料(玉米)、蛋白质补充料、副料(麸皮)、矿物质料之比为60∶30∶20∶8考虑，其中矿物质料包括食盐、石粉、小苏打、磷酸氢钙、微量元素预混料等可按等同比例考虑，见表7-13，更具体的计划可以参考奶牛场的饲料计划编制，见第9章实验二十。

表7-13 某肉牛场某年饲料计划 kg/头

牛别	牛数量	粗饲料		青贮饲料	能量饲料	蛋白质补充料			副料	其他饲料	矿物质料					
		秸秆	干草			油饼类	副产品	其他			食盐	石粉	小苏打	磷酸氢钙	微量元素预混料	其他

3. 确定并制订生产饲养技术实施方案

采用现实可行、可操作的先进技术，并对职工进行技术培训，确保本场用新技术指导生产、促进生产。教育本场员工注意学习经营管理知识，学会从市场需求、竞争对手、市场价格和发展趋势等方面分析运筹牛群的动态平衡，加速周转，利用市场经济规律搞好产销，提高经济效益。

牛场生产饲养技术方案的实行要保持一定时间内的相对稳定性，生产饲养技术方案主要包括各牛舍技术实施要点、饲草与饲料配合加工调制、饲养管理方法与规程、卫生防疫制度落实措施与实施方法、技术员工作要点、购销牛装运规程、职工技术培训计划、定期进行技术经济效果分析、新技术应用效果检查总结等。

7.3.2.3 肉牛养殖场生产管理

生产管理是按照实现生产目标的要求，对生产活动进行计划、组织、指挥、协调和控制等一系列工作，保证生产顺利进行，并取得好的效益。

1. 牛场的主要生产活动管理

合理组织肉牛场的生产活动的目标是用尽可能少的劳动占有和劳动消耗、饲料消耗使肉牛增重以获得更多的利润。主要生产活动有：①肉牛的育肥，包括饲料的配比、饲喂、驱虫、分群、防治牛病以及粪便的处理和牛舍管理；②牛饲料的加工，有粗饲料的加工(青贮)和精饲料的加工。

2. 牛场生产管理内容

在牛场具体生产管理操作中，要合理安排进行各项作业的次序和时间，主要安排好每天的饲喂、清粪、饮水、运动、休息、饲料调制以及放牧等的次数和起止时间。其中饲料调制、饲喂次数和时间间隔要符合技术要求，要规定好每次的具体操作内容和先后程序，以便工人做到规范化操作，使肉牛饲养过程做到科学有序。具体包括：

(1)饲养方式的选择,有放牧饲养、舍内饲养、场户结合饲养以及不同育肥模式和方法。

(2)饲料加工方式的选择,有精饲料无库存加工方式、饲料加工工艺和饲料发放计划等。

(3)生产过程组织即选择适当的饲养周期,饲养作业控制和饲养成本控制,饲养工作质量和进度的控制,控制饲料成本,采用定量发放精饲料等。

(4)物资的保管和发放,对牛场饲养活动所需的各种物资的供应、保管和合理使用。主要包括物资供应计划的编制,物资的订货和采购,物资消耗定额的制订和管理,物资储备量的控制,仓库管理,物资的节约和综合利用等工作。

7.3.2.4 肉牛养殖场定额管理

对肉牛场进行定额管理,是加强牛场经营管理,提高生产水平,调动劳动生产积极性的有效措施。定额管理就是对牛场工作人员明确分工,责任到人,以达到充分合理地利用劳动力,不断提高劳动生产率的目的。对主要生产实行定额管理,包括人员及主要劳动定额、饲料消耗定额和成本定额。

牛场以牛舍和班组为单位,按不同工种和技术环节核定劳动用工量,进行定员。在核定劳动量时要充分考虑肉牛生产的特点,不同阶段的特点,生产条件和机械化程度等,也要考虑员工的实践经验和技术水平,综合分析作出合理的劳动定额,以鼓励员工充分发挥劳动积极性。做到"四定一奖",定饲养牛量;定牛产量,确定每头牛的日增重、成活率等指标;定饲料,根据肉牛具体情况和增产指标,确定饲料定额;定报酬;"一奖"是超额完成指标要奖励,完不成要惩罚。

饲料消耗定额是根据肉牛的营养需要供给的合理日粮,在制订饲料消耗定额时,要考虑牛的性别、年龄、生长发育阶段、体重或日增重、饲料种类和日粮组成等因素。全价合理的饲养是节约饲料和取得经济效益的基础。

对班组或定员进行成本定额是计算生产作业时所消耗的生产数据和付出劳动报酬的总和。肉牛生产成本主要有饲养成本、增重成本、活重成本和牛肉成本。

7.3.2.5 肉牛场的成本管理

成本管理是牛场产品成本方面一切管理工作的总称,是对在肉牛养殖整个生产、销售全过程中,所有费用发生和产品成本形成所进行的组织、计划、核算和分析等一系列的管理工作,成本核算是对牛场生产费用支出和产品成本形成的会计核算。

1. 肉牛场生产费用

肉牛场生产费用是场内在一定时期进行生产经营活动所花费的货币总额。生产费用是构成本时期产品成本的基础。生产费用多种多样,按经济性质有直接从事养牛生产人员的工资和福利;饲养牛群消耗饲草、饲料的饲料费;牛群饲养中消耗的燃料和动力费;医药费防治牛群疫病消耗的药品和医疗费;种公、母牛折旧费(种公牛从参加配种开始计算,种母牛从产犊开始计算);固定资产基本折旧费(包括牛舍折旧费和专用饲养机械折旧费);固定资产修理费(牛舍和专用饲养机械修理费);低值消耗品费用(饲养牛群使用的低值工具、器具和劳保品);用于牛群饲养的其他直接费用;共同生产费(分摊到牛群的间接生产费用);分摊到牛群的管理费用等。

2. 肉牛增重成本计算

牛的活重是牛场的生产成果，牛群的主、副产品或活重是反映产品率和饲养费用的综合经济指针，如在肉牛生产中可计算饲养日成本、增重成本、活重成本和产肉成本等。计算公式如下：

(1)饲养日成本，指一头肉牛饲养1 d的费用，反映饲养水平的高低。饲养日成本＝本期饲养费用/本期饲养头日数。

(2)增重单位成本，犊牛或育肥牛增重体重的平均单位成本。增重单位成本＝(本期饲养费用－副产品价值)/本期增重量。

(3)活重单位成本，即牛群全部活重单位成本。活重单位成本＝(期初全群成本＋本期饲养费用－副产品价值)/(期终全群活量＋本期售出转群活重)。

(4)生长量成本，生长量成本＝生长量饲养日成本×本期饲养日。

(5)牛肉单位成本，牛肉单位成本＝(出栏牛饲养费用－副产品价值)/出栏牛牛肉总产量。

3. 降低增重成本的管理途径

肉牛增重成本是养殖各个环节中物化劳动的综合反映，降低成本途径是多方面的。在材料采购、储备、饲料消耗、劳动用工、劳动生产率、技术水平、产量、质量等方面都要斤斤计较。

(1)增加产量，提高质量，做到增产增收。选择优良肉牛品种，在饲养过程中采用先进的技术措施，提高增重，降低增重成本。

(2)提高劳动生产率，培训职工，提高技术水平。按劳取酬，充分发挥职工的劳动积极性，合理安排劳动力，采用先进技术。

(3)节约各种材料、燃料和动力，改进采购、保管工作，降低成本，在饲养中做到合理全价饲养。

(4)提高设备利用率，抓好设备管理，充分利用机械设备，及时维修保养和技术改造。贯彻岗位责任制，实行专人专机，专管专用，健全设备管理制度，降低折旧费和维修费。

(5)节约管理费用，管理费属于非生产性支出，开支越少，成本负担越低。因此，要减少非生产人员，以减少不必要的开支。

7.3.3 肉牛养殖场(户)经营管理

规模化牛场离不开科学的经营管理，这是一个技术性强、管理复杂的系统工程，需要将科学养殖理论和企业经营管理理论应用于牛场的生产实践中，合理地将牛、人、设备等资源有效结合起来，获得利润。牛场的经营管理是为处理好生产、经营的各个环节，减少支出，降低成本，追求最好的经济效益的综合。

7.3.3.1 肉牛养殖场(户)经营管理的一般经济原则

肉牛养殖场(户)是一个经营经济实体，考察牛场经营的好坏，纯利润的取得是一项综合指标。要取得较理想的经济效果，完成经营的目标，取决于一系列正确的经营决策，经营中经济核算是贯彻生产全过程的活动。

1. 投入与产出

肉牛生产的主要目的，是组织各种资源产出一定数量合格的肥牛，提供适时商品牛，并利用肉牛价格创造价值。为产品的产出而花费的资源价值称为投入；而生产的产品所创造的价值称为产值，即产出。经营得体，一年或一个生产周期其产出应大于投入，即从所得的产值中扣除成本后，应获得较多的盈余。只有这样生产才得以维持并不断扩大再生产。

2. 成本

成本是指组织和开展生产过程所带来的各项经费开支。各项经费开支分现金开支和非现金开支。现金开支是成本的一部分，它是为进行生产购买资源投入时发生的，如购入架子牛、饲料、药品、用具等所支付的现金。成本的另一方面，还包括非现金开支或隐含的开支项目，如原有的畜舍、不计报酬的家庭劳力、利息、折旧费等，它们也是生产开支，实行成本核算时也应记入成本账。现金开支和非现金开支的总和，构成肉牛养殖场(户)经营的总成本，也只有包括这两类开支，才能充分如实地表述从事养牛经营所投入的成本。

3. 盈利

盈利是对养牛场(户)的生产投入、技术和经营管理的一种报偿，是销售收入减去销售成本、税金之后的余额。销售收入的计算原则是：①实际销售的产品，如出栏的肉牛，是构成销售收入的第一要素；②自销的产品值；③其他销售值，如粪肥出售应计入销售值；④对存栏的架子牛、育肥牛等不能计入本年度的销售收入，也不能作价计算收入，应按实际成本结转在下年度。

一个养牛场(户)的盈利可能是正值，也可能是零甚至负值。负值说明其投入的报偿低于当时市场上的平均报偿率；零或负值时，连所耗费的实际成本也无法支付，其结果便濒于破产，盈利是正值，说明所投入的生产要素得到了令人满意的报偿，甚至得到一笔超额的收入，反映了养牛场(户)在技术、经济和经营管理方面具有不平凡的能力。一般而言，能获取当时市场价格的满意盈利已颇能令人欣慰了，如追求高盈利，则投资要多，规模也要扩大，并需要采取相应的先进科学技术措施。

4. 建立养牛场(户)经营核算账目

养牛场(户)的经营核算，是经常持久的经营管理活动，它是提高经营管理水平、正确执行国家有关财经政策和纪律、获取盈利、进行扩大再生产必不可少的重要环节。不仅应认识其重要性，而且应求其准确性和经常性。为此，养牛场(户)都应建立必要的账目。一般有一定规模的养牛场或农牧场都有会计人员，并建立了相应的会计业务和经营核算体系，但养牛户和小型养牛场多无专管会计员，有的账目不全或不准确，甚至经营管理者不重视，这都不利于经营核算。

根据养牛户的经济活动，其会计科目大体内容可分支出类(包括“固定资产”和“原材料”)、收入类(主要是“销售”)等作为设置账目的依据。

所谓“固定资产”，一般分为生产用与非生产用固定资产。前者包括畜舍、仓库等建筑物，拖拉机、水电设备等，种畜、农具等，即直接参加或服务于生产经营的固定资产。后者指不是直接用于生产或其他经营活动的固定资产，如住房等。

所谓“原材料”，是指能生产育肥肉牛或其他副产品的各种原料和材料。如饲料等主要原料，疫苗、药品等辅助材料，还有燃料、维修材料、各种器具、低值易耗的生产工具等。

养牛场账户可设下列主要科目：①收入类，包括育肥肉牛收入、淘汰牛收入、粪肥收入、固定资产收入、折旧收入、其他收入、贷款、暂收款等；②支出类，有饲料支出、架子牛支出、牛死亡支出、医疗费支出、配种支出、人工支出、运费支出、用具支出、其他支出、税利支出、暂付款、集体提留及公益支出等；③结存类科目，有现金、银行(信用社)存款、固定资产、库存、其他物资等。

7.3.3.2 肉牛养殖企业经营活动分析

养殖场的经营活动分析是不同时期研究其经营效果的一种好办法，其目的是通过分析影响效益的各种因素，找出差距，提出措施，巩固成绩，克服缺点，使经济效益更上一层楼。分析主要内容有对生产实值（产量、质量、产值）、劳力（劳力分配和使用、技术业务水平）、物质（原材料、动力、燃料等供应和消耗）、设备（设备完好率、利用、检修和更新）、成本（消耗费用升降情况）、利润和财务（对固定资金和流动资金的占用、专项资金的使用、财务收支情况等）的分析。

开展经营活动分析，首先要收集各种核算的资料，包括各种台账及有关记录数据，并加以综合处理，以计划指标为基础，用实绩与计划对比、与上年同期对比、与本牛场历史最好水平对比、与同行业对比进行分析。至于开展经营活动分析的形式，可分为场级分析、车间（牛舍）分析、班组（饲养员）分析。在分析中，要从实际出发，充分考虑到市场的动态、场内的生产情况以及人为、自然因素的影响，从而提出具体措施，巩固成绩，改进薄弱环节，达到提高经济效益的目的。

依据经营分析和主客观情况，做好计划调整与调度，安排与调整生产计划。首先要关注市场变化，尽可能做到以销定产，在考虑国内市场时，要特别注意安排季节性生产，尽可能在重大节日的市场需求旺盛期多出好牛，以获取更好的效益；其次是依据本场现有条件和可能变化的情况（如资金、场地、劳力）挖潜增效；再次要考虑架子牛的供应和饲料供应，做到增产节约、产供协调。最后有条件的要用文字形式写出分析报告，包括基本情况、生产经营实绩、问题以及建议等，以利于进一步提高业务管理水平、经营水平和企业综合决策水平，不断增长单位效益。

1. 肉牛育肥场运营盈利模式分析

肉牛育肥场的总体运营模式为从适当地区购入适合育肥的架子牛，在本场进行 3～5 个月的育肥后出栏（出售活牛或屠宰加工后出售）。肉牛育肥的利润主要来源于如下 3 个方面：①架子牛育肥过程中原有体重的增值，其大小取决于架子牛购入价格与育肥后售出价格之差；②架子牛在育肥过程中增加的体重价值与饲养成本之差，它取决于饲养成本与增重速度及育肥后牛的售价；③屠宰增值，即牛屠宰后全部产品的销售收入与出售活牛收入之差，它取决于屠宰产品和活牛销售市场的选择。

根据上述原理及目前市场情况的综合分析，肉牛场在运行过程中可能获得的经济效益作一概略估算，以供参考。

（1）购牛成本。从目前架子牛市场形势分析，在本地收购合格架子牛的可能价格为 14 元/kg，如购入的架子牛体重平均为 400 kg，则每头架子牛的购入成本为 5 600 元。

（2）育肥期饲养成本。根据各种饲料目前的市场价格，架子牛整个育肥期平均体重以 450 kg 计，平均日增重以 1.2 kg 计，每头牛每天需各种饲料及相应的成本如表 7-14 所示，以平均出栏体重 550 kg 计，需育肥 120 d，共需饲养成本 1 740 元（14.5×120），全期增重 150 kg。

（3）售牛收入。每千克活重售价 14 元，则每头牛销售收入为 7 700 元，利润 7 700－5 600－1 740＝360（元），售价 15 元，利润 910 元。

表 7-14 肉牛育肥期每天饲养成本的计算

饲料	饲料重量/kg	成本/元
精料	5	9.0(1.8×5)
玉米秸秆青贮	15	1.5(0.1×15)
酒精糟	5	1.5(0.3×5)
干草	2.5	0.5(0.2×2.5)
人工及其他费用		2.0
合计		14.5

2. 肉牛养殖场经济效益评价

肉牛养殖场经济效益评价是对养殖场的技术、管理、资金三项关键要素即具体表现的六项基本要素进行分析。

(1)人。人是生产力三要素中最活跃、最基本、最重要的因素。肉牛养殖场经济效益的高低与养殖场的员工(包括饲养人员和管理人员)素质高低是密不可分的。具有现代管理知识、科学饲养技术的人,是养殖场取得较高经济效益的最基本的要素。

(2)物资。主要指饲料、能源、设备、建筑物、生产工具等。这是肉牛养殖场进行经营活动的物质基础。

(3)肉牛。肉牛是肉牛养殖场生产加工的对象。肉牛的品种和健康状况直接影响产出的数量和质量。

(4)资金。资金是养殖场从价值形态上占用与支配的财产和物资。没有资金,肉牛养殖场就无法购买设备、燃料、肉牛等生产资料,无法支付员工的工资,也就无法生存和发展。因此,资金是养殖场进行经营活动必不可少的条件。

(5)任务。销售任务,以及养殖场同其他单位签订的合同等。

(6)信息。主要包括数据资料、情报、技术等。在肉牛养殖场系统中,信息要及时沟通,以便做出正确的决策。

7.3.3.3 规模化肉牛场的经营措施

我国肉牛业正在从传统肉牛业向现代肉牛产业发展的过渡阶段,千家万户的分散饲养正在被规模化、集中化、科学化、标准化、商品化养殖肉牛所取代,在市场经济条件下,有规模才有效益,有规模才有市场,规模化养殖既可以增加经济效益和抵抗市场风险的能力,还是实施标准化生产、提高畜产品质量的必要基础。

1. 规模化肉牛场经营的风险

肉牛养殖投资大,养殖周期长,我国肉牛养殖是微利产业,事实上决定肉牛养殖场收入的最主要因素取决于购入的架子牛与出栏肉牛之间的价格差。经营成功的关键在于能够买到价格低廉的架子牛和饲料,减少疾病的损耗,肉牛快速增肥,加快牛群周转,进而谋求出栏肉牛能够卖出更高的价格。

(1)原材料风险。肉牛育肥场的主要原料为饲料,饲料的产量和价格受到地区环境条件、自然灾害、季节性变化以及市场的饲料价格波动的影响。

(2)牛源风险。我国的肉牛生产发展很快,很多经营者都已经意识到肉牛的快速育肥效益良好。因此,从事这一工作的人也越来越多,这就存在竞争牛源的问题,实际上近几年架子牛的来源已经呈现出紧张的情况。

(3)销售市场风险。肉牛经过育肥后能否销售出去是关系到整个肉牛生产过程的价值能否体现的关键环节，及时地确定销售市场及确定售价较高的市场是非常重要的。

(4)疫病风险。肉牛和其他家畜一样，也可能发生传染病、寄生虫病和消化道病等。特别是在异地集中育肥的条件下，发生疫病的可能性比小规模分散饲养要大得多。疫病的发生对于肉牛场的影响是巨大的，必须引起肉牛场经营者的高度重视。

(5)质量安全风险。近年来，一些畜产品质量出现问题，其中一个重要原因，就是企业加工和农户养殖脱节，大部分都有中间环节存在，他们千方百计多挣钱，对畜产品质量无需承担责任；企业不愿建稳固的基地，哪里便宜哪里买；一方面，养殖户难以获得稳定的效益，经常是效益好时规模快速膨胀，出现亏损时规模急剧萎缩，这也是导致多年来畜产品市场大起大落的原因之一；另一方面，企业难以获得稳定的原料供应，无法实现对原料质量的控制，因此产品质量安全事件时有发生，而一旦出现质量安全事件，对畜牧业的冲击不容忽视。

2. 经营风险的防范策略

肉牛产业是从产地到餐桌，从生产到消费，从研发到市场的产业，各个环节紧密衔接、环环相扣。肉牛养殖场(户)经营者要掌握市场动态，化解养殖场(户)可能遇到的生产和经营风险，增强养殖场抗风险能力。

(1)肉牛场的经营体制。为了抵御或避免肉牛场在运行过程中的风险，提高肉牛场的市场应变能力和加大市场竞争力度，最大限度地降低成本，提高项目的经济效益和社会效益，建立肉牛养殖企业独立核算的经济实体，履行企业经营法人义务，实行负责制。

(2)肉牛场的经营模式。在相关部门的领导下，组织和建立"公司＋农户"的牢固生产体系。为了保证肉牛场有稳定的架子牛来源，生产优质牛肉，肉牛场必须重视与当地养牛农户的分工与协作，采用"公司＋农户"的经营方式，对于农户和肉牛场都是有利的。具体的做法包括：牛场与农户签订架子牛收购合同；牛场对农户肉牛的改良、繁殖及饲养管理提供技术服务；农户为牛场提供架子牛来源等。一方面，继续推进肉牛业的杂交改良工作，激发农户饲养母牛、生产杂交牛的积极性。公司与农户签订协议，在保证农户利益的条件下，使公司的牛源得到保证；另一方面，公司为农户生产杂交牛提供配套服务。定期提供技术培训以及组织联系肉牛及牛肉产品的销售和其他技术服务，形成稳定的合作关系。建立生产杂交肉牛、肉牛育肥及销售的一条龙生产线，使肉牛生产形成一个产业，为当地农民的就业、脱贫致富、带动当地经济的发展发挥作用。

(3)开拓市场。建立供应和销售网络管理机构，加强宣传，扩大销路，树立风险管理意识，加强风险管理。

(4)加强管理。加强内部管理，保证质量，打造品牌，建立信誉，加强服务。在严格执行无公害肉牛生产要求的前提下，应用先进的肉牛生产技术，提高产品质量。

(5)技术培训。职工应具有较高的文化素质和专业技能，对职工应进行相应的业务和技术培训。对管理和技术人员的录用要求应更高，有管理和技术专长。对被聘用人员，除经常考察其实际工作表现和业绩外，还要定期进行业务和技术考核，实行优胜劣汰的用人机制。肉牛场在投入运行之前，应组织管理人员到国内管理和技术先进的肉牛场进行参观、实习，或进行1～3个月的技术培训，以便作为肉牛场的业务、技术骨干。另外要经常请教学、研究机构的专家到肉牛场，针对肉牛杂交改良新技术、计算机管理技术、优质牧草的种植、肉牛的快速育肥、疫病防治以及肉牛的屠宰加工等方面，对全体职工进行培训，不断提高职工的专业技术水平。

复习思考题

1. 简述我国肉牛产业的主要经营模式和我国肉牛养殖生产模式。
2. 能繁母牛、犊牛、架子牛的饲养管理要点是什么？简述肉牛育肥的原理。
3. 我国育肥牛的饲养方式和肉牛育肥方法有哪些？
4. 肉牛养殖场(户)的生产技术管理包括哪些内容，如何分析肉牛养殖经营活动？

8 养牛场建设与环境控制

［重点提示］ 本章主要阐述养牛场选择与规划，肉牛养殖场及奶牛场内部设施的建设，奶牛场的建设，养牛场公共卫生设施及环境保护，规模化养牛场粪、尿、污水处理及利用等，内容较多，可根据教学实际情况选择部分内容讲授或增补相应内容。教学讲授时注意减少与专业基础课如畜牧工程、环境卫生等的重叠，有条件时可参观规范化的肉牛场，规模化奶牛场，现场教学或结合实习的实验课进行教学。要求教师准备肉牛场、奶牛场的生产条件及设备的图片或多媒体。

随着农业产业化结构的调整，我国规模化养牛快速发展。从发展的角度来看，建设牛场和养牛小区是我国养牛业向规模化、产业化发展的必然。在新建的养牛场中，设计首先要符合我国基本国情，要注意尽量采用新工艺、新技术、新设备。对牛场的规划布局要实施政策与法规调控，做到建一个，完善一个，规范一个，并做到分散建场，单元管理，改变传统的建场布局模式，科学控制单位面积载畜量，留有发展余地，采用无害化资源化设计工艺科学处理和利用粪污，致力建设花园式生态养牛场。

8.1 牛场场址选择与规划

选牛场和建筑牛舍，需要根据现有牛的数量和今后发展规模的大小、资金多少、机械化程度和设备而确定；应符合畜牧兽医卫生、经济适用、便于管理和有利于提高利用率、降低生产成本等条件。

8.1.1 牛场场址的选择

如何选择一个好的场址，需要周密考虑，通盘安排，要有长远的规划，要留有发展的余地，以适应今后养牛业发展的需要；必须与农牧业发展规划、农田基本建设规划以及今后修建住宅等规划结合起来，必须符合兽医卫生和环境卫生的要求，周围无传染源，无人畜地方病，适应现代化养牛业的发展趋势。

选择场址应与当地自然资源条件、气象因素、农田基本建设、交通规划、社会环境等相结合。牛场应远离居民点，在住宅区下风头，在水源的下头，所选牛场场址应考虑如下几点。

(1)地势。平坦干燥、背风向阳,排水良好;防止被河水、洪水淹没。地下水位要在 2 m 以下,最高地下水位需在青贮坑和地窖底部 0.5 m 以下。地势应平坦而稍有坡度(不超过 2.5%),总的坡度应向南倾斜。山区地势变化大,面积小,坡度大,可结合当地实际情况而定。

(2)地形。开阔整齐,理想的是正方形或长方形,尽量避免狭长形和多边角。

(3)水源。水量充足,未被污染,水质应符合卫生指标要求,并易于取用和防护,保证生活、生产、牛群及防火等用水。

(4)土质。土质应坚实,抗压性和透水性强,无污染,较理想的土质是沙壤土。

(5)社会环境。四周幽静,无污染源。交通、供电、饲料供应等方便,牛场不能对居民区造成污染,场周围没有毁灭性的家畜传染病,应距交通道路不少于 100 m,距交通主要道路要在 200 m 以上。牛场附近不应有超过 90 dB 噪声的工矿企业;不应有肉联、皮革、造纸、农药、化工等有毒、有污染危险的工厂。

最好能有一定面积的饲料地,以解决青饲青贮所需。一般按每头成年牛 4～5 亩计算。

(6)气象因素。我国幅员辽阔,南北气温相差较大,应减少气象因素的影响,如北方不要将牛场建于西北风口处。

(7)其他。山区牧场还要考虑建在放牧出入方便的地方;牧道不要与公路、铁路、水源等相交叉,以避免污染水源和防止发生事故。

场址大小、间隔距离等,均应遵守卫生防疫的要求,并应符合配备的建筑物和辅助设备以及牛场远景发展的需要;牛场大小可根据每头牛所需面积(160～200 m^2),结合长远规划计算出来。牛舍及房舍的面积为场地总面积的 10%～20%。选择符合要求的理想场址,并能合理地配置牛舍、房屋以及附属设施,对于开展养牛业有着重要意义。

8.1.2 牛场规划

牛场场地规划,既要因地制宜,又要满足牛的生理特点需要,以有利于生产,能符合经久耐用,便于饲养管理,提高工作效率为原则。各建筑物要合理布局,统一安排。生活区、办公区要与生产区分开,且在生产区的上风向。场地建筑的配置要尽可能做到整齐、紧凑、美观。要安排好下水道,划好道路,并植树绿化。饲料调配室应设在牛舍旁,以便于饲料的发放,饲料存储室应靠近饲料调配室以方便运输。病牛隔离室应建在距牛舍 150 m 以外的下风处,以免疾病的传染。

牛场规划应遵循的原则:①在满足需要的基础上,要节约用地;②考虑今后的发展,应留有余地;③尽量利用自然条件做好防疫卫生,同时为管理和实现机械化创造方便;④有利于环境保护。

8.1.2.1 生产管理区

牛场分区规划按养牛场经营方式和集约化程度,场内布局一般分 5 个区,即管理区、辅助区、生产区、畜粪处理区、病牛隔离区,见图 8-1。

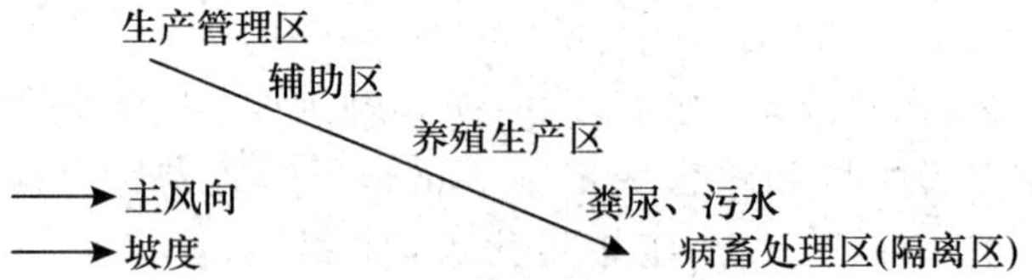

图 8-1　养牛场分区布局

(1)管理区。为全场生产指挥、对外联系等管理部门。管理区应设在生产区的上风处,并与生产区严格隔离。同时该区有时也是职工和家属常年生活和休息的场所。

(2)辅助区。为全场饲料调制、贮存、加工、设备维修等部门。辅助区可设在管理区与生产区之间,其面积可按要求来决定。但也要适当集中,节约水电线路管道,缩短饲草饲料及粪便运输距离,便于科学管理。粗饲料库设在生产区下风口地势较高处,与其他建筑物保持 60 m 防火距离。兼顾由场外运入,再运到牛舍两个环节。饲料库、干草棚、加工车间和青贮池,离牛舍要近一些,位置适中一些,便于车辆运送草料,减小劳动强度。但必须防止牛舍和运动场因污水渗入而污染草料。

(3)生产区。是牛场的核心,设在场区的较下风位置,能控制场外人员和车辆,使之不能直接进入生产区,要保证最安全,最安静。大门口设立门卫传达室、消毒室、更衣室和车辆消毒池,严禁非生产人员出入场内,出入人员和车辆必须经消毒室或消毒池进行严格消毒。生产区牛舍要合理布局,分阶段分群饲养,如奶牛按泌乳牛群、干奶牛群、产房、犊牛舍、育成前期牛舍、育成后期牛舍、青年牛舍顺序排列,肉牛按育成牛、架子牛、育肥阶段等顺序排列,各牛舍之间要保持适当距离,布局整齐,以便防疫和防火,奶牛场的挤奶(厅)台或管道挤奶附属设备用房要紧靠泌乳牛群。

(4)粪、尿、污水处理区。畜粪处理要设在生产区的下风处,并尽可能远离牛舍,防止污水、粪、尿废弃物蔓延污染环境。

(5)病牛隔离区。病牛隔离区必须远离生产区,尸坑和焚尸炉距畜舍 300～500 m 以上。病牛区应便于隔离,单独通道,便于消毒,便于污物处理等。病畜管理区要四周砌围墙,设小门出入,出入口建消毒池、专用粪尿池,严格控制病牛与外界接触,以免病原体扩散。

8.1.2.2　建筑物布局

牛场建筑物布局要使各建筑物在功能关系上建立最佳联系;在保障卫生防疫、防火、采光、通风前提下,要有一定卫生间隔,供电、供水、饲料运送、挤奶奶牛行走路线应尽量缩短;功能相同的建筑物应尽量靠近集中。

1. 布局要求

牛舍应平行整齐排列,两墙端之间距离不少于 15 m,配置牛舍及其他房舍时,应考虑便于给料给草、运牛运奶和运粪,以及适应机械化操作的要求。各类建筑物配置要遵守卫生及防火要求,宿舍距离牛舍应在 50 m 以上,牛舍间相隔 60 m(不可少于 30 m)。

数栋牛舍排列时,每栋前后距离应视饲养头数所占运动场面积大小来确定。如成年奶牛每头不少于 20 m^2;青年牛和育成牛不少于 15 m^2;犊牛不少于 8～10 m^2。至于肉牛场是采用站桩时,要有足够的拴牛桩位置和人员的安全走道,有运动场时可参考奶牛场,有上下牛台。

车库、料库、饲料加工应设在场门两侧，以方便出入；青贮窖、干草棚建于安全、卫生、取用方便之处，粪尿、污水池应建于场外下风向。

奶牛散放饲养时，成年奶牛休息棚应靠近挤奶厅（台）；奶库靠近成年奶牛舍或挤奶厅（台）。

人工授精室设在牛场一侧，靠近成年奶牛舍，为工作联系方便不应与兽医室距离太远，授精室要有单独的入口。兽医室、病牛舍建于其他建筑物的下风向。

2. 牛舍布局

牛舍布局应周密考虑，要根据牛场全盘的规划来安排。确定牛舍的位置，还应根据当地主要风向而定，避免冬季寒风的侵袭，保证夏季凉爽。一般牛舍要安置在与主风向平行的下风头的位置。北方建牛舍需要注意冬季防寒保暖，南方则应注意防暑和防潮。

确定牛舍方位时还要注意自然采光，让牛舍能有充足的阳光照射。北方建牛舍应坐北朝南（或东南方向），或是坐西朝东，但均应依当地地势和主风向等因素而定。

牛舍还要高于贮粪池、运动场、污水排泄通道的地方。为了便于工作，可依坡度由高向低依次设置饲料仓库、饲料调制室、牛舍、贮粪池等，这既可方便运输，又能防止污染。

8.2 奶牛场的设计与建造

奶牛场的建筑和设备是奶牛养殖业主的主要投资，奶牛场一旦建成，将使用较长时间，如设计不当就会对奶牛场的产出有很大的影响，必须谋定而动，重视规划。奶牛场的设计与建造是一个系统工程，设计相当复杂，应该因地制宜，从布局到细节，从生产到环保，设计人员必须应用许多创造性的方法来实施节约成本。

奶牛场奶牛舍的设计，首先要考虑区别于民用建筑，一个牛场内，各类牛舍和相应设施的布局受地形地貌的影响，不能一概而论。设计既要达到生产要求，又要针对牛的生理特点，牛舍设计建设要考虑牛只舒适度和为提高劳动生产率采用的新技术新设备，如暂时不实现机械化和自动化，应留有将来实施现代化的设计。一个牛场的管理水平取决于平时的管理，也受到牛场设计的影响。

舒适牛场的条件：①足够的地面垫料；②足够的休息区域；③足够的起卧进出空间；④挡胸板不应高于 10～15 cm，并且边缘圆滑；⑤牛床高度不得高于 20 cm。

8.2.1 奶牛场牛舍建造类型与设计

奶牛牛舍建筑类型、结构要因地制宜，根据各地区的气候、饲养模式、机械化程度统筹考虑。目前，国内牛舍的跨度一般在 12 m 以内，能满足通风、采光和温度要求的结构形式很多。按结构材料分有木屋架、钢屋架和钢筋混凝土屋架结构等；按结构形式分有人字形、拱形屋架结构等。我国主要有两种建筑类型牛舍，即拴系式牛舍和散放式牛舍。

8.2.1.1 牛舍建筑类型

牛舍给奶牛提供了休息饲喂及合适挤奶的场所，牛舍是牛场的主要资本投资，对奶牛场运作有长期的影响，合理的牛舍建筑，有利于奶牛生产性能的发挥，如果建筑不合理，既影响了产奶量，又增加建筑投资。奶牛有耐寒、怕热的特性，北方地区冬季气温低，南方夏季高温高湿，在建牛舍时应该考虑如何防寒或通风换气。

牛舍建筑类型按开放程度分为全开放式牛舍、半开放式牛舍和封闭式牛舍。

(1)全开放式。牛舍外围护结构全开放，结构简单，无墙、柱、梁，顶棚结构坚固。开放式牛舍建筑应采用砖混结构或轻钢结构。采用轻钢结构的，屋顶为彩钢瓦，立柱为圆形钢管，颜色材料一致。一般在我国南方、中部和北方气候干燥的地区采用较多。

(2)半开放式。牛舍三面有墙，向阳一面敞开，有顶棚，在敞开一侧设有围栏。牛舍的敞开部分在冬季可以遮拦封闭，适宜于北方冬天不很寒冷的地区。

(3)封闭式。牛舍有四壁、屋顶，留有门窗，适宜于北方冬天寒冷的地区。

牛舍建筑类型按屋顶结构分为钟楼式、半钟楼式、双坡式和单坡式等，见图 8-2，图 8-3。

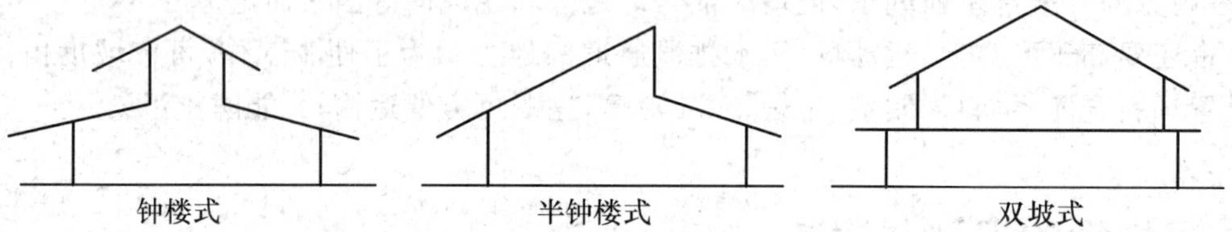

图 8-2　奶牛舍建筑形式(邱怀，2002)

(1)钟楼式。钟楼式牛舍在双坡式牛舍屋顶上设置一个贯通横轴的“光楼”，在屋顶上增设了两列天窗。天窗可增加舍内光照系数，有利于舍内空气对流，通风较好，防暑作用较好，但结构比较复杂，耗材多，造价高，不便于管理，不利于冬季防寒保暖。

(2)半钟楼式。半钟楼式牛舍为双坡式牛舍的另外一种形式，主要在屋顶的向阳面，设有与地面垂直的“天窗”，这种牛舍的屋顶坡度角和坡的长短是不对称的。背阳面坡较长，坡度较大；向阳面坡短，坡度较小，其他墙体与双坡式相同，但窗户采光面积不尽相同，这种形式的牛舍“天窗”对舍内采光、防暑优于双坡式牛舍，通风效果较好，但夏季牛舍北侧较热，构造较复杂，寒冷地区冬季保暖防寒不易控制。

(3)双坡式。双坡式牛舍舍盖是楔形，对小气候的控制有较好的效果。这种牛舍可以是四面无墙的敞棚式，也可以是开敞式、半开敞式或封闭式。敞棚式牛舍适于气候温和的地区。在多雨的地区，可将食槽设在棚内，牛舍无墙，依靠立柱设顶。开敞式牛舍有东、北、西三面墙和门窗，可以防止冬季寒风的侵袭。在较寒冷的地区多采用半开敞式与封闭式，牛舍北面及东西两侧有墙和门窗，南面有半堵墙者为半开敞式，南面有整堵墙者即为封闭式。双坡式牛舍在炎热地区或夏季对防暑效果不好，特别是牛体散发的热量及湿热气团不易发散。解决双坡式牛舍防暑常见的办法是适当增加舍顶高度，使牛舍长轴两侧的门窗在夏季尽量敞开。这种形式牛舍造价低，可利用面积大，易施工，实用性强，已普遍为广大养殖户所接受。

(4)单坡式。单坡式牛舍一般多为单列开敞式牛舍，由三面围墙组成，南面敞开，舍内设有料槽和走廊，在北面墙上设有小窗，多利用牛舍南面的空地为运动场。这种牛舍采光好，空气流通，造价低廉。但舍内温度不易控制，常随舍外的气温变化而变化，湿度亦然。虽夏热冬凉，但冬季还是可以减轻寒风的袭击，适于冬季不太冷的地区。牛舍造价低，可利用面积大，易施工、适用性强。加大舍内门窗面积,可增强通风换气,冬季关闭门窗有利保温。个体养殖或养殖小区的拴系式牛舍采用此式较多。

牛舍建筑类型按牛舍跨度大小和牛床在舍内排列方式分为单列式、双列式、多列式等。

(1)单列式。只有一排牛床,牛舍的跨度较小,一般 5~6 m,造价低,易于建筑,通风好,散热快,但散热面积也大,适用于做成开敞式建筑,小型牛场采用。

(2)双列式。有两排牛床,分左右两个单元,跨度 12 m,顶棚坡度为 1/3,能满足自然通风要求,大、中型奶牛场多采用。与比单列式相比节省用地,房舍紧凑,牛群集中,便于管理,但牛舍因跨度较大,对屋顶构架材料要求较高,其平面又分为对尾式和对头式。

(3)多列式。有三列式或四列式等,成年母牛存栏量在 1 000 头以上的奶牛场可考虑采用多列式牛舍。多列式牛舍也有对头式与对尾式之分,适用于大型牛舍。由于建筑跨度较大,墙面面积相应减少,比较经济,该排列形式在寒冷地区有利于保温,以及方便于集中使用机械设备等。但牛舍跨度较宽,自然通风效果较差。

牛舍建筑类型按牛舍不同用途可分为若干牛舍,主要是根据牛的分群饲喂要求分,可分为犊牛舍、育成牛舍、青年牛舍、成乳牛舍、产牛舍、病牛舍、公牛舍等。不同的牛舍应根据卫生防疫要求及工艺流程进行合理布置和设计。犊牛和青年牛可饲养在单栏或通栏中。育成牛、成乳牛、产牛、病牛可分别采用拴养或散养。公牛则应单独饲养。

(1)成乳牛舍。是奶牛场建筑中最重要的组成部分之一,在奶牛场中占的比例最大,而且直接关系到奶牛的健康和生产水平。

(2)产房。是奶牛产犊的专用牛舍,包括围产牛舍和犊牛保育间。产房冬季保温好,夏季通风好,舍内要易于进行清洗和严格消毒。

(3)犊牛舍。犊牛按月龄分群饲养,一般可采用单栏、犊牛岛、群栏饲养。

(4)育成牛舍和青年牛舍。育成牛舍和青年牛舍比成乳牛舍稍小,通常采用单列或双列对头式饲养。舍内设施除没有挤奶设备以外,其余都与成乳牛舍大致相同。

(5)公牛舍。是单独饲养种公牛的专用牛舍,种公牛体格健壮,一般采用单间拴养,对公牛舍的建筑热工性能要求不高,可采用单列开敞式建筑,地面最好铺木板护蹄,公牛在单独的固定的槽位上喂饲。

(6)病牛舍。建筑与乳牛舍相同,是对已经发现有病的奶牛进行观察、诊断、治疗的牛舍,牛舍的出入口处均应设消毒池。

(7)运动场。运动场多设在栋舍间的空余地带,四周用栅栏围起来,将牛只散放或拴系其内。运动场的大小,一般为牛舍面积的 2~3 倍。

8.2.1.2 拴系式牛舍

又称颈枷式牛舍。拴系式(stanchion type)牛舍是较为传统的舍饲管理模式,在我国使用得比较普遍,在饲喂、挤奶和刷拭时都可针对单独个体的,除运动外,饲喂、挤奶等都在牛舍内进行,每头牛都用链绳或颈枷固定拴系于食槽或栏杆上,限制活动;每头牛都有固定的槽位和牛床,互不干扰,单独或 2 头牛合用一个饮水器,拴系式牛舍的跨度通常在 10.5~12 m,檐高为 2.4 m。目前,拴系饲养、挤奶厅集中挤奶已被广泛应用。其优点是在饲养管理上便于区别对待,做到个别饲养,也便于人工授精、兽医等操作,母牛如有发情或不正常现象极易发现;同时,还可避免严寒气候对人畜的侵袭,适合当前农村的饲养习惯、饲养水平和牛群素质。其缺点是劳动生产率低，不利于推行机械化，劳动强度大。母牛的角和乳头易受损伤；而且这种牛舍缺少灵活机动性，一旦建成很难再进行扩建或改做他用。

牛舍内部牛床的排列方式视牛数的多少而定，20 头以下的牛群可采用单列式，20 头以上者多采用双列式，成年母牛存栏量在 1 000 头以上的奶牛场可考虑采用三列式或四列式牛舍。

规模养殖奶牛场的牛舍多采用双列式，即内设对称的两排饲槽和牛床。在双列式中，因母牛站立方向的不同，又分为牛头向墙的对尾式（facing cows out）和牛头相向的对头式（facing cows in）两种。对尾式因牛头向窗，对日光和空气的调节较为便利；传染疾病机会较少；挤奶（管道式或推车式挤奶）、清粪都可集中在牛舍中间，合用一条通道，占地面积较小，操作比较简单，对母牛挤奶、发情的观察及清洁卫生工作均较便利；可保持墙壁清洁，避免被奶牛排泄的粪便所污染。缺点是分发饲料时稍感不便，清粪通道晒不到太阳，不能利用阳光来消毒。对头式牛床中间为喂饲通道，两边各有一条除粪通道。这种排列方式的优点是便于奶牛出入、饲料运送、实现喂饲机械化及观察奶牛进食情况等。但奶牛的尾部对着墙，粪便较易污及墙面，给牛舍的卫生工作带来不便，增加了疾病的传播机会，应做 1.5 m 左右高的水泥墙裙，拴系式牛舍平面示意图如图 8-3 至图 8-7 所示。

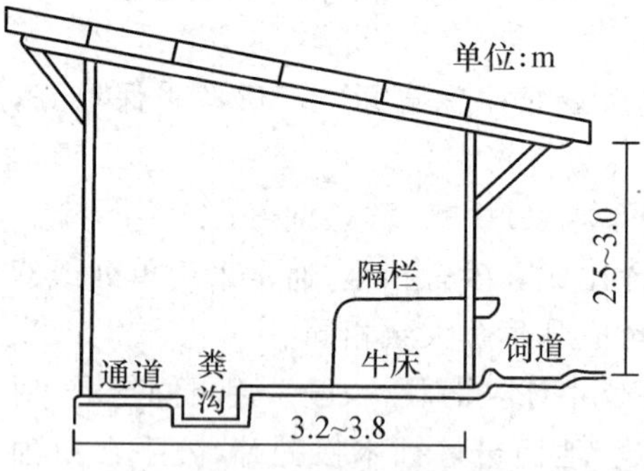

图 8-3 拴系式单列式牛舍

图 8-4 拴系式双列式牛舍

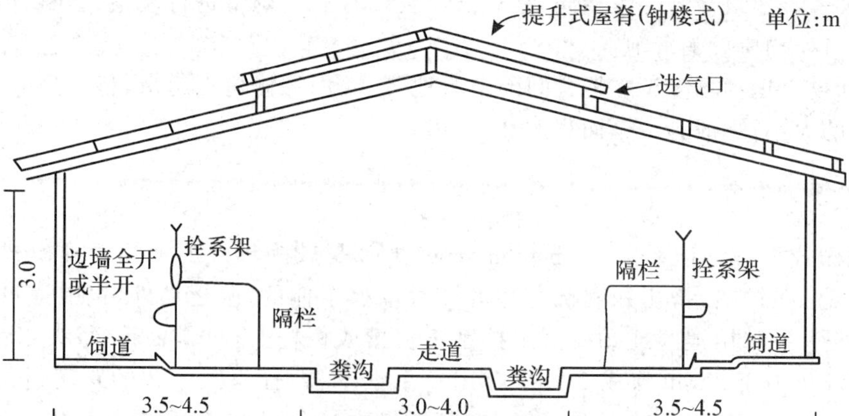

图 8-5 拴系式对尾双列式牛舍

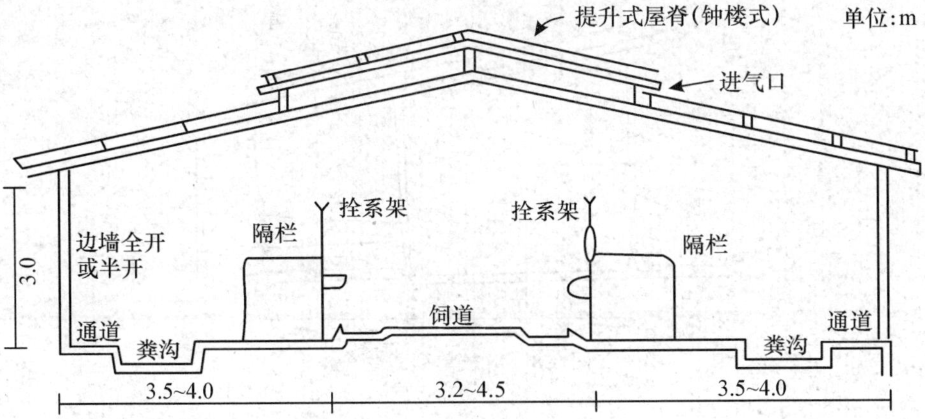

图 8-6 拴系式对头双列式牛舍

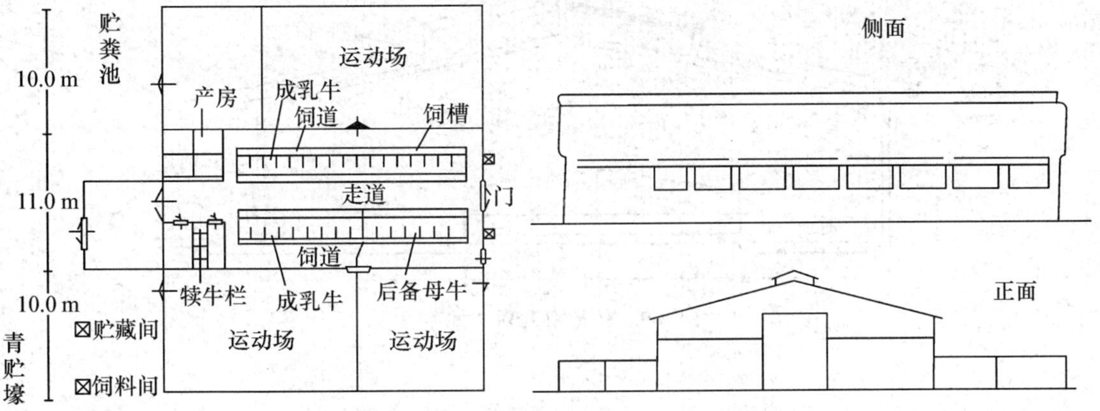

图 8-7 小规模养殖牛场的拴系式牛舍布局

8.2.1.3 散放式牛舍

又称散栏式牛舍。所谓散放式(loose type)牛舍是指奶牛除挤奶时外,其余时间均不加拴系,任其自由活动,故亦称散养式牛舍。一般包括休息区、饲喂区、待挤区和挤奶区等。母牛可随意走动到休息区,并在挤奶区(间)集中挤奶。母牛饲喂和挤奶后到休息区休息,可以躲避严寒和酷暑。散放式牛舍的优点是便于实行机械化、自动化,大大提高劳动生产率,便于推行全混合日粮饲喂法,有利于实施分群饲养管理。目前新建牛舍正逐步应用。散放式牛舍内部设备简单,较为经济,但根据舍内机械化水平的高低和设备类型,其造价也可能相似或高于常规的拴系式牛舍。母牛在散放式牛舍感到舒适,在有隔栏设备情况下,能尽量减少牛体受损伤的危险。由于母牛是在挤奶间集中挤奶,与其他房舍隔离,受饲料、粪便、灰尘的污染较少,较易保持牛体的清洁,并可提高牛奶的质量。其缺点是不易做到个别饲养。

散放式牛舍排列形式根据布局有单列式、双列式、多列式,双列式又分双列对尾和双列对头两种。在温暖地区,可建造棚舍式或前棚式奶牛舍,牛舍跨度大。在炎热的南方,则可建造开放式奶牛舍。整个休息区处在露天,饲喂区在凉棚下。散放式牛舍平面示意图如图 8-8 至图 8-10 所示。

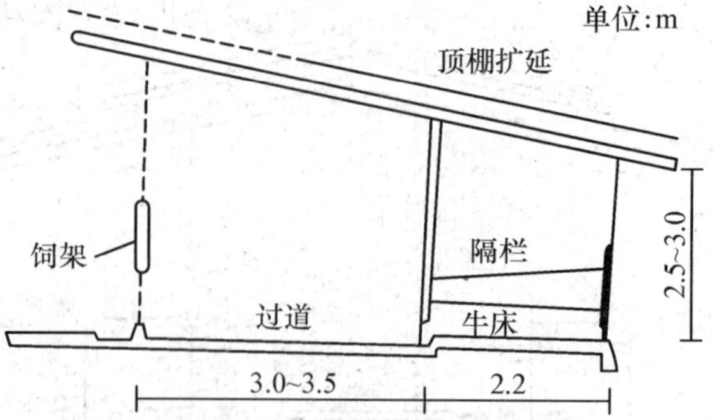

图 8-8 散放单列式牛舍

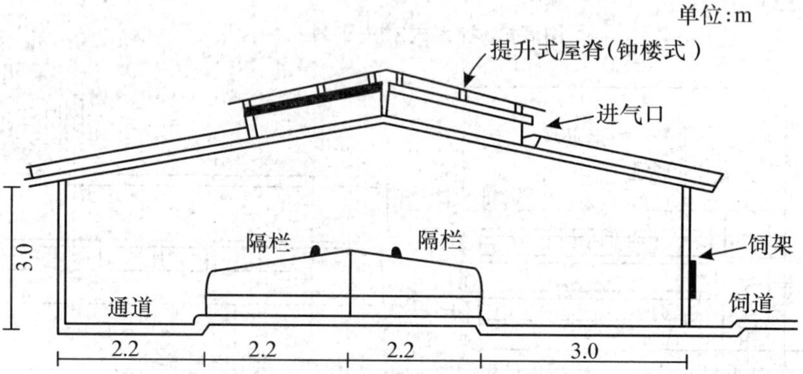

图 8-9 散放双列对头式牛舍

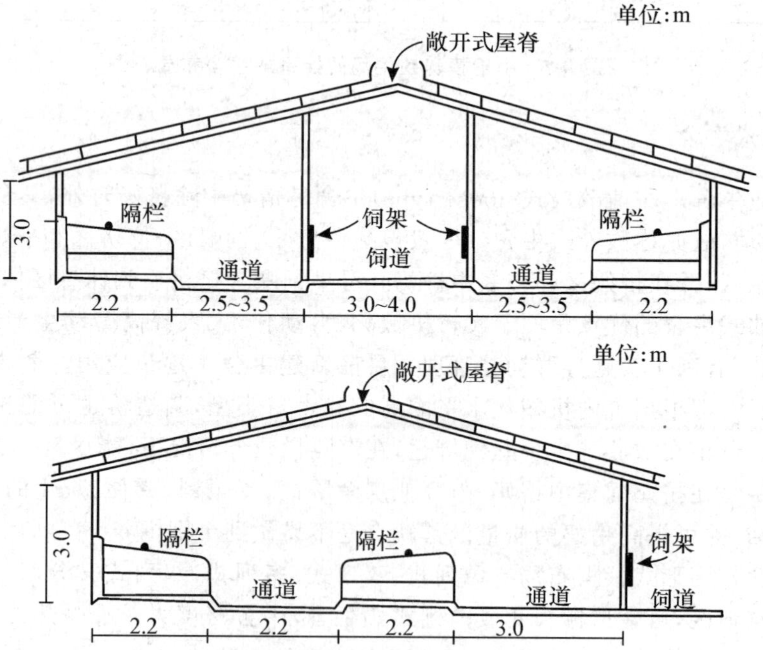

图 8-10 散放双列对尾式牛舍

8.2.1.4 哺乳犊牛舍

犊牛自出生至哺乳结束实行单体独立饲养模式，置于清洁、干燥、没风、面积与垫料充足，有新鲜空气的设施内，可以减少相互之间面对面的接触造成的疾病传播，可提高犊牛成活率，减少疾病，提高增重。哺乳犊牛舍有单排列式（单栏）和单体式（犊牛岛），见图 8-11 和图 8-12，奶桶和料桶设置在颈夹适当位置，另外设置草架，以供犊牛自由采食干草。也可以群栏饲养，要做到每个犊牛生活区独立，之间可用隔栏分开，以防止犊牛疾病相互传播。哺乳单体犊牛舍设计前沿高 180 cm，后沿高 165 cm，长 170～180 cm，宽 70～90 cm，下放木条垫板，木条垫板离地面 20 cm。南面敞开式，每格舍装一扇铁门，见图 8-12。也可以合成材料成型的犊牛岛，见图 8-11，或放于舍内的单个犊牛栏，长 170～180 cm，宽 70～90 cm，高 140 cm，漏缝木条或塑料，见图 8-13。

图 8-11 单排列式犊牛岛

图 8-12 单体式犊牛岛

8.2.1.5 产房

在较大规模的奶牛场一般设有产房（maternity barn），产房是专用于饲养围产期牛只的用房。由于围产期的牛只抵抗力较弱，产房要求冬暖夏凉，舍内便于清洁和消毒，有条件时尽量铺设垫草，见图 8-14。产房内的牛床数一般可按成母牛数的 10%～13%设置，采用双列对尾式，牛床长 2.2～2.4 m，宽度为 1.4～1.5 m，以便于接产操作。

图 8-13 哺乳犊牛舍

图 8-14 奶牛产房中的垫草

8.2.1.6 犊牛舍、育成牛舍、青年牛舍

犊牛常单独建舍，舍内根据不同月龄分群管理。断奶后犊牛可养于通栏中，用活动夹板固定饲喂，舍内和舍外均要有适当的活动场地。犊牛通栏布置亦有单排、双排栏等，最好采用3条通道，把饲料通道和清粪通道分开来，中间饲料通道宽90～120 cm为宜，清粪道兼供犊牛出入运动场，以140～150 cm为宜。6～12月龄的育成牛亦可养于通栏中，为了训练育成牛上槽饲养，育成牛舍也可以用颈夹，其平面布置与成乳牛舍一样，床位可小于成乳牛床，可采用对头式，青年牛舍同成母牛舍。

8.2.1.7 种公牛舍

为了搞好防疫卫生，保证公牛健康，种公牛舍一般在种公牛站后面，并配有辅助设施如运动场、地磅间、牛洗澡间、牛的装运站台、病牛舍（包括兽医室）、修蹄架、饲料库、草棚、草垛堆放场等。公牛舍的设计要考虑人畜安全，牛舍常设竖起直栏杆，其间距要保证饲养员安全，能侧身通过。牛舍结构要作加固处理，固定公牛活动钢丝绳的木架要与房架分开，防止公牛发性毁坏。

种公牛舍除严寒地区外，一般以敞棚式单间拴养为宜，见图8-15，每间有单独固定的槽位，饲槽为1.5 m×0.9 m，有0.5 m×0.8 m草槽和0.35 m直径的水槽。饲料道宽1.1～3.5 m不等，取决于机械化程度，有铁栏杆与牛床隔开，牛床由水泥混凝土制成，长5.5～6 m，宽6～6.5 m，冬铺垫草，夏铺沙子，地面最好铺木板护蹄。室外有运动场，四周应设围栏，防止脱缰时干扰全场，公牛在运动场上沿着钢丝绳做逍遥运动或驱赶运动（人工或机器驱赶），见图8-16。

图 8-15 种公牛舍

图 8-16 种公牛运动场（章纯熙，2000）

8.2.1.8 农村房屋改造成奶牛舍

将农村现有不用的库房或其他闲置房屋如鸡舍、厂房、农村旧房改为牛舍，见图8-17，可大大降低建设费用。如现有房屋跨度在9 m以上时，可采用双列式、尾对尾、头朝窗，否则采用单列式，后墙上的窗户要改到同前窗一样大，舍内布局同前述一样。运动场地建设要紧连牛舍，并选择三面无遮阳物，早晚都能接受阳光照射，地势开阔较平坦的地方，三面用木栅或铁管或红砖砌成院墙及隔墙，高度为1.2～1.5 m，有条件可设置凉棚。运动场地面用三合土或

水泥处理成四周有沟，略有一定坡度的平整地面。运动场内不得积水，保持清洁干燥，排水畅通。

农村旧房跨度小，一般 4 m 左右，即使采用头朝窗的单列式，其跨度也小，因饲喂通道、饲槽和牛床就需 3.6～4.0 m，这就无法设置清粪通道，故此类房屋可采用纵向双列对尾排列，即头朝东和西，尾对着尾，南北墙要加 1.2 m 高的水泥裙。舍内布局同前述，只是由横向排列改为纵向排列。另外，后墙上的窗户也需加大到同前窗。

8.2.1.9　奶牛养殖小区建设

养殖小区一般是以养殖户为单位形成的饲养单元，见图 8-18，做到统分结合的养殖模式，奶牛养殖小区的整体布局设计合理、设备先进，养殖小区配套建设一个挤奶厅和一个粪便无害化处理站。奶牛养殖小区通常分为管理区、生活区、奶牛饲养区、饲料区、粪污处理区 5 个部分。一般依据地形、道路，以奶牛饲养区为中心区，两侧分别设生活管理区、饲料区，生活管理区与饲料区不能位于上风向。管理区内设厂长室，一般兼小区奶业协会办公室及后勤服务办公室、畜牧与饲养管理指导室、兽医办公室兼药房、财务结算室、会议室兼培训教室 5 个办公室。生活区可设为全场生产经营人员宿舍或家庭生活单元，最好能集中建设，单独设区，以实现人畜分离。饲料区需设青贮窖，建议统一青贮。如果饲料区集中建设，可以再设全场统一的精料加工车间、干草棚，最好还能设固定的可制作全混合日粮的饲料搅拌站。小区配有车辆消毒池、更衣消毒室、兽医室、隔离区、病死牛无害化处理设施等兽医防疫设施。

图 8-17　农村房屋改造成奶牛舍

图 8-18　奶牛养殖小区

在日常的生产经营中，主要实行“统一防疫、统一挤奶、分户饲养”，奶牛养殖小区解决农村奶牛单户养殖的防疫、污染、科技含量低的问题。奶牛饲养区实行一个小区单元可一户或多户共用，采用拴系式牛舍，屋顶采取双坡对称式。牛舍内平面布局为单列式或双列对头式牛床，并设运动场，在同一舍内设计犊牛舍、育成牛舍、成母牛舍，牛舍设计可参考拴系式或散放式，养殖小区可节约农民养牛的固定资产投资，并有完善的服务手段，可以提高牛奶质量和产量，减少环境污染，可以实现“五个转变”，即奶牛养殖由小规模向适度规模转变；由手工挤奶向机械化挤奶转变；由兼业经营向专业养殖转变；由分散养殖向集中养殖转变；由粗放养殖向集约化养殖转变。

8.2.2 奶牛场挤奶厅的设计与建造

挤奶厅是奶牛场采用散放式饲养和奶牛养殖小区的重要配套设备，采用厅式挤奶机将牛奶挤出后通过管道直接流入奶缸，中间无污染环节，厅式挤奶清洗效果较好，更能有效地对奶杯内套、奶管壁及奶缸壁等与奶接触的设备进行彻底清洗和消毒，有利于提高牛奶质量和劳动效率。

8.2.2.1 管道式挤奶

管道式挤奶主要应用于传统的拴系式牛舍和一些挤奶站（奶站），见图 8-19，图 8-20。管道式挤奶系统真空装置固定在牛舍内，挤奶器可携往各奶牛处进行挤奶，主要适宜中型奶牛场的拴养牛舍，可以最大限度地利用牛舍，只要使用拔插式挤奶杯组，接入真空输奶管，连接插座就可以开始挤奶。牛奶从乳头一出来就直接进入输奶管，集中存贮在奶罐中，在全封闭系统中收集，可以防止牛舍环境对牛奶的污染，保证鲜奶质量。管道式挤奶系统在拴系式牛舍里，可以安装各种型号的挤奶系统，它可以是最基本的挤奶设备，也可以是高级的或配备新技术的设备，使操作更方便。管道式挤奶因输奶管道设置的位置不同又分为高配管（或称高线配置）和低配管（低线配置），采用管道式挤奶，管道附属在牛舍上，必须满足严格的卫生要求。

图 8-19 拴系牛舍管道挤奶的管道

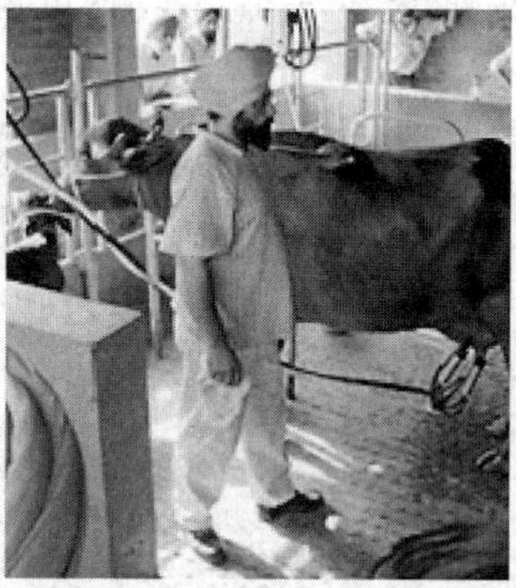

图 8-20 应用于水牛的管道挤奶

8.2.2.2 挤奶厅(台)的形式

挤奶厅（台）(milk stall)的形式比较多，分固定式和转动式两种挤奶台；固定式有平面式挤奶厅、列式挤奶台、鱼骨式挤奶台；转动式因母牛站立的方式有串联式、鱼骨式和放射形等。

1. 平面式挤奶厅

挤奶栏位的排列与牛舍相似，见图 8-21 至图 8-23，奶牛从挤奶厅大门进入厅内的挤奶栏里，由挤奶员套上挤奶器进行挤奶。优点是造价较低，缺点是挤奶员仍需弯腰操作，影响劳动效率。这种挤奶厅一般只适于投资少并利用现有房舍改造成挤奶厅的牛场或小型奶牛场。

2. 并列式挤奶台

挤奶时，将牛赶进挤奶厅内的挤奶台上，两旁排列，在挤奶栏位中间设有挤奶员操作的地坑，并列式挤奶厅棚高一般不低于 2.50 m。坑道深 0.8～1.0 m；坑道宽 2.0～3.0 m；坑道长度与挤奶机栏位有关，设计按挤奶机设备提供厂家要求进行。两个以上挤奶员操作，一边挤奶，一边进行挤奶工作准备，见图 8-24。此时，放出已挤完奶的牛，放进一批待挤母牛。挤奶员站在厅内两列挤奶台中间的地槽内，不必弯腰工作，流水作业方便，识别牛只容易，乳房无遮挡。平均每个工时可挤 30～50 头牛。根据需要可安排 1×4 至 2×24 栏位，以满足大(可达 2 000 头)、中、小不同规模奶牛场的需要。

图 8-21　平面畜舍式挤奶厅

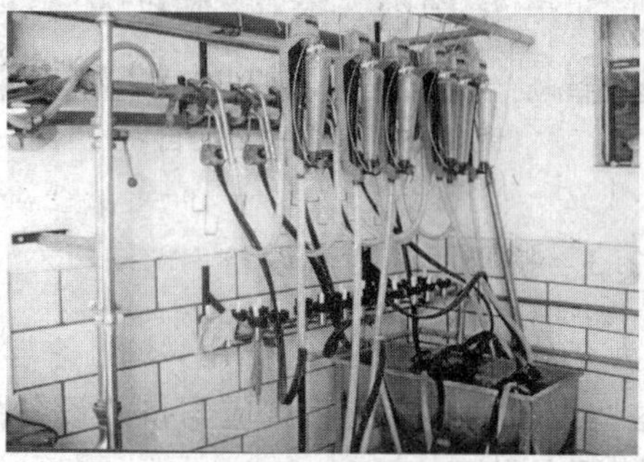

图 8-22　挤奶厅消毒间

图 8-23　直冷式奶罐

图 8-24　并列式挤奶台

3. 鱼骨式挤奶台

挤奶台两排挤奶栏位的排列形状有如鱼骨而得名。这种挤奶台栏位一般按倾斜 30°设计，这样就使得奶牛的乳房部位更接近挤奶员，有利于挤奶操作，减少走动距离，提高劳动效率，见图 8-25。基建投资低于并列式，在生产上用得比较普遍。一般适于中等规模的奶牛场，栏位根据需要可从 2×6 至 2×16 不等。

鱼骨式挤奶台棚高一般不低于 2.5 m，中间设有挤奶员操作的坑道。坑道深 0.85 m；坑道宽 2.0～3.0 m；坑道长度与挤奶机栏位有关，设计按设备要求进行。坑道门的设计按挤奶机设备提供厂家要求建造。

4. 转盘式挤奶台

利用可转动的环形挤奶台进行挤奶流水作业。其优点是奶牛可连续进入挤奶厅，挤奶员在入口处冲洗乳房，套奶杯，不必来回走动，操作方便，每转一圈 7～10 min，转到出口处已挤完奶，劳动效率高，适于较大规模奶牛场。目前主要有鱼骨式转盘挤奶台(图 8-26)和串联式转盘挤奶台等，设备造价高。

图 8-25 鱼骨式挤奶台

图 8-26 转盘式挤奶台

8.2.2.3 挤奶厅的附属设备

为充分发挥挤奶厅的作用，应配备与之相适应的附属设备，如待挤区、机房、牛奶制冷间等，这些设备的自动化程度应与挤奶设备的自动化程度相适应，否则将影响设备潜力的发挥，造成无形的浪费。

1. 待挤区

待挤区（holding area）是将同一组挤奶的牛集中在一个区内等待挤奶，较为先进的待挤区内还配置有自动驱牛装置。待挤区常设计为方形，且宽度不大于挤奶厅，面积按每头牛 2 m^2 设计。奶牛在待挤区停留的时间一般以不超过 0.5 h 为宜。同时，应避免在挤奶厅入口处设置死角、门、隔墙或台阶、斜坡，以免造成牛只阻塞。待挤区的地面要易清洁、防滑、浅色、环境明亮、通风良好，且有 3%～5% 的坡度（由低到高至挤奶厅入口）。

2. 滞留栏

采用散放式饲养，由于奶牛无拴系，如需进行修蹄、配种、治疗等，均需将奶牛牵至固定架或处理间，为了便于将牛只牵离牛群，多在挤奶厅出口通往奶牛舍的走道旁设一滞留栏，栅门由挤奶员控制。在挤奶过程中，如发现有需进行治疗或需进行配种的奶牛，则在挤完奶放奶牛离开挤奶台，走近滞留栏时，将栅门开放，挡住返回牛舍的走道，将奶牛导入滞留栏。目前最为先进的挤奶台配有牛只自动分隔门，其由电脑控制，在奶牛离开挤奶台后，自动识别，及时将门转换，将奶牛导入滞留栏，进行配种、治疗等。

3. 附属用房

在挤奶台旁通常设有机房、牛奶制冷间、更衣室、卫生间等，见图 8-32。

8.2.2.4 挤奶站的建设

挤奶站是由取得工商登记、取得所在地县级畜牧兽医主管部门颁发的生鲜乳收购许可证的乳制品生产企业、奶牛养殖场、奶农专业生产合作社开办。挤奶站应在奶牛相对集中的地区选址，通常在半径 1 000 m 的范围内奶牛饲养量不得少于 200 头，见图 8-27 和图 8-28。挤奶站要水、电、交通方便，周围无污染源，地势高，排污方便。

图 8-27 农户奶牛养殖

图 8-28 挤(收)奶站

(1)基本建筑。挤奶站的面积可根据周边奶牛饲养量和日收奶量灵活掌握。如一般周边有奶牛 500 头和日挤奶可达 4 t 左右的地区,可以选择一个占地 500～600 m^2 的场地,房舍 200 m^2(其中值班室 10 m^2、化验室 10 m^2、贮奶间 80 m^2、挤奶设备及消毒间等 100 m^2)、挤奶厅(棚)200～300 m^2、奶牛待挤场地 100～200 m^2,全部地面要硬化,场地要防滑、不积水、便于清洗。

(2)机械设备。包括挤奶设备,冷却奶罐,奶泵,发电机组,奶车等及其各种附件,此外还要有相应的化验设施和仪器。

8.2.3 奶牛舍建筑与设计

牛舍建筑,要根据当地的气温变化和牛场生产、用途等因素来确定,建牛舍要符合兽医卫生要求,做到科学合理,使用材料要就地取材,经济实用。

8.2.3.1 牛舍设计要求

奶牛一般比较耐寒、怕热,奶牛最适宜的环境温度为 10～20℃、相对湿度为 30%～40%,当环境温度高于 30℃、相对湿度大于 85%,产奶量将大幅下降。我国南北方地区温差大,南方建造牛舍重点考虑夏季防暑降温和防湿,北方主要考虑冬季保暖。由于冬春季风向多偏西北,牛舍以坐北朝南或朝东南好。牛舍要有一定数量和大小的窗户,以保证太阳光线充足和空气流通。房顶有一定厚度,隔热保温性能好。

为保持牛舍和运动场的干燥,排放系统要畅通,按环保要求,下水道应分别排列。为减少用水量及废水排放,可安装自动饮水器。为提高劳动生产率,可安装机械清粪装置。牛舍内应干燥,冬暖夏凉,地面应保温,不透水,不打滑,且污水、粪尿易于排出舍外,舍内清洁卫生,空气新鲜。

8.2.3.2 牛舍外部结构

牛舍应坐北朝南向东偏 15°,舍内要宽敞明亮,通风好,屋顶设气楼窗。屋檐高度为 3.2～3.5 m,东西山墙可装排风扇。南方地区,南北墙可全敞开。

牛舍建筑结构基本要求:①基础,应有足够强度和稳定性,坚固;防止下沉和不均匀下陷,使建筑物发生裂缝和倾斜。②墙壁,维持舍内温度及卫生,要求坚固结实、抗震、防水、防火、具有良好的保温、隔热性能,便于清洗和消毒,多采用砖墙。③屋顶,防雨水、风沙,隔绝太阳辐射,要求质轻坚固结实、防水、防火、保温、隔热,抵抗雨雪、强风等外力影响。④地面,要求致密坚实，不硬不滑，温暖有弹性，易清洗消毒。大多数采用水泥，其优点是坚实，易清洗消毒，导热性强，夏季有利散热；缺点是缺乏弹性，冬季保温性差，对乳房和肢蹄不利。⑤门窗，牛群料车人员出入方便，符合通风透光的要求。为便于牛群安全出入，成年奶牛的门宽和门高分别为1.8～2.0 m和2.0～2.2 m，犊牛的相应值为1.4～1.6 m及2.0～2.2 m。牛舍窗口大小一般为占地面积的8%，窗口有效采光面积与牛舍占地面积相比，成年奶牛1：12，青年牛则为1：(10～14)。

8.2.3.3 牛舍内部结构

1.拴系式牛舍的内部设施

拴系式的奶牛舍大小按每100头牛占地面积为950～1 000 m^2 计算设计，牛舍内的主要设施有牛栏、牛床、颈枷、食槽、喂料通道和清粪通道、粪沟等。牛舍的辅助用房有贮奶间、饲料间、杂物间等。牛舍地面平坦，防滑性好。牛舍地面高于舍外地面，牛床高于粪道3～5 cm，牛床前走道高于牛床5 cm，牛床坡度为1%(图8-29)。南方地区可安装接力风扇和喷淋设备(图8-29)，风扇高度离地面250 cm，向下倾斜10°。

(1)地面。牛舍地面一般用混凝土浇制，牛床和牛进出通道应划防滑线。

(2)拴牛架。牛床的前方有拴牛架，拴牛架要牢固、光滑、易于奶牛起卧，见图8-30和图8-31，成年母牛拴牛架高135～145 cm，育成母牛架高130～140 cm，犊牛架高100～120 cm，拴牛采用活铁链或铁颈枷固定。

(3)隔栏(隔牛栏)。一般在牛床的两头设计隔栏，便于牛只管理工作，其一端与拴牛架连在一起，另一端固定在牛床前2/3处，栏杆高80～90 cm，由前向后倾斜，通常用弯曲的钢管制成，在牛床可以设有隔栏，但清洁不方便。

(4)牛床。牛床位于饲槽后面，有长形和短形两种，通常为通床，根据牛舍长度和牛头数设计，长形牛床适用于种公牛，附有较长的活动铁链，牛床长(自饲槽后沿至排尿沟)1.95～2.25 m，短形牛床适用于一般母牛，牛床地面应向粪沟稍微倾斜。成年母牛拴系式牛床长度为1.85～1.95 m，育成牛为1.75～1.85 m，犊牛为1.30～1.65 m；每头牛需要牛床宽度公牛为1.3～1.6 m，成母牛1.20 m，育成牛1.10 m，犊牛0.70～1.00 m。

(5)饲槽。饲槽位于牛床前，通常为统槽。饲槽长度与牛床总宽度相等，饲槽底平面高于牛床。饲槽必须坚固、光滑、便于洗刷，槽面不渗水、耐磨、耐酸，见图8-30。拴系式的饲槽一般可采用如表8-1的尺寸。饲槽前沿设有牛栏杆，饲槽端部装置给水导管及水阀，饲槽两端设有窗栅的排水器，以防草、渣类堵塞阴井。

表8-1 奶牛饲槽尺寸

牛种类	槽上部内宽/cm	槽底部内宽/cm	前沿高/cm	后沿高/cm
成年奶牛	60～70	40～50	30～35	50～60
初孕和育成牛	50～60	30～40	25～30	45～55
犊牛	30～35	25～30	15～20	30～35

(6)地面。牛舍地面一般用混凝土浇制，牛床和牛进出通道应划防滑线。

(7)饲栏与拴系形式。饲栏与拴牛架合为一体，固定于拴牛架上，拴系形式有硬式和软式两种，硬式多采用钢管制成；软式多用铁链。硬式多为固定式颈枷(图8-30，图8-35)，颈枷的作用是在不妨碍牛活动和休息的前提下，将牛固定于牛床上，不能随意乱动，控制牛不能退至排尿沟，或前肢踏入饲槽，以免污损饲料或抢食其他牛的饲料，牛头可上下活动；可设置串连颈枷，提高效率，颈枷高度一般为，犊牛 1.2～1.4 m，育成牛、青年牛和成乳牛 1.6～1.7 m。铁链拴牛分直链式和横链式，一般采用直链式（图 8-36），直链式简单实用，坚固造价低，短链能沿长链上下滑动，可使牛颈上下左右转动，采食、休息都很方便。

为了让奶牛能经常喝到清洁的饮水，自动饮水器是舍饲奶牛给水的最好办法。每头牛饲槽旁边离地面约 0.5 m 处都应安装自动饮水设备，见图 8-37。自动饮水器系由水碗、弹簧活门和开关活门的压板组成。当牛饮水时，用鼻镜按下压板，亦即压住活门的末端，内部弹簧被压缩而使活门打开，这时输水管中的水便流入饮水器的水碗中。饮毕活门借助弹簧关闭，水即停止流入水碗，见图 8-37b；同时在运动场中也可设置类似的自动饮水器。

（8）通道。牛舍内的通道有饲喂通道和清粪通道。饲喂通道位于饲槽前，高于牛床，宽度 0.8～4.0 m 不等，如不设饲槽则用地面饲槽，可比饲道低，图 8-29，图 8-33，便于机械化饲喂，要求饲道宽些。清粪通道与粪尿沟相连，在拴系式对尾双列牛舍中，即为中央通道，它是奶牛出入和进行挤奶作业的通道，为便于操作，清粪通道宽度为 1.6～2.0 m，路面最好有大于 1% 的拱度，标高一般低于牛床，地面应抹制粗糙。

（9）粪尿沟。拴系式的牛床与清粪通道之间，应设粪尿沟，粪尿沟通常为明沟，沟宽为 30～40 cm，沟深为 5～18 cm，沟底向流出处略倾斜，坡度为 0.6%。粪尿沟也可采用半漏缝地板。

图 8-29　拴系式牛舍的饲道和风机

图 8-30　单列式牛舍的饲槽和饲道

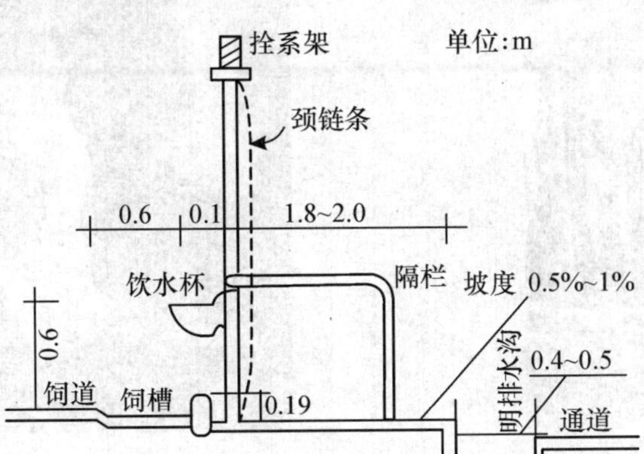

图 8-31　拴系式牛舍内部结构

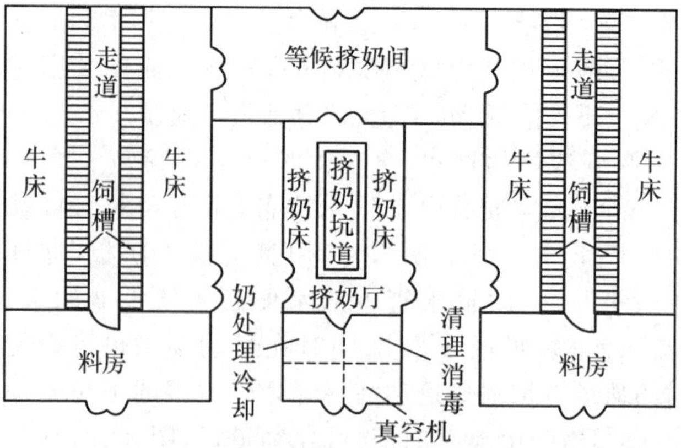

图 8-32 集中挤奶厅平面图(邱怀,2002)

图 8-33 拴系式对头式牛床

图 8-34 散放式两列对尾式牛床

图 8-35 固定式颈枷

图 8-36 直链式颈链

图 8-37 自动饮水设备

a. 自动饮水器设备简图(冀一伦,2001) b. 自动饮水器

2. 散放式牛舍内部设施

布局总体要求与挤奶台的位置相匹配,如图 8-32 所示,散放式牛舍内分采食区和休息区,是互相独立的,奶牛不用拴系,牛舍内有采食通道和清粪通道,通道上的粪污可用刮粪板或者其他机械设备清除。牛舍内的卧床有两列式、三列式、四列式、五列式和六列式,牛舍的跨度为 12～34 m。牛舍的檐高最小为 2.7 m。有些散放式牛舍为了饲喂方便,在牛舍内设自由采食颈枷。

(1)饲栏与牛床(采食通道)。饲栏设在牛床的前方起到固定牛采食位置和防止牛进入饲槽的作用,分为通栏式(亦称柱栏式)和自由夹式,通栏式饲栏隔沿上方用活扣安装横隔栏,注意横隔栏应安装在立柱的外侧,即饲槽一面,奶牛可采食到较远的食物,并且不会对隔沿施加太大的压力,横隔栏高 80～110 cm,可根据牛体大小来调节。自由夹式饲栏与拴系式饲栏设计相同,在饲栏上设置自锁颈枷。位于饲栏后的牛床(采食通道)为通床,宽为 2.5～3 m,建筑要求与拴系牛舍相同,一般不设明粪沟,多用漏缝粪沟或机械清粪。

(2)隔栏(隔牛栏)。一般在牛床的两头设计隔栏,与拴系式牛舍设计相同。

(3)卧床。奶牛休息区设自由卧栏式牛床(简称卧床),卧床分单列式、两列式(头对头或尾对尾)置于牛舍中间或两侧或一侧,见图 8-38)、多列式。自由卧栏式牛床见图 8-38。奶牛在一天当中几乎有一半的时间用来休息,卧床设计以提高奶牛舒适度为核心,最理想的状态是为每一头奶牛设置一个专门的卧床,在牛舍设计之初就可以根据饲养管理规模和未来的发展潜力,设置合适的卧床数量。散栏卧床是为奶牛提供清洁、干燥、舒适的独立休息区域,奶牛可自愿进出。卧床要足够宽,既能使奶牛舒适地躺卧,又不能让奶牛在卧栏中转身;卧栏足够长,使奶牛能在上面舒适地休息而不受到伤害,还不能太长,能使粪尿恰好落入牛走道中。卧床表面要有一定弹性,同时要保持干燥。成年牛卧栏长度×卧栏宽度×高度(卧床后沿到卧栏上杆)为(2.25～2.40)m×(1.20～1.25)m×1.00 m;育成牛为 2.00 m×1.10 m×0.85 m;犊牛为(1.60～1.80)m×(0.70～1.00)m×0.75 m。

卧床的形式各种各样,各有特色与优势,奶牛场可以根据自己的需要和喜好选择卧床的类型,但是任何类型的卧床都必须满足奶牛生活和生产的需要,卧栏形式的选择要综合考虑钢材的用量、奶牛的舒适以及饲养管理的方便。卧栏的材料要结实,结构要坚固,要能够适应体重达 700 kg 的大体型奶牛的碰撞。设置卧床隔栏的材料一般选择用镀锌钢管制成。也有的卧床选择木材做隔栏材料,但木材需要更多的日常维护维修,而且开放性能不如钢材,可能会影响牛舍内的通风。卧床的表面必须柔软、干净易清洁和平坦,让奶牛愿意在里面休息;卧床的前部要留有充足的前冲空间,让奶牛不会因畏惧心理而不敢进入卧床或只在卧床后半部躺卧;在奶牛卧下时，前部充足的空间可以让头部自由活动。卧床设计要配合牛舍内地面防滑处理，避免奶牛进出卧床时滑倒；卧床要坚固耐用，结构简单，减少维修维护的费用，方便管理。

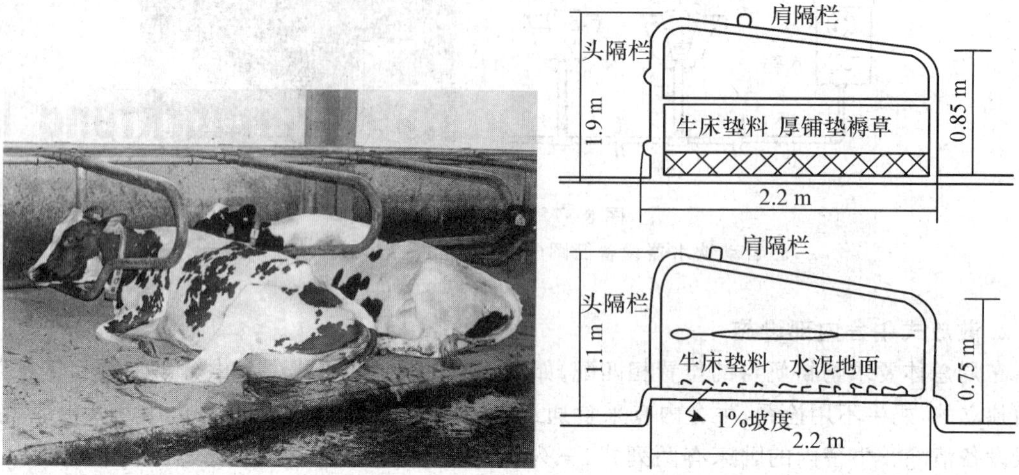

图 8-38 散放式牛栏结构示意图

卧床基础及垫料应该有弹性，使奶牛感到舒服，能为奶牛提供一个清洁、干燥的表面以减少乳腺炎感染的几率。卧床后沿应比牛走道高 20～30 cm，目的是在机械清粪或水冲粪便时能使粪保持在牛走道中而不会污染了牛卧床，可有效地减少奶牛部分身体躺在牛走道中的行为。卧床上的垫料应做成前高后低，成 2%～4%的角度（每 60 cm 距离，高差增加 2.5 cm），头高臀低。常见的卧床基础材料有混凝土、黏土、沙子等，硬木板容易被腐蚀，沙子卧床（卧床上总保持 15 cm 厚）既可以做卧床基础，也可作为垫料。沙子有利于奶牛舒适、有利于乳房健康、有利于牛体清洁。此外被带到牛走道里的沙子还可防滑。每 1～2 周，往卧床前部加沙子，牛会自动将沙子推向后部。散栏卧床每天最少进行 2 次检查，将卧床上的粪以及湿了的垫料清出去。如果忽视对卧床的管理，卧床上有较多的粪尿和水分，细菌就会大量繁殖并达到致病临界值，乳房炎感染率会显著增加。

(4)饲槽。散放式牛舍大多采用地面饲槽，地面饲槽比饲喂通道略低一点，如图 8-39 和图 8-40。如果奶牛定时饲喂则每个牛位宽度为 70 cm，如果不定时自由采食，则成母牛的采食槽宽度不小于 50～60 cm，育成牛不小于 30～40 cm。

图 8-39 散放式牛舍地面饲槽

图 8-40 散放式牛棚地面饲槽

(5)饲喂通道。饲喂通道位于饲槽前，是饲喂饲料的通道。通道宽度应便于操作（包括机械化饲喂和全混合日粮搅拌车)，其宽度为 1.5～3.5 m 不等，坡度为 1%。

(6)牛通道。位于自由卧床前，散放式牛舍一般不设粪尿沟，牛通道的粪便多用机械化或半机械清理。现代化奶牛场多安装链刮板式自动清粪装置，链刮板在牛舍往返运动，可将牛粪直接送出牛舍，并撒入贮粪池中或堆肥，见图 8-41，图 8-42。

图 8-41　牛通道

图 8-42　自动刮粪机

8.2.3.4　改善牛舍内条件提高奶牛福利待遇的设备

(1)牛舍内垫草。一般都为产房和犊牛舍铺垫吸水性较好的垫草，以保护牛体清洁和吸收粪尿。通常用作垫草的材料是各种作物的秸秆或作物的其他下脚料、锯木屑及刨花等。

(2)牛的保健刷。外形就像一个双侧刷，见图 8-43，利用牛喜欢蹭痒痒的习性，为牛提供一个好去所。牛在蹭痒痒时，牛刷刺激牛皮肤组织，使血液循环加快，使新陈代谢随之加快。从而使牛只免疫机能增强，提高抵抗能力。

(3)通风。可在屋顶开口下方加装风机以加强换气量，亦可直接对牛体吹风。牛舍内安装大型换气扇和风量较大的风机，加速舍内气体的流通，以利于牛体散热，炎热季节送风效果最好，当气温高于 29℃，湿度在 50%以上时，从早晨 5 点到凌晨 1 点都需要降温。

(4)喷雾装置。在舍内安装喷雾装置，最好和通风装置一起装，喷雾并送风能显著促进牛体热量的散发，见图 8-44。但应注意把握好喷雾时间，如果喷雾时间过长，会造成牛舍湿度过高，又浪费水。每隔 5 min 喷雾一次，每次持续 3 min，同时装有风扇，会使牛舍温度比不装喷雾只装风扇的降低 1.5℃。

图 8-43　奶牛的福利设备——牛的保健刷

图 8-44　牛舍内安装喷雾装置和风机

(5)降温。挤奶的待挤奶区和挤奶间安装较大功率的风机，在夏天进行强风降温，使大量空气吹过牛体周围。

(6)牛舍周围绿化。适度种植树和草,以减少日光辐射,防止热气进入牛舍,改善牛舍小气候。

8.2.3.5 奶牛场牛舍外配套设施

奶牛场牛舍外配套设施主要包括运动场、围栏、凉棚、消毒池及粪尿池等。

1. 消毒池和消毒间

奶牛场或奶牛饲养区进口处应设消毒池,消毒池结构应坚固,以使其能承载通行车辆的重量。消毒池还必须不透水、耐酸碱。池子的尺寸应以车轮间距确定,长度以车轮的周长而定。常用消毒池的尺寸一般是长 3.5 m,宽 3 m,深 0.1 m。

供人通行的消毒池建在室内,与更衣室相连,通道室内设紫外线灯等消毒设备,消毒池采用药液湿润,踏脚垫放入池内进行消毒,其尺寸为长 2.8 m,宽 1.4 m,深 5 cm。池底要有一定坡度,池内设排水孔,同时有条件时尽量延长人走过消毒池通道的时间。

生产区与其他区要建缓冲带,生产区的出入口设消毒池、员工更衣室、紫外线灯、消毒洗手的容器。

2. 运动场(图 8-45 至图 8-51)

运动场是奶牛运动和休息的场地,对牛的健康极为重要。运动场大小要适当,但不能太拥挤,成年母牛以每头 20～25 m^2 为宜。而育成牛为 12～18 m^2,犊牛为 10～15 m^2。运动场要平整、干燥,且有一定坡度(呈馒头形),四周有排水沟。运动场内设补饲槽、矿物质添加剂槽、饮水池。饲槽、饮水池周围应铺设 2～3 m 宽的水泥地面,并且向外要有一定坡度。运动场的周围应植树绿化,夏天为奶牛创造阴凉的小气候,美化环境。运动场内地面结构有水泥地面、砌砖地面、土质地面和半土半水泥地面等数种,各有利弊。

(1)砌砖地面。砖块有平铺与立铺两种。其优点是砖的导热性小,具有一定的保温性能,冬季温暖,夏季较凉爽。其缺点是砖地面易被奶牛踏坏,扎伤牛蹄,引起蹄炎。

图 8-45 牛场的运动场中的添砖

图 8-46 牛场的绿化

(2)石板地面。南方一些产石材地区以石板铺运动场,虽然经济耐久,但因石板导热性强,冬凉夏热,硬度大,易造成乳房、牛腕等外伤,易得关节炎和蹄变形,应避免采用。

(3)三合土地面。一般采用黄土、细炉灰或沙子、石灰以 5∶3∶2 混合而成。按一定的坡度要求(中间略高,四周慢坡,坡度约2%,以利排水)铺垫夯实。三合土地面软硬适度,吸热散热性能好,可大大减少奶牛肢蹄病和乳房炎,是普遍肯定较理想的奶牛运动场地面。

(4)水泥地面。为水泥、沙子混合而成,经压磨并做成一些花纹,以防滑跌。其优点是坚固耐磨,排水通畅,便于清扫,使用年限长。缺点是地面过硬,导热性强,冬凉夏热,易造成蹄病及关节疾病。

图 8-47　拴系式运动场

图 8-48　散放式运动场

(5)土质地面。采用黄土或沙土铺垫运动场,容易造成泥泞不堪,易患乳房及蹄病。需要勤扫勤垫,颇费劳力。

图 8-49　运动场中的凉棚

(6)半土半水泥地面。将运动场分成两部分,一半为三合土地面(远牛舍端),一半为水泥地面(近牛舍端),中间设栅栏,将两部分隔开。下雨时牛在水泥地运动场内,将栅栏关闭,不让牛进入土地面,以免踏坏地面。晴天时两部分均可使用,让牛自由择地活动。这也是较为理想的运动场结构。

3. 围栏与凉棚

围栏设在运动场周围,围栏包括横栏与栏柱,围栏必须坚固,横柱高1.2～1.5 m,一定距离(如2～3 m)设栏柱。围栏门多采用钢管横鞘,即小管套大管,作横向推拉开关。有的奶牛场也可设置电围栏。可用钢管或水泥柱为栏柱,用废旧钢管将其串联起来即可。运动场还应设凉棚,每头牛需要庇荫处至少5.5 m^2。凉棚要3～4 m高,凉棚及牛舍建筑长轴线要东西朝向,以防阳光直射凉棚下地面,棚盖应有较好的隔热能力。在围栏一面运动场内设补饲槽、矿物质添加剂槽、饮水池，根据条件可设棚。

4. 青贮窖(池)与草棚

图 8-50 运动场一侧的饲草槽

青贮窖（池）应建在牛场附近地势高燥处，窖(池)地面高出地下水位 2 m 以上，窖壁平滑，窖壁窖底可用水泥或石块等材料筑成，也可建成简易式即土窖，土窖窖壁窖底以无毒农用塑料薄膜做衬，每次更换。窖形上宽下窄，稍有坡度，窖底设排水沟(沟可开在中间或两旁)。窖的大小应视贮量而定，窖不宜过宽过大，以免开窖后青贮饲料暴露面过大而影响质量。青贮窖的四角呈圆形，一般尺寸为宽 3.5～4 m，深 2.5～3 m，长度因贮量和地形而定，如图 8-52。青贮贮量计算，一般 1 m^3 容积可贮青玉米 600～800 kg。干草棚应距离牛舍和其他建筑物 50 m 以外，而且应该设在下风向，以便于防火。

图 8-51 运动场的周围绿化

图 8-52 奶牛场的青贮窖

5. 饲料库与饲料加工室

饲料库要靠近饲料加工室，运输方便，车辆可以直接到达饲料库门口，加工饲料取用方便。饲料加工室应设在距牛舍 20～30 m 以外，在牛场边上靠近公路，可在围墙一侧另开一侧门，以便于饲料原料运入，又可防止噪声影响牛的安静环境和灰尘污染。

6. 技术室

包括生产资料室，一个奶牛场生产情况的“中枢”，负责生产表格设计、资料的收集、记录、分类整理和分析，配备精干懂奶牛养殖技术的管理人员及电脑软硬件设备；繁殖室，根据规模配备人员及设备如烘箱、液氮罐等，输精室的位置应合理布局，一般位于生产区；兽医室，一般与输精室毗邻，根据规模配备人员及设备。

7. 保健设施

为确保奶牛身体健康，牛场的保健设施要充足够用，特别是散放式饲养。主要保健设施包括保定架、蹄浴池、产犊区、挤奶通道等。

保定架是用于日常检查的，如人工授精、妊娠诊断、疾病检查、修蹄，见图 8-53。

产犊区是散放式饲养专设的区域，即产房，为拴系式设计，是为了对犊牛照顾得当而设的，并提供适量的饮水，水泥地面要设粪尿沟。

蹄浴池是为预防蹄病发生而设专门的蹄浴池，散放式饲养，配有挤奶厅的，其池大小要求为长 2 m,深 15 cm,设在待(候)挤区前的过道上,其药浴池的宽要同过道宽保持一致,以防有蹄漏浴情况出现。拴系式舍饲可设在奶牛进出的门舍内或专门通道。

挤奶通道是母牛在挤奶间集中挤奶时待挤厅与运动场或牛舍的通道,与其他通道如饲料、粪便通道尽量分开,通道是水泥地面,有条件时上面可垫厚橡胶垫,见图 8-54。

8. 粪尿池

牛舍和粪尿池之间要保持 200～300 m 的距离。粪尿池的容积应由饲养奶牛的头数和贮粪周期确定,100 头成年牛一天按需要 2 m^3 的贮粪池容积计算。

9. 病牛隔离舍

设在牛舍下风向的地势低洼处。要建筑在牛舍 200 m 以外的偏僻地方,以免疾病传播。

10. 其他设备

包括管理设备,主要包括刷拭牛体器具、清理畜舍器具、地秤、体尺测量器械等;饲料生产和输送设备,兽医防疫消毒设备、场内外运输设备及公用工程设备等。

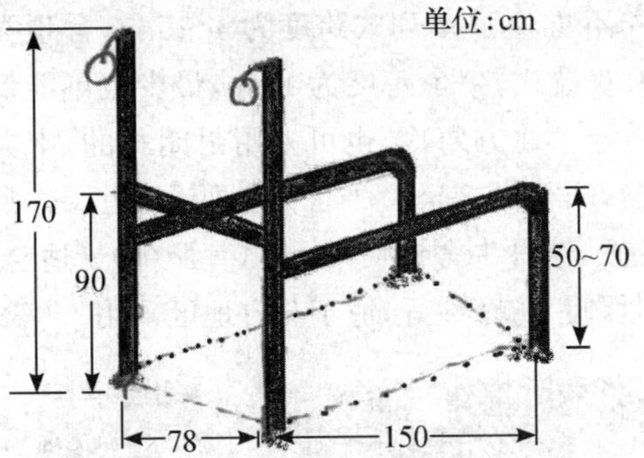

图 8-53 保定架

图 8-54 挤奶通道

8.3 肉牛场的设计与建造

肉牛场经营如果是单一或专业化生产,牛舍以及附属设施也就比较单一。在饲养过程中,应根据牛的生理特点,对肉牛进行合群、分舍饲养,并按群设运动场。饲料的供应、贮存、加工调制是牛场的重要组成部分,与之有关的建筑物,其位置的确定,必须同时兼顾饲料由场外运入,在运到牛舍进行分发这两个环节。场址选择距离主要交通干线和居民区 500 m 以上,不得位于水源保护区、风景名胜区、自然保护区的核心区和缓冲区、城镇居民区、文化教育科学研究区等人口集中区域。

8.3.1 肉牛舍类型

肉牛养殖场的肉牛舍较简单,可根据各地全年的气温变化和牛的品种、育肥时期、年龄而确定。建牛舍要因陋就简,就地取材,经济实用,还要符合兽医卫生要求,做到科学合理。有条件的可盖质量好的、经久耐用的牛舍。国内常见的肉牛养殖方式有拴系式和散放式两类,牛舍建筑有牛栏舍、牛棚舍、塑料大棚等。北方的肉牛舍,要求能保暖、防寒;南方要求通风,防暑。

牛舍内应设牛床、牛槽、粪尿沟、通道、工作室或值班室。牛舍南侧有条件设有运动场，内设自动饮水槽、凉棚和饲槽等，牛设四周和道路两旁应绿化，以调节小气候。

8.3.1.1 拴系式牛舍

拴系式牛舍亦称常规牛舍，每头牛都用链绳或牛颈枷固定拴系于食槽或栏杆上，限制活动；每头牛都有固定的槽位和牛床。缺点是饲养管理比较麻烦，上下槽、牛系放工作量大，有时也不太安全。当前也有的采取肉牛进厩后饲喂、休息都在牛床上，一直育肥到出栏体重的饲喂方式，减少了许多操作上的麻烦，管理也比较安全。如能很好地解决牛舍内通风、光照、卫生等问题，是值得推广的一种饲养方式。拴系式肉牛舍较为简单，从环境控制的角度可分为封闭式牛舍、半开放式牛舍、开放式牛舍、牛棚舍等几种。

1. 封闭式牛舍、半开放式牛舍、开放式牛舍

按照牛舍跨度大小和牛床排列形式，可以分为单列式和双列式。在肉牛饲养中，以双列对头式应用较多，饲喂方便，便于机械作业，缺点是清粪不方便。单列式跨度为4～5 m，舍顶类型可采用平顶式、半坡式或平拱式，双列式牛舍的舍顶为双坡式，牛舍跨度为12 m，最少也不能低于8 m，因饲道宽窄而定。牛舍长可视养牛数量和地势而定。北方寒冷，也可采用封闭式的，南方气温高，两侧棚舍可敞开，不要侧墙，不同类型牛舍见图8-55至图8-58。牛舍可盖两层，上层作贮干草或垫草用。饲槽可沿中间通道装置，草架则沿墙壁装置，这种牛舍饲喂架子牛（育肥牛）最适合，若喂母牛、犊牛则要求设置隔牛栏，此种牛舍造价稍高，但保暖、防寒性好，适于北方地区采用。

图8-55　单列式肉牛舍

图8-56　双列式对头式肉牛舍

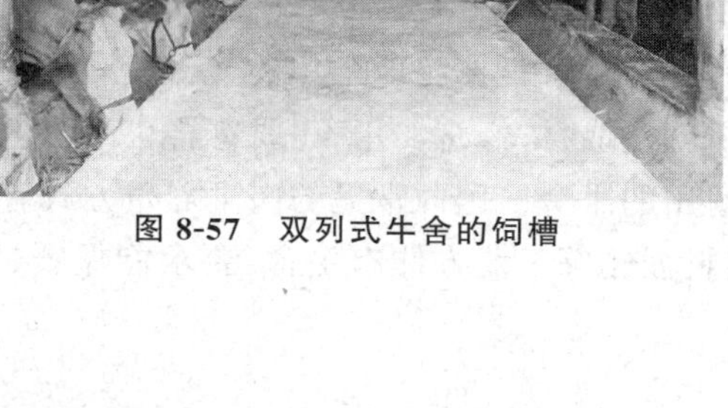

图8-57　双列式牛舍的饲槽

(a)　　(b)　　(c)

图 8-58　肉牛舍类型

a. 封闭式牛舍　b. 开放式牛舍　c. 肉牛棚

2. 塑料暖棚式牛舍

在北方气候寒冷的冬、春季，可利用塑料薄膜暖棚养牛，不仅保温好，而且造价低，投资少，是一项适用成熟的技术，适于广大农牧户尤其是在冬、春季进行短期育肥的养牛户采用。选用白色透明的不凝结水珠的塑料薄膜，规格 0.02～0.05 mm 厚，塑料棚的构造见图 8-59。

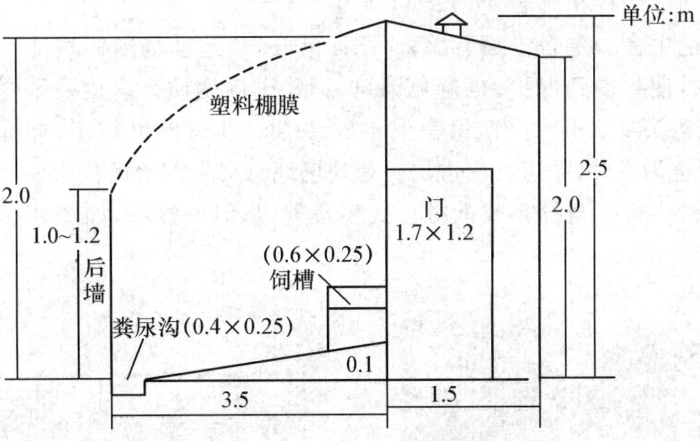

图 8-59　塑料暖棚牛舍侧面图

塑料暖棚牛舍建造。塑料暖棚式牛舍三面全墙，向阳一面有半截墙，有 1/2～2/3 的顶棚。向阳的一面在温暖季节露天开放，寒冷季节在露天一面用竹片、钢筋等材料做支架，上面覆单层或双层塑料，两层膜间留有间隙，使牛舍呈封闭的状态，借助太阳能和牛体自身散发热量，使牛舍温度升高，防止热量散失。暖棚舍顶类型可采用平顶式、半坡式或平拱式，以联合式(基本为双坡式，但北墙高于南墙)暖棚较好。棚舍一般坐北朝南，偏东一定的角度(如 5°～10°)，屋顶斜面与水平地面的夹角(仰角)应大于当地冬至时的太阳高度角，使进入舍内的入射角增大，有利于采光。塑料薄膜覆盖暖棚的扣棚时间一般在 11 月中旬以后，具体时间应根据当地当时的气候情况决定。扣棚时，将标准塑膜或粘接好的塑膜卷好，从棚的上方或一侧向下方或另一侧轻轻覆盖。为了保温和保护前沿墙，覆盖膜应将前沿墙全部包过去，固定在距前沿墙外侧 10 cm 处的地面上。棚膜上面用竹片或木条(加保护层)压紧，四周用泥或水泥固定。对于较为寒冷的地方，塑料薄膜要深入冻层之下或设防冻层，见图 8-59。天气过冷时还要加盖草帘等以确实保温。白天利用设在南墙上的进气孔和排气进行 1～2 次通风换气，以排出棚内湿气和有毒气体。暖棚牛舍饲养育肥牛的密度以每 4 m^2 为宜。

3. 露天式牛栏

主要是季节性育肥肉牛，有无任何挡风屏障或牛棚的全露天式、有挡风屏障的全露天、饲槽有简易棚和露天的。投资少，但饲料成本比有房舍高，饲槽设计一侧可实现机械化饲喂和清粪，为了节省劳力，降低劳动强度，可以采用散放式露天育肥。

4. 棚舍式舍

为双坡式牛结构，结构简单，造价低，适用于冬季不太寒冷的地区。棚舍四周无墙壁，仅有钢筋水泥柱代为支撑结构。棚顶的结构与常规牛舍相近，但用料简单、重量轻。采用双列头对头饲养，中间为饲料通道，通道两侧皆为饲槽，棚舍宽度为 11 m，最少也不能低于 8 m。棚舍长度则以牛的数量而定。

8.3.1.2 围栏式散养牛舍

围栏式是肉牛在牛舍内不拴系，散放饲养，牛自由采食、自由饮水。围栏式牛舍多为开放式或棚舍，并与运动场围栏相结合使用。

(1)开放式围栏牛舍。牛舍三面有墙，向阳面敞开，与运动场围栏相接。水槽、食槽设在舍内，刮风、下雨天气，使牛得到保护，也避免饲草、饲料淋雨变质。舍内及围栏内均铺水泥地面。牛舍内牛床面积以每头牛 2 m^2 为宜，每舍 15～20 头牛。牛舍跨度较小，有单坡式和双坡式，休息场所与活动场所合为一体，牛可自由进出。舍外场地每头牛占地面积为 3～5 m^2。

(2)棚舍式围栏牛舍。与拴系式的棚舍式牛舍类似，但不拴系，如图 8-60，图 8-61 所示。

图 8-60 肉牛露天散养育肥

图 8-61 肉牛露天围栏散养育肥

8.3.1.3 农村闲置用房改为牛舍

农村不用的库房或其他闲置房屋，可用作牛舍进行肉牛饲养。但这种房屋因不是按牛舍要求建造的，不能简单移作牛舍使用，必须加以改造。根据当地冬季防寒、夏季通风避暑的要求，首先改造和安装门窗，再把地面做不滑、不透水的水泥地面或三合土地面，如图 8-62，图 8-63 所示。修建饲槽、饮水槽、粪道、通道等设施，以使饲养管理措施能正常进行。

图 8-62　农村房屋改为牛舍

图 8-63　农户的简易肉牛养殖

8.3.2　肉牛牛舍建筑

肉牛场牛舍的设计与建造应做到有利通风、采光、冬季保暖和夏季降温；要根据当地取材，经济实用，还要符合兽医卫生的要求，利于防疫，防止或减少疫病发生与传播；保持肉牛适当活动空间，便于添加草料和保持清洁卫生；经济合理，规范适用，要求牛舍建筑必须符合以下要求：①牛舍内应干燥，冬季能保温，要求墙壁、天棚等结构的导热性小，耐热，防潮。②牛舍内要有一定数量和大小的窗户，以保证太阳光线直接射入和散射光线射入。③牛舍地面应保温，不透水，不滑。④要求供水充足，污水、粪尿能排净，舍内清洁卫生，空气新鲜。⑤依照不同用途和条件建辅助性房舍，如饲料库、饲料调制室、青饲料贮藏室、青贮设备室等；还应按照牛的饲养头数建兽医室、隔离室或人工授精室。⑥配套设施齐全，包括场区门口消毒池、消毒室、饲料混合机（全混合饲料搅拌机或精料搅拌机）、热带地区配有通风降温设备、上下牛台、贮粪场、运动场、贮料区等。

8.3.2.1　牛舍建筑结构要求

牛舍内应干燥，冬暖夏凉，房顶有一定厚度，隔热保温性能好。舍内各种设施的安置应科学合理，以利于肉牛生长。

(1)地基。土地坚实，干燥，可利用天然的地基。若是疏松的黏土，需用石块或砖砌好墙壁地基并高出地面，地基深 80～100 cm。地基与墙壁之间最好要有油毡绝缘防潮层。

(2)墙壁。砖墙厚 50～75 cm。从地面算起，应抹 100 cm 高的墙裙。在农村也可用土坯墙、土打墙等，但距从地面算起应砌 100 cm 高的石块，土墙造价低，投资少，但不耐久。

(3)屋顶（顶棚）。最常用的是双坡式屋顶，可适用于较大跨度的牛舍和各种规模类型牛群，既经济，保温性又好，而且容易施工修建。双坡式牛舍脊高 3.2～3.5 m，前后墙高 3.2 m；单坡式前墙高 2 m，后墙高 1.8 m。平顶牛舍前后墙高 2.2～2.5 m。北方寒冷地区，顶棚应用导热性低和保温的材料。南方则要求防暑、防雨并通风良好。

(4)屋檐。屋檐距地面为 280～320 cm。屋檐和顶棚太高，不利于保温；过低则影响舍内光照和通风。可视各地最高温度和最低温度等而定。

(5)门与窗。牛舍的大门应坚实牢固，宽 200～250 cm，不用门槛，牛舍一般应向外开门，最好设置推拉门，门高（2.1～2.2）m×宽（2～2.5）m。一般南窗应较多、较大（100 cm×

120 cm)，北窗则宜少、较小(80 cm×100 cm)。牛舍内的阳光照射量受牛舍的方向，窗户的形式、大小、位置、反射面积的影响，所以要求不同。光照系数为1：(12～14)。窗台距地面高度为120～140 cm。

(6)通气孔。通气孔一般设在屋顶，大小因牛舍类型不同而异，通气孔应设在尿道沟正上方屋顶上。单列式牛舍的通气孔为70 cm×70 cm，双列式为90 cm×90 cm。北方牛舍通气孔总面积为牛舍面积的0.15%左右，通气孔上面设有活门，可以自由启闭，通气孔应高于屋脊0.5 m或在房的顶部。

(7)尿粪沟和污水池。为了保持舍内的清洁和清扫方便，尿粪沟应不透水，表面应光滑。尿粪沟宽28～30 cm，深5～10 cm，倾斜度1：(100～200)。尿粪沟应通到舍外污水池。污水池应距牛舍6～8 m，其容积以牛舍大小和牛的头数多少而定，一般可按每头成年牛0.3 m^3、每头犊牛0.1 m^3 计算，以能贮满一个月的粪尿为准，每月清除一次。为了保持清洁，舍内的粪便必须每天清除，运到距牛舍50 m远的粪堆上。要保持尿沟的畅通，并定期用水冲洗。

8.3.2.2 牛舍内部结构

(1)拴牛架与饲栏拴系形式。牛床的前方有拴牛架，高135～145 cm，肉牛的拴系形式为软式，而且多为麻绳，使牛颈能上下左右转动，采食、休息都很方便。有条件可在饲槽旁边离地面约0.5 m处安装自动饮水设备。

(2)肉牛牛床。一般肉、乳兼用牛床长180～200 cm，每头牛占床位宽110～120 cm，本地牛和肉用牛的牛床长180～190 cm，宽110～120 cm。肉牛育肥期若是群饲，牛床面积可适当小些。牛床坡度为1.5%，前高后低。牛床类型有下列几种。

①水泥及石质牛床。其导热性好，比较硬，造价高，但清洗和消毒方便。

②砖牛床。用砖砌，用石灰或水泥抹逢，导热性好，硬度较高。

③木质牛床。导热性差，容易保温，有弹性且易清扫，但容易腐烂，不易消毒，造价高。

④土质牛床。将土铲平，夯实，上面铺一层砂石或碎砖块，然后再铺一层三合土，夯实即可。这种牛床能就地取材，造价低，并具有弹性，保温性好，并能护蹄。

⑤沥青牛床。保温性好并有弹性，不渗水，易消毒。遇水容易变滑，修建时应掺入煤渣或粗砂。

(3)饲槽。饲槽设在牛床的前面，有固定式和活动式两种，以固定式的水泥饲槽为常用，其上宽60～80 cm，底宽35 cm，底呈弧形。槽内缘高35 cm(靠牛床一侧)，外缘高60～80 cm。

(4)饲道。牛舍饲道分两侧和中央饲道两种，其中双列式牛舍对头式饲养采用的中间饲道为常用，宽为150～300 cm不等，而两侧饲道宽多为80～120 cm。

其他设施与拴系式奶牛舍相同。

8.4 牛场的公共卫生设施与环境保护

规范牛场，为生产者和家畜创造适宜环境，合理设置消毒设施，合理安置污物处理设施，可实现无废物、无污染的畜牧生产，大力发展生态畜牧业是今后养牛的发展方向。

8.4.1 公共卫生设施

为保证牛群健康和安全，做好防疫工作，避免污染和干扰，应建立科学的公共卫生设施。

8.4.1.1 场界与场内的卫生防护设施

牛场四周建围墙或防疫沟，牛场门口设门卫和消毒设施，牛场或牛饲养区进口处应设消毒池，门卫是一个牛场的咽喉，为防病从口入，牛场应制定完善的门禁及卫生制度，并严格贯彻执行。牛舍和粪尿池之间要保持200～300 m的距离。粪尿池的容积应由饲养奶牛、肉牛的头数和贮粪周期确定。粪尿池(或罐)分地下式、半地下式及地上式3种形式。不管哪种形式都必须防止渗漏，以免污染地下水源。场区内应有牛粪尿处理设施，处理后应符合GB 7959的规定，排放出场的污水必须符合的有关GB 8978规定。牛舍与粪尿池应有一定距离(200～300 m)。

在牛舍下风向的地势低洼处设病牛隔离舍，离牛舍200 m以外的偏僻地方，以免疾病传播。

8.4.1.2 场区的供、排水系统

(1)牛场内的供水。牛场的用水量包括生活用水、生产用水、灌溉和消防用水。场区内应有足够的生产用水，水压和水温均应满足生产需要，水质应符合GB 5749的规定。如需配备贮水设施，应有防污染措施，并定期清洗、消毒。

(2)场内排水设施。为保证场地干燥，需重视场内排水，排水系统应设置在各道路的两旁和运动场周边，多采用斜坡式排水沟。场区内应具有能承受足够大负荷的排水系统，并不得污染供水系统。

8.4.2 养牛场环境保护

养牛产生的粪尿、污水等，都会对空气、水、土壤、饲料等造成污染，危害环境。养牛场的环境保护既要防止养牛场本身对周围环境的污染，又要避免周围环境对养牛场的危害。

8.4.2.1 牛场绿化

牛场统一规划布局，因地制宜地植树造林，栽花种草是现代化牛场不可缺少的建设项目。在牛舍四周和场内舍与舍之间都要规划好道路。道路两旁和牛场各建筑物四周都应绿化，种植树木，夏季可以遮阳和调节场区小气候。在进行场地规划时必须留出绿化地，包括防风林、隔离林、行道绿化、遮阳绿化、绿地等。绿化植物具有吸收太阳辐射，降低环境温度，减少空气中尘埃和微生物，减弱噪声等保护环境的作用。

牛场绿化种类，牛场和场区四周种植防护林，多以乔木为主，注意缺空补栽，维持美观。路边绿化也是以乔木为主的遮阳林，夏季遮阳，并防止道路被雨水冲刷；在运动场的四周一般可选择枝叶开阔的树种，使运动场有较多的树荫供牛休息。

8.4.2.2 牛粪收集与转运

牛舍内粪便应尽快清出牛舍,牛舍中清粪的方式有人工清粪、拖拉机清粪、刮板式清粪、水冲式清粪等。选择应根据牛粪的含水量,牛舍的类型、经济效益及场长的喜好等确定。牛场牛粪处理形式有固态和液态两种形式,相应存贮也有不同的形式。肉牛场多为固态,奶牛场的牛粪为固态或液体状态,如奶牛拴系式饲养通常采用干清粪的方式,但有些拴系式饲养的奶牛场采用刮粪板清粪方式。采用散放式饲养的奶牛场大多数采用刮粪板或者小铲车清粪的方式。

牛粪收集后运输到粪污处理区的方式有交通工具运输和管道运输两种。交通工具运输是一种传统的运输方式,优点是运输简单、可行、运行成本低,缺点是在运输的过程中不可避免地对牛场环境、道路造成污染。而通过管道将粪污输送到粪污处理区则克服传统方式的缺点,但投入高。

8.4.2.3 妥善处理粪污,防止昆虫孳生

牛粪不及时清理或集中堆积在粪尿池,孳生蚊蝇,产生的臭气,同时雨水冲洗产生的污水,如果处理不当就难免污染地面水源。因此要定时清除粪便和污水,保持环境的清洁、干燥,填平沟渠洼地,使用化学杀虫剂杀灭蚊蝇。

8.4.3 规模化养牛场粪、尿、污水处理及利用

养牛生产过程的废弃物有粪便、污水,尤其是奶牛场,每天产生大量富含有机质和富酸碱的污水。2001 年国家环保总局已发布《畜禽养殖业污染物排放标准》(GB 18596—2001)。因此养牛场的粪污处理要引起足够的重视,目前对养牛场粪污处理的基本原则是,养牛生产所有的废弃物不能随意弃置,不能弃之于土壤、河道而污染周围环境,酿成公害,应加以适当的处理,合理利用,化害为利,并尽可能在场内或就近处理解决。

牛粪和污水通过土壤、水和大气的理化及生物作用,其中微生物可被杀死,并使各种有机物逐渐分解,变成植物可以吸收利用的状态;农牧结合,互相促进的处理办法,既处理了牛粪,又保护了环境,对维持农业生态系统平衡起着重要作用。

8.4.3.1 牛粪的处理方法

牛粪的处理技术发展很快,包括采用好氧处理(氧化塘)、厌氧消化和高温发酵等途径来处理畜禽粪便。我国已具有一系列粪污处理综合系统,如粪污固液分离技术(包括前分离和后分离);厌氧发酵生物技术;好氧曝气技术;气净化和利用技术;沼渣沼液生产复合有机肥技术;生物氧化塘技术等。

我国对牛粪的无害化处理及利用技术研究有牛粪堆肥化处理,生产沼气并建立"草-牛-沼"生态系统,综合利用等。

1. 堆肥(compost manure)发酵处理

牛粪的发酵处理是利用各种微生物的活动来分解粪中的有机成分,可以有效地提高这些有机物质的利用率。在发酵过程中形成的特殊理化环境也可基本杀灭粪中的病原体,主要方法有充氧动态发酵、堆肥处理、堆肥药物处理,其中堆肥处理方法简单,无需专用设备,处理费

用低。

2. 牛粪的有机肥加工

相对于传统牛粪便处理，有机肥为养殖场创造极其优良的牧场环境，实现优质、高效、低耗生产，改善产品质量，提高效益。利用微生物发酵技术，将牛粪便经过多重发酵，使其完全腐熟，并彻底杀死有害病菌，使粪便成为无臭、完全腐熟的活性有机肥，从而实现牛粪便的资源化、无害化、无机化；同时解决了畜牧场因粪便所产生的环境污染。所生产的有机肥，广泛应用于农作物种植、城市绿化以及家庭花卉种植等。

牛粪商品有机肥生产技术工艺路线：

牛粪便为原料收集于发酵车间内→加入配料平衡氮、磷、钾

→接种微生物发酵菌剂→移动翻抛式翻动、通氧发酵→发酵、脱臭、脱水

→粉碎→包装　粉状肥

或→造粒→包装　颗粒肥

3. 生产沼气

利用牛粪有机物在高温(35～55℃)厌氧条件下经微生物(厌氧细菌，主要是甲烷菌)降解成沼气(图 8-64)，同时杀灭粪水中大肠杆菌、蠕虫卵等。沼气作能源，发酵的残渣又可作肥料，因而生产沼气既能合理利用牛粪，又能防止环境污染。除严寒地区外我国各地都有用沼气发酵开展粪尿污水综合利用的成功经验。但我国北方冬季为了提高产气率往往需给发酵罐加热，主要原因是沼气发酵在 15～25℃时产气率极低，从而加大沼气成本。

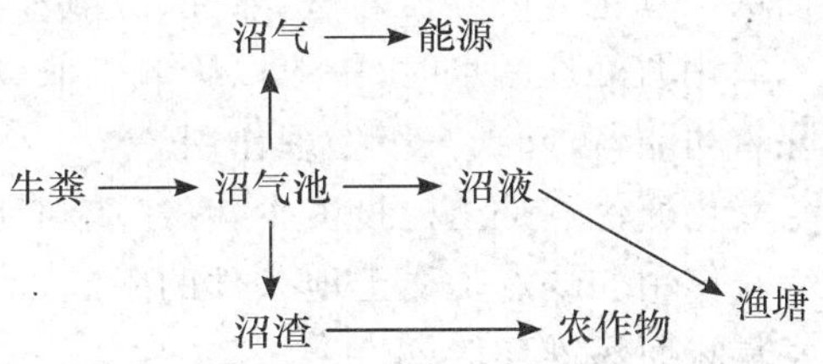

图 8-64　牛场粪尿厌氧发酵沼气处理示意图

4. 蚯蚓养殖综合利用

利用牛粪养殖蚯蚓近年来发展很快，日本、美国、加拿大、法国等许多国家先后建立不同规模的蚯蚓养殖场。我国目前已广泛进行人工养殖。

8.4.3.2　污水的处理与利用

养牛业的高速发展和生产效率的提高，养牛场产生的污水量大大增加，尤其是如奶牛养殖场，这些污水中含有许多腐败有机物，也常带有病原体，若不妥善处理，就会污染水源、土壤等环境，并传播疾病。

养牛场污水处理的基本方法有物理处理法、化学处理法和生物处理法。这 3 种处理方法单独使用时均无法把养牛场高浓度的污水处理好，要采用综合系统处理。

1. 物理处理法(physical process)

物理处理法是利用物理作用，将污水中的有机污染物质、悬浮物、油类及其他固体物分离出来，常用方法有固液分离法、沉淀法、过滤法等。

固液分离法首先将牛舍内粪便清扫后堆好，再用水冲洗，这样既可减少用水量，又能减少污水中的化学耗氧量，给后段污水处理减少许多麻烦。

利用污水中部分悬浮固体其密度大于 1 的原理使其在重力作用下自然下沉，与污水分离，此法称沉淀法。固形物的沉淀是在沉淀池中进行的，沉淀池有平流式沉淀池和竖流式沉淀池两种。

过滤法，过滤法主要是使污水通过带有孔隙的过滤器使水变得澄清的过程。养牛场污水过滤时一般先通过格栅，用以清除漂浮物，如草末、大的粪团等，之后，污水进入滤池。

2. 化学处理法(chemical process)

是根据污水中所含主要污染物的化学性质，用化学药品除去污水中的溶解物质或胶体物质，如：

①混凝沉淀。用三氯化铁、硫酸铝、硫酸亚铁等混凝剂，使污水中的悬浮物和胶体物质沉淀而达到净化目的。

②化学消毒。各种消毒方法中，以次氯酸消毒法最经济、有效。

3. 生物处理法(biological process)

生物处理法是利用微生物的代谢作用，分解污水中的有机物的方法，净化污水的微生物大多是细菌，此外，还有真菌、藻类、原生动物等。主要有氧化塘、活性污泥法、人工湿地处理。

(1)氧化塘。亦称生物塘，是构造简单、易于维护的一种污水处理构筑物，可用于各种规模的养殖场，塘内的有机物由好氧细菌进行氧化分解，所需氧由塘内藻类的光合作用及塘的再曝气提供。氧化塘可分为好氧、兼性、厌氧和曝气氧化塘。

氧化塘处理污水时，一般以厌氧—兼氧—好氧氧化塘连串成多级的氧化塘，具有很高的脱氮除磷功能，可起到三级处理作用。

氧化塘优点是土建投资少，可建造和利用天然的山塘、池塘，机械设备的能耗少，有利于废水综合作用。缺点是受土地条件的限制，也受气温、光照等的直接影响，管理不当可孳生蚊蝇，散发臭味而污染环境。

(2)活性污泥法(activated sludge process)。由无数细菌、真菌、原生动物和其他微生物与吸附的有机物、无机物组成的絮凝体称活性污泥，其表面有一层多糖类的黏质层，对污水中悬浮态和胶态有机颗粒有强烈的吸附和絮凝能力。在有氧时，其中的微生物可对有机物发生强烈的氧化和分解。

传统的活性污泥需建初级沉淀池、曝气池和二级沉淀池。即污水→初级沉淀池→曝气池→一级沉淀池→出水，沉淀下来的污泥一部分回流入曝气池，剩余的进行脱水干化。

(3)人工湿地处理。采用湿地净化污物的研究起始于 20 世纪 50 年代。湿地是经过精心设计和建造的，粪污慢慢地流过人工湿地，通过人工湿地的植被、微生物和碎石床生物膜，将污水中的化学耗氧量(COD)、生化需要量(BOD)、氮、磷等消除，使污水得以净化(图 8-65)。目前国内外已应用天然湿地和人造湿地用于处理污水。

几乎任何一种水生植物都适合于湿地系统，最常见的有水葫芦、芦苇、香蒲属和草属。某些植物如芦苇和香蒲的空心茎还能将空气输送到根部，为需氧微生物活动提供氧气。

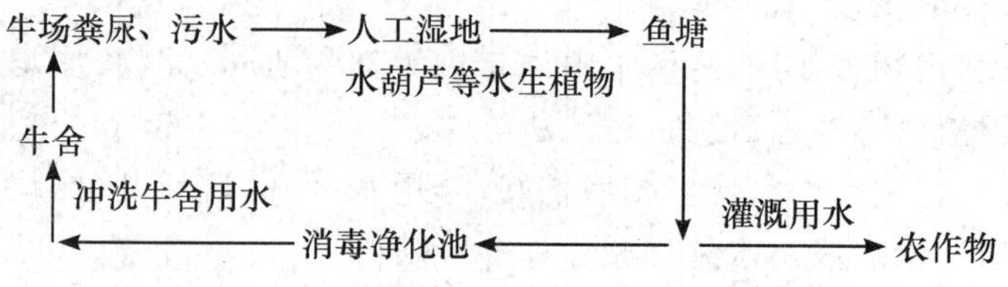

图 8-65 牛场粪尿人工湿地处理示意图

(4)粪便污水的综合生态工程处理(ecological engineering)。“人工生态工程”技术,工程由沉淀池→氧化沟→漫流草地→养鱼塘等组成。通过分离器或沉淀池将牛粪牛尿污水进行固体与液体分离,其中,固体作为有机肥还田或作为食用菌(如蘑菇等)培养基,液体进入活气厌氧发酵池。通过微生物-植物-动物-菌藻的多层生态净化系统,使污水污物得以净化。净化的水达到国家排放标准,可排放到江河,回归自然或直接回收用于冲刷牛舍等。

复习思考题

1.简述牛场场址的选择及牛场内布局、规划原则。奶牛舍和肉牛牛舍有哪些类型?

2.简述奶牛、肉牛舍建筑结构要求及奶牛场的附属设施。

3.如何保护养牛场环境?规模化养牛场粪尿污水处理及利用有哪些措施?

9 养牛生产实验技术

［重点提示］ 本章主要陈述养牛生产中实验、检验技术的操作方法，涉及面广，内容较多，可根据教学条件选择使用。大部分实验是上述其他章节的补充。

9.1 体貌评定实验

实验一 牛体表部位的识别和外貌形态特点观察

牛是由各个不同器官系统构成的有机整体，为了实践上的需要，人们将牛体表划分为不同的部位来加以描述和相互区别，掌握这些部位的位置、名称及特点，对于学习和工作是必不可少的。牛体表的各个部位都是以骨骼、肌肉及内部器官等为基础的，各自都有一定的外形特征，并反映一定的内部器官定位与机能特点。了解和掌握它们是描述牛的体质外貌、测量体尺及一些其他工作的基础。

现代养牛学将牛分为乳用型牛、肉用型牛、役用型牛和各种兼用型牛。不同类型的牛因其生产目的不同，不同的组织、器官和系统的发育程度不同，因而在体型外貌上有很大的差别，主要表现在与其生产目的相关的组织、器官和系统充分发育，而其他的部位则发育较差。为了提高不同类型牛的生产性能，对不同类型牛的体型和外貌有不同的要求，了解和掌握不同类型牛在体型外貌上的特点，可以从体型外貌上鉴别牛的类型和经济用途，鉴别不同类型牛体型外貌方面的优缺点，为牛的外貌鉴定打下良好的基础。

由于对不同类型牛的体型外貌有不同的要求，在理论与实践的基础上，形成了各种不同类型牛体型与外貌上的理想型与失格的概念。理想型指的是体型与外貌的最理想状态，失格与理想型相对，指的是与理想型的背离。理想型与失格均可分为整体和部位两个层次，前者主要注重整体结构，也就是体型；后者主要注重局部，也就是各个部位。无论整体与局部，对于理想型与失格，目前大体上仍停留于抽象描述阶段，而没有具体的量化，因而在长期的生产实践中形成了许多描述性的术语，理解和掌握这些术语的含义具有非常重要的意义。

本实验的目的是，熟悉牛体表部位及名称，了解不同类型牛（乳用型牛、肉用型牛、役用型牛）的外貌特点，了解不同类型牛（乳用型牛、肉用型牛、役用型牛）外貌部位的正常形态及常见缺陷。

一、牛体表部位的识别

（一）实验目的

熟悉牛体表部位及名称。

(二)实验材料

(1)乳用型成年母牛、肉用型肥育公牛、役用型成年公牛各一头。

(2)不同类型牛体型外貌的视频或图片资料。

(三)实验内容

1. 牛体表部位简介

牛体大致可分为4个部分,即头颈部、前躯、中躯和后躯。

(1)头颈部。指鬐甲与肩端连线之前的部分,包括头部和颈部。从角及角根后缘沿下颚后缘做一切线,此线之前为头部。头部之后,鬐甲与肩端连线之前的部分为颈部。头颈部又可分为如下部位:①额,两眼内角连线以上,头的正面部位;②头顶,又称额顶,指额的上方两角之间的隆起部分,也称枕骨脊;③脸与鼻梁,两眼内角连线以下,鼻镜以上,头的正面部位称脸,其两侧与颊相连,脸的中央隆起部分称鼻梁;④鼻镜,鼻的最前端,无毛着生之部位;⑤颊,头的侧方,两眼之前,脸之下,下颚之上的部位;⑥下颚,以下颚骨为基础的体表部位,位于颊的下方;⑦喉,头与颈下方的折合处,以喉软骨为基础的体表部位;⑧颈峰,颈部背面的隆起部分,为公牛所特有;⑨垂皮,颈的下后方与前胸下方下垂的皮肤,又称颈垂或肉垂。

(2)前躯。指颈部之后,肩胛骨和臂的后缘之前的部分。前躯又可分为如下部位:①鬐甲,肩胛骨上端隆起的体表部位;又称肩峰;②肩,以肩胛骨为基础的体表部位;③前胸,位于颈的下后端,两前肢内前方突出的部位;④肩端,肩关节的体表部位;⑤臂,以肱骨为基础的体表部位;⑥肘,以尺骨后上端肘突为基础的体表部位;⑦前臂,以桡骨和尺骨为基础的体表部位;⑧前膝,也称腕,腕关节的体表部位;⑨前管,以掌骨为基础的体表部位;⑩球节,以第一趾关节为基础的体表部位;⑪系,球节与蹄之间的部位;⑫蹄,整个蹄壳所包围的部位;⑬距,也称悬蹄,为球节后端两个角质突起。

(3)中躯。指肩胛骨与臂的后缘至腰角与大腿前缘之间的部分;中躯又可分为如下部位:①背,鬐甲至最后背椎棘突后缘的体表部位;②胸与肋,前胸之后到剑状软骨末端之间的体表部位;广义地说,整个胸腔外部的体表部位统称为胸,胸的两侧具有肋骨的部分称肋;③腰,背之后至两腰角前缘连线之前的部位;④腹,剑状软骨后,肋后,肷下,大腿前方的无骨部分;⑤肷,肋后,腰下,大腿之前的体表凹陷处;⑥胁,前后肢与体躯相连接的部分;分前胁与后胁。

(4)后躯。指中躯后面的部分;后躯又可分为如下部位:①腰角,以髂骨髋关节为基础的体表部位;②尻,也称臀,位于腰部以后的体躯背面,以两侧腰角、臀角、臀端连线为界;③臀端,以坐骨结节为基础的体表部位;④臀角,以股骨大转子为基础的体表部位;⑤后膝,膝关节的体表部位;⑥飞节,以跗关节为基础的体表部位;⑦尾根,以第一可动尾椎与体躯连接的体表部位;⑧尾,尾根以下的部位;⑨尾扫,尾部末端着生的毛。

2. 牛的体表部位

图9-1为牛体各部位名称。

(四)实验方法与步骤

(1)在一平坦明亮的空地上,拴系乳用型成年母牛、肉用型肥育公牛、役用型成年公牛各一头,相互间隔开一定距离,注意拴系要牢固。如条件不允许,至少应有一头牛,而以乳用型牛最好,见图9-1。

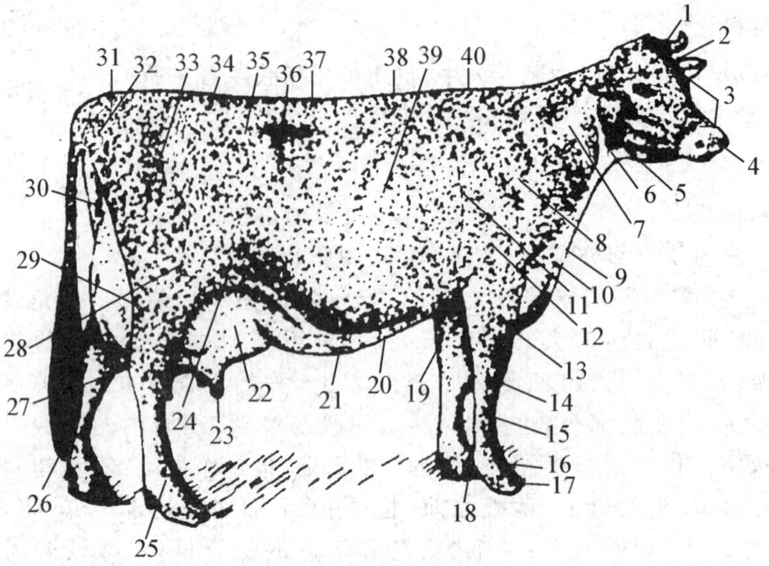

图 9-1　牛体各部位名称(昝林森,1999)

1.额顶	2.前额	3.面部	4.鼻镜	5.下颚
6.咽喉	7.颈部	8.肩	9.垂皮	10.前胸
11.肩后区	12.臂	13.前臂	14.前膝	15.前管
16.系部	17.蹄	18.副蹄	19.肘端	20.乳井
21.乳静脉	22.乳房	23.乳头	24.后肋	25.球节
26.尾帚	27.飞节	28.后膝	29.后大腿	30.乳镜
31.坐骨端	32.尾根	33.髋(臀角)	34.尻	35.腰角
36.肷	37.腰	38.背	39.胸侧	40.鬐甲

(2)在教师指导下,参考实验指导中相关内容,认识牛体表各个部位的名称和具体位置。

二、不同经济用途牛的外貌特点与常见失格

(一)实验目的

使学生掌握不同经济用途牛的外貌特点与常见失格是正确评价与鉴定牛的基础;了解乳用型牛、肉用型牛、兼用型牛、役用型牛的外貌特点和乳用型牛的常见失格。

(二)实验条件

(1)各种经济用途牛外貌的视频与图片材料。

(2)奶牛场、改良站、肉牛场。

(三)实验内容与方法

(1)不同经济用途牛各部位外貌形态特征。

①头部。头部以整个头骨为基础,以枕骨脊为界与颈部相连。头部是整个牛体的缩影,它可以反映出牛的生产类型、品种特征、性别及年龄等情况。牛的头形有轻重、长短、宽窄和粗细之分。所谓轻重,是指头的大小与体躯大小相适应的程度。头的大小是由头的长短和宽窄决

定的，头既长且宽则为大，反之为小。头显大则头重，反之则为头轻。头的长短是头的长度与体（斜）长相适应的程度。头长为体长的 34%以上为长头，小于 26%为短头。头的宽窄是头宽与头长相适应的程度。头的宽度可用角间宽、额小宽、额大宽表示，它们与头长之比的正常范围分别为 29%～34%、37%～40%、47%，低于下限为窄头，高于上限为宽头。不同生产类型的牛，其头形各异。奶牛头狭长而清秀；肉牛头短宽而多肉；役牛头则粗重。不同性别的牛，其头形也有差别。公牛头短宽而重，母牛头狭长而轻。公牛母相或母牛公相都是严重缺点。角形可根据角的方向分为前向角、后向角、上向外曲角等，还可根据角的形象命名，如扁角、扁担角、笄角等。角形反映了牛的品种特征，是进行品种识别的重要依据之一，与生产性能无关，但角质的光滑致密或粗糙无光等，却与牛的营养、年龄有关。公牛角较粗短而直，母牛角细长而致密。眼要圆大、明亮有神、灵活，细小无神或眼露凶光均为不良表现。嘴要宽阔，口裂要深，上下唇整齐。鼻孔大，鼻梁正，鼻镜宽广。

②颈。颈以 7 个颈椎为基础而形成。颈有长短、粗细、平直与隆起、有无皱纹等之分。颈长一般为体长的 27%～30%，少于 27%为短颈，大于 30%为长颈。乳用牛颈细长，两侧有许多皱纹，肉用牛和役用牛颈粗短。公牛颈粗短，颈上缘隆起。头与颈、颈与肩的结合应自然、协调，不能有凹陷。

③鬐甲。鬐甲是以第二至第六胸椎棘突和肩胛软骨为基础组成的体表部位，它是颈、前肢和躯干的连接点，有长短、宽窄、高低、尖岔之分。鬐甲与背成一直线为低鬐甲，突出于背线，形成弧状的为高鬐甲。牛体营养欠佳，肌肉不发达，弱体质时会形成尖鬐甲；背椎棘突发育不良、胸部两侧韧带松弛引起体躯下垂、胸部过度发育时都会形成分岔鬐甲。公牛的鬐甲较母牛高而宽，役牛鬐甲较奶牛、肉牛高，肉牛鬐甲较奶牛、役牛宽。鬐甲类型见图 9-2。

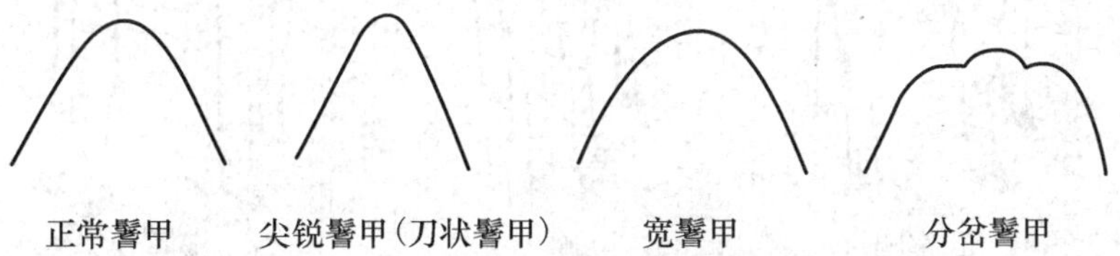

图 9-2　牛鬐甲类型（昝林森，1999）

④前肢。前肢包括肩、臂和下前肢。肩部是以肩胛骨为其解剖基础的，它的形态取决于肩胛骨的长短、宽窄、着生状态及附着肌肉的丰满程度。肩有狭长肩、短立肩、广长斜肩、肥肩、瘦肩、松弛肩等形式。肩部狭而长、肌肉欠丰满为狭长肩；肩部短而直立为短立肩；肩部长而宽广、适当倾斜为广长斜肩；肩胛棘显露、棘两侧凹陷成沟为瘦肩；肩胛丰满圆润，富于脂肪为肥肩；肩胛骨上缘突出、软弱无力、伴随着分岔鬐甲为松弛肩。肩与颈、肩与胸的结合要良好。臂以肱骨为解剖基础，有长短、肥瘦等不同类型。下前肢包括前臂、前膝、前管、球节、系、蹄等。前臂应长短适中，肌肉发达，与地面垂直。前膝应整洁，无前屈后弓、内外弧等形态。前管应粗细适中，筋腱明显。球节要大而结实有力，系要长短适中，长系软弱无力，易形成卧系，短系多直立而缺乏弹性，系与地面的角度应为 45°～50°。蹄要大而圆，蹄形正，蹄质致密结实，光滑而有裂缝，内外蹄大小一致，蹄缝紧，与地面成 45°～50°的角。畸形蹄常见的有亲子蹄、猪蹄、剪刀蹄、山羊蹄等，见图 9-3。

图 9-3　常见牛蹄的类型(昝林森,1999)

1.正常蹄　2.猪蹄(辣椒蹄)　3.剪刀蹄　4.亲子蹄(子母蹄)　5.山羊蹄

⑤胸。位于鬐甲下方和两前肢之间,后与腹部相连。胸腔内有心、肺等重要器官,其容积大小说明了心、肺的发育情况和功能好坏,因此要注意胸的形状和体积。胸的表现有长短、宽窄、深浅等。肋骨间隙宽、前档宽、肋骨长分别表示胸的长、宽、深,胸的长、宽、深可说明其容积,实际上肋骨长且开张度好时,胸的体积必然大。各种生产类型的牛都要求有发育正常、符合其用途特征的胸部。狭胸、浅胸是生产性能低、体质衰弱、发育不良的表现,见图 9-4。公牛胸部比母牛的要宽而深,外观呈圆筒形。

图 9-4　牛胸的类型(昝林森,1999)

⑥背。以第七至第十三胸椎为基础形成,它有长短、宽窄、下直与凹凸等不同类型。背椎体长与椎体间隙大则形成长背,反之为短背;肋骨开张度好为宽背,反之为窄背;椎体间结合不良、背椎肌肉及韧带松弛可引起背部凹凸。凹背、凸背(鲤背)、波浪背是常见的不良类型,它不利于后肢的力量向前传导,不宜做任何经济用途,尤其是役牛和种公牛。任何牛的背都应与鬐甲和腰部结合良好。

⑦腰。腰以 6 个腰椎为基础,它的情况和背相似,也有长短、宽窄、平直与凹凸之分。腰椎体长短及间隙大小决定腰的长短,腰椎横突长短决定腰的宽窄,腰椎体结合的紧密程度、肌肉和韧带是否松弛决定腰的平直与否。任何牛的背腰、腰尻结合必须良好,背线是否平直是结合良好与否的直观的、主要的标志。

⑧腹。腹部位于背腰下方。腹内是主要的消化器官,故应充实,体积宜大。腹有充实、平直、卷腹(犬腹)、草腹和垂腹几种类型。充实腹是腹下线呈浅弧状,并在肷部以下后方开始逐

渐紧缩，为理想型腹部；平直腹是腹下线与地面几乎平行，直至欣部下后方也不显紧缩状态；卷腹是在腹部后方显得过分紧缩、上吊，形如犬腹；草腹是腹部显得膨大且呈松弛状态；垂腹是在草腹基础上不仅显松弛，而且呈下垂状态。腹部容积大小是消化器官发达与否的象征。充实腹既有一定的容积，又不呈松弛状态，是最理想的腹部；平直腹容积受到一定限制，但不松弛，为次理想型；卷腹容积受到严重限制，常伴随着食欲差、体质弱、消化器官疾病或其他慢性疾病等情况，或者是幼龄期高奶量、高精料日粮的结果及没有实行早期断奶的结果，是严重缺陷；草腹和垂腹的容积最大，但呈松弛或下垂状态，是年老体弱或日粮中低质粗料过多、营养差等的结果，若是公畜则不宜作种用。

⑨尻部。尻部是以骨盆、荐骨及第一尾椎为基础形成的。尻部的形状有高低、长短、平斜、宽窄、方尖和屋脊尻等不同类型。后躯比前躯高的尻为高尻，反之为低尻；尻长大于体长的1/3为长尻，反之为短尻；尻平是用尻角度反映的，即指腰角与同侧坐骨端连线和水平线所形成的角度。当腰角高于坐骨结节时，其连线与水平线所形成的角度为正角度，当腰角低于坐骨结节时，所形成的角度为负角度。不同生产类型的牛对尻平有不同的要求，如奶牛为正2°～5°，役牛为正20°左右。当尻角度为负时，称这类尻为翘尻。尻宽大于体长1/3为宽，反之为窄；坐骨宽大于或等于尻宽2/3为方，小于尻宽1/2为尖；荐椎明显高耸，由荐椎向两侧倾斜为屋脊尻，也称流水尻。任何用途的牛，其尻都应长、宽而平，这样有利于生产性能的提高和减少繁殖问题，翘尻和屋脊尻是严重缺陷。奶牛尻部要宽平；肉牛尻部要求宽平且肌肉丰满；役牛尻部要求适当倾斜和肌肉丰满。

⑩生殖器官。公牛的睾丸应发育良好，大小匀称，包皮整洁，阴囊悬垂不高不低，阴囊基部不粗大肥胖。母牛阴唇应大而肥厚，闭合良好，外形正常。

⑪后肢。大腿是以股骨为基础，故也称股部。大腿宜宽而深，这是对任何牛的共同要求，而其厚度则因牛的生产类型不同而有所差别：奶牛宜薄，以便容纳庞大的乳房；肉牛宜厚，肌肉丰满，充满于两股间并向后突出；役牛要求适当的厚度，筋腱发达。小腿是以胫骨为基础的。发育良好的小腿，要求长度适当，胫骨与股骨的角度为100°～130°，飞节的角度以145°适中，以便后肢行走畅快。飞节角度接近180°时称直飞节，明显小于145°为曲飞节。直飞节步幅小，伴随后踏，曲飞节伴随前踏和卧系，它们都会影响后肢耐力的发挥。后管是以跖骨(趾骨)为基础的，介于飞节与球节之间。后管应长短适中，宽而薄，顺飞节角度自然延伸至蹄。尾是用来维持机体运动中的平衡状态并兼有驱赶蚊虫等的作用，尾根不宜过粗，附着不能过前，尾粗细要适度，尾梢应长，长短应符合品种要求。

(2)在教师的指导下观看有关乳用型牛、肉用型牛、兼用型牛、役用型牛的外貌特点和乳用型牛的常见失格的视频与图片材料。

边观看边讲解。注意如下重点：

①乳用型牛的整体外貌特点和局部特点；②肉用型牛的整体外貌特点和局部特点；③役用型牛的整体外貌特点和局部特点；④兼用型牛的整体外貌特点和局部特点。

乳用型牛的常见失格，主要包括：①头颈、颈肩结合不良；②分叉鬐甲；③羽状肩；④狭胸平肋；⑤凹背、鲤鱼背、波浪背、背腰结合不良；⑥卷腹；⑦尖尻、斜尻、屋脊尻；⑧前踏、后踏、广踏、狭踏、内弧、外弧、卧系、曲飞、直飞；⑨肉乳房、悬垂乳房、漏斗乳房。

(3)在奶牛场的运动场中观察牛的外貌，评价不同牛的整体与各部位的有缺点，认识整体与局部的理想型状态和常见失格。

实验二　牛体尺的测量和牛体尺指数的计算与分析

一、实验目的

使学生了解牛体尺测量部位，掌握牛体尺测量技术及体尺指数计算和分析。

体尺即牛体某一部位的长或宽的度量，它不仅能反映机体某一部位和整体的大小，而且能反映各部位及整体的发育情况。经常测量体尺，可以了解各部位及整体的生长发育情况，估计内部器官的发育是否正常良好，从而检验饲养管理等技术措施，制订改进的方案。

每一品种或品系的牛在体尺上都有一定的要求，代表其品种特征，因此在育种工作中，体尺也是一个选种与鉴定品种特征的指标。牛在不同的生长发育阶段，各部位的发育是不平衡的，其体尺也就具有各自的特点。外貌和生产性能是相关的，在一定程度上，体尺测量是外貌的量化，由此可估测牛的生产性能。

在体尺测量后常采用计算体尺指数的方法来研究各部位相对发育的情况。

所谓体尺指数，就是畜体某一部位尺寸相对于另一部位尺寸的百分比。体尺指数可以表示两个部位间的相互关系，通常所应用的指数都为彼此间相互关系比较密切的两个部位之比，而且这两个部位间按其解剖构造及生理机能具有一定的关系。

二、牛体尺测量的工具

体尺测量所用的测量器具有测杖、卷尺、圆形测定器和测角计，见图 9-5。

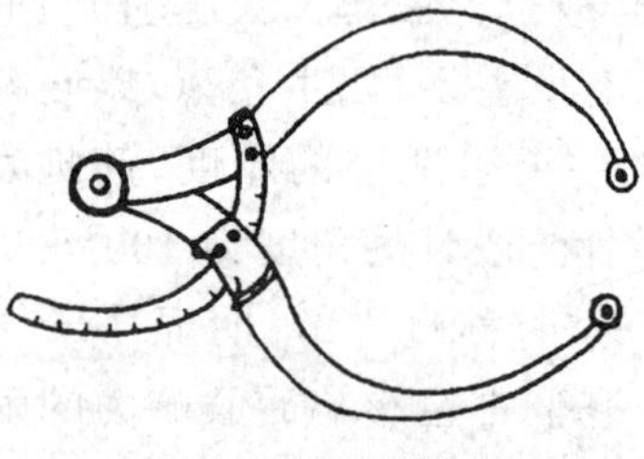

圆形测定器

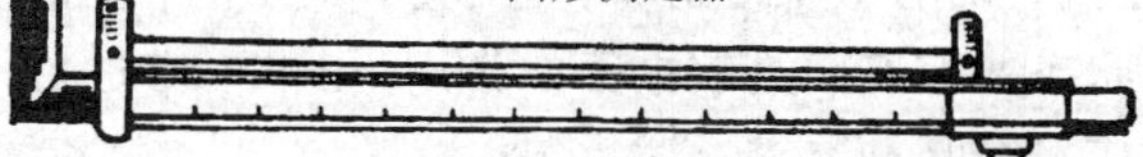

测杖

图 9-5　牛体尺测量的工具(陈幼春,1999)

三、实验步骤与方法

1.测量前准备

仪器的检查及校准；制作记录表格；选择测量场地。要求地面平坦、明亮，具有一定的活动范围。

准备测量牛只。测量牛只以成年乳用母牛为好，在条件许可的情况下，除成年母牛外，最好还能有犊牛、育成牛或青年牛。在测定前应了解牛的年龄、胎次、泌乳月等基本情况。

2.测量部位

牛体尺的测量部位很多(图 9-6)。究竟需要测定哪些项目,依据测量目的而定。例如估测牛的活重时只需测量体斜长、体直长和胸围 3 个部位;为了检查牛在生产条件下的生长发育情况测量部位可由 5 个(鬐甲高、体斜长、胸围、胸宽、管围)至 8 个(另加尻高、胸深、腰角宽);而在研究牛的生长发育规律时,测量的部位可大大增多,例如在牛的育种登记簿上规定的测量部位为 13～15 个(另加头长、额大宽、背高、十字部高、尻长、髋关节宽及坐骨宽)。现将主要部位的测量方法简介如下:

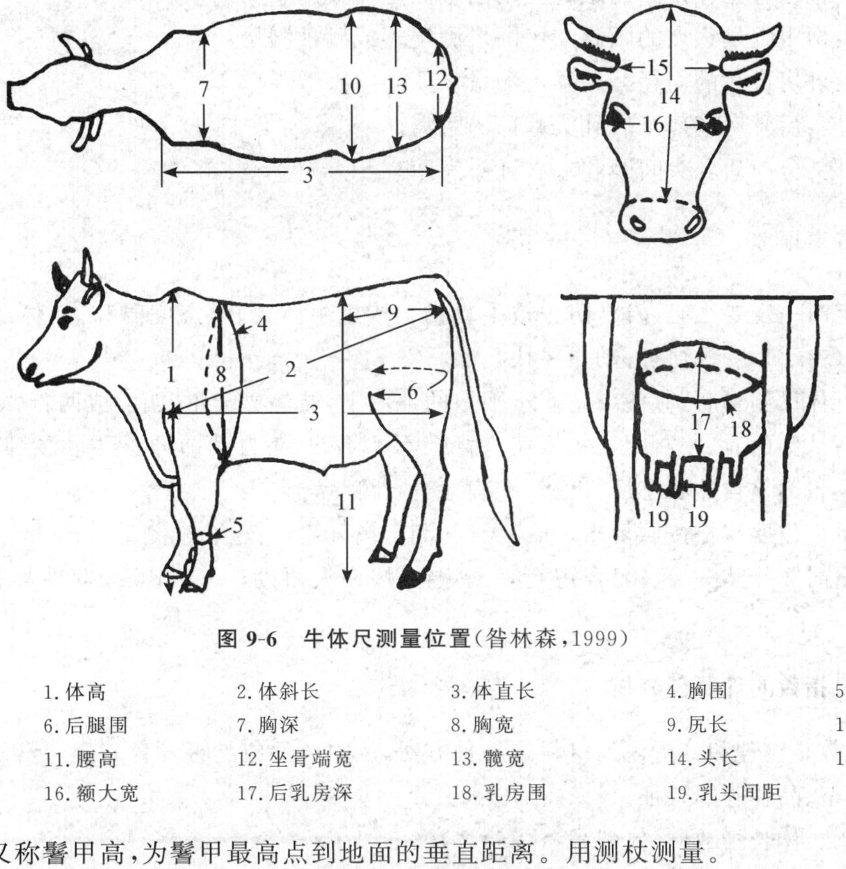

图 9-6 牛体尺测量位置(昝林森,1999)

1.体高　2.体斜长　3.体直长　4.胸围　5.管围
6.后腿围　7.胸深　8.胸宽　9.尻长　10.腰角宽
11.腰高　12.坐骨端宽　13.髋宽　14.头长　15.额小宽
16.额大宽　17.后乳房深　18.乳房围　19.乳头间距

体高:又称鬐甲高,为鬐甲最高点到地面的垂直距离。用测杖测量。

体直长:肩甲前缘(肱骨突)与坐骨结节间的水平距离。用测杖测量。

体斜长:由肩端(即肱骨突)前端至同侧坐骨结节后缘间的距离。若用于表示家畜体长则用测杖量取两点间的最短距离,若用来估测家畜的体重则用卷尺量取,须注明。

管围:前肢掌骨上 1/3 处(最细处)的周径。用卷尺测量。

胸深:沿着肩甲骨后角,从鬐甲至胸骨间的垂直距离。用测杖或圆形测定器测量。

胸宽:沿两肩胛后缘量胸部最宽的距离。用测杖测量或圆形定器测量。

胸围:肩胛骨后缘处体躯的水平周径,其松紧度以能插入食指和中指自由滑动为准。用卷尺测定。

腰角宽:两腰角外缘间的距离。用测杖或圆形测定器测量。

背高:最后一个背椎骨结节垂直到地面的距离。用测杖测量。

腰高:又称十字部高,为两腰角连线之中央至地面的垂直距离。用测杖测量。

臀端宽:也称坐骨宽,两坐骨结节外缘间的距离。用圆形测定器测量。

臀端高:又称坐骨结节高,即以坐骨结节最后隆突至地面的垂直距离。用测杖测量。

臀高:又称荐高,尻高,为荐骨最高点到地面的垂直距离。用测杖测量。

臀长:也称尻长,为腰角前缘至坐骨结节后缘间的距离。用测杖或圆形测定器测量。

髋宽:两臀角外缘的最宽距离。用圆形测定器测量。

后腿围:从右臀角外缘处沿水平方向(通过尾的内侧)量到左臀角的外缘。用卷尺测量。

头长:由枕骨脊至鼻镜间的距离。用圆形测定器或用卷尺测量。

额大宽:两眼眶最远点的距离。用圆形测定器或测杖测量。

乳房围:乳房最大的周径。用卷尺测量。

乳房深度:后乳房基部至后乳头基部的距离。

乳头间距:分前后乳头间距和左右乳头间距。

四、注意事项

(1)测定时一定要小心谨慎,防止被牛踢伤。接近牛体要轻,态度温和,从体侧接近牛体,一手持工具(右手),一手保护,动作要快。

(2)进行体尺测量时,应使牛站立于平坦的地面上,肢势要端正,四腿成两行,从前往后看,前后腿端正;从侧面看,左右腿互相掩盖。背腰不弓不凹,头自然前伸,不左顾右盼,不昂头或下垂,待体躯各部呈自然状态后,迅速、准确地进行测量。

(3)测量部位要严格按照要求,准确无误,测后离开牛体读数,立刻记录。

(4)测量时 3 个人一组,配合进行,一人主测,一人协助,一人记录,发现异常值要进行复测。

五、体尺指数的计算与分析

体尺指数是整理和分析体尺材料的一种方法,反映各部位是否发育完全,是否匀称和符合某一生产类型、品种等的特征。

体长指数:体长指数=(体斜长/体高)×100

该指数说明体长与体高的相对发育,肉用牛的体长指数一般大于乳用牛。胚胎期发育不全的牛,该指数高于品种的平均值,如果生后发育受阻,则此指数低于平均数。该指数随年龄增大而增大。

体躯指数:体躯指数=(胸围/体斜长)×100

它表示躯干容量的发育程度。一般肉牛、役牛的体躯指数大于奶牛。

胸围指数:胸围指数=(胸围/体高)×100

该指数多用于役牛,它表示役牛役用能力的大小。

管围指数:管围指数=(管围/体高)×100

它表示体躯骨骼的相对发育情况。役牛的管围指数最大,奶牛次之,肉牛最小。

尻宽指数:尻宽指数=(坐骨端宽/腰角宽)×100

它反映尻部发育是否匀称。一般奶牛、肉牛的尻宽指数大于役牛，高度培育的品种大于原始品种，公牛的较母牛的大。尻宽指数对奶牛的意义大，它愈大，表明泌乳系统愈发达，大于67%时为宽尻，小于50%时为尖尻。

腿围指数（产肉指数）：腿围指数=（后腿围/体高）×100

它表示后肢肌肉的发育程度。该指数对于肉牛具有重要意义，它的变化与年龄关系很小，与净肉率关系较大。一般肉牛的腿围指数最大，役牛次之，奶牛最小。

肢长指数：肢长指数=[（体高－胸深）/体高]×100

该指数说明牛四肢的相对长度，该指数奶牛较大，肉牛较小，随牛年龄增长逐渐降低。四肢特别长是牛在生长发育期发育不良的指标之一，四肢特别短则为牛在胚胎期发育不良的特征之一。

胸宽指数：胸宽指数=（胸宽/胸深）×100

该指数说明胸部深宽的相对发育。一般役牛和肉牛较奶牛为大。

尻高指数：尻高指数=（尻高/体高）×100

该指数说明前后躯在高度上的相对发育。一般尻高为幼牛的特征，随年龄的生长而下降。如果成年牛此指数数值较高时则说明该牛犊牛培育阶段发育不良。

髋胸指数：髋胸指数=（胸宽/腰角宽）×100

该指数说明前后躯在宽度上的相对发育。一般役牛和肉牛较奶牛大，公牛较母牛大，随年龄的增长而逐渐缩小。

额宽指数：额宽指数=（额大宽/头长）×100

该指数说明头部的相对发育程度。一般肉用品种牛最大，役牛次之，奶牛最小。早熟品种较晚熟品种大。公牛比母牛大。

头长指数：头长指数=（头长/体高）×100

该指数在外貌鉴定时应用较少，一般乳用牛及役用牛该指数较肉用牛为大。

六、不同经济用途牛的体尺指数

体尺指数随牛的品种及类型而不同，这是因为外形与机能是相关的，不同品种不同类型的牛其性能不同，因而其各部位的发育也就不同，因而表示其相对比例的体尺指数也就不同，从而反映出不同的特点。机体的各部位在不同的生长发育阶段其发育是不平衡的，因此其体尺指数也随年龄的不同而发生变化。某一类型、品种、品系的牛某阶段的体尺指数具有一定的范围，超过此范围则为异常或发育不良。不同类型牛的体尺指数有明显差别，参见表9-1。

表9-1 不同类型牛的体尺指数

指数名称	肉用型（短角牛）	肉乳兼用型（西门塔尔牛）	乳用型（荷斯坦牛）	役用型（秦川牛）
肢长指数	42.2	48.2	45.7	48.71
体长指数	122.5	118.4	120.8	112.72
髋胸指数	83.5	85.5	80.2	86.57
胸宽指数	73.6	68.8	61.8	56.37
体躯指数	132.5	121.3	118.2	121.70
尻高指数	102.5	103.2	100.9	99.59
尻宽指数	69.0	69.2	67.8	57.61
管围指数	13.9	15.1	14.6	13.52
额宽指数	—	46.1	44.6	44.70
头长指数	34.5	36.8	40.0	36.90

七、实验作业

根据实验二的体尺测量结果，计算各项体尺指数，并对计算得出的体尺指数结果进行分析。

实验三　牛体活重的测定

一、实验目的

使学生了解和掌握称量牛体重的方法和用体尺估测牛体重的方法。

二、实验原理

牛的体重是生产力的重要指标之一，根据它可估计生长发育情况，役用能力及产肉性能等。体重也是计算营养需要、给药量等的基础。体重还与一些生理、生化、生物特性有关，在进行科学研究时也必须知道其体重。

牛的体重大，消化道容积大，采食、饮水、挤奶等对称重的结果影响很大，不同时间称重结果之间的变异也很大。一般规定，牛的称重必须在早晨饲喂、饮水前进行，如果是奶牛，则应在挤奶后进行；牛应安静地站立在地秤上，其姿势应保证牛的体重均匀分布在地秤上；每头牛必须连续称重两次，分别在连续两天的早晨进行。两天称重结果之间的差异不应超过其体重的3%，两天称重结果的平均值作为该牛的体重。

三、实验条件

(1)称量工具。要求牛能够在上面正常站立；最大称量范围能够满足所称牛体重的需要，一般为 1 000 kg；感量应为 0.5 kg 或以下。

(2)牛体尺测量工具。测杖，卷尺，圆形测定器。

(3)被测牛只。最少 2 头，如有条件，可分别有乳用型牛、肉用型牛和黄牛。

四、实验内容与方法

(1)准备。在实验的前一天准备好实验所用的器具(称量工具和体尺测量工具)，并进行校准；确定被测的牛只，了解被测牛只的基本情况，如经济类型、品种、年龄、膘情等；了解牛场的日常饲养管理规程，以确定具体的测定时间。

(2)测定。在测定日的晨饲及饮水前(挤奶后)用称重工具和体尺测量工具对被测牛只进行体重和体尺的测定。对体直长和体斜长的测定应分别用测杖和卷尺测量。为保证测定数据的准确性，每头牛最好测定两次。详细做好记录。

在测定日的第二天重复前一天的操作。计算连续两天测定结果之间的误差，如果超过3%，在第三天还应再测定一次，取两次比较接近的结果的平均值作为最终结果。

五、结果分析

根据被测牛只的品种和膘情等具体情况，选择适当的估测公式，用所测体尺数据计算被测牛的体重，并与实际称重结果相对比，计算估测误差，一般要求不超过 5%。

分别采用其他体重估测公式和不同测定方法(测杖和卷尺)所测体尺数据重新计算被测牛

的体重，并与实际称重结果相对比，计算估测误差，找出每头被测牛的最佳估测方法。

六、用体尺估测体重的注意事项

牛的体重测定，最好的方法是用地磅过秤，获得牛的实际重量。在没有称量设备的情况下，可通过测量牛的体尺用计算公式来估计牛的体重。牛体可被视为一个近似的圆柱体，利用计算圆柱体积的公式($\pi R^2 H$)可以近似计算出牛体的体积。体积乘以牛体的比重，即为牛的体重。

$$体重(kg)=胸围^2\times 体长\times 估测系数$$

$$估测系数=实际体重(kg)/(胸围^2\times 体长)$$

奶牛的系数为2，肉用牛系数为2.25，兼用牛为2.5。

不同类型牛的体型有很大不同，因而计算牛体重的公式不同，因而必须根据牛的品种类型选择合适的估算公式，结果才会准确。

体尺的测量必须准确无误，严格按要求操作，同时用体尺估算体重的准确性受牛营养状况的影响。一般来说，牛的营养情况良好，估测值可能比实际体重低(5%～10%)；如营养状况不好，估测值往往比实际值偏高。因此在应用时应根据牛的肥瘦程度增加一修正系数。

应用此方法得到的体重与实际体重可能会有一定的误差，此误差的大小与体尺测量的操作方法和所用的公式的正确与否有密切关系。由于牛的用途和品种不同，其外形结构有差异，因此，某一估重公式可能适合于甲品种，但不一定能适合于乙品种，甚至估测结果与实测活重相差很大，根本不能应用。一般估重与实重相差不超过5%的，即认为效果良好，如超过5%时则不能应用。由此可见，在实际工作中，不论采用哪个估重公式，都应事先进行校核，有时对公式中的常数(系数)，要做必要的修正，以求其准确。估测牛体重的常用公式如下：

(1)乳用牛或乳肉兼用牛估重公式：体重(kg)=胸围^2(m)×体直长(m)×87.5。

(2)肉用牛估重公式：体重(kg)=胸围^2(m)×体直长(m)×100。

(3)黄牛估重公式：体重(kg)=胸围^2(cm)×体斜长(cm)÷11 420。

(4)水牛估重公式：体重(kg)=胸围^2(m)×体斜长(m)×80+50。

以上这些体重估测公式在实际应用中，应根据当地牛的品种和地方特点与实测体重进行核对，予以修正，以求得比较适用的系数，才能提高估测计算的准确性。例如体重估测的公式是：

$$体重(kg)=胸围^2(cm)\times 体斜长(cm)\div 估测系数$$

$$估测系数=胸围^2(cm)\times 体斜长(cm)\div 实际体重(kg)$$

胸围指肩胛后角处体驱的垂直周径，用卷尺测量。体斜长指由肩端前端至坐骨结节后缘间的距离，用卷尺测量。体直长指肩甲前缘与坐骨结节间的水平距离，用测杖测量。

对于成年中国荷斯坦牛可以根据测定的体尺通过表9-2直接查出所估测的体重。

表9-2 成年奶牛体重估测表

胸围/cm	体斜长/cm														
	125	130	135	140	145	150	155	160	165	170	175	180	185	190	195
125	164														
130	180	187													
135	196	203	213												

续表 9-2

胸围/cm	体斜长/cm														
	125	130	135	140	145	150	155	160	165	170	175	180	185	190	195
140	216	223	231	241											
145	232	240	250	259	268										
150	247	256	266	277	286	296									
155	264	274	285	295	306	317	328								
160	282	290	301	313	324	334	347	356							
165		310	323	334	346	358	370	381	394						
170			342	355	368	380	393	404	417	431					
175				374	390	403	417	429	443	457	470				
180					414	428	443	452	471	486	500	515			
185						449	464	478	494	508	525	540	552		
190							492	506	522	538	555	572	585	602	
195								531	549	566	582	600	615	633	646
200									580	597	614	634	649	667	634
205										626	644	662	680	699	717
210											678	699	716	736	754
215												734	751	773	792
220													782	844	825
225														834	863
230															954

实验四 牛的年龄鉴定

一、实验目的

使学生了解牛年龄鉴定的意义，掌握牛年龄鉴定的方法。

牛的年龄是评定牛经济价值和种用价值的重要指标，也是采取不同饲养管理措施的依据。掌握牛群的年龄结构，是制订牛场的生产计划和发展规划的基础。在牛的买卖交易时，年龄是决定其价格的重要因素。

二、牛年龄鉴定的方法

牛年龄鉴定的方法很多，但其精确性、可靠性和所要求的条件及所应用的范围不同。根据产犊记录是确定牛年龄的最准确方法，在缺乏记录的情况下，可根据门齿的变化鉴别其年龄。此外，通过角轮的观察和外貌的表现也可大致看出其年龄。

1.根据记录资料了解牛的年龄

一般正规的奶牛场和种畜场，在牛出生时都进行测定和记录，并在牛身体上作明显的标记，通过识别出牛身上的标记，在相应的资料中查出牛的出生日期，确定牛的年龄。如在一些无记录资料的情况下，如牧区和农区的牛只，从外地调入、在市场上购买的牛，标记无法识别或记录丢失的牛等，就必须应用一些专门的技术加以鉴定。

2. 外貌鉴定法

不同年龄的牛在体型和外形特征上有明显的差异，据此可在一定程度上判断牛的老幼。

一般年老的牛比较清瘦，被毛粗硬，干燥无光泽，绒毛较少，皮肤粗硬无弹性，眼盂下陷，目光无神，举动迟缓，嘴粗糙，面部多皱纹，黑色牛眼角周围开始出现白毛，进而颈部、躯干部也出现，褐色、棕色、黄色牛躯体内侧、四肢及头部被毛变浅，体躯宽深。

壮年牛在同样的饲养管理条件下不像老牛那样容易掉膘，皮肤柔软，富于弹性，被毛细软而光泽，精力充沛，举动活泼。

幼年牛头短而宽，眼睛活泼有神，眼皮较薄，被毛光润，体躯浅窄，四肢较高，后躯高于前躯。嘴细，脸部干净。

此法只能判断出牛的老幼，无法确定其确切的年龄，只能作为鉴定年龄时的参考。

3. 角轮鉴定法

犊牛生后两个月即出现角，此时长度约 1 cm，以后直到 20 月龄为止，每个月大约生长 1 cm，因此，沿着角的外缘测量从角根到角尖的厘米数加 1，即为该牛的大致月龄。在 20 月龄以后，角的生长速度变慢，大约每月生长 0.25 cm，再根据角的长度判断牛的年龄就很难准确。但角的生长速度受品种、营养及个体遗传因素的影响，故此法并不完全可靠。

有角的成年母牛，在妊娠和泌乳期间由于营养不足，基部周围组织未能充分发育，表面陷落，在角的基部生长点处变细，形成一个环形的凹陷，称为角轮，如图 9-7，母牛一般年产一犊，故可根据角轮的数目判断牛的年龄，计算的方法是：

图 9-7　牛的角轮（邱怀，1992）

母牛年龄＝第一次产犊年龄＋(角轮数目－1)

但这种方法也不十分可靠，因为由于母牛流产、饲料不足、空怀、疾病等原因，角轮的深浅、宽窄都不一样。例如，母牛在中途流产，角轮比正常产犊时要窄得多(在 4～5 个月流产，角轮平均宽度为 0.5 cm，在妊娠足月的情况下，则为 1.2 cm)。母牛在不良的饲养条件下，则出现较浅的角轮，彼此汇合，不易辨别。如果空怀，则角轮间距极不规则，在最近妊娠期所形成的角轮距离上次妊娠期形成的角轮甚远。因此在鉴别时，不仅要用肉眼观察角轮的深浅和距离，用手触摸角轮的数目，还要根据角轮的具体情况判断牛的年龄。另外，母牛不一定保证每年产犊一次，有时会长于一年。

4. 牙齿鉴定法

牛最初生有乳齿，随着牛的生长发育，乳齿脱落，更换以永久齿，永久齿在采食咀嚼过程中不断磨损，根据乳齿与永久齿的更换、永久齿的磨损程度，可判断牛的年龄。此法虽不如记录材料方法准确，但比外貌法和角轮法要准确得多。

(1)牛牙齿的种类、数目、排列方式。根据牛牙齿出生的先后顺序，将其分为乳齿与永久齿(恒齿)。最先出生的是乳齿，随着年龄的增长，逐渐被永久齿代替。乳齿与永久齿的区别见表 9-3。

表 9-3 乳齿与永久齿的区别

项目	乳齿	永久齿
色泽	白色	乳黄色
齿颈	明显	不明显
齿根	插入齿槽较浅,附着不稳	插入齿槽较深,附着很稳定
大小	小而薄,有齿间隙	大而厚,无齿间隙
生长部位	齿根插入齿槽较浅	齿根插入齿槽较深
排列情况	排列不够整齐,齿间空隙大	排列整齐,紧密而无空隙

牛无上门齿和犬齿,上门齿的位置被角质化的切齿板(齿垫)代替,下门齿共 4 对计 8 枚,最中间的一对叫钳齿,也叫第一对门齿。由钳齿向两侧依次为内中间齿、外中间齿和隅齿,又分别叫第二对门齿、第三对门齿和第四对门齿。

臼齿分前臼齿和后臼齿,每侧各有 3 对,共 24 枚,所以永久齿的齿数为 32 枚;乳齿没有后臼齿,其他牙齿的数目和永久齿一样,故乳齿的数目是 20 枚,永久齿和乳齿的齿式如表 9-4 所示。

表 9-4 牛的齿式

名称		后臼齿	前臼齿	犬齿	门齿	犬齿	前臼齿	后臼齿	合计
永久齿	上颌	3	3	0	0	0	3	3	12
	下颌	3	3	0	8	0	3	3	20
乳齿	上颌	0	3	0	0	0	3	0	6
	下颌	0	3	0	8	0	3	0	14

(2)牛门齿的构造。从外形上门齿可分为齿冠、齿颈和齿根 3 部分(图 9-8)。齿冠是齿上面露出的部分,齿根是埋植于齿槽内的部分,齿颈是位于齿冠和齿根中间的收缩部分。

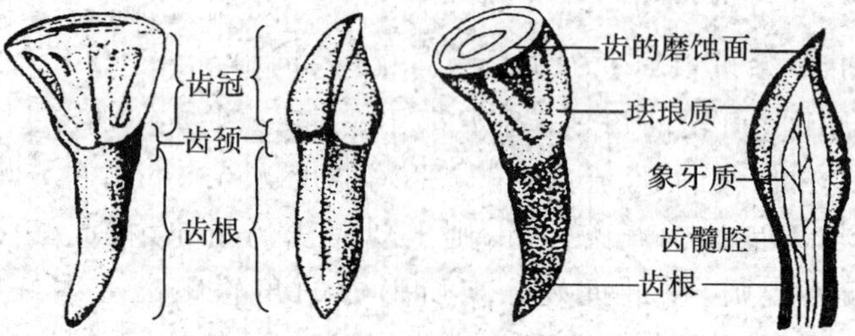

图 9-8 牛门齿的构造(昝林森,1999)

牙齿由象牙质、珐琅质、白垩质和齿髓构成。齿冠的象牙质外面覆以珐琅质,又称釉质,色青白而清晰光滑,是牙齿最坚固的部分,起保护牙齿的作用。齿颈下部的象牙质外面覆以白垩质,其作用为使牙齿固定而密着于齿槽内,呈黄色。其余裸露于齿颈与齿冠部分的为白垩质,有的由于食物的腐蚀作用而呈褐黑色。

齿冠的最上部和切齿板相接触的面为咀嚼面,牛在采食过程中会使牙齿磨损,当磨损到一定程度时,在咀嚼面上可看到象牙质中间有一颜色较浅的线,这就是齿线。随着牙齿不断磨损,齿线由长变短,由窄变宽,成为矩形、椭圆形或圆形,这就是齿星。齿线和齿星都是年龄鉴别的重要标志。

(3)鉴定方法。

①鉴定原理。一般犊牛在出生前就有中央的一对乳钳齿,有时是三对。生后5～6 d或半个月左右生出最后一对乳隅齿,3～4月龄时乳隅齿发育完全,全部乳门齿都已长齐,而呈半圆形。从4～5月龄开始,乳门齿齿面开始磨损,磨损的次序是由中央到两侧,即最初是乳钳齿被磨损,以后是内中间齿和外中间齿,最后是乳隅齿。磨损到一定程度时,乳门齿开始脱落,换生永久齿。更换的顺序也是从钳齿开始,最后是隅齿。当各齿都更换齐全时,又逐渐磨损,最后脱落。所以由门齿的更换和磨损就可以较准确地判断牛的年龄。前臼齿虽然也更换,但由于观察臼齿比较困难,故在判断牛的年龄时一般都不参考臼齿的变化。

②黄牛牙齿变化与年龄之间的关系。牛门齿的变化情况依牛的类型(乳、肉、役用)而不同,由于奶牛一般都有记录资料,我国目前没有纯种肉牛,故年龄鉴定无太大意义,现就役用黄牛为例说明牙齿的变化与年龄之间的关系,见表9-5。

表9-5 黄牛牙齿的变化与年龄之间的关系

年龄	牙齿的变化	年龄	牙齿的变化
出生	具有1～3对乳门齿	3～4岁	永久内中间齿生出
0.5～1月龄	乳隅齿生出	4～5岁	永久外中间齿生出
1～3月龄	乳切齿磨损不明显	5～6岁	永久隅齿生出
3～4月龄	乳钳齿与内中间齿前缘磨损	7岁	门齿齿面齐平,中间齿出现齿线
5～6月龄	乳外中间齿前缘磨损	8岁	全部门齿都出现齿线
6～9月龄	乳隅齿前缘磨损	9岁	钳齿中部呈珠形圆点
10～12月龄	乳切齿磨面扩大	10岁	内中间齿中部呈珠形圆点
13～18月龄	乳钳齿与内中间齿齿冠磨平	11岁	外中间齿中部呈珠形圆点
18～24月龄	乳外中间齿齿冠磨平	12～13岁	全部门齿中部呈珠形圆点
2.5～3岁	永久钳齿生出		

13岁以后,门齿继续磨损,齿冠逐渐变短,进而齿磨面间出现间隙,越来越大,并有松动脱落现象,此时已很难根据牙齿准确判断年龄了。

奶牛和纯种肉牛的年龄鉴别,一般为黄牛的年龄减一。

③活体鉴定牛年龄的方法。首先观察牛的外貌,对牛的年龄有一大概印象,是老牛、壮年牛、还是青年牛?站在被鉴定牛的头部左侧附近,用徒手法或鼻钳法捉住牛鼻,右手捏住牛鼻中隔最薄处,顺势抬起牛头,使其呈水平状态,随后迅速以左手插入牛的左侧口角,通过无齿区,将牛舌抓住,顺手一扭,用拇指尖顶住牛的上颚,其余四指握住牛舌,并拉向左口角外边,然后检查牛门齿更换及磨损情况,按标准进行判定。

(4)牛牙齿出生、更换、磨损的影响因素。牛牙齿的更换与磨损是受许多因素影响的。因此,在由此判断年龄时就不一定十分准确,更不能生搬硬套,而要根据具体情况灵活掌握。影响牛牙齿出生、更换、磨损的因素主要有:

①品种。早熟品种牛牙齿出生得早,更换得也早,磨损得也快。

②牙齿的坚硬程度。坚硬的牙齿较难磨损,如有一种称为“麦子牙”的牙齿,只有正常牙齿的一半大小,白而光滑,排列紧密,十分耐磨。

③饲料的性质。经常采食粗糙低劣的饲料，牙齿的磨损就较快。

④营养与管理。牛营养条件的好坏，尤为与牙齿有关的钙、磷营养及镁、锰、氟等微量元素的平衡与否，对牙齿的状况有很大的影响。对牛管理和利用的好坏也对牙齿具有影响。

三、实验内容与方法

(1)在实验室条件下，采用牛的牙齿标本或视频材料学习本实验的主要内容，使学生对牛的年龄鉴定有一感性认识，见图 9-9。

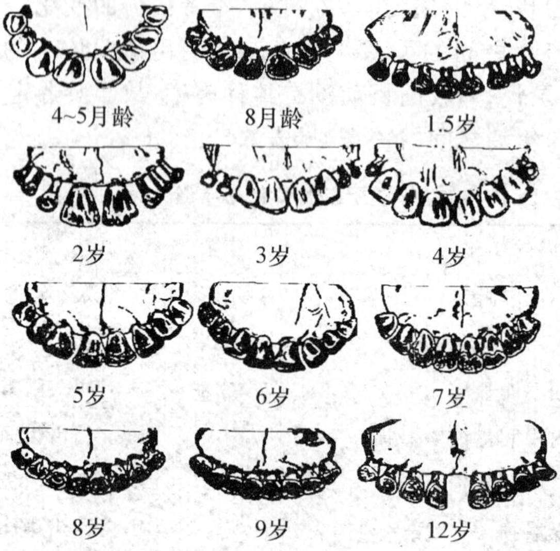

图 9-9 牙齿鉴定牛的年龄(陈幼春，1999；冀一伦，2001)

(2)到奶牛场实践本实验的主要内容。

认识不同年龄段奶牛在外貌特点上的区别，并通过外貌鉴定牛的大致年龄。

在活体上认识牛的角轮，并通过角轮鉴定牛的大致年龄。

在活体上通过牙齿鉴定牛的年龄。

通过牛的标识确认牛的身份，由此查找牛的记录资料，得到牛的确切年龄，并与其他方法鉴定的年龄相比较。

实验五 奶牛的外貌鉴定评分——传统评分法(附其他类型牛的外貌鉴定评分)

一、实验目的

使学生了解和掌握传统评分法对奶牛进行外貌鉴定评分的原理、内容及方法。

奶牛的外貌是其器官和系统的外部表现，在一定程度上反映其品种特征、生产性能和对环境的适应性。通过外貌鉴定评分，了解奶牛的品种特征是否明显，各器官系统的发育是否充分、协调，体质是否健壮，潜在的生产性能等情况，进而评定其种用价值和经济价值。因而，奶牛的外貌鉴定评分是奶牛育种资料中的常规项目，是奶牛买卖交易时确定价格的重要参考内容。

二、传统评分法外貌鉴定评分的原理

根据品种要求将与生产性能相关且最能反映体质与品种特征的外貌分成几个大项，根据其相对重要性、选种方向及遗传力的大小，对每一大项给一满分的限度，各组满分限度相加为100分。在每一大项内又分为几个具体细目，每一细目给出理想型及其满分分数。鉴定时按细目进行评定，根据细目的实际情况与理想型的差距打分，然后按大项汇总，根据所得总分对牛分级。

三、中国荷斯坦牛外貌鉴定评分标准

中国荷斯坦牛外貌鉴定评分的国家标准已于1983年5月1日由国家标准局正式颁布实施。中国荷斯坦牛的外貌鉴定评分应严格按照该标准进行。该标准规定，中国荷斯坦牛依外貌优劣程度划分为四等，即特等、一等、二等和三等，各等给分标准见表9-8。

母牛的外貌鉴定评分包括一般外貌和乳用特征、体躯、泌乳系统和肢蹄四个大项共16个细目，各细目的满分要求及分数见表9-6。

表9-6　中国荷斯坦母牛外貌鉴定评分表

项目	细目与评满分要求	标准分
一般外貌与乳用特征	1.头、颈、鬐甲、后大腿等部位棱角和轮廓明显	15
	2.皮肤薄而有弹性，毛细而有光泽	5
	3.体高大而结实，各部结构匀称，结合良好	5
	4.毛色黑(红)白花，界线分明	5
	小计	30
体躯	5.长、宽、深	5
	6.肋骨间距宽，长而开张	5
	7.背腰平直	5
	8.腹大而不下垂	5
	9.尻长、平、宽	5
	小计	25
泌乳系统	10.乳房形状好，向前后延伸，附着紧凑	12
	11.乳房质地：乳腺发达，柔软而有弹性	6
	12.乳区：前乳区中等大，四个乳区匀称，后乳区高、宽而圆，乳镜宽	6
	13.乳头：大小适中，垂直呈柱形，间距匀称	3
	14.乳静脉弯曲而明显，乳井大，乳房静脉明显	3
	小计	30
肢蹄	15.前肢：结实，肢势良好，关节明显，蹄质坚实，蹄底呈圆形	5
	16.后肢：结实，肢势良好，左右两肋间宽，系部有力，蹄形正，蹄质坚，蹄底呈圆形	10
	小计	15
总计		100

公牛的外貌鉴定评分包括一般外貌、体躯、乳用特征和肢蹄四个大项共16个细目，各细目

的满分要求及分数见表9-7。

表9-7 中国荷斯坦公牛外貌鉴定评分表

项目	细目与评分标准	标准分
一般外貌	1.毛色黑(红)白花,体格高大	7
	2.有雄相,肩峰中等,前躯较发达	8
	3.各部位结合良好而匀称	7
	4.背腰,平直而结实,腰宽而平	5
	5.尾长而细,尾根与背线呈水平	3
	小计	30
体躯	6.中躯:长、宽、深	10
	7.胸部:胸围大,宽而深	5
	8.腹部紧凑,大小适中	5
	9.后躯:尻部长、平、宽	10
	小计	30
乳用特征	10.头、体型、后大腿的棱角明显,皮下脂肪少	6
	11.颈长适中,垂皮少,鬐甲呈楔形,肋骨扁长	4
	12.皮肤薄而有弹性,毛细而有光泽	3
	13.乳头呈柱形,排列距离大,呈方形	4
	14.睾丸:大而左右对称	3
	小计	20
肢蹄	15.前肢:肢势良好,结实有力,左右两肢间距宽,蹄形正,质坚实,系部有力	10
	16.后肢:肢势良好,结实有力,左右两肢间距宽,飞节轮廓明显,系部有力,蹄形正,蹄质结实	10
	小计	20
总计		100

该标准还规定,母牛的鉴定时间为第1胎、第3胎、第5胎的第二个泌乳月各一次;公牛的鉴定时间为12月龄和16月龄各一次。

四、外貌鉴定评分的方法与步骤

(1)准备被鉴定牛的基本资料,包括牛号、年龄、胎次、产犊日期、产奶量、怀孕与否等,以备鉴定时参考。同时准备好鉴定表格。

(2)鉴定一般在奶牛场的运动场进行,要求地面平坦宽敞,光线充足。

(3)外貌鉴定评分一般数人一组,逐头进行鉴定;将一头被鉴定的牛小心驱赶到鉴定场地中央,自然站立,可以活动。鉴定小组成员在牛的周围形成一个松散圆圈,这样既有利于鉴定成员从各个角度观察牛外貌,又可防止在鉴定过程中被鉴定的牛跑掉或运动场上其他牛产生干扰。

(4)鉴定人员首先站在距被鉴定牛10~15 m的地方,对牛的整体进行观察(包括静止和随意运动状态),以便对该牛有一个大致的印象,从整体上看该牛大体上是属于哪一层次的牛。根据外貌鉴定评分表的内容,分项按细目逐一进行鉴定。根据鉴定细目的要求可调整鉴定人员与牛之间的距离,甚至可以走近牛体,对牛体进行触摸;也可根据鉴定要求,调整牛的站立姿势和使牛做必要的运动,其目的是全面客观地了解被鉴定牛每一个鉴定细目的详细情况,作出正确判断。根据被鉴定牛各鉴定细目的实际情况与鉴定评分表中的理想型要求之差距和评分标准,给出每一细目的鉴定分数,记录于相应的表格内。

(5)鉴定完每一个细目后,将各细目的得分按项目汇总,得到总分。根据总分按外貌鉴定评分等级标准确定牛的等级。将得到的各大项得分和总分及所确定的等级与最初的大体印象比较,看二者是否相一致。然后再对所鉴定的细目作一次复核,看是否有差错,特别是当鉴定结果与最初的印象距离较大时,复核更应仔细,尤为对那些得分偏高和偏低的项目更应如此。如有必要,可对初步鉴定结果进行调整,得出最终结果。

(6)鉴定小组有组长、副组长各一名。鉴定由组长主持。在鉴定过程中,每一细目的给分均应使全组人员知晓,组员可随时发表自已的意见,可以争论。但当意见不能统一时,由组长决断。

五、实验内容

本实验应在奶牛场进行,指导教师示范鉴定 2～3 头牛。对于每一细目的鉴定结果详细说明其理由。

5 人分为一组,每组至少鉴定 5 头母牛,每人作一次组长,严格按照鉴定程序进行鉴定,并做好记录,填写好鉴定表格。

指导教师对部分学生有代表性的鉴定结果进行讲评。

六、外貌鉴定等级标准

根据外貌评分结果,按表 9-8 评定等级。对于乳用幼牛,由于泌乳系统尚未发育完全,可只对其他 3 部分作重点鉴定。

表 9-8　外貌鉴定等级标准

性别	特等	一等	二等	三等
公	85	80	75	70
母	80	75	70	65

注:对公、母牛进行外貌鉴定时,若乳房、四肢和体躯中一项有明显生理缺陷者,不能评为特级;两项时不能评为一级;三项时不能评为二级。

附:其他类型牛的外貌鉴定评分

1. 肉牛的外貌鉴定评分

我国肉牛繁育协作组制订的纯种肉牛外貌评定标准见表 9-9,对纯种肉牛的改良牛,可参照此标准执行。肉牛外貌等级评定参照表 9-10。

表 9-9　肉牛外貌鉴定评分表

部位	鉴定要求	评分	
		公	母
整体结构	品种特征明显,结构匀称,体质结实,肉用体型明显,肌肉丰满,皮肤柔软有弹性	25	25
前躯	胸深宽,前胸突出,肩胛平宽,肌肉丰满	15	15
中躯	公牛腹部不下垂	15	20
后躯	尻部长、平、宽,大腿肌肉突出伸延,母牛乳房发育良好	25	25
肢蹄	肢蹄端正,两肢间距宽,蹄形正,蹄质坚实,运步正常	20	15
合计		100	100

注:上表适用于海福特、夏洛来、利木赞等纯种肉牛。

表 9-10　肉牛外貌等级评定表

性别	特等	一等	二等	三等
公	85	80	75	70
母	80	75	70	65

注:上表适用于海福特、夏洛来、利木赞等纯种肉牛。

2. 黄牛的外貌鉴定评分

中国良种黄牛育种委员会制订的良种黄牛外貌鉴定评分表见表 9-11。评分后按表 9-12 评定外貌等级。

表 9-11　我国良种黄牛外貌鉴定评分表

项目	给满分标准	满分评分	
		公	母
品种特征及整体结构	根据品种特征,要求该品种全身被毛、眼圈、鼻镜、蹄趾等的颜色、角的形状、长短和色泽 体质结实、结构匀称、体躯宽深,发育良好,皮肤粗厚,毛细短、光亮、头型良好,公牛有雄相,母牛俊秀	30	30
躯干	前躯:公牛鬐甲高而宽,母牛较低但宽。胸部宽深,肋弯曲扩张,肩长而斜	20	15
	中躯:背腰平直宽广,长短适中,接合良好,公牛腹部呈圆筒形,母牛腹大不下垂	15	15
	后躯:尻宽长不过斜,肌肉丰满,公牛睾丸两侧对称,大小适中,副睾发育良好,母牛乳房呈球形,发育尚好,乳头较长,排列整齐	15	20
四肢	健壮结实,肢势良好,蹄大、圆、坚实、蹄缝紧,动作灵活有力,行走时后蹄能赶过前蹄	20	20
合计		100	100

表 9-12　黄牛外貌等级评定表

性别	特等	一等	二等	三等
公	85 以上	80	75	70
母	80 以上	75	70	65

注:(1)凡品种特征不符合上表规定者,不予鉴定,但基本符合品种特征要求,而与标准尚有一定差距者,可根据表现程度在“品种特征及整体结构”中适当扣分。

(2)在评分时,为了便于掌握,每一大项可先按三级初步定出最低分数,如“品种特征及整体结构”,公牛三级为 21 分(70×80%),然后根据该项外貌表现程度,适当增减分数。其他各项均可按此法进行评分。

(3)凡具有狭胸、靠膝、交突、跛行、凹背、凹腰、尖尻、立系、卧系等缺陷而表现严重者,在母牛只能评为二级以下(包括二级),公牛只能评为三级以下(包括三级)。

3. 水牛的外貌鉴定评分

全国水牛改良及育种协作组制订的水牛外貌鉴定评分表见表 9-13。评分后对水牛外貌等级进行评定按表 9-14 进行。

表 9-13　水牛外貌鉴定评分表

项目	给满分标准	满分评分	
		公	母
整体结构	头型良好,体质结实,前躯高于后躯,结构匀称,体躯宽深,发育良好,毛色、体态、头型和角形等具有品种特征	30	30

续表 9-13

项目	给满分标准	满分评分	
		公	母
体躯	公牛鬐甲高而宽，母牛较低，肩长而斜，胸部宽深，肋骨长，弯曲良好，背腰宽广平直，长短适中 腹部公牛充实似圆筒，母牛大而不垂 尻部肌肉发达，长宽而略斜 公牛睾丸大小适中而对称，发育良好，母牛乳房呈球形，发育良好，乳头长短适中，排列对称	50	50
四肢	肢势良好，壮健有力，行走时后蹄超前蹄，动作灵活稳健，蹄形正，质地坚实	20	20
合计		100	100

注：母牛后躯应比公牛标准多 5 分，而公牛前躯要比母牛多 5 分，体躯总分不变。

表 9-14　水牛外貌等级评定表

性别	特等	一等	二等	三等
公	85 以上	80	75	70
母	80 以上	75	70	65

实验六　奶牛体况评分

一、实验目的

使学生掌握奶牛体况评分方法，了解评分在生产中的意义。

二、奶牛体况评分原理

奶牛体况评分是检查奶牛膘情的简单方法，是评价奶牛饲养管理是否合理，并作为调整饲料、加强饲养管理的依据，是保证牛只健康、增重和增加产奶量的有力措施之一，一般每月评分一次，评分的通用方法是 5 分制，奶牛体况评分主要依据目测和触摸牛的背、腰角、尻和尾根等部位体脂情况，结合被毛光亮程度、腹部凹陷深度等进行评定（图 9-10）。

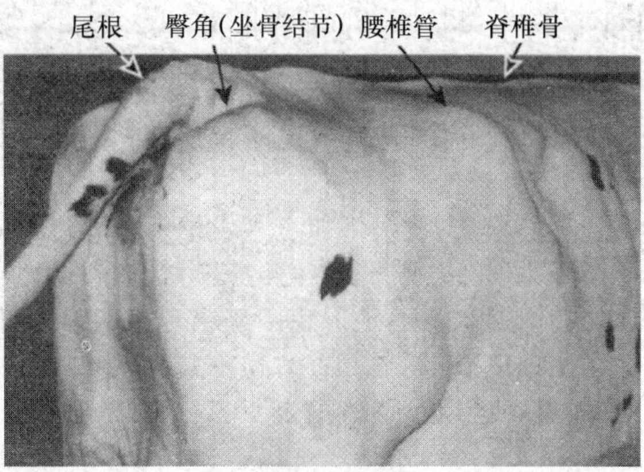

图 9-10　奶牛体况评分的主要部位

三、评分方法

根据奶牛体况进行分级 5 分制评分，即 5 分—过肥；4 分—肥；3 分—良好；2 分—中等；1 分—差；0 分—很差，具体评分方法如下及见图 9-11，也可参考第 6 章 6.3.2 节。

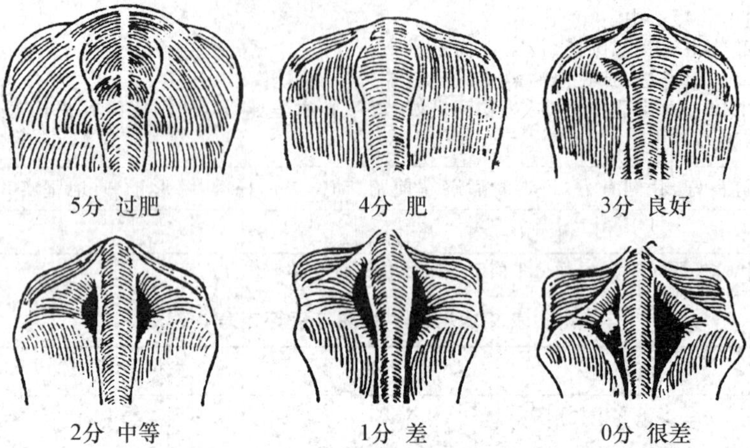

图 9-11 奶牛体况评分的评分方法

5 分　过肥，尾根被脂肪组织掩没，用力压下，触摸不到髋骨和坐骨结节，腰角、臀角不明显，腰、臀之间呈圆形。

4 分　肥，皮下有小片起伏的软脂肪组织，用力压下，可触摸髋骨和坐骨结节，但横向触摸不到腰椎，腰角部位平坦，尾根周围与臀角之间的部位呈圆形。

3 分　良好，可触摸到所有骨骼，骨骼均有脂肪组织均匀包复，腰部较平滑，腰角和臀角圆而平滑，尾根与臀角间的区域微下陷或略平滑。

2 分　中等，所有骨骼容易触摸到，尾根周围肌肉凹下，有一些脂肪组织，尾根与臀角间呈“U”字形的窝。

1 分　差，肌肉、尾根及腰椎收缩凹陷，触摸不到脂肪组织，尾根下部与臀角间呈“V”字形的窝，但皮肤仍柔软，并可自由活动。

0 分　很差，消瘦、皮薄、发紧、皮和骨之间触摸不到皮下组织。

四、奶牛体况评分评价

一般认为奶牛产犊时平均体况评分应为 3～3.5 级，体况差产奶量将会减少。奶牛临产时体况评分超过 3～3.5 级易患酮血/脂肪肝综合征，不仅损害了高峰产奶能力，而且容易发生胎衣不下，卵巢囊肿(繁殖力降低)。

奶牛体况评分低于 1 分时，只有少数奶牛能进入发情期，而且受胎率只有 50%；产奶量也同样受到影响。奶牛体况评分为 2 分(或低于 2 分)，是对管理人员亮出红色警号，管理人员要检查是否由于营养或慢性疾病引起膘情不足。我国奶牛理想的体况评分标准借鉴国外标准，后备牛的体况评分要求是，6～13 月龄，2.5～3.0；14～17 月龄(配种时)，2.5～3.25；23～26 月龄(分娩时)3.0～3.75。成母牛各期参考值见表 6-11。

五、实验内容

本实验应在奶牛场进行，准备工作同传统外貌鉴定，指导教师示范评定 3～4 头牛。对每一部位体况逐一说明并评分。

记录体况评分的结果和文字描述，指导教师对部分学生有代表性的鉴定结果进行讲评。

实验七　奶牛体型线性评定

一、实验的目

使学生了解奶牛体型线性评定基本原理，掌握奶牛体型线性评定基本方法。

二、奶牛体型线性评定的原理

奶牛体型线性鉴定自1982年正式公布应用以来，很快得到了多数国家的承认、推广和发展。中国奶牛协会结合我国实际于2002年讨论研究确定在全国推广使用中国荷斯坦牛体型线性鉴定9分制评分法。

体型线性评定是根据生物学特点，按线性尺度从一个生物学极端向另一个生物学极端来鉴定乳牛体型外貌性状，9分制是把性状表现的生物学两极端范围看作一个线段，把该线段分为1～3分、4～6分、7～9分3个部分。两个极端和中间三个区域观察该性状所表现的状态在3个区域内哪个区域，再看其属于该区域中哪一个档次而确定其评分分数。

中国奶牛协会规定，凡参加牛只登记、生产记录监测及公牛后裔测定的牛场所饲养的全部成年母牛，必须在第1胎，第2胎，第3胎和第4胎分娩后第60～150天内，在挤奶前进行体型鉴定，用最好胎次成绩代表该个体水平。

(一)鉴定部位及性状描述

鉴定部位为：①体躯结构/容量；②尻部；③肢蹄；④乳房；⑤乳用特征。

1.体躯结构/容量

(1)体高。是牛体骨骼结构的综合表现。体高是基于地面到牛体十字部的相对高度。体高130 cm为极低个体，评1分；140 cm属中等，评5分；150 cm为极高个体，评9分。

(2)前段。观察部位为鬐甲部与十字部之相对高度差。鬐甲部高于或低于十字部的变化范围为10 cm。鬐甲部低于十字部5 cm为极低，高于十字部5 cm为极高，评9分。从生物学角度看，鬐甲与十字部的比高过大，对肺、心脏、生殖系统、后肢均为不利。理想前段是鬐甲部比十字部高3 cm，评7分。

(3)体躯大小(体重)。体躯大小主要根据体重进行评分。体重可根据胸围大小进行估计。1胎母牛胸围173 cm，估重为410 kg，为极小个体，评1分；胸围188 cm，估重500 kg，为中等，评5分；胸围200 cm，估重590 kg，为极大个体，评9分。

(4)胸宽。观察是否高产及持久力的强弱。胸宽肋骨开张，表示肺活量大，心力强、代谢强、健康。胸宽37 cm以上为极宽，评9分；胸宽25 cm为中等，评5分；胸宽13 cm为极窄，评1分。

(5)体深。大容积体躯，表示具有庞大的瘤胃和消化系统，采食能力强，也利于胎儿发育。但不可过深或腹下垂。其评分是以体躯最后一根肋骨处、腹下沿的深度为评分基准。如腹下沿很深，呈下垂状，评9分；腹下沿比较深，不下垂，评7分，为理想体深；中等评5分；腹深很浅，评1分。

(6)腰强度。观察腰部结实程度、臀部的荐椎至腰部第1腰椎之间的连接强度和腰部短肋的发育状态。腰部的腰椎骨微有隆起,其短骨发育长者,为极强个体,评9分;腰部下凹,其短骨发育短而细,为极弱个体,评1分;中等评5分。

凡有以下性状者为缺陷性状:①面部歪;②头部不理想;③双肩峰;④背腰不平;⑤不匀称;⑥肋骨不开张;⑦凹腰;⑧胸窄;⑨体弱。

2.尻部

它是乳房的“根部”,为乳房提供“支持”。尻部与乳牛生殖系统紧密连接,直接影响乳牛的产犊难易和繁殖效率。

(1)尻角度。指腰角到臀部的坐骨结节端的倾斜角度。根据坐骨结节端高于或低于腰角进行评分。腰角高于坐骨结节端8 cm,尻角度为极斜,评9分;腰角高于坐骨结节端4 cm,为理想角度,评5分;腰角低于坐骨结节端5 cm,为极逆斜,评1分。

(2)尻宽。尻的宽窄与产犊难易、后乳房发育均有直接关系。评分是以臀端的两坐骨结节的宽度为依据。两坐骨结节间宽10 cm,为极窄,评1分;每增加2 cm,加1分,18 cm为中等,评5分;26 cm为极宽,评9分。

凡有以下性状者,为缺陷性状:①肛门向前;②尾根凹;③尾根高;④尾根向前;⑤尾歪;⑥髋关节过后。

3.肢蹄

(1)蹄角度。指后蹄外侧蹄壁与地面所形成夹角的陡峭程度。夹角小的牛,蹄冠薄使蹄壁变得长而平展,蹄子易于损伤,引起蹄变形和蹄病,并影响运动采食和产乳性能。评分方法是把蹄壁上沿的蹄线做一条延伸线,看其达到乳牛前肢的部位进行评分。如延伸线达到前肢肘部,即表示蹄角度很小(15°角),评1分;达到前肢膝关节处为中等(45°角),评5分;达到前膝关节下,管骨中段下,蹄角度大(75°角),评9分。

(2)蹄踵深度。指后蹄踵上沿与地面间的相对高度。蹄踵深度极浅,蹄后部易受伤、发生蹄感染和炎症。评分方法是蹄踵深度0.5 cm,为极浅,评1分,每增加0.5 cm,增加1分;蹄踵深度2.5 cm为中等,评5分;蹄踵深度4.5 cm,为极深,评9分。

(3)骨质地。指后肢骨骼的细致程度与结实程度。后肢骨骼粗圆疏松,评低分,1分;后肢骨骼宽、扁平、细致,评高分,9分;中等评5分。

(4)后肢侧视。指后肢飞节处的弯曲程度。腿越直,弯曲度越小,评分越低。呈165°角,为极直,评1分;弯曲大,飞节角度小于145°,为曲飞,飞节呈125°角,为极曲,评9分;中等程度评5分,其飞节呈145°角。

(5)后肢后视。指后肢站立姿势及两飞节间的距离和弯曲状况。两飞节间距离宽,两后肢呈平行状态站立,两后裆间空间大,最理想,评9分;两飞节内向,后肢呈X状,后裆狭窄,最不理想,评最低分,1分;中等状态评5分。

凡具有以下性状者为缺陷性状:①卧系;②后肢抖;③飞节粗大;④蹄叉张开;⑤后肢前踏或后踏;⑥过于纤细;⑦前蹄外向。

4.乳房

(1)泌乳系统。包括乳房深度、乳房质地和中央悬韧带。

乳房深度:以乳房底部到飞节的距离进行评定。乳房过浅,乳房容积小,泌乳量低;乳房过深,容积大,易受伤或感染。一胎乳牛乳房底部距飞节12 cm,评5分,最理想;距飞节18 cm,

极浅，容积小，评 8～9 分。三胎以上乳牛乳房底部距飞节 5 cm，最理想，评 5 分；距飞节 12 cm，很浅，评 8 分；与飞节平，评 4 分，低于飞节较深或极深评低分。

乳房质地：观察和触摸乳牛乳房腺体组织和结缔组织构成进行评分。乳房皮薄、手触乳房富有弹性，挤乳前后收缩明显，评最高分，9 分；半腺体组织乳房为中等，评 5 分；结缔组织乳房（肉乳房）不理想，评 1 分。

中央悬韧带：中央悬韧带也称乳房中隔。它与乳房深度，乳头的正常分布和减少乳房受伤机会均有密切关系。中央悬韧带极强的个体很明显地把乳房分为四个乳区。乳中沟很深，达 5～6 cm，把乳房分为左右两部者，可评分 8～9 分；中等状态，乳中沟成钝角，深 3 cm，乳房后部乳沟不太明显，评 5 分；乳房底部呈圆形，乳中沟不明显，后乳房天乳沟为极弱个体，评 1 分。

凡具有以下性状者为缺陷形状：①乳房前吊；②乳房后吊；③乳房形状差。

(2)前乳房。包括前乳房附着、前乳头位置和前乳头长度。

前乳房附着：它决定前乳房的悬重能力和可能引起的损伤，直接与前乳房的泌乳量和健康相联系。评分方法是从侧面观察，触摸，手很难深入乳房基部，附着极强个体可评最高分 9 分；手摸几乎无阻力，很容易伸入腹壁与前乳房基部之间者，为极弱，评最低分，1 分，中等评 5 分。

前乳头位置：以乳头基部的附着位置进行评分。如附着在乳区内侧，为极内，评 9 分；附着在乳区最外侧，为极外，评 1 分；附着在乳区中间，评 5 分；理想位置是附着在中间微偏内点，评 6 分。

前乳头长度：乳头过长或过短都不理想。长度为 5 cm，手工和机器挤乳都较适宜，评 5 分；10 cm 为极长，评 9 分；2.5 cm 为极短，评 1 分。

凡具有以下性状者为缺陷性状：①膨大；②前乳房肥赘；③左右不均衡；④短；⑤乳头不垂直；⑥有副乳头；⑦有瞎乳区；⑧乳头形状差。

(3)后乳房。包括后附着高度、宽度和乳头位置。

后附着高度：以后乳房腺体组织的最上缘与阴门基部间的距离进行评分。乳腺上沿距阴门基部的距离越近越好，距阴门基部的距离≤16 cm，评最高分 9 分；距 24 cm 为中等，评 5 分；距离≥32 cm，评 1 分。

后附着宽度：观察后乳房腺体组织上缘在乳牛后裆间的附着宽度，附着宽度≥23 cm 为极宽，评 9 分；宽度 15 cm 为中等，评 5 分；宽度≤7 cm 为极窄，评 1 分。

后乳头位置：评分方法与前乳头位置基本一致，最佳评分为 5 分。

凡具有以下性状者为缺陷性状：①后乳房左右不匀称；②后乳房短；③后乳头不垂直；④后乳头位置向后；⑤后乳头上有副乳头；③瞎乳头。

5. 乳用特征

棱角性：棱角性与产奶量的相关系数高达 0.6，是乳牛泌乳能力的一个指示性性状。主要观察乳牛整体乳用特点是否明显，三个“楔形”是否明显，骨骼轮廓是否明显、清秀、结实，肋骨的开张程度及其间距的大小，牛尾的粗细，股部大腿肌肉丰满和凹凸程度，以及颈长。鬐甲棘突的高低，皮肤的厚薄等。三个“楔形”极明显，整体匀称，评最高分 9 分；中等评 5 分，极差的个体评 1 分。

如两肋骨间小于 1 指宽（约 2 cm）为肋间近，是一缺陷性状。

(二)线性评分转换功能表

线性评分转换功能见表9-15。

表9-15 线性评分转换功能表

性状＼评分	性状描述								
	9	8	7	6	5	4	3	2	1
1.体高/cm 30月龄以下	≥150	147	145	142	140	137	135	132	≤130
30月龄以上	≥152	150	147	145	142	140	137	135	≤132
功能分	95	100	95	90	85	75	70	64	57
2.前段/cm	极高		高		平		低		极低
	后低5		后低3				前低3		前低5
功能分	85	90	100	90	80	76	68	64	56
3.体躯大小/(kg/cm)									
一胎体重/胸围	590/200	566/197	544/194	522/191	500/188	478/184	451/181	434/178	410/173
三胎体重/胸围	635/206	612/203	590/200	576/197	544/194	522/191	500/188	470/184	454/181
功能分	100	95	90	85	80	75	65	60	55
4.胸宽/cm	极宽		宽		中等		窄		极窄
	37		31		25		19		13
功能分	95	90	85	80	75	70	65	60	55
5.体深	极深(腹下垂)		深		中等		浅		极浅
功能分	85	90	95	90	80	75	68	64	56
6.腰强度	极强		强		中等		弱		极弱
功能分	95	90	85	80	75	70	65	60	55
7.尻角度/cm	+8 腰角高	+7	+6	+5	+4	0	−1	−3	−5
功能分	65	70	75	80	90	80	70	62	55
8.尻宽/cm	26	24	22	20	18	16	14	12	10
功能分	95	90	82	79	75	70	65	60	55
9.蹄角度	75°	70°	65°	55°	45°	40°	35°	25°	15°
	到前肢膝关节以下				到前肢膝关节				蹄上沿延伸线到前肢肘部
功能分	85	95	100	90	81	76	70	64	56
10.蹄踵深度/cm	4.5		3.5		2.5		1.5		
功能分	100	95	90	85	80	75	69	64	57

续表 9-15

评分 性状	性状描述								
	9	8	7	6	5	4	3	2	1
11. 骨质地	极宽扁平细致		宽扁平细致		中等		粗圆疏松		极粗圆疏松
功能分	100	95	90	85	80	75	69	64	57
12. 后肢侧视	125°		135°		145°		155°		165°
	极曲飞节		较曲飞节				较直飞节		直飞节
功能分	55	65	75	80	95	80	75	65	55
13. 后肢后视	飞节间宽后肢平行				中等				飞节内向后肢X状
功能分	100	90	85	81	78	74	69	64	57
14. 乳房深度									
一胎/cm	极高飞节上20	飞节上18	高飞节上16	飞节上14	适中飞节上12	飞节上8	低飞节上6	飞节上3	极低飞节平
三胎/cm	飞节上15	飞节上12	飞节上9	飞节上7	飞节上5	飞节平	飞节上2	飞节上4	低于飞节6
功能分	55	65	75	85	95	85	75	65	55
15. 乳房质地	全腺体组织				半腺体组织				结缔组织
功能分	95	90	85	80	75	70	65	60	55
16. 中央悬韧带/cm	乳中沟极深6	5.2	深4.5	3.7	3.0	2.1	浅1.5	0.6	乳中沟极浅0
功能分	95	90	85	80	75	70	65	60	55
17. 前乳房附着	极强		强		中等		弱		极弱
功能分	95	90	85	80	75	70	65	60	55
18. 前乳头位置	极内		偏内		中间		偏外		极外
功能分	75	80	85	90	85	80	75	65	57
19. 乳头长度/cm	极长10		长7.5		适中5		短4		极短2.5
功能分	55	65	70	75	80	75	65	60	55
20. 后乳房附着高度/cm	极高16		高20		中等24		低28		极低32
功能分	100	95	90	85	80	75	70	65	55
21. 后乳房附着宽度/cm	极宽23		宽19		中等15		窄11		极窄7
功能分	100	95	90	85	80	75	70	65	55
22. 后乳头位置	极内		偏内		中间		偏外		极外
功能分	55	65	70	75	90	75	65	60	55
23. 棱角性	极明显		明显		中等		差		极差
功能分	95	90	85	81	78	74	69	64	57

引自王福兆. 乳牛学(第3版),2004.

(三)计算各部得分

根据线性评分转换表,查取被评定牛功能得分,并分别填入一般外貌、乳用特征得分表(表9-16至表9-20)。

表9-16 体躯结构/容量和尻部得分表

体型性状	体躯结构/容量得分							尻部得分			
	体高	前段	体躯大小	胸宽	体深	腰强度	合计	尻角度	尻宽	腰强度	合计
权重/%	15	8	20	29	20	8	100	36	42	22	100
评分											
功能分											
加权分											

引自王福兆.乳牛学(第3版),2004。

表9-17 肢蹄和泌乳系统评分表

体型性状	肢蹄得分						泌乳系统评分			
	蹄角度	蹄踵深度	骨质地	后肢侧视	后肢后视	合计	乳房深度	乳房质地	中央悬韧带	合计
权重/%	20	20	20	20	20	100	30	35	35	100
评分										
功能分										
加权分										

引自王福兆.乳牛学(第3版),2004。

表9-18 前乳房评分表

性状	前乳房附着	前乳头位置	前乳头长度	乳房深度	乳房质地	中央悬韧带	合计
权重/%	45	20	5	8	12	10	100
评分							
功能分							
加权分							

引自王福兆.乳牛学(第3版),2004。

表9-19 后乳房评分表

性状	后乳房附着高度	后乳房附着宽度	后乳头位置	乳房深度	乳房质地	中央悬韧带	合计
权重/%	23	23	14	12	14	14	100
评分							
功能分							
加权分							

引自王福兆.乳牛学(第3版),2004。

表9-20 乳房和乳用特征评分表

系统和体型性状	乳房评分表				乳用特征评分				
	泌乳系统	前乳房	后乳房	合计	棱角性	骨质地	乳房质地	胸宽	合计
权重/%	20	35	45	100	60	10	15	15	100
评分									
加权分									

引自王福兆.乳牛学(第3版),2004。

(四)计算外貌总分

用体躯结构/容量、尻部、肢蹄、乳房、乳用特征加权后得分，计算被评定牛外貌总得分，并填入表 9-21。

表 9-21 体型外貌总分表

性状	体躯结构/容量	尻部	肢蹄	乳房	乳用特征
权重/%	18	10	20	40	12
评分					
加权分					

注：体型外貌总分＝Σ各部位加权分。

引自王福兆.乳牛学(第 3 版)，2004。

(五)等级评定

等级说明一头牛的外貌完美程度，获得的整体评分可按以下标准划级定等(表 9-22)。

表 9-22 奶牛体型线性等级评定表

90～100 分	85～89 分	80～84 分	75～79 分	65～74 分	65 分以下
优秀(EX)	很好(VG)	好＋(G＋)	好(G)	一般(F)	差(P)

引自王福兆.乳牛学(第 3 版)，2004。

三、鉴定的注意事项

(1)奶牛线性外貌鉴定的主要对象是母牛，从第一胎开始到第五胎止，每胎鉴定一次，从中取一最高成绩认定为该牛终身的成绩。一般对公牛个体本身不进行线性外貌鉴定。

(2)鉴定季节以春秋季为宜，冬夏季会掩盖或夸大其棱角性，影响鉴定的准确性。

(3)一般在每胎产后第 30～150 天之间鉴定，以产后 60 d 左右鉴定最佳，以求较精确的后乳房宽。在干乳期、围产期、疾病期不鉴定。

(4)对体躯左右侧都可鉴定的某些性状，如蹄角度、后肢侧视等，应鉴别健康的、有利于牛体得分的一侧。

(5)鉴定员要注意安全。

9.2 乳品质量检测

实验八 牛奶样本的采集与保存

一、实验目的

使学生了解牛奶样本采集与保存的基本原理，掌握牛奶样本采集与保存的基本方法。

牛奶是奶牛生产的主要产品，为了鉴定奶牛的生产力和牛奶的质量，经常要测定牛奶主要成分和新鲜度。为了保证测定的准确性，所采样本必须有代表性，同时样本采集要以合理方法保存，以确保样本测定前理化特性不改变。

二、牛奶样本采集与保存的基本原理

采集牛奶样本的最基本要求：所采牛奶样本的组成成分和含量与实际的牛奶完全相同，即有代表性，而牛奶组成成分因不同挤奶时段及挤出先后而含量不同，如以每天挤奶3次为例，早晨挤出的奶乳脂含量低，而晚上挤出的奶乳脂含量高；又如在同一次挤奶中，先挤出的奶乳脂含量低，而后挤出的奶乳脂含量高。此外在静置状态下，牛奶会发生脂肪容易上浮分层现象而造成上下层奶成分的差异。

所有这些要求在采集牛奶样本时必须按比例采集全天所有挤奶时段所挤出的牛奶样本，并在采集之前将牛奶充分混匀。同时对所采集的牛奶样本必须采取适当的保存措施以预防因微生物发酵或其他物质污染所引起鲜奶的理化性质的改变。

三、牛奶样本采集与保存的一般方法

（一）牛奶样本采集的一般方法

1.个体牛奶样本的采集方法

指为了测定单个奶牛牛奶的组成成分及其变化为目的所采集的奶样，多用于育种工作中个体奶牛生产力的测定，及饲养管理因素对奶成分的影响的研究工作中。个体牛奶样本的采集应采用如下方法。

（1）采样量。随测定项目的多少和所采用的测定方法而定，如果采用传统的测定方法，只测定酸度和乳脂率，取50 mL即可；如果除测定酸度和乳脂率外还要测定其他项目，如密度、干物质、乳蛋白等，则需采样250 mL以上，为保险起见，可多采一些。

（2）采样比例。根据采样奶牛近期的产奶量和拟定的采样量，计算出采样比例，例如，采样奶牛的日产奶量为20 kg，拟定的采样量为500 mL，则采样比例为500/20＝25(mL/kg)。

（3）采样方法。在每次挤奶过程中或挤奶后，立即收集此次挤奶挤出的全部牛奶，称重，混匀，然后按上述算好的比例进行取样。

（4）连续2 d采样。为了测定的准确无误，要求连续2 d采样，作为平行样本与对照。采样前要对奶牛情况进行了解，即要求采样牛必须处于健康和正常状态，否则无代表性。

2.群体或一批牛奶平均样本的采集方法

主要指的是奶牛场所运出的一车鲜奶、乳品加工厂接收的基层收奶站送来的鲜奶和乳品加工厂出场的液态乳制品等。这种样品主要用于鲜奶及液态乳制品质量的检测，具体采集方法如下：

（1）采样量。与个体牛奶样本的采集相同。

（2）奶桶的采样。视奶桶的数量采样方法有所不同。如奶桶数量不超过3个，则每个奶桶必须取样；若奶桶数量超过3个，则至少从中随机抽取3个奶桶进行取样。按比例平均抽取每个奶桶内的奶样混合，同时采集两个样本。

（3）奶罐（车）的采样。充分混匀后直接按拟定的采样量进行采样，同时采集两个样本。

（4）小包装液态乳制品的采样。对于小包装（瓶装或袋装等）的液态奶制品，应根据产品数量的大小，按不同的比例随机收取样本。

（二）采样工具

包括两类，存放奶样的容器及将奶样从整体中取出的工具。

存放奶样的容器一般称之为奶样瓶，在没有什么特殊规定的情况下，以存放奶样不改变奶理化性质为基本要求，其次为使用方便，价格便宜，广口带旋盖的塑料瓶为首选。

将奶样从整体中取出的工具也有多种选择，如玻璃量桶和带刻度的烧杯，但最好的工具是专用的牛奶采样管。牛奶采样管是内径 10 mm 或小于 10 mm、长度适当的金属或塑料管，要求两端开口平滑齐整，管径均匀。

采样时将牛奶采样管垂直缓慢插入盛奶容器中，直达底部，然后用拇指将采样管上口密封，慢慢提出采样管，借助大气压和牛奶表面张力，管内的牛奶随采样管提起，将采样管插入奶样瓶中，放开拇指后奶就流入采样瓶中。使用牛奶采样管可以容易地将奶样采匀，同时容易控制采样的比例。

(三)牛奶样本的保存

奶样采集后如当时进行测定则不必采取较多的保存措施。但奶样采集后不能马上进行测定，就必须采取适当的保存方法，并根据需要保存时间的长短和其他因素选择保存方法。

(1)冷藏保存。如果需要保存的时间不超过 48 h，则可采用冷藏的方法保存，将奶样放在普通冰箱的冷藏室内即可。在运输途中要保证奶样的温度不升高如采用保温容器存放等。

(2)添加化学药品保存。奶样需要保存时间较长时需在 15℃以下，同时向奶样中添加某些化学药品以抑制微生物发酵。但加入化学药品可能改变牛奶的某些性质，测定时要注意，同时保藏剂要与奶样充分混合，常用的药物包括：

①过氧化氢(H_2O_2)。过氧化氢能放出初生态的氧，能抑制微生物活动。一般 100 mL 奶样加入 30%～37%的 H_2O_2 溶液 2、3 滴，可以保存奶样 8～10 d。在加入 H_2O_2 前需先测定牛奶的密度。

②福尔马林。福尔马林能与细菌的细胞蛋白结合抑制微生物，一般每 100 mL 奶样中加入 37%～40%的福尔马林 1、2 滴，可保存奶样 10～15 d。加福尔马林的奶样不适于用来测定乳脂(酸法)，同时加入福尔马林前亦先测定牛奶的密度。

③重铬酸钾。重铬酸钾为氧化剂，可渗透到细胞的原生质内抑制微生物生长。一般在 100 mL 奶样中加入 10%的重铬酸钾溶液 1 mL，奶样可保存 10～20 d。

四、实验内容与方法

(一)设备与试剂

设备包括普通电冰箱(实验室与奶牛场各 1 台)，牛奶采样瓶(48 个)，牛奶采样管(2 只)，保温容器(1～2 个)，滴管及记号笔。

试剂为 35%的 H_2O_2 溶液，38%的福尔马林溶液，10%的重铬酸钾溶液。

(二)实验步骤

1. 准备

实验前一天在学校准备用品与试剂；采样前一天下午到达采样牛场。到达后首先准备好牛场的冰箱；然后调查牛场的挤奶时间；确定采样的牛(4 头左右)，了解采样牛近日的日产奶量，以便确定采样比例。准备好采样用的奶桶(4 个)。根据拟定的采样量(250 mL)、采样牛每次挤奶的产奶量、奶桶的直径和采样管的直径计算出每头采样牛每次挤奶所需采集奶样的管数(同一头牛每次挤奶均应相同,但牛与牛之间可能不同。)

采样当天于每次挤奶前半小时到达采样地点,检查所用器具和物品,做好采样准备。同学可分为两组,每一组由一名教师带领。

2.采样

当采样牛挤完奶后,将奶收集于采样桶内,小心混合均匀。待采样桶中奶完全静止后,用采样管采集样奶,采样量与事前计算好的采样管数一致,做好标记(牛号、采样日期、采样人等)和记录(牛场、牛号、胎次、产犊日期、采样日期、日产奶量、采样量、采样人等),每组采集两头牛,每头牛采集5个样本。每头牛的5个样本分别用冷藏法、过氧化氢法、福尔马林法、重铬酸钾法和不采取任何措施进行保存。

3.保存

每次挤奶采集完样本后,按要求加入保藏剂,将冷藏保存的样本放在冰箱的冷藏室内保存,将保藏剂保存的样本放在15℃以下的条件保存(应尽量避免放在冰箱里),不采取任何措施的样本不加任何保藏剂,与加保藏剂的样本一起贮存。

在采样的当天内,牛场每次向乳品厂送奶时采集一批牛奶的平均奶样一次,每次采集2个奶样,在装入奶罐车后进行,每个奶样采集500 mL,用冷藏的方法保存。

当全天的奶样采完后,于当天晚上或次日早晨返回学校,为了防止冷藏保存的奶样在返回学校的路上升温,可将采样瓶放在保温性能好的盒子或箱子内,如环境温度高,还可以在盒子或箱子内放入用塑料袋装的冰块。回到学校后立即将冷藏保存的奶样放入冰箱内,其他样本也存放在适当的环境条件下保存。

到学校附近的超市或其他鲜奶销售点,根据实际情况采集(购买)袋装鲜奶样品,于实验室冰箱冷藏保存。

4.分析

采集的所有样本在有效保存期内进行分析测定,并比较不同保存方法对分析测定结果的影响。

实验九　牛奶的感官鉴定

一、实验目的

使学生掌握牛奶感官鉴定的具体方法与操作步骤,并了解牛奶感官鉴定原理。

牛奶的主要用途是作为人类的食品或食品加工的原料,牛奶的质量直接关系到人们的健康,牛奶的感官鉴定是牛奶质量监测中最直接、最简单、最基本的方法。

二、实验原理

牛奶的感官鉴定是以牛奶的理化特性为基础的。正常牛奶具有特定的感官特性,如色泽、气味、滋味等。如果被检奶样的感官特性偏离了正常牛奶的感官特性,就说明牛奶存在问题,根据偏离的具体情况,可初步判断存在问题的种类、性质、程度及原因。

(1)色泽。正常鲜奶的色泽由乳白色到淡黄色不等,其黄色的深浅取决于牛奶的脂肪含量和色素含量。

(2)组织状态。正常鲜奶的组织状态是液体的,均匀一致的,不黏滑的,不胶粘的,无乳的絮状物的。

(3)气味与滋味。正常牛奶含有一种天然的乳香味(来源于乳脂肪中的挥发性脂肪酸),并具有纯净的甜味(来源于乳糖)和微弱的咸味。牛奶的气味与滋味会由于各种原因而发生改变,如贮存时间与贮存条件、盛奶容器的材料与洗涤情况、牛舍与挤奶厅的环境状况、饲料种类与质量等。

三、仪器与材料

小烧杯,白瓷皿,待检奶样(包括正常奶样和其他奶样),牛奶煮沸装置。

四、鉴定方法

(1)颜色。将混合均匀的奶样倒入白瓷皿内,观察其颜色。正常牛奶一般为白色,微带黄色。脱脂乳是白带蓝色。初乳的黄色较深。

(2)组织状态。将混合均匀的奶样倒入烧杯中,静置 15 min 后,将其小心倒入另一烧杯中,观察牛奶有否过黏、絮状物或其他杂质。

(3)牛奶的气味。用鼻子嗅闻小烧杯内的奶样,检查是否有牛奶的正常香味,或有无其他气味如饲料味、酸味、鱼味、烟味、腐败味等。然后将奶样煮沸,再嗅闻奶样的气味,并与煮沸前的气味进行对比。一般加热后气味会变强。

(4)牛奶的滋味。待煮沸的奶样微微冷却后,用口品尝奶样,体会正常奶样的香味,并检查是否有其他异常味道。注意,为了安全起见,只品尝基本正常的奶样,不要品尝可能对人体造成不良影响的奶样。

五、作业

描述所鉴定各种奶样感官特性。

实验十 牛奶新鲜度的检验

一、实验目的

使学生了解鉴定牛奶新鲜度的主要检验项目及其原理,掌握鉴定牛奶新鲜程度检验项目的操作方法。

牛奶营养丰富,非常适合微生物的生长繁殖。在挤奶、保存和运输过程中,牛奶很容易受到污染,引起微生物的大量生长繁殖,导致腐败变质,轻则影响加工性能和产品质量,重则对消费者的健康造成危害。牛奶新鲜程度的检验就是鉴定牛奶在生产、贮存、运输过程中受污染的程度和质量的变化。

二、牛奶酸度的测定

正常牛奶的 pH 值一般在 6.3～6.9 之间,呈弱酸性,由鲜牛奶中固有的酸性蛋白质、柠檬酸盐、磷酸盐及二氧化碳等弱酸性物质所构成。牛奶在存放过程中由于微生物的活动,分解乳糖为乳酸,使牛奶的酸度增高。牛奶的酸度越高,说明牛奶受微生物污染的程度越严重。因此可通过测定牛奶的酸度评价牛奶的新鲜程度。

牛奶的酸度用吉尔涅尔度表示,简称°T,即以酚酞做指示剂,中和 100 mL 牛奶所消耗的 0.1 mol/L 氢氧化钠溶液的毫升数,也称滴定酸度。牛奶的酸度越高,对热的稳定性则越低,超过 25°T 的牛奶煮沸时即自行凝固，很难再加工利用。酸度过高的牛奶制成的奶粉溶解度差，品质不佳。所以牛奶的酸度是乳品加工企业收购原料奶时必检的一个指标。

刚刚挤下的新鲜牛奶，酸度在 16～18°T 之间，称为自然酸度或基础酸度。鲜牛奶在存放过程中由于乳酸的增加而增加的酸度称为发酵酸度。基础酸度与发酵酸度之和称总酸度。通常，乳品检验中所测定的酸度就是总酸度。

测定牛奶酸度的方法很多，一般常用的有煮沸试验、酒精试验和 0.1 mol/L 碱滴定法等。

(一)牛奶的煮沸试验

(1)原理。牛奶的热稳定性与牛奶的酸度之间存在非常密切的关系。牛奶的酸度越高，其热稳定性就越差。牛奶的凝固温度与酸度之间存在如表 9-23 所示的关系，因而，可根据牛奶发生凝固时的条件，估测牛奶的酸度。

表 9-23 牛奶的凝固温度与酸度之间的关系

酸度/°T	凝固的条件	酸度/°T	凝固的条件
18	煮沸时不凝固	40	加热至 65℃时凝固
22	煮沸时不凝固	50	加热至 45℃时凝固
26	煮沸时凝固	60	22℃时自行凝固
28	煮沸时凝固	65	16℃时自行凝固
30	加热至 77℃时凝固		

(2)仪器与材料。包括 20 mL 试管(2 支/人)，正常和酸度为 26～28°T 的牛奶样品。

(3)操作方法。取正常牛奶与高酸度牛奶样品各 5 mL，分别置于两支试管中。将试管浸入沸水中 5 min，并观察其所发生的现象。

(二)酒精试验

1. 原理

酪蛋白是牛奶中蛋白质的主要成分。正常情况下，牛奶中的酪蛋白是以稳定的酪蛋白胶粒形式存在。牛奶中酪蛋白胶粒的稳定性受牛奶 pH 的影响，当牛奶 pH 降低时，酪蛋白胶粒的稳定性降低。乙醇是一种脱水剂，当在牛奶中加入乙醇后，便会使牛奶中酪蛋白胶粒周围的结合水层被脱掉而成为带负电的不稳定状态。二者相互作用，可使酪蛋白胶粒发生凝聚而产生沉淀。在一定范围内，乙醇的浓度越高，对酪蛋白胶粒周围结合水层的破坏就越严重，牛奶就越不稳定，产生沉淀所需要的酸度就越低，见表 9-24；在相同的乙醇浓度下，牛奶的酸度越高，产生的沉淀越多，见表 9-25。

表 9-24 乙醇浓度与发生沉淀时牛奶的酸度的关系

乙醇浓度/%	52	60	68	70	72	75
发生絮状沉淀物时牛奶的酸度/°T	25	23	20	19	18	17

表 9-25 68%乙醇引起的沉淀情况与牛奶酸度之间的关系

牛奶的酸度/°T	牛奶的蛋白质凝固特征	牛奶的酸度/°T	牛奶的蛋白质凝固特征
21～22	极微小的絮状	26～28	大的絮状
22～24	微小的絮状	28～30	极大的絮状
24～26	中等大小的絮状		

2. 仪器及材料

主要有 10 mL 试管，正常和轻度酸败牛奶样本，52%、60%、68%、70%、72%乙醇溶液。

3. 操作方法

(1)取 2 mL 牛奶样本于试管中，加等量的不同浓度的乙醇溶液，微摇混合液，检查试管内壁及底是否有酪蛋白的絮状物出现，以此法根据表 9-25 分别确定两种牛奶样本的实际酸度。

(2)分别取两种牛奶样本各 2 mL 于两支试管中，加等量的 68%的乙醇溶液，微摇混合液，检查试管内壁及底是否有酪蛋白的絮状物出现，参考表 9-25，根据絮状物出现的情况确定被检测牛奶的酸度。

(三)0.1 mol/L NaOH 滴定法

(1)原理。由于新鲜牛奶中含有酸性蛋白质、柠檬酸盐、磷酸盐及碳酸盐等，pH 值为 6.3～6.9，故酚酞指示剂呈弱酸性反应。随着牛奶酸度的提高，酸性反应增强，因此可用中和牛奶酸性所用的碱量来表示牛奶的酸度。中和 100 mL 牛奶所需要的 0.1 mol/L 的 NaOH 溶液的毫升数称为牛奶的滴定酸度。

(2)仪器与材料。包括滴定管及滴定架(套/2 人)，50 mL 三角瓶或烧杯(2 支/人)，正常和轻度酸败的牛奶样本，0.1 mol/L NaOH 溶液，1%酚酞酒精溶液，玻璃棒。

(3)操作方法。取 10 mL 牛奶于三角瓶内，用 20 mL 蒸馏水稀释，然后加入 3 滴酚酞溶液，小心摇动混合，用 0.1 mol/L 的 NaOH 溶液滴定。滴定时不断摇动三角杯，直到粉红色在 1 min 内不消失为止。将所用去的 NaOH 毫升数乘 10，即为牛奶的滴定酸度。用该法分别测定两种牛奶样本的滴定酸度。

三、还原酶试验

(1)原理。细菌在牛奶中繁殖时可产生还原酶，还原酶是一种不需氧脱氢酶，能把自身所带的两个 H^+ 转移出去，而次甲基蓝(也称甲烯蓝，或美蓝)是一种受氢体，当接受两个 H^+ 后即由蓝色变为无色(甲基蓝，也称美白)。牛奶中细菌越多，产生的还原酶就越多，甲烯蓝的褪色也就越快，可用此方法检测牛奶的污染程度。

(2)仪器与材料。主要有 20 mL 试管(2 支/人，预先 60℃加热 2 h 消毒)，10 mL 吸管(预先 60℃加热 2 h 消毒)，试管塞(如棉花，预先 60℃加热 2 h 消毒)，恒温水浴锅，恒温箱，次甲基蓝(甲烯蓝)溶液(5 mL 饱和次甲基蓝-乙醇溶液与 195 mL 蒸馏水混合)，正常和污染牛奶样本。

(3)操作方法。取 20 mL 待检奶样于消毒的试管中，在恒温水浴锅上加热至 38～40℃，加 10 滴甲烯蓝溶液，塞上脱脂棉塞，摇匀，放入 38～40℃恒温箱内，记录时间，分别在 20 min、2 h、5.5 h 观察牛奶颜色的变化，到蓝色完全消失变为白色为止，记录颜色完全消失所用的时间，参照表 9-26，根据褪色时间判断牛奶的污染程度。

表 9-26　甲烯蓝褪色时间与牛奶被细菌污染程度的关系

甲烯蓝褪色速度	1 mL 牛奶中的细菌数	牛奶的等级
不少于 5.5 h	不超过 50 万	一级(良好的牛奶)
不少于 2 h	不超过 400 万	二级(合格的牛奶)
不少于 20 min	不超过 2 000 万	三级(坏牛奶)
不到 20 min	超过 2 000 万	四级(极坏的牛奶)

四、过氧化酶试验

(1)仪器与材料。20 mL 试管(2 支/人),5 mL 吸管(2 支/人),1% H_2O_2 溶液,碘化钾淀粉溶液,未加热过的鲜牛奶,曾加热到 80℃以上的熟牛奶。

(2)原理。生牛奶中存在一种过氧化酶,它可使过氧化氢分解为水及初生态的氧。初生态氧在水的存在下可将碘化钾氧化为氢氧化钾而将碘还原,碘遇淀粉而发生蓝色反应。

牛奶中的过氧化酶在 80℃以上在很短的时间即可被灭活,上述反应便不再发生,因而通过过氧化酶试验可检查牛奶是否经过 80℃以上的加温处理。

(3)操作方法。取奶样 5 mL 于试管中,加入 3～4 滴碘化钾淀粉溶液和 1～2 滴 1%的 H_2O_2,然后摇动混合,观察其颜色的变化,未曾加热过的鲜牛奶呈深蓝色,而加热到 80℃以上的牛奶则不变色。用此法分别检验两种实验奶样。

实验十一　牛奶脂肪含量的测定

脂肪是牛奶的重要成分。牛奶中的脂肪含量是评定奶牛生产力和牛奶质量的重要指标。测定牛奶中的脂肪含量是奶牛场、牛奶公司、科研单位的一项重要日常工作,测定乳脂率的方法很多,如下以 3 个实验描述各自方法原理和操作。

一、巴氏法测定牛奶脂肪含量

1.实验目的

使学生了解用巴氏法测定乳脂率的基本原理,掌握用巴氏法测定乳脂率的具体方法与操作步骤。

测定乳脂率的方法很多,巴布考克(Babcock)氏法(简称巴氏法)是一种比较传统的化学方法,操作比较简单,有一定的精确性,应用比较广泛,目前仍有一定的实用价值。

2.实验原理

在正常情况下,牛奶脂肪在牛奶中呈球状悬浮液存在。脂肪球外面包被一层蛋白质膜,一般比较稳定。当加入一定浓度的硫酸时,脂肪球外面所包被的蛋白质膜被碳化破坏,脂肪球从牛奶中游离出来,再加以加热与离心作用,便可使脂肪球上浮凝聚,通过特殊的巴氏瓶,就可读取牛奶中脂肪的含量。

3.仪器与材料

巴氏瓶(2 支/人),17.6 mL 专用牛奶吸管(1 支/2 人),恒温水浴锅及温度计,牛奶脂专用离心机,比重 1.82～1.825 的硫酸,被测牛奶。

4.测定方法与步骤

(1)用 17.6 mL 牛奶专用吸管吸取混均的待测牛奶 17.6 mL,沿瓶壁缓缓注入巴氏瓶中。

(2)小心地向巴氏瓶中加入比重为 1.82～1.825 的硫酸 17.5 mL,并将瓶颈附着的牛奶一并洗下;手持巴氏瓶颈部顶端,小心平面划圆摇动巴氏瓶以使牛奶与硫酸混合,并充分溶化,直至见不到凝乳为止,此时其颜色为咖啡色。

(3)将巴氏瓶放入乳脂专用离心机中,以 1 000 r/min 的速度离心 5 min。

(4)取出巴氏瓶,用滴管向巴氏瓶中加入 60℃的热水,使乳脂肪柱的顶部上浮于 6～8 的刻度线之间，此步操作要小心，以免冲散脂肪层。

(5)将巴氏瓶再置于离心机中，以 1 000 r/min 的速度离心 2 min。

(6)取出巴氏瓶，并将其置于 55～60℃水浴中保温 5 min，在水浴中读数。该读数即为样本的乳脂百分含量。

二、盖氏法测定牛奶脂肪

1. 实验目的

使学生了解用盖氏法测定乳脂率的基本原理，掌握用盖氏法测定乳脂率的具体方法与操作步骤。

盖勃(Gerber)氏法(简称盖氏法)是一种比较传统的化学方法，操作比较简单，有一定的精确性，应用比较广泛，目前仍有一定的实用价值。

2. 实验原理

原理同巴氏法，不同的是通过特殊的盖氏瓶，可读取牛奶中脂肪的含量，在实验中加入异戊醇的目的是为了增进乳蛋白质膜的破坏和脂肪球的凝聚。

3. 仪器与材料

盖氏瓶(2 支/人)，11 mL 牛奶专用吸管(1 支/2 人)，1 mL 吸管(1 支/2 人)，10 mL 量筒(1 支/2 人)，乳脂专用离心机，水浴锅及温度计，比重 1.816 的硫酸，90%～91%异戊醇(比重为 0.811)。

4. 测定方法与步骤

(1)用量筒量取 10 mL 比重 1.816 的硫酸，注入盖氏瓶中，注意切勿使硫酸沾染瓶颈。

(2)用 11 mL 牛奶专用吸管吸取牛奶 11 mL，慢慢沿颈壁注入盖氏瓶内，注意要使牛奶浮于硫酸上面，防止牛奶与硫酸混合；用 1 mL 吸管吸取异戊醇 1 mL，加于牛奶之上。

(3)用清洁干燥的橡皮塞塞紧盖氏瓶瓶口，用拇指按住橡皮塞，用布片裹住盖氏瓶，瓶口向外均匀摇动，并上下颠倒摇动数次，直至蛋白质完全溶解为止，此时为咖啡色。

(4)将盖氏瓶置于 65～70℃水浴中 3～5 min(瓶口向下)。

(5)将盖氏瓶取出擦干，放入离心机，以 1 200 r/min 的速度离心 5 min。

(6)将盖氏瓶从离心机中取出，再置于 65～70℃水浴中 4～5 min(瓶口向下)。

(7)将盖氏瓶从水浴中取出，小心旋动橡皮塞，调节脂肪柱的位置，使脂肪柱的底线在盖氏瓶颈部的整数地方，然后读数。

三、罗兹-哥特里(Roess-Gottlile)氏蒸馏法(标准法)测定牛奶脂肪含量

1. 实验的目

使学生了解罗兹-哥特里(Roess-Gottlile)氏蒸馏法测定乳脂率的基本原理，掌握用罗兹-哥特里(Roess-Gottlile)氏蒸馏法测定乳脂率的具体方法与操作步骤。

在测定乳脂率的诸多方法中，以罗兹-哥特里(Roess-Gottlile)氏蒸馏法最为准确，称为标准法，是检测其他测定方法准确程度和校正其他测定方法的基础方法。

2. 测定原理

用氨水将牛奶中酪蛋白钙盐转化为可溶性的铵盐，然后用乙醚将其中的脂肪抽出，再将所抽出脂肪中的乙醚蒸发，称量其残留物质的重量，即为牛奶中的脂肪重量。在实验中加入乙醇

的目的是使各种乙醇浸出的物质留在溶液中，并使某些卵磷脂等物质溶于乙醇中，以免被乙醚提走；加入石油醚的目的是去除乙醚中的水分，使分层更清晰。

3.仪器与试剂

所用仪器包括分析天平(感量为万分之一)，干燥箱[控制温度范围(102±2)℃]，罗-哥氏抽提管或具有磨口塞、软木塞或对所用溶剂没有影响的其他塞子的适当抽提管或烧瓶，150～200 mL 容量的平底烧瓶及不含脂肪、无孔隙、使用时不易碎的沸石(或玻璃珠、碳化硅小片等)。

试剂则有 25%(*m*/*v*)氨水，95%(*v*/*v*)乙醇，乙醚(不含过氧化物)，石油醚(沸程 30～60℃)，实验使用前配合的混合溶剂(等体积的上述乙醚与石油醚混合即成)。

4.测定方法与步骤

(1)将 150～250 mL 烧瓶和沸石充分洗净，并将沸石放入烧瓶中，将烧瓶置于干燥箱中(102±2)℃加热 0.5～1 h，然后将烧瓶取出，置于干燥器内冷却到室温，用分析天平精确称量烧瓶与沸石的重量。

(2)将待测牛奶样本的温度调整到 20℃。把装有待测奶样的瓶子轻轻反复倒置 3～4 次，充分混合奶样，使全部样品中的脂肪分布均匀。立即从中取 10 g 左右奶样放入罗-哥氏抽提管中，用分析天平直接称重。

(3)向罗-哥氏抽提管中加入 25%的氨水 1.5 mL，并使其与奶样充分混合；加入 96%的乙醇 10 mL，轻轻地将其与原来的液体充分混合。

(4)加入 25 mL 乙醚，塞紧塞子，用力振荡混合，冷却(必要时可用自来水冷却)。

(5)小心地取下塞子，加入 25 mL 石油醚。在加石油醚时，用最初的 2～3 mL 冲洗塞子与罗-哥氏抽提管口部的内壁，并使冲洗液流入其中。用塞子将抽提管塞紧，上下交互颠倒振荡，充分混合。

(6)将罗-哥氏抽提管静置，至上层变得透明并与水层清晰分离，随后取下塞子，用少量混合溶液冲洗塞子及容器抽提管内壁，并使所有冲洗液流入抽提管中。

(7)仔细地用倾倒法或虹吸管尽可能多地将上清液移入已知重量的烧瓶中。

(8)用少量混合溶液冲洗抽提管口部的内外壁和虹吸管前端的部分，并使冲洗外壁的冲洗液流入烧瓶中，冲洗内壁与虹吸管的冲洗液流入罗-哥氏抽提管中。

(9)重复第 4～8 步操作，用 15 mL 乙醚和 15 mL 石油醚进行第 2 次抽提和第 3 次抽提(第 3 次抽提可略去第 8 步的冲洗过程)。

(10)小心地将烧瓶内的溶剂蒸发掉或分馏出去。

(11)待烧瓶内溶液气味消失，将烧瓶置于干燥箱内 60～70℃加热 5 h。

(12)将烧瓶由干燥箱内取出，置于干燥器内，待冷却至室温后用分析天平称重。

(13)重复第 11 和第 12 步骤操作 3 次，每次间隔 30～60 min，直到恒重为止。

5.结果计算

$$\text{奶样中脂肪含量}=[(M2-M1)/S]\times 100\%$$

式中，$M1$ 为干燥后烧瓶重(g)，$M2$ 为干燥后乳脂与烧瓶共重(g)，S 为奶样重量(g)。

两次平行测定的结果之差，换算为 100 g 样品，不可超过 0.03 g 脂肪。

在测定奶样脂肪含量的同时，用相同的试剂与操作方法，用 10 mL 蒸馏水进行空白试验。

若空白试验结果超过 0.5 mg 时，则应检查所用试剂，不纯的要精制或替换别的合格试剂。

实验十二　牛奶卫生质量的检测

牛奶卫生质量包括细菌总数、抗生素、体细胞数等，随着乳品行业的竞争，这些指标已普遍用来区分和衡量奶好坏、判断等级、按质论价和分别加工的检验指标。

一、实验目的

使学生了解牛奶卫生质量指标，掌握相应指标的检验原理与方法。

二、抗生素残留的检验

在防治奶牛疾病时，经常使用抗生素，特别是治疗牛乳房炎，有时将抗生素直接注射到乳房内。因此，经抗生素治疗过的奶牛，其牛奶中在一段时期内会残存着抗生素，它会影响发酵乳品的生产，引起人体过敏反应，也会使某些菌株产生抗药性等，所以，需对鲜牛奶进行抗生素残留的检验。

1.原理

抗生素残留的检验是通过 TTC 试验来判定的。往检样中先后加入菌液和 TTC 指示剂(2,3,5-氯化三苯基四氮唑)，如检样中有抗生素存在，则会抑制细菌的繁殖，TTC 指示剂不被还原、不显色；反之，则细菌大量繁殖，TTC 指示剂被还原而显红色，从而可以判定有无抗生素残留。抗生素残留的检验程序如图所示。

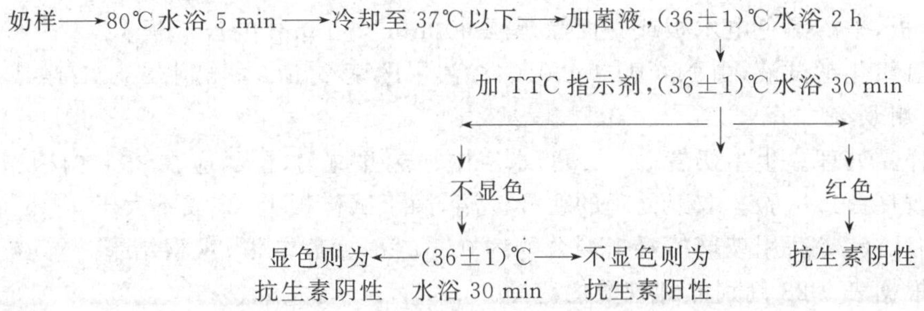

2.仪器与试剂

恒温水浴培养箱，20 mL 试管(2 支/人)，TTC 指示剂(4%，4 g 2,3,5-氯化三苯基四氮唑溶于 100 mL 蒸馏水)，菌液。

3.操作步骤

(1)菌液制备。将嗜热乳酸链球菌接种入灭菌脱脂乳，置于(36±1)℃培养箱中保温几小时，然后再用灭菌脱脂乳以 1∶1 比例稀释备用。

(2)操作步骤。取奶样 9 mL 放入试管中，置 80℃水浴中保温 5 min，冷却至 37℃以下，加入菌液 1 mL，置(36±1)℃水浴培养箱中保温 2 h，加入 4% TTC 指示剂 0.3 mL，置(36±1)℃水浴培养箱中保温 30 min，观察牛奶颜色的变化。

(3)结果判定。加入 TTC 指示剂并于水浴中保温 30 min 后，如检样呈红色，说明无抗生素残留，结果为阴性；如检样不显色，再继续保温 30 min 作第二次观察，如仍不显色，则说明有抗生素残留，结果为阳性，反之则为阴性。显色状态判断标准见下表 9-27。

表 9-27 显色状态判断标准

显色状态	未显色者	微红色者	桃红色～红色
判断	阳性	可疑	阴性

三、体细胞计数

体细胞计数是快速、简便、准确判断乳房炎的一种方法。健康牛奶体细胞数小于 50 万个/mL，一旦得了乳房炎，牛奶中体细胞数明显增加，主要是起着防御、杀菌作用的白细胞数的大量增加。如果体细胞数超过 50 万个/mL，表明奶牛已患有乳房炎，体细胞数越大，表明炎症越严重。使用此法可早发现隐性乳房炎，从而可尽快采取治疗措施。

奶牛患上乳房炎，不仅牛奶产量明显下降，而且造成牛奶品质的严重恶比，甚至造成致病菌素的污染，从而影响乳制品的卫生质量，乃至引起食物中毒，因此，尽早防治奶牛乳房炎是至关重要的。

1. 原理

体细胞数的测定，目前大型乳品加工厂多采用自动计数仪进行测定，如荧光计数法、光学自动计数法、MF-DNA 法等，这些方法能快速、准确地测定体细胞数，但仪器价格昂贵，一般学校难以使用。根据上海市食品卫生监督检验所沈正鸣等提出的体细胞数简易计数法——改良白边试验法，能在 1 min 内估计出样品的体细胞数。

2. 仪器与材料

试样板，平滑黑色电木板或一面涂黑漆 50 mm×90 mm 的玻璃板。

4%氢氧化钠试液，由 NaOH 4 g，0.04%溴甲酚紫 2 mL，蒸馏水 98 mL 组成。

3. 检测步骤

(1)样品处理。生牛奶置 30～40℃水浴中加热并搅匀，样品应在 36 h 内检测完毕。

(2)改良白边试验。取经处理的奶样 5 滴，滴于试样板上，涂成不大于 4 cm^2 的大圆斑；加氢氧化钠试液 2 滴；用玻璃棒轻击混合物约 0.5 min；回旋数下；观察结果。

(3)根据表 9-28 判别体细胞数的范围。

表 9-28 白边试验结果判别

判定	符号	牛奶凝集反应	相当体细胞数/(百万个/mL)
阴性	－	混合物呈不透明乳样，完全没有沉淀物	＜0.5
痕迹	±	混合物呈不透明乳样，但有细小不很多的凝固物	0.5～1.0
阳性	＋	背景较不透明，稍呈乳样，有较大片凝固物，分布整个面积	1.0～2.0
阳性	＋＋	背景微呈水样，有明显凝固物，搅拌时可见细丝和线状物	1.5～2.5
阳性	＋＋＋	背景呈水样，有更大呈团块状的凝固物	＞3.0

四、隐性乳房炎的诊断——CMT 法(加州乳房炎试验)

隐性乳房炎无临床症状表现，故只能依靠于物理和化学检查、牛奶中体细胞测定及微生物检查等。牛奶中体细胞测定主要是测定牛奶细胞数，正常牛奶每毫升细胞数在50万以下，超过此数为乳房炎牛奶。分直接和间接检查法两类，CMT法即加州乳房炎试验为间接检查法。

1. 原理

烷基丙烯基磺酸盐为表面活性剂，具有使各种白细胞膨胀的作用；苛性钠能加速细胞电荷的改变。这样，在白细胞之间的间隙及其电荷发生改变的情况下，变性细胞彼此出现凝结。该方法简单、方便易行，在牛旁边就能进行，具有适用性，对隐性乳房炎检出率高，可靠性大，泌乳牛、临近干奶期牛都适用。

2. 仪器与试剂

(1)诊断盘。用一块乳白色塑料盘，其上置有4个深约1.5 cm，直径为5 cm的圆形小室。

(2)诊断试剂。称取NaOH 15 g，烷基丙烯基磺酸钠（钾）45 g，溴甲酚紫0.1 g与1 000 mL蒸馏水混合均匀。

3. 实验方法操作

(1)在奶牛场中进行，注意安全，请挤奶员协作完成并在挤奶中间检测。

(2)将被检牛的4个乳区的牛奶，分别挤在诊断盘中的4个小室内，倾斜诊断盘，倒出多余牛奶，使每个小室内保留牛奶2 mL，分别加入2 mL诊断试剂于小室内，呈同心圆摇动诊断盘，最后判定，判断标准如表9-29。

表9-29 CMT反应判定标准

反应	符号	牛奶反应	体细胞数/mL	嗜中性细胞/%
阴性	—	液状，无沉淀物	0～2万	0～25
可疑	±	微量极细颗粒，不久即消失	15万～50万	30～40
弱阳性	＋	有部分沉淀物	40万～150万	40～80
阳性	＋＋	凝结物呈胶状，摇动时呈中心集聚，停止摇动时，沉淀物呈凹凸状附着于盘底	80万～500万	60～70
强阳性	＋＋＋	凝结物呈胶状，表面突出，摇动盘时向中心集中，凸起，黏稠度大，停止摇动，凝结物仍黏附于盘底，不消失	500万以上	70～80
碱性牛奶	P	呈深紫色（pH值7以上）		
酸性牛奶	Y	呈黄色（pH值5.2以下）		

五、牛奶中细菌总数的测定——平皿计数法

1. 原理

现行检测菌落总数的方法多用平皿计数法，此法特点是将稀释好的供试液放入平皿内与适量培养基混匀，待凝固后倒置于培养箱中，保温培养后计算菌落数，即得1 g或1 mL检样中所含细菌菌落的总数。在此假定一个菌落是由一个菌体分裂生长而成的，故用此法可以判定牛奶受污染的程度。目前许多国家均采用此法。

2. 仪器与试剂

仪器包括无菌操作台及相关用品，培养箱，高压灭菌锅，平皿及广口瓶若干；试剂有蛋白胨，琼脂，牛肉膏，氯化钠，灭菌生理盐水，待测奶样等。

3.操作方法

(1)培养基——营养琼脂的制作。营养琼脂成分包括蛋白胨 10 g,琼脂 15～20 g,牛肉膏 3 g,氯化钠 5 g,蒸馏水 1 000 mL。称好这些试剂,倒入蒸馏水中,搅拌并加热至试剂全部溶解;调节 pH 值至 7.2～7.4 过滤,分装于圆底烧瓶内,121℃高压灭菌 15～20 min。

(2)样品稀释。将 250 mL 磨口广口瓶摆好,编上号;将样品按次序摆好,用浸于消毒水中的湿毛巾擦拭样品表面,或以酒精棉进行火焰消毒。

开启样品,将 25 mL 奶样置于 225 mL 灭菌生理盐水中充分摇匀,此为 10 倍稀释度。

根据奶样污染情况,选择 2～3 个稀释度进行递增稀释。用 1 mL 灭菌吸管吸取 10 倍的稀释液 1 mL,注入含有 9 mL 灭菌生理盐水的试管中,混匀,此为 100 倍稀释液。则另取 1 mL 灭菌吸管,吸取 1 mL 100 倍的稀释液注入 9 mL 灭菌生理盐水中,混匀,即为 1 000 倍稀释度。如此往上递增,可以获得所需要的 10 倍系列的稀释度。

本实验假定稀释度为 10 000(10^4)倍。

(3)接种。将平皿编号,一个奶样做两个平皿;用 1 mL 灭菌吸管吸取 1 mL 稀释液,注入平皿中;将溶化后冷至 45℃左右的营养琼脂培养基倒入平皿约 15 mL,然后将平皿顺、反时针各转动数次,并静置。

(4)培养。培养基凝固后翻转平皿,置于(36±1)℃培养箱中保温(48±2)h。

(5)菌落计数。读取平皿内细菌菌落数,乘以 10^4 即得每毫升奶样所含细菌总数。

实验十三　牛奶中可能存在的几种人为掺杂物的检出方法

一、实验目的

使学生了解牛奶中可能存在的主要人为掺杂物的种类,掌握牛奶中几种主要人为掺杂物的检验原理与方法。

牛奶作为人们的营养食品和食品加工的原料,其质量和安全性极为重要。极个别的牛奶生产者受经济利益的驱使,为了增加牛奶的体积与重量、提高售价、防止鲜奶在贮存过程中变质、或对已变质的鲜奶作掩护等目的,在某些情况下可能会在出售的鲜奶中人为掺入一些非奶物质。这种行为的后果,轻则引起牛奶营养价值的降低和理化特性的改变,损害消费者的利益,给乳品加工企业造成严重的经济损失;重则会对消费者的身体健康造成严重的损害。因而,乳品加工企业须在收购鲜奶时对可能存在的掺杂物进行必要的检验,以保证牛奶质量。

二、牛奶中掺水的检验方法——比重测定法

牛奶是一种液体,很容易与水混合。向牛奶中掺水,可增加牛奶的体积和重量,牛奶掺水以后,营养物质浓度下降,影响储存性能、理化特性及加工特性。

1.检验原理

牛奶掺水后变得稀薄,牛奶中的无脂干物质含量降低,导致比重下降。另外,牛奶掺水后,冰点升高,酸度降低。这些指标中,比重的测定最为简便。

正常牛奶在 20℃下的比重为 1.028～1.032,如果所测奶样比重明显低于此范围,可初步

确定其可能掺水，其掺水量的多少，可由下式计算（计算时只取小数点后的百分位和千分位两位数字，并将其作为整数，如比重为1.028计算时取28作为比重）：

掺水量=[（正常牛奶比重－被测奶比重）/正常牛奶比重]×100%

2.检验方法

（1）将采集的正常奶样与待检奶样分别混合均匀，各取200 mL，分别转入两个烧杯或三角瓶中；将盛有奶样的烧杯或三角瓶置于20℃水浴中调节奶样温度，直到奶温为20℃。

（2）将其中的一个奶样小心转入200 mL的量桶中，避免产生泡沫。将牛奶比重计小心沉入奶样中，使其在奶样中自由浮动，但不能与量桶内壁接触。静置2 min，然后读数，此即该奶样在20℃下的比重。

（3）重复第2步操作，测定另一奶样的比重；利用上述公式计算待检奶样的掺水量。

三、牛奶中掺淀粉、米汤的检出方法

当牛奶掺水变得稀薄，比重下降或牛奶中干物质不足时，不法人员向牛奶中按一定比例掺入淀粉与水或米汤能改变这一现象，但损害消费者的权益。

1.检验原理

淀粉分直链淀粉和支链淀粉两种，直链淀粉遇碘产生深蓝色，支链淀粉在热水中糊化形成黏稠液体，遇碘液产生紫红色，这是淀粉的特效反应，非常灵敏。

2.所用试剂

2%碘溶液（称取2 g碘化钾，溶于10 mL蒸馏水中，加入2 g碘，待碘完全溶解后，转移到100 mL容量瓶中，定容至刻度）。

3.检验步骤

（1）分别取正常奶样与待检奶样各5 mL于两支试管中，煮沸。

（2）分别加入3～5滴碘溶液，充分混匀，观察颜色变化。

（3）如呈现蓝色或紫红色，则证明牛奶中掺有淀粉或米汤，否则为正常牛奶。

四、牛奶中掺豆浆的检出方法——氢氧化钾显色反应

豆浆易与牛奶混合，且颜色、浓度等外观与牛奶相近，掺入牛奶不易被肉眼发现。因而，豆浆是个别人向牛奶中掺假的理想材料。

1.检验原理

豆浆中含有皂角素，皂角素与NaOH作用呈黄色的显色反应。

2.所用试剂

25%NaOH溶液，乙醇与乙醚混合液（乙醇与乙醚的等量混合）。

3.检验步骤

（1）取正常牛奶与待检奶样各5 mL分别于两支试管中。

（2）分别向两支试管中加入乙醇与乙醚混合液3 mL，再分别加入25%NaOH溶液 2 mL，充分混匀，静置5～10 min。

（3）观察颜色变化。如牛奶中有豆浆存在时呈黄色，无豆浆存在时颜色不变。

五、牛奶中掺碱的检出方法——溴麝香草酚蓝显色反应

牛奶中掺入碱性物质(通常为碳酸氢钠)可中和陈牛奶中的乳酸,降低牛奶的酸度,防止牛奶因变酸而发生的凝固现象;同时可增加牛奶的比重,为向牛奶中掺水作掩护。另外,在牛场中,一些盛奶的器具如奶桶等一般用碱液(NaOH)进行消毒,若消毒后没有进行清洗或清洗不彻底,盛奶时也会残存碱液。向牛奶中掺碱直接影响牛奶及乳制品的质量、风味和色泽。

1. 检验原理

溴麝香草酚蓝是一种酸碱指示剂,在 pH 值 6.0～7.6 的溶液中有从黄到蓝的颜色变化,正常牛奶呈弱酸性,其 pH 值为 6.3～6.9,含碱牛奶的 pH 往往会高于这一范围,因而使溴麝香草酚蓝的显色反应与正常奶不同,由此可判断牛奶中是否含碱。

2. 所用试剂

0.04%溴麝香草酚蓝乙醇溶液。

3. 检验步骤

(1)用吸管分别吸取 5 mL 正常奶样和待检奶样,分别注入两支 10 mL 的试管中,并将试管保持一定的倾斜。

(2)沿试管壁向两支试管内小心滴加溴麝香草酚蓝溶液 6～7 滴,然后将试管小心斜转 2～3 圈,以便使溴麝香草酚蓝溶液与奶样更好地相互接触,但切忌使溴麝香草酚蓝溶液与奶样相互混合,然后将试管垂直放置。

(3)2 min 后观察两液面环状颜色的出现,并与正常牛奶的颜色反应相对照。判断标准见表 9-30。

表 9-30 溴麝香草酚蓝溶液在碱性牛奶中的变色情况

牛奶中碱含量	颜色	牛奶中碱含量	颜色
牛奶中无碳酸钠	黄色	含 0.5%碳酸钠	青绿色
含 0.03%碳酸钠	黄绿色	含 0.7%碳酸钠	淡蓝色
含 0.05%碳酸钠	淡绿色	含 1.0%碳酸钠	蓝色
含 0.10%碳酸钠	绿色	含 1.5%碳酸钠	深蓝色
含 0.30%碳酸钠	深绿色		

六、牛奶中掺甲醛的检出方法——三氯化铁显色反应

甲醛是一种常用的防腐剂,易溶于水,能抑制牛奶中微生物的生长繁殖,从而防止牛奶在贮存过程中腐败变质,pH 降低。因而个别人有可能向牛奶中加入甲醛,以延长牛奶的保存期。但甲醛对人体有毒害作用,对消费者的健康造成严重损害。

1. 检验原理

在盐酸的作用下,甲醛与三氯化铁反应生成紫色物质。

2. 试剂

三氯化铁盐酸溶液(将 30 mg 三氯化铁溶解于 100 mL 比重为 1.12 的盐酸溶液中)。

3. 检验步骤

(1)分别取正常奶样与待检奶样各 2 mL 于两支试管中,各加入 0.5 mL 三氯化铁盐酸溶液。

(2)将试管中牛奶在沸水中煮沸 1 min,此时牛奶凝固,牛奶中若有甲醛存在,便呈紫色。

七、牛奶中掺重铬酸钾的检出方法——硝酸银显色反应

重铬酸钾是一种强氧化剂,易溶于水,能抑制牛奶中微生物的生长繁殖,从而防止牛奶在贮存过程中腐败变质,pH 降低。因而个别人有可能向牛奶中加入重铬酸钾,以延长牛奶的保存期。但重铬酸钾能对人体造成伤害,危害消费者的健康。

1. 检验原理

重铬酸钾能与硝酸银发生反应,生成红黄色重铬酸银沉淀。

2. 所用试剂

2%硝酸银溶液。

3. 检验步骤

分别取正常奶样与待检奶样各 2 mL 于两支试管中,各加入 2 mL 2%硝酸银溶液。如果出现红黄色沉淀,则表明奶样中有重铬酸钾存在。

9.3 肉牛胴体评定

实验十四 肉牛屠宰试验的方法

一、实验目的

使学生了解肉牛屠宰方法,掌握肉牛屠宰试验的测定指标。

二、原理

通过屠宰动物实际测定机体成分在一定时间内的变化和评定胴体的品质,来评定饲料或日粮营养价值。一般是在饲养试验时,为获得更多、更详细的资料,在各组选择有代表性的动物在试验开始时屠宰一部分,并分析各组织器官内养分,如:干物质、粗蛋白质、粗脂肪、粗灰分和能量的含量。其余动物在试验结束时再进行全部或部分屠宰,观察各组织器官的生长发育及分析其养分和能量的含量,并对胴体的品质,如肌肉颜色、系水力、肌间含脂、眼肌面积、屠宰率等进行评定。根据试验前后动物组织器官内养分和能量含量及胴体品质的差异,即可评定不同饲料或日粮的营养价值。

三、实验方法与内容

(一)肉牛屠宰数量的确定

在进行屠宰率测定时,为了能获得可靠的试验数据,每组要有 3~6 头牛,试验群的屠宰个体选择,应采用随机抽样的方法。

(二)试验牛屠宰前的准备

屠宰前 24 h 停止饲喂,宰前 8 h 停止饮水。宰前称重、测量体尺指标,评膘分等级。

(三)屠宰与采样

屠宰时放血,收集血液并称重取样;去皮,剖开腹部,取出内脏,排尽其全部内容物;称出屠体重;必要时进行胴体品质鉴定;将屠体上的毛剪下并剪碎;用刀剁碎屠体(包括血、头、胴体、内脏、蹄、毛等),混匀后用绞肉机绞两次,放于容器中,立即取出有代表性的分析样品,供分析养分含量。

(四)屠宰方法

放血,去皮,去头,去前肢,去后肢,去尾,内脏剥离,沿腹侧正中线切开,纵向锯断胸骨和盆腔骨,切除肛门和外阴部,分离连结体壁的横膈膜。除肾脏和肾脂肪保留外,其他内脏全部取出。切除阴茎、睾丸、乳房。胴体的分割分二分体、四分体。

(五)肉牛主要生产力指标及测定方法

1. 产肉性能的测定项目

肉牛产肉性能的测定项目就是肉牛在屠宰时的测定项目,主要有:

(1)重量测定。

宰前重:屠宰前绝食 24 h,临宰时的实称体重。

宰后重:屠宰放尽血后的尸体重量。

血重:宰前重减去宰后重。

胴体重:胴体重=宰前重-[血重+皮重+内脏重(不含板油和肾脏)+头重+尾重+腕跗关节以下的四肢重]。

净体重:屠宰放血后,再除去胃肠及膀胱内容物的重量。

骨重:胴体剔除肉后的重量,即胴体重减去净肉重。要求精细剔骨,骨上带肉不超过 1.5 kg。记录时要注明是热肉还是冷肉。

净肉重:胴体剔除骨后的全部肉重。

切块部位肉重:胴体按切块要求切块后各部位的重量。

头、蹄、皮、油、内脏重:其中,油重为板油、花油、肠油、骨盆油重的合计;内脏重须分别称取心、肝、脾、肺、肾、胰、瘤胃、网胃、瓣胃、真胃、小肠、大肠、直肠、盲肠及膀胱的重量。

(2)长度测定。

胴体长:从耻骨缝至第 1 肋骨前缘的长度。

胴体后腿长:从耻骨缝至跗关节(飞节)的长度。

(3)宽度测定。胴体后腿宽指由除去尾后的凹处至同侧大腿前缘的水平宽度,或由坐骨结节端至大腿前缘的水平宽度。

(4)深度测定。

胴体体深:从第 7 胸椎棘突处的体表通过第七肋骨的垂直深度。

胴体胸深:通过第 3 肋骨的水平线,起点包括棘突上部及胸骨下部的肉厚。

(5)厚度测定。

皮厚:测量右侧第 10 肋骨椎骨端的双层皮厚再被 2 除。

肌肉厚度:大腿肌肉厚是自体表至股骨体中点的垂直距离。腰部肌肉厚是自体表至第 3 腰椎横突的垂直距离。

皮下脂肪厚度:背脂厚是第 5～6 胸椎处背中线两侧的皮下脂肪厚度。腰脂厚是第 12 肋骨处的皮下脂肪厚度，见图 9-12。

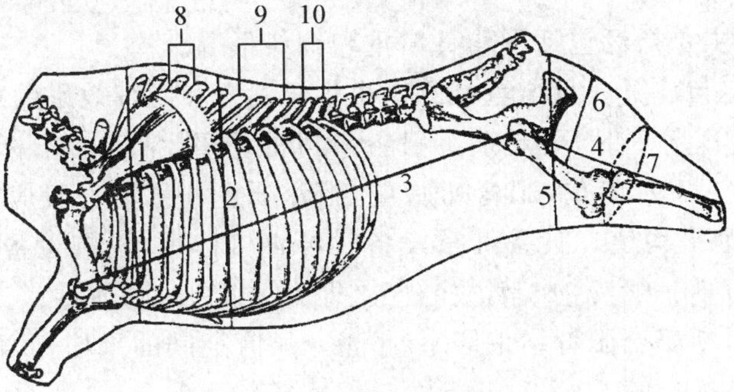

图 9-12 肉牛胴体测量名称与部位

1.胴体胸深 2.胴体体深 3.胴体长 4.胴体后腿长 5.胴体后腿宽 6.大腿肌肉厚度 7.胴体后腿围 8.背脂厚 9.第 9～11 肋骨样块 10.第 12～13 肋骨间的眼肌面积

(6)面积及其他测定。

眼肌面积：第 12～13 肋骨间切开，在 12 肋骨前缘用硫酸纸将眼肌面积描两次，用求积仪或方格透明卡片(每格为 1 cm^2)算出眼肌面积。

胴体后腿围：指股骨与胫腓骨连接处的水平围度。

第 9～11 肋骨样块：主要用作科学研究时作化学成分分析。在生产评定时，常用第 12～13 肋间眼肌面积表示肌肉所占的比例情况，用第 12～13 肋横切的脂肪分布表示体脂情况。

2.胴体产肉的几种主要指标计算

(1)屠宰率。指胴体重占活重的比率，是表明肉牛生产性能的常用指标。肉牛屠宰率超过 50%为中等指标，超过 60%为高指标。其计算方法有两种：

按宰前重计算：屠宰率＝胴体重/宰前重×100%

屠宰率＝(胴体重＋脂肪重)/宰前重×100%

按净体重计算：屠宰率＝胴体重/净体重×100%

屠宰率＝(胴体重＋脂肪重)/净体重×100%

(2)净肉率。指净肉重占宰前空腹活重的比率。良好肉牛一般在 45%左右，其计算方法有两种：

按宰前重计算：净肉率＝净肉重/宰前重×100%

按净体重计算：净肉率＝净肉重/净体重×100%

(3)胴体产肉率。指胴体净肉重占胴体重的比率。一般为 80%～88%。

胴体产肉率＝净肉重/胴体重×100%

(4)肉骨比。肉骨比＝胴体净肉重/胴体骨骼重

(5)肉脂比。肉脂比＝净肉重/脂肪重

(6)熟肉率。取腿部肌肉 1 kg，在沸水中，煮沸 120 min，测定生熟肉之比。

(7)品味取样。取臀部深层肌肉 1 kg，切成 2 cm^3 小块，不加任何调料，在沸水中煮 70 min(肉水比 1∶3)。

(8)优质切块。优质切块＝腰部肉＋短腰肉＋膝圆肉＋臀部肉＋后腿肉＋里脊肉。

3.肉牛肥育性能指标的计算

肉牛的肥育性能主要指标包括平均日增重和饲料报酬。

(1)日增重的测定与计算。日增重是测定牛生长发育和肥育效果的重要指标，也是肥育速度的具体体现。测定日增重时，要定期测量各阶段的体重，常测的指标有：初生重、断奶重、12月龄重、18月龄重、24月龄重、肥育初始重、肥育末重。称重一般应在早晨饲喂及饮水前进行，连续称2 d，取其平均值。具备称重设备时可直接称重，没有设备时估测体重。

断奶重：犊牛哺育期一般为180 d，故断奶重即为180 d时的体重。

平均日增重：指自断奶至肥育结束屠宰时，整个肥育期间的平均日增重。计算公式为：

$$平均日增重=\frac{(期末重-初始重)}{初始至期末饲养天数}=\frac{饲养期内绝对增重}{饲养期天数}$$

(2)饲料报酬的计算。饲料报酬是衡量经济效益和品种质量的一项重要指标，根据饲养期内总增重、净肉重、饲料消耗量计算每千克增重和净肉的饲料消耗量，可作为考核肉牛经济效益的指标。

$$增重1\ kg消耗饲料干物质(kg)=\frac{饲养期内消耗饲料干物质总量}{饲养期内绝对增重量}$$

$$生产1\ kg净肉需饲料干物质(kg)=\frac{饲养期内消耗饲料干物质总量}{屠宰后的净肉量}$$

在生产成本中，饲料消耗占比重最大，降低单位增重的饲料消耗量，是肉牛肥育及育种的一项基本任务。

4.胴体质量的综合评定

(1)脂肪分布。主要观察胴体的脂肪覆盖度。

(2)大理石状结构。指眼肌中脂肪的大理石状分布程度，通常用肉眼评定或用化学分析方法评定。

(3)肌肉色泽。指胴体第11～12肋骨处肌肉的颜色，通常用肉眼观察。

(4)弹性与黏性。从胴体的全体肌肉进行观察。

(5)脂肪色泽。指背部脂肪的色泽。

(六)屠宰记录

屠宰记录见表9-31至表9-35。

表9-31 活体测定记录 测定日期

牛号	品种	性别	屠宰日期	屠前评膘	体高/cm	体斜长/cm	胸围/cm	腿围/cm	管围/cm	体重/kg	备注

表 9-32 屠体测定记录

测定日期

牛号	宰前重/kg	宰后重/kg	血重/kg	头重/kg	皮重/kg	皮厚/cm	前二蹄重/kg	后二蹄重/kg	尾重/kg	消化器官重/kg	其他	其他脏器重/kg						胴体脂肪/kg				非胴体脂肪/kg			生殖器官重/kg	
												心重	肝重	肺重	脾重	肾重	其他	肾脂肪	盆腔脂肪	腹膜脂肪	胸膜脂肪	网膜脂肪	肠系膜脂肪	胸腔脂肪	睾丸	其他

表 9-33 屠宰测定记录

测定日期

牛号	皮下脂肪覆盖度/cm	胴体长/cm	胴体深/cm	胴体胸深/cm	胴体后腿围/cm	胴体后腿长/cm	胴体后腿宽/cm	其他	半片胴体横断面 12 肋				肌肉色泽	肌纤维粗细/cm	背脂肪厚/cm	脂肪质地	脂肪色泽	眼肌		12～13 肋间		9～11 肋骨样块	
									断面大弯部厚度	肋骨胸壁厚度	大腿	腰部						面积/cm^2	等级	眼肌上部脂肪厚度/cm	眼肌厚度/cm	肉重/kg	其他

表 9-34　胴体切块记录

kg;测定日期

牛号	胴体重	前小腿		后小腿		脖肉		背部肉		前腿肉		胸部肉		腹部肉		腰部肉		短腰肉		里脊肉		臀部肉		膝圆肉		后腿肉		优质切块		其他肉	
		重	占胴体重的百分数	重	占胴体重的百分数	重	占胴体重的百分数	重	占胴体重的百分数	重	占胴体重的百分数	重	占胴体重的百分数	重	占胴体重的百分数	重	占胴体重的百分数	重	占胴体重的百分数	重	占胴体重的百分数	重	占胴体重的百分数	重	占胴体重的百分数	重	占胴体重的百分数	重	占胴体重的百分数	重	占胴体重的百分数

表 9-35　产肉性能计算

测定日期

牛号	宰前重/kg	胴体重/kg	屠宰率/%	净肉重/kg	净肉率/%	胴体产肉率/%	胴体脂肪重/kg					胴体百分比							肉脂比	非胴体脂肪重/kg	肉骨比	熟肉率/%	屠体等级	备注
							肾脂肪	皮下脂肪	盆腔脂肪	腹膜脂肪	胸膜脂肪	肌肉/kg	占胴体重的百分数	骨骼/kg	占胴体重的百分数	脂肪/kg	占胴体重的百分数	肉骨比						

实验十五 肉牛的胴体分割方法

一、实验目的

使学生了解肉牛的胴体分割方法及优质高档牛肉在胴体的部位。

二、原理

肉牛的胴体分割是牛屠宰加工过程中对胴体切块的方法，根据需要包括胴体分割和部位分割，前者主要是为了冷却排酸，后者是为了便于装运、改进包装及高档肉块(优质牛肉)分割。

(一)二分胴体

在屠宰过程中进行，剥皮后沿脊椎骨中央用电锯(斧或砍刀)将胴体劈为左右两半，称二分体。

(二)四分胴体

在每边胴体的第12和第13肋间将胴体分成前和后1/4胴体。通常在后1/4胴体上保留一根肋骨，以保持腰肉的形状，便于将其切成肉排。在第12和第13肋骨之间将胴体分成几乎相等的4份，通常前1/4胴体稍重一些，前边称前腿部，后边称后腿部。

(三)部位分割

在冷藏后将胴体支解为10多个大块。前腿部分割为小腿肉、胸肉、前腿肉、背肉和脖肉5部分；后腿部分割为小腿肉(后腱子)、腹肉、内里脊肉、腰肉、短腰肉、后腿肉、臂肉和膝圆肉8部分，肉牛的胴体分割部位见图9-13。

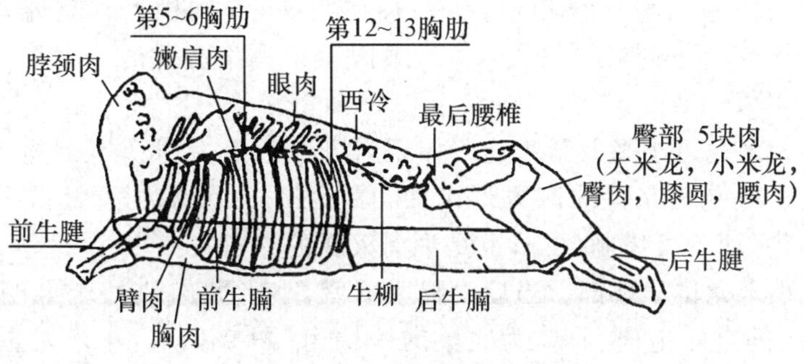

图9-13 肉牛的胴体分割部位

1. 前腿部分割方法

(1)小腿肉。前肢由上膊骨远端关节(肘关节)割下，去骨。

(2)前腿肉。沿肩胛骨和胸壁结合处分割，使肩胛骨和上膊骨与胴体分离，去骨。

(3)胸肉。自脊椎骨内侧向前剔至颈部，剔掉颈骨使脖肉完整，不要割下，再用刀尖挑开肋骨膜，沿软肋向上将肉揭开至肋骨顶端后，将肋骨、脊椎骨和颈骨全部去掉。从胸骨尖端处斜切至12肋骨上端，离椎骨端15 cm左右处，分割的下部为胸肉。

(4)脖肉。沿最后颈椎棘突方向斜切。

(5)背肉。分割后余下的部分即背肉。

2.后腿部分割方法

(1)小腿肉。由股骨远端关节(膝关节)割下去骨,和前腿部小腿肉合称小腿肉。

(2)腹肉。剔下第13肋骨,沿腰椎下缘经肠骨角向下,将腹肌全部割下。

(3)里脊肉。由腰部内侧剔出带里脊头的完整条肉。

(4)腰肉。由第5腰椎骨后缘割下去骨。

(5)短腰肉。自第5荐椎骨处经大转子前缘作斜线切割。

(6)膝圆肉。沿股骨自然骨缝分离,再用刀尖划开股四头肌和半腱肌的连接膜,割下股四头肌。

(7)后腿肉。由坐骨结节下缘沿骨缝经髋结节,再沿股骨自然骨缝分离股骨后部肌肉(股二头肌、半腹肌和半膜肌)为后腿肉。

(8)臀肉。后腿部分割剩下部分(臀中肌、臀深肌)。

牛的胴体分割在世界不同国家和地区,由于传统习惯和需要的不同,分割的方法和部位也有区别。

(四)优质高档牛肉胴体分割方法

优质牛肉:一般把臀肉、大米龙、小米龙、膝圆、腰肉、腱子肉列为优质牛肉。

(1)牛柳。也叫里脊。首先剥去肾脂肪,沿耻骨的前下方把里脊头剔出,然后由里脊头向里脊尾逐个剥离腰椎横突,取下完整的里脊(图9-14)。里脊重量占牛活重的0.83%~0.97%。里脊在西餐中以烤牛排为主,中餐以熘炒为主。

(2)西冷。也叫外脊。沿最后腰椎切下,沿眼肌腹壁一侧(离眼肌5~8 cm向前)用切割锯切下;在第9~10胸肋处切断胸椎;逐个把胸、腰椎剥离(图9-14)。外脊重量占活牛重的2.00%~2.15%。西餐以烤牛排食用,中餐馆熘炒食用。

(3)眼肉。眼肉的一端与外脊相连,另一端在第5~6胸椎处。首先剥离胸椎;抽去筋腱,在眼肌腹侧距8~10 cm切下(图9-14)。眼肉重量占牛活重的2.3%~2.5%,西餐烧烤食用。

(4)大米龙。大米龙与小米龙紧相连。如剥离小米龙后,大米龙就暴露无遗。顺着该肉块自然走向剥离,便可得一块完整的四方形肉块(图9-14)。大米龙重量占牛活重的0.7%~0.9%。中餐馆熘炒,西餐可烤制牛排,也是牛肉火腿的原料之一。

(5)小米龙。小米龙位于臀部。当后牛腿取下后,小米龙肉块处于最明显的位置。分割时可按小米龙肉块的自然走向剥离,为完整的一块肉(图9-14)。小米龙重量为活牛体重的0.7%~0.9%。小米龙酱烧食用较好,是制作牛肉火腿的原料之一。

(6)臀肉。把大米龙、小米龙剥离后,便可见到一块肉。随着此肉块的边缘分割,即可得到臀肉。也可沿着被锯开的盆骨外缘,再沿本肉块边缘分割(图9-14)。臀肉重量占活重的2.6%~3.2%。臀肉适宜中餐馆熘炒,不宜酱制。西餐常用作烤牛排。是制作风干火腿、牛肉火腿的上等原料。

(7)膝圆(又名和尚头)。当大米龙、小米龙臀肉取下后,能见到一块长圆形肉块。沿此肉块周边(自然走向)分割,很容易得到一块完整的膝圆肉(图9-14)。膝圆肉在中餐中以熘炒食用较好,西餐以烤牛排食用,也是加工牛肉火腿的上乘原料。膝圆重量占活重的2.0%~2.2%。

(8)腰肉。在臀部取出臀肉、大米龙、小米龙、膝圆后,剩下的一块肉便是腰肉(图9-14)。

腰肉在中餐中也以熘炒食用较多，西餐中可烤牛排，也是加工肉火腿的原料之一。腰肉的重量为活重的1.5％～1.9％。

(9)牛腱子肉。牛腱子肉分前后，一头牛共4块，重量占活重的2.70％～3.10％。前牛股从尺骨端下刀，剥离骨头，后牛位从肋骨上端下刀，剥离骨头取下(图9-14)。牛腱子肉常常用于红烧或酱制。

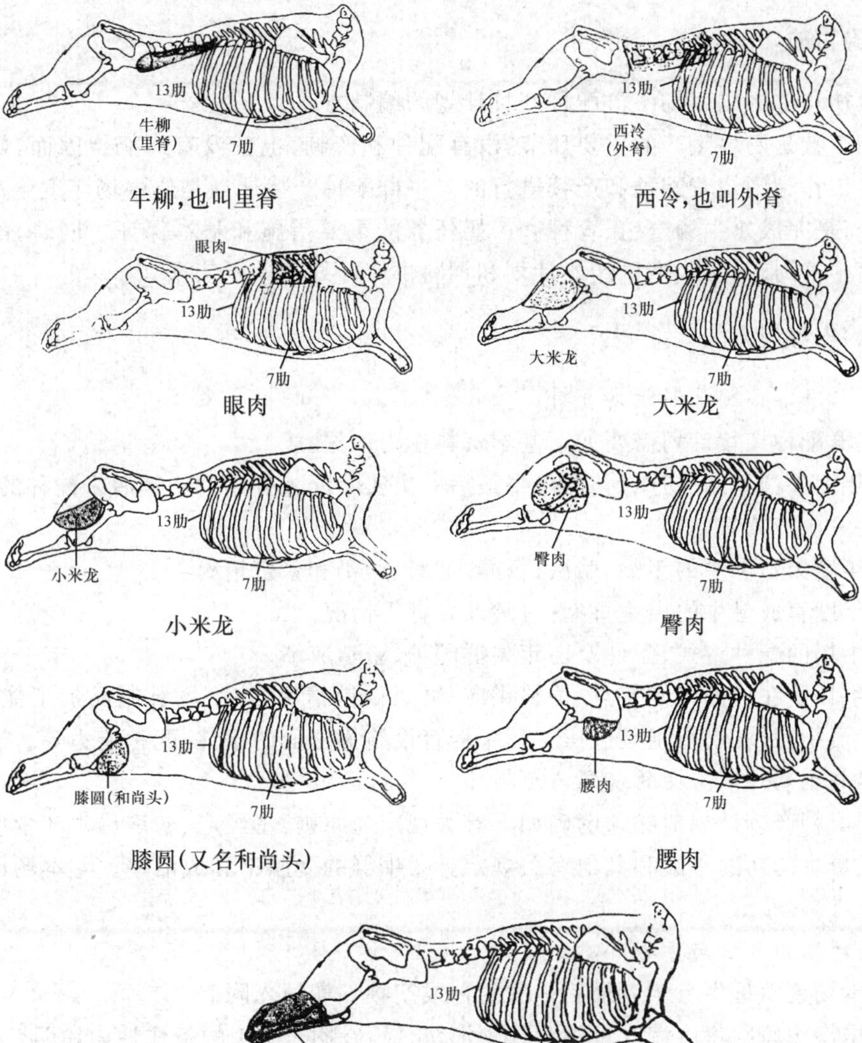

图9-14　优质高档牛肉各部位介绍(李英，2000)

三、实验内容

以参观或多媒体图片教学为主，有条件时可组织学生到屠宰厂参观肉牛屠宰过程和肉块分割过程，或教师准备充足图片、多媒体等进行讲解。

9.4 生产计划编制

实验十六 奶牛场牛群配种产犊计划的编制

一、实验目的

使学生初步掌握奶牛场牛群配种产犊计划的编制方法。

配种和产犊是奶牛生产的重要环节,没有配种和产犊,也就没有产奶。因而,奶牛场的许多日常生产工作是围绕着配种和产犊进行的。牛群配种产犊计划是奶牛场年度生产计划的重要组成部分,是完成奶牛场繁殖、育种和产奶任务的重要措施和基本保证。同时,配种产犊计划又是制订牛群周转计划、牛群产奶计划和饲料供应计划的重要依据。

二、实验内容与方法

1.收集与准备编制计划所需资料

编制牛群配种产犊计划需要如下基本资料作为依据:

(1)上年度牛群经产、初产、初配母牛最后一次实际配种日期和产犊后未配种的经产、初产母牛的最后一次产犊日期。

(2)上年度繁殖母牛的年龄、胎次、营养、健康、产奶和繁殖情况。

(3)上年度育成母牛的出生日期、月龄及发育等情况。

(4)本牛场的配种方式、条件及历年牛群配种、繁殖成绩。

(5)本牛场所在地的气候特点、饲料供应、鲜奶供销情况,该牛场乳制品加工能力,牛舍建筑设备和人员配备情况,特别是产房与犊牛培育设施等方面的条件,配种能力等。

2.明确与编制计划有关的规定与原则

在编制配种产犊计划前必须明确如下有关规定与原则:①经产、初产母牛产犊后的配种时间。②育成母牛的初配年龄和其他有关规定。③牛群的受胎率和成活率。④本场母牛的淘汰原则。

3.编制计划的方法与步骤

(1)将本场繁殖母牛上年度最后一次配种或产犊日期填入附表 9-1。

(2)根据淘汰原则将应淘汰母牛和计划淘汰月份在附表 9-1 的备注栏内说明。

(3)根据附表 9-1 中记载的母牛上年度最后一次配种(受胎)日期推算出计划年度的预产犊日期,填在附表 9-1 中的相应位置。

(4)根据产后配种的时间规定,计算出产犊后未配种母牛在计划年度的预配种日期(月份),填在附表 9-1 中的相应位置。

(5)根据本年度母牛的预产犊日期和产后配种时间的规定,计算出本年度预产犊母牛的第二次预配种日期(月份),填在附表 9-1 中的相应位置。

(6)根据上年度未参加配种的育成母牛的年龄和发育情况及根据育成母牛初配年龄与体重的规定,计算出计划年度内的预配种日期(月份)和预产犊日期(月份)填在附表 9-2 中的相应位置。

(7)将附表 9-1 和附表 9-2 中所推算出的母牛计划配种、产犊日期按经产、初产、初配分月进行统计，将统计结果分项填入附表 9-3 中相应栏内。此便为计划年度牛群配种产犊计划之初稿。

(8)根据本牛场经营方向、本地气候特点、饲料供应、鲜奶供销、本场处理鲜奶能力及乳制品加工情况，牛舍建筑设备及人员配备情况，特别是产房与犊牛培育设施等方面的条件，配种能力等，对计划的初稿进行适当调整后定稿。此即为计划年度牛群配种产犊计划。对计划的初稿进行调整有两种途径，其一为将某些育成母牛的初配年龄适当提前或推迟 1～2 个月；其二为将某些成母牛产后配种的时间适当提前或推迟。

(9)为保证该计划的完成，根据本场的实际情况制订相应的技术和管理措施。

4. 例题

为某牛场编制下一年度配种产犊计划。

(1)上年度经产、初产、初配母牛最后一次配种和产犊日期如附表 9-1 所示。

(2)本场育成母牛及犊母牛的出生日期及月龄如附表 9-2 所示。

(3)要求经产母牛产后 90 d 内、初产母牛产后 120 d 内配种受胎。

(4)育成母牛初配年龄为 18 月龄，最晚不超过 23 月龄。

(5)凡属年龄超过 10 产，305 d 产奶量低于 4 500 kg 者，患有严重乳房疾病、生殖疾病而又屡治无效者均加以淘汰。

(6)配种受胎率按 95%计，流产死胎率按 5%计，犊牛成活率按 90%计。

(7)根据实际情况，要求 10 月至翌年 3 月产犊母牛头数不得低于全年的 50%。各月份产犊母牛不得超过 8 头。

(8)所做结果见附表 9-4、附表 9-5、附表 9-6。

三、作业

根据附表 9-7、附表 9-8 所提供的资料，编制某奶牛场下一年度配种产犊计划(除第 6 条外，各项要求与例题相同)。

附表 9-1　某牛场配种产犊登记与计算表

牛号	胎次	上年最后一次		计划年度预计				备注
		产犊日期	配种日期	配种日期/月份	产犊日期	配种日期/月份	产犊日期/月份	
1	10		2009.7.13					
3	8		5.18					
4	4		11.21					
5	10		10.19					
8	5		7.21					
9	6	2009.10.6						
11	7	12.3						
13	9		12.13					
14	7	3.27						
19	6		12.23					

续附表 9-1

牛号	胎次	上年最后一次		计划年度预计				备注
		产犊日期	配种日期	配种日期/月份	产犊日期	配种日期/月份	产犊日期/月份	
109	1		11.21					
120	1		12.28					
121	1		12.17					
126	1	10.15						
128	1	10.12						
129			9.12					
130			5.4					
132			5.8					
133			6.5					
47	4		4.26					
516	3		10.19					
806	3	12.17						
807	3		10.11					
807	3	12.6						
73	5		10.21					
77	6		7.25					
78	2		11.15					
80	2		4.21					
89	2		5.7					
92	2	12.27						
93	1		8.28					
104	1		6.3					
22	5	7.11						
24	7	10.31						
27	6		11.19					
28	6		8.18					
31	7	11.13						
32	4		9.24					
33	4		11.29					
34	5	12.8						
36	6		8.27					
37	4		6.9					
39	5	11.17						
40	4		8.27					
44	4		10.19					
46	4	12.27						

附表 9-2 某牛场育成母牛、犊母牛登记与计算表

牛号	出生日期	月龄	计划配种日期/月份	计划产犊日期/月份	备注
134	2008.6.5	18			
136	7.9	17			
138	8.23	16			
141	9.14	15			
144	9.16	15			
147	10.17	14			
148	10.23	14			
149	2009.2.25	10			
151	4.6	8			
156	7.15	5			
158	8.6	4			
160	8.17	4			
161	9.3	3			
164	9.22	3			
166	9.23	3			
167	10.14	2			
159	11.5	1			
170	11.8	1			
171	11.21	1			
173	11.23	1			
178	12.9	0			
181	12.16	0			
184	12.21	0			

附表 9-3 配种产犊计划汇总表

月份	1	2	3	4	5	6	7	8	9	10	11	12	合计
上年度母牛配种数													
经产母牛													
初产母牛													
初配母牛													
合计													
计划年度产犊数													
经产母牛													
初产母牛													
合计													
计划年度配种数													
经产母牛													
初产母牛													
初配母牛													
合计													
下年度产犊情况													
合计													

附表 9-4 某牛场配种产犊登记与计算结果表

牛号	胎次	上年最后一次		计划年度预计				备注
		产犊日期	配种日期	配种日期/月份	产犊日期	产犊日期/月份	配种日期/月份	
1	10		2009.7.13		2010.4.19			不再配种
3	8		5.18		2.24		5	
4	4		11.21		8.27		11	
5	10		10.19		7.25			不再配种
8	5		7.21		4.26		7	
9	6	2009.10.6		2010.1		2010.10		
11	7	12.3		3		12		
13	9		12.13		9.19			不再配种
14	7	3.27		6				
19	6		12.23		9.29		12	
109	1		11.21		8.26		11	
120	1		12.28		10.4			
121	1		12.17		9.23		12	
126	1	10.15		2		11		
128	1	10.12		2		11		
129			9.12		6.18		10	
130			5.4		2.1		6	
132			5.8		2.14		6	
133			6.5		3.11		7	
47	4		4.26		1.2		4	
5162	3		10.19		7.25		10	
8063	3	12.17		3		12		
8073	3		10.11		7.17		10	
8077	3	12.6		3		12		
73	5		10.21		7.27		10	
77	6		7.25		5.1		8	
78	2		11.15		8.21		11	
80	2		4.21		1.27		4	
89	2		5.7		2.13		5	
92	2	12.27		3		12		
93	1		8.28		6.3		9	
104	1		6.3		3.9		6	
22	5	7.11		1		10		
24	7	10.31		1		10		
27	6		11.19		8.25		11	
28	6		8.18		5.24		8	

续附表 9-4

牛号	胎次	上年最后一次		计划年度预计				备注
		产犊日期	配种日期	配种日期/月份	产犊日期	产犊日期/月份	配种日期/月份	
31	7	11.13		2		11		
32	4		9.24		6.3		9	
33	4		11.29		9.4		12	
34	5	12.8		3		12		
36	6		8.27		6.2		9	
37	4		6.9		3.15		6	
39	5	11.17		2		11		
40	4		8.27		6.2		9	
44	4		10.19		7.25		10	
46	4	12.27		3		12		

附表 9-5 某牛场育成母牛、犊母牛登记与计算结果表

牛号	出生日期	月龄	计划配种日期/月份	计划产犊日期/月份	备注
134	2008.6.5	18	1	10	
136	7.9	17	1	10	
138	8.23	16	2	11	
141	9.14	15	3	12	
144	9.22	15	3	12	
147	10.17	14	4		
148	11.23	13	5		
149	11.8	13	5		
151	12.20	12	6		
156	2008.1.10	11	7		
158	2.16	10	8		
160	3.17	9	9		
161	4.3	8	10		
164	5.22	7	11		
166	6.23	6	12		
167	7.14	5			
159	8.5	4			
170	9.8	3			
171	9.21	3			
173	10.11	2			
178	10.23	2			
181	11.16	1			
184	12.21	0			

附表 9-6　某奶牛场 2010 年度配种产犊计划汇总表

月份	1	2	3	4	5	6	7	8	9	10	11	12	合计
上年度母牛配种数													
经产母牛				2	2	1	3	3	1	5	4	2	23
初产母牛						1		1			1	2	5
初配母牛					2	1			1				4
合计				2	4	3	3	4	2	5	5	4	32
计划年度产犊数													
经产母牛	2	2	2	1	2	4	5	4	3	3	3	5	39
初产母牛		2	1			1				2	1	2	9
合计	2	4	3	1	2	5	4	4	3	5	4	7	44
计划年度配种数													
经产母牛	3	2	6	2	2	3	1	2	4	4	4	3	36
初产母牛		2				2	1			1			6
初配母牛	2	1	2	1	2	1	1	1	1	1	1	1	15
合计	5	5	8	3	4	6	3	3	5	6	5	4	57

附表 9-7　某牛场配种产犊登记表

牛号	胎次	产犊日期	配种日期	备注	牛号	胎次	产犊日期	配种日期	备注
1	10		2008.11.1		24	5		12.19	
2	9		10.28		25	5		12.4	
3	9		11.13		26	5		4.8	
4	8		11.30		27	5		11.4	
5	7	2008.9.26			28	5		12.6	
6	7	11.26			29	6		8.14	
7	7	10.1			30	5	2.11		
8	6		6.24		31	5		11.3	
9	7		5.23		32	5		5.16	
10	5		6.24		33	5	11.2		
11	6	12.21			34	5	10.11		
12	6		3.30		35	5		3.28	
13	6		12.24		36	4	11.12		
14	6		4.15		37	4		6.3	
15	6		10.13		38	4	10.7		
16	5		10.13		39	4	10.3		
17	6	10.16			40	4		10.3	
18	5		10.2		41	4		8.23	
19	6		11.7		42	4		6.5	
20	5		4.26		43	4		9.3	
21	6	12.8			44	4	12.8		
22	5		6.42		45	4		7.12	
23	6	12.1			46	4	10.1		

续附表 9-7

牛号	胎次	产犊日期	配种日期	备注	牛号	胎次	产犊日期	配种日期	备注
47	4		5.6		86	2	11.26		
48	4		12.9		87	2		10.16	
49	4		6.18		88	2		10.31	
50	4		6.3		89	2		10.28	
51	2		7.23		90	2		11.28	
52	4	10.4			91	2		11.17	
53	3		9.15		92	2		8.14	
54	4	11.5			93	2		12.3	
55	4	12.11			94	1		12.22	
56	4		9.12		95	2		10.12	
57	4		10.1		96	2		12.13	
58	3		12.21		97	2		12.3	
59	4	11.11			98	2	9.19		
60	3		2008.8.30		99	2		9.27	
61	4		12.19		100	2		11.12	
62	3		12.25		101	1	10.19		
63	4		12.22		102	2	11.10		
64	3	2008.11.5			103	2		11.5	
65	3		6.14		104	2	9.20		
66	3		12.12		105	2	11.29		
67	3		10.1		106	2	11.20		
68	3		11.4		107	2		12.9	
69	3	12.12			108	2	12.2		
70	3	8.26			109	2	12.15		
71	3		11.24		110	2		5.31	
72	3		4.18		111	2		5.9	
73	3		11.6		112	1		10.28	
74	2		10.9		113	1		5.16	
75	2	12.14			114	1		12.22	
76	2		12.19		115	1		6.1	
77	3	12.13			116	1		11.1	
78	3		10.5		117	1		7.20	
79	3	11.6			118	1		7.22	
80	2		4.5		119	1		2008.7.22	
81	3	9.12			120	1		9.10	
82	1		7.16		121	1		11.8	
83	3		8.28		122	1		5.22	
84	2		5.18		123	1		8.10	
85	2		12.18		124	1		8.13	

续附表 9-7

牛号	胎次	产犊日期	配种日期	备注	牛号	胎次	产犊日期	配种日期	备注
125	1		11.7		152			12.9	
126	1		7.29		153		5.25		
127	1		11.19		154		12.25		
128	1		11.10		155		5.6		
129	1		8.16		156		11.24		
130	1		12.18		157		7.6		
131	1		9.14		158		7.11		
132	1		5.12		159		6.15		
133	1		11.26		160		12.12		
134	1		11.19		161		8.19		
135	1		12.2		162		12.23		
136	1		12.1		163			12.16	
137	1	12.7	9.7		164			10.17	
138	1	9.10			165			10.11	
139	1	12.19			166			10.18	
140	1		12.14		167			11.5	
141	1		6.4		168			11.20	
142			5.12		169			10.12	
143			4.24		170			8.29	
144			4.6		171			12.28	
145			5.1		172			10.19	
146			11.22		173			10.21	
147			8.8		174			9.12	
148			4.4		175			9.8	
149			5.21		176			11.5	
150		12.32			177			10.19	
151			5.6						

附表 9-8　某牛场育成母牛、犊母牛登记与计算结果表

牛号	出生日期	月龄	计划配种月份	计划产犊月份	备注
201	2007.5.14	18			
202	8.22	15			
203	5.31	18			
204	6.11	17			
205	6.15	17			
206	6.23	17			
207	6.24	17			
208	7.1	16			
209	7.10	16			
210	7.26	16			

续附表 9-8

牛号	出生日期	月龄	计划配种月份	计划产犊月份	备注
211	7.31	16			
212	8.20	15			
213	11.28	12			
214	12.5	11			
215	12.24	11			
216	12.30	11			
217	2008.1.3	10			
218	1.26	10			
219	2.11	9			
220	3.7	8			
221	3.7	8			
222	3.10	8			
223	3.16	8			
224	3.20	8			
225	3.25	8			
226	3.27	8			
227	4.7	7			
228	4.7	7			
229	4.11	7			
230	4.15	7			
231	4.17	7			
232	5.2	6			
233	5.17	6			
234	5.25	6			
235	6.3	5			
236	6.11	5			
237	6.18	5			
238	6.22	5			
239	7.17	4			
240	7.26	4			
241	8.5	3			
242	8.23	3			
243	9.18	2			
244	9.28	2			
245	9.30	2			
246	10.1	1			
247	10.3	1			
248	10.11	1			
249	10.21	1			
250	11.2				
251	11.6				

续附表 9-8

牛号	出生日期	月龄	计划配种月份	计划产犊月份	备注
252	11.11				
253	11.12				
254	11.17				
255	11.25				
256	11.28				
257	11.29				
258	12.8				
259	12.9				
260	12.11				
261	12.12				
262	12.13				
263	12.15				
264	12.16				
265	12.16				
266	12.18				

实验十七　奶牛场牛群周转计划的编制

一、实验目的

使学生初步掌握奶牛场牛群周转计划的编制方法。

合理的牛群结构是奶牛场科学饲养管理、合理使用人力物力、完成预定育种和生产任务、提高经济效益的基本保证。由于牛的出生、生长、出售、购入、死亡与淘汰，奶牛场各类牛群的数量常处于动态的变化之中。为了对这种变化的情况能够充分掌握并进行有目的的干预，根据本牛场的经营方针及牛群和牛场的实际情况来制定牛群的周转计划是非常重要的。它不但可以保证各项生产任务的完成，而且还为各项管理工作提供重要的依据。

二、实验内容与方法

1.收集与准备编制计划所需要的资料

编制牛群周转计划需要如下基本资料作为依据：①本牛场的生产方向、经营方针和生产任务；②本牛场的建筑及设备条件、劳动力配备及饲料供应情况；③上年度年终各类别牛的实有头数、年龄、胎次、生产性能及健康状况；④计划年度内牛群配种产犊计划；⑤本场牛群的繁殖成绩，犊牛、育成牛的成活率，成母牛的死亡率及淘汰标准。

2.编制牛群周转计划的方法和步骤

(1)根据上年度年末各类牛存栏数量，确定计划年度 1 月份月初各类牛的存栏数量，填入附表 9-9 的相应栏内。

(2)根据计划年度的生产任务及牛场建筑设备、劳动力配备和饲料供应条件、计划年度内可能改善的情况等，确定计划年度年终各类牛存栏的数量，填入附表 9-9 的相应栏内。

(3)根据计划年度配种产犊计划及犊牛出生的成活率，推算出计划年度各月份犊牛出生头数及成活头数，填入附表 9-9 的相应栏内。

(4)根据计划年度各月份出生犊牛成活数，各类牛转群时间及成活率及淘汰原则，自下而上，由左到右，按月推算计划年度各类牛的转出、转入及淘汰数，填入附表 9-9 的相应栏内，再计算出各类牛每个月末的实际存栏头数。

(5)将推算出的计划年度各类牛年终存栏头数与计划头数相比，对各类牛各月份的淘汰头数进行调整，使推算的结果与计划头数相等。

3. 例题

根据实验十六中例题的数据，编制该场 2010 年牛群周转计划，要求：

(1)2010 年年终成母牛头数达 45 头以上，成母牛头数占全群总头数的 60%以上，全群年终总头数为 75 头以上。

(2)青年牛占全群总头数的 13%，年终总头数为 13 头；育成牛占 17%，年终总头数为 17 头；犊牛占 9%，年终总头数为 7 头。

(3)配种受胎率按 95%计，流产死胎率按 5%计，犊牛成活率按 90%计。

(4)所做结果见附表 9-10。

三、作业

根据实验十六中作业的材料，编制牛群周转计划。除年终成母牛头数外，其他牛群比例和要求与例题相同。

附表 9-9　牛群周转计划表

群别	月份	1	2	3	4	5	6	7	8	9	10	11	12	年末
成母牛	月初													
	转出													
	转入													
	淘汰													
	月末													
青年母牛	月初													
	转出													
	转入													
	淘汰													
	月末													
育成母牛（13～18 个月）	月初													
	转出													
	转入													
	淘汰													
	月末													
育成母牛（7～12 个月）	月初													
	转出													
	转入													
	淘汰													
	月末													

续附表 9-9

群别	月份	1	2	3	4	5	6	7	8	9	10	11	12	年末
犊母牛	月初													
	转出													
	转入													
	淘汰													
	月末													
犊母牛	出生													
	成活													

附表 9-10 某奶牛场 2010 年度牛群周转计划

群别	月份	1	2	3	4	5	6	7	8	9	10	11	12	年末
成母牛	月初	42	44	45	45	45	45	45	44	44	46	46	48	
	转出													
	转入	2	1			1				2	1	2		
	淘汰							1			1		1	
	月末	44	45	45	45	45	45	44	44	46	46	48	47	47
青年母牛	月初	4	4	4	6	7	8	9	10	11	10	10	9	
	转出	2	1			1				2	1	2		
	转入	2	1	2	1	2	1	1	1	1	1	1	1	
	淘汰													
	月末	4	4	6	7	8	9	10	11	10	10	9	10	10
育成母牛（13～18个月）	月初	9	8	8	7	7	6	6	6	6	7	8	7	
	转出	2	1	2	1	2	1	1	1	1	1	1	1	
	转入	1	1	1	1	1	1	1	1	2	2	1	1	
	淘汰											1	1	
	月末	8	8	7	7	6	6	6	6	7		7	6	6
育成母牛（7～12个月）	月初	6	6	6	7	8	8	8	8	8	7	6	6	
	转出	1	1	1	1	1	1	1	1	2	2	1	1	
	转入	1	1	2	2	1	1	1	2	1	1	1	2	
	淘汰								1					
	月末	6	6	7	8	8	8	8	8	7	6	7	7	7
犊母牛	月初	8	8	8	7	6	6	6	7	6	6	7	7	
	转出	1	1	2	2	1	1	1	2	1	1	1	2	
	转入	1	2	1	1	1	2	2	2	1	3	2	3	
	淘汰		1				1		1		1	1	1	
	月末	8	8	7	6	6	6	7	6	6	7	7	7	7
犊母牛	出生	1	2	1	1	1	2	2	2	1	3	2	4	
	成活	1	2	1	1	1	2	2	2	1	2	2	3	

实验十八 奶牛场年度产奶计划的编制

一、实验目的

使学生初步掌握奶牛场牛群产奶计划的编制方法。

生产牛奶是奶牛场工作的核心，年度产奶计划是奶牛场全年生产的基本依据，只有在制定好产奶计划的基础上，才能进一步制订鲜奶供销计划、乳制品加工销售计划、饲料供应计划、财务计划和利润指标等，并进一步确定劳动力和建筑设备等的分配、生产定额、奖惩制度等各项管理措施。因此，编制牛群的产奶计划是奶牛场经营管理的重要一环。

二、实验内容与方法

1. 收集与准备编制计划所需要的资料

编制牛群产奶计划需要如下基本资料作为依据。

(1)全场所有产奶母牛、青年母牛和育成母牛的品种、年龄、胎次、血统、生产性能、健康状况等情况。

(2)经产母牛前一胎次的泌乳情况，包括泌乳天数、总产奶量、305 d 产奶量、最高日泌乳量及出现的时间、各泌乳月产奶量的变化规律等。

(3)经产母牛前一泌乳期所处的月份、气候、饲养管理条件及对产奶量的影响情况等。

(4)计划年度的全场牛群的配种产犊计划及经产母牛的最近一次分娩和配种日期。

(5)该品种或本奶牛群各泌乳期泌乳量的变化规律。

(6)计划年度内饲养管理条件的可能改善程度。

2. 牛群产奶计划的编制方法和步骤

(1)将全场成年母牛的与制定产奶计划有关的基本情况逐头登记于附表 9-11 中。

(2)根据本场牛群计划年度的配种产犊计划，逐头计算在计划年度内本场所有产犊母牛在计划年度内产犊胎次的 305 d 理论产奶量。对于经产母牛，计划年度产犊胎次的 305 d 理论产奶量的计算依据是前一个泌乳期 305 d 产奶量和该品种或本场牛群各胎次的泌乳校正系数(附表 9-12)。对于初产母牛，计划年度产犊胎次的 305 d 理论产奶量的计算依据是其母亲的第一胎产奶量和父亲的产奶量育种值，并考虑该牛及其母亲第一胎的初配月龄、体重、健康、饲养管理条件等情况。

(3)根据个体母牛的健康、体况、本场计划年度内饲养管理条件的可能改善程度对上面所制定的理论产奶量进行适当修订，确定计划年度产犊胎次的 305 d 计划产奶量。

(4)根据本场牛群计划年度配种产犊计划中各母牛在计划年度内的计划分娩日期推算出干奶日期，并确定计划年度各母牛在各自然月份的泌乳日数。

(5)根据确定的 305 d 计划产奶量查附表 9-13，找出各泌乳月的理论日平均产奶量，再根据各泌乳月处于各自然月份的实际泌乳天数，求出各自然月份的理论计划产奶量和理论计划日平均产奶量。

(6)根据计划年度各自然月份的气候特点、饲料供应等情况对泌乳量的影响，将各自然月份理论计划日平均产奶量进行调整，确定各自然月份实际计划日平均产奶量。

(7)将调整后得到的各自然月份实际计划日平均产奶量分别乘以各自然月份实际泌乳日数，求出各自然月份的实际计划产奶量，并将其合计，即为该牛计划年度的计划总产奶量。

(8)将全场产奶母牛的个体泌乳计划列表，按月、按牛分别统计，即为该牛场计划年度产奶计划。

三、例题

根据附表 9-11 所列情况，编制 112 号牛 2010 年度个体产奶计划。

(1)计算 112 号牛第四泌乳期和第五泌乳期的 305 d 理论产奶量和计划产奶量。

根据 112 号牛上一泌乳期的胎次与泌乳情况，查附表 9-12，计算 112 号牛第四泌乳期 305 d 理论产奶量：

112 号牛第四泌乳期理论产奶量＝7 110×0.660/0.634＝7 402(kg)。

由于计划年度牛场的饲养管理条件会有所改善，将 112 号牛第四泌乳期的 305 d 计划产奶量确定为 7 500 kg。根据 112 号牛上一泌乳期的胎次与泌乳情况，查附表 9-12，计算 112 号牛第五泌乳期 305 d 理论产奶量：

112 号牛第五泌乳期理论产奶量＝7 500×1.051＝7 883(kg)。

由于计划年度牛场的饲养管理条件会有所改善，将 112 号牛第五泌乳期的 305 d 计划产奶量确定为 8 000 kg。

(2)根据从配种产犊计划中得到的 112 号牛最后一次产犊日期和配种妊娠日期，计算 112 号牛在计划年度内各泌乳月处于各自然月中的泌乳天数，填入附表 9-14 中的相应栏内。

(3)根据第一步得到的 112 号牛第四、第五泌乳期 305 d 计划产奶量，查附表 9-13，将与附表 9-14 中各泌乳月相对应的各泌乳月理论计划日平均产奶量填入附表 9-14 中的相应栏内。

(4)将附表 9-14 中 112 号牛计划年度各自然月中所包含的各泌乳月的泌乳天数与相对应的理论计划日平均产奶量相乘，然后将乘积按各自然月相加，得到计划年度内各自然月的理论计划产奶量，填入附表 9-14 的相应栏内。

(5)将附表 9-14 中 112 号牛计划年度各自然月理论计划产奶量除以各自然月的泌乳天数，得到 112 号牛计划年度各自然月理论计划日平均产奶量，填入附表 9-14 的相应栏内。

(6)根据计划年度各自然月份的气候特点、饲料供应等情况对泌乳量可能产生的影响，将各自然月份理论计划日平均产奶量进行调整，确定各自然月份实际计划日平均产奶量。填入附表 9-14 的相应栏内。

(7)将附表 9-14 中 112 号牛计划年度各自然月中所包含的各泌乳月的泌乳天数与相对应的实际计划日平均产奶量相乘，得到计划年度内各自然月的实际计划产奶量，填入附表 9-14 的相应栏内。

(8)将附表 9-14 中的 112 号牛各自然月实际计划产奶量及其他相关资料汇总于附表 9-15。

四、作业

利用附表 9-11 中给出的其他两头牛的数据，编制 2010 年度产奶计划。

附表 9-11　成年母牛基本情况登记表

牛号	出生日期	胎次	上一泌乳期情况					最近分娩日期	最后配种妊娠日期	预计分娩日期	预计干奶日期	体况
			胎次	泌乳天数	全泌乳期产奶量/kg	305 d产奶量/kg	最高日产奶量/kg					
112		4	3	311	7 200	7 110	35	2009.5.12	2009.7.26	2010.5.2	2010.3.3	中上
113		5	4	335	6 800	6 400	32	2009.7.16	2009.11.3			
114		2	1	298	6 500		32	2009.8.30	2009.12.3			

附表 9-12　北方黑白花奶牛各胎次的产奶量校正系数

校正为	胎次					
	1	2	3	4	5	6
1胎	1.000	0.729	0.660	0.634	0.629	0.630
5胎	1.591	1.160	1.051	1.009	1.000	1.003

附表 9-13　不同单产母牛泌乳期内各泌乳月日平均产奶量

计划 305 d 总产奶量/kg	各泌乳月日平均产奶量/kg									
	1	2	3	4	5	6	7	8	9	10
3 000	12	14	13	12	11	10	9	8	6	5
3 300	13	15	14	13	12	11	10	9	7	6
3 600	14	17	15	14	13	12	11	10	8	6
3 900	16	18	16	15	14	13	12	10	9	7
4 200	17	19	17	16	15	14	13	11	10	8
4 500	18	20	19	17	16	15	13	12	10	9
4 800	19	22	20	19	17	16	14	13	11	9
5 100	20	23	22	20	18	17	15	14	12	10

续附表 9-13

计划 305 d 总产奶量/kg	各泌乳月日平均产奶量/kg									
	1	2	3	4	5	6	7	8	9	10
5 400	21	24	23	21	19	18	16	15	13	11
5 700	22	25	24	22	20	19	17	15	14	12
6 000	24	27	25	23	21	20	18	16	14	12
6 300	25	28	26	24	22	21	19	17	15	13
6 600	26	29	27	25	23	22	20	18	16	14
6 900	27	30	28	26	25	23	21	19	17	14
7 200	28	31	29	27	26	24	22	20	18	15
7 500	29	32	30	28	27	25	23	21	19	16
7 800	30	33	31	29	27	26	24	22	20	17
8 100	31	34	32	30	28	27	25	23	21	18

注:(1)计划 305 d 产奶量不能与表中所列数字完全吻合时,可按 305 d 产奶量每增加(或减少)30 kg,每泌乳月理论平均日产奶量增加(或减少)0.1 kg 计算。

(2)计划 305 d 产奶量超过本表所列范围时,可将表中适合的两个 305 d 产奶量所对应的各泌乳月的理论日平均产奶量也相加,求出各泌乳月的理论平均日产奶量。如计划 305 d 产奶量为 9 900 kg 时,可将 305 d 产奶量为 3 900 kg 和 6 000 kg 所对应的 16 和 24 相加,之和 40 就是计划 305 d 产奶量为 9 900 kg 时第一泌乳月的理论计划日平均产奶量。

附表 9-14 牛群产奶计划计算表

牛号	自然月	1	2	3	4	5	6	7	8	9	10	11	12	合计
112	各泌乳月处于各自然月的天数	29 / 2	28 /	3 /		30 /	30 /	30 / 1	29 / 2	28 / 2	28 / 3	27 / 3	27 / 4	306 d
	各泌乳月的理论日平均产奶量/kg	19 / 16	16 /	15 /		30.6 /	33.7 /	31.7 / 29.6	29.6 / 27.7	27.7 / 26.7	26.7 / 24.6	24.6 / 22.7	22.7 / 20.7	
	各泌乳月理论计划产奶量/kg	583	448	45		918	1 011	980.6	913.8	829	821.4	732.3	695.7	7 977.8
	各自然月理论计划日平均产奶量/kg	18.8	16	15		30.6	33.7	31.6	29.5	27.6	26.5	24.4	22.4	
	各自然月的实际计划日平均产奶量/kg	19	16	15		31	33	31	29	27	27	25	23	
	各自然月实际计划产奶量/kg	589	448	45		930	990	961	899	810	837	750	713	7 972

附表 9-15 牛场个体母牛年度产奶计划汇总表

牛号		112							合计
胎次		4							
上胎 305 d 产奶量/kg		7 110							
最近配种日期		2009.7.26							
预计分娩日期		2010.5.2							
产奶计划/kg	1 月	589							
	2 月	448							
	3 月	45							
	4 月								
	5 月	930							
	6 月	990							
	7 月	961							
	8 月	899							
	9 月	810							
	10 月	837							
	11 月	750							
	12 月	713							
全年总计/kg		7 972							
备注									

实验十九 奶牛场饲料供应计划的编制

一、实验目的

使学生初步掌握奶牛场饲料供应计划的原理与编制方法。

饲料是奶牛生产的基础，充足而稳定的饲料供应是保证奶牛场完成各项生产任务的必要前提。饲料不但可以影响奶牛的生产性能和牛的健康，还影响奶牛的饲养成本，进而影响奶牛生产的经济效益。因此，编制饲料供应计划是奶牛场经营管理的重要环节，必须做好。

二、实验内容与方法

1. 收集与准备编制计划所需要的资料

编制奶牛场饲料供应计划需要如下基本资料作为依据：

①计划年度的全场牛群周转计划；②计划年度的全场产奶计划；③各类牛的基础饲料定额与产奶的饲料定额；④当地的饲料资源情况及饲料市场的资源、价格的变化规律等情况；⑤本牛场的饲料地情况；⑥本牛场各类饲料的贮存加工条件；⑦本牛场的资金情况。

2. 饲料供应计划的编制方法与步骤

(1)根据本牛场的牛群周转计划，计算计划年度内各月份及全年各类牛的饲养头日数。

(2)根据本牛场产奶计划，计算计划年度各月份及全年的产奶量。

(3)根据以往的经验，本场牛群的生产水平，当地的饲料资源情况，本牛场的饲料地情况，本牛场各类饲料的贮存加工条件，各类饲料原料的价格情况等，确定计划年度所采用的饲料种类。

(4)根据各类牛的基础饲料定额及产奶的饲料定额，计划年度内各月份及全年各类牛的饲养头日数，计划年度各月份及全年的产奶量，计算计划年度各月份及全年的各种饲料的需要量。

(5)为了留有余地，根据不同种类饲料的特点，对计算出的各种饲料的需求量增加必要的损耗量。

(6)将计算结果填入相应的表中，按月、年饲料种类分别统计汇总。

(7)根据本牛场的饲料地情况，本牛场各类饲料的贮存加工条件，当地饲料市场的资源、价格在一年内的变化规律，本牛场的资金情况等，制订各类饲料的种植与采购计划。

三、例题

根据实验十八中例题的数据，编制 2010 年的饲料供应计划。

1. 约束条件

(1)饲料定额。

精饲料：成年母牛基础需要量为 3 kg/(头·d)；成年母牛产奶需要量为 1 kg/3 kg 奶；育成母牛与青年母牛的需要量为 3 kg/(头·d)；犊牛的需要量为 1.5 kg/(头·d)。损耗量为 5%。

青贮饲料：成年母牛的需要量为 20 kg/(头·d)；育成母牛与青年母牛的需要量为 15 kg/(头·d)。损耗量为 15%。

干草：成年母牛的需要量为 5 kg/(头·d)；育成母牛与青年母牛的需要量为 3 kg/(头·d)；犊牛的需要量为 1.5 kg/(头·d)。损耗量为 10%。

(2)全场各月份的总产奶量分别为：25.0、25.5、26.0、26.5、27.0、26.5、26.0、25.0、25.0、27.0、27.5、27.0 t。

(3)牛场的饲料地及青贮设备完全可以满足全场奶牛全年的青贮需要量。

2. 制定方法与步骤

(1)根据本牛场 2010 年度牛群周转计划，计算出计划年度内各月份及全年各类牛的饲养头日数，填入附表 9-16、附表 9-17 的相应栏内。

(2)将例题约束条件中给定的本牛场各月份的产奶量，填入附表 9-16、附表 9-17 的相应栏内。

(3)根据附表 9-16、附表 9-17 的相关内容，计算各类牛群各月份对各类饲料的需要量。

(4)根据当地的饲料资源与价格情况，本牛场计划年度的精饲料由玉米(50%)、麸皮(15%)、豆粕(20%)、杂粕(10%)、矿物质饲料(5%)构成；干草由苜蓿(30%)和东北羊草(70%)构成。据此将本牛场计划年度内各月份各类饲料的需要量进一步分解为各种饲料的需要量，填入附表 9-18 的相应栏内。

(5)根据各类饲料的特点，将各类饲料的需要量增加一定的损耗量，并将结果汇总于附表 9-19，此即本牛场 2010 年度饲料供应计划。

(6)根据本牛场的饲料地情况，本牛场各类饲料的贮存加工条件，当地饲料市场的资源、价格在一年内的变化规律，本牛场的资金情况等，制定各类饲料的种植与采购计划。

四、作业

采用实验十九作业中的数据编制饲料供应计划，其各月份的产奶量由指导教师根据实验十八中作业的资料估算,其他限定条件与本例题相同。

附表 9-16 精饲料需要量计算表

kg

月份	成母牛基础需要量			成母牛产奶需要量			青年牛与育成牛需要量			犊牛需要量			合计
	头数	定额	需要量	产奶量	定额	需要量	头数	定额	需要量	头数	定额	需要量	
1	43	3	3 999	25 000	1/3	8 333	20	3	1 860	8	1.5	372	14 564
2	45	3	3 780	25 500	1/3	8 500	18	3	1 512	8	1.5	336	14 128
3	45	3	4 185	26 000	1/3	8 667	19	3	1 767	7	1.5	326	14 944
4	45	3	4 050	26 500	1/3	8 833	22	3	1 980	7	1.5	315	15 178
5	45	3	4 185	27 000	1/3	9 000	22	3	2 046	6	1.5	279	15 510
6	45	3	4 050	26 500	1/3	8 833	23	3	2 070	6	1.5	270	15 223
7	45	3	4 185	26 000	1/3	8 667	24	3	2 232	7	1.5	326	15 409
8	44	3	4 092	25 000	1/3	8 333	25	3	2 325	7	1.5	326	15 076
9	45	3	4 050	25 000	1/3	8 333	24	3	2 160	6	1.5	270	14 813
10	46	3	4 278	27 000	1/3	9 000	24	3	2 232	7	1.5	326	15 836
11	47	3	4 230	27 500	1/3	9 167	24	3	2 160	7	1.5	315	15 872
12	48	3	4 464	27 000	1/3	9 000	23	3	2 139	7	1.5	326	15 929
合计			49 548			104 667			24 483			3 784.5	182 482

附表 9-17 粗饲料需要量计算表

kg

月份		成母牛需要量			青年牛与育成牛需要量			犊牛需要量			合计
		头数	定额	需要量	头数	定额	需要量	头数	定额	需要量	
1	青贮	43	20	26 660	20	15	9 300	8			35 960
	干草	43	5	6 665	20	3	1 860	8	1.5	372	8 897
2	青贮	45	20	25 200	18	15	7 560	8			32 760
	干草	45	5	6 300	18	3	1 512	8	1.5	336	8 148
3	青贮	45	20	27 900	19	15	8 835	7			36 735
	干草	45	5	6 975	19	3	1 767	7	1.5	326	9 068
4	青贮	45	20	27 000	22	15	9 900	7			36 900
	干草	45	5	6 750	22	3	1 980	7	1.5	315	9 045
5	青贮	45	20	27 900	22	15	10 230	6			38 130
	干草	45	5	6 975	22	3	2 046	6	1.5	279	9 300
6	青贮	45	20	27 000	23	15	10 350	6			37 350
	干草	45	5	6 750	23	3	2 070	6	1.5	270	9 090
7	青贮	45	20	27 900	24	15	11 160	7			39 060
	干草	45	5	6 975	24	3	2 232	7	1.5	326	9 533
8	青贮	44	20	27 280	25	15	11 625	7			38 905
	干草	44	5	6 820	25	3	2 325	7	1.5	326	9 471
9	青贮	45	20	27 000	24	15	10 800	6			37 800
	干草	45	5	6 750	24	3	2 160	6	1.5	270	9 180
10	青贮	46	20	28 520	24	15	11 160	7			39 680
	干草	46	5	7 130	24	3	2 232	7	1.5	326	9 688

续附表 9-17

月份		成母牛需要量			青年牛与育成牛需要量			犊牛需要量			合计
		头数	定额	需要量	头数	定额	需要量	头数	定额	需要量	
11	青贮	47	20	28 200	24	15	10 800	7			39 000
	干草	47	5	7 050	24	3	2 160	7	1.5	315	9 525
12	青贮	48	20	29 760	23	15	10 695	7			40 455
	干草	48	5	7 440	23	3	2 139	7	1.5	326	9 905
合计	青贮			330 320			122 415				452 735
	干草			82 580			24 483			3 785	110 848

附表 9-18 饲料需要量汇总表 kg

月份	精饲料						全株玉米青贮	干草		
	总量	玉米	麸皮	豆粕	杂粕	矿物质		总量	苜蓿	东北羊草
1	14 564	7 282	2 185	2 913	1 456	728	35 960	8 897	2 669	6 228
2	14 128	7 064	2 119	2 826	1 413	706	32 760	8 148	2 444	5 704
3	14 944	7 472	2 242	2 989	1 494	747	36 735	9 068	2 720	6 348
4	15 178	7 589	2 277	3 036	1 518	759	36 900	9 045	2 714	6 332
5	15 510	7 755	2 327	3 102	1 551	776	38 130	9 300	2 790	6 510
6	15 223	7 612	2 283	3 045	1 522	761	37 350	9 090	2 727	6 363
7	15 409	7 705	2 311	3 082	1 541	770	39 060	9 533	2 860	6 673
8	15 076	7 538	2 261	3 015	1 508	754	38 905	9 471	2 841	6 630
9	14 813	7 407	2 222	2 963	1 481	741	37 800	9 180	2 754	6 426
10	15 836	7 918	2 375	3 167	1 584	792	39 680	9 688	2 906	6 782
11	15 872	7 936	2 381	3 174	1 587	794	39 000	9 525	2 858	6 668
12	15 929	7 965	2 389	3 186	1 593	796	40 455	9 905	2 972	6 934
合计	182 482	91 241	27 372	36 496	18 248	9 124	452 735	110 848	33 254	77 594

附表 9-19 饲料供应计划 kg

月份	精饲料						全株玉米青贮	干草		
	总量	玉米	麸皮	豆粕	杂粕	矿物质		总量	苜蓿	东北羊草
1	15 292	7 646	2 294	3 058	1 529	765	41 354	9 787	2 936	6 851
2	14 834	7 417	2 225	2 967	1 483	742	37 674	8 963	2 689	6274
3	15 691	7 846	2 354	3 138	1 569	785	42 245	9 975	2 992	6 982
4	15 937	7 968	2 391	3 187	1 594	797	42 435	9 950	2 985	6 965
5	16 286	8 143	2 443	3 257	1 629	814	43 850	10 230	3 069	7 161
6	15 984	7 992	2 398	3 197	1 598	799	42 953	9 999	3 000	6 999
7	16 179	8 090	2 427	3 236	1 618	809	44 919	10 486	3 146	7 340
8	15 830	7 915	2 374	3 166	1 583	791	44 741	10 418	3 125	7 293
9	15 554	7 777	2 333	3 111	1 555	778	43 470	10 098	3 029	7 069
10	16 628	8 314	2 494	3 326	1 663	831	45 632	10 657	3 197	7 460
11	16 666	8 333	2 500	3 333	1 667	833	44 850	10 478	3 143	7 334
12	16 725	8 363	2 509	3 345	1 673	836	46 523	10 896	3 269	7 627
合计	191 606	95 803	28 741	38 321	19 161	9 580	520 645	121 933	36 580	85 353

实验二十 奶牛日粮配方制订

一、实验目的

使学生掌握奶牛日粮配方制订的方法。

二、原理

依据奶牛饲养标准即配合奶牛日粮。

三、制订奶牛日粮配方的原则

应用奶牛饲养标准配合日粮时：第一，要确定奶牛生产水平、体重，确定饲养标准规定的营养需要量；第二，确定粗饲料的饲喂量，可选如青干草、青贮料、秸秆、青草；第三，确定副料如多汁料、糟渣类饲料的供给量；第四，计算粗饲料、副料提供的营养素，不足部分用精料补充料满足；第五，确定精料补充料的种类和数量，一般是用混合精料来满足能量和蛋白质需要量的不足部分；最后用矿物质补充饲料来平衡日粮中的钙、磷等矿物质元素的需要量。

四、例题

下面以 600 kg 体重(第三胎，第三个泌乳月)日产奶 25 kg(乳脂率 3.5%，乳蛋白率 3%)的中国荷斯坦牛为例应用奶牛饲养标准配合奶牛日粮。

(1)确定饲养标准规定的营养需要量。

600 kg 体重日产奶 25 kg 的奶牛的蛋白质需要计算如下：

维持需要净蛋白质需要	$270\times W^{0.75}\times 6.25\times 600^{0.75}=205$ (g)
产奶的净蛋白质需要	$25\times 3\%=750$ (g)
共需要净蛋白质	$205+750=955$(g)
所需的产奶能量为	$13.73+25\times 0.93=36.98$ (NND)(约 37 NND)

(2)蛋白质需要量的计算。

根据奶牛小肠蛋白质体系的参数，由能量估测的微生物蛋白质产量＝进食 NND×40＝37×40＝1 480(g)，合成 1 480 g 微生物蛋白质需要的降解蛋白质＝MCP/0.9＝1 644.4(g)，另 10%的安全含量，需要的降解蛋白质为 1 809 g。

由微生物提供的净蛋白质＝1 480×0.8×0.7×0.7＝580(g)，还差 955－580＝375(g)，相当非降解蛋白质为 375÷(0.7×0.7)＝765.3(g)，另 10%的安全含量，需要的非降解蛋白质约为 842 g。

即 600 kg 体重日产奶 25 kg 的奶牛的能量需要为 37 NND，降解蛋白质需要 1 809 g，非降解蛋白质 842 g。

(3)计算粗饲料、副料提供营养量，不足部分用精料满足。

600 kg 体重日产奶 25 kg 的奶牛可采食 25 kg 鲜玉米青贮饲料和 2 kg 干草（表 9-36）。

表 9-36 粗饲料为奶牛提供能量和蛋白质

饲料	数量/kg	奶牛能量单位/NND	粗蛋白质数量/g	降解蛋白质/g	非降解蛋白质/g
玉米青贮	25.00	8.62	460	276	184
干草	2.00	2.60	120	60	60
奶牛需要		37	2 651	1 809	842
还差		26.8	2 071	1 473	598

(4)确定精料补充料。

①计算精料营养浓度。奶牛干物质采食量,查表为,7.52+25×0.4=17.5(kg)。

粗饲料提供25×0.23+2×0.9=7.55(kg)干物质;还差17.5−7.55=9.95(kg)干物质,9.95/0.9=11(kg)风干物质,即11 kg风干精料,其中含有能量26.8 NND,粗蛋白质2 071 g,降解蛋白质1 473 g,非降解蛋白质598 g;每千克精料为2.44 NND,粗蛋白质188.3 g,降解蛋白质134 g,非降解蛋白质54.4 g(表9-37)。

表 9-37 每千克单一饲料原料能量和蛋白质含量

饲料	NND	粗蛋白质/g	降解蛋白质/g	非降解蛋白质/g	蛋白质降解率(查表)/%
豆粕	2.50	430	279	151	65
玉米	2.50	80	40	40	50
麸皮	1.90	150	112.5	37.5	75

②精料配合(表9-38)。

表 9-38 每千克混合精料能量和蛋白质含量

精料组成	数量/kg	NND	粗蛋白质/g	降解蛋白质/g	非降解蛋白质/g
豆粕	0.30	0.75	129	83.7	45.1
玉米	0.45	1.125	36	18	18
麸皮	0.15	0.285	22.5	16.9	5.6
合计	0.90	2.16	187.5	118.6	68.7

能量还差2.44−2.16=0.28(NND),配方中不足能量由过瘤胃脂肪补充,过瘤胃脂肪产品有氢化棕榈油(99%脂肪)和脂肪酸钙(84%脂肪),其含产奶能量约为7 NND和6 NND。如添加过瘤胃脂肪为氢化棕榈油(含产奶能量7 NND),则为0.28/7=0.04(kg)。

1 kg精料组成为:玉米45%,豆粕30%,麸皮15%,过瘤胃脂肪4%,矿物质部分为6%,矿物质包括食盐,瘤胃缓冲剂如小苏打,氧化镁,磷酸氢钙,石粉,微量元素和维生素预混料等。

五、作业

确定550 kg体重(第一胎,第九个泌乳月)日产奶15 kg(乳脂率3.5%,乳蛋白率3%)的中国荷斯坦牛日粮配方。

实验二十一 奶牛场参观

一、实验目的

使学生对奶牛场生产的组织和各个生产环节有一个基本的感性认识。

奶牛生产是在奶牛场进行的。通过参观奶牛场，可以亲自看到奶牛场的布局、各类建筑设施与设备、各类牛群、日常的生产操作等。可以了解到奶牛场的规模、牛群结构、生产水平、饲养管理、疫病防治、人员构成、生产成本、经济效益等基本情况。通过参观，将课堂上学习的知识与实际生产情况相对照，理论联系实际，对提高养牛学课程的学习效果具有非常重要的意义。

二、实习内容与方法

1. 实习内容

(1)听取场长介绍牛场的基本情况；听取饲养技术员介绍饲养管理的基本情况。

(2)参观配种室，听取配种室技术员介绍牛场的繁殖情况。

(3)参观犊牛舍，听取犊牛组组长介绍犊牛饲养管理情况。

(4)参观育成牛舍、青年牛舍，听取育成牛、青年牛组组长介绍育成牛、青年牛饲养管理情况。

(5)参观成母牛舍，听取成母牛组组长介绍成母牛饲养管理情况；参观产牛舍，听取组长介绍母牛围产期的饲养管理及犊牛的接产、助产、初生犊牛的护理等情况。

(6)参观挤奶厅和鲜奶贮存间，听取组长介绍有关挤奶、鲜奶初步处理和贮存的有关情况。

(7)参观饲料加工间、青贮窖、干草棚、饲料库等，听取组长介绍有关饲料的加工、贮存等情况。

(8)参观兽医室，听取兽医室负责人介绍牛群的疫病防治与健康情况。

(9)参观资料室，听取技术员介绍育种资料的收集、整理和保存等情况。

(10)听取统计和财务人员介绍生产统计数据、生产成本和利润等有关情况。

2. 实习方法

(1)看。用心看参观的所有内容。

(2)听。认真听牛场各方面人员的介绍，听指导教师的讲解。

(3)问。对不懂的东西及时提问。

(4)思。将看到、听到的东西与课堂学过的有关内容相联系。

(5)记。做好记录，并填写附表 9-20 中的有关内容。

附表 9-20 奶牛场情况调查表

牛场规模/头	成年母牛	青年母牛	育成母牛	犊牛
牛群结构/%	成年母牛	青年母牛	育成母牛	犊牛

续附表 9-20

生产水平/kg	全群平均年单产	应产牛平均头日产	实产牛平均头日产	
牛奶质量	乳脂率/%	乳蛋白率/%	体细胞/万	细菌数/万
牛群更新情况	成母牛更新率/%	成母牛平均胎次	平均利用胎次	
饲养方式	成年母牛	青年母牛	育成母牛	犊牛
挤奶	挤奶方式	挤奶次数	设备类型	生产厂家
犊牛饲养管理	哺乳期/d	哺乳量/kg	成活率/%	日增重/kg
犊牛日粮结构				
育成牛日粮结构				
青年牛日粮结构				
成母牛日粮结构				
繁殖情况	初配月龄	产犊间隔	产后空怀天数	情期受胎率/%
	总受胎率/%	繁殖成活率/%	精液来源	平均输精次数
繁殖疾患/%	难产	胎衣不下	久配不孕	其他
健康情况/%	乳房炎	酸中毒	酮病	肢蹄病
	产后瘫痪	真胃变位	常见疾病	其他疾病
饲料价格/(元/kg)				
饲养日成本/[元/(头·d)]	成母牛	青年牛	育成牛	犊牛
人员构成/人	管理人员	技术人员	直接生产人员	后勤人员
经济效益	千克奶成本/元	奶销售价格/元	防疫治疗费用/(元/头)	年利润

实验二十二　肉牛肥育场参观

一、实验目的

使学生对肉牛肥育场生产的组织和各个生产环节有一个基本的感性认识。

肉牛肥育是在肉牛肥育场进行的。通过参观肉牛肥育场，可以亲自看到牛场的布局、各类建筑设施与设备、不同肥育阶段和不同品种（或杂交品种）的牛群、日常的生产操作等。可以了解到肉牛肥育场的规模、架子牛的来源、肥育牛的销售途径、生产水平、饲养管理、疫病防治、人员构成、生产成本、经济效益等基本情况。通过参观，将课堂上学习的知识与实际生产情况相对照，理论联系实际，对提高养牛学课程的学习效果具有非常重要的意义。

二、实习内容与方法

1. 实习内容

(1)听取场长介绍牛场的基本情况；听取饲养技术员介绍牛群饲养管理的基本情况。

(2)隔离检疫区，听取该区负责人介绍外购架子牛进场后的验收、隔离检查、驱虫、过渡饲养等情况。

(3)参观肥育前期牛舍，听取该区负责人介绍肥育前期的饲养管理等情况。

(4)参观肥育后期牛舍，听取该区负责人介绍肥育后期的饲养管理等情况。

(5)参观饲料加工间、青贮窖、干草棚、饲料库等，听取组长介绍有关饲料的加工、贮存等情况。

(6)参观兽医室，听取兽医室负责人介绍牛群的疫病防治与健康状况。

(7)听取统计和财务人员介绍生产统计数据、生产成本和利润等有关情况。

2. 实习方法

(1)看。用心看参观的所有内容。

(2)听。认真听牛场各方面人员的介绍，听指导教师的讲解。

(3)问。对不懂的东西及时提问。

(4)思。将看到、听到的东西与课堂学过的有关内容相联系。

(5)记。做好记录，并填写附表 9-21 中的有关内容。

附表 9-21　肉牛场情况调查表

牛场规模/头	检疫过渡牛	肥育前期牛	肥育后期牛	合计
牛群周转/d	检疫过渡	肥育前期	肥育后期	合计
日增重/kg	肥育前期	肥育后期	平均	
单位增重精料量/kg	肥育前期	肥育后期	平均	
体重增长状况/kg	进场体重	肥育前期增重	肥育后期增重	出栏体重
饲养方式	检疫过渡牛	肥育前期牛	肥育后期牛	
检疫过渡期日粮结构				
肥育前期日粮结构				
肥育后期日粮结构				

续附表 9-21

健康状况	常见病			防疫治疗费/(元/头)
	发病率			
	常见病			
	发病率			
饲料价格/(元/kg)				
饲养日成本/[元/(头·d)]	检疫过渡阶段	肥育前期	肥育后期	平均
人员构成/人	管理人员	技术人员	直接生产人员	后勤人员
人均管理牛头数/(头/人)	检疫过渡阶段	肥育前期	肥育后期	平均
经济效益	增重成本/(元/kg)	销售价格/(元/kg)	利润/(元/头)	

索　　引

参考文献

[1] Cooperative for Real Education in Agricultural Management. Management Report Board Day Booklet. 23rd,April 2008.

[2] Liu Ming fu. The tao of cattle raising. First Edition. Calgary Alberta: Beefbooster Press, 1996.

[3] http://www.holstein.org.cn/index.php 中国奶牛数据中心.

[4] Shook,G.,Seaman,A. A new DHI linear score for somatic cell count. Technology Transfer Session. National Mastitis Council Annual Meeting,1983.

[5] Sprecher D. J. Locomotion scoring of dairy cattle,2001.

[6] Zaaijer D. W.,D. J. Kremer, J. P. T. M. Noordhuizen. Scoring the rumen fill of dairy cows,2004.

[7] 蔡立. 中国牦牛. 北京:农业出版社,1992.

[8] 陈幼春. 现代肉牛生产. 北京:中国农业出版社,1999.

[9] 程式遵,等译. 乳与乳品事业实习. 北京:中华书局出版社,1954.

[10] 丁伟. 牛奶掺假快速检验. 太原:山西科学技术出版社,1993.

[11] 冯仰廉. 肉牛营养需要和饲养标准. 北京:中国农业大学出版社,2000.

[12] 冯仰廉. 实用养牛学. 4 版. 北京:科学出版社,1995.

[13] 华南农业大学主编. 养牛学. 北京:农业出版社,1987.

[14] 黄伟坤,等. 食品检验与分析. 北京:中国轻工业出版社,1997.

[15] 冀一伦. 实用养牛科学. 北京:中国农业出版社,2001.

[16] 蒋洪茂. 优质牛肉生产技术. 北京:中国农业出版社,1995.

[17] 金纪元. 乳与乳制品卫生检验手册. 北京:人民卫生出版社,1987.

[18] 金世林. 乳品生物化学(上册). 北京:轻工业出版社,1983.

[19] 李积友,等. 甘肃省黄牛改良效果普查工作总结. 黄牛杂志,1994,20(3).

[20] 李建国,冀一伦. 养牛手册. 石家庄:河北科学技术出版社,1997.

[21] 李英,桑润滋. 现代肉牛产业化生产. 石家庄:河北科学技术出版社,2000.

[22] 梁学武. 现代奶牛生产. 北京:中国农业出版社,2002.

[23] 刘卫东,孔庆友. 家畜环境卫生学. 北京:中国农业大学出版社,2000.

[24] 刘颖,等. 黄牛改良效果普查总结报告(上、中、下). 黄牛杂志,1993,19(1-3).

[25] 农业部工人技术培训教材编审委员会编. 乳品检验技术. 北京:中国农业出版社,1997.

[26] 农业部. 中国奶牛群体遗传改良计划(2008—2020 年).

[27] 欧共体奶类项目技术援助专家组、农业部奶类项目办公室,编译. 奶牛生产学. 北京:北京农业大学出版社,1993.

[28] 邱怀. 中国黄牛. 北京:农业出版社,1992.

[29] 邱怀. 现代乳牛学. 北京:中国农业出版社,2002.

[30] 万宏民,等.畜禽棚室养殖.合肥:安徽科学技术出版社,2001.
[31] 王福兆.乳牛学.3版.北京:科学技术文献出版社,2004.
[32] 王根林.养牛学.2版.北京:中国农业出版社,2006.
[33] 王贞照,王永康,徐鹤龄,等.乳牛高产技术.上海:上海科学技术出版社,2001.
[34] 肖定汉.奶牛疾病监控.北京:北京农业大学出版社,1994.
[35] 谢继志.液态乳制品科学与技术.北京:中国轻工业出版社,1999.
[36] 昝林森.牛生产学.北京:中国农业出版社,1999.
[37] 昝林森.牛生产学.2版.北京:中国农业出版社,2008.
[38] 张沅,等主译.奶牛科学.4版.北京:中国农业大学出版社,2007.
[39]《中国牛品种志》编写组.中国牛品种志.上海:上海科学技术出版社,1988.